GRUNDRISS DER KLINISCHEN STUHLUNTERSUCHUNG

ZUSAMMENFASSENDE DARSTELLUNG
DER WICHTIGSTEN MAKROSKOPISCHEN, MIKROSKOPISCHEN
UND CHEMISCHEN UNTERSUCHUNGSMETHODEN UND IHRER
DIAGNOSTISCHEN BEDEUTUNG

VON

ALFRED LUGER
PRIVATDOZENT FÜR INNERE MEDIZIN, ORD. ASSISTENT DER II. MEDIZINISCHEN
UNIVERSITÄTSKLINIK IN WIEN (VORSTAND: PROF. N. ORTNER)

UNTER MITARBEIT VON

NIKOLAUS KOVÁCS
ASSISTENT AM SEROTHERAP. INSTITUT IN WIEN (VORSTAND: PROF. R. KRAUS)

ERNST LAUDA
ASSISTENT DER II. MEDIZIN. UNIV.-KLINIK IN WIEN (VORSTAND: PROF. N. ORTNER)

ERNST PREISSECKER
ASSISTENT DER II. UNIV.-FRAUENKLINIK IN WIEN (VORSTAND: PROF. F. KERMAUNER)

MIT 41 ABBILDUNGEN IM TEXT UND 144 TEILS FARBIGEN
ABBILDUNGEN AUF 24 TAFELN

WIEN
VERLAG VON JULIUS SPRINGER
1928

ISBN-13:978-3-7091-9626-7 e-ISBN-13:978-3-7091-9873-5
DOI: 10.1007/978-3-7091-9873-5

SOFTCOVER REPRINT OF THE HARDCOVER 1ST EDITION 1928

Mein langjähriger erster Assistent, Dozent LUGER, hat es unternommen, im Vereine mit KOVÁCS, LAUDA und PREISSECKER ein Werk über Technik und klinische Bedeutung der Untersuchung der Fäzes zu verfassen. LUGER hat sich seit vielen Jahren gerade mit diesem wichtigen Thema eingehend und erfolgreich beschäftigt. Dieser Umstand, die treffliche Wahl seiner Mitarbeiter, sichern meiner Meinung nach dem Buche jene Aufnahme, die es im vollsten Ausmaße verdient. Es ist ein Werk, welches, durch schöne freundschaftliche Zusammenarbeit geschaffen, auf der Höhe unserer heutigen Kenntnisse steht. Mein Geleitwort geht mit ihm.

Wien, im November 1927

Ortner

Vorwort

Im Verlaufe einer langjährigen Lehrtätigkeit als Assistent der II. medizinischen Universitätsklinik ergab sich sowohl in allgemein klinischen Vorlesungen und Kursen als auch speziell in solchen, welche das Studium des menschlichen Stuhles zum Gegenstand hatten, die Notwendigkeit, einzelne Befunde in der Zeichnung oder im Mikrophotogramm zu fixieren und eine Sammlung aller in Betracht kommender Präparate anzulegen, um über das entsprechende Demonstrationsmaterial zu verfügen. Dem Wunsche zahlreicher in- und ausländischer Hörer folgend, bin ich schon vor Jahren daran gegangen, den Unterrichtsstoff zusammenzufassen. Unterstützt von den Herren Kovács, Lauda und Preissecker haben wir uns an dem reichen und vielgestaltigen Material der Klinik eingehendst mit den in Betracht kommenden Problemen beschäftigt und haben uns endlich entschlossen, unsere persönlichen Erfahrungen und die Ergebnisse der Arbeiten anderer Autoren zusammenzufassen. Im großen und ganzen wurden die Grenzen des Lehrbuches gewahrt, wenn auch einzelne Abschnitte besondere Vertiefung erfahren und mehr handbuchartigen Charakter gewonnen haben. Es schien mir dies in bestimmten Kapiteln geradezu notwendig, da mein Bestreben dahin ging, nicht nur der lehrbuchmäßigen Vermittlung bestimmter Kenntnisse zu dienen, sondern namentlich auf den noch weiter ausbaufähigen und solchen Ausbau verlangenden Gebieten Anregung zu bieten, um jenen, welche sich mit diesen Problemen eingehender beschäftigen wollen, zu zeigen, wo und in welcher Weise weitere Untersuchungen etwa einzusetzen haben. Dies soll als Begründung für die Tatsache gelten, daß einzelne Fragen, wie etwa gewisse Kapitel der Stuhlbakteriologie, ganz besonders oder wenigstens relativ eingehend behandelt wurden. Es sei hier hervorgehoben, daß es sich — obwohl manchen Fragen mehr Raum gegeben wurde, als es sonst in Lehrbüchern ähnlicher Art üblich ist — auf anderen Gebieten nur um orientierende Besprechungen handeln kann, welche zur Weiterarbeit anregen sollen. Es erschien mir aber anderseits wichtig, die Gebiete, welche uns bei der Behandlung der Untersuchung des menschlichen Stuhles klinisch interessieren, dem vorliegenden Lehrbuch möglichst vollzählig einzureihen, weil mir die Erfahrung als Lehrer und nicht zuletzt die persönliche Erfahrung zu Beginn meiner eigenen Arbeiten zeigte, wie wünschenswert ein derartig umfassender, also namentlich auch die Parasitologie einschließender Leitfaden erscheinen muß. Es erschien mir ferner als zweckmäßig, einzelne Fragen, die mikroskopische Stuhluntersuchung betreffend bei der Besprechung der makroskopische Befunde abzuhandeln, um den notwendigen Zusammenhang zu wahren.

Eine gewisse und im einzelnen sogar wesentliche Beschränkung erschien in zweierlei Richtung notwendig. Zunächst hielt ich es für zweckmäßig, die Grenzen des Stoffes scharf abzustecken, die Besprechung der Physiologie und Pathologie der Verdauung, die klinische Symptomatologie nicht oder nur gelegentlich zu berühren, teils um den Umfang des Buches zu beschränken, vor allem aber auch deshalb, weil wir ja gerade in der deutschen Literatur, in der

Monographie NOTHNAGELS, sowie in den die hiehergehörenden Fragen auf viel weiterer Basis ausführenden Lehrbüchern SCHMIDTS und STRASBURGERS und aus jüngerer Zeit in der „Klinik der Darmkrankheiten" SCHMIDT-NOORDENS über Standardwerke verfügen, welche wohl auf lange Zeit hinaus unsere Kenntnisse auf diesem Gebiete in meisterhafter Darstellung unter voller Berücksichtigung der didaktischen Aufgaben niedergelegt haben. Es soll sich also in erster Linie um die Darstellung der Technik der Untersuchung, vor allem um die Schilderung der zu erhebenden Befunde und schließlich um kurze Hinweise auf die klinische Bedeutung derselben handeln. Aber selbst bei derartiger Einschränkung des Stoffes mußte eine Auswahl des zu Gebenden getroffen werden, und dies gilt fast für alle Kapitel, in erster Linie für jene Abschnitte, welche sich mit der chemischen und mikroskopischen Untersuchung des menschlichen Stuhles beschäftigen. Meine Mitarbeiter und ich waren bestrebt, jene Fragen besonders eingehend zu würdigen, deren Bedeutung für die Klinik im Vordergrund steht. Daß es sich bei der Mannigfaltigkeit der mikroskopischen Befunde im menschlichen Stuhle nur um die Auswahl typischer Vorkommnisse handeln kann, ist selbstverständlich. Es sollte in erster Linie der Weg gewiesen werden. Im einzelnen wird gewiß auch das vorliegende Lehrbuch nicht ausreichen können und es werden die Spezialwerke eingesehen werden müssen. Dies gilt vor allem für das fast unübersehbar große Gebiet der Parasitenkunde.

Von ähnlicher Überlegung mußte ich mich in der Angabe der einschlägigen Literatur leiten lassen. Ein wirklich umfassendes Literaturverzeichnis schien uns nicht am Platze. Ich glaubte dem Zwecke des Buches, den Studenten und dem Arzt in die klinische Untersuchung einzuführen und ihnen die Grundlage für einen weiteren Ausbau ihrer Kenntnisse auf diesem Gebiete zu schaffen, am ehesten dadurch gerecht zu werden, daß neue, wichtige und weiteren Ausblick gebende Arbeiten zitiert wurden. Hingegen erschien mir eine Zusammenstellung einer Reihe vorliegender in- und ausländischer Lehrbücher und Leitfäden auf dem Gebiete der Koprologie nicht unwesentlich, vor allem aber auch die Angabe jener Lehr- und Handbücher, welche den Suchenden in die Lage versetzen, auf den zahlreichen, dem praktischen Mediziner oft recht ferne liegenden Grenzgebieten Rat zu finden, dessen er vielleicht bei der Lösung der einen oder anderen auftauchenden Frage bedarf. Werke, welche sich auch bei der Abfassung des vorliegenden Buches als wichtige Grundlage des Studiums der betreffenden Gebiete bewährt haben.

Abgesehen von zahlreichen Abbildungen, welche anderen Werken entlehnt sind, wurde eine Reihe von Befunden in Mikrophotogrammen festgehalten, deren technische Herstellung Kollegen PREISSECKER anvertraut war. Die farbigen Abbildungen wurden von Fräulein NIEDENFÜHR ausgeführt. Die Bilder wurden teils in den Laboratorien der II. medizinischen Klinik, teils an der II. Frauenklinik angefertigt und ich möchte nicht verfehlen, auch an dieser Stelle dem Vorstand der II. Frauenklinik in Wien, Herrn Prof. KERMAUNER, für sein vielfaches Entgegenkommen meinen und meiner Mitarbeiter Dank zum Ausdruck zu bringen.

Bei der Wahl der Bilder, in deren Zahl wir uns trotz des ganz besonderen Entgegenkommens des Verlages doch eine gewisse Beschränkung auferlegen mußten, waren praktische Gesichtspunkte maßgebend. Ich wählte das Mikrophotogramm, weil ich glaube, daß es vielfach den Gesamteindruck, den wir im Mikroskop empfangen, getreuer wiedergibt. Es hat sich mir darum gehandelt, vieles wirklich so aufzuzeigen, wie es uns im mikroskopischen Bilde entgegentritt, und ich habe die Erfahrung gemacht, daß derartige, gewiß an sich oft vielleicht unvollkommene Abbildungen im Einzelfalle didaktisch wertvoller sein können, als wenn auch detaillierte, so doch dem sich tatsächlich darbietenden Befunde weniger entsprechende Figuren. Die Grundlagen für die Abbildung der Nahrungsreste wurden in Fütterungsversuchen gewonnen. Zum Teil handelt es sich, wie an den einzelnen Abbildungen angemerkt ist, um Darstellung der Nahrungsmittel selbst, soweit mir solche Bilder instruktiver erschienen. Die Aufnahme mancher, gewiß nur selten zu findender mikroskopischer Elemente, deren Nachweis keine sonderliche klinische Bedeutung hat, mag damit begründet werden, daß es sich fast überall um konkrete Fälle aus eigener Erfahrung handelt, in welchen solche Gebilde zu irrtümlichen Diagnosen von anderer Seite geführt haben und ich glaube, daß gerade solche auf persönlicher Erfahrung aufgebaute Mitteilungen für den Lernenden nicht ohne Interesse sein mögen.

Hinsichtlich des parasitologischen Materiales — Würmer und Protozoen — war es nur zum Teil möglich, sich auf das Material der Klinik zu stützen. Ein Teil der Präparate stammt aus der Zeit meiner Kriegstätigkeit auf italienischen und türkischen Kriegsschauplätzen, vor allem aus dem Zeitraume meiner Tätigkeit im damals österreichischen Hôpital St. Antoine in Smyrna. Der Grundstock an Material aus der Sammlung der II. medizinischen Universitäts-Klinik, der eigenen Sammlung und der des Kollegen Preissecker, welche zum Teil aus der Zeit seiner Tätigkeit im Institute für Infektions- und Tropenkrankheiten in Hamburg zurückgeht, mußte und konnte dank dem Entgegenkommen einer Reihe von Instituten und Forschern ergänzt werden. Ich benütze diese Gelegenheit, um auch an dieser Stelle allen jenen meinen Dank auszusprechen, welche mir durch Überlassung von Material und durch ihren fachmännischen Rat Unterstützung gewährt haben. Besonderen Dank schulde ich Professor Soliman Asmy (Universität Kairo), Professor Böhm (Tierarzneihochschule in Wien), Dr. S. Chatridse (Therap. Hosp. Klinik, Tiflis), Professor Fiebiger (Tierarzneihochschule in Wien), Professor Gruber (Pathologisch-anatomisches Institut in Innsbruck), Professor Hecke (Hochschule für Bodenkultur), F. Hendel (Wien), Dr. Kirschner (Pasteur-Institut Bandoeng, Java), Professor R. Kraus (Serotherapeutisches Institut im Wien), Professor Pintner (Zoologisches Universitätsinstitut, Wien), Schubert (Wien), Privatdozent Schussnig (Botanisches Institut [Professor Wettstein] in Wien), Professor Stiegler (Physiologisches Institut der Hochschule für Bodenkultur), Dr. Stoll (Internat. Healthboard, Rockefeller Foundation, Peking), Professor Wasicky (Pharmakognostisches Institut der Universität Wien).

Meinem verehrten Chef Professor Ortner gebührt vor allem mein tiefgefühlter Dank für das große Interesse, welches er unserer Arbeit stets entgegengebracht hat, dafür, daß er mir als Assistenten seiner Klinik die Gelegenheit geboten hat, die Basis für die vorliegende zusammenfassende Darstellung zu schaffen.

Dem Verlage Julius Springer müssen ich und meine Mitarbeiter für sein in jeder Weise bekundetes besonderes Entgegenkommen unseren ganz besonderen Dank aussprechen.

Mein Dank gebührt ferner den Hilfsärzten der II. medizinischen Klinik, den Herren Kautzki, Silberstern, Erdstein und Kugler, welche mir bei vielen Einzeluntersuchungen treue Hilfe geleistet haben.

Wie weit wir in der Art der Darstellung, in der Auswahl der Bilder das Richtige getroffen haben, wie weit der didaktische Zweck des Buches erreicht wird, wie weit es imstande ist, über den Rahmen des Lehrbuches hinaus nützliche Anregung zu bieten, dies kann wohl nur die Erfahrung zeigen.

Wien, im November 1927 **A. Luger**

Inhaltsverzeichnis

I. Die makroskopische Stuhluntersuchung

Von

ALFRED LUGER

„Die Untersuchung der Darmdejektionen wird in der Praxis oft ungebührlich vernachlässigt. Dieselbe hat aber für Pathologie und Diagnostik der Darmkrankheiten eine noch viel größere Wichtigkeit als diejenige der Sputa für die Erkrankungen des Respirationsapparates. Ungemein oft sind wir allein auf sie angewiesen, um überhaupt ein Urteil über die Natur eines Darmleidens zu gewinnen."

Diese Worte NOTHNAGELS haben auch noch heute ihre volle Bedeutung, auch heute muß noch gesagt werden, daß gerade der eingehenden Stuhluntersuchung, namentlich in den Augen des praktischen Arztes nicht jener Wert zuerkannt wird, welcher ihr tatsächlich zukommt, zum Teil vielleicht auch deshalb, weil die Schwierigkeiten einer solchen Untersuchung überschätzt werden. Tatsächlich gelingt es bei relativ einfacher Technik die wesentlichen und klinisch wertvollen Erkenntnisse bei einiger Erfahrung leicht und zuverlässig zu gewinnen. Wenn in den späteren Abschnitten zum Teil recht komplizierte chemische Methoden und Details der mikroskopischen Untersuchungstechnik geschildert werden, so ist es klar, daß es sich hier um Methoden handelt, welche Spitälern und Kliniken vorbehalten sind und auch nur dort zur Anwendung gelangen, wo es sich um die Aufklärung bestimmter schwieriger Fälle oder um das Studium noch ungelöster Fragen handelt. Am Krankenbett kommen wir im allgemeinen mit verhältnismäßig einfachen Methoden zum Ziel.

Vor allem muß eine eingehende makroskopische Untersuchung des Stuhles, wie sie ja gleich im folgenden geschildert werden soll, gefordert werden. Daneben erweist sich die mikroskopische Untersuchung im Nativpräparat, nach Zusatz von Lugol-Lösung bzw. Essigsäure und das Eosinpräparat als wesentlich. Daran schließt sich die GRAM- und GIEMSA-Färbung und schließlich die Untersuchung auf Gallenfarbstoff und dessen Derivate und vor allem auf Blutfarbstoff als Zeichen einer bestehenden okkulten Melaena. Nur dann, wenn ganz bestimmte Fragestellungen vorliegen, werden die übrigen eingehenden chemischen Analysen, die Anreicherungs- und Züchtungsmethoden, die Untersuchung im Dunkelfeld und im Polarisationsmikroskop und manche andere Methode Anwendung finden.

Es soll zunächst die Art des Vorganges bei der makroskopischen Untersuchung des Stuhles im einzelnen geschildert werden, wobei, um den Zusammenhang zu wahren, auch die mikroskopischen Befunde gelegentlich vorweggenommen werden sollen. Die Untersuchung hat sich mit der Feststellung der Form, Konsistenz, Zusammensetzung und Farbe des Stuhles zu beschäftigen.

Form und Konsistenz

Als durchaus normal kann beim Erwachsenen nur der geformte Stuhl angesehen werden. Beim Neugeborenen sei die zähe Konsistenz des Mekoniums hervorgehoben, ferner die salbenartigen Stühle des Brustkindes und die bei künstlicher Ernährung zu beobachtenden etwas konsistenteren Stühle.

Gewiß werden auch beim Erwachsenen weiche Entleerungen nicht unbedingt als Krankheitszeichen im engeren Sinne des Wortes aufgefaßt werden dürfen, aber immerhin beweisen sie doch, daß das Zusammenspiel aller jener Momente, welche zur Bildung und Formung des Stuhles beitragen, in irgend einer Weise gestört ist. Als normale Form muß die bekannte zylindrische, wurstförmige Gestalt angesehen werden. Bei mäßiger, fast plastischer Konsistenz je nach dem Gehalt an Wasser, Fetten, Zellulosebestandteilen wird auch dieser geformte Stuhl Verschiedenheiten in der Konsistenz aufweisen können. In der Regel gehen dann derartige Konsistenzunterschiede auch mit gewissen Formverschiedenheiten parallel. Je härter und trockener er wird, desto mehr wird die Neigung bestehen, in kleineren oder größeren, zum Teil noch zusammenhängenden, zum Teil getrockneten Knollen (Skyballa) abgesetzt zu werden, welche, der Anpassung an die Gestaltung der Haustren entsprechend, unter Umständen außerdem streifige Eindrücke, entsprechend den Taenien des Dickdarms aufweisen können. Nicht selten sehen wir noch geformte, mehr oder weniger zylinderförmige Stühle, deren Oberfläche eine grobknollige ist und so die Haustrenkonfiguration noch deutlich erkennen läßt. Schließlich können auch die einzelnen Knollen in Form kleiner und kleinster runder Ballen abgesetzt werden — eine Stuhlform, für welche die Bezeichnung schafkotähnlich oder ziegenkotähnlich gebräuchlich ist. Es ist klar, daß wir es hier mit Zuständen zu tun haben, bei welchen die Haustreneinschnürungen des Darmes besonders ausgeprägt sind, bei welchen die charakteristischen Röntgenbilder die feigenkranzartigen Schatten am Schirm oder auf der Platte erkennen lassen, Zustände, bei welchen eine spastische Einstellung der Darmmuskulatur vorausgesetzt werden muß. Anderseits kann aber eine in den proximaleren Dickdarmabschnitten, etwa im Colon transversum röntgenologisch noch nachweisbare Feigenkranzform dann doch noch mit einer normalen Stuhlkonfiguration einhergehen, wenn der Darminhalt in den distalsten Abschnitten des Dickdarms Gelegenheit zur Umformung gefunden hat. Deutlich durchgreifende Einschnürung im Colon descendens führt jedoch in der Regel zu der oben geschilderten schafkotartigen Entleerung.

Handelt es sich nicht um geformte Stühle, so sprechen wir je nach der Konsistenz von weichen bzw. dünnflüssigen oder wässerigen Stühlen.

Bezüglich der gelegentlich zu sehenden, eigenartig schmalen, bandartig zusammengepreßten oder mehr dünnen, bleistiftförmigen Stühle muß gesagt werden, daß es sich hier keineswegs immer um Folgen einer Verengerung des Dickdarmlumens etwa auf Grund einer Striktur oder eines Tumors handeln muß. Häufig ist diese Art der Stuhlformation durch erhöhten Sphinktertonus oder auch nur durch vorübergehende spastische Kontraktion desselben zu erklären. Noch weniger richtig und praktisch verhängnisvoller wäre die Umkehrung: Die Annahme, daß ein normal geformter, breitzylindrischer Stuhl als Argument gegen Dickdarmstenose angeführt werden könnte, denn wir sehen gar nicht selten selbst bei höhergradigen Stenosen derartig normal geformte Stühle, wenn nur distal von der stenosierenden Stelle Gelegenheit zur Zusammenballung der Stuhlmassen gegeben ist.

Bei Erschöpfungszuständen, schlechter Nahrungsaufnahme, etwa insbesondere beim Karzinom der Speiseröhre und bei malignen Neoplasmen überhaupt sind derartig kleinkalibrige Stühle gleichfalls nicht selten zu sehen. Besonders kleinkalibrige Stühle, namentlich solche von Schafkotform, können schließlich eine ganz besonders harte Konsistenz aufweisen, so daß die einzelnen Stuhlbröckel als steinähnlich oder mörtelartig bezeichnet werden können, ein Vorkommen, das naturgemäß dann zu verzeichnen sein wird, wenn zu besonders ausgiebiger Rückresorption von Flüssigkeit Gelegenheit geboten ist, also bei sehr hochgradiger Obstipation und gleichzeitiger Einschränkung der Flüssigkeitsaufnahme oder sonstigem abnormen Wasserverlust. Der Wassergehalt regelt ja in erster Linie, abgesehen von den oben angeführten Momenten — Fette, Zellulose usw. — die Konsistenz des Stuhles. Im allgemeinen machen sich schon relativ geringe Differenzen im Wassergehalt des Stuhles in seiner Erscheinungsform bemerkbar.

Schließlich kommen Stuhlentleerungen vor, bei welchen wir von einer gleichmäßigen Konsistenz überhaupt nicht sprechen können, bei welchen gleichzeitig breiige oder flüssige Mengen und dann vereinzelt geformte feste Bestandteile nachweisbar sein können. Es kann sich bei letzteren um gut durchgearbeitete Stuhlmassen handeln, ein Vorkommnis, wie es etwa bei akut einsetzenden Durchfällen zu beobachten ist, wobei schon früher gebildete, im Darm deponierte Stuhlmengen mit den diarrhöischen Entleerungen zutage befördert werden. Wir sehen Ähnliches auch im Gefolge der sogenannten paradoxen Diarrhöen oder sterkoralen Durchfälle (NOTHNAGEL, MATHIEU), wo es auf Grund der Ansammlung von Kotmassen im Darm im Gefolge einer chronischen Obstipation im engeren Sinne des Wortes oder mechanisch bedingten Kotstauung zur Reizung der Schleimhaut und zu katarrhalischen Erscheinungen kommt, welche sich in Durchfällen manifestieren, wobei aber gleichzeitig auch Bruchteile der gestauten, geformten Stuhlmengen mit entleert werden können. In solchen Fällen werden die geformten Bestandteile mit den flüssigen Massen entleert werden oder diesen folgen. Anderseits finden wir auch bei lebhafter Peristaltik das Umgekehrte: Feste Stuhlentleerungen welche von flüssigen oder breiigen Massen gefolgt sind.

Anderseits kommen derartig ungleichmäßig zusammengesetzte Stuhlmengen dadurch zustande, daß neben den breiigen oder flüssigen Entleerungen makroskopisch Speisereste in den Fäzes auftreten, sei es, daß es sich wie etwa bei reiner Milchnahrung, also insbesondere beim Säugling, um größere Kaseinbröckel handelt, sei es, daß Nahrungsreste anderer Art, Kartoffelstücke, Reste von Vegetabilien, auch Nahrungsreste animalischer Herkunft in größeren Stücken dem Stuhl beigemengt erscheinen, wie etwa bei gastrischen Diarrhöen oder bei der Magen-Kolonfistel (Lienterie).

Neben den breiigen und dünnflüssigen Stühlen kennen wir schließlich noch die wässerigen Entleerungen. Hier sind die bekannten „reiswasser"-ähnlichen Stühle zu nennen, die aber keineswegs für echte Cholera pathognomonisch sind, sondern auch unter anderen Umständen angetroffen werden. Es sei noch auf das Vorkommen derselben bei der akuten Lambliendiarrhöe hingewiesen.

Hinsichtlich der Konsistenz müssen noch die wabig durchsetzten, schaumartigen Stühle hervorgehoben werden, wie wir sie bei abnormer Gasbildung, also in erster Linie in den Stühlen an Gärungsdyspepsie leidender Patienten oder bei Sprue finden. In den flüssigen Anteilen solcher Stühle erkennen wir Gasblasen und an der Oberfläche derselben, namentlich nach Umrühren, ausgesprochene Schaumbildung. Während die Erklärung dieser wabig-schaumigen Beschaffenheit der Stühle bei der Gärungsdyspepsie keine Schwierigkeiten macht, ist eine restlos befriedigende Erklärung für die analoge Veränderung im Spruestuhl vorläufig nicht gegeben, da genaue Analysen des Stuhles zeigten, daß es sich hier nicht um Gasentwicklung aus Kohlehydraten, aber auch nicht um Eiweißfäulnis handelt. A. SCHMIDT dachte an die Möglichkeit einer Fettzersetzung. NOORDEN weist auf die Möglichkeit einer Seifenschaumbildung hin und hebt die besondere Neigung zur Schaumbildung bei Kaliseifen hervor. Genaue Untersuchungen in dieser Richtung stehen jedoch vorläufig aus.

Farbe

Ist es schon bei der Prüfung der Zusammensetzung und der Konsistenz des Stuhles wesentlich, sich nicht auf die bloße Inspektion zu beschränken, sondern durch Zerteilung, etwa mit einem Holzspatel sich auch ein Urteil über die Zusammensetzung im Innern der Kotmassen zu verschaffen, so ist dies auch bezüglich des zweiten Punktes, welcher bei der makroskopischen Stuhluntersuchung in Betracht kommt, ganz wesentlich: bei der Prüfung der Farbe der Fäzes. Die richtige Beurteilung der Farbe des Stuhles ist von größter praktischer Bedeutung, sie ermöglicht es uns, oft Schlüsse von weittragender Bedeutung für die Auffassung eines vorliegenden Krankheitsfalles zu ziehen, und es muß daher gerade diese Prüfung stets genau vorgenommen und alle in Betracht kommenden Erklärungsmöglichkeiten ins Kalkül gezogen werden. Im wesentlichen werden es drei Momente sein, welche die Farbe des Stuhles entscheidend beeinflussen. In erster Linie der Gallenfarbstoff bzw. dessen Derivate, die Art der aufgenommenen und den betreffenden Stuhlmengen entsprechenden Nahrung, schließlich die Verfärbung durch bestimmte Medikamente und reichliche makroskopisch wahrnehmbare Beimengung von Schleim und Eiter. Aus dem Gesagten ergibt sich schon, daß verwertbare Resultate nur dann erzielt werden können, wenn wir die Möglichkeit einer akzessorischen Verfärbung durch das Kolorit der Fäzes in auffallender Weise beeinflussende Nahrungsmittel oder Medikamente unbedingt werden vermeiden müssen. Es wird sich also die Notwendigkeit ergeben, ganz abgesehen von anderen Gesichtspunkten schon aus diesem Grunde, wenn es irgend möglich ist, sobald eine abnorme Verfärbung des Stuhles hiezu Anlaß gibt, den Patienten auf eine bestimmte Kost zu setzen und eventuelle, bezüglich der Verfärbung in Betracht kommende Medikamente abzustellen.

Es gilt als Regel, den Patienten in solchen Fällen, womöglich für die Dauer von einigen Tagen, auf jene Kostform zu setzen, welche wir als die SCHMIDTsche Probekost bezeichnen und auf welche in anderem Zusammenhang noch im einzelnen wird eingegangen werden müssen (s. S. 80). Bei dieser konstant zusammengesetzten Kostform zeigt der Stuhl eine gleichmäßig hellbraune Verfärbung. Es empfiehlt sich in solchen Fällen, in welchen wir gerade der Farbe des Stuhles unsere besondere Aufmerksamkeit schenken, die Probekost mit Milch nehmen zu lassen, da Zutaten von Kaffee, Tee oder Kakao dem Stuhl eine dunkler braune bis rotbraune Farbe verleihen. Treten bei der Milchprobekost abnorme Verfärbungen auf, dann können wir mit ziemlicher Sicherheit annehmen, daß abnorme Verhältnisse vorliegen und werden die Ursachen dieser Verfärbung zu ergründen haben.

Hinsichtlich der Farbe des Säuglingsstuhles sei auf das grünlichschwarze Aussehen des Mekoniums und auf das eigelbe Kolorit der Stühle der Brustkinder verwiesen.

Für die normale Färbung des Stuhles des Erwachsenen ist in erster Linie das Hydrobilirubin verantwortlich zu machen, welches durch Reduktionswirkung der Bakterienflora des Dickdarms daselbst aus dem Bilirubin der sich in den Darm entleerenden Galle gebildet und wenigstens zum Teil mit dem Stuhl ausgeschieden wird. Die Bildung des Hydrobilirubins, welches dem Urobilin gleichgesetzt werden muß, geht anscheinend in erster Linie in den proximalen Kolonabschnitten vor sich. In erster Linie scheinen hier die Bakterienarten eine Rolle zu spielen, welche für das Zustandekommen der Eiweißfäulnis maßgebend sind.

Im Darm erfolgt wenigstens teilweise noch eine weitere Reduktion zu Hydrobilirubinogen, welches wieder dem Urobilinogen entspricht; letzteres ist farblos, im Gegensatz zu der bräunlichen Farbe, welche der Stuhl durch das Hydrobilirubin erhält. Je nach dem Grade dieser Umsetzung schwankt die Farbe des Stuhles. Einzelne Autoren nehmen auch an, daß es auf Grund nicht näher erklärter oxydierender Vorgänge im Darm wieder zu einer teilweisen Rückverwandlung des Hydrobilirubinogens zu Hydrobilin kommen kann. Ganz gewöhnlich ist eine solche Umkehrung des Prozesses zu beobachten, wenn der Stuhl abgesetzt ist und dem oxydierenden Einfluß der Außenluft ausgesetzt wird. Wir beobachten das Nachdunkeln des Stuhles unter dem Einfluß von Sauerstoff und Licht an der Oberfläche des Stuhles. Bei längerstehenden Stuhlmassen ist man oft von dem Gegensatz zwischen Außenfarbe und Färbung der inneren Schichten nach Zerteilung des Stuhles überrascht.

Ausgesprochen hellgelbe, goldgelbe oder leicht ockerartige Verfärbung der Stühle kann durch die Ausscheidung unveränderten Bilirubins bedingt sein. Wir sehen dies in Säuglingsstühlen als normales Vorkommen, offenbar auf Grund einer noch nicht entsprechend wirksamen Dickdarmflora, beim Erwachsenen nur unter pathologischen Verhältnissen, am ausgesprochensten bei den sogenannten Jejunaldiarrhöen. Wenigstens gilt dies für die makroskopische Beurteilung des Stuhles. Mikroskopisch nachweisbares Bilirubin kann auch bei erhöhter Darmpassage aus verschiedensten Ursachen festgestellt werden. Auch hier sei auf den der chemischen Untersuchung des Stuhles gewidmeten Abschnitt verwiesen, wo auch die Umwandlung zu Bilirubin, sei es im Rahmen der Darmpassage, sei es durch den Einfluß der Außenluft beim Stehen des Stuhles, besprochen ist. Hier sei an das Nachdunkeln der oberflächlichen Stuhlpartien bei längerem Kontakt mit der Außenluft hingewiesen und an die Veränderungen der Farbe, welche z. B. Methylenblaustühle oder die SCHMIDTsche Sublimatprobe unter gleichen Verhältnissen erfahren.

Es ist klar, daß mit Rücksicht auf die Bedeutung der Dickdarmflora für die hier stattfindenden Reduktionsprozesse die Art und Tätigkeit derselben für die Färbung des Stuhles von großer Bedeutung sein muß. Wenn wir auch hier, wie ja später bei der Besprechung der bakteriologischen Befunde gezeigt werden muß, noch auf recht unsicherem Boden stehen, muß man doch annehmen, daß gewisse Verfärbungen, wie etwa die dunklere Färbung bei der Fäulnisdyspepsie und die helle Färbung bei abnormen Gärungsvorgängen nicht zuletzt durch die verschiedene Einstellung der Dickdarmflora bedingt sind. Bei Abschluß der Galle kommt es zu den charakteristischen tonfarbenen hellen Stühlen, bei deren Verfärbung allerdings die in solchen Stühlen reichlich vorhandenen Fette eine wesentliche Rolle spielen.

Recht weitgehend ist der Einfluß der verschiedenen Nahrungsmittel auf die Farbe des Stuhles.

Die hellgelbe bis cremeartige Verfärbung des Stuhles bei reiner Milchkost ist allgemein bekannt, ebenso die dunkle, oft fast schwärzliche Verfärbung bei reiner oder überwiegender Fleischnahrung. Ja, man muß wohl sagen, daß im allgemeinen die dem Stuhl durch die Nahrungsmittel gegebene Farbe den Ausschlag gibt.

Neben den eigentümlichen vorhandenen Bestandteilen, also etwa den Umwandlungsprodukten des Hämoglobins der Muskelfasern muß für das Zustandekommen der Farbe auch dem Wassergehalt oder unter Umständen dem Gasgehalt der Fäzes ein wesentlicher Einfluß auf die Farbe derselben zugesprochen werden, wie ja am besten die dunkle „wie verbrannt" aussehende Stuhlmenge hochgradig Obstipierter bei gleichbleibender Diät lehrt.

Von Verfärbungen, welche durch die besondere Art der Nahrungsmittel bedingt sind, sei die dunkelgrüne, oft aber auch hellgrüne Färbung hervorgehoben, die wir nach reichlichem Genuß von Blattgemüsen aller Art beobachten, die dunkle Färbung nach Genuß von Kaffee, Karamel, Rotwein, Brombeeren, Johannisbeeren, Heidelbeeren, Maulbeeren, Schokolade und Kakao, in letzterem Falle mit ausgesprochenem braunem bis braunrötlichem Farbenton. Karotten und rote Rüben zeigen entsprechende, oft sehr weitgehende und zu irrtümlicher Auslegung Anlaß gebende Verfärbung. Auffallend dunkle Färbung, die mitunter mit Blutstühlen (Melaena) verwechselt werden kann, sehen wir nach Genuß von Blut in verschiedener Zubereitung (Blutwurst, Gänseblut usw.).

Von den durch Medikamente bewirkten Verfärbungen seien folgende, häufig zu beobachtende Vorkommnisse angeführt: Dunkelschwarz nach Genuß von Tierkohle. Wismut bedingt in kleineren Mengen ebenfalls eine tiefdunkle, schwarze oder schwarzgraue Verfärbung. Schwarzgrünliche Verfärbung nach Eisenpräparaten; hier kann auch erst beim Stehen ein deutliches Nachdunkeln der Stühle beobachtet werden. Gelbbraune bis rote Färbung nach Senna, Santonin, Rheum. Weiße oder hellgraue Stühle nach Aufnahme von Bolus alba, Barium sulfuricum, großen Mengen von Wismutsalzen. Leichte Rotfärbung nach Phenolphthaleinpräparaten bei alkalischer Reaktion des Stuhls, besonders bei Vermengung mit Harn. Grünfärbung nach Kalomel durch die Bildung von Schwefelquecksilber. Nach Aufnahme von Methylenblau werden infolge der Reduktion des Methylenblaus im Darm zwar farblose Stühle abgesetzt, sie nehmen aber beim Stehen ziemlich rasch einen blauen oder grünlichen Farbenton an.

Von besonderer klinischer Bedeutung sind jene Verfärbungen der Stühle, welche durch die Beimengung von Blut zustande kommen. Die Farbenveränderung, welche der Stuhl durch die Beimengung von Blut erfährt, kann eine außerordentlich verschiedene sein. Zunächst bedarf es eines Blutgehaltes von etwa 6 bis 10%, um eine Rotfärbung des Stuhles zur Folge zu haben, wie Untersuchungen LAUDAS an unserer Klinik gezeigt haben. Je nach der Menge des Blutes, dem Sitze der Blutung, je nach der Geschwindigkeit der Passage und abhängig von den Sekretionsverhältnissen des Magens kann der Blutfarbstoff in ziemlich oder ganz unveränderter Farbe im abgesetzten Stuhl erscheinen, oder aber es kommt eine braune bis schwarze und schließlich tiefschwarze Färbung zustande. In vielen Fällen wird die Inspektion des Stuhles nicht genügen, um die Diagnose „Blutung" mit Sicherheit zu stellen. Es werden die betreffenden chemischen und mikroskopischen Untersuchungen herangezogen werden müssen, welche ja später ausführlich abgehandelt werden sollen (s. S. 148). Mikroskopisch wohlerhaltene Blutkörperchen können häufig nachgewiesen werden, vor allem wenn es sich um Blutungen aus den untersten Darmabschnitten handelt. Wir sehen sie bei Hämorrhoidalblutung, sei es als mit dem Stuhl schon austretendes Blut oder bei sekundärer Blutbeimengung infolge äußerer Hämorrhoiden. Das letztere gilt auch für die eventuelle Beimengung menstruellen Blutes. Wir sehen ferner Blutbeimengung z. B. bei Kolitiden verschiedenster Genese, Geschwürbildung aller Art und Analfissuren.

Das Hämoglobin wird im allgemeinen im Magendarmtrakt zu Hämatin umgewandelt. Die Umwandlung vollzieht sich im Magen unter der Einwirkung der Salzsäure, im Darm beruht sie auf nicht genauer bekannten Zersetzungsvorgängen. Hämatin hat eine tiefbraune, in höherer Konzentration schwarze Farbe; Stühle, denen große Mengen Blutes beigemengt sind, haben daher die bekannte charakteristische schwarzbraune bis pechschwarze Farbe, meist bei zäher, „wagenschmierähnlicher" teerartiger, lack- oder schuhwichsähnlicher Beschaffenheit. Auf die schwarze Färbung des Stuhles nach Genuß bestimmter Medikamente oder gewisser Bestandteile der Nahrung, welche zu Verwechslungen Anlaß geben kann, wurde schon oben verwiesen. Die Umwandlung von Hämoglobin zu Hämatin findet aber nur dann statt, wenn dem Reaktionsablauf genügend Zeit zur Verfügung steht, d. h. wenn der bluthaltige Darminhalt lange genug im Darme verweilt. Bei Blutungen aus den untersten Darmabschnitten werden die Fäzes daher die teerfarbige Beschaffenheit vermissen lassen; bei hämorrhagischer Kolitis finden wir mit rotem, blutigem Schleim untermischte Stühle, bei Hämorrhoiden dem Stuhl außen anliegende, größere oder kleinere, hellrote Blutgerinnsel oder Fäden. Auch bei abundanten Blutungen aus den untersten Darmabschnitten, z. B. beim Carcinoma recti, sehen wir häufig nicht schwarze, sondern blutigrot gefärbte Entleerungen. Die Farbe des Stuhles wird also hinsichtlich der Lokalisation der Blutung — hohe oder tiefe Melaena — einen Schluß nur unter bestimmten Verhältnissen gestatten. Die rote Farbe ist kein untrügliches Zeichen für die Blutung aus den untersten Darmpartien, denn einerseits kommt es gelegentlich bei schneller Darmpassage und abundanten Blutungen, z. B. aus einem Ulcus ventric., zu wohl dunkleren, aber nicht schwarzen, sondern dunkelrot gefärbten Stühlen, wie eigene Beobachtungen beweisen. Anderseits ist aber auch die Möglichkeit gegeben, daß Blutungen, die nahe am Anus lokalisiert sind, z. B. bei inneren Hämorrhoiden, zu teerfarbigen Stühlen führen, wenn nämlich, wie dies gelegentlich vorkommt, der blutige Rektalinhalt durch retrograden Transport (SCHWARZ und ZWEIG) bis zum Coecum geschafft wird und das Hämoglobin sich hiebei in Hämatin umwandelt. Immerhin wird im allgemeinen die ausgesprochen schwarze oder rote Farbe des Stuhles den Ursprung der Blutung vermuten lassen.

Der innigen Vermengung von Schleim und Blut bei Dysenterie wurde schon oben gedacht (s. auch S. 11). Es sei noch auf die zartrosa, flüssige, „himbeerwasser"-artige Entleerung hingewiesen, wie sie bei Flagellaten- und Spirochaetenenteritis beobachtet worden ist (LUGER). Schließlich sei noch die Tatsache betont, auf welche ORTNER ganz besonders aufmerksam gemacht hat, daß gerade acholische Stühle bei gleichzeitig bestehender Blutung gerade bei hoher Melaena eine ganz uncharakteristische, dunkelgraue Farbe aufweisen können.

Es ist klar, daß die Differenzierung von hoher und tiefer Melaena sich nicht allein auf die Beobachtung des Stuhles stützen wird, da eine ganze Reihe von anderen klinischen Momenten — Art der Stuhlentleerung, Bestehen von Tenesmus usw. — die Diagnose erleichtern werden.

Wenn wir von den schon oben angeführten Vorkommnissen absehen, wäre noch eine ganze Reihe von Affektionen zu erwähnen, welche zur Melaena führen können — das Ulcus duodeni und Ulcus jejuni pepticum, die tuberkulösen Dünndarmgeschwüre, Typhus und Paratyphus, mehr diffuse oder umschriebene Blutungen bei Pfortaderstauung oder allgemein bedingte Stauungszustände und die arteriosklerotischen Blutungen. Von selteneren Ereignissen sei noch der parenchymatösen Blutung (CZYHLARZ[1]), des syphilitischen Ulkus, der Blutung bei

[1] Arch. f. Verd. 1912, 18. 85.

tabetischen Krisen und der Blutung bei hämorrhagischer Diathese gedacht. Damit soll keine erschöpfende Darstellung all jener Erkrankungen gegeben sein, welche zu Melaena führen können, es soll nur auf jene Zustände aufmerksam gemacht werden, deren Möglichkeit in erster Linie ins Auge zu fassen ist, wenn wir die charakteristische, oben geschilderte Verfärbung des Stuhles feststellen.

Geruch

Der Geruch der Fäzes hat eine nicht zu unterschätzende diagnostische Bedeutung.

Der normale Geruch des Stuhles rührt in erster Linie von Skatol her. Je nach dem Überwiegen von Fäulnis- oder Gärungsvorgängen wird ein mehr stinkender bzw. sauer riechender Stuhl abgesetzt werden. Hungerkot und Mekonium sind fast geruchlos. Der normale Stuhl des Brustkindes zeigt einen ganz schwach säuerlich aromatischen Geruch, bei Kuhmilchnahrung wird der Stuhl etwas übelriechender, unangenehm fade oder fäulnisartig.

Bei Gärungsdyspepsie herrscht der Geruch nach Buttersäure vor. Längeres Stehen beeinflußt naturgemäß infolge der eventuell sekundär auftretenden Zersetzungsvorgänge den Geruch wesentlich, so daß auch hier die Forderung gilt, möglichst frischen Stuhl zu untersuchen. Mitunter kann es sich als zweckmäßig erweisen, den Stuhl in einer Petrischale oder Glasdose anderer Art zu verschließen, da auf diese Weise eventuell charakteristisch riechende Produkte leichter beurteilt werden können. Fettsäure und Fettsäureestern bedingen den eigenartigen Geruch der Fettstühle. Putrider Geruch spricht für weitgehende Zerfallsprozesse und ist in erster Linie bei Zerfall maligner Neoplasmen der distalen Dickdarmabschnitte, aber auch bei dysenterischen Prozessen zu beobachten. Schließlich sei noch der spermaähnliche Geruch stark schleimhaltiger Stühle, insbesondere der Dysenteriestühle hervorgehoben. Bei Ascaridiasis wird gelegentlich ein eigenartiger aromatischer Geruch wahrgenommen (ORTNER).

Ein Zusatz von desodorisierender Lösung wie Kaliumpermanganat, Formol, Karbol oder Äther empfiehlt sich nicht, da dadurch eine wesentliche Veränderung des Bildes zustande kommen kann und da bei entsprechender Vorsicht und Abdecken der Probe eine Belästigung vermieden werden kann.

Methodik der Aufschwemmung

Um die makroskopische Untersuchung des Stuhles wirklich voll durchzuführen, genügt die einfache Inspektion selbst nach Zerteilung mit dem Spatel nicht. Es ist notwendig, namentlich überall dort, wo bestimmte Fragestellungen in dieser Richtung auftauchen, bei einem vollständigen Stuhlbefund aber auch sonst gewiß zu fordern, daß der Stuhl mit Wasser aufgeschwemmt und nach der im folgenden beschriebenen Methode verarbeitet wird. LEDDEN-HULSEBOSCH schildert den Vorgang in folgender Weise:

„Man kommt am besten zum Ziel, wenn man über eine Wasserleitung mit leichtem Druck zu verfügen hat. Die Fäzes können alsdann in einem Siebchen von feinem Messingdraht durch den schwachen Strahl der Wasserleitung und nachher in einem hohen Becherglas gereinigt werden.

Sind die eben erwähnten Bedingungen nicht vorhanden, so läßt man die Exkremente, welche Konsistenz sie auch haben mögen, in einem hohen Becher- oder Zylinderglas in Wasser sich erweichen, bis die Teilchen sich trennen und die Masse gut verteilt ist. Man kann diese Teilung fördern, indem man das Gemenge dann und wann mit einem Glasstabe rührt.

Nachdem die gröberen Teilchen des Gemenges sich abgesetzt haben, wird die darüber stehende Flüssigkeit durch ein Siebchen von dünnem Messingdraht mit feinen Öffnungen in ein größeres Gefäß gebracht. Was beim Dekantieren im Becherglas zurückbleibt, wird abermals auf dieselbe Weise mit kaltem Wasser behandelt und dies Verfahren einige Male wiederholt.

Bei der letzten Abwaschung wird der ganze Inhalt des Becherglases auf das Siebchen gestürzt und danach mit Wasser gewaschen.

Die durchgesiebten flüssigen Massen werden vereinigt und, damit die festen Teilchen sich absetzen, bei Seite gestellt. Durch Dekantieren und wiederholte Behandlung mit Wasser, bis letzteres nicht mehr gefärbt wird, wird der Bodensatz dann gereinigt.

Was auf dem Siebchen zurückbleibt, wird so lange mit Wasser abgewaschen, bis letzteres farblos abfließt, und schließlich mit Wasser in ein Becherglas gespült, in welchem die festen Teilchen sich zum letzten Male absetzen können.

Abb. 1. Boassches Stuhlsieb

Bei diesem Verfahren lasse man sich nicht verführen, um Zeit zu gewinnen, die gröberen Teilchen, die langsam auseinander fallen, mechanisch zu scheiden. Man liefe dann Gefahr, Gegenstände, die gerade an der Form, in der sie ausgeschieden werden, am besten zu erkennen sind, zu schädigen und das Erkennen derselben zu erschweren; überdies könnte man dadurch leicht eine falsche Vorstellung von dem wahren Zustand erhalten, worin die Speisereste den Darmkanal verlassen.

In weitaus den meisten Fällen wird man, nachdem die gereinigten Exkremente sich haben absetzen können, bemerken, daß nicht alle feste Teilchen sich abgesetzt haben, sondern eine Anzahl häutiger Gegenstände, sei es von Luftbläschen emporgetrieben, oder infolge ihrer mehr oder weniger fettigen Natur, an der Oberfläche schwimmen.

Man fängt nun die Untersuchung damit an, daß man diese schwimmenden Gegenstände mittels gebogener Nadeln auffischt, um sie in den dazu bereitgestellten flachen Glasschälchen (kleine Kristallisiergläser von 6,8 und 10 cm Durchmesser), die zur Hälfte mit Wasser gefüllt sind, zu sortieren.

Blattstücke von Kopfsalat, die Speisereste von Zwiebeln und sonstigen aromatischen Gemüsen, die Kutikula und Epidermis der meisten Gemüse und Früchte, ganze Kapern, Gartenerbsen und Bohnen, lose Früchtchen von Erdbeeren, Federchen von Geflügel usw. habe ich bei meinen Untersuchungen stets schwimmend gefunden und in der beschriebenen einfachen Weise absondern können.

Nach dieser ersten Manipulation gibt man aus dem Becherglas den Inhalt — jedesmal in kleinen Quantitäten und ja nicht zuviel auf ein Mal! — in eine flache weiße Porzellanschale und untersucht jede kleine Portion für sich unter der Lupe. Mit gutem Erfolg bediene ich mich hiebei einer an einem messingenen Stativ verschiebbaren Lupe mit Kugelgelenken, mit einer Linse von ungefähr 7 cm. Auf diese Weise erlangt man einen guten Überblick und die Gewißheit, daß nichts der Wahrnehmung entgeht.

Der ganze Bodensatz wird so nach und nach makroskopisch untersucht und sortiert in verschiedene mit Wasser versehene Glasschalen gebracht."

Es gilt, wie ja aus dem Gesagten hervorgeht, diese Verarbeitung des Stuhles auch als wichtige Vorbereitung für die ja später zu schildernde mikroskopische Untersuchung, wenn es sich um die Bestimmung einzelner kleiner Bestandteile des Stuhles handelt.

Abgesehen von den geschilderten Methoden benutzen wir das Boassche Stuhlsieb.

Dasselbe besteht aus zwei mittels Bajonettverschluß zerlegbaren Hohlkugeln. Man läßt Leitungswasser durch das Ansatzrohr der oberen Hohlkugel in feinen Strahlen durchströmen, durch das untere Ansatzrohr wieder abfließen. Durch die Öffnung kann mittels eines Glasstabes das eingeführte Stuhlmaterial verrührt werden. Die in Wasser unlöslichen groben Rückstände bleiben auf dem Sieb. Im allgemeinen genügt eine Durchspülung von 10 bis 20 Minuten Dauer (s. Abb. 1).

Eiter[1]

Größere, als solche erkennbare, rein eitrige Massen sind im Stuhl nur ganz ausnahmsweise zu finden. Dies wird dann der Fall sein, wenn es zum Durchbruch irgend eines Eiterherdes in das Darmlumen gekommen ist. Aber selbst in solchen Fällen muß der Eiter, besonders wenn es sich um ein Ereignis handelt, das sich in den höheren Dickdarm- oder Dünndarmabschnitten abgespielt hat, nicht immer als solcher zu erkennen sein, da er ja durch Ferment- und Fäulnistätigkeit weitgehende Veränderungen erfahren kann (Sahli). Beimengung geringer Eitermengen in Form von kleinen Eiterflöckchen oder schleimig-eitrigen Fäden und Membranen ist häufig zu beobachten und spricht stets in erster Linie für das Vorhandensein eines geschwürigen Prozesses im Bereiche des Darmes (Tuberkulose, bazilläre Dysenterie, Amöbendysenterie, Typhus, Proktitis, Paratyphus, Lues, rektale Gonorrhöe usw.). Häufig wird die mikroskopische Untersuchung, deren Schilderung gleich angeschlossen werden soll, nötig sein, um den eitrigen Charakter eines Schleimflöckchens festzustellen. Dieselbe soll gleich angeschlossen werden. Sie läßt im allgemeinen die weißen Blutkörperchen leicht an ihrer eigenartigen Form und eventuellen Granulationen erkennen. Wir finden bald Überwiegen polymorphkerniger Granulozyten, bald mononukleärer Elemente. Unter den ersteren überwiegen die Neutrophilen. Die Verwertung der zytologischen Befunde bedarf weiteren Ausbaues. Häufig müssen wir uns mit der Diagnose Eiter begnügen mit Ausnahme der unten besprochenen Fälle und jener, in welchen wir eine ausgesprochene Vermehrung der eosinophilen Granulozyten feststellen, da uns diese einen differentialdiagnostisch nicht unwichtigen Befund in die Hand geben (Protozoeninfektion, Wurmerkrankung, Colica mucosa, eosinophile Darmkrisen, Gonorrhöe des Rektum, Leukämie).

Es ist leicht verständlich, daß wir im Stuhl an den weißen Blutkörperchen oft schwere morphologische Veränderungen feststellen können, welche dieselben fast unkenntlich machen und leicht zu Verwechslungen mit Protozoen führen können. Vor allem kann es zu sehr beträchtlicher Schwellung kommen (bis zu etwa 20 μ und mehr). Solche Formen sind gewöhnlich durch starke Vakuolisierung ausgezeichnet, welche dem Gebilde einen wabigen Aufbau verleihen können und um so eher zur Annahme eines Protozoon insbesondere einer Amöbe führen, als die Granula in diesen Stadien verschwinden und der Kern oft nicht gut sichtbar sein kann. Im allgemeinen widersteht der Kern jedoch der Verdauung und Fäulnis am längsten, so daß wir nicht selten freie Kerne oder Kernfragmente in eitrigen Stühlen vorfinden.

Erwähnt sei noch das keineswegs seltene Vorkommen von Einschlüssen jeder Art, vor allem aber von Erythrozyten, worauf schon Ad. Schmidt hingewiesen hat.

[1] Hier, wie später sind, um den Zusammhang zu wahren, die mikroskopischen Ergebnisse angeschlossen.

Es wurde schon an anderer Stelle betont, daß ein genaueres zytologisches Studium der im Stuhl nachweisbaren zellulären Elemente eine gewisse differentialdiagnostische Bedeutung beanspruchen darf. Dies gilt vor allem für die verschiedenen Formen der Dysenterie. Eine Reihe von Autoren (HOUGHWORT, ANDERMOR, WILLMORE und SHERMAN, BAHR und WILLMORE) hat darauf hingewiesen — und nach persönlichen Erfahrungen muß ich diesen Angaben beipflichten — daß sich das mikroskopische Bild in Fällen von bazillärer Dysenterie doch häufig in einzelnen Zügen mitunter sogar ganz wesentlich von dem Bild der protozoären Dysenterie unterscheidet. Dies gilt vor allem für die Amöbendysenterie und auch für die Balantidienkolitis, soweit diese Erkrankungen in reiner Form vorliegen. Das mikroskopische Bild bei der bazillären Dysenterie ist, abgesehen von dem schon makroskopisch nachweisbaren, in der Regel reichlicheren Eitergehalt neben den in wechselnder Menge nachweisbaren Erythrozyten vor allem durch eine massige neutrophile Leukozytose charakterisiert. Die Zellen zeigen häufig Zeichen schwerer toxischer Schädigung, Vakuolisierung ist häufig anzutreffen. Wir finden ferner morphologisch in verschiedenster Form auftretende, chromatinartige Plasmaeinschlüsse, gelegentlich auch basophile, rundliche oder ovale, scharf umschriebene, einschlußartige Gebilde. Hiezu kommen pyknotische Veränderungen der Zellkerne und Sprengung derselben. Die eosinophilen Zellen sind gelegentlich, aber keineswegs regelmäßig vermehrt. Vor allem fällt aber eine erhebliche Zahl endothelialer Elemente auf. Auch diese zeigen deutliche degenerative Veränderungen, Vakuolisierung, Auftreten von Fetttropfen, Einschlüsse jeder Art stellen einen regelmäßigen Befund dar, namentlich tritt eine auffällige Neigung zu Phagozytose, vor allem auch zur Phagozytose roter Blutkörperchen auf. Derartige Gebilde können gelegentlich zu Verwechslungen mit Degenerationsformen der Amoeba histolytica führen. Plasmazellen sind häufig nachweisbar und scheinen ein nicht unwichtiges Kriterium in differentialdiagnostischer Hinsicht abzugeben. Daneben finden wir zahlreiche zelluläre Elemente, bei welchen die degenerativen Veränderungen so weit vorgeschritten sind, daß eine genauere Klassifizierung derselben kaum möglich erscheint.

Im allgemeinen ist das mikroskopische Bild somit durch die schwere toxische Schädigung der zellulären Elemente charakterisiert, neben welcher die neutrophile Leukozytose und die zahlreichen endothelialen Phagozyten dem Befund ein eigenartiges Gepräge geben.

Im Gegensatz hiezu ist das Bild der protozoären Dysenterie in ihrer akuten und reinen Form durch das Zurücktreten der weißen Elemente, das Fehlen der Plasmazellen, das Zurücktreten oder den vollständigen Mangel endothelialer Phagozyten charakterisiert. Es fehlen die Zeichen schwerer toxischer Schädigung, wohl aber sind weitgehende Verdauungsvorgänge an den weißen Blutkörperchen zu beobachten, welchen die Zellkerne in der Regel größeren Widerstand leisten, so daß wir häufig freie Kerne oder solche mit kleinen, anhängenden Plasmaresten vorfinden. Sekundäre pyknotische Veränderungen derartiger Gebilde sind nicht selten zu sehen.

Die Differenzierung auf Grund des histologischen Bildes wird schwieriger, ja fast unmöglich, wenn sich zu der akuten oder chronischen protozoären Dysenterie, wie so häufig, eine sekundär aufgepfropfte unspezifische eitrige Kolitis hinzugesellt, welche das mikroskopische Bild entscheidend beeinflussen kann. Mitunter kann selbst dann das Fehlen oder Zurücktreten der endothelialen Makrophagen oder das charakteristische Degenerationsbild der Leukozyten die Sachlage klären, häufiger scheint mir jedoch unter solchen Umständen im Gegensatze zu HOUGHWORT ein differentialdiagnostischer Schluß kaum möglich.

Epithelzellen

Bezüglich der im Stuhl vorkommenden Epithelzellen müssen wir zwischen den meist verhornten Plattenepithelien der Analgegend und den eigentlichen Darmepithelien unterscheiden. Die erstgenannten Elemente finden sich in wechselnder Anzahl bei genauem Suchen wohl in jedem Stuhl. Sie liegen einzeln oder auch in kleinen Verbänden und sind durch ihre eigenartige polygonale Form, durch die Struktur ihrer übrigens nicht selten, bei verhornten Zellen immer fehlenden Kerne, durch das netzförmig verteilte zarte Chromatingerüst in der Regel ohneweiters kenntlich. Die Kerne der Zellen erscheinen oft wie eingeschlagen, die Zellen selbst mitunter im ganzen gefältelt. Wir finden sie mitunter in größerer Zahl bei Fällen chronischer Obstipation im Stuhl selbst oder in der die Stuhlmassen überziehenden Schleimschicht. Unter Umständen ist auch an das Auftreten verschluckter Mundepithelien zu denken.

Auch Zylinderepithelien sind keineswegs selten anzutreffen. Auch solche müssen wir, wenn sie in nicht zu reichlicher Menge vorhanden sind, als normalen Befund bezeichnen. Sie gelangen entweder als Produkte der spontanen Zellmauserung in das Darmlumen oder werden mechanisch abgestreift. Es ist klar, daß eine veränderte Schleimhaut relativ geringen Widerstand entgegensetzen wird und wir finden dementsprechend bei Durchfällen aller Art, vor allem bei solchen enteritischer und kolitischer Natur Darmepithelien in wechselnder Zahl. Auf das auffallend zahlreiche Vorkommen bei der Lamblienenteritis wird an anderer Stelle hingewiesen. Es handelt sich aber hier keineswegs um den pathognomonischen Befund, da, wie gesagt, auch sonst selbst dann, wenn für tiefergreifende Organveränderungen der Darmwand kein Anhaltspunkt gegeben ist, Darmepithelien in ziemlich großer Zahl nachgewiesen werden können. Sie liegen einzeln, auch in Verbänden und Reihen, häufig in Schleim eingebettet. Ihr Aussehen variiert außerordentlich — von durchaus gut erhaltenen Zellen, welche durchaus den Bildern gleichen, die wir am Zupfpräparat eines Darmstückes sehen, bis zu fast unkenntlichen, ovalen oder spindeligen Schollen finden sich alle Übergänge. Besonders interessant ist die zuerst von NOTHNAGEL beschriebene, eigenartige Anschwellung, bei welcher es sich nach den Untersuchungen von A. SCHMIDT zweifellos um eine Vermengung mit Seifen handelt. Der Kern ist ziemlich schwer darstellbar, bleibt aber erhalten. Die Gebilde haben einen eigenartigen amorphen, matten Glanz. Durch Behandlung mit Essigsäure läßt sich in der Wärme das Freiwerden von Fettsäuren chemisch nachweisen.

Eine Lokaldiagnose, ob Dickdarm- oder Dünndarmepithelien, läßt sich kaum jemals mit Sicherheit durchführen. Liegen deutlich angedaute Zellen in Schleim eingebettet, welcher gleichzeitig Bilirubinkörner trägt, dann ist wohl die Diagnose Dünndarmzellen wahrscheinlicher, Befunde, die SCHMIDT besonders bei Typhus und Darmtuberkulose erheben konnte. Die Gallenfarbstoffimbibition der Zellen selbst gewährt keinen sicheren Anhaltspunkt, da solche sekundär im Dickdarm leicht erfolgen kann.

Gelegentlich sind Becherzellen zu beobachten. In ganz seltenen Fällen wurden größere, zusammenhängende Drüsenschläuche nachgewiesen. Mitunter finden wir ganz wesentlich vergrößerte und aufgequollene Zellen, die Fetttropfen enthalten.

Schleim

Der Nachweis von Schleim im Stuhl ist von besonderer Bedeutung, da wir das Auftreten von Schleim immer als abnormen Befund bezeichnen müssen. Ausgenommen hievon sind die Darmentleerungen von Säuglingen etwa in den ersten zwei bis drei Wochen, wo wir fast regelmäßig kleinste Schleimflöckchen nachweisen können. Vor oder mit dem Mekonium können auch verhältnismäßig größere, zusammenhängende Schleimmengen entleert werden. Der Stuhl des darmgesunden Erwachsenen ist frei von Schleim. Daß im Darminhalt zweifellos beträchtliche Mengen von Schleim vorhanden sind, geht schon aus dieser Tatsache hervor, daß ein Rückschluß auf mangelnde Schleimproduktion aus einem negativen Stuhlbefund nicht wird gezogen werden dürfen.

Die Menge des sich unter abnormen Verhältnissen im Stuhl des Erwachsenen vorfindenden Schleimes ist allerdings eine außerordentlich wechselnde, von kleinen Schleimmengen, wie wir sie bei etwas rascher Darmpassage oder bei leichter Obstipation finden können, Zustände, welche also an der Grenze des Physiologischen stehen, bis zu den kompakten, oft ganz erheblichen Schleimmassen der intestinalen Myxoneurose.

Im allgemeinen wird die mikroskopische Untersuchung zum Ziele führen. Soweit nicht durch ihr glasiges Aussehen charakterisierte größere Schleimmengen vorliegen, wird man den Stuhl in der Schale, am schwarzweißen Teller oder auf einem Objektträger auf dunkler Unterlage mit Wasser sorgfältig verrühren und auf dem Boden des Gefäßes bzw. auf der Fläche des Objektträgers herabfließen lassen und erkennt leicht die klebrige charakteristische Konsistenz. In Wasser sind die schwimmenden, sich oft fetzenartig darstellenden Schleimflöckchen leicht zu erkennen. Verwechslung mit Bindegewebe, Nahrungsresten, Parasiten werden wohl nur ausnahmsweise vorkommen können.

Eine makroskopische Schleimfärbung kann mit Ehrlichs Triazid vorgenommen werden, indem die mit Wasser gereinigten und in destilliertem Wasser aufgeschwemmten Schleimflocken mit oder ohne vorherige Fixierung mit Sublimatalkohol mit einigen Tropfen der Farblösung versetzt werden. Der Schleim nimmt eine blaugrüne oder grüne Verfärbung an.

Bei der mikroskopischen Untersuchung, die, wie gesagt, nur ausnahmsweise zur Identifizierung herangezogen werden muß, finden wir zartgraue oder fast farblose, gelegentlich auch leicht gelblich oder rötlich imbibierte Massen — wie ja auch makroskopisch der Stuhl eine mehr oder weniger gelbe, gelbbraune oder in hämorrhagischen Stühlen rote Farbe annehmen kann — in welchen wir häufig als Quetscheffekt oder auch infolge der Faltung der Schleimmassen im Darm spärlich gewundene, zarte Strukturen erkennen können. Schmidt hat im Gegensatz zu den Bindegewebefetzen auf die außerordentlich zarte, oft kaum erkennbare Kontur dieser Gebilde hingewiesen. Der Zusatz von Essigsäure ist von leicht körniger Fällung gefolgt, außerdem läßt ein solcher etwa zufällige Einschlüsse leichter erkennen. Jod färbt den Schleim diffus gelb an. Alkoholzusatz ruft Schrumpfung und Trübung hervor. Eventuell soll noch eine Färbung mit Thionin oder Methylgrün nach Fixation mit Sublimatalkohol herangezogen werden.

Die seinerzeit von Nothnagel als Schleiminseln beschriebenen Formationen haben sich als Verwechslung mit Gebilden verschiedenster Art erwiesen.

Ebenso wie es für abnorme Stuhlbestandteile also gilt, wird auch hier Schleim an der Oberfläche geformten Stuhles als Dickdarmschleim, wahrscheinlich der unteren Dickdarmabschnitte, angesprochen werden dürfen, während eine innigere Vermengung des Schleimes mit dem Stuhl für einen höheren Ursprungsort desselben spricht. Intensive Imbibition, Auftreten von Bilirubinkörnern, eingeschlossene ganz angedeutete Zellrestkerne werden, wie oben erwähnt, mit ziemlicher Sicherheit für obere Dünndarmabschnitte zu verwerten sein.

Schleim ist keineswegs immer Zeichen eines Katarrhs im Sinne einer Entzündung. Bei bestehender Obstipation (STRASBURGER, NOORDEN) ist er wohl als Ausdruck eines „Abwehrreflexes zur Erhöhung der Gleitfähigkeit“ aufzufassen. Wir finden anderseits Schleim in den durch Hyperperistaltik hervorgerufenen Diarrhöen (etwa bei den reinen nervösen Diarrhöen). Auch die bei ADDISON beschriebenen Diarrhöen gehören wohl hieher. Auch bei der reinen intestinalen Myxoneurose (Colica mucosa, pseudomembranacea), wo wir exquisite Schleimüberproduktion finden, fehlen die histologischen Zeichen der Entzündung (JAGIĆ-WEIGERT, MARCHAND u. a.). Selbstverständlich sind anderseits katarrhalisch-entzündliche Zustände durch das Auftreten von Schleim charakterisiert. In manchen Fällen, wie etwa bei chronischer Dyspepsie, wird es schwer sein, eine scharfe Grenze zu ziehen, um so mehr als reine Schleimsekretion einer bestehenden entzündlichen Veränderung aufgepfropft sein kann. Im allgemeinen wird der Zellreichtum des Schleimes, insbesondere das Auftreten von zahlreichen Leukozyten eine wichtige Handhabe zur Beantwortung der Frage bieten.

Wir finden Schleim bei entzündlicher Veränderung des Darmes jeder Art (Typhus, Cholera, Tuberkulose, Paratyphus, bazilläre Dysenterie, Amöbendysenterie, Flagellaten- und Spirochätenenteritis, Enterokolitiden jeder Art, Sprue). Es sei noch daran erinnert, daß Hämorrhoiden von erhöhter, oft sehr reichlicher Schleimbildung begleitet sein können. Bei der Bazillenruhr sei noch besonders auf das Auftreten von Schleimklümpchen bis zu Bohnengröße und darüber verwiesen.

JOCHMANN beschreibt froschlaichähnliche Gebilde, welche Schleimausgüsse geschwürig zerfallener Follikel darstellen.

Der Nachweis von Fibrin im Stuhl gelingt nicht. Da solches bei diphtherischer Entzündung der Darmschleimhaut zweifellos vorliegt, müssen wohl sekundäre Veränderungen im Verlaufe der Darmpassage angenommen werden.

Eiweißnachweis s. S. 198.

Gibt die einfache makroskopische sowie mikroskopische Untersuchung des Zupfpräparates abgegangener größerer Schleimmengen (Membranen) kein sicheres Resultat, wird ein solches nur von der histologischen Untersuchung nach Einbettung und entsprechender Färbung zu erwarten sein.

Abgesehen von den schon oben geschilderten makroskopisch erkennbaren Beimengungen von Blut, Schleim und Eiter müssen noch einige weitere Befunde hervorgehoben werden, die wir in der Regel nach entsprechendem Aufschwemmen und Verdünnen nach der oben geschilderten Methode, in anderen Fällen aber auch ohne weitere Verarbeitung des Stuhles erheben können. Es erweist sich hier die Untersuchung im auffallenden Licht auf schwarzem Grunde, eventuell mit Zuhilfenahme des schwarzweißen Tellers als nützlich, gelegentlich wird die Untersuchung unter der Präparierlupe heranzuziehen sein.

Unter normalen Verhältnissen finden wir nach SCHMIDTscher Probekost keine wesentlichen makroskopischen Restbestände, unter pathologischen Verhältnissen oder bei entsprechender einseitiger Ernährung können wir oft ohneweiters, mitunter, wie gesagt, erst nach Zuhilfenahme der Untersuchung bei schwacher Vergrößerung oder selbst erst nach eingehender makroskopischer Untersuchung Reste verschiedenster Herkunft identifizieren. Schon oben gelegentlich der Schilderung der Untersuchungstechnik nach LEDDEN-HULSENBOSCH wurde eine Reihe von charakteristischen vegetativen Resten erwähnt. Es sei noch an das Vorkommen von Kartoffelstückchen, großen Erbsen oder Bohnen oder Bruchstücken derselben, an Reste von Karotten, Anteile des Strunkes der Blattgemüse erinnert, an Fleischreste, Bindegewebe, namentlich sehniger Art, Knochensplitter, Schuppen, Federn. Mit Rücksicht auf die Verwechslungsmöglichkeit mit Parasiten verschiedener Art sei auf das Vorkommen von wurmartig aussehenden Resten des Parenchyms von Orangen, Bananen, Birnen und Spargeln hingewiesen. Auf die Verwechslungsmöglichkeit zäher Schleimfäden mit Würmern hat schon HEBERDEN hingewiesen. Reste von Teigwaren können, wie ein Fall eigener Beobachtung zeigt, das Bild von Proglottiden vortäuschen. Mohnkörner, Gewürzkörner aller Art werden bei entsprechender reichlicher Aufnahme nicht selten im Stuhl in toto oder in größeren Fragmenten wiedergefunden.

Konkremente und konkrementartige Gebilde

Wenn kleinere oder größere harte Bröckel oder als solche erkennbare Steine im Stuhl vorgefunden werden, wird in den meisten Fällen die makroskopische und mikroskopische Untersuchung genügen, um die Natur des betreffenden Gebildes aufzuklären. Vielfach wird aber doch wenigstens die orientierende chemische Untersuchung herangezogen werden müssen, welche gleich hier im Anschluß geschildert werden soll. An dieser Stelle soll das BOASsche Stuhlsieb kurz geschildert werden, welches für diesen Zweck ausgezeichnete Dienste leistet, wenn man auch in der Regel mit dem oben geschilderten allgemeinen Verfahren der Stuhlaufschwemmung zum Ziele kommt. Das BOASsche Stuhlsieb besteht aus zwei, mittels Bajonettverschluß zerlegbaren Hohlkugeln. Man läßt Leitungswasser durch das Ansatzrohr zur oberen Hohlkugel in feinen Strahlen durchströmen, durch das untere wieder abfließen. Durch die Öffnung kann mittels eines Glasstabes das eingeführte Stuhlmaterial verrührt werden. Die in Wasser unlöslichen groben Rückstände bleiben auf dem Sieb. Im allgemeinen genügt eine Durchspülung von 10 bis 20 Minuten Dauer.

Gallensteine werden in den meisten Fällen, sei es, daß es sich um reine oder zusammengesetzte Cholestearinsteine handelt, an ihrer charakteristischen fazettierten Form, ihrem niedrigen spezifischen Gewicht, dem charakteristischen radiären Aufbau auf der Schnittfläche, der konzentrischen Schichtbildung der äußeren Lagen leicht zu erkennen sein. Unter Umständen wird die mikroskopische Untersuchung, eventuell nach Umkristallisierung des Cholestearins aus Ätheralkohol oder nach Auskochen in Alkohol die charakteristischen, an anderer Stelle geschilderten Cholestearinkristalle erkennen lassen (s. S. 75). Der Gehalt an kohlensaurem Kalk wird sich in dem Aufbrausen bei Behandlung mit Salzsäure zu erkennen geben, Gallenfarbstoff nach Extraktion mit Chloroform durch die bekannte chemische Reaktion, eventuell unter Zuhilfenahme des Spektroskopes.

Größere Schwierigkeiten werden die selteneren Fälle von Pankreassteinen und Enterolithen bereiten. Wenigstens nach eigenen Erfahrungen kann das Vorkommen von letzteren im Gegensatz zur Meinung anderer, namentlich französischer Autoren als kein gewöhnliches Vorkommnis hingestellt werden. Es handelt sich häufig um sekundäre Inkrustationen einzelner Pflanzenreste, namentlich Sklerenchymzellen verschiedener Art mit phosphor- und kohlensaurem Kalk oder Magnesiumsalzen (Darmsand).

Auch die größeren Steine (Koprolithen) stellen derartige, namentlich mit Kalksalzen durchsetzte Massen von Detritus jeder Art, vornehmlich von Pflanzenresten dar.

Bezüglich der Pankreassteine sei nur hervorgehoben, daß organische Pankreassteine mit geringer Aschenbildung auf dem Platinblech verkohlen und nach MINNICH hiebei einen aromatischen Geruch entwickeln. Die organischen Pankreaskonkremente, welche bis erbsengroß werden, sind durch ihre mörtelartige Konsistenz, rauhe, nicht fazettierte Oberfläche charakteristisch. Wenn Pankreassteine im Stuhl vorkommen, ist mitunter eine größere Menge derselben festzustellen (GLÄSSNER, GOIFFON).

Die oben geschilderten, aus inkrustierten Stuhlbestandteilen zusammengesetzten Darmsteine führen schon hinüber zu den „Pseudosteinen", ohne daß eine scharfe Grenze zu ziehen wäre. Es sei auf die verseiften Ölklumpen nach Öleinfuhr, ferner auf die nach reichlichem Genuß von Haferkleie bald auftretenden „Hafersteine" hingewiesen, auf die Bariumsteine nach Aufnahme größerer Mengen von Bariumsalz, wie es ja gelegentlich der Röntgenuntersuchung häufig geschieht (SCHWARZ). Es wurden vor allem Bolussteine im Stuhl beschrieben. Zusammenballung von Kalkseifen kann den Eindruck selbständiger Konkremente machen, hiezu kommen noch bestimmte Medikamente, wie Kalzium, Bismut und Magnesiumsalze, Schwefel, Salol, Benzoesäure, Schellack, von vornherein stark komprimierte Tabletten, welche im Verlauf der Magendarmpassage nicht zur Lösung gekommen sind, schwerlösliche Kapseln, welche, wie eine eigene Beobachtung lehrt, unter Umständen auch den Kern derartiger „Pseudosteine" bilden können. Auch an die seltenen Fälle sei erinnert, in welchen verschluckte Haare die Grundlage für derartige Konkrementbildung abgeben können. Schließlich sei noch auf das Vorkommen von Kakaobutter in kleinen Stückchen und Klümpchen hingewiesen, welche bei schlechter Löslichkeit als Reste von Suppositorien häufig im Stuhl gefunden und mißdeutet worden sind.

II. Die mikroskopische Stuhluntersuchung

Wenn in der Einleitung betont wurde, daß die Darstellung der Untersuchungsergebnisse bei dem außerordentlichen Umfange des Stoffes einer gewissen Einschränkung bedurfte, so muß dieser Satz hier besonders unterstrichen werden, wo es sich um die mikroskopische Untersuchung des Stuhles handelt. Die Vielfältigkeit der Nahrungsreste, die Unmöglichkeit einer erschöpfenden Darstellung werden in den betreffenden Abschnitten erörtert werden. Bei der Besprechung der Würmer und Wurmeier sowie bei der Darstellung der Erscheinungsformen der protozoären Parasiten wird bei den einzelnen Kapiteln auf die Notwendigkeit der Berücksichtigung eines sogenannten Pseudoparasitismus hingewiesen werden. Im Trinkwasser oder Reinigungswasser lebende Würmer und Protozoen sind wiederholt im Stuhl nachgewiesen worden und haben einerseits zu Verwechslungen, anderseits zu oft ausgedehnten Diskussionen über pathogene Bedeutung der betreffenden Befunde Veranlassung gegeben. Würmer aus der Familie der Gordiidae (Saiten- oder Haarwürmer), welche gelegentlich mit dem Trink- oder Badewasser in den Darm des Menschen gelangen, konnten im Stuhl festgestellt werden (ZSCHOKKE). In dem zu Klysmen verwendeten Wasser können sich Vortizellen entwickeln (SCHAUDINN). Chilodentatus, ein häufiges Wasserinfusor, kann zu Verwechslungen mit Balantidien führen. Süßwasserflagellaten können zu Irrtümern Anlaß geben. Auf die in die Gruppe der Kokzidien gehörenden, anscheinend sichergestellten Fälle von Pseudoparasitismus wird bei der Besprechung dieses Kapitels eingegangen werden. Die Eier von Heterodora radicicola, einer auf Gemüse schmarotzenden Nematodenart, welche durch ihre außerordentliche Größe, bis über 100 μ und durch einen, wenigstens in gewissen Entwicklungsstadien an beiden Polen auftretenden, stark grünlich leuchtenden Körper allerdings gut charakterisiert sind, wurden als Oxyuris incognita beschrieben. Im Krankheitsbild der Myiasis spielt gleichfalls ein eventueller Pseudoparasitismus eine große Rolle.

Wir brauchen nur auf eine der älteren und, wie bei dieser Gelegenheit hervorgehoben werden soll, schon recht eingehenden Darstellungen zurückzugreifen, auf die Untersuchungen LAMBLS[1], um zu ersehen, mit welch großen, nicht zu überblickenden Möglichkeiten gerechnet werden muß. So berichtet LAMBL, wiederholt im Stuhl die „Fühlhörner" von Daphnia pullex gefunden zu haben.

Es kann sich also gerade in dem Abschnitt, welcher die mikroskopische Untersuchung der Fäzes behandelt, gar nicht darum handeln, eine lückenlose Aufzählung und Zeigung aller möglichen Befunde zu geben, und es soll nur das Wesentliche und erfahrungsgemäß Wichtigste hervorgehoben werden.

Das mikroskopische Stuhlbild

Von ALFRED LUGER

Bakterien und Spirochäten

Bakterien

Die Bestimmung der Bakterienmenge hat, abgesehen von den Schwierigkeiten der Technik, bisher klinisch keine wesentliche Bedeutung gewonnen, so daß von einer eingehenden Darstellung der in Betracht kommenden Methoden Abstand genommen werden soll, wenn auch einzelne Tatsachen, wie etwa die Vermehrung der Keimzahl bei Überwiegen der abgestorbenen Bakterien, bei länger dauernder Obstipation gewiß nicht ohne Interesse ist.

Wenn von der Zählung der Bakterienmenge gesprochen wird, so muß in Betracht gezogen werden, daß die angewendeten Methoden, schon wegen der Art des zu untersuchenden Materials eine exakte Bestimmung nicht erlauben. Bei jeder Methode der Bestimmung der Bakterienmenge in Fäzes müssen die Versuchsfehler sehr groß sein, größer sogar als bei der Keimzählung einheitlicher Bakterisuspensionen, obzwar schon bei letzteren nach DOLD die Versuchsfehler 100, ja sogar 200% ausmachen können.

Die Bestimmung kann durch Zählung oder durch Wägung der Bakterien erfolgen.

Die Zählung der wachstumsfähigen Keime im Stuhl erfolgt durch Verdünnungen und Plattenaussaat (KOCH, SUCKSDORFF u. a.). Man entnimmt eine Normalöse (2 mg) von einem frisch entleerten Stuhl und verreibt den Öseninhalt gleichmäßig durch Verteilen an der Wand der Eprouvette in 10 ccm steriler physiologischer Kochsalzlösung. Dann wird 1 ccm von der beimpften Kochsalzlösung zu 9 ccm frischer Kochsalzlösung zugesetzt und diese Verdünnung in mehreren Reihen fortgeführt. Zum Schluß wird von jeder der Kochsalzverdünnungen 1 ccm zu 10 ccm Agar oder Traubenzuckeragar gegeben, in Platten ausgegossen und bebrütet, die Traubenzuckeragarplatten werden anaerob im Exsikkator (siehe S. 314) kultiviert. Selbstverständlich gelingt es auf diese Weise, nur einen sehr geringen Bruchteil der Stuhlbakterien zu kultivieren, da einerseits die Mehrzahl der Keime nicht mehr entwicklungsfähig ist, anderseits nicht alle Keime auf den angegebenen Nährböden wachsen, bzw. sich nur kümmerlich vermehren.

Die Zählung sämtlicher Stuhlbakterien nach KLEIN wird in der Weise vorgenommen, daß 10 g frischer Stuhl in 100 ccm Wasser in der Reibschale fein und gleichmäßig verrieben wird. Von dieser Aufschwemmung kommen 10 ccm in Kolben mit abgemessenen Mengen Wassers und werden mit Glasperlen längere Zeit hindurch geschüttelt, um eine gleichmäßige Emulsion zu erzielen. Nach HEHEWERTH ist es

[1] Vierteljahrschr. f. Heilk., Bd. I, S. 1. 1859.

am zweckmäßigsten, 35 bis 40 mg Fäzes in 10 ccm Wasser zu suspendieren. Zu 1 ccm dieser Flüssigkeit gibt man das gleiche Quantum Anilinwassergentianaviolett, mischt um, läßt den Farbstoff zwei bis drei Minuten einwirken, rührt nochmals um, und streicht davon mit einer geeichten Platinöse ganz gleichmäßig auf einem vollkommen fettfreien Deckglas aus. Man läßt das Präparat lufttrocknen, fixiert in der Flamme und schließt ohne abzuspülen in Kanadabalsam ein. Man zählt die Bakterien in 50 Gesichtsfeldern, wobei die Ketten als ein Keim gerechnet werden und bestimmt die Keimzahl aus dem Inhalt der Platinöse, Größe des Deckglases und des Gesichtsfeldes und der angewendeten Verdünnung.

Da diese Bestimmung der Keimzahl im Stuhl keine exakte Methode ist, hat Strasburger die Wägung der von den übrigen Stuhlbestandteilen gesonderten Bakterien empfohlen. Die Ausführung dieses Verfahrens gestaltet sich folgendermaßen: Von dem sofort nach der Entleerung zu verarbeitenden oder auf Eis zu stellenden Stuhl (zwecks Verhinderung der Bakterienvermehrung) werden 2 ccm zur Bestimmung der Trockensubstanz verwendet, weitere 2 ccm zur Bestimmung des Bakteriengewichtes. Zum Abmessen der Fäzes benützen wir ein Glasröhrchen, welches, ähnlich dem von Strasburger empfohlenen, einen beweglichen Korkstempel enthält und auf 2 ccm und 5 ccm eingeteilt und bezeichnet ist. Der Stempel wird über die Marke 2 emporgezogen, mit einem Holzspatel oder einer Pipette der Stuhl gleichmäßig in das freie Ende des Röhrchens, das bei der Stellung des Stempels auf der Marke 2·2 ccm fassen soll, gefüllt, man schiebt den Stempel bis 2 vor, streicht die über die Kuppe des Röhrchens stehende Stuhlmasse mit dem Spatel ab, wodurch die notwendige Menge Fäzes abgemessen ist. Jetzt drückt man durch Vorschieben des Stempels die abgemessene Kotsäule in die Reibschale. Die 2 ccm Stuhl werden in dieser mit 30 ccm 0,5%iger Salzsäure möglichst fein verrieben, in Zentrifugierröhrchen gefüllt und fünf Minuten lang bei einer Umdrehungszahl von 1500 Umdrehungen in der Minute zentrifugiert. Die über dem Bodensatz stehende Flüssigkeit enthält fast nur Bakterien, sie wird abgesaugt, indem man eine Spritzfläche mit zwei Glasröhrchen einerseits mit einer Wasserstrahlluftpumpe verbindet, anderseits den Schlauch, welcher an dem zweiten Glasröhrchen montiert ist, in die abzusaugende Flüssigkeit hineintauchen läßt. Das Ende dieses Schlauches soll ein dünn ausgezogenes Glasröhrchen tragen. Das Arbeiten mit der Wasserstrahlpumpe ist bedeutend einfacher als die von Strasburger vorgeschlagene Apparatur, weshalb wir von deren Beschreibung Abstand nehmen. Die abgesaugte Flüssigkeit wird in der Flasche aufgehoben. Das Sediment wird nun entweder mit kleinen Mengen ½%iger Salzsäure und mit Glasperlen versetzt, kräftig geschüttelt und neuerlich ebenso lang mit der gleichen Umdrehungszahl wie früher zentrifugiert. Die überstehende Flüssigkeit wird wieder abgesaugt und aufgehoben. Diese Prozedur wird so lange wiederholt, bis die Flüssigkeit nach dem Zentrifugieren nur mehr mäßig trüb bleibt. Dann wird die ganze bakterienhaltige Flüssigkeit (der Flascheninhalt) zentrifugiert, wieder abgesaugt, das Sediment neuerlich aufgeschwemmt, zentrifugiert und die Flüssigkeit zum letzten Mal abgesaugt. Jetzt wird die bakterienhaltige Flüssigkeit reichlich mit 96%igem Alkohol versetzt und 24 Stunden in ein Wasserbad (oder Brutschrank) von zirka 40° gebracht. Nach dieser Zeit ist die Flüssigkeit so weit eingeengt, daß nach erneutem Alkoholzusatz und nachfolgendem Zentrifugieren sich sämtliche Bakterien ausschleudern lassen. Das Sediment wird durch Zentrifugieren mit etwas absolutem Alkohol ausgewaschen und zwecks Entfettung im Zentrifugierröhrchen mit Äther versetzt und aufgeschüttelt. Am nächsten

Tage wird der Äther entfernt, der Bodensatz mit Alkohol in ein gewogenes Porzellanschälchen gespült, getrocknet und gewogen.

Gleichzeitig mit der Abwägung der 2 ccm Stuhl muß auch die ganze Stuhlmasse abgewogen werden, um die Gesamtmenge der Bakterien in 24 Stunden zu ermitteln. Die Wägung wird nach STRASBURGER in einem auf 200 oder 400 ccm geeichten Glaszylinder vorgenommen, der einen eingeschliffenen Deckel mit einem Steigrohr trägt. Die Fäzes werden in das Gefäß gebracht und mit Wasser bis zur Marke aufgefüllt, die Masse wird mehrfach umgerührt, um die eingeschlossene Luft zu vertreiben. Ist das Glas bis zur Marke gefüllt, so entspricht das Stuhlvolumen dem Fassungsraum des Glases abzüglich der Menge des verwendeten Wassers.

Die Berechnung der Bakterienmenge geschieht folgendermaßen: Das Gewicht der Trockensubstanz von 2 ccm frischem Stuhl sei a, das Trockengewicht der Bakterien von der gleichen Portion sei b, so ist der Prozentgehalt des trockenen Stuhles an trockenen Bakterien $= \frac{100\,b}{a}$.

Die Gesamtmenge der Bakterien in 24 Stunden wird so errechnet, daß man erst das Volumen des frischen Tageskotes aus dem Durchschnitt von drei Tagen berechnet = c, dann ist das Gewicht der trockenen, an einem Tage entleerten Bakterien $= \frac{b}{2} \cdot c$.

Die hier beschriebene Methode ist die von STRASBURGER angegebene und von ihm selbst modifizierte. Von Wichtigkeit ist die Einhaltung der Turenzahl und der Dauer des Zentrifugierens, da durch diese Komponenten, wie aus einem Vergleich der Arbeiten von STRASBURGER und SATO, LISSAUER, TOBAYA, BERGER und TSUHIYA, EHRENPFORDT zu ersehen ist, große Abweichungen in den Versuchsergebnissen entstehen können, die durch die verschiedengradige Extraktion der Bakterien bzw. Mitwägen von nicht zu den Bakterien gehörigen Partikeln bewirkt werden.

EHRENPFORDT hat das STRASBURGERsche Verfahren in einigen Einzelheiten modifiziert. Er benützt 2 bis 5 ccm Stuhl, von dünnen Stühlen noch mehr. Die Aufschwemmung wird mit 30 ccm 0,5%iger Salzsäurelösung hergestellt, wie oben verrieben, so oft fünf Minuten bei 1500 Umdrehungszahl zentrifugiert, bis die überstehende Flüssigkeit klar ist. Die gesamte abgesaugte Flüssigkeit wird in einzelnen Partien mit einer Umdrehungszahl von mindestens 2000 während fünf Minuten ausgeschleudert. Die Flüssigkeit wird abgesaugt und aufgehoben, ihr gesamtes Sediment in 30 ccm 0,5%iger Salzsäure aufgenommen und fünf Minuten mit einer Turenzahl von 1500 zentrifugiert, abgesaugt und mit der früher gewonnenen Flüssigkeit vereinigt. Die Behandlung dieses Bodensatzes wird auch so lange fortgesetzt, bis die überstehende Flüssigkeit klar ist. Dann wird die gesamte Bakterienaufschwemmung mit dem gleichen Teil Alkohol versetzt, bei 40° im Wasserbad mit konstantem Niveau eingeengt, nach 24 Stunden wird nach nochmaligem Alkoholzusatz die eingeengte Flüssigkeit mit großer Geschwindigkeit etwa fünf Minuten zentrifugiert, der vollkommen klare Alkohol abgesaugt und der Bodensatz mit absolutem Alkohol gereinigt. Zur Entfettung bleibt der mit Äther geschüttelte Bodensatz noch 24 Stunden in Zentrifugierröhrchen. Darauf wird der Äther entfernt, der Bodensatz mit Alkohol in eine gewogene Porzellanschale gespült, am Wasserbad und darauf im Exsikkator getrocknet und gewogen.

Die Menge der lebensfähigen sowie der Kotbakterien überhaupt wird mittels der beschriebenen Methode festgestellt.

Nach Eberle wachsen nur 4,5 bis 10,6% der Stuhlbakterien, nach Klein sogar nur 1%, doch hat Strasburger auch diese Zahl für zu hoch befunden und mit der Wägemethode gezeigt, daß nur etwa 0,1% der mit dem Stuhl ausgeschiedenen Bakterien, also nur ein ganz geringer Bruchteil der Bakterien noch lebensfähig sind.

Die Menge der in 24 Stunden von dem Erwachsenen ausgeschiedenen Keime wird von Gilbert und Dominici mit zwölf bis fünfzehn Milliarden veranschlagt, von Klein mit 8,8 Billionen, von Schmidt und Strasburger auf Grund der Strasburgerschen Untersuchungen mit 76 Billionen, von Mac Neal, Latzel und Kerr mit 33 Billionen. Alle diese Zahlen geben jedoch nur einen Anhaltspunkt für die Beurteilung der Bakterienmenge, von einer auch nur annähernd exakten zahlenmäßigen Angabe kann jedoch nicht gesprochen werden.

Eine Reihe von Untersuchern beschäftigen sich mit der Bestimmung der Menge der Bakteriensubstanz im Gesamtkot. Woodward, Nothnagel, Uffelmann, Escherich waren der Meinung, daß ein großer Teil der Kotsubstanzen aus Bakterien besteht. Auf Grund der Untersuchungen von Strasburger, Sato, Mac Neal, Latzel und Kerr, Lissauer, Stehle, Tobaya, Berger und Tsuhiya geben Schmidt und Strasburger an, daß etwa $^1/_5$ bis $^1/_6$ der Kottrockensubstanzen und $^1/_3$ bis $^1/_4$ des frischen Kotes des gesunden erwachsenen Menschen, bei milder Kost (Probediät nach Schmidt und Strasburger) aus Bakterien besteht und daß im Durchschnitt 4,5 bis 5,3 g Bakteriensubstanz täglich ausgeschieden werden.

Die bakteriologische Untersuchung des gefärbten Präparates (Technik s. S. 228) gehört zweifellos zu den unbedingt vorzunehmenden Untersuchungen und kann vorläufig nicht durch die Züchtungsmethoden ersetzt werden, weil wir über das Vorkommen bestimmter Bakterienarten Aufschluß erhalten, welche der Züchtung vielleicht entgehen können, und weil das mikroskopische Bild leicht ein Urteil über die Verteilung der einzelnen Bakterienarten im Stuhle erlaubt. Nichtsdestoweniger müssen wir zugestehen, daß auch das mikroskopische Bild an sich, namentlich bei einseitiger Ausprägung, nicht ausreichend ist und daß die Ergebnisse, abgesehen von den noch zu schildernden Verhältnissen beim Säugling, wenigstens für die Klinik des Erwachsenen noch recht dürftig sind.

Es soll zunächst das mikroskopische Bild der Stuhlflora beim Neugeborenen und beim Säugling kurz geschildert werden, Kenntnisse, welche in erster Linie an die Namen Escherichs, Tissiers und Moros geknüpft sind. Schon kurze Zeit nach der Geburt, im Verlaufe einiger Stunden, gewöhnlich im zweiten oder dritten Mekoniumstuhl können Bakterien im Ausstrich, übrigens auch kulturell nachgewiesen werden. Das Bild des Mekoniums in diesem Stadium ist ein recht charakteristisches. Es ist durch eine relativ geringe Anzahl von Keimen bei gleichzeitigem Artenreichtum ausgezeichnet. Zunächst, wie gesagt, außerordentlich spärlich, kommt es bald, im Laufe des ersten Tages zu wesentlicher Vermehrung der Keime. Wir finden, abgesehen von vereinzelten Hefen, die jedoch einen keineswegs regelmäßigen Befund darstellen, zunächst Kokken und kurze, oft ovale Stäbchen, später Kokken auch in Tetraederform und als Diplokokken, vor allem aber eine auffallend große Zahl sporentragender Stäbchen (Knöpfchenbakterien, Bac. subtilis).

Mit dem Auftreten des ersten Frauenmilchstuhles ändert sich das Bild. Nachdem schon am zweiten Lebenstag schlanke Gram-positive Stäbchen aufgetreten sind, charakterisieren sie schon nach relativ kurzer Zeit das Stuhlbild in vollem Maße. Es kommt zur Entwicklung der „physiologischen Stuhlflora des Säuglings", welche bedingt durch die Art der Ernährung des Säuglings konstant angetroffen wird. Man hat fast den Eindruck einer Reinkultur von feinen, oft zugespitzten GRAM-positiven Stäbchen, teilweise parallel oder selbst in Reihen liegend, dann wieder in mehr netzförmigen Zügen. Daneben einzelne GRAM-negative Bazillen. Die GRAM-positiven Elemente (B. bifidus Tissier) oft nur unvollkommen, hauptsächlich in den mittleren Anteilen gefärbt. Diese für den Säuglingsstuhl charakteristische Flora kann auch nach erfolgtem Übergang zur Kuhmilchnahrung bei durch mehrere Tage wieder verabreichter Frauenmilch reproduziert werden. Die GRAM-negativen, spärlich zu findenden Bazillen können Kolikeimen oder dem B. l. aerogenes entsprechen. Daneben finden wir einzelne Streptokokken (Knöpfchenbakterien, B. amylobakter, B. exitis, unbewegliche Buttersäurebazillen). Als unregelmäßige Vorkommnisse werden von MORO noch bewegliche Buttersäurebazillen und B. putrific. Bienstock, Hefen, Sarcine, Soor angeführt.

Alle diese Nebenbefunde sind wichtig, weil die genannten Bakterien unter geänderten Ernährungsbedingungen zur Weiterentwicklung kommen, schließlich das Bild mehr oder weniger beherrschen und zunächst mindestens die ursprünglich vertretene Flora ganz wesentlich verdrängen können.

Das Bild des mit Kuhmilch ernährten Säuglings ist ein durchaus verschiedenes. Es macht einen durchaus polymorphen Eindruck, wobei die GRAM-negativen Elemente mehr oder weniger die Oberhand gewonnen haben. Endogen bedingte Krankheitszustände werden sich durch Veränderungen im Verhältnis der einzelnen Vertreter der Stuhlflora äußern. Von den ektogenen Infekten, welche im Stuhlbilde zum Ausdruck kommen, sei die vielleicht wenigstens zum Teil hierhergehörende, von ESCHERICH beschriebene, in ihrer klinischen Erscheinungsart und Verlauf außerordentlich wechselnde Streptokokkenenteritis hervorgehoben, welche durch Vorherrschen von Streptokokkenformen im Stuhlbild charakterisiert ist, dergestalt, daß sie wenigstens in einzelnen Gesichtsfeldern durch deren Vorherrschen den Eindruck einer Reinkultur hervorrufen oder daß sie zumindestens neben den Vertretern der Koligruppe und den sonst anzutreffenden Mikroorganismen durchaus im Vordergrunde stehen.

Bei der von ESCHERICH als „blaue Bazillose" beschriebenen infektiösen Gastroenteritis, bei welcher das Stuhlbild von GRAM-positiven Stäbchen beherrscht wird, scheint es sich nicht um eine einheitliche Bakterienart zu handeln. MORO denkt in erster Linie an den Bacillus acidophilus, doch scheinen auch andere Bakterienarten eine Rolle zu spielen.

Unter den zu einer Veränderung der Stuhlflora führenden Erkrankungen des Säuglingsalters muß noch die Colicolitis contagiosa genannt werden, deren Kenntnis wir gleichfalls ESCHERICH verdanken. Das bakterioskopische Bild zeigt fast eine Reinkultur von B. coli unter Zurücktreten aller anderen Elemente. Gelegentlich sind auch phagocytierte Kolikeime in den polymorphkernigen Leukozyten anzutreffen. Auf die Bedeutung der Agglutination des Krankenserums mit den betreffenden und anderen Kolistämmen sowie auf die Rolle der PFAUNDLERschen Fadenreaktion, übrigens auch bei den analogen Erkrankungen des Erwachsenen soll nur kurz hingewiesen werden.

Gegenüber den, wie wir gesehen haben, in vieler Richtung wertvollen Aufschlüssen, welche uns die bakterioskopische Untersuchung des Säuglingsstuhls liefert, tritt die differentialdiagnostische Bedeutung des GRAM-Präparates bei der Untersuchung des Stuhles Erwachsener ganz wesentlich in den Hintergrund.

Hier stehen wir erst am Anfange unserer Kenntnisse. Im allgemeinen können wir sagen, daß die GRAM-negative Flora, also überwiegend Koliflora, im Stuhlpräparat des Erwachsenen überwiegt, ohne das Bild wirklich zu beherrschen. Der Eindruck erinnert an den des Kuhmilchstuhles. Viele Kolikeime sind schlecht färbbar und entsprechen abgestorbenen Bakterien.

Entgegen der Ansicht einzelner Autoren muß gegenwärtig doch der Art der Ernährung auch beim Erwachsenen ein gewisser, wenn auch nicht sehr weitgehender Einfluß auf das bakterioskopische Bild zugesprochen werden (KOHLBRÜGGE, MANNABERG, MORO). Bei reichlicher Milch- und Kohlehydratzufuhr finden wir ein Zurücktreten der Kokken und konstatieren das Auftreten GRAM-positiver, zum Teil sporentragender breiter Stäbchen (B. subtilis, Clostr. butyr.). Es bedürfen jedoch die Veränderungen der Stuhlflora unter dem Einfluß der Kost noch wiederholter Nachuntersuchungen unter genauer Kulturkontrolle, um ein abschließendes Urteil in dieser Richtung zu gestatten.

Es sei in diesem Zusammenhang auf Untersuchungen von POTTS hingewiesen[1], der die Stuhlflora bei einseitiger Ernährung mit Früchten studierte. Der genannte Autor konnte eine Herabsetzung der Keime feststellen, bei welcher sich Bact. coli und Bact. fac. alc. in ungefähr gleichem Maße beteiligten. Nach kurzer Zeit soll die Koliflora vollständig zurücktreten, es wird auch das Auftreten eines bisher unbekannten GRAM-negativen anaeroben Stäbchens geschildert. CANNON[2] hat nach sich auf zehn Tage erstreckenden Fütterungsversuchen bei verschiedener Kostform die auftretenden Veränderungen der Stuhlflora studiert und hebt bei Ernährung mit Brot und Milch unter Laktosezusatz insbesondere die Entwicklung einer Art azidophilen Flora hervor. Bei Gemüse, Eiweißkost war das Schwinden der sporentragenden Bazillen besonders auffällig.

Auch im Tierexperiment wurde wiederholt die Abhängigkeit der Stuhlflora von der Art der Ernährung untersucht. Es sei auf die Untersuchungen von HERTER und KENDALL[3], welche an Katzen, Affen und weißen Ratten experimentierten, hingewiesen. Versuche bei der letztgenannten Tierart ergaben wieder die Entwicklung einer azidophilen Flora bei Laktose und Dextrosefütterung, während bei Eiweißernährung die aerobe und anaerobe proteolytische Flora überwog.

Eingehende Beobachtungen über mehr oder weniger charakteristische Veränderungen des Stuhlbildes in bakterioskopischer Hinsicht bei verschiedenen Erkrankungen insbesondere bei solchen des Magendarmtraktes verdanken wir vor allem R. SCHMIDT und LATZEL.

Es handelt sich in erster Linie, von bestimmten Infektionskrankheiten abgesehen, um Verschiebungen im Bereiche der im Magendarmtrakt schon ansäßigen bodenständigen Keime in der Regel durch einseitige Entwicklung der einen oder anderen Art bei gleichzeitigem Zurücktreten anderer Elemente der Stuhlflora. In der Regel wird es nicht angängig sein, eine derartige Vermehrung einer bestimmten Bakterienart von vornherein für das Zustandekommen bestimmter klinischer Erscheinungen verantwortlich zu machen, da häufig die betreffende Umstellung der Stuhlflora eine nur sekundäre Erscheinung sein wird, etwa als Reaktion auf ein krankheitserzeugendes Agens anderer Art oder als Anpassung an sekundäre Veränderungen des Milieus.

Nur in vereinzelten Fällen wie etwa bei der Cholera asiatica und bis zu einem gewissen Grade auch bei der bakteriellen Dysenterie können exogene

[1] Arch. f. Hyg. 96 bis 122. 1925.
[2] Journ. of infect. dis., 29. 1921.
[3] Journ. of biol. chem., 5. 293. 1908.

Keime eine dominierende Stellung im Bereiche der Stuhlflora erringen. Es sei an dieser Stelle hervorgehoben, daß im allgemeinen die Entscheidung keineswegs leicht sein wird, ob es sich auch bei krankheitserzeugenden Bakterien immer um exogene Infektionen handeln muß oder ob nicht Virulenzsteigerungen von vorneherein im Darm ansäßiger Keime zu den Krankheitserscheinungen führen.

Bei Cholera asiatica finden wir in den reiswasserähnlichen Stühlen neben Schleim, zahlreichen Leukozyten und massenhaften Darmepithelzellen fast eine Reinkultur von Choleravibrionen. Es sei bei dieser Gelegenheit auf die Möglichkeit einer Verwechslung mit Spirillen und Spirochäten hingewiesen, welche um so eher in Betracht kommt, als einerseits bei Cholerakranken und Rekonvaleszenten eine deutliche Vermehrung der Spirochätenflora auch nach eigenen Erfahrungen mitunter zu finden ist und anderseits Spirochätosen des Darmes wie etwa bei der Lamblienenteritis zu choleriformen Symptomen führen können.

Bei der bazillären Dysenterie können wir gleichfalls wenigstens gelegentlich in isolierten Schleimflocken ein fast einheitliches bakterioskopisches Bild vorfinden, wobei die allerdings morphologisch nur wenig charakterisierten GRAM-negativen Stäbchen vielfach auch in Leukozyten und epitheloiden Elementen phagozytiert vorgefunden werden.

Von den Keimen, welche schon morphologisch und färberisch im Stuhlausstrich genügend charakterisiert sind, müssen wir vor allem die Tuberkelbazillen anführen (s. Abb. 22 auf Taf. III). Es muß auf die große Bedeutung von mit Sputum verschluckten Tuberkelbazillen jedoch nachdrücklichst hingewiesen werden. Auf die einfache Tatsache, daß Tuberkelbazillen im Stuhl nachweisbar sind, darf niemals die Diagnose einer Darmtuberkulose mit Sicherheit aufgebaut werden. Selbst dann nicht, man kann fast sagen gerade dann nicht, wenn größere Haufen von Tuberkelbazillen mit oder ohne Schleim dargestellt werden können, da gerade solche Befunde nach eigenen Erfahrungen bei verschlucktem Sputum keineswegs selten sind. Auch die Tatsache, daß kein Sputum vom Patienten entleert wird oder daß eine Untersuchung des Sputums ein negatives Resultat ergeben hat, kann eine solche Möglichkeit nicht ausschließen. Einer wiederholten Untersuchung des Sputums, eventuell mit Zuhilfenahme von Anreicherungsmethoden wird naturgemäß eine größere Bedeutung beizumessen sein. Nach einzelnen Autoren soll es in 100 % der Fälle von offener Tuberkulose gelingen, Tuberkelbazillen im Stuhl wenigstens nach Anreicherung derselben nachzuweisen. Nach eigenen Erfahrungen kann ich diesen hohen Prozentsatz nicht bestätigen, anderseits muß aber ein positiver Bazillenbefund im Stuhl unter den genannten Verhältnissen doch als häufiges Vorkommnis gebucht werden. Es sei auch erwähnt, daß anderseits auch einem negativen Stuhlbefund eine ausschließende Bedeutung für die Diagnose der tuberkulösen Veränderungen im Darm nicht zukommt. ROSENBLATT hat den Vorschlag gemacht, insbesondere die Oberfläche konsistenter Stühle zu untersuchen und eventuell den Versuch zu machen, solche Stühle durch ausgiebige Opiummedikation zu diagnostischen Zwecken zu erzielen. Er ging von dem Gedanken aus, daß die harten Kotmassen an die Oberfläche der Geschwüre streifen und auf diese Weise vielleicht eher ein positiver Bazillenbefund im Stuhle zu erheben wäre. Eigene Untersuchungen scheinen nicht dafür zu sprechen, daß dieser Vorgang für den Nachweis von Tuberkelbazillen wesentlich in Betracht kommt.

Das Vorkommen und die klinische Bedeutung der fusiformen Bazillen wird im Zusammenhang mit der Besprechung der Spirochätenflora im menschlichen

Stuhle geschildert werden. Ebenso sollen die im Stuhle vorkommenden Fadenpilze besondere Besprechung erfahren. Von dem Vorkommen morphologisch charakterisierter Keime sei nur kurz auf das Vorkommen von Tetanusbazillen, Milzbrand, Pest, Diphtherie und Leprakeimen hingewiesen. Wenn wir jetzt zur Besprechung der symptomatischen Veränderungen der Stuhlflora zurückkehren, sollen in erster Linie Vorkommen und diagnostische Bedeutung der sogenannten Boas-Opplerschen Bazillen im Stuhl gewürdigt werden, auf welche vor allem R. Schmidt hingewiesen hat. Auf die grundlegenden Untersuchungen von H. Strauss, W. Schlesinger und Kaufmann ist an anderer Stelle verwiesen. Ebenso wird auf die Stellung der Boas-Opplerschen Bazillen im System der azidophilen oder nach dem Vorschlage Schlierfs besser azidotoleranten Keime bei der eingehenden Schilderung dieser Bakteriengruppe näher eingegangen werden (s. S. 296).

Dem morphologischen Nachweis einer reichlicheren Flora von Boas-Opplerschen Bazillen im Stuhle kommt zweifellos eine gewisse diagnostische Bedeutung zu, und vor allem wird der Gedanke an das Bestehen eines Magenkarzinoms auftauchen müssen, wenn wir einen derartigen Befund erheben. Anderseits kann aber weder dem morphologischen Nachweis, noch viel weniger dem kulturellen Nachweis im Stuhl eine pathognomonische Bedeutung für die genannte Erkrankung beigemessen werden. Wir finden die gleichen Veränderungen, worauf ja schon R. Schmidt hingewiesen hat, bei Darmerkrankungen verschiedener Art. So in Fällen von Dünndarmstenose, beim Lymphosarkom des Dünndarms (Latzel), anderseits aber auch bei Stauungen im Bereiche des Magendarmtraktes ohne Veränderungen der Schleimhaut, etwa durch Druck von außen. Latzel hat einen hierhergehörigen interessanten Fall mitgeteilt, bei welchem es durch Kompression des Darmes durch eine große Milz zur Stenose und zum Auftreten von Boas-Opplerschen Bazillen im Stuhle gekommen ist. In eigenen Untersuchungen konnten selbst größere Mengen von Boas-Opplerschen Bazillen in Haufen und Netzen bei Enteriden verschiedener Art, bei der Amöbendysenterie und bei Geschwürbildungen im Dünndarm, aber auch bei der einfachen Gärungsdyspepsie gar nicht selten nachgewiesen werden. Das gleiche gilt für die bazilläre Dysenterie und vor allem auch für das ulzerierende Karzinom des Kolons, bei welchem gerade das gleichzeitige Auftreten von Boasschen Bazillen, Spirochäten und fusiformen Bazillen ein recht charakteristisches Bild geben kann. Es sei auch angeführt, daß in manchen Fällen mit einer exogenen Provenienz der Boas-Opplerschen Bazillen bei Ernährung mit Milch und Milchprodukten zu rechnen ist.

Da es sich in den Fällen von Magenkarzinom mit einiger Wahrscheinlichkeit um aus dem Magen stammende Keime handelt, soll hier gleich ein zweiter Befund angeschlossen werden, gleichfalls ein Vertreter der Magenflora, die Magensarcine. Es handelt sich hier wohl meist um sonst der Stuhlflora wenigstens nach eigenen Untersuchungen fremde Elemente, welche vor allem bei Magenaffektionen in erster Linie bei der benignen Stenose im Stuhl erscheinen können. Meist kommt der großzellige jodpositive, d. h. sich mit Jod braunfärbende Typus in Betracht. Gelegentlich wird von Boas, dem wir mit Szyellofsky die ersten Beobachtungen in dieser Richtung verdanken, auf das Vorkommen von Sarcine bei andersartigen Erkrankungen hingewiesen. Durch eigene Untersuchungen konnte ein solches Vorkommen trotz speziell darauf gerichteter Aufmerksamkeit nicht festgestellt werden, so daß die diagnostische Bedeutung des genannten Befundes im Stuhl doch recht hoch eingeschätzt werden muß. Schmidt-Strasburger berichten auch über das

Vorkommen kleinzelliger Sarcine. Ob es sich bei den beschriebenen und leicht züchtbaren Sarcineformen im Stuhl (Sarcina candida, Sarcina minuta und Sarcina carnea) um echte Darmparasiten gehandelt hat, erscheint fraglich und ist jedenfalls nicht sichergestellt. Auch hier muß wieder auf die Wichtigkeit der Untersuchung frischer Stuhlproben hingewiesen werden, da mit einer sekundären Entwicklung von Sarcinen gewiß gerechnet werden muß. Die Diagnose der Sarcine wird kaum jemals Schwierigkeiten bereiten, dieselben sind im allgemeinen durch ihre Größe sowie durch ihre würfelartige, warenballenartige Anordnung in der Regel hinreichend charakterisiert. Bei Untersuchung des frischen Präparates ist häufig ein heller Hof zu erkennen. Die Sarcine verhalten sich meist GRAM-negativ und sind leicht mit basischen Anilinfarben anzufärben. Im allgemeinen wird die Untersuchung des frischen Präparats genügenden Aufschluß geben. Die Züchtung der Magensarcine im Stuhl gelingt nicht.

Hinsichtlich der Kokken im Stuhl wurde schon früher das vermehrte Auftreten derselben bei überwiegender oder reiner Fleischkost erwähnt. Wir finden eine solche Vermehrung ferner bei ulzerösen Prozessen jeder Art, sowohl des Kolons als auch des Dünndarms. In einzelnen Fällen ist es schwer zu entscheiden, ob es sich nur um eine reichliche Vermehrung eines Vertreters der normalen Flora oder um von außen eingeführte Keime handelt. Dies gilt auch namentlich für im Stuhl nachweisbare Streptokokken, ein Kapitel, welches ja an anderer Stelle eine ausführliche Darstellung gefunden hat (s. S. 251). Es sei auch auf das Auftreten einer vermehrten Kokkenflora bei der Fäulnisdyspepsie hingewiesen, gleichzeitig aber auch erwähnt, daß Kokken oft sogar in großen Haufen bei der Gärungsdyspepsie keineswegs selten sind. WIESNER hat seinerzeit einen Fall von Streptokokkenenteritis veröffentlicht, bei welcher es sich um schwere katarrhalische Veränderungen des Dünndarms gehandelt hat. Auf die Streptokokkenenteritis beim Säugling wurde schon früher hingewiesen. Auch bei grippösen Darmsymptomen werden Kokken und speziell auch Streptokokken oft in reichlicher Menge sowohl beim Erwachsenen als beim Kinde beobachtet. Wir finden ferner häufig, oft fast in Reinkultur, Kokken jeder Art in den Schleimmassen und Membranen der Colica mucosa. Ob es sich in allen diesen Fällen um einheitliche Formen handelt, ob denselben die Rolle des Krankheitserregers zuzusprechen ist, ist keineswegs sicher. Die älteren Untersuchungen dieser Richtung sind leider nicht immer verwertbar und es wird wohl das ganze Kapitel, auf den neueren Ergebnissen der Streptokokkenforschung fußend, erneuter Bearbeitung bedürfen, zumal da es namentlich bei den von französischen Autoren geschilderten mannigfaltigen, oft schwersten Veränderungen keineswegs sicher ist, ob es sich nicht auch um sekundäre Wucherungen handeln könnte, wobei ja noch immer der Symbiose von Streptokokken und Colibakterien eine besondere Rolle zukommen könnte, wie es von LESAGE und THIERCELIN in ihren grundlegenden Arbeiten vermutungsweise angenommen worden ist. Schließlich sei noch der Tatsache Erwähnung getan, daß in eitrigen Stühlen etwa nach Durchbruch eines Abszesses die betreffenden Eiterkokken in großen Mengen angetroffen werden können.

Unter den Affektionen, welche zu einer recht charakteristischen Einstellung des GRAM-Bildes führen, muß der Gärungsdyspepsie gedacht werden. Hier kann die mikroskopische Stuhluntersuchung, abgesehen von sonst diesen Zustand charakterisierenden Befunden, wie Stärkekörnern, Resten von solchen, zahlreichen noch Stärke enthaltenden Pflanzenzellen, wie etwa von Bohnen, Erbsen, Kartoffeln, auch in bakterioskopischer Hinsicht wertvolle Aufschlüsse geben.

Als besonders charakteristisch muß die außerordentliche Vermehrung der sogenannten Granuloseflora vermerkt werden (s. S. 226). Das Bild ist ferner charakterisiert durch GRAM-positive plumpe Stäbchen, zahlreiche große ovale Sporen vom Clostridiumtypus, beide dem Bacillus amylobakter entsprechend. Wir finden ferner reichlich leptotrixartige, durch den Mangel jeder Verzweigung charakterisierte Fäden, oft in dichten Netzen und Knäueln. Daneben lang ausgewachsene Stäbchenketten von wechselndem Verhalten bei der GRAM-Färbung, welche sich mitunter mit den genannten Leptotrixhaufen zu unentwirrbaren Knäueln verbinden können. Auch Stäbchen vom Typus der BOAS-OPPLERschen Bazillen gehören zu häufigeren Vorkommnissen. Auf das Auftreten kleiner und oft auch größerer in Form und Lagerung wechselnder Kokken GRAM-positiver Art wurde schon oben hingewiesen. Schließlich sind Hefen einzeln oder in Gruppen häufig zu sehen.

Bei der chronischen Fäulnisdyspepsie ist der bakteriologische Befund ein weniger charakteristischer; die GRAM-positive Flora überwiegt häufig, die Kokkenflora ist meist sehr ausgeprägt. Je nach dem Stärkegehalt kann die jodophile Flora mehr oder weniger deutlich in Erscheinung treten, vor allem finden wir aber immer reichlich GRAM-negative Stäbchen vom Colitypus und zahlreiche sporenhaltige GRAM-positive Bakterien. Auch Hefen und BOAS-OPPLERsche Bazillen sind gelegentlich zu sehen, ebenso ist über das Vorkommen von Sarcinen berichtet worden. Die Bedeutung einzelner, speziell bei diesen Zuständen gezüchteter Keime, wie z. B. des Bacillus fluor. liquef., des Bac. muc. capsul. muß in Übereinstimmung mit NOORDEN wohl noch offen gelassen werden. Mit größerer Wahrscheinlichkeit handelt es sich aber um nicht pathognomonische Nebenbefunde. GOIFFON weist auch auf die Vermehrung der Streptokokken in solchen Fällen mit besonderem Nachdruck hin. Im allgemeinen muß man wohl sagen, daß der bakterioskopische Befund bei den Fäulnisprozessen kein so charakteristischer und einheitlicher ist, wie wir es bei der Gärungsdyspepsie gesehen haben.

Wie weit Beziehungen einer Umstellung der Stuhlflora zum Typus der sogenannten GRAM-positiven Pseudocoliformen bestehen, läßt sich beim gegenwärtigen Stand der Frage nicht mit Sicherheit entscheiden.

Zu den Affektionen, bei welchen wir verhältnismäßig häufig, nach eigenen Erfahrungen jedoch keineswegs regelmäßig, einen Umschlag der Flora nach der GRAM-positiven Seite hin vorfinden, ist die chronische Appendicitis zu rechnen. Schon R. SCHMIDT und LATZEL haben auf diese Tatsache aufmerksam gemacht. Ich möchte aber nochmals hervorheben, daß es sich hiebei keineswegs um ein gesetzmäßiges Vorkommnis zu handeln scheint und daß der differentialdiagnostische Wert des GRAM-Präparats ein geringer ist.

Das gleiche gilt für analoge Veränderungen bei den nicht mit Ikterus einhergehenden Leberzirrhosen und bei der tuberkulösen Peritonitis sowie für die in letzter Zeit mitgeteilten Fälle von GRAM-positiver Stuhlflora bei der ADDISON-BIERMERschen Anämie. Hier haben MÖNCH, KAHN und TORRY[1] eine ungewöhnlich hohe Keimzahl festgestellt und neben Coli und nicht hämolysierenden Streptokokken, vor allem aber in der Kultur stark hämolysierend wirkende Stämme von B. WELCHII beschrieben, ein Befund, welcher gewiß zu weiterer Nachprüfung auffordert.

Relativ einheitlicher gestalten sich die Veränderungen der Stuhlflora beim kompletten oder wenigstens höhergradigen Gallengangverschluß. Entsprechend

[1] Journ. of infect. dis., 37, 161. 1925.

der schon von MINKOWSKY beschriebenen Vermehrung der Zersetzungsvorgänge finden wir eine deutliche Vermehrung der GRAM-positiven Flora, für welche in erster Linie die Buttersäurebazillen verantwortlich zu machen sind (RODELLA). B. acidoph. scheint in reichlicher Menge aufzutreten, während Bac. bifidus nach LATZEL seltener anzutreffen ist. Der genannte Autor weist auch auf das Vorkommen einer vor allem durch Buttersäure und Milchsäurebazillen bedingten Vermehrung der GRAM-positiven Flora bei der akuten gelben Leberatrophie hin.

Überblicken wir das im vorstehenden Gesagte, müssen wir zu dem Schluß gelangen, daß wenigstens gegenwärtig die Ausbeute, die wir bei der bakterioskopischen Untersuchung des Stuhles davontragen, eine recht geringe ist. Diese Tatsache ist verständlich, wenn wir uns vor Augen halten, daß die Stuhlflora im besten Falle und auch nur dies bis zu einem gewissen Grade der Flora der distalen Abschnitte des Dickdarms entsprechen wird, welche für viele uns klinisch interessierende Krankheitszustände gewiß von relativ geringerer Bedeutung ist. Aber selbst hier ist eine Identifizierung nicht ohneweiters gestattet, wie es ja auch z. B. bei der Besprechung der Azidität betont wurde, daß zwischen Stuhl und Dickdarminhalt selbst erhebliche Differenzen bestehen können. Wir müssen ferner die schon hervorgehobene Tatsache berücksichtigen, daß die Bakterien, welche wir im Stuhl finden und färberisch darstellen können, ja nur zum Teil lebensfähigen Keimen entsprechen. Eine ganze Reihe von Momenten werden für das mehr oder weniger reichliche Zugrundegehen der Darmbakterien im Dickdarm und damit auch im Stuhl in Betracht kommen: Die Eindickung des Stuhles, die Erschöpfung des Nährbodens, die Bakteriophagentätigkeit, mit welcher wir ja nach neuen Untersuchungen auch schon beim Neugeborenen und Säugling zu rechnen haben. Bedenken wir ferner die wahrscheinlich in viel höherem Maße, als wir es gegenwärtig nachweisen können, stattfindende Einstellung der Stuhlflora auf die Ernährung und damit auf die wenigstens zum Teil davon abhängigen chemischen und physikalischen Bedingungen, vor allem die anscheinende Empfindlichkeit der Stuhlflora gegenüber Veränderungen der Wasserstoffionenkonzentration, so ist es klar, daß es keineswegs leicht sein wird, hier absolut geltende Normen aufzustellen und zu vergleichbaren Werten zu gelangen. Um so mehr, da man aus den verschiedensten Gründen zu der Annahme gedrängt wird, daß primäre individuelle Verschiedenheiten der Flora selbst in Betracht zu ziehen sind. Gerade diese Tatsache scheint mit bei weiteren Untersuchungen wichtig zu sein und vielleicht sind bei Berücksichtigung dieser Fragestellung weitere Aufschlüsse zu erwarten. Eigene Erfahrungen bei der Untersuchung des Stuhles infektiöser Darmprozesse, wie beim Typhus, Paratyphus und der bazillären Dysenterie, scheinen dafür zu sprechen, daß solche individuelle Verschiedenheiten nicht nur in der *Anlage der Flora*, sondern auch in der *Reaktionsweise einer primär gleichen Flora* zu suchen sind.

Besondere Berücksichtigung verdient ferner ein Moment, welches ja seit jeher betont wurde, schon METSCHNIKOFF hat hiehergehörende Untersuchungen über das gegenseitige Verhalten von Cholerabazillen und coliartigen Keimen angestellt: die Bedeutung der Symbiose der einzelnen Bakterienarten und vielleicht auch der Bakterien zu pflanzlichen Keimen anderer Art, worauf ja bei der Besprechung der Hefen hingewiesen wird. Einen großen Fortschritt bedeuten in dieser Richtung die Untersuchungen von TSUCHIEA HIROMU[1] (s. S. 323) und es macht fast den Eindruck als ob die Untersuchung derartiger

[1] Arch. of internal med., 36; 56, 36. 1925.

Bakteriengruppen mehr versprechend ist als das isolierte Studium einzelner Stämme. Vor allem haben aber die Untersuchungen von Reiss[1] neue Wege gewiesen, da sie uns eine Methode in die Hand gaben, mittels der Darmpatrone die Darmflora unmittelbar zu studieren. Selbst wenn diese Methode auch kaum als allgemeine klinische Untersuchungsart ihren Platz finden wird, so hat sie doch schon heute bedeutsame Resultate gezeitigt, deren Besprechung über den Rahmen unserer Darstellung ragt.

Anhangsweise sei noch die Tatsache hervorgehoben, daß auch bestimmte Beziehungen zwischen der Bakterienflora des Stuhles und protozoären Infektionen zu bestehen scheinen, entweder im Sinne einer gegenseitigen Abhängigkeit oder einer gemeinsamen, beide Infektionen beeinflussenden Ursache. Die Beobachtungen Hegners am Tier[2] scheinen in diesem Sinne zu sprechen. Es ist vor allem interessant, daß nach dem genannten Autor protozoäre Infektionen bei Carnivoren seltener zu beobachten sind als bei Herbivoren. Durch Fleischdiät konnte Trichomonas muris zum Schwinden gebracht werden und gleichzeitig tritt an Stelle der vorwiegend azidophilen Flora eine Fäulnisflora auf. Auch hier stehen wir erst am Anfang unserer Kenntnisse und weitere Untersuchungen in ähnlicher Richtung beim Menschen erscheinen äußerst wünschenswert.

Spirochäten und fusiforme Bazillen

Abb. 3, Tafel XVI, Abb. 1 u. 2, Tafel XXII, Abb. 1, Tafel XXIII

Spirochäten im menschlichen Stuhl wurden zum ersten Male von Escherich gesehen. Mit Hilfe der im technischen Teil angeführten Methoden gelingt es leicht, im Darminhalt des gesunden Menschen Spirochäten nachzuweisen. Ebenso gehören fusiforme Bazillen allerdings in viel spärlicherer Anzahl zu den Vertretern der normalen Darmflora. Die sicherste Fundstätte ist nach übereinstimmenden Erfahrungen der meisten Untersucher das Coecum. Gelegentlich sind auch vereinzelte Spirochäten schon in der untersten Ileumschlinge nachzuweisen. Bei systematischer Untersuchung des Dickdarminhaltes und des Dickdarmschleimes im Abstrich finden wir auch in den übrigen Teilen des Dickdarms fast regelmäßig Spirochäten. Nach den Befunden einzelner Autoren scheint mitunter in der Gegend der Flexuren eine relative Häufung derselben feststellbar zu sein.

Über die Häufigkeit des Vorkommens im entleerten Stuhl gehen die Erfahrungen bis zu einem gewissen Grade auseinander. Von einigen wird der Spirochätenbefund als etwas absolut Regelmäßiges hingestellt, andere konnten Spirochäten im Stuhlpräparat nur etwa in einem Drittel der Fälle nachweisen. Es scheinen hier lokale Momente eine Rolle zu spielen. Es ist wohl kein Zweifel, daß bei den Bewohnern wärmerer Gegenden, insbesondere der subtropischen und tropischen Länder die Zahl der im Stuhl zu findenden Spirochäten relativ groß ist. Jedenfalls läßt sich sagen, daß das Vorkommen von Spirochäten in mäßiger Zahl, etwa bis zu ein bis zwei im Gesichtsfeld, als etwas Normales angesehen werden muß. Die verschiedenen Angaben erklären sich zum Teil vielleicht auch dadurch, daß die Spirochäten im Stuhl bei Anwendung der Gram-Färbung und auch bei nicht entsprechender Giemsa-Färbung leicht übersehen werden können.

Die Frage der Herkunft der Stuhlspirochäten, insbesondere der etwaige Zusammenhang mit der Mundflora ist nicht völlig geklärt, jedenfalls besteht klinisch völlige Unabhängigkeit. Nach den Befunden bei Säuglingen, wo wir

[1] Zeitschr. f. d. ges. exp. Med., 35, 296. 1923.
[2] Americ. journ. of hyg., 4, 393. 1923.

Spirochäten schon in den ersten Lebenswochen im Stuhl antreffen, ist eher an eine von der Mundflora unabhängige Ansiedlung im Darm zu denken.

Die Feststellung einer Vermehrung der Stuhlspirochäten, welche mit einer allerdings relativ zurücktretenden Vermehrung der Zahl der fusiformen Bazillen, die weiter unten besprochen werden sollen, einhergeht, ist von klinischer Bedeutung. Wir kennen Fälle, in welchen die im Stuhl nachweisbare Spirochätenflora einen durchaus polymorphen Charakter aufweist, wobei wir mehr oder weniger alle Typen, von den eng gewundenen bis zu mehr flachen, antreffen, ohne daß der eine oder der andere überwiegt. Daneben gibt es eine Gruppe von Affektionen, bei welchen die flachen, weit gewundenen Formen — für welche die Bezeichnung Spirochaeta eurygyrata (Werner) gebräuchlich ist — durchaus vorherrschen, häufig sogar ausschließlich zu finden sind. Das polymorphe Spirochätenbild im Stuhlpräparat ist vom klinischen Standpunkt aus differentialdiagnostisch nicht unwichtig, da wir es als sekundäre symptomatische Erscheinung bei einer Reihe bestimmter Erkrankungen antreffen. Ulzeröse Prozesse des Dickdarms aller Art gehen mit einer charakterisierten Vermehrung der Stuhlspirochäten einher. Wir finden dieselben bei der Tuberkulose, dem Karzinom, der ulzerösen Colitis, vor allem bei der Amöbendysenterie. Der letztgenannten Erkrankung schließen sich protozoäre Erkrankungen oder Infektionen des Darmes aller Art an (Balantidiencolitis, Flagellatenenteritis). Der Abstrich des Grundes etwa vorhandener Geschwüre stellt oft fast eine Reinkultur von Spirochäten und fusiformen Bazillen dar. Wenn wir in den genannten Fällen eine ganz besonders markante Vermehrung der Spirochäten häufig finden, ist eine solche mäßigen Grades auch bei Darmstörungen anderer Art, Gärungs- und vor allem Fäulnisdyspepsie, Stauungskatarrh, chronischen Enteritiden jeder Art festzustellen.

Im Gegensatz zu den genannten Fällen, in welchen die Vermehrung der Spirochäten wohl zweifellos eine sekundäre ist, die Veränderung des Milieus, vor allem die etwaige Geschwürsbildung zur Vermehrung der Spirochäten führt, gibt es Fälle von infektiöser Enteritis von hämorrhagischem Charakter, bei welchen Spirochaeta eurygyrata durchaus vorherrscht und die Spirochäten mit der Ausheilung der Erkrankung aus dem Stuhle wieder völlig zurücktreten, Erkrankungen, bei welchen der Spirochaeta eurygyrata eine pathogene Rolle zugesprochen werden darf und die wir als Spirochäten-Enteritis im engeren Sinne bezeichnen (le Dantec, Luger[1], Delamare[2], Saenz[3]).

Bezüglich der Auswahl des Materials sei noch hinzugefügt, daß wir die Spirochäten in vielen Fällen von diarrhoischer Entleerung diffus im Stuhl verteilt finden, häufig aber auf die spezielle Untersuchung einzelner Schleimflocken angewiesen sind, welche dann massenhaft Spirochäten enthalten können. Erwähnenswert ist in den genannten Fällen von Spirochäten-Enteritis die auffallend große Zahl abgestoßener Darmepithelzellen.

Schließlich sei noch darauf hingewiesen, daß ulzeröse Prozesse jeder Art in der Umgebung des Anus zur Entwicklung einer Spirochätenflora an der Oberfläche des Geschwüres führen können, wie wir es ja auch sonst an anderen Stellen der Körperoberfläche sehen. Es ist klar, daß in solchen Fällen bei der Untersuchung des Stuhles und auch bei der Bewertung des Ergebnisses dieser Untersuchung mit entsprechender Vorsicht vorgegangen werden muß.

---

[1] Arch. f. Verdauungskrankheiten, 1926. Bd. 28.
[2] Etudes et Notes, Constantinopel 1926.
[3] Annal. d. l. f. cult. d. Medicins Montevideo 1925.

Fadenbakterien

Von den hier in Betracht kommenden verschiedenen Formen seien, der älteren Einteilung PETRUSCHKYS folgend, als Vertreter der Gruppe der Trichomyzeten: der Aktinomyces und die Streptothrixgruppe, als Vertreter der Trichobakterien: Cladothrix- und Leptothrixformen genannt. Hinsichtlich der Frage der Stellung im System sei auf LEHMANN-NEUMANN[1] und WETTSTEIN[2] verwiesen.

Der Befund von Aktinomyzesdrusen im Stuhl wird wohl nur sehr selten zu erheben sein. NOORDEN bezeichnet einen solchen als „ganz besonderen Zufall". Immerhin wird bei Aktinomykose im Bereich des Dickdarms, bei Geschwürsbildung daselbst mit dem Vorkommen von Aktinomyzeskörnern zu rechnen sein, vielleicht auch nach Verschlucken aktinomyzeshaltigen Eiters bei den ja relativ häufigeren Aktinomyzeserkrankungen der oberen Abschnitte der Verdauungswege. Dieselben haben eine wechselnde Größe von 10 bis 200 μ, können aber bis 0,75 mm groß werden. Sie sind durch ihre gelbliche, glänzende Farbe, ihren radiären Aufbau und die ausstrahlenden, keulenartigen Ausläufer charakterisiert, während das Innere von einem dichten Netzwerk ausgefüllt erscheint, welches nach außen gegen die Kolbenzähne zu noch enger gewebt erscheint. Im Innern desselben finden sich die kleinen Sporen. Die Färbung erfolgt nach GRAM oder nach ZIEHL-NIELSEN. Sie werden im Quetschpräparat nativ oder nach Zusatz von 30% KOH oder nach Eosinfärbung untersucht. Ein Versuch der Züchtung kann in Aszites oder Serumagar, Serumbouillon gemacht werden, jedoch muß die Kultur unter Berücksichtigung des Vorkommens aerober und anaerober Varietäten sowohl unter aeroben und anaeroben Verhältnissen angelegt werden. Der Versuch der Züchtung gelingt keineswegs immer und wird für die Stuhluntersuchung wohl nur in den seltensten Fällen in Frage kommen.

Streptotricheen im Stuhl sollen — abgesehen von der Angabe ihres Vorkommens bei der „blauen Bazillose" ESCHERICHS — nur mit Rücksicht auf den seinerzeit von POTTIEN[3] mitgeteilten Fall erwähnt werden. Es handelt sich um langgewundene, vielfach durcheinander verflochtene Fäden mit sicherer echter Verzweigung, von in der Mitte oft körnigem Aufbau, am Ende keulenartig verdickt. Die Schilderung, welche auch von Spirillenformen spricht und „Polargeißeln" erwähnt, läßt wohl kein sicheres Urteil über die Natur der gesehenen Mikroorganismen zu. Die Bezeichnung Streptothrix dysenteriae, welche der Autor gewählt hat, da er eine ätiologische Beziehung zu den bestehenden dysenteriformen Erscheinungen annahm, hat wohl nur noch historisches Interesse. Ebenso wenig läßt sich Sicheres über den von PETRUSCHKY zitierten Fall DEMATTEIS sagen.

Auch über das Vorkommen von Leptothrix im menschlichen Stuhl, welche ja einen häufigen Saprophyt der Mundhöhle darstellt, läßt sich vorläufig nichts klinisch Interessantes sagen. Wir finden gelegentlich leptothrixähnliche Fäden ohne bestimmte Beziehung zu den etwa bestehenden Krankheitserscheinungen. Die genaue Bestimmung und Einreihung in das System stößt meist auf vorläufig wenigstens für den Kliniker unüberwindliche Schwierigkeiten. Die Leptothrixfäden sind dadurch charakterisiert, daß sie niemals Verzweigung zeigen und stellen wenig gekrümmte, mehr gerade verlaufende feinste Stränge dar, an welchen keine Teilungsvorgänge festgestellt werden können. SEYMOUR-BASCH[4] und SCHMIDT-

[1] Hyg. Rundsch., Bd. 7, S. 644. 1897.
[2] Zeitschr. f. klin. Med. 37, 489.
[3] LEHMANNS Atlanten 1926/27.
[4] Hdb. d. syst. Botanik 1924.

Strasburger berichten über Leptothrixbefunde bei der intestinalen Gärungsdyspepsie. Auch eigene Erfahrungen sprechen für das häufige Auftreten von Leptothrix bei den genannten Zuständen. Goiffon deutet selbst bei sonst annähernd normaler Beschaffenheit des Stuhles Leptothrixfäden als Zeichen intraintestinaler Gärung.

Leptothrix ist meist durch eine besondere Jodophilie ausgezeichnet.

Protozoen

Hinsichtlich der Untersuchung des Stuhles auf Protozoen sei, abgesehen von dem im technischen Teil Gesagten, nur kurz auf das Notwendigste hingewiesen: In solchen Fällen ist der Stuhl wiederholt und in mehreren Präparaten zu durchmustern, namentlich ist die Untersuchung an mehreren aufeinanderfolgenden Tagen von außerordentlicher Wichtigkeit, da es bekannt ist, daß Darmprotozoen — dies gilt vor allem für die Amöben und Flagellaten — oft periodisch, mehr weniger schubweise in den Fäzes auftreten. Vielfach wird es sowohl bei Dünndarm- als auch bei Dickdarmbewohnern zweckmäßig oder selbst geboten sein, ein Abführmittel, etwa Karlsbader Wasser, zu verabreichen, um auf diese Weise in den diarrhoischen Stühlen die Parasiten leichter nachweisen zu können. Ein negatives, ausschließendes Urteil wird bei chronischen Fällen immer mit der größten Vorsicht abzugeben sein. In Fällen akuter Erkrankung wird hingegen — und dies gilt namentlich für die Amöbendysenterie — bei sorgfältiger Untersuchung dem negativen Befund Bedeutung zukommen. Die Gründe, aus welchen der Nachweis von Protozoen auf Schwierigkeiten stößt, sind vielerlei: Der verschiedene, namentlich hohe Sitz im Verlaufe des Darmkanals, die Neigung einzelner protozoärer Parasiten, sich in der Wand des Darms anzusiedeln oder derselben mindestens anzuhaften, vielleicht auch biologische Besonderheiten derselben, wie zyklisch auftretende Perioden intensiver Vermehrung, deren nähere Gründe wir vorläufig nicht kennen. Unter Umständen — dies gilt wohl in erster Linie für die Vertreter aus der Gruppe der Flagellaten — lassen sich durch systematische Untersuchung der Stühle, selbst beim Bestehen von Diarrhöen, wo also eine etwaige einfache Retention der Parasiten weniger in Frage kommt, ganz auffällig reichliche, wiederkehrende Schübe vegetativer Parasiten nachweisen.

Zysten sind verhältnismäßig leicht nachzuweisen, zum mindesten fällt ein Umstand weg, der das Aufsuchen vegetativer Formen erschwert: Das Zugrundegehen derselben im Verlaufe der Darmpassage, da enzystierte Protozoen, dank ihrer größeren Widerstandsfähigkeit, den Darmkanal glatt passieren und sich unverändert im Stuhl vorfinden. Dies gilt auch insbesondere für jene Fälle, in welchen nicht durchaus frische Stuhlmengen zur Untersuchung gelangen. Verstreicht einige Zeit bis zur Untersuchung, gehen viele vegetative Formen zugrunde oder erleiden zum mindesten Veränderungen, welche deren Erkennung und Bestimmung ganz wesentlich erschweren können, während enzystierte Gebilde davor bewahrt sind. Mit besonderem Nachdruck muß die Tatsache betont werden und dies gilt auch für die Amoeba histolytica, daß auch ein in jeder Hinsicht „normaler" Stuhl sowohl vegetative Formen als Zysten enthalten kann. In erster Linie, aber nicht ausschließlich, wird der auch unverdächtig aussehende Stuhl von Patienten, die in warmen Ländern leben oder gelebt haben, besonders eingehend in dieser Richtung untersucht werden müssen (Dauerausscheider und Träger).

Im allgemeinen wird die Unterscheidung von vegetativen und enzystierten Formen keinen allzu großen Schwierigkeiten begegnen. Die für die einzelnen Arten charakteristische Bewegungserscheinung der erstgenannten, die scharfe, mitunter stark lichtbrechende und doppeltkonturierte Begrenzung der Zysten, der Nachweis der Kerne, die charakteristische Struktur des Plasmas charakterisieren im allgemeinen die beiden verschiedenen Erscheinungsformen protozoärer Parasiten zur Genüge.

Kernteilungsfiguren sind kaum jemals bei den im Stuhl ausgeschiedenen vegetativen Formen zu beobachten, wohl aber zweikernige Stadien.

Unter den im menschlichen Stuhl bei normalen oder pathologischen Verhältnissen vorkommenden Protozoen finden wir Vertreter der Klasse der Rhizopoden, Flagellaten, Sporozoen und Infusorien. Auch hier muß wieder hervorgehoben werden, daß nur jene Parasiten der genannten Klassen eingehender besprochen werden sollen, deren klinische Bedeutung sichersteht oder deren Kenntnis aus differentialdiagnostischen Gründen von Bedeutung ist. Aus didaktischen Gründen erscheint es zweckmäßig, sich in der Auswahl der zu schildernden Typen auch mit Rücksicht auf die zahlreichen, noch zur Diskussion stehenden Fragen eine gewisse Beschränkung aufzulegen.

Entsprechend dem in anderen Abschnitten, die Würmer und Arthropoden betreffend, Gesagten, muß auch hier hervorgehoben werden, daß der Nachweis von Protozoen und namentlich von Protozoenzysten nicht von vornherein den Schluß zulassen wird, daß es sich um echten Parasitismus handelt. Auch hier wird, wie ja noch bei der Besprechung der einzelnen Arten kurz hervorgehoben sein soll, damit gerechnet werden müssen, daß sich Protozoen erst nach Absetzen des Stuhles in diesem ansiedeln. Bei längerem Stehen, bei Verwendung von unreinen oder mit unreinem (Fluß- oder Sumpf-)Wasser gefüllten Gefäßen sind gar nicht selten Vertreter der freilebenden Flagellatenarten zu finden. Ich selbst habe wiederholt Flagellaten vom Typus des Bodo oder der Prowazekia beobachtet, deren Vorkommen durch direkten Nachweis in den verwendeten Standgefäßen oder Ausgangslösungen eine leichte Erklärung fand. Über ähnliche Erfahrungen berichtet Brug. Das gleiche gilt von Ziliaten, welche infolge Verunreinigung und eventueller Weiterentwicklung von nachträglich in den Stuhl gelangten freilebenden Typen, z. B. Paramäzien, zu Irrtümern Veranlassung geben können.

Auch Amöben, welche in einem ein oder zwei Tage lang stehenden Stuhl zufällig eine entsprechende Möglichkeit der Entwicklung finden, können nachträglich in den Fäzes auftreten. Sie gehören der Gruppe der Limaxamöben (Vahlkampfia) an. Einmal sah ich auch die durch ihre deutliche Oberhaut (Pellicula) charakteristische Erdamöbe (Amoeba diploidea), ein Befund, der offenbar in ähnlicher Weise zu erklären ist.

Schließlich darf, wie beim Kapitel Kokzidien besonders gezeigt werden soll, nicht daran vergessen werden, daß Zysten protozoärer Natur mit der Nahrung aufgenommen und nach glatter Passage des Magen-Darmtraktes im Stuhl erscheinen können, ohne sich wirklich im Darm anzusiedeln.

Gegen solche Irrtumsmöglichkeiten schützt die Untersuchung des ganz frischen Stuhles, im zweiten Fall die eingehende mikroskopische Untersuchung der vom Patienten angegebenen Nahrungsmittel.

Rhizopoda

Die durchwegs der Ordnung der Amoebina angehörenden, uns hier interessierenden Vertreter der Rhizopoden, die Darmamöben des Menschen, sind — mit Ausnahme von Chlamydophris stercorea aus der Gruppe der Thecamöben — als „nackte Protozoen“ charakterisiert.

Es fehlt ihnen jede charakteristische äußere Hüllen- oder Schalenbildung, wohl aber kann Teilung in einen äußeren und inneren Anteil des Protoplasmas auftreten (Ektoplasma, Entoplasma), welche, wie im folgenden gezeigt werden soll, sogar zur Differenzierung bestimmter Arten von Wichtigkeit sein kann. Es kann auch der äußere Kontur des Plasmas, besonders nach Behandlung mit Jodlösung, als etwas schärfere Linie hervortreten (Oberflächenhaut, Haptogenmembran). Das gleiche gilt für starke Abblendung, ohne daß man aber jemals den Eindruck einer wirklichen Hülle oder Schale hätte.

Eine Ausnahme bildet die eingangs erwähnte, ganz selten im Stuhl vorkommende, aber nicht zu den Darmamöben zu rechnende Erdamöbe, Amoeba diploidea.

Es ist ferner für die anzuführenden Vertreter der Amöben die Art der Ortsveränderung mit Hilfe von Pseudopodien kennzeichnend. Abgesehen von

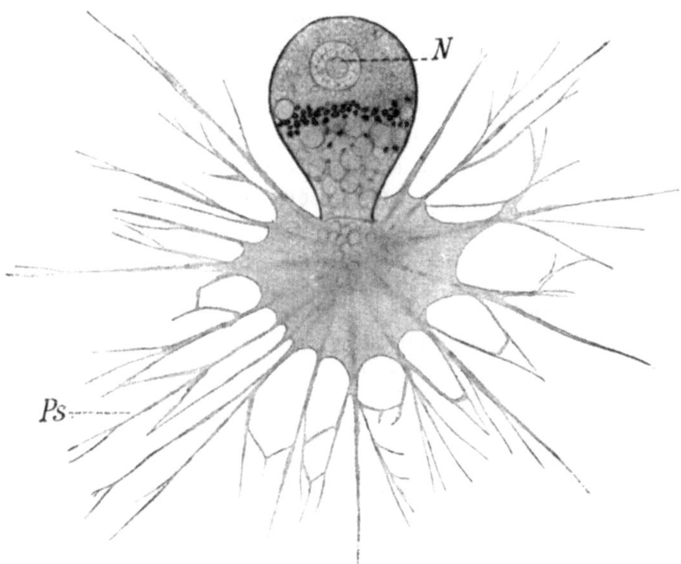

Abb. 2. Chlamydophrys stercorea Cienk. Nach Schaudinn 1911
N. Kern. *Ps.* Pseudopodien

Chlamydophrys, wo wir miteinander in netzförmiger Verbindung tretende Pseudopodien finden (Rhizopodien), sehen wir bei den parasitierenden und für uns in Betracht kommenden freilebenden Formen die Bildung lappen-, zungen- oder fingerförmiger Fortsätze, welche der Basis breit aufsitzen, an beliebiger Stelle der Oberfläche hervortreten können. Bei den Limaxformen findet sich ein breites, zungenförmiges Pseudopodium an der vorderen Fläche, welches als eine direkte Verlängerung des Körpers imponieren kann (Lobopodium).

Die Pseudopodienbildung geht in der Weise vor sich, daß eine breite Strömung in dem körnigen zentralen Entoplasma auftritt, welche gegen eine Stelle der Peripherie gerichtet ist. Es kommt zu einer Umwandlung des Entoplasmas in das mehr homogen sich vorwölbende Ektoplasma. Es setzt dann eine gelegentlich hier gut zu beobachtende, entgegengesetzt gerichtete Randströmung ein. Plötzliche Vorwölbung mit Einreißen der Oberflächenlinie bezeichnen wir als

Bruchsackpseudopodien. Die Pseudopodienbildung dient der Fortbewegung und der Aufnahme der Nahrung, welche durch Umfließen in das Innere der Zelle hineingelangt. Es sei noch erwähnt, daß die Art und Form der Pseudopodienbildung wohl für die einzelne Art als charakteristisch angesehen werden muß, aber doch durch Veränderung des Milieus mitunter recht weitgehende Atypien aufweisen kann. Das Entoplasma zeigt vielfach Vakuolen, die mit Nahrungsresten gefüllt sein können, welch letztere aber auch frei im Entoplasma wahrgenommen werden.

Die Zysten sind durch ihre gegebene, im allgemeinen runde oder ovale Form und vor allem durch das Auftreten einer mehr oder weniger deutlich sichtbaren Wand gekennzeichnet. Die Zahl der Kerne wechselt je nach dem Alter der Zyste und ist für die einzelne Art differentialdiagnostisch von Bedeutung.

Die vegetativen Formen der in Betracht kommenden Arten sind fast durchwegs einkernig, gelegentlich können zweikernige Stadien im Stuhl nachgewiesen werden. Die Kerne entsprechen dem Typus des sogenannten Karyosomenkernes, d. h. wir sehen im Innern des Kernes einen kompakten, gewöhnlich runden, ovalen oder hantelförmigen, gut färbbaren Körper, welcher durch eine helle Zone von der Kernmembran getrennt ist. Die speziellen Formen der einzelnen Kerntypen sollen bei den einzelnen Arten besprochen werden. Der Kern liegt im Entoplasma oder an der Grenze des Ento- und Ektoplasmas.

Auf die feinere Struktur des Kernes soll vorläufig nur insoweit eingegangen werden, als dieselbe für die praktisch wichtige Scheidung zweier Gattungen der Amöben von Bedeutung ist: Der Entamöben und der Limaxarten. In beiden Fällen handelt es sich, wie schon früher gesagt, um Karyosomenkerne. Bei den Entamöben erreicht das Karyosom nur geringe Größe. Der Kernmembran angelagert finden wir schon im frischen Präparat auffallend stark lichtbrechende, gut färbbare, kranzförmig angeordnete, oft sehr erhebliche Chromatinmassen, welche buckelartig in das Lumen der Kernsaftzone hineinragen. Außerdem finden wir als Ausdruck in ihrem Einzelnen noch nicht genau erforschter Lebensvorgänge oft in schönen konzentrischen Reihen angeordnete, oft anscheinend mehr durcheinandergewürfelte, kleinste Chromatinkörner in der Kernsaftzone, welche als Begleiterscheinung der sogenannten „zyklischen Veränderung im Kern" angesprochen werden und bei den einzelnen Arten in verschiedenem Maße ausgeprägt sein können. Das Wesentliche für die Charakterisierung des Kernes der Gruppe der Entamöben ist das verhältnismäßig kleine Karyosom und die stark entwickelten Chromatinmassen an der Kernmembran, der sogenannte Außenkern.

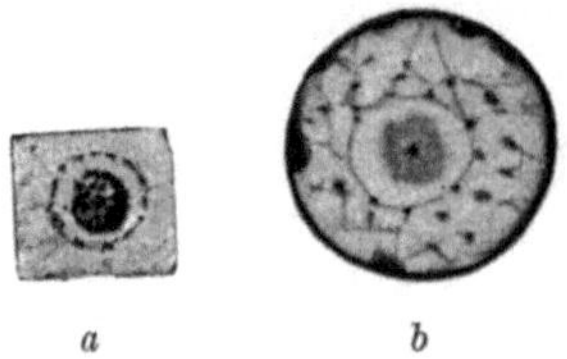

Abb. 3. *a* Typus des Limaxkernes. *b* Typus des Entamöbenkernes, beide nach Hartmann

Im Gegensatz hiezu fehlt ein solcher den Kernen der Limaxarten, nur kleinste Chromatinbröckel oder eine etwas dunklere Zone lassen sich der Kernmembran innen angelagert nachweisen. Hiezu kommt ein sehr charakteristisches, im allgemeinen massiv aussehendes, oft unregelmäßig gestaltetes Karyosom, welches zentral, aber häufig auch exzentrisch liegt und sich bei feiner Differenzierung in eine Gruppe kleiner Körnchen auflösen läßt.

Die Kenntnis dieser beiden Arten ist praktisch von Bedeutung, da es sich bei den Vertretern der Limaxgruppe um nichtpathogene, zum Teil parasitierende, häufig aber um freilebende Formen handelt, die erst nachträglich in den abgesetzten Stuhlgängen zur Entwicklung gelangt sind oder auch mit der Nahrung aufgenommen wurden.

Als Vertreter der Gruppe der Entamöben haben wir die Amoeba histolytica (dysenteriae) und Amoeba coli, unter den Limaxarten die Endolimax nana und Endolimax williamsi zu besprechen.

Entamoeba coli (Schaudinn)

Vegetative Form (Abb. 6 auf Tafel I)

Rundliche oder ovale, auch ausgezogene, langgestreckte Gebilde. Die Größe wechselnd. Es werden für den Durchmesser derselben Zahlen von 5 bis 50 μ angegeben. Am häufigsten sind Individuen von etwa 15 bis 40 μ Durchmesser zu sehen. Eine deutliche Trennung zwischen Ento- und Ektoplasma ist in der Regel nicht zu erkennen. In der Bewegung tritt in den breiten, zungenförmigen Pseudopodien ein mehr homogenes, nur wenig lichtbrechendes Ektoplasma auf. Die Pseudopodien werden in der Regel relativ langsam vorgestreckt. Die Gesamtbewegung ist träge. Das Plasma kann eine Reihe von nicht kontraktilen Vakuolen aufweisen, welche Bakterien und andere Nahrungsreste enthalten. Blutkörperchen fehlen. Bakterien sind häufig nachzuweisen. Die aufgenommenen Nahrungsbestandteile können unter Umständen

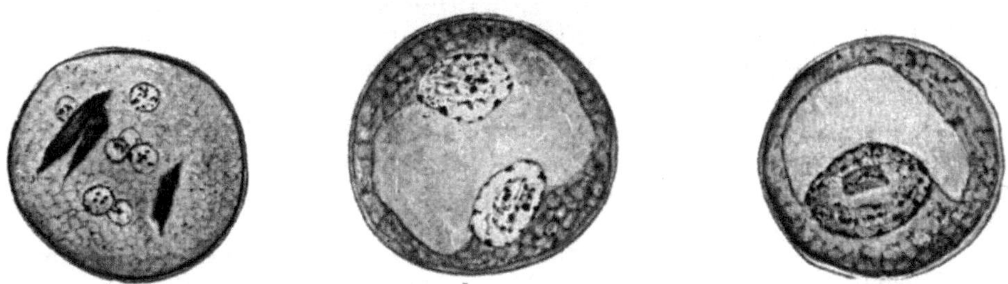

a b c

Abb. 4. Colizysten nach Hartmann

ungewöhnliche Größe erreichen und fast den ganzen Parasiten ausfüllen. Auch phagozytierte Protozoen anderer Art, namentlich in enzystierten aber auch in vegetativen Formen sind beobachtet.

Der Kern ist kreisrund, zeigt einen deutlichen Außenkern mit doppeltkonturierter Membran, ein relativ kleines, nicht selten exzentrisch gelegenes Karyosom, das häufig hantelförmig gestaltet ist. Ein Zentriol ist bei feiner Differenzierung darzustellen. Dasselbe kann bei hantelförmig in die Länge gezogenem Karyosom verdoppelt sein. Zyklische Veränderung im Sinne von in der Kernsaftzone angeordneten Chromatinpartikelchen nur angedeutet, wenn überhaupt nachweisbar. Vor Eintritt der Enzystierung rundet sich die Zelle ab. Das Protoplasma wird durch Ausstoßen oder Verbrauch der phagozytierten Massen klarer und es kommt zunächst zum Auftreten diffuser schleimartiger Hüllen.

Zysten. Die Zysten sind kugelförmig und zeigen im allgemeinen eine Größe von 10 bis 20 μ, jedoch wurden auch extrem kleine und große Formen beobachtet (6 bis 30 μ). Im voll ausgebildeten Zustand ist eine doppeltkonturierte, stark lichtbrechende Wand deutlich zu erkennen. Die ursprünglich einkernige Zyste wird durch fortgesetzte Kernteilung zur zwei-, vier- und achtkernigen, ausnahmsweise wird auch über 16-, selbst 28kernige Zysten berichtet. Am häufigsten sind zwei- und achtkernige Typen zu sehen. Die Kerne werden hiebei kleiner, das Chromatin spärlich, so daß sie schließlich nur als feine Ringformen erkennbar sind. Das Karyosom und die der Membran aufliegenden Chromatinklumpen sind verschwunden. Die Kerne heben sich selbst im gefärbten Präparat relativ schlecht vom Hintergrund des Protoplasmas ab, zum Teil wegen der eben geschilderten Armut an färbbarer Substanz, zum Teil deshalb, weil sich das Protoplasma der Zyste trotz der durchsichtigen Beschaffenheit im Nativpräparat im Trockenpräparat nach entsprechender Fixierung ziemlich gut anfärbt (Abb. 3 auf Tafel I).

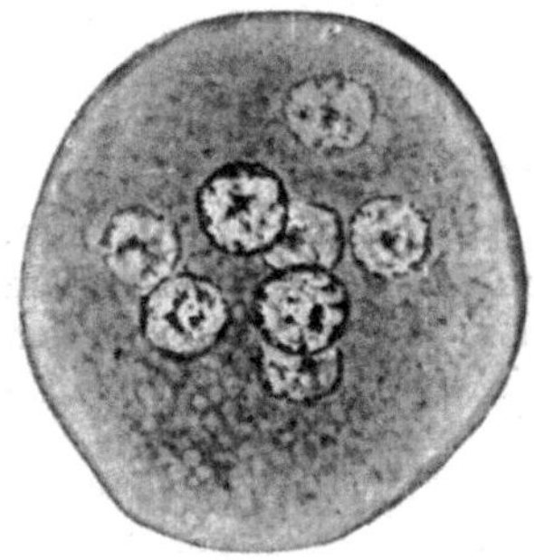

Abb. 5. Achtkernige Colizyste nach Hartmann und Whitmore

Schon im einkernigen, regelmäßig im zweikernigen Stadium der Enzystierung kommt es zur Bildung einer großen, oft fast die ganze Zelle ausfüllenden charakteristischen Vakuole, deren Inhalt Glykogenreaktion zeigen kann. Dieselbe schwindet in der Regel im vierkernigen Stadium und ist in älteren Zysten niemals zu finden. Das Protoplasma selbst zeigt in den ersten Stadien der Entwicklung noch einen mehr oder weniger wabigen Aufbau und wird allmählich klarer. In das Protoplasma ausgetretene Kernsubstanzen, die sich durch ihre gute Färbbarkeit und durch ihre dem Protoplasma etwas überlegene Lichtbrechung auszeichnen (Chromidien, Chromidialkörper), sind in den Zysten der Amoeba coli relativ selten anzutreffen, naturgemäß am ehesten in den Spätstadien, in der achtkernigen Zyste. Diese gut färbbaren (siderophilen) Elemente sind in der Regel nicht sehr groß, meist von unregelmäßig länglicher, oft zugespitzter, nadel- oder kristallartiger, gelegentlich gewundener, fadenartiger Form.

Die von einzelnen Autoren zugunsten einer Pathogenität der Coliamöbe angeführten Argumente können vorläufig kaum als beweiskräftig angesehen werden.

Entamoeba histolytica (Schaudinn) (syn. Entamoeba dysenteriae) (Councilman und Lafleur)

Vegetative Formen

A) Große vegetative Formen: Histolytica-Stadien (Kuen und Swellengrebel), die wir namentlich im blutigen Schleim der Stühle Dysenteriekranker finden. Der Durchmesser beträgt in der Mehrzahl der Fälle 20 bis 40 μ, es wurden auch größere Formen bis zu 70 μ beobachtet. Brug weist mit Recht darauf hin, daß in dünnen Präparaten künstliche Vergrößerungen nicht zu vermeiden sind, so daß eigentlich bei Längenbestimmung auch die Angabe der Höhe erforderlich wäre. Sowohl in der Ruhe als in der Bewegung ist eine deutliche Scheidung des Ento- und Ektoplasmas festzustellen. Das letztgenannte macht einen gleichmäßig homogenen zähen Eindruck und ist stärker lichtbrechend als das körnige Innenplasma. Im Innern treten zahlreiche Vakuolen auf, welche mit Flüssigkeit oder unbestimmten Körnchen gefüllt sind. Als Nahrung kommen in erster Linie Erythrozyten und sonstige Körperzellen in Betracht. Die roten Blutkörperchen sind meist vereinzelt, aber auch in Klumpen und selbst größeren Haufen anzutreffen und können mitunter fast den ganzen Zelleib ausfüllen. Sie zeigen im frischen Präparat einen wechselnden, in der Regel guten Hämoglobingehalt, sind meist rund oder leicht oval, aber häufig auch ganz unregelmäßig gestaltet. Die normale bikonkave Form ist wohl kaum jemals zu erkennen. Sie liegen nicht in Vakuolen, sondern frei im Plasma.

Die Pseudopodienbildung ist eine eigenartige. Die Pseudopodien brechen plötzlich vor, scheinen die äußere Begrenzungslinie der Zelle zu zerreißen, „Bruchsackpseudopodien", sie sind in der Regel von breiter Lappenform, die Protoplasmaströmung meist ziemlich lebhaft. Auch das Entoplasma kann in die Pseudopodien eintreten. Es kann selbst der Kern in die Basis des Pseudopodiums hineingezogen werden.

Der Kern ist kugelig, zeigt ähnlich dem Kern der Entamoeba coli eine doppeltkonturierte Wand, reichlich wandständiges Chromatin, ein in der Größe wechselndes Karyosom, das im Gegensatz zum Außenkern im Nativpräparat oft nur schwer zu sehen ist und das bei entsprechender Differenzierung ein Zentriol aufweist. In der Kernsaftzone finden wir bei geeigneter Färbung ein oder auch zwei ringförmig angeordnete Reihen feinster Chromatinpartikelchen, welche dem Kernbild etwas außerordentlich Zierliches verleihen. Diese schon eingangs erwähnte, hier besonders deutlich ausgeprägte Formation, der Ausdruck der zyklischen Veränderung des Chromatins, ist für die Entamoeba histolytica außerordentlich charakteristisch und gehört mit zu den wichtigsten Kriterien dieser Art.

B) Kleine vegetative Formen (Minutaformen). Es handelt sich, wie schon die Bezeichnung zum Ausdruck bringen soll, um wesentlich kleinere Formen, deren Durchmesser gewöhnlich nur 12 bis 20 μ beträgt. Die früher geschilderten charakteristischen Eigenschaften der großen vegetativen Formen gehen hier mehr oder weniger verloren. Die Trennung zwischen Ento- und Ektoplasma erscheint nicht so scharf durchgeführt, oft fehlt sie vollkommen. Die Art der Pseudopodienbildung nähert sich mehr der der Entamoeba coli. Blutkörperchen sind keineswegs regelmäßig, ja sogar relativ selten anzutreffen. Wir finden im Innern der Zelle Bakterien, Speisereste, namentlich Stärkekörner, Pilzsporen usw. Die für die großen vegetativen Formen charakteristischen zyklischen Veränderungen im Kern sind kaum angedeutet oder fehlen völlig. Brug weist auf das Vorkommen besonders großer Vakuolen hin, die ganz mit Bakterien gefüllt sind, welche Eigenbewegung zeigen können, so daß der genannte Autor geradezu von Bakterienreinkultur in der Amöbenvakuole spricht.

Beide beschriebenen Typen können spontan, namentlich unter dem Einfluß medikamentöser Behandlung Degenerationsformen zeigen. Es kommt zur Abrundung der Zellen, die Pseudopodienbildung sistiert, die Grenzen zwischen Ento- und Ektoplasma schwinden völlig, es kann schließlich auch zu knospenartiger Abschnürung des Protoplasmas kommen. Im Kern nehmen wir häufig tiefgreifende Veränderungen wahr. Das Karyosom schwindet, das Chromatin sammelt sich in groben unregelmäßigen Klumpen in der Peripherie an, tritt ins Plasma aus, es kommt zur Bildung zahlreicher, meist kleiner rundlicher, aber auch vielgestaltiger, unregelmäßiger Chromidien. In anderen Fällen kommt es zur Pyknose, zur dichten Verklumpung des Kerns, in anderen wieder kommt es von vornherein zur Auflösung der ganzen Kernsubstanz. Bezüglich des zytologischen Stuhlbildes bei der Amöbendysenterie im Gegensatze zu bazillären Formen s. S. 11.

Zysten

Dieselben sind im allgemeinen kleiner als die der Entamoeba coli, zirka 10 bis 15 μ, seltener werden auch größere Formen gefunden. Sie zeigen eine einfache, nicht stark lichtbrechende Membran. Im einkernigen Stadium, in welchem die Kernstruktur in der Regel gut erhalten ist, welche übrigens im allgemeinen hier länger erhalten bleibt als bei den Kernen der Colizysten, ist häufig eine große zentrale Vakuole zu sehen, welche Glykogenreaktion zeigt. Diese fehlt in der Regel aber schon im zweikernigen Stadium. Das Protoplasma ist leicht körnig und erweist sich der Farbe gegenüber ziemlich refraktär. Durch Teilung kommt es zu zwei- und vierkernigen Formen. Bezüglich mehrkerniger Formen gehen die Meinungen auseinander. Während die meisten Autoren solche als außerordentlich selten bezeichnen, werden sie von anderen wenigstens bei sorgfältigem Suchen häufig gefunden. In der Regel finden wir ein- und vierkernige Formen. Durch Verzögerung der Kernteilung können auch drei- eventuell sechskernige Zysten auftreten. Besonders charakteristisch ist das frühe Auftreten von Chromidialkörpern, welche schon im vorzystischen Stadium, in welchem sich das Plasma klärt und von den aufgenommenen Partikeln befreit, und dann in der ein-, zwei- und mehrkernigen Zyste fast regelmäßig anzutreffen sind. Sie sind mitunter diffus in Form feiner Brocken verteilt, in der Regel sehen wir sie aber in Form charakteristischer plumper Stäbe mit abgestutzten Enden einzeln oder parallel zueinander gelagert (Zigarrenform), oft einen großen Teil des Durchmessers der Zyste einnehmend (s. Abb. 3 und 4 auf Tafel 2).

Die Zysten entwickeln sich aus den Minutaformen. Für letztere wird gegenwärtig wohl allgemein angenommen, daß sie aus den großen vegetativen Formen entstehen und ihrerseits wieder in solche übergehen können. Im allgemeinen sind, wie oben bemerkt, die großen vegetativen Formen in mehr akuten Fällen, in den blutigschleimigen Flocken des Stuhls, die Minutaformen dann zu finden, wenn der Stuhl anfängt fäkulent zu werden. Jedoch läßt sich eine sicher geltende Regel in dieser Richtung nicht aufstellen. Deren Kenntnis ist deshalb wichtig, weil sie in subchronischen und chronischen Fällen häufig neben den Zysten die einzig nachweisbaren vegetativen Formen darstellen. Auch in jenen Fällen, in welchen ohne klinische Erscheinungen dauernd Zysten abgeschieden werden, muß das Vorhandensein von Minutaformen vorausgesetzt werden, so daß Brug die Bezeichnung „Minutaträger" für solche Fälle vorschlägt. Es sei jedoch erwähnt, daß einzelne Autoren (Mathis, Reichender) die Meinung vertreten, daß gerade die Minutaform die eigentliche ursprüngliche Form darstellt, eine Anschauung, die sich auf die Ergebnisse der Kultur der Dysenterieamöbe stützt, wie sie Boeck und Drbohlav gelungen ist (s. S. 120).

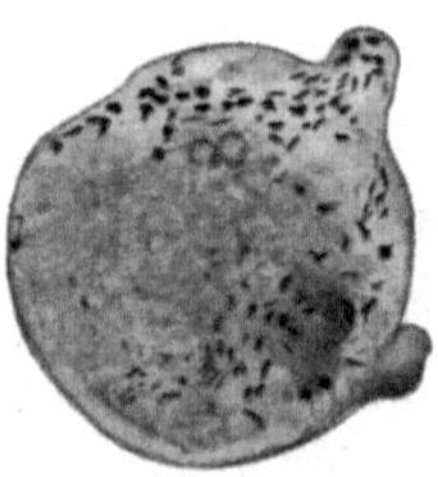

Abb. 6. Degenerationsform (Chromidialtier mit Knospen) nach Hartmann

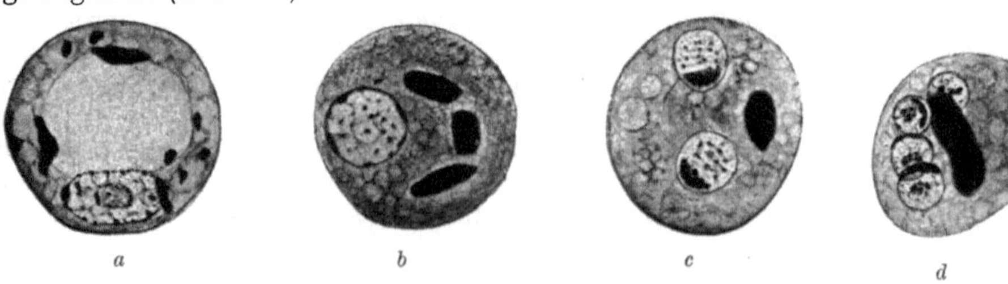

a b c d

Abb. 7. Zysten der Amoeba histolytica nach Hartmann

Unter Umständen kann der Nachweis von vegetativen Formen oder Zysten durch den Tierversuch ergänzt werden. Am besten eignen sich junge Katzen, bei welchen die Infektion mit zystenhaltigem Material per os, die mit vegetativen

Formen jedoch nur rektal mittels eines hohen, in den Enddarm eingeschobenen weichen Katheters vorgenommen werden kann. Die Infektion geht keineswegs immer mit absoluter Sicherheit an, so daß einem negativen Ausfall des Tierexperiments wohl keine sichere Beweiskraft zukommt.

Anhangsweise sei bemerkt, da die entsprechenden Nomenklaturen gelegentlich noch beibehalten worden sind, daß es sich bei den als Entamoeba tetragena, Entamoeba africana, Entamoeba minuta und Entamoeba nipponica bezeichneten Formen mit Wahrscheinlichkeit um Minuta- oder Degenerationsformen der Amoeba histolytica gehandelt hat und daß deren Sonderstellung von der Mehrzahl der Autoren nicht mehr anerkannt wird.

Schließlich muß noch auf die Entamoeba tenuis (KUENEN und SWELLENGREBEL) kurz eingegangen werden. Es handelt sich um kleine, 6 bis 10 μ im Durchmesser zeigende Amöben mit nicht scharf getrenntem Ento- und Ektoplasma. Nach Färbung kann ein schmaler Ektoplasmasaum auftreten. Die Pseudopodienbildung erinnert hier an die der Entamoeba histolytica, der Kern zeigt ein kleines Karyosom und einen mächtigen Außenkern.

Die Zysten sind ein- bis vierkernig, 6 bis 8 μ groß, es treten zahlreiche, unregelmäßig geformte, kleine Chromidien auf, die oft den Kern überlagern. Dieselben sind nicht pathogen. Die Frage, ob es sich hier um eine selbständige Form, die auch von BRUG als Entamoeba minutissima beschrieben wurde, oder sozusagen um besonders kleine Minutaformen der Entamoeba histolytica handelt, ist nicht geklärt. Das gleiche gilt für die Entamoeba minuta, Entamoeba hartmanni und Entamoeba dispar (BRUMPT).

BRUMPT selbst sieht keine Differenzierungsmöglichkeit zwischen den vierkernigen Zysten der von ihm beschriebenen Form und jener der Amoeba histolytica. Für die sonst auch kaum zu trennenden vegetativen Formen soll ein Fehlen oder Zurücktreten der Hämatophagie charakteristisch sein. Die Infektion der Katze bei Anwendung der Technik DRBOHLAVs ist jedoch gelungen.

Wenn nochmals die charakteristischen Unterschiede zwischen der Entamoeba coli und der Entamoeba histolytica der praktischen Bedeutung der Frage wegen zusammengefaßt werden sollen, so kommen in erster Linie folgende Punkte in Betracht. Die vegetativen Formen der Amoeba histolytica zeigen auch in der Ruhe die scharfe Trennung zwischen Ento- und Ektoplasma, die Pseudopodien wölben sich ruckartig vor. Wir erkennen phagozytierte Erythrozyten. Der letztere Befund wurde zwar gelegentlich auch bei Amoeba coli von einzelnen Autoren erhoben, jedoch bedarf diese Angabe der Bestätigung und spielt bei der sicher großen Seltenheit eines solchen Vorkommnisses praktisch keine Rolle.

Die Zysten der Amoeba histolytica sind im allgemeinen klein, zeigen keine doppeltkonturierte Membran, sind meist ein-, zwei- oder vierkernig gegenüber den vier- und achtkernigen Colizysten. Glykogenvakuolen sind bei der Amoebia histolytica in der Regel nur im einkernigen, bei der Colizyste auch im zweikernigen Stadium zu sehen. Das Chromatin der Kerne bleibt bei den Histolyticazysten relativ gut erhalten, oft trotz des frühzeitigen Auftretens der Chromidialkörper im Plasma, welche in größerer Ausdehnung bei der Colizyste nur in späteren Stadien anzutreffen sind. (Charakteristische Zigarrenformen der Chromidialkörper der Histolyticazysten.) Das Plasma der Colizyste wird homogener und ist leichter färbbar.

Die bekannten parasitären Endolimaxarten sowie die freilebende Amoeba limax sind nicht pathogen, deren Kenntnis ist aber wichtig, um sich bei ihrem nicht seltenen Vorkommen vor Verwechslung mit anderen Formen zu hüten.

Die hiehergehörigen Formen sind vor allem, wie schon oben hervorgehoben, durch ihre Kernstruktur charakteristisch. Ein plumpes, mächtiges, oft unregelmäßiges Karyosom, eine fast vollkommene Kernsaftzone, eine fast freie Kernmembran, das Fehlen des „Außenkerns", das Fehlen der Erscheinung der zyklischen Umwandlung ermöglichen, wenigstens im gefärbten Präparat, wohl immer eine sichere Trennung.

Amoeba limax

Kleine, zarte Amöbe mit charakteristischem Limaxkern, mitunter mit langgestrecktem Karyosom, wabigem Protoplasma. Häufig ist eine kontraktile Vakuole zu sehen. Breite lappenartige, träge Pseudopodienbildung. Die einkernigen Zysten sind durch eine auffallend dicke Wand charakterisiert. Es handelt sich hier um eine in der Natur weit verbreitete Form. Dieselbe ist leicht auf Amöbenagar züchtbar. Sie wächst mitunter auf länger stehenden Fäkalien oder gelangt durch Verunreinigung der Gefäße in dieselben.

Endolimax nana (Wenyon und O'Connor)

(syn. Endolimax intestinalis, Entamoeba nana, Amoeba limax, Vahlkampfia nana, wahrscheinlich auch identisch mit Endolimax oder Entamoeba phagocytoides)

Es handelt sich um eine kleine parasitierende Darmamöbe. Längsdurchmesser zirka 10 μ. Sie schließt sich in ihrem Bau an die eben geschilderte freilebende Limaxamöbe an, ist jedoch nicht züchtbar und hat keine kontraktile Vakuole. Degenerationsformen mit unscharfem Kern und stark vakuolisiertem Protoplasma sind nicht selten.

Die reifen Zysten sind im Gegensatz zur Amoeba limax vierkernig. Durchmesser 6 bis 8 μ. Jüngere Stadien zeigen eine Glykogenvakuole, welche, wenn auch kleiner, in den reifen Zysten bestehen bleiben kann. Auch mehrkernige Zysten sind beobachtet worden. Die Zysten zeigen meist Kugelform, können sich aber durch Abrundung der Kerne der Rechtecksform nähern. Chromidienbildung wird nicht beobachtet, wohl aber Unschärfe der Kerne als Ausdruck der Verflüssigung des Karyosoms.

Jodamoeba bütschlii (Prowazek)

(syn. Endolimax williamsi, Pseudolimax wenyoni, Jodamoeba wenyoni, Jodzyste)

Äußerst zartes, wenig lichtbrechendes Gebilde mit einem Durchmesser von 8 bis 20 μ, vielfach rund, im gefärbten Präparat oft ausgezogen, langgestreckt oder leicht birnförmig. Keine Trennung zwischen Ento- und Ektoplasma. Typischer Limaxkern mit meist exzentrischem Karyosom und etwas dichterer Zone innerhalb der Kernmembran. Wenig vakuolisiertes Protoplasma. Rote Blutkörperchen werden nicht aufgenommen, auch Stärke ist bisher nicht nachgewiesen, wohl aber Bakterien und Partikelchen verschiedener Art. Die dickwandige Zyste (8 bis 12 μ) ist meist oval und vor allem durch eine homogene, große Vakuole ausgezeichnet, welche deutliche Glykogenreaktion auf Jodzusatz zeigt und den Kern häufig vollständig verdeckt; derselbe ist jedoch färberisch darstellbar, zeigt ein exzentrisches Karyosom und oft eine sichelförmige Verdichtung des Chromatins an der entsprechenden Stelle der Kernmembran. Im frischen Präparat kann die charakteristische Vakuole unter Umständen übersehen werden, namentlich dann, wenn sie tief liegt, nur bei entsprechender Einstellung sichtbar oder zufällig vom Kern überlagert wird.

Thecamoeba
Chlamydophrys stercorea

Im Gegensatz zu den bisher behandelten „nackten“ Amöbenformen ist dieser nach eigener Erfahrung nicht allzu häufig in den Fäkalien des Menschen und im Darminhalt desselben nachzuweisende Parasit durch eine rundliche, flaschenförmige, hyaline Schale ausgezeichnet, aus deren offenem Ende das Plasma vorquillt, um zarte, langgestreckte, oft miteinander in netzförmige Verbindung tretende Pseudopodien auszusenden. Der ein großes Karyosom tragende Kern und Chromidien liegen im kuppelförmigen Anteil der Schale.

Im Darminhalt, sehr selten auch im Stuhl, finden sich gelegentlich amöboide plasmatische Massen von außerordentlich wechselnder Größe (5 bis 30 μ) mit ähnlicher amöboider Bewegung und ähnlichem Kern, welche als schalenlose Formen der Chlamydophrys gedeutet werden. Eine pathogene Bedeutung kommt dem genannten Parasiten nicht zu (s. Abb. 2, S. 33).

Flagellaten

Die Flagellaten sind im menschlichen Stuhl vor allem durch ihre charakteristische Fortbewegung mittels einer oder mehrerer Geißeln charakterisiert. Es sei hervorgehoben, daß die Geißeln bei der Nativuntersuchung oder im Eosinpräparat keineswegs immer ohneweiters als solche sichtbar sind, daß sie namentlich bei rascher Bewegung nicht in Erscheinung treten, wohl aber ist die eigenartige, tanzende, zittrige Vorwärtsbewegung außerordentlich charakteristisch. Durch Zusatz von Jod, bei nativer Giemsa-Färbung oder bei Anwendung der Riegelschen Methode können sie im allgemeinen leicht sichtbar gemacht werden, treten oft überraschend deutlich im Tusche- oder Kollargolpräparat auf und sind bei sorgfältiger Färbung darstellbar, wobei aber keineswegs bei jedem Individuum der gesamte intakte Geißelapparat zur Darstellung kommen muß. Häufig muß das Gesamtbild aus den Ergebnissen der Untersuchung an Einzelindividuen rekonstruiert werden, abgesehen davon, daß auch geißellose Exemplare vorkommen. Insbesondere sei auf die bei manchen Flagellaten der Enzystierung vorangehenden amöboiden Erscheinungsformen hingewiesen. Mitunter sieht man die Geißeln abgerissen neben dem Parasiten liegen, wobei sie zu Verwechslung mit Darmspirochäten Anlaß geben können. Bezüglich der Hemmung ihrer raschen Bewegung, welche oft eine genaue Beobachtung unmöglich macht, s. S. 101.

Trichomonas intestinalis (Leukart)

Dieser ovale, zugespitzte, rübenförmige Parasit ist durch drei von einem stark lichtbrechenden und sich im allgemeinen gut färbenden Basalkorn ausgehende Geißeln ausgezeichnet und erreicht eine Länge von 5 bis 15 μ bei einem queren Durchmesser von 2 bis 5 μ. Das Auffälligste ist der sowohl im frischen Präparat als auch bei der Färbung leicht erkennbare Randfaden. Es handelt sich um eine in großen Wellenzügen verlaufende, stark lichtbrechende Linie, welche von der Gegend des basalen Korns ausgehend, längs der Peripherie des Parasiten zu dessen spitzem Ende zieht, welches es häufig geißelartig überragt. Mitunter treten in älteren Präparaten an Stelle der gleichmäßigen Wellen auch zackige Formen auf. Der Randfaden kann auch teilweise oder ganz — besonders im Tuschepräparat — abreißen und vom Körper der Zelle abstehen. Dieser Randfaden stellt die äußere Verstärkung einer undulierenden Membran dar, welche, wie oben geschildert, verläuft. Im frischen Präparat sind deutlich immer vom breiten Ende zur Spitze verlaufende Wellenbewegungen zu sehen. Die Basis oder Anhaftungslinie der Membran markiert sich gleichfalls in einer scharfen Linie, welche von der ablaufenden Wellenbewegung nicht berührt wird, die Costa; schließlich ist noch ein doppeltkonturiertes, fast gerades, streifenförmiges Gebilde, das sich in der Regel nur schwach anfärbt, nachweisbar, welches vom basalen Korn zur Spitze des Körpers verläuft, der Achsenstab (Axostyl). Der Kern, welcher ein großes Karyosom aufweist, liegt am breiten Ende seitlich vom Achsenstab, in seiner Nähe eine kleine, oft nur schwer nachweisbare Mundöffnung (Zytostom). Das Plasma ist deutlich körnig, enthält Bakterien, Detritus, vereinzelt auch rote Blutkörperchen (s. Abb. 4 und 5 auf Tafel III).

Abb. 8. Trichomonas intestinalis (Leukart) schematisiert nach Hartmann

Bezüglich der Form der Zysten von Trichomonas intestinalis besteht in der Literatur noch immer keine Einigung. Seit langem wurden Blastozysten als Trichomonaszysten angesprochen (s. S. 48). Die dem Trichomonas intestinalis (hominis) außerordentlich ähnliche, wenn auch im allgemeinen etwas größere Trichomonas muris (Hartmann) ist vor allem durch den auch in der Zyste sichtbaren aufgerollten Randfaden charakterisiert. Degenerationsformen mit Verlust der Geißeln können als Amöben imponieren und werden auch als solche beschrieben (Entamoeba undulans).

Fünfgeißlige Trichomonaden sind als Untergattung: Pentatrichomonas beschrieben worden. Gerade hier wurden phagozytierte Erythrozyten bei Fehlen der sonst häufig aufgenommenen Bakterien gesehen.

Chilomastix mesnili (Wenyon)
(syn. Tetramitus mesnili, Macrostoma mesnili)

Dieser Flagellat gleicht bis zu einem gewissen Grade bei oberflächlicher Betrachtung und schwacher Vergrößerung dem vorher beschriebenen, aber trotzdem ergeben sich schon hier, namentlich bei Untersuchung im Eosinpräparat wesentliche Unterschiede. Vor allem fehlt der bei Trichomonas sofort in die Augen springende Randfaden. Ferner fällt das im Gegensatze zu Trichomonas mehr zugespitzte kaudale Ende auf. Die Bewegung des Parasiten ist durch eine Rotation um die eigene Achse charakterisiert, ferner erkennt man leicht eine mehr oder weniger in der Längsachse des Parasiten liegende, spaltförmige Öffnung, das Zytostom, das sich fast über den halben Durchmesser der Zelle erstreckt und durch Eosin rot gefärbt erscheint. Die Größe entspricht ungefähr der von Trichomonas intestinalis. Im allgemeinen begegnet man eher etwas größeren Exemplaren (5 bis 14 : 3 bis 7 μ). Das Heidenhain-Präparat läßt das Zytostom deutlicher erkennen, da die Begrenzungslinien (Lippen) desselben hier dunkel gefärbt erscheinen.

Der Kern liegt in der Kuppe des Zellkörpers. Er kann ein Karyosom enthalten, welches auch häufig fehlt. Innerhalb des Zytostoms kann der kurze Randfaden einer undulierenden Membran zur Darstellung gelangen. Die drei Geißeln des vorderen Endes gehen von ein oder zwei kleinen Basalkörnern aus. Schließlich ist ähnlich wie bei Trichomonas ein sich schwach färbender, das ganze Gebilde durchziehender, ziemlich breiter Achsenstab vorhanden. Das Protoplasma selbst zeigt, namentlich in dem breiteren Anteil des Körpers, einen wabigen Aufbau.

Die 6 bis 8 μ großen, scharf eingefaßten Zysten lassen im frischen Präparat in der Regel bis auf einzelne glänzende Körnchen kaum einen Inhalt erkennen. Sie sind rund, zeigen jedoch häufig eine charakteristische Verschmälerung und werden hiedurch birnen- oder flaschenförmig. Sie enthalten stets nur einen zentral gelegenen Kern mit deutlichem Karyosom, das oft exzentrisch der Kernmembran anliegt. Das charakteristische Zytostom und auch der kurze Randfaden sind mitunter erkennbar.

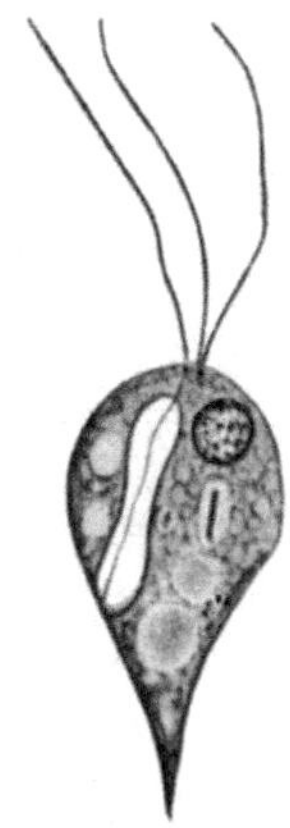

Abb. 9. Chilomastix Mesnili (Wenyon) schematisch n. Hartmann

Lamblia intestinalis
(s. Megastoma entericum, Giardia intestinalis)

Die Lamblien sind durch ihren bilateral symmetrischen Bau, die Doppelkernigkeit und die eigenartige schüsselförmige Gestalt in der queren Ansicht schon bei schwacher Vergrößerung im Nativ- oder Eosinpräparat leicht zu erkennen und mit anderen im menschlichen Stuhl vorkommenden Vertretern der Flagellaten nicht zu verwechseln. Auch die Zysten haben, wie die folgende Schilderung zeigt, ein durchaus charakteristisches Aussehen.

Die vegetativen Formen zeigen eine birnförmige Gestalt. Die Größe und bis zu einem gewissen Grade auch die Form schwankt beträchtlich, indem wir je nach dem Alter schlank gebaute und plumpere Formen begegnen. Die Länge beträgt 10 bis 25, die Breite 6 bis 15 μ.

Die breite Kuppe des Körpers wird vollständig von einer napfartigen Vertiefung eingenommen (Peristom), welche namentlich in der Seitenansicht deutlich wird und mit einer an dieser Stelle deutlichen Vorbuckelung des Rückens dem Objekt die oben erwähnte schüsselartige Form verleiht. In der Aufsicht geht der Eindruck der Vertiefung häufig verloren und man hat das Bild eines dem Körper des Parasiten aufgesetzten Schildes vor sich.

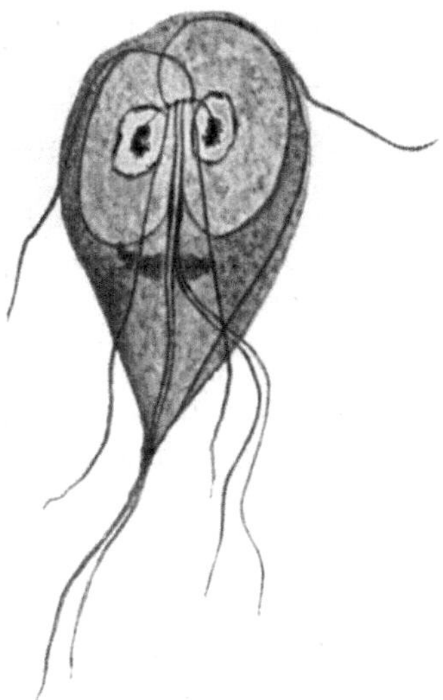

Abb. 10. Lamblia intestinalis schematisch nach Hartmann

In der Tiefe der Einsenkung liegen die symmetrisch gelagerten, scharf begrenzten, runden oder ovalen Kerne. Dieselben zeigen meist ein plumpes Karyosom und vereinzelte Chromatinbröckel in der Kernsaftzone. Häufig ist auch das Karyosom in größeren Brocken zerfallen. Bei entsprechender Vorbehandlung, auch häufig im Nativpräparat, ist ein komplizierter Geißelapparat sichtbar, dessen Anordnung und Lage aus Abb. 10 hervorgeht. Drei Geißelpaare gehen von den zwischen den Kernen gelegenen Basalkörnern aus, welche auch zwei aus Fibrillen bestehenden Achsenstäben zum Ausgang dienen. Sie enden in Basalkörnern in der Spitze des Körpers, welchen schließlich das restliche Schwanzgeißelpaar entspringt. Unterhalb des Peristoms ist bei älteren Individuen eine mehr oder weniger scharf begrenzte, sich gut färbende und etwas stark lichtbrechende Masse von runder oder querovaler, auch halbmondförmiger Gestalt zu erkennen (Chromidialkörper, Reservestoff ?).

Die meist ovalen, nur selten rundlichen Zysten erreichen eine beträchtliche Größe (10 bis 14 μ : 7 bis 9 μ). Sie zeigen eine ungewöhnlich dicke, sich nicht färbende Schale, welche aber auch bei Nativuntersuchung den Inhalt leicht erkennen läßt. Die Schale ist häufig ungleich stark, so daß die Gebilde besonders im gefärbten Präparat ein asymmetrisches Aussehen gewinnen. Wir erkennen zwei oder vier, in einem Pol der Zyste liegende Kerne, die meist in verschiedenen Ebenen liegen. Wir finden ferner in der Längsachse der Zyste den doppelten Fibrillenstab, gerade oder leicht wellig verlaufend, ferner einen verschieden entwickelten, vielfach unübersichtlichen Geißelapparat. Auch der Chromidialkörper ist oft deutlich sichtbar und außerdem ein oder zwei sichelförmige, auffallend stark lichtbrechende, leicht gelbliche Gebilde. Zur genauen Darstellung ist die HEIDENHAIN-Färbung unerläßlich, jedoch kann man auch schon im Nativpräparat, wie gesagt, das Wesentliche, besonders nach Zusatz von Jod deutlich erkennen. GOIFFON und ROUX beschreiben bei anscheinend zugrunde gegangenen Zysten Blaufärbung nach Zusatz von LUGOLscher Lösung. Anderseits wurde eine derartige Blaufärbung von Zysten als Zeichen einer gesteigerten Vermehrung von DESCHIEN beschrieben. Ausführliche Besprechung erfährt diese Frage in der jüngst erschienenen Arbeit WEZLERS[1] (s. Abb. 1, 2 und 3 auf Tafel III).

Neben den hier geschilderten Flagellaten wurde noch eine große Anzahl in menschlichen Stühlen beschrieben, bezüglich welcher zum Teil eine Einigung nicht erzielt werden konnte, zum Teil überhaupt Bestätigungen ausgeblieben sind. Jedenfalls haben sie vorläufig für die klinische Stuhluntersuchung keine Bedeutung gewonnen. Hieher gehören die ein- und zweigeißligen Formen, ganz abgesehen von jenen Fällen, in welchen von vornherein ein Pseudoparasitismus, eine Verunreinigung der Stühle durch flagellatenhaltiges Wasser usw. angenommen werden mußte.

Es sei hier nur kurz auf einen beim Menschen wiederholt beschriebenen zirka 4:6 μ großen Parasiten hingewiesen, der durch eine birnförmige vorn abgestutzte, am kaudalen Ende mehr zugespitzte Form ausgezeichnet ist. Er trägt einen im vorderen Anteil gelegenen Karyosomkern und zwei aus basalen Kernen entspringende, ungleich lange und dicke Geißeln und ein großes, schräg gelagertes Zytostom. Die außerordentlich kleinen, 2 : 4 bis 6 μ im Durchmesser betragenden Zysten lassen Kern und Zytostom erkennen. Diese Form wurde als Embadomonas intestinalis von WENYON und O'CONNOR beschrieben (syn. Waskia intestinalis). Daneben seien drei- und viergeißlige, kleine 4 bis 8 μ lange Flagellaten mit kleinem und scharf begrenztem Karyosomkern ohne Zytostom erwähnt. Eine der Geißeln liegt zurückgeschlagen dem Körper an und ist oft schwer zu sehen. Die Kenntnis derselben verdanken wir gleichfalls WENYON und O'CONNOR. Ob diese Form mit dem früher von DA FONSECA beschriebenen Enteromonas hominis identisch ist, kann gegenwärtig noch nicht entschieden werden.

Die Zyste zeigt ein bis zwei, auch vier kleine Kerne, hat einen Durchmesser von 6 bis 8 : 4 μ und läßt kleine Chromidialkörper und auch jodophile Einschlüsse erkennen.

Schließlich sollen noch die Vertreter der Gruppe BODO und PROWAZEKIA kurz geschildert werden, von welchen ja schon früher die Rede war. Es handelt sich um im allgemeinen langgestreckte, bisweilen mehr lanzettförmige oder auch mehr plump gebaute, freilebende Flagellaten, welche zwei Geißeln tragen, von welchen eine als freie Schwimmgeißel, die andere als Schleppgeißel aufgefaßt

[1] Arch. f. Verd. 1927, 1/9.

werden muß. Der Kern entspricht in seinem Bau dem Karyosomkern. Die Vertreter der beiden Gruppen sind einander außerordentlich ähnlich. Das Charakteristische der Vertreter der Gruppe Prowazekia ist ein vor dem Kern gelegener Blepharoplast, an dessen vorderem Rand die Basalkerne liegen, welche die Ursprungstelle der Geißeln darstellen. Ein solches Blepharoplast fehlt den Bodo-Arten.

Die etwaige pathogene Rolle von Trichomonas, Chilomastix und Lamblia ist umstritten. Es mehren sich aber die Stimmen jener, welche den genannten Parasiten Bedeutung für das Zustandekommen von Störungen der Darmtätigkeit und selbst schwere Enteritiden zusprechen. Für die Lamblia intestinalis wird dies von der Mehrzahl der Autoren gegenwärtig angenommen.

Im Gegensatz zu den übrigen handelt es sich hier um einen Parasiten des Duodenum und des Dünndarms, so daß vegetative Formen, soweit die Infektion auf die genannten Darmabschnitte beschränkt bleibt, nicht allzu oft im Stuhl auftreten, häufiger werden Zysten angetroffen. In den als Lamblienenteritis beschriebenen Fällen zeigen sich massenhaft vegetative Formen in den breiigen oder flüssigen Stühlen (s. auch S. 29). Kurz sei auch auf das erhöhte Interesse hingewiesen, das wir der Lamblieninfektion entgegenbringen, seit Infektionen der Gallenwege durch Lamblien wahrscheinlich geworden sind.

Erwähnenswert erscheint ferner die Tatsache, daß manche Autoren in der Lamblieninfektion des Darmes ein prädisponierendes Moment für die Entwicklung der Darmtuberkulose sehen wollen.

Zweifellos gibt es auch darmgesunde Träger der genannten drei Flagellaten, bei welchen es auch sekundär im Anschluß oder in Begleitung an Darmerkrankungen anderer Art (Dyspepsie, schwere ulzeröse Prozesse, Tuberkulose, Dysenterie, Tumoren) zu einer vorübergehenden oder dauernden Vermehrung der genannten Parasiten kommen kann, welche, wie immer man sich zur primären pathogenen Bedeutung stellt, den Krankheitsverlauf vielfach ungünstig zu beeinflussen scheinen.

Ziliaten

Im menschlichen Darm wurden bisher vor allem Vertreter der Ordnung der Heterotricha angetroffen, bei welchen neben der gleichmäßigen Bewimperung eine besondere adorale Zone mit etwas längeren Wimperhärchen, welche zur Mundöffnung des Parasiten führt, auffällt. Wir unterscheiden die Gattungen Balantidium und Nyctotherus. Die erstgenannte zeigt ein kurzes, mehr oder weniger dreieckig begrenztes Peristom, während sich die Mundöffnung bei Nyctotherus bis etwa zur Körpermitte fortsetzt und dann in ein winklig abgehendes Schlundrohr übergeht. Den bisher beschriebenen Arten dieser Gattung kommt klinische Bedeutung nicht zu. Die Erkenntnis des Ziliatencharakters eines Parasiten kann kaum jemals Schwierigkeiten begegnen. Es soll hier nur die Schilderung der wichtigsten Vertreter folgen.

Balantidium coli

Dasselbe hat eine längsovale, am Kopfende leicht zugespitzte und etwas schräg abgeplattete Form, kann eine sehr bedeutende Größe erreichen (25 bis 100 μ, selbst 200 μ und 20 bis 70 μ), trägt eine kurze, dreieckige Mundöffnung mit adoraler Wimperzone, zeigt eine deutliche Scheidung zwischen einer schmalen Zone von Ektoplasma und Entoplasma. Das erstgenannte ist alveolar gebaut und relativ klar, das Innere gewöhnlich von Detritus aller Art, Fett, Stärke, Bakterien, auch Erythrozyten und Leukozytenresten erfüllt. Der Kern (Makronukleus) ist nieren- bis halbmondförmig. In der Konkavität desselben eingelagert ein kleiner Karyosomkern (Mikronukleus). Der Makronukleus zeigt ein diffus angeordnetes, fein alveolar gebautes Chromatin. Am hinteren Ende finden sich zwei pulsierende Vakuolen und die Zytopyge, der Zellafter. Die Oberfläche des Parasiten zeigt eine feine Längsstreifung, welche durch die reihenförmige Anordnung der Basalkernchen der einzelnen Wimperhaare bedingt ist. Zysten sind beim Menschen nur selten anzutreffen.

Neben sich abrundenden Formen mit noch deutlicher Längsstreifung der Pellicula, bei welchen der Zystencharakter fraglich erscheint, gibt es auch rundliche sichere Zysten mit deutlich doppeltkonturierter Membran.

Wenn es auch gesunde Balantidienträger gibt, ist doch bei der sogenannten Balantidiumkolitis, einem ulzerösen Prozeß des Kolons, kein Zweifel an der pathogenen Bedeutung der genannten Parasiten möglich (s. Abb. 1, 2, 4 auf Tafel IV).

Weitaus seltener findet sich das Balantidium minutum (SCHAUDINN), welches nur eine Größe von 20 bis 30 : 14 bis 20 μ erreicht. Dasselbe ist durch das bis etwa zur Körpermitte reichende Peristom durch einen runden Makro-

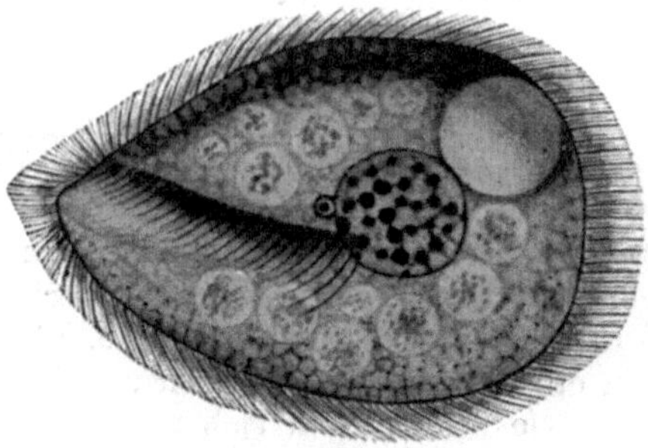

Abb. 11. Balantidium minutum (Schaudinn) nach Hartmann

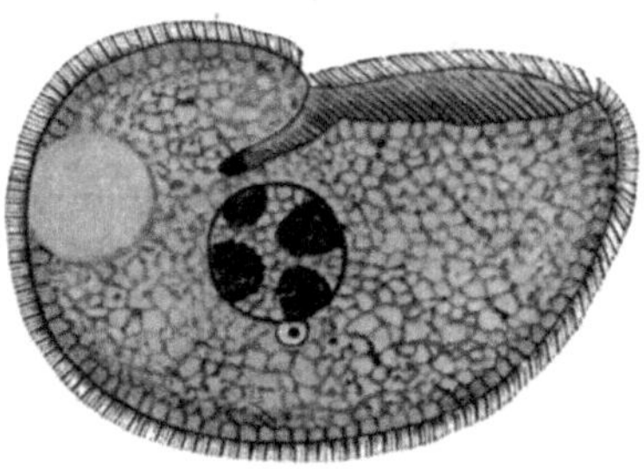

Abb. 12. Nyctotherus faba (Schaudinn) nach Hartmann

nukleus mit kleinem, aufgesetztem Mikronukleus und durch das Vorkommen nur einer kontraktilen Vakuole gekennzeichnet.

Bezüglich Nyctotherus faba (SCHAUDINN), einer gleichfalls im menschlichen Stuhl beschriebenen Ziliate, muß mit der Möglichkeit eines Pseudoparasitismus gerechnet werden.[1]

Kokzidien

Kokzidienerkrankungen des Menschen gehören nach unseren gegenwärtigen Kenntnissen zu den selteneren Vorkommnissen, wenn auch namentlich in der ausländischen Literatur Mitteilungen über derartige Fälle in den letzten Jahren häufiger zu finden sind.

Trotz speziell darauf gerichteter Aufmerksamkeit konnte in unserem sehr reichlichen Material nur in einem einzigen Fall ein Eimeriabefund im Stuhl eines Kranken erhoben werden, der sich aber leider genauerer Beobachtung entzog.

Die bisher vorliegenden Mitteilungen beziehen sich auf den Nachweis von Oozysten der Vertreter der Gattung Eimeria und der Gattung Isospora.

In beiden Fällen handelt es sich um zystenartige, im allgemeinen rundliche, ovale Gebilde, welche von einer deutlichen doppeltkonturierten Membran umgeben sind und im Innern, bei Untersuchung des frischen Stuhles, die nicht segmentierte Oozyste einschließen.

[1] THOMSON: Proceed. of the royal soc. London, Sect. of tropic. dis., 19. 7. 1926.

Die Oozysten von Eimeria stiedae, des allgemein verbreiteten Kaninchenparasiten, erreichen eine Größe von 24 bis 36 μ : 11 bis 23 μ und können an einem Ende eine leichte Abplattung erkennen lassen. Es handelt sich hier um den Rest der ursprünglich das ganze Gebilde umgebenden Schleimhülle, welche die Öffnung der Zyste, die Mikropyle, verschließt. Der Inhalt erscheint zu einer zentralen Kugel zusammengezogen, welche beiderseits die Membran berührt, während der Rest mehr oder weniger homogen und leer erscheint (s. Abb. 5 und 6 auf Tafel IV).

Bisher wurden, abgesehen von der Eimeria stiedae, noch folgende drei verschiedene Arten beschrieben: Eimeria wenyoni, Eimeria oxyspora und Eimeria snijdersi, welche sich durch die Größe und Form der Oozysten und durch die Art der Sporenbildung kennzeichnen. Die Untersuchung erfolgt gewöhnlich im Nativpräparat eventuell nach HEIDENHAIN-Färbung oder nach Färbung mit ZIEHLscher Lösung.

Die Weiterentwicklung, welche bei Aufbewahrung des Stuhles sich im hängenden Tropfen oder in speziell angelegten Kulturen am lebenden Objekt oft sehr schön verfolgen läßt, führt zunächst zur Bildung von vier Sporoblasten, welche sich um einen zentralen Restkörper gruppieren. Es entwickeln sich schließlich vier Sporen, welche je zwei Sporozoiten aufweisen. Auch die Sporen lassen eine Mikropyle erkennen, aus welcher die Sporozoiten ausschlüpfen.

Die Oozysten der Eimeria wenyoni, Eimeria oxyspora und Eimeria snijdersi sind kugelig, mit einem Durchmesser von 20 bzw. 36 und bei Eimeria snijdersi selbst bis 48 μ im Durchmesser.

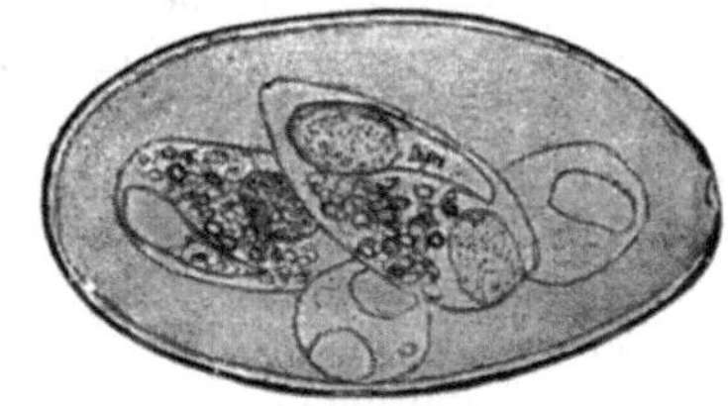

Abb. 13. Eimeria Stiedae nach Hartmann

Bei der erstgenannten Art sind die Sporen von elliptischer Form und tragen wieder je zwei kommaartige Sporozoiten. Die Sporozoiten der Eimeria oxyspora zeigen demgegenüber eine mehr wetzsteinartige Form, die der Eimeria snijdersi sind ausgesprochen

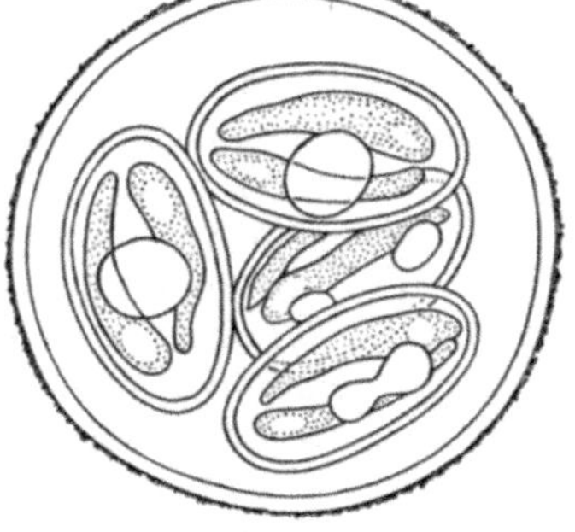

Abb. 14. Eimeria wenyoni. Reife Oozyste mit vier ausgebildeten Sporen nach Wenyon

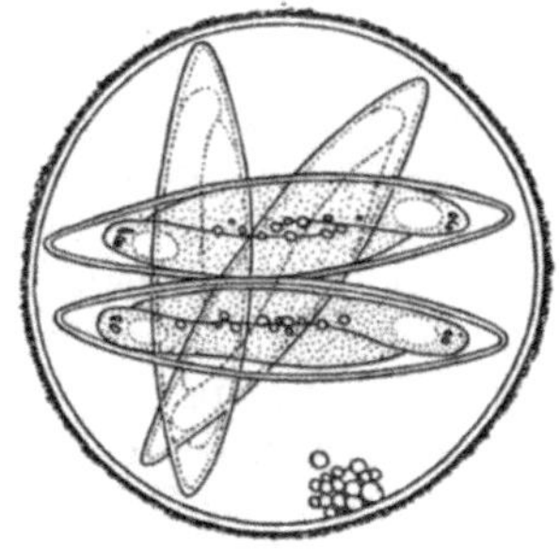

Abb. 15. Eimeria oxyspora. Reife Oozyste mit vier ausgebildeten Sporen nach Dobell u. O'Connor

rhomboid gestaltet. Allen Vertretern der Gattung Eimeria kommt die gleiche Zahl von Sporen und Sporozoiten zu.

Wie große Vorsicht in der klinischen Wertung solcher Befunde im menschlichen Stuhl geboten ist, zeigt die Beobachtung THOMSONS und ROBERTSONS,[1]

[1] Brit. med. journ., 3398, 282. 1926.

welche es für die Eimeria oxyspora, wenyoni und snijdersi als wahrscheinlich, ja fast sicher erscheinen lassen, daß es sich hier um tierische Parasiten handelt, welche mit der Nahrung aufgenommen wurden und den Darmkanal einfach passieren. Er konnte die genannten Parasiten bei Heringen, Sprotten und Makrelen in Hoden bzw. Leber leicht nachweisen.

Als Vertreter der Gattung Isospora wurde bereits in zahlreichen Fällen Isospora hominis beschrieben (s. Abb. 3, Taf. IV). Die im frischen Stuhl zu findenden Oozysten sind 25 bis 33 : 12,5 bis 16 μ groß, unterscheiden sich in ihrer Form nicht unwesentlich von den mehr gleichmäßig ovalen Oozysten der Eimeria stiedae durch eine leichte, mehr oder weniger ausgeprägte Einschnürung eines Endes der Zystenmembran, vor allem aber in ihrer Weiterentwicklung. Es kommt hier zur Bildung von nur zwei Sporoblasten bzw. Sporen mit je vier langgestreckten, sich dem Restkörper anschmiegenden Sporozoiten.

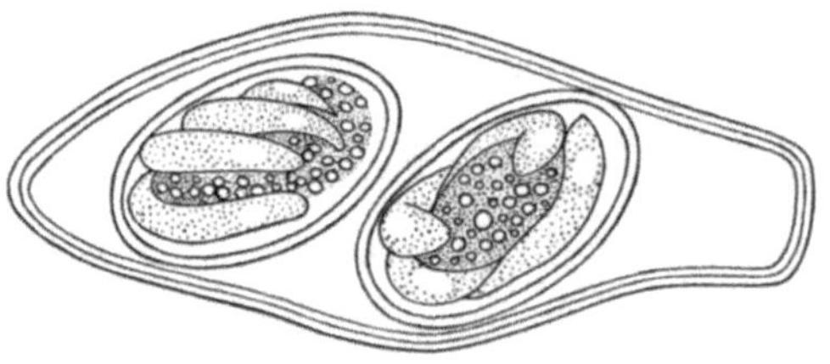

Abb. 16. Isospora hominis. Oozyste mit zwei Sporen mit je vier Sporozoiten nach Dobell und O'Connor

Die Frage der Pathogenität von Isospora ist vorläufig nicht geklärt.[1]

Blastocystis hominis (s. Abb. 21 auf Tafel V)

Im Anschluß an die Beschreibung der Protozoenbefunde im menschlichen Stuhl muß auf ein Gebilde eingegangen werden, dessen Kenntnis, um Verwechslungen vorzubeugen, wichtig ist, wenn auch die Auffassungen über die Natur desselben vielfach geteilt sind. Namentlich ist eine Verwechslung mit kleinen Zysten der Amoeba dysenteriae, der Endolimax nana und Endolimax williamsi, auch mit Flagellatenzysten möglich und auch tatsächlich oft vorgekommen. Ursprünglich wurden diese Gebilde von Prowazek geradezu als Trichomonaszysten gedeutet.

Es handelt sich um meist runde, seltener ovale, mitunter auch mehr unregelmäßig gestaltete Körper, deren Größe außerordentlich wechselt. Am häufigsten sieht man wohl Gebilde mit einem durchschnittlichen Durchmesser von 8 bis 15 μ, jedoch kommen auch kleinere und kleinste Gebilde von 3 bis 5 μ und solche von 25 bis 30 μ vor.

Blastocystis ist vor allem durch einen scharf begrenzten, fast das ganze Gebilde ausfüllenden, runden oder ovalen, mitunter leicht eingedellten Innenkörper charakterisiert, in seltenen Fällen zeigt derselbe eine ganz unregelmäßige, selbst eckige und zackige Form. Derselbe ist in der Mehrzahl der Fälle homogen, ziemlich stark lichtbrechend und hat häufig ein eigenartig mattes Aussehen. Gelegentlich erscheint das Zentrum verdichtet und ist durch noch stärkeren Glanz bei hoher Einstellung ausgezeichnet. Mitunter sieht man auch einzelne Körnchen oder kleinste Höhlenbildung. Im frischen Präparat fallen die im übrigen unbeweglichen Gebilde durch den leichtgelben, oft gelbgrünen Farbenton auf. Brug hebt auch das Vorkommen durchaus grasgrüner Innenkörper hervor. Das schalenartig angeordnete Protoplasma hat einen wabigen Aufbau und zeigt fast regelmäßig an den gegenüberliegenden Stellen eine deutliche Verdickung, so daß es im optischen Querschnitt beiderseits dem Innenkörper kappenartig aufsitzt. Mitunter sind nur diese sichelartig vorspringenden Protoplasmaanteile zu erkennen, während sich in den übrigen Partien das Proto-

[1] S. Reichenow: Arch. f. Schiffs- u. Tropenhyg., 1373, 1925.

plasma nur als scharfer Saum absetzt. In den beiden Protoplasmakappen sieht man häufig gewöhnlich ziemlich streng symmetrisch ein oder mehrere Körnchen, welche durch ihre starke Lichtbrechung auffallen und mitunter einen kernartigen Eindruck machen.

Der Innenkörper zeigt keine Jodreaktion. Im Eosinpräparat verhält sich Blastocystis wie andere lebende protoplasmatische Gebilde, es bleibt ungefärbt, nur später dringt ebenso wie bei reifen, schon zugrundegehenden Formen das Eosin ein, färbt zunächst das Protoplasma und später auch in ziemlich intensivem Ton den Innenkörper.

Auch freie Innenkörper, deren Deutung mitunter Schwierigkeiten bereitet, sind nicht selten zu sehen. Die gelegentlich beschriebenen ,,Sporulationsformen" und ,,multinukleären Formen" bedürfen weiterer Klärung.

Im Tuschepräparat bleibt Blastocystis häufig ungefärbt, mitunter färbt sich der Innenkörper leicht grau an, so daß schon im Tuschepräparat die Vermutungsdiagnose zu stellen ist.

Bei HEIDENHAINscher Färbung ist der Innenkörper abwechselnd tiefschwarz, leicht grau, schmutzig graubraun, gelegentlich sieht man Unterschiede in der Färbung, ein dunkleres Zentrum bei heller Peripherie. Ganz selten kommt eine fast schalenartige Struktur zur Darstellung. Bei Delafield- oder Methylenblaufärbung behält der Innenkörper meist seine ursprüngliche gelbliche Farbe und zeigt nur einen leichten schmutzig graublauen Ton. Im GIEMSA-Präparat nimmt die Umrahmung ausgesprochenen Plasmaton an und läßt gewöhnlich symmetrisch in den breiteren Kappen chromatinartige Körnchen erkennen.

WENYON und BRUG haben das gelegentliche Vorkommen großer Haufen von Blastocystis beschrieben, welche von einem dünnwandigen Häutchen zusammengefaßt werden. Auffallend ist, daß man auch sonst häufig gerade an bestimmten Stellen des Präparates eine größere Anzahl von Blastocystis findet, so daß der Gedanke naheliegt, daß es sich vielleicht auch hier um ursprünglich derartig eingeschlossene Parasiten gehandelt hat. Mitunter ist eine gegenseitige facettenartige Abplattung der Gebilde zu sehen.

Schon oben wurde erwähnt, daß eine Einigkeit hinsichtlich der Natur der Gebilde bisher nicht erreicht ist, die Zugehörigkeit zu den Protophyten erscheint ganz unwahrscheinlich. BOSCH u. a. berichten über Sprossung und reihen die Blastocystis den ,,Fungi imperfecti" ein. Es muß wohl angenommen werden, daß es sich um protozoäre Gebilde handelt, mit größter Wahrscheinlichkeit doch um zystenartige Formen. Auch die Möglichkeit, daß es sich um degenerative Formen von Flagellaten oder Schwellungsbilder von Körperzellen handeln könnte, wird in der Literatur erörtert (KUENEN und SWELLENGREBEL). Die eigenen Beobachtungen lassen es als sicher erscheinen, daß es sich hier um Lebewesen ,,sui generis" und nicht um Degenerationsprodukte handelt.

Wir finden sie auch in unserer Gegend sehr häufig, bei sorgfältiger Durchmusterung fast in zwei Drittel unseres Stuhlmaterials, häufiger bei Patienten, welche an Verdauungsstörungen leiden, sehr häufig vergesellschaftet mit Protozoeninfektion jeder Art. In einem von mir ausführlich beschriebenen Falle konnte mit größter Wahrscheinlichkeit die gleichzeitige Übertragung der Blastocystis gelegentlich einer Spitalsinfektion mit Amöbendysenterie beobachtet werden.[1] Interessanterweise schwanden bei Yatrenbehandlung sowohl Amöben als Blastocystis. BRUMPT hat über ein ähnliches, gleichzeitiges Vorkommen von Blastocystis und der von ihm beschriebenen Entamoeba dispar berichtet.

---

[1] LUGER, Wiener klin. Wochenschr. 1927, 11.

Eine pathogene Rolle kann gegenwärtig diesem Gebilde nicht mit Sicherheit zugesprochen werden, wenn auch gelegentlich chronische Darmaffektionen auf Blastocystisinfektionen zurückgeführt wurden (YAKIMOFF und WANILEWSKY, CUSTER und GREENWAY u. a.).

Eine Weiterentwicklung konnte in eigenen Versuchen, die in dieser Richtung angestellt wurden, wie bisher auch von den meisten Autoren nicht nachgewiesen werden.

ARAGAO[1], BOSCH[2] berichten über gelungene Kulturversuche bei Fortzüchtung bis zu 70 Tagen in BARRETscher Lösung.

Inaktiviertes Menschen- oder Kaninchenserum	1%
5% Kochsalzlösung	10%

Die Versuche bedürfen weiterer Bestätigung.

Eingehende Literaturangaben finden sich in der ausführlichen Darstellung von BACH und KIEFER[3].

Würmer

Nematoden (Fadenwürmer)

Ascaris lumbricoides (Spulwurm) (Abb. 1—5 auf Tafel V)

Spulrund, schmutzigweiß, bisweilen leicht gelblich oder rötlich verfärbt, 15 bis 40 cm lang, das Männchen stets kleiner (15 bis 25 cm). Schon makroskopisch sind Männchen und Weibchen in der Regel leicht voneinander zu unterscheiden. Das Weibchen erscheint, abgesehen von seiner Länge, durch einen Dickendurchmesser von zirka 5 mm gegenüber einem von 3 mm beim Männchen charakterisiert. Der in fadenförmigen Schläuchen den Körper durchziehende Geschlechtsapparat ist beim Weibchen schon makroskopisch in der Regel zu erkennen. Dasselbe zeigt ferner eine leichte, aber in der Regel deutliche Einschnürung des Körpers etwa zwischen vorderem und mittlerem Drittel, der Lage der Vulva entsprechend.

Das hintere Ende des Männchens, ventralwärts gebogen oder selbst wesentlich eingerollt, zeigt zwei kurze Spicula (Abb. 17).

Die Eier erreichen eine Größe von 0,05 bis 0,07 : 0,04 bis 0,05 mm, in der Regel oval, mitunter aber fast rund. Senkrecht zur Bildebene liegende Eier erscheinen naturgemäß relativ kleiner und meist kreisrund. Die Bilder der Eier sind wohl durchaus charakteristisch, aber doch nicht unwesentlich verschieden in ihrer Erscheinungsform. Sie sind vor allem durch die der doppelt oder dreifach konturierten Schale aufsitzende Eiweißschicht ausgezeichnet, welche eine unregelmäßige höckerige Form zeigt, bei der Eiablage ungefärbt ist, im Stuhl aber bald eine hell- bis dunkelbraune Farbe annimmt. Gelegentlich sind auch hüllenlose Eier zu sehen, deren Erkennung, wenn dieselben isoliert auftreten, mitunter Schwierigkeiten machen kann. Bei hoher Einstellung ist nur die höckerige Oberfläche der Eiweißschicht zu erkennen, während der Eiinhalt völlig zurücktritt, bei mittlerer Einstellung können die in der Eischale eingeschlossenen verschiedenen Entwicklungsstadien, die gewöhnlich der Eischale nicht unmittelbar anliegen, sondern etwas retrahiert erscheinen, leicht wahrgenommen werden. Bisweilen kann die Diagnose dadurch erschwert werden, daß die Eiweißhülle durch Druck bei der Präparation gesprengt wird oder ganz verloren geht.

Die gelegentlich zu sehenden unbefruchteten Eier sind etwas länger und schmäler, der Inhalt erscheint völlig durch Dotterkugeln ausgefüllt, ist stark

---

1 M. Ist. OSWALD CRUZ, XV., 240. 1922.

2 Nederlandsch tijdschr. v. Geneesk., 9, VIII. 1923.

3 F. BACH und KIEFER, Zentralbl. f. Bakt., I. O. Bd. 89, 72. 1922.

lichtbrechend, der Kern gewöhnlich nicht zu erkennen. Der für die befruchteten Eier charakteristische Spaltraum zwischen Inhalt und Schale fehlt. Die Höcker der äußeren Schicht sind häufig hier besonders dick und dunkel gefärbt. Durch Druck des Deckglases entstehen leicht Kunstprodukte, die äußere Eiweißhülle kann teilweise oder völlig abgerissen werden.

Verwechslungsmöglichkeit mit Kokzidien, Pflanzenresten, namentlich Pollenkörnern (Artischocken!). Eventuelle Differenzierung gegen letztere durch Färbung mit ammoniakalischer Fuchsinlösung, welche von den Pollenkörnern angenommen wird (CHAUFERD, NABIAS).

Von sonstigen, gelegentlich beim Menschen vorkommenden Askarisarten sei noch der Belascaris mystax kurz erwähnt (syn. Ascaris mystax, Ascaris canis, Ascaris felis), einem häufigen Befund im Darm von Hunden und Katzen. Das Kopfende des relativ kurzen Wurmes (4 bis 6 cm) ist durch zwei seitliche Flügel ausgezeichnet, welche dem vorderen Ende des Wurmes ein pfeilartiges Aussehen verleihen. Die Eier sind fast rund, zeigen eine nur sehr dünne Eiweißhülle und betragen 0,065 bis 0,08 mm im Durchmesser.

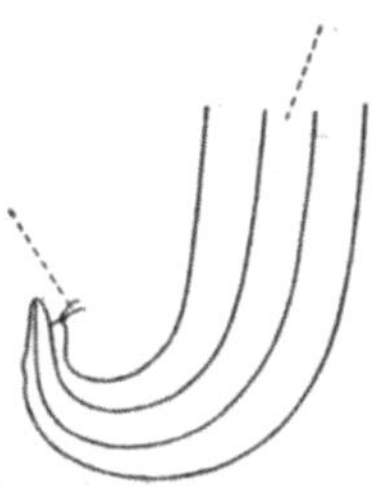

Abb. 17. Ascaris lumbricoides nach Neumann-Mayer

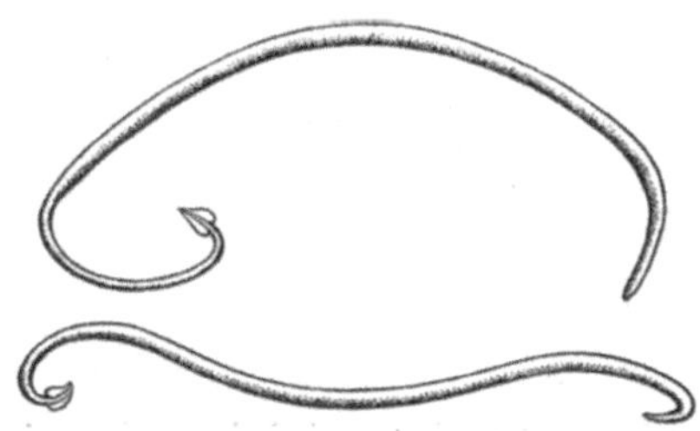

Abb. 18. Belascaris mystax, oben Weibchen, unten Männchen nach Braun

Oxyuris vermicularis (Madenwurm) (syn. Enterob. vermicularis)

Männchen bis 5 mm lang im Gegensatz zu den gestreckten Weibchen mit eingerolltem hinterem Ende sind nur ausnahmsweise im Stuhl zu finden. Die Weibchen erreichen eine Größe bis über 10 mm, sind wesentlich dicker, gestreckt und zeigen ein spitz zulaufendes hinteres Ende. Backenartige Auftreibung der fein gestreiften Kutikula am vorderen Ende, doppelte Anschwellung des Ösophagus (s. Abb. 4 auf Tafel VI).

Die Eier (zirka 0,05 : 0,02 mm) sind oval gestaltet, zeigen eine farblose, mitunter konzentrisch gestreifte dünne Schale, sind häufig unsymmetrisch: eine Seite des Eies flach, fast geradlinig, die andere vorgewölbt.

Im Innern des Eies ist in der Regel bereits ein vorgebildeter oder auch schon entwickelter Embryo mit schmalem, zurückgeschlagenem Schwanz oder häufiger in umgeschlagener, gleichmäßig breiter Wurmform zu erkennen (s. Abb. 1 und 2 auf Tafel VI).

Verwechslungsmöglichkeit der Würmer mit Fliegenlarven (segmentiert! keine pfriemenartige Form, charakteristische Gestalt des vorderen Endes, Tracheen, Kieferbildung, s. S. 58).

Trichocephalus trichiurus (Peitschenwurm) (syn. Trichocephalus dispar) s. Abb. 3 auf Tafel VI.

Wurmexemplar im Stuhl äußerst selten anzutreffen.

Männchen 30 bis 45, Weibchen 40 bis 50 mm lang, beide charakterisiert durch die außerordentliche Verdünnung des vorderen Anteils, welcher den fadenförmigen Ösophagus erkennen läßt. Der hintere Anteil des Wurmes aufgetrieben, beim Männchen stark eingerollt mit langem Spiculum in vorgestülpter Tasche.

Die Eier oval (zirka 0,05:0,023 mm) mit braun gefärbter, nach innen sehr scharf abgegrenzter Schale, welche an den beiden Polen wie durchbohrt und von einem helleren Pfropf verschlossen erscheint. Der Inhalt fast stets diffus krümlig. Mitunter leere Eischalen, auch Bruchstücke derselben (s. Abb. 5 und 6 auf Tafel VI).

Ankylostoma duodenale (Hakenwurm)

Männchen zirka 10, Weibchen zirka 15 mm. Charakteristische Aufspaltung des hinteren Endes des Männchens (Bursa), zwei ziemlich lange, spitz zulaufende, voneinander abstehende Spicula (s. Abb. 6 auf Tafel VIII).

An der Krümmung des Kopfendes nach der Rückseite zu beiden Seiten der Mundöffnung ein paar hakenförmige Zähne.

Die Eier (zirka 0,06 bis 0,07 : 0,03) oval, auch mehr rund, ziemlich stark lichtbrechend mit sehr dünner, farbloser, oft kaum sichtbarer Schale. Der Inhalt setzt sich mit einem farblosen Feld von der Schale meist scharf ab (Untersuchung in Eosin oder Methylengrünlösung zweckmäßig). In der Regel findet man vierzellige, ballenartige Formen. Bei höherer Außentemperatur schon nach kurzer Zeit 8- bis 32-zellige Stadien, ein- und zweizellige Stadien relativ selten. (Abb. 1—4 auf Tafel VIII).

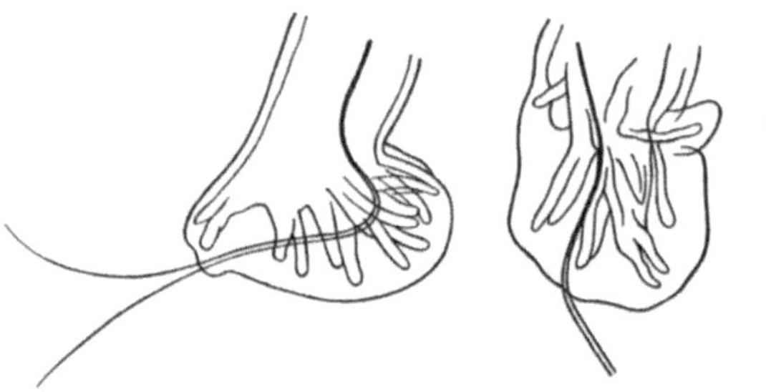

a b

Abb. 19. *a* Hinteres Ende von Ankylostoma duodenale, Männchen. *b* Necator americanus nach Neumann-Mayer

a b

Abb. 20. *a* Kopfende mit Mundöffnung des Ankylostoma duodenale, *b* des Necator americanus nach Neumann-Mayer

Bei längerem Stehen ausgebildete Larven in der Eischale oder selbst freie Larven (s. Anguillula).

Die Eier des Necator americanus sind praktisch kaum von Ankylostomaeiern zu unterscheiden. Sie sind meist etwas länger, gewöhnlich in Vierteilung. Necator americanus ist gegenüber dem Ankylostoma duodenale unter anderem durch das Fehlen der Zähne und durch die lippenartige Plattenbildung an der Mundöffnung charakterisiert (s. Abb. 19 und 20), ferner durch die fast zweilappige Konfiguration der Bursa, durch die parallel verlaufenden, mit Widerhaken versehenen Spicula. Er ist in der Regel kürzer und schlanker (s. Abb. 5 auf Tafel VIII).

Strongyloides (Anguillula) stercoralis

Wir finden im frisch abgesetzten Stuhl die jungen Larven (sogenannte Rhabditisform) (zirka 0,2 bis 0,35 mm lang) mit charakteristischer Dreiteilung des Ösophagus. Im Verlaufe von 12 bis 24 Stunden schreitet die Entwicklung derselben bei entsprechender Temperatur, am besten in der Tierkohlenkultur, fort und es bildet sich schließlich im Verlaufe von etwa zwei Tagen unter Streckung des Ösophagus die filariforme Larve, welche durch ihre schmale, fadenartige Gestalt, durch das Fehlen der Geschlechtsorgane charakterisiert ist, die nach Eindringen in den menschlichen Körper zum hermaphroditischen Muttertier, welches den Dünndarm bewohnt, auswächst. Die Entwicklung der Larven aus den in der Darmwand oder ins Darmlumen abgesetzten Eiern geht rasch vor sich, so daß mit dem Auftreten von Eiern im Stuhl nicht gerechnet werden kann.

Im Gegensatz zu dieser direkten Metamorphose kommt es zur Bildung der getrenntgeschlechtlichen freilebenden Generation, wobei es ohne Bildung der filariformen Larven zur Entwicklung männlicher und weiblicher geschlechtsreifer Würmer (nach etwa dreitägiger Bebrütung) kommt. Filariforme, infektionsfähige Larven entwickeln sich erst aus den von dem geschlechtsreifen Weibchen abgesetzten Eiern.

Letzteres ist zirka 1 mm lang, etwa 0,5 mm breit, hat ein pfriemenartig zugespitztes Ende und ist durch die mit Eiern gefüllten, doppelt angelegten Ovarien charakterisiert.

Die Männchen sind wesentlich kleiner, zirka 0,7 mm groß, und dünner (zirka 0,035 mm). Das hintere Ende ist eingerollt und trägt zwei starke gekrümmte, ziemlich derbe Spicula. Der Ösophagus zeigt in beiden Fällen Rhabditisform (doppelte Anschwellung). (Abb. 1—4 auf Tafel VII.)

Auf die Verwechslungsmöglichkeit zwischen den Entwicklungsstadien des Strongyloides stercoralis mit jenen der Ankylostomalarven wurde schon früher hingewiesen. Für die Differenzierung ist die genaue Betrachtung der Mundhöhle von Wichtigkeit. Während der Anfangsteil des durch den dreiteiligen Ösophagus ausgezeichneten Darmkanals bei der Rhabditisform des Strongyloides stercoralis weit und kurz erscheint, zeigen die Larven von Ankylostoma duodenale eine Ausbuchtung am Eingang in den Ösophagus, deren Begrenzung durch starke Lichtbrechung ausgezeichnet ist. Die Mundöffnung ist im ganzen wesentlich schmäler und länger.

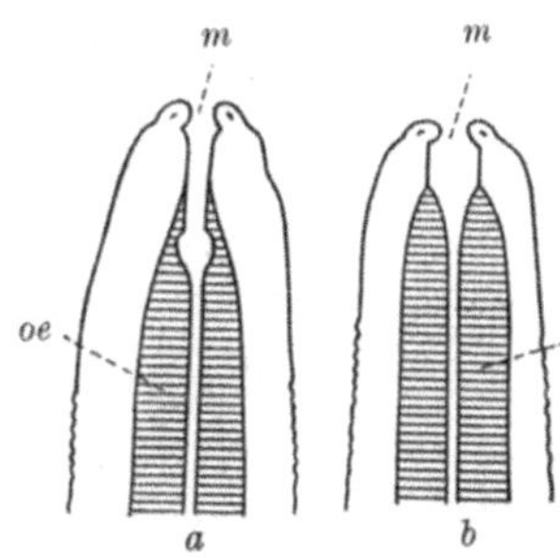

Abb. 21. *a* Kopfende der Larve von Ankylostoma duodenale. *b* Kopfende der Anguillulalarve nach Neumann-Mayer
m = Mundöffnung
oe = Oesophagus

Ist die zu untersuchende Stuhlportion sicher ganz frisch, dann ist fast mit Sicherheit mit Strongyloides stercoralis zu rechnen. Bei sich lebhaft bewegenden Larven, welche eine genaue Beobachtung nicht gestatten, empfiehlt es sich, das Präparat einige Male durch die Flamme zu ziehen (Brug) oder Gelatine zuzusetzen.

Cestoden (Bandwürmer)

In Betracht kommen in erster Linie Taenia saginata (mediocanellata) und Taenia solium, daneben sollen Hymenolepis nana, der Dibotriocephalus latus, Hymenolepis diminuta und Dipylidium caninum kurz beschrieben werden.

Taenia saginata und Taenia solium

Die beiden Vertreter der Gattung der Taenien (Taenia saginata und Taenia solium) sind nach ihren Eiern kaum mit Sicherheit zu unterscheiden. Die Eier der Taenia saginata sind leicht oval, jedoch sind mitunter Reste der Dotterhaut zu erkennen, welche das ganze Gebilde vergrößert und rund erscheinen lassen. Größe zirka 0,035 bis 0,04 : 0,02 bis 0,03.

Die Eier beider Arten sind durch eine ziemlich dicke, braun gefärbte Schale mit zahlreichen „stäbchenartigen“ Einlagerungen charakterisiert, welche ihr eine im allgemeinen radiär gestreifte Zeichnung verleihen, wobei aber auch eine zirkuläre Struktur wahrnehmbar ist. Im Innern die mehr oder weniger deutlich sichtbare Hakenanlage. (Abb. 1 und 2 auf Tafel IX.)

Für die Differentialdiagnose kommt in erster Linie die Untersuchung des Kopfes und der Proglottiden in Betracht. Der in beiden Fällen durch vier einander gegenüber gestellte Saugnäpfe ausgezeichnete Kopf ist bei der Taenia solium durch einen doppelten, zentral gelegenen Hakenkranz (22 bis 32) charakterisiert. Derselbe ist nicht immer vollständig erhalten, häufig sind nur vereinzelte Haken zu sehen. Die Saugnäpfe bei Taenia saginata sind meist pigmentiert, der Kopf im ganzen nicht so ausgesprochen kugelig wie bei Taenia solium.

Die Proglottiden, zu deren Vergleich vor allem die reifen Formen in Betracht kommen, lassen in erster Linie Unterschiede in der Anlage des Uterus erkennen. Bei Taenia solium sieben bis zehn Seitenäste mit von diesen abgehenden

a *b*

Abb. 22. Taenia solium. *a* Kopfende von Taenia solium. *b* Reife Proglottiden von Taenia solium mit gefülltem Uterus nach Braun

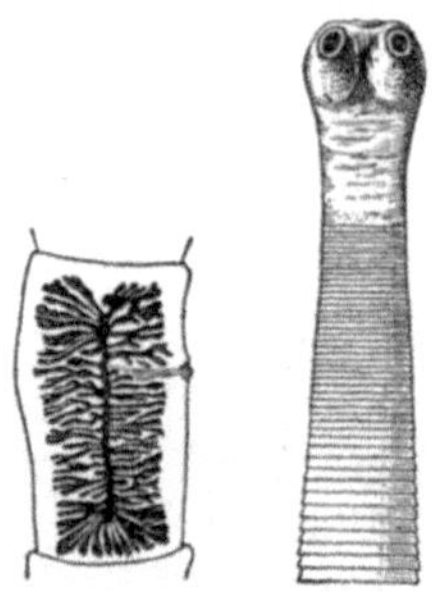

a *b*

Abb. 23. Taenia saginata. *a* Reife Proglottiden von Taenia saginata mit gefülltem Uterus. *b* Kopfende von Taenia saginata in kontrahiertem Zustand nach Braun

sekundären Gängen. Letztere fehlen in der Regel bei Taenia saginata, jedoch finden wir 20 bis 30 Hauptverzweigungen.

Die Proglottiden der Taenia solium zeigen ausgesprochene Kürbiskernform, sind kürzer und schmäler als die der Taenia saginata. Es sei noch auf die oft als solche kaum mehr erkennbaren Endglieder der Kette verwiesen, deren Uterus nicht mehr zu differenzieren ist, aber noch wie z. B. bei der Taenia saginata selbständige Beweglichkeit bewahren können.

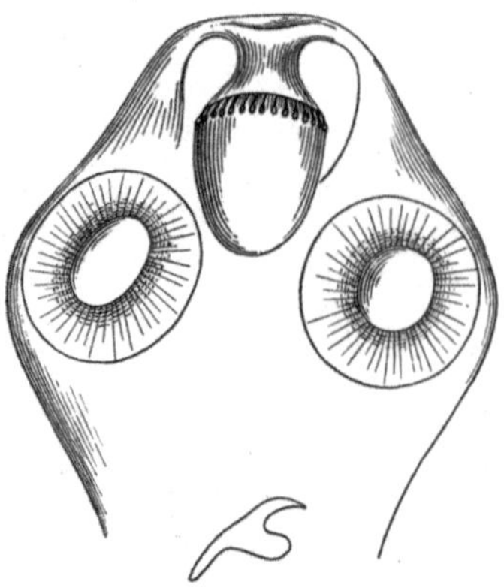

Abb. 24. Kopf von Hymenolepis nana, darunter ein einzelner Haken nach Leuckart

Hymenolepis nana

Außerordentlich kleiner Wurm (zirka 10 bis 15 mm lang, Breite bis 0,9 mm). Der rundliche Kopf durch vier Saugnäpfe und einziehbares Rostellum, welches einen Kranz feinster Häkchen trägt, gekennzeichnet. Die schmalen Proglottiden zeigen einen unverzweigten Uterus.

Die fast stets ovalen Eier sind vor allem durch die auffallend breiten, hellen Hüllen ausgezeichnet, welche mitunter fast der halben

Breite des Eies entsprechen können und mehrere stark lichtbrechende, verschlungene Fäden zeigen. Das Innere des Eies kann oft asymmetrisch liegen, erscheint krümlig, ist selbst von einer doppeltkonturierten Membran umgeben und läßt fast stets sechs Häkchen deutlich erkennen. Die Größe des Eies schwankt recht beträchtlich (0,38 bis 0,052 lang und 0,03 bis 0,048 mm breit). (Abb. 3 und 4 auf Tafel IX.)

Hymenolepis diminuta (syn. Taenia flavopunctata)

Wenn es sich auch um einen beim Menschen seltenen Befund handelt, sollen doch die durch ihre Größe und ihre mächtige Hülle auffälligen Eier hier kurz geschildert werden.

Es handelt sich um zirka 50 bis 70 μ im Durchmesser aufweisende, meist kreisrunde, scheibenförmige, deutlich braun gefärbte Gebilde, welche in ihrem Innern das von einer doppeltkonturierten Schale eingeschlossene Ei umgeben, welches wie bei der Hymenolepis nana in seinem Innern sechs Häkchen trägt. Die Hülle zeigt mitunter eine Andeutung von Radiärstreifung und ist von einem breiten, nach innen zu meist unregelmäßig gestalteten Rand umgeben. Bei der Präparation kann diese Hülle gesprengt werden oder auch ganz verloren gehen. (Abb. 5 und 6 auf Tafel IX.)

Dipylidium caninum (syn. Taenia canina, Taenia cucumerina, Gurkenkernbandwurm)

Ein im Darm von Hunden und Katzen häufig vorkommender Wurm. Infektion des Menschen keineswegs selten. Die Proglottiden im reifen Zustand länger als breit, leicht bikonvex, von zartrötlicher Farbe, erinnern an Gurkenkerne. Bei starkem Pressen und Aufhellung sind im Innern der Proglottiden die rundlichen Eiersäckchen schon bei schwacher Vergrößerung zu erkennen.

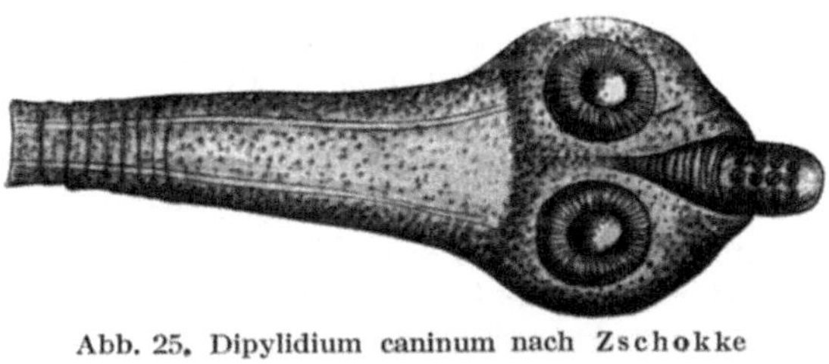

Abb. 25. Dipylidium caninum nach Zschokke

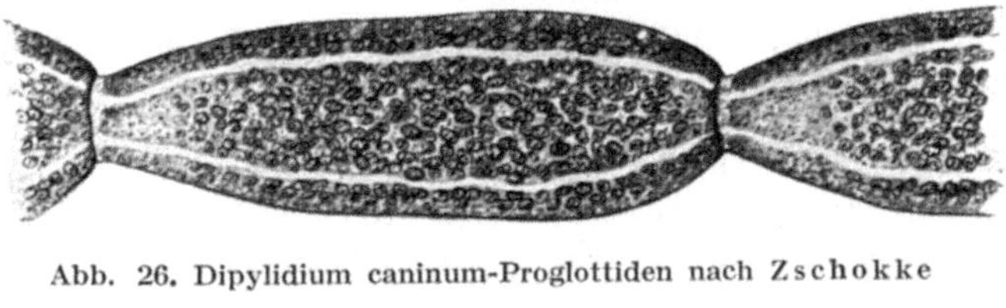

Abb. 26. Dipylidium caninum-Proglottiden nach Zschokke

Sie liegen in Haufen von acht bis fünfzehn in einer weißen Grundmasse eingebettet, erinnern in ihrem Aussehen an die Eier der Hymenolepis nana (Abb. 2 auf Tafel XI).

Anhangsweise sei noch hervorgehoben, daß gelegentlich auch Skolizes oder Häkchen der Taenia echinococcus im Stuhl gefunden worden sind. Es wird sich hier nur um ganz ausnahmsweise zu beobachtende Ereignisse handeln, wie etwa Durchbruch einer Echinokokkenzyste in das Darmlumen, Verschlucken Echinokokkenmaterial enthaltender erbrochener oder ausgehusteter Massen.

Dibotriocephalus latus

Kopf durch das Fehlen von Saugnäpfen und Hakenkranz gekennzeichnet. Der zirka 1 mm breite Kopf ist keulenförmig und zeigt zwei längliche Sauggruben. Die schmalen und breiten Proglottiden durch den rosettenförmig angeordneten Uterus charakterisiert. Nach Abgabe der Eier kann sich die Form

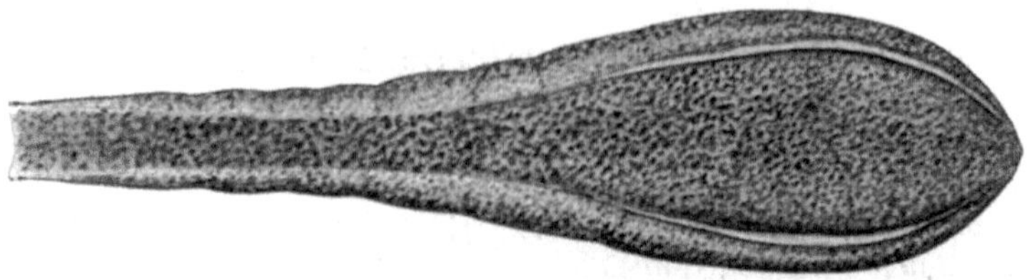

Abb. 27. Kopfende des Dibotriocephalus latus nach Zschokke

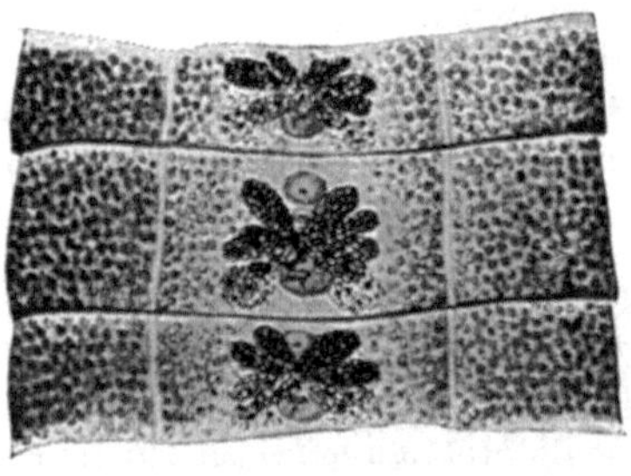

Abb. 28. Dibotriocephalus latus. Reife Proglottiden nach Zschokke

der Proglottiden ändern, sie werden länger und können unter Umständen mit den Proglottiden von Taenien verwechselt werden. Die Eier, welche in ihrem Aussehen an Trematodeneier erinnern, sind relativ groß (0,05 bis 0,071 : 0,03 bis 0,045), zeigen eine doppeltkonturierte, braune Schale mit einem nicht immer sicher erkennbaren Deckel am oberen Pol, meist ist eine deutliche Furchung der Keimzellen und zahlreiche Dotterzellen zu erkennen. (Abb. 6 auf Tafel V.)

Trematoden (Saugwürmer)

Da für die Untersuchung des Stuhles fast ausschließlich der Nachweis der Eier der dieser Gruppe angehörigen Würmer in Betracht kommen, soll nur auf die Schilderung dieser eingegangen werden.

Abb. 3 und 4 auf Tafel X des Opisthorchis felineus und der Fasciola hepatica soll nur ganz allgemein eine Anschauung der Körperbeschaffenheit dieser Parasiten wenigstens in einer ihrer Formen vermitteln. Sie sind im allgemeinen durch ihre Zungen-, Blatt- oder Lanzettenform ausgezeichnet, seltener zylinder- oder selbst spulwurmförmig. Mit Ausnahme der Schistosomen sind sie zwittrig, von glatter oder rauher, selbst stacheliger Oberfläche, besitzen einen blind endenden Darm, eine Mundöffnung und in Zahl und Lage wechselnde Saugnäpfe, welche jedoch bei einzelnen Vertretern zurückgebildet erscheinen.

Opisthorchis felineus

Die Eier sind längsoval, zirka 0,026 bis 0,03 : 0,01 bis 0,015 groß, sind mitunter leicht asymmetrisch, mit einem kleinen Deckel an ihrem spitzen Pol. Die Farbe ist gelblich, im Innern der mitunter knäuelförmig zusammengewundene, meist nur als granulierte Masse erkennbare Embryo, der den schmalen Raum meist nicht ganz ausfüllt.

Fasciolopis buski (wahrscheinlich syn. Fasciolopis fülleborni)

Blattförmig, in frischem Zustand fleischfarben, zirka 12 bis 30 mm lang, wobei auch ganz wesentlich größere Exemplare vorkommen. Die Eier sind dünnschalig, ellipsoid, gedeckelt, bis zu 140 : 85 μ groß und werden ungefurcht abgelegt.

Dicrocoelium lanceatum

Die ovalen Eier sind gelblich bis dunkelbraun oder dunkelrotbraun, zirka 0,038 bis 0,045 : 0,022 bis 0,03 groß. Sie sind an beiden Enden schön abgerundet. An einem Pol ist ein relativ großer Deckel meist leicht zu erkennen. Sie können geringe, seitliche Abplattung erkennen lassen. Im Innern kuglig geballte Massen. Sie können auch das am vorderen Ende bewimperte, mit einem Stachel versehene Miracidium erkennen lassen. (Abb. 1 auf Tafel X.)

Fasciola hepatica (Leberegel)

Die Eier desselben relativ groß 0,13 bis 0,145 : 0,07 bis 0,09 cm, zeigen eine gelbbraune Farbe, ovale Form, doppelt konturierte, stark lichtbrechende Schale. Der eine Pol ist durch einen Deckel verschlossen, das Innere von wenigen durchsichtigen Dotterballen erfüllt. (Abb. 2 auf Tafel X.)

Clonorchis sinensis

Die kleinen Eier erinnern in Form, Größe und Farbe an die des Katzenegels, ihre Durchmesser werden mit 0,024 bis 0,03 : 0,015 bis 0,017 angegeben. Die Schale kann bei älteren Eiern außerordentlich dunkel werden. Das deckeltragende Ende ist ausgesprochen verschmälert, so daß die Eier mitunter Flaschenform zeigen; auch der Embryo erscheint gegen das deckeltragende Ende zu verschmälert. Am unteren Eipol ist mitunter ein kleiner knopfartiger Fortsatz zu erkennen, welcher weder bei den Eiern des Dicrocoelium lanceatum noch bei denen des Opisthorchis felineus zu finden ist. Den erstgenannten gegenüber ist auch die, wenigstens bei jüngeren Eiern, hellere Farbe bemerkenswert.

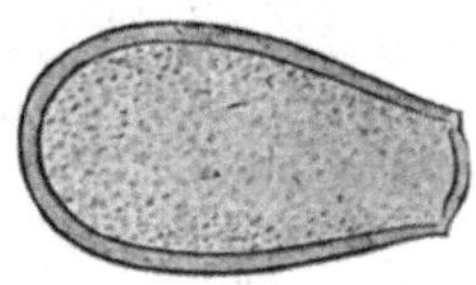
Abb. 29. Ei von Clonorchis sinensis nach Looß

Paragonimus Westermani

Die Eier des Lungenegels sollen hier nur deshalb geschildert werden, da sie gelegentlich durch Verschlucken des Sputums in den Darm gelangen und im Stuhl aufgefunden werden können. Dieselben sind verhältnismäßig groß (0,06 bis 0,09 : 0,046 bis 0,063 mm). Sie sind von ovaler Form, braungelber Farbe und tragen einen dem Ei wie abgestutzt aufsitzenden Deckel. Der Inhalt ist krümlig und gefurcht.

Schistosoma mansoni

Während es lange Zeit Gegenstand der Diskussion war, ob es sich beim Schistosoma mansoni um eine eigene Spezies handelt oder ob die auffällige Form der Eier nur durch Anomalien zu erklären und dann mit den Eiern des Schistosoma haemotobium zu identifizieren sei, scheint es gegenwärtig sichergestellt, daß hier zwei getrennte Formen vorliegen.

Die sich im Stuhl findenden Eier des Schistosoma mansoni sind längsoval, zeigen keinen Deckel, sind 0,11 bis 0,19 : 0,046 bis 0,073 mm groß. Die Schale ist leicht gelblich gefärbt, vor allem ist der gegen den breiten Eipol zu liegende seitliche Stachel auffallend, in welchem sich der Hohlraum des Eies fortsetzt. Im Innern kann ein voll entwickeltes, allseitig bewegbares Miracidium zu erkennen sein. Der Stachel ist mitunter erst nach leichter Verschiebung des Eies im Präparat sichtbar zu machen. (Abb. 6 auf Tafel VII.)

Schistosoma japonicum

Die Eier sind erheblich kleiner als die des Schistosoma mansoni (zirka 0,07 bis 0,09: 0,05 bis 0,075 mm). Sie sind schön oval geformt, tragen keinen Stachel, sind deckellos mit blaßgelber, dünner Schale. Seitlich kann ein oft nur in bestimmter Einstellung deutliches, kleines Knöpfchen gesehen werden, welches als Verdickung der Schale imponiert und keinen Hohlraum aufweist. (Abb. 5 auf Tafel VII.)

Arthropoden (Myiasis)

Anhangsweise sei hier noch auf das Vorkommen von Fliegenlarven im Stuhl hingewiesen, auch deshalb, weil unter Umständen Verwechslungen mit kleinen Nematoden, wie etwa Oxyuren, vorkommen mögen. In der Regel wird es sich um Larven (Maden) handeln, welche durch nachträgliches Absetzen der Eier auf die entleerten Fäzes zur Entwicklung gekommen sind. Es kann aber auch eine echte Myiasis intestinalis vorliegen, indem es nach Aufnahme derselben mit verdorbener Nahrung zur Ansiedlung im Darmkanal kommt, oder schließlich mögen dieselben auf gleichem Wege einfach den Magendarmtrakt passiert haben und im Stuhl zum Vorschein kommen. Es sei auch erwähnt, daß FLETSCHER an die Möglichkeit des Einwanderns von Insekten in den Anus schlafender Kinder gedacht hat (Canobius mutans, Ontophagus bifasciatus; zit. nach LANGERON und RONDEAU DU NOYER). Die gleiche Vermutung sprachen auch seinerzeit SCHLESINGER und WEICHSELBAUM aus.[1] S. auch WIRSING.[2] Untersuchung ganz frischen Stuhles ist auch hier unbedingte Forderung. Nur bei den larviparen Sarkophagesarten kann selbst dann noch Zweifel über die Herkunft der Maden auftauchen. Im allgemeinen wird es genügen, Fliegenlarven als solche zu erkennen. Die genaue Bestimmung wird in der Regel dem Zoologen vorbehalten bleiben müssen. Die Aufzucht des ausgebildeten Insektes wird eher die Bestimmung ermöglichen. Dieselbe gelingt, indem man das betreffende Material in einer flachen Schale mit einer feinmaschigen Drahtnetzglocke bedeckt und bei nicht zu niedriger Temperatur stehen läßt. Die Maden selbst können in 70%igem Alkohol fixiert werden und sind auch in Glyzerin-Gelatinepräparaten gut zu konservieren.

Die Larven sind meist unschwer als solche zu erkennen. Es handelt sich um makroskopisch sichtbare, wurmartige, weißlichgraue oder gelbliche, bewegliche Gebilde von wechselnder Länge. Es fällt sofort ihre ausgesprochene Segmentierung auf (elf bis zwölf Segmente), welche nach hinten zu an Breite zunimmt. Der Körper ist vorne zugespitzt, rückwärts quer absetzend. Es sei ferner das an einem oder einigen Segmenten vorkommende, kranzartige Auftreten von Häkchen oder Haken hervorgehoben, ferner der am Kopfende stets auffallend grobhakenförmige Chitinapparat und die als dunkle, feine Punkte erscheinenden Stigmenöffnungen am hinteren Ende sowie das meist infolge der Luftfüllung schwarz aussehende verzweigte Trachealsystem. Als Beispiel soll das Bild der Larve von Calliphora erythrocephala dienen (Abb. 5 und 6 auf Tafel X). Da hier nur eine Eiablage auf Fleisch in Betracht kommt, handelt es sich in dem beobachteten Fall wohl um eine Aufnahme des Parasiten mit der Nahrung.

Beschrieben wurden unter anderem Larven der Musca domestica, Teichomyza fusci, Larven von Anthomyia, Piophila casei (aus

[1] Wien. klin. Wochenschr., 1/2. 1902.

[2] Zeitschr. f. klin. Med., 60, 122. 1906.

altem Käse oder Schinkenfett), Fannia canicularis (kleine Stubenfliege). Besonders sei auf das Vorkommen von Sarcophaga carnaria (grau, fleischfarbig) aufmerksam gemacht, da es sich hier, wie schon erwähnt, um larvipare Parasiten handelt, so daß selbst die Untersuchung des frischen Stuhles Larven erkennen lassen kann.[1]

Schließlich soll noch eine Reihe von Milben genannt werden, welche gelegentlich im menschlichen Stuhl gefunden worden sind, die durch verdorbene Nahrung (Mehl, Käse, Pilze, trockene Früchte usw.) in den Magendarmtrakt gelangen und anscheinend selbst zu enteritischen Erscheinungen Anlaß geben können. An erster Stelle sind Tyroglyphusarten zu nennen (Tyroglyphus farinae, Tyroglyphus siro, Tyroglyphus longior). Die Eier derselben sind durch ihre außerordentliche Größe (bis zu 125 μ) charakteristisch. Die bisweilen gefundenen leeren Schalen fallen durch ihre Längsspaltung auf. Aus der Familie der Tyroglyphidae sei noch der Glyciphagus primorum genannt.

Wenn auch im einzelnen auf die Schilderung und Differenzierung der genannten Formen nicht eingegangen wird, erscheint doch ihre Aufzählung nicht überflüssig, da dadurch die Bestimmung der vorliegenden Arten unter Umständen wesentlich erleichtert werden kann[2].

Nahrungsreste und sonstige Gewebsbestandteile tierischer Herkunft

Muskelfasern und deren Reste

Muskelfasern können unter Umständen, welche im allgemeinen diagnostischen Teil ausführlich besprochen sind, in verschiedener Menge und mit mehr oder weniger gut erhaltenen Merkmalen im Stuhl aufgefunden werden. Vielfach ist, wie ich im Gegensatz zu Schmidt glauben möchte, die Provenienz und Art der betreffenden Muskelfasern, quergestreifte Muskeln der Schlachttiere, glatte Muskelfasern, Fischmuskelfasern, doch mit ziemlicher Sicherheit zu erkennen. Auch hier erweist sich die Untersuchung im polarisierten Licht (s. S. 77) von Interesse.

Bruchstücke gut erhaltener Muskelfasern sind durch ihre kantige Form, die oft treppenartige Begrenzung der einzelnen Fragmente charakterisiert. Bei entsprechender Andauung geht die scharfkantige Begrenzung der einzelnen oder in kleinen Gruppen liegenden Reste verloren. Wir finden abgerundete Enden und schließlich ovale oder selbst durchaus runde Gebilde. Hand in Hand geht damit der Verlust der Querstreifung, welche in wechselnder Deutlichkeit zu erkennen sein kann (mitunter bleibt die Längsstreifung besser erhalten), um schließlich ganz zu schwinden, der Verlust des Kernes und des Sarkolemms. Derartige Schollen zeigen oft in den Randpartien eine reiche Transparenz. Hulsebosch hat beobachtet, daß Querstreifung der Muskelfasern des Fischfleisches leichter schwindet. Die Muskelreste zeigen gewöhnlich eine gelbe oder gelbgrünliche, an sich sehr charakteristische Verfärbung, auch dunkler gefärbte, bis braune Bruchstücke sind nicht selten zu sehen. Die Eigenfarbe der Faser ist in nur geringem Maße beteiligt. Im wesentlichen handelt es sich um Imbibition mit Derivaten des Gallenfarbstoffes. In Fällen von komplettem Gallengangsverschluß erscheinen die Fasern fast ungefärbt.

---

[1] Bezüglich der bei uns vorkommenden Sarkophagesarten s. Eyssel: Arch. f. Schiffs- u. Tropenhyg., Bd. 19, S. 2.

[2] Braun und Seifert: Die tierischen Parasiten des Menschen. 1925. — Fiebiger: Tierische Parasiten usw. 1923.

Die Muskelfasern und ihre Reste geben naturgemäß die Eiweißreaktion in mehr oder weniger deutlicher Form (Xanthoproteinreaktion, Biuretprobe, Prüfung mit Millons Reagenz). Auch hier wird man, wie es auch bei der Untersuchung der Reste von Vegetabilien betont wurde, wenn man zu reinen Farbreaktionen kommen will, dieselben an isolierten und gereinigten Objekten vornehmen müssen. Praktisch-klinisch gesprochen wird eine solche mikrochemische Prüfung wohl nur in den allerseltensten Fällen in Betracht kommen, in der Mehrzahl der Fälle wird auch der einigermaßen Erfahrene, ohne einen Fehler zu begehen, darauf verzichten können.

Binde- und Stützsubstanzen

Aus der Gruppe der Bindegewebe im engeren Sinne des Wortes kommt, abgesehen von dem relativ seltenen Vorkommen von Resten des membranösen Bindegewebes, das fibröse und locker interstitielle Gewebe und Reste elastischen Gewebes in Betracht.

Wir finden, abgesehen von größeren Resten, deren Struktur uns noch den genauen Aufbau z. B. einer Sehne verraten, gewöhnlich Bindegewebereste in Form unregelmäßig feiner Fasern, Bündeln oder Stränge, auch Reste kleinster Größenordnung können gewöhnlich schon bei schwächster Lupenvergrößerung, oft auch makroskopisch, wenigstens nach gründlicher Aufschwemmung in Wasser und Absuchen auf der schwarzen Platte gesehen werden. Es empfiehlt sich hier eine solche Aufschwemmung und Isolierung ganz besonders, da sonst häufig Bindegewebefasern oder größere Konvolute von den mit ihnen verbackenen Nahrungsresten anderer Art schwer getrennt werden können.

Sie zeigen meist eine weißliche oder leicht graue Farbe, bei Jejunaldiarrhöen können sie deutlich gelbgefärbt erscheinen. Abgesehen von ihrer Struktur charakterisieren sie sich durch die Quellung und Homogenisierung nach Zusatz von Essigsäure. Im Eosinpräparat nehmen sie den Farbstoff gewöhnlich ziemlich gut auf. Zur Differenzierung gegen Schleimflocken dient die mehr körnige Struktur der letzteren und die Fällung durch Essigsäure. Es sei auch im Gegensatz zum Schleim auf die optische Anisotropie der Bindegewebefibrillen hingewiesen. Gerade in solchen Fällen erweist sich die Untersuchung im Polarisationsmikroskop als wertvoll (s. S. 77).

Elastische Fasern sind im allgemeinen leicht zu erkennen. Ihre wenigstens bei den im Stuhl nachweislichen Fasern gewöhnlich größere Dicke, ihre charakteristische Verziehung und Rankenbildung, ihr auffallend starkes Lichtbrechungsvermögen, der im Stuhl infolge der Entspannung gewöhnlich bestehende Mangel einer Doppelbrechung bei Untersuchung in polarisiertem Lichte charakterisieren sie meist zur Genüge. Nur in seltenen Fällen, kaum aus klinischen Gesichtspunkten, wird ihre nähere Identifizierung durch Kochen in verdünnter Lauge, welche sie unverändert lassen, oder durch spezifische Färbung in Frage kommen. Es sei noch, abgesehen von den elastischen Fasern, auf das Vorkommen elastischer Substanzen im Stuhl in Form von kleineren oder größeren Bröckeln und plattenartigen Gebilden hingewiesen. Hier mögen auch Fälle Platz finden, in welchen wir Reste kleinster Blutgefäße im Stuhl vorfanden, an welchen wir namentlich die Elastica leicht erkennen konnten und deren Deutung kaum jemals Schwierigkeiten macht. Nach Genuß von Hirn sind kleine, gefäßhaltige Gewebebestandteile z. B. nicht selten deutlich eventuell auch schon makroskopisch im Stuhl nachzuweisen.

Kleinste oder auch größere Splitter von Knochen und Gräten, Knorpelreste sind nicht selten bei genauem Suchen bei entsprechender Nahrung, schlechtem, hastigem Essen und rascher Darmpassage nachzuweisen und meist an der mehr oder weniger erhaltenen Struktur zu erkennen. Auch hier erweist sich die Untersuchung im polarisierten Lichte als nützlich.

Im Anschluß daran sei noch auf das Vorkommen von Haaren menschlicher und tierischer Provenienz, ferner auf Reste von Geflügelfedern, Fischschuppen hingewiesen. Letztere (Abb. 6 auf Tafel XI) sind im allgemeinen durch ihre regelmäßige streifige Struktur und den eigentümlichen Glanz bei Untersuchung im auffallenden Licht sowie durch ihr Verhalten im Polarisationsmikroskop gekennzeichnet.

Das mikroskopische Bild pflanzlicher Elemente und ihrer Residuen im Stuhl

Nahrungsmittelreste

Es wurde schon betont, daß eine wirklich erschöpfende Darstellung der im Stuhl bei der mikroskopischen Untersuchung zur Ansicht gelangenden Elemente bei der unübersehbaren Zahl der Möglichkeiten nicht durchführbar erscheint. So gilt dies auch im Bereich dieses Spezialkapitels. Es ist klar, daß bei der von vornherein individuell außerordentlich variierenden Kost, noch dazu bei bestimmten Diätformen, bei den regionären Verschiedenheiten der Art der zur Verwendung gelangenden Vegetabilien und der verschiedenen Weise der Zubereitung von einer eingehenden Darstellung Abstand genommen werden darf. Es kann sich für den Kliniker nicht darum handeln, aus bestimmten, im Stuhl zur Darstellung gelangenden Resten pflanzlicher Elemente die Diagnose der betreffenden Gemüse-, Gewürz-, Obstart usw. zu erkennen. So bedeutungsvoll dies vom forensischen und toxikologischen Gesichtspunkt aus sein mag, für die klinische Untersuchung wird in den meisten Fällen die einfache Aussage „pflanzlich" im großen und ganzen, von Hefen, Sporen usw. abgesehen, genügen, wenn auch hier gelegentlich die Kontrolle der genauen Befolgung gegebener Diätvorschriften nicht ohne Bedeutung ist. Die Feststellung pflanzlich oder nichtpflanzlich ist nun keineswegs immer leicht und es soll im folgenden wenigstens eine Reihe immer wiederkehrender pflanzlicher Elemente im menschlichen Stuhl kurz besprochen werden, deren Kenntnis die Erkennung pflanzlicher Elemente im allgemeinen erleichtert. Reste des pflanzlichen Zellulosematerials sind immer in allerdings wechselnder Menge im Stuhl nachzuweisen. Es ist klar, worauf ja noch an anderer Stelle eingegangen werden soll, daß die Zubereitung, die mechanische Zerkleinerung, das Kochen, das Kauen von entscheidender Bedeutung sein werden, bis zu einem gewissen Grade auch die Verweildauer, wobei schließlich noch alle jene Punkte Berücksichtigung verdienen, welche gelegentlich der Erörterung der Zelluloseverdauung besprochen werden sollen. Nicht zuletzt kommt naturgemäß für die Menge oder wenigstens für die Erscheinungsform der im Stuhl auftretenden Zellulosereste das Alter der betreffenden Pflanze in Betracht. Es sei noch hervorgehoben, daß die Feststellung der Zugehörigkeit bestimmter Gebilde im Stuhlbild zu bestimmten Nahrungsmitteln noch dadurch erschwert wird, daß trotz sorgfältiger Abgrenzung der betreffenden Stuhlportionen mit Karminpulver oder Tierkohle kleine Partikelchen, wie in selbst beobachteten Fällen etwa Reste von Mohnkörnern oder Haare von Althaea, noch viele Tage nach Abgang des zweiten Tierkohlestuhles im Stuhl nachgewiesen werden konnten.

Die Untersuchung erfolgt im allgemeinen im Nativpräparat mit oder ohne Aufschwemmung des Stuhles in Kochsalz, nur in Ausnahmefällen werden die charakteristischen chemischen Reaktionen herangezogen werden müssen. Im allgemeinen wird auch für die klinische Untersuchung die besondere getrennte

Darstellung der Zellulosereste, wie sie durch wiederholtes Filtrieren oder Dekantieren, wenn auch nicht quantitativ leicht zu erreichen ist, kaum in Frage kommen. Von großer Bedeutung ist die genaue makroskopische Untersuchung mit anschließender Beobachtung mittels der Lupe, welche der mikroskopischen Untersuchung ja stets vorausgehen soll, da auf diese Weise größere zusammenhängende Gebilde mit Leichtigkeit isoliert und häufig mit weit geringeren Schwierigkeiten erkannt werden können, als es bei den kleinsten Bruchstücken der Zellulosereste der Fall ist.

Unter den in fast allen Stühlen, Vegetabilienernährung vorausgesetzt, immer wiederkehrenden typischen Gebilden sollen an erster Stelle die äußerst charakteristischen Pflanzengefäße und deren Bruchstücke besprochen werden.

Die Kenntnis des Vorkommens derselben im Stuhl geht recht lange zurück. Wir finden ihrer schon in der Arbeit HOEFLES aus dem Jahre 1848 Erwähnung getan. Ein Autor, dem wir zum ersten Male eine eingehendere Analyse der im Stuhl vorkommenden Speisereste verdanken. Es sei an dieser Stelle erwähnt, daß schon viel früher gelegentlich auf einzelne Befunde von Vegetabilienresten im Stuhl hingewiesen wurde. So hat schon LEUWENHOEK im eigenen Stuhl Erdbeerreste, ferner Samenhäutchen und Haare des Weizenkornes in den Entleerungen verschiedener Vögel nachgewiesen.

Die Gefäße oder Tracheen stellen die Wasserleitungsrohre der Pflanzen dar. Die Wandung beider zeigt partielle Verdickung. Wir unterscheiden je nach Form und Anordnung dieser Verdickungen Ring- und Spiralgefäße, Netz- und Leitergefäße, einfache oder behöft getüpfelte Gefäße. Die zunächst eng gelagerten Windungen rücken, je mehr das Gefäß wächst, bzw. von der Streckung des Organs mitbetroffen wird, auseinander, so daß schließlich ganz weit gewundene Spiralen resultieren. Eine ganz scharfe Grenze zwischen den einzelnen Typen der Gefäße ist kaum zu ziehen. (Abb. 1 bis 6 auf Tafel XII.)

Die Abbildungen sollen eine Anschauung der verschiedenen Erscheinungsformen vermitteln. Sie zeigen zum Teil die in breiten Stämmen vereinigten Gefäßbündel, wie wir sie in größeren Blattresten von Kohl, Spinat, Salat, Kraut, aber auch etwa in Rüben, Zwiebel, Rettichresten usw. vorfinden. Bei weitergehender Verdauung und Lösung der Wand des Gefäßes oder wenigstens Zerkleinerung können größere Gefäßbündel oder einzelne Spiralfasern isoliert im Stuhl erscheinen, sich aufwinden und zu mehr oder weniger gestreckten Gebilden werden. Von besonderer Bedeutung ist die Kenntnis der Ringgefäße, jener Form, bei welcher die Verdickung schließlich in zueinander parallel angeordneten Ringen zu liegen kommt, da solche Ringe auch isoliert oder zu zwei bis drei und mehr übereinander gelagert auftreten können, wobei Verwechslung mit Wurmeiern, ja, wie ein mir bekannter Fall beweist, sogar mit Kokzidienoozysten vorkommen können. Die Gefäßfasern sind durchwegs — und dies gilt übrigens für viele Erscheinungsformen der Zellulosereste im Stuhl — durch auffallend starke Lichtbrechung ausgezeichnet, daher rührt die gelegentliche Verwechslung der isolierten und mehr gestreckt oder leicht wellig verlaufenden Spiralfasern mit Fasern des tierischen elastischen Gewebes. Sie zeigen ferner einen eigentümlichen gelbgrünlichen Glanz, der im allgemeinen so charakteristisch ist, daß er an sich für den Geübten kaum einen Zweifel über die Natur der betreffenden Gebilde aufkommen läßt. Die Untersuchung im polarisierten Licht wird an anderer Stelle besprochen.

An zweiter Stelle seien gleichfalls sehr charakteristische Gebilde beschrieben, die wir häufig im Stuhl vorfinden. Es handelt sich um die zu den „mechanischen Zellen“ der Pflanzen zu rechnenden Sklerenchymzellen.

Hier interessieren uns vor allem zwei Typen, einerseits das z. B. in der Samenhaut der Leguminosen (Erbsen, Bohnen, Linsen) vorkommende Palisadensklerenchym, welches seinen Namen der zueinander parallelen, palisadenartigen Anordnung der einzelnen Zellelemente verdankt (Abb. 4 bis 6 auf Tafel XIX). Es sei auch auf die in Abb. 3 auf Tafel XVII zur Darstellung kommenden, im Stuhl gelegentlich auch isoliert vorkommenden Kristalle von oxalsaurem Kalk hingewiesen, die wir als einfache oder Zwillingskristalle, z. B. in einer bestimmten Zellschicht der Samenschale der Bohne vorfinden, wo die Palisadenzelle als Kristallbehälter fungiert. Wir finden diese Elemente teils einzeln, teils in größeren Platten, oft in noch zusammenhängenden Reihen wirklich palisadenartig (Abb. 4 auf Tafel XIX). Sie sind meist fast farblos, mitunter sekundär leicht gelblich verfärbt.

Im Anschlusse daran sei auch gleich eine andere Erscheinungsform des oxalsauren Kalkes in bestimmten Pflanzen hervorgehoben, die wir gleichfalls im Stuhl gelegentlich nachweisen können, die langen, nadelförmigen Kristalle, die sogenannten Raphiden. Abb. 2 auf Tafel XVI zeigt eine solche Raphide aus Bulbus scillae, wie sie im Stuhl eines unserer Patienten nach Genuß dieser Droge aufgefunden werden konnte.

Als zweites, in diese Gruppe gehörendes Objekt seien die sogenannten Steinzellen hervorgehoben, wie sie im Fruchtfleisch der Birne und anderer Obstsorten vorkommen. Es handelt sich um rundliche, leicht polygonale Gebilde (Abb. 4 auf Tafel XI), welche eine ausgesprochene Schalenbildung erkennen lassen, die eine zentral unregelmäßig gestaltete Höhle einschließt. Mitunter sind auch noch im Stuhl die radiär verlaufenden Tüpfelkanäle zu erkennen. Die gewöhnlich leicht braun gefärbten Gebilde geben häufig zu Verwechslung Anlaß. Mitunter findet man dieselben, wie auch die Abbildung zeigt, noch in kleinen Gruppen mit Resten des Fruchtfleisches. Sie zeichnen sich, wie ja ihr Name besagt, durch besondere Härte aus und verraten sich durch sandartiges Knirschen bei leichtem Druck auf das Deckglas gelegentlich der Untersuchung im frischen Präparat.

Pflanzenhaare sind ein ungemein häufiger, fast regelmäßiger Befund. Es handelt sich um einzeln oder gruppenweise auftretende, fadenförmige, haarähnliche Auswüchse der Pflanzenepidermis. Sie sind außerordentlich vielgestaltig (Abb. 3 bis 6 auf Tafel XVIII). Im allgemeinen sind sie durch ihre haarähnliche Form, durch die starke Lichtbrechung, ihren gelbgrünen Glanz, ferner durch das Vorhandensein eines schmalen, sich gegen die Basis zu verbreiternden Kanals charakterisiert. Das Haar verbreitert sich an der Basis oft ganz wesentlich, mitunter ist eine breitere, polsterartige Bildung an der Basis des Haares zu erkennen. Es kommen isolierte oder gruppenweise angeordnete Haare in entsprechenden Verbänden vor.

Gelegentlich finden wir große, zusammenhängende Epidermislagen, welche die Anordnung der Aufsatzhaare deutlich erkennen lassen (Abb. 3 auf Tafel XVIII) und oft zu ganz abenteuerlichen Formen Veranlassung geben. Verwechslung mit kleinen Würmern kommen Ungeübten wiederholt vor. Abb. 4 auf Tafel XVIII entspricht einer Haargruppe von Folia althaeae, welche dem Digitalispulver, das einem unserer Patienten verordnet wurde, beigemengt war, und soll nur zur Illustration des eingangs Gesagten dienen.

Die Epidermiszellen und die Zellen der Hypodermis erscheinen gleichfalls häufig im Stuhl, meist in Form zusammenhängender Tafeln und Platten und sind in der Regel durch ihre gleichmäßige, wabenartige, rundliche, ovale oder polygonale Struktur leicht erkenntlich. Häufig sind wohl erhaltene Spaltöffnungen oder Stomata zu erkennen, welche die Ausführungsgänge des Durchlüftungssystems der Pflanze an der Oberfläche der Epidermis darstellen und welche durch zwei einander gegenüberliegende, charakteristisch gebaute Schließzellen charakterisiert sind (Abb. 3 auf Tafel XI). In einem mir bekannten Falle wurden die fast isolierten, im Stuhl vorgefundenen Stomata als Teilungsformen eines Stuhlparasiten gedeutet. Die Epidermisschicht ist gewöhnlich gelbbraun, oft auch tief schmutzigbraun verfärbt. Abgesehen von der sich im Stuhl vorfindenden Epidermislage der Blattgemüse, liefern die Zerealien reichliches Material. Es sei hier auch auf Abb. 6 auf Tafel XVII verwiesen, welche ein im Stuhl gefundenes Fragment der Schale von Semen linis darstellt.

Es soll an dieser Stelle auch die eigenartige schleimähnliche Verquellung des Inhaltes von Semen linis und Semen psylli erwähnt werden, da dieselbe auch makroskopisch leicht zu Verwechslung Anlaß geben kann, um so mehr, da ja beide Drogen häufig in großen Mengen verabreicht werden.

Von den Parenchymzellen seien an erster Stelle die Kartoffelzellen hervorgehoben. Sie stellen mehr oder weniger gut erhaltene, lose, helle Körbchen dar, welche im Innern, je nach dem Grade der Verdauung, mehr oder weniger gut erhaltene oder isolierte Stärke enthalten. Sie können als Resultat mechanischer Einwirkung eingedrückt, zerknittert erscheinen (Abb. 5 auf Tafel XI). Die Stärkekörner der Kartoffel haben eine mehr eiförmige Gestalt mit exzentrischem Kern.

Die Parenchymzellen der gelben Rüben sind durch das im Stuhl meist krümlig erscheinende Karotin charakterisiert.

Es sei schließlich noch auf die in verschiedenen Nahrungs- und Genußmitteln (Gewürzen verschiedenster Art, Nüssen, Mohn u. a.), vorkommenden ätherischen Öle verwiesen, da dieselben oft aus den Pflanzenresten hervorquellend oder frei im Stuhl gesehen werden können (Abb. 4 auf Tafel XX).

Nußreste, ebenso Kakao- und Kaffeereste sind durch ihre eigenartige braune Farbe gekennzeichnet.

Eigenartige Gebilde, die oft zu Irrtümern Anlaß geben, finden sich nach Genuß von Bananen (s. Abb. 2 auf Tafel XX). Tilger hat auf deren Rotfärbung mit Ehrlichschem Reagens hingewiesen[1].

Mikrochemische Reaktionen

In nicht allzu häufigen Fällen kann es auch praktisch-klinisch wünschenswert sein, sich durch mikrochemische Prüfung von der Zellulosenatur eines im Stuhle vorgefundenen Gebildes zu überzeugen. Es ist zu betonen, daß man nur dann erwarten kann, reine Farbentöne und damit verwertbare Resultate in den in Betracht kommenden Fällen zu erhalten, wenn man durch Filtrieren und Dekantieren die einzelnen zu untersuchenden Fragmente gründlich gereinigt hat.

Selbst dann wird das Resultat nicht immer ein ganz befriedigendes sein, da es sich ja keineswegs immer um reine Zellulose handelt, verholzte Bestandteile, Hemizellulosen, Pektine häufig mit eine große Rolle spielen. Da es sich aber gerade hier, wie ja auch an anderer Stelle hervorgehoben ist, um ein Gebiet handelt, welches dringend eines weiteren Ausbaues verlangt und da vielleicht auf dem Wege des genauen Studiums der mikrochemischen Reaktionen von Vegetabilienresten im Stuhl weitere Aufschlüsse für das wichtige Kapitel der „Zelluloseverdauung" zu erwarten sind, seien hier die in Betracht kommenden Reaktionen im einzelnen angeführt (n. Wasicky[2]).

[1] Arch. f. Verdauungskrankh., 1927, 292.
[2] Anleitung z. pharmakagnost. Übg. Wien, 1919.

Zellulose

1. Blaufärbung mit Chlorzinkjod (30 g Chlorzink, 5 g KJ, 1 g Jod und 14 ccm Wasser in brauner Flasche aufzubewahren).

2. Blaufärbung nach Zusatz von Jod und Schwefelsäure. Das Jod (Lugollösung) soll längere Zeit einwirken, dann wird ein Tropfen Wasser und 75%ige Schwefelsäure zugesetzt.

3. Die Löslichkeit in Kupferoxydammoniak. „Das käufliche Kupferhydroxyd, ein grünlichblaues, voluminöses Pulver, das man sich übrigens leicht herstellen kann, wird vorrätig gehalten und im Bedarfsfalle mit konzentriertem Ammoniak übergossen. Schon nach fünf Minuten hat sich eine wirksame Lösung gebildet, die nach einigem Stehen klar abgegossen oder abzentrifugiert wird. In kleinen, gut verschlossenen, für violettes Licht nicht durchlassenden Flaschen längere Zeit haltbar.“ (Wasicky).

In letzter Zeit hat diese Reaktion auch Anwendung gefunden, um bei dem Versuche einer Anreicherung anderer, im Stuhle vorkommender Elemente (Wurmeier) denselben von zellulosehaltigen Bestandteilen zu befreien.

Die Hemizellulosen unterscheiden sich durch ihre Löslichkeit in verdünnten Mineralsäuren (erwärmen fünf Minuten bis drei Stunden in 3%iger Schwefelsäure).

Die Pektinsubstanzen finden sich vor allem in den sogenannten Mittellamellen, welche sich zwischen den Zellhautschichten der betreffenden Nachbarzellen finden. Sie stellen also eine interzellulare Substanz dar. Bei Kochen im Wasser kann Verquellung auftreten. Es sei erwähnt, daß gerade das bisher noch nicht erschöpfende Studium der Pektinsubstanzen und der Veränderung derselben, welche sie bei der Passage durch den Magendarmkanal erfährt, von größter klinischer Bedeutung ist und vielleicht zur Klärung der Frage der „Zelluloseverdauung“ beitragen dürfte.

Die Pektinsubstanzen sind in Kupferoxydammoniak unlöslich und zeigen mit Chlorzinkjod Gelbfärbung.

Holzsubstanzen (Lignin) zeigen folgende charakteristische Reaktionen:

1. Gelbfärbung mit Anilinsulfat.

2. Rotfärbung nach Behandlung in Phlorogluzinalkohol durch zehn Minuten, Zusatz eines Tropfens konzentrierter Salzsäure.

3. 1% Kaliumpermanganat durch fünf Minuten,
dann Auswaschen in Wasser,
zwei Minuten in verdünnter Salzsäure,
Auswaschen mit Wasser,
nach Hinzufügen von Ammoniak oder Aussetzen gegen Ammoniakdämpfe rosarote Färbung.

Verholzte Teile sind häufig und leicht im Stuhl nachzuweisen, Gefäßreste, Steinzellen, ebenso sind Korksubstanzen (Suberin, Cutin) als unverdauliche Pflanzenreste im Stuhl nachweisbar.

Gelbfärbung bei Zusatz von Kalilauge, Färbung mit Sudan III. Gelb- oder Braunfärbung mit Chlorzinkjod, Unlöslichkeit in Kupferoxydammoniak.

Bei Untersuchung im polarisierten Licht zeigen sowohl die letztgenannten Substanzen (Kork, Cutin, Lignin) als auch die Zellulose Doppelbrechung.

Auf das gelegentliche Vorkommen von Seide-, Leinen- und Baumwollfädchen, sei es auf Grund von Verunreinigungen der Nahrung, sei es infolge ungenügender Reinigung von Objektträger oder Deckglas, sei nur kurz hingewiesen. Hier genügt es, an diese Möglichkeiten zu denken und die Deutung kann kaum Schwierigkeiten begegnen. Auch hier bietet die Untersuchung im Polarisationsmikroskop Vorteile. Teilchen, die bei gewöhnlicher Untersuchung gar nicht auffallen, erscheinen bei gekreuzten Nikols mit größter Deutlichkeit.

Stärke

Die Stärke kann in unverdautem oder mehr weniger angedautem Zustande im Stuhl erscheinen. Bei Verwendung stärkehaltiger Streupuder finden wir fast unveränderte Stärkekörner im Stuhle wieder. Bei reichlicher Stärkefütterung treten gleichfalls auch bei sonst normalen Verdauungsverhältnissen Stärkekörner in gut erhaltenem Zustand im Stuhl auf. Anderseits finden wir verquollene und schließlich morphologisch ganz unbestimmte, kaum erkennbare, nur chemisch mittels der Jodreaktion zu identifizierende Reste von Stärke teils frei, teils in Zellulosehüllen oder solchen anliegend im Stuhl an.

Die Stärkekörner nehmen keine Farbe an, zeigen häufig einen leicht grünlichbläulichen, mattglänzenden Ton, sind in gut erhaltenen Exemplaren an ihrer konzentrischen Schichtung, der als Austrocknungsphänomen aufzufassenden radiären Spaltung und der „Kernbildung" zu erkennen und mitunter sogar mehr oder weniger genau nach ihrer Herkunft zu bestimmen. Die Schichtung kann eventuell durch Zufließen eines Tropfens verdünnter Chromsäure deutlicher gemacht werden. Einen zentralgelagerten Kern finden wir z. B. in den Stärkekörnern der Erbsen, Bohnen, Linsen, einen exzentrischen bei der Kartoffelstärke. Hier sind die Körner mehr oval, eiförmig. Bei reichlicher Ernährung mit Bananen können im Stuhl häufig die charakteristischen, langen, wurmförmigen, eigenartig geformten Stärkekörner leicht nachgewiesen werden, welche von Moeller treffend mit der Form verkürzter Blutegel verglichen wurden (Abb. 3 auf Tafel XX).

Reis, Hafer, Mais und Buchweizen ist durch kleine, eckige Stärkekörner (Abb. 5 auf Tafel XVII) charakterisiert. Die Haferstärke zeigt sowohl zusammengesetzte als einfache Körner. Erstere setzen sich aus zahlreichen rundlichen oder polyedrischen Stücken zusammen, welche bei Zerfall meist scharfkantig erscheinen. Die einfachen Körner erreichen eine Größe bis über 10 μ, sind oval, aber auch spindelförmig und zitronenförmig, zeigen weder deutliche Schichtung noch Kernhöhle.

Es soll noch auf die Doppelbrechung der Stärke verwiesen werden (s. auch S. 77), welche wenigstens bei größeren Körnern zur Bildung des dunklen, durch die Kernhöhle gehenden Kreuzes bei gekreuzten Nikols führen kann.

Bei Zusatz von Jod erhalten wir je nach dem Grade des Abbaues alle Nuancen von Blau über Blauviolett zu Rot.

Pollen und Sporen

Eine besondere, wenn auch nur allgemein orientierende Besprechung verdient schließlich das Auftreten von Pollen und Sporen im menschlichen Stuhl deshalb, weil es sich hier um scharf umschriebene, gut charakterisierte, im allgemeinen rundliche oder ovale Gebilde handelt, welche nach ihrem Aussehen nicht selten zu Mißdeutungen Anlaß geben. Um nur ein Beispiel zu zitieren, wurden Lykopodiumsporen in einer ausführlichen Arbeit als Zysten einer besonderen Amöbenart beschrieben.

Die Pollen stellen isolierte Zellen dar, meist kugelig oder mit Andeutung einer tetraedrischen Form. Sie zeigen eine glatte oder häufig eine mehr oder weniger differenzierte Hülle, welche ein körniges oder selbst stachliges Bild darbietet, an einzelnen Stellen auch durchlocht sein kann.

Es seien die Pollen der Althaea officinalis erwähnt, welche man leicht nach Aufnahme der Droge im Stuhl nachweisen kann. Sie sind kuglig und mit Stacheln versehen. Nach Kamilleneinläufen oder nach Genuß von Kamillentee gelingt der Nachweis von Pollenkörnern der Flores Chamomillae vulgaris sehr leicht. Es handelt sich (Abb. 3 auf Tafel XIII) um ziemlich große, rundliche, dreikantige Gebilde mit grober Stachlung und darunter liegender Stäbchenschicht. Es sei noch auf die Artischockenpollen hingewiesen, welche, wie an anderer Stelle erwähnt ist, zu Verwechslung mit Askarideneiern Anlaß gegeben haben, da sie durch besondere Größe bei grober, zernagter Oberfläche ausgezeichnet sind.

Schließlich sei auf das Vorkommen der ganz besonders großen Koniferenpollen hingewiesen, welche durch die ballonartigen Anhänge charakterisiert erscheinen und welche nach Beobachtung einzelner Autoren gelegentlich mit der Nahrung in größerer Menge aufgenommen und im Stuhl wieder erscheinen können.

Es müssen ferner die Sporen des Bärlapps erwähnt werden, da Lykopodiumkörner, ganz abgesehen von der an anderer Stelle geschilderten Kernprobe nach TAKAHASHI auch sonst im Stuhl vorkommen können. Es handelt sich um Sporen von ausgeprägter Tetraederform, zirka 30 μ im Durchmesser, mit charakteristisch vorspringender Verdickungsleiste an den Kanten und einem dazwischenliegenden fünf- bis sechseckigen Netzwerk. Im Stuhl erscheinen sie gewöhnlich leicht gelblich gefärbt oder aber auch farblos (Abb. 2 auf Tafel XIII und Abb. 2 auf Tafel XXI).

Besondere Erwähnung verdient ferner die Gruppe der Brandpilze, deren Sporen zu den relativ häufigeren Befunden im Stuhl gezählt werden müssen. Dieselben entwickeln sich in den Früchten der Cerealien, können mitvermahlen werden und so in die Nahrung gelangen. Da gerade die Deutung dieser Gebilde erfahrungsgemäß immer große Schwierigkeiten macht, soll eine Reihe von Abbildungen die Form und Größe derselben veranschaulichen (Abb. 2 bis 6 auf Tafel XIV und Abb. 1 auf Tafel XIII).

Vor allem ist die Kenntnis der Tilletia tritici nicht unwichtig, da hier häufig Verwechslung mit Askarideneiern vorkommt, wenn auch schon ihre Größe kaum einen Zweifel aufkommen läßt.

Schließlich muß noch der Sporen eßbarer und giftiger Schwämme zum mindesten Erwähnung getan werden. Ihrer charakteristischen Form halber seien die Trüffelsporen hervorgehoben. Dieselben erreichen eine beträchtliche Größe, bis gegen 20 μ, sind dunkel gefärbt, von fein stachliger Oberfläche und sind als Askosporen mitunter, wie auch Abb. 1 auf Tafel XIV zeigt, in Gruppen zu vier in einer gemeinsamen Hülle nach Genuß von Trüffeln nicht unschwer im Stuhl aufzufinden. Es schließt sich eine Reihe von Sporen anderer Schwammsorten an, welche — ich folge jetzt der Darstellung von LANGERON und RONDEAU DU NOYER — fast durchwegs durch ihre mehr oder weniger runde oder ovale Form, stachlige und gefelderte Oberfläche charakterisiert sind, zum Teil an das Aussehen der Lykopodiumkerne, zum Teil an Tilletiaformen erinnern. Von anderen eßbaren Schwämmen seien noch die Sporen der Morchel und des Boletus edulis erwähnt und auf deren Abbildung verwiesen (Abb. 4 und 5 auf Tafel XIII). Gelegentlich können auch, wie hier erwähnt werden mag, große Verbände des Pilzgewebes in gut erkennbarer Form im Stuhle auftreten, welches gewöhnlich als solches nicht schwer zu erkennen ist, dessen Bestimmung aber auf große Schwierigkeiten stößt und wohl stets dem Pharmakognostiker oder Botaniker vorbehalten bleiben muß. Auf die besondere Verwechslungsmöglichkeit mit achtkernigen Zysten, welche bei den sich im Stuhle gelegentlich findenden, acht Sporen enthaltenden Resten bestimmter Askomyzeten auftreten können, hat SCARPINELLI[1] aufmerksam gemacht. Es sollen, da dadurch die eventuelle Bestimmung erleichtert werden kann, die von ihm festgestellten Formen angeführt werden: Erisipha graminis, Erisipha Martii und Erisipha cichoriarum.

Hefen und hefenähnliche Pilze

Der Befund von Hefezellen im menschlichen Stuhl, welcher keineswegs selten zu erheben ist, spielt gegenwärtig, von wenigen Ausnahmen abgesehen, keine wesentliche differentialdiagnostische Rolle. Ihre Bedeutung für die Pathologie ist fast durchaus ungeklärt.

Wir sehen wohl gelegentlich bei Durchfällen aller Art, nach eigener Erfahrung, zum Teil im Gegensatz zu anderen Autoren, vor allem bei Gärungsdyspepsien, aber auch bei protozoären Erkrankungen gelegentlich eine Vermehrung von Hefezellen. Es kommt mitunter vor, daß wir bei fortlaufender Untersuchung des Stuhles eines und desselben Patienten durch Tage hindurch reichlich Hefezellen finden, welche bei folgenden Untersuchungen nicht nachzuweisen sind. Auch in fettreichen Stühlen Ikterischer sind Hefezellen, wenn auch nicht regelmäßig, aber doch auffallend häufig nachzuweisen. LOMMEL hat seinerzeit[2] über ein an infektiösem Ikterus leidendes Kind berichtet, in dessen Stuhl reichlich untergärige Hefe nachzuweisen war. HIROMU TSUCHIJA sah Hefen bei Diarrhöen, sowohl bei Gärungs- als auch bei Fäulnisvorgängen und spricht ihnen jede Bedeutung ab. Für das reichlichere Auftreten im Stuhle komme nur die raschere Entleerung in Betracht.

Mit pflanzlicher und tierischer Nahrung können Hefen verschiedenster Art aufgenommen und im Stuhl, entgegen der seinerzeit von SCHMIDT geäußerten Meinung, lebensfähig ausgeschieden werden, ganz abgesehen von medikamentöser Verabreichung von Hefepräparaten. Hiezu kommt, daß die genaue Bestimmung der betreffenden Hefeart auf Grund des rein morphologischen Befundes nicht durchführbar ist; im besten Falle wird eine ganz grobe Einreihung möglich sein. Berücksichtigen wir noch die zur Züchtung und genauen Bestimmung von Hefen erforderlichen Spezialkenntnisse, ferner die Tatsache, daß sich in auch nur kurze Zeit stehenden Stühlen Hefen aller Art leicht ansiedeln und rasch vermehren können, so ist es verständlich, daß unsere Kenntnisse auf diesem Gebiete noch außerordentlich lückenhaft sind und etwas klinisch-diagnostisch Verwertbares gegenwärtig kaum gesagt werden kann. Trotzdem oder vielleicht gerade deshalb soll aber doch mit einigen Worten auf diesen Gegenstand eingegangen werden, da vielleicht weitere Studien auf diesem Gebiete zu klinisch wertvolleren Resultaten führen können.

Im allgemeinen ist die Hefezelle, an welcher wir Zellhaut, Protoplasma, Kern und Plasmaeinschlüsse unterscheiden können, durch ihre rundliche, ovale oder zitronenähnliche Form charakterisiert, welche jedoch unter den verschiedensten äußeren Einflüssen eine ziemliche Variabilität aufweisen kann, namentlich seien auf die längeren, wurstförmigen Formen hingewiesen, wie sie namentlich in Kulturen in der Kahmhaut auftreten können. Die Größe der Hefezellen variiert in ziemlichen Grenzen, überschreitet im allgemeinen nicht einen Durchmesser von $10\,\mu$.

Die Zellhaut ist in der Regel im frischen Präparat deutlich zu erkennen, färbt sich nur schwach, kann sich auch ganz oder teilweise ablösen.

[1] Policlinico, sez. prat., Bd. 32, S. 587. 1925.

[2] Zentralbl. f. Bakteriol., Bd. 29, S. 972.

Im Innern der Zelle, welche eine protoplasmatische wabige Struktur zeigt, finden sich, abgesehen von dem bei der Sprossung mitotische und amitotische Veränderung zeigenden Kern, Glykogen, Vakuolen, Fetttröpfchen, Granula, zum Teil metachromatischer Natur sowie kleinste farblose Körperchen (Mikrosomen).

Die Vermehrung erfolgt im allgemeinen durch Sprossung, nur bei einer Gruppe durch Spaltung.

Zur Orientierung soll im Anschluß an die Darstellung FUHRMANNS[1] hier auf die von KOHL gegebene Einteilung der Hefen eingegangen werden. Dieselbe unterscheidet die Sproßhefen oder Saccharomyzeten, die Gruppe der Spalthefen oder Schizosaccharomyzeten und schließlich die hefenähnlichen Pilze, die Fungi imperfecti.

Die Saccharomyzeten sind sich durch Sprossung vermehrende einzellige Hefen, welche Endosporen bilden, wobei im allgemeinen bis zu vier, in seltenen Fällen auch mehr Sporen in einer Zelle zur Entwicklung gelangen, welch letztere so zur Sporenmutterzelle wird. Vor allem nach ihrem Verhalten gegenüber verschiedenen Zuckerarten wird eine ganze Reihe von Gattungen unterschieden. Als in diese Gruppe gehöriges Beispiel sei die Bierhefe (Saccharomyces cerevisiae) genannt.

Im menschlichen Stuhl konnte in einer Reihe von Fällen als Vertreter dieser Gruppe Saccharomyces merdarius nachgewiesen werden.

Die Gruppe der Spalthefen ist dadurch charakterisiert, daß es nicht zur Sprossung kommt, sondern daß die Vermehrung durch Ausbildung von queren Bändern in der Zelle stattfindet. Sie stehen auf diese Weise den Bakterien näher, wie es ja auch in der Nomenklatur zum Ausdruck kommt. Die Sporenbildung wird in dieser Gruppe vielfach durch die Verschmelzung zweier Zellen eingeleitet, wodurch nach erfolgter Anlagerung der Zelle Hantel- und Biskuitformen zustande kommen. Die Sporen zeigen bei Behandlung mit Jodkalium Blaufärbung.

Die Vertreter dieser Gruppe wurden namentlich in wärmeren Gegenden gefunden und z. B. an der Oberfläche getrockneter Früchte nachgewiesen.

Im menschlichen Stuhl finden wir Vertreter beider Gruppen. Sowohl Sprossungsbilder als auch Hantel- und Biskuitformen sind keineswegs selten nachzuweisen. Mit Jod sich blaufärbende Sporen in Hefen habe ich wiederholt im Stuhl gesehen, ein Umstand, der wegen der Verwechslungsmöglichkeit mit Clostridienformen nicht uninteressant ist.

Auch kulturell sichergestellt ist, wenigstens nach einzelnen Autoren, abgesehen von dem Oidium albicans (Soorpilz), ein Vertreter der dritten, noch zu besprechenden Gruppe, eine Monilienart (Monilia psilosis), welche von KOHL zu den saccharomycesähnlichen Pilzen, den Fungi imperfecti gerechnet wird. Bei dieser Gruppe handelt es sich um hefeähnliche Mikroorganismen, welche sich zum Teil wie bei der Gattung Mycoderma den echten Sproßpilzen durchaus anschließen, sich aber zum Teil wie die Torulaarten unter anderem durch den Mangel einer endogenen Sporenbildung unterscheiden. In eigenen Untersuchungen konnte im menschlichen Stuhl als Nebenbefund als Vertreter der Gruppe der Fungi imperfecti Stilbella humana und Isaria subfusca nachgewiesen werden. Die genauere Artbestimmung verdanke ich hier, wie in den anderen hiehergehörenden Fällen, Herrn Dozent SCHUSSNIG am botanischen Institut Professor WETTSTEINS.

---

[1] Technische Mykologie. Jena. G. FISCHER. 1913.

Vor allem interessiert uns aber die hiehergehörende Gattung Monilia, welche zwischen den Sproß- und Schimmelpilzen steht, und die Gattung Oidium.

Die Monilien zeigen ein sehr formenreiches Sproßmyzel, neben kugligen auch gestreckte, schlauchförmige Zellen. Der Zellinhalt ist von großen Vakuolen durchsetzt, die ein elliptisches Körnchen enthalten, das lebhafte Bewegung zeigt. Die zu dieser Gattung einzureihende Monilia psilosis wurde von einer ganzen Reihe von Autoren in menschlichen Stühlen sichergestellt.[1] In der Wertung dieses Befundes gehen die einzelnen Autoren allerdings weit auseinander. Einzelne, vor allem ASHFORD, hegen keinen Zweifel an der ätiologischen Bedeutung der Monilia psilosis bei der Sprueerkrankung (tropische Aphthen, Diarrhoea alba, Psilosis), einem Leiden, dessen ja vom Standpunkt der makroskopischen Untersuchung des Stuhles auch an anderer Stelle Erwähnung getan wurde (s. S. 3). DOLD fand Monilien bei seinen Untersuchungen in China in 16% aller Fälle von Diarrhöe, welche nicht unter dem klinisch ziemlich wohl charakterisierten Bilde der Sprue einhergingen; besonders beim Gärungskatarrh. Ähnliche Organismen auch in 7,5% der Stühle Gesunder. CASTELLANI, FLEISHER und WACHOWIAK konnten Monilien auch im Stuhle Normaler in einem niedrigen Prozentsatz, bei diarrhöischen Erscheinungen weitaus häufiger nachweisen. SILBERSTERN züchtete aus Normalstuhl M. cand. Berkhont. (s. Abb. 5 auf Tafel XVI).

ASHFORD beschreibt rundliche, helle, scharf umschriebene Hefen von der Größe von 4 bis 7 μ, mit sehr wenigen Granulis und deutlichen Kernen. Gewöhnlich ist eine blasige Vakuole mit einem darin lebhaft beweglichen bazillenähnlichen Körperchen nachzuweisen. Bei älteren Exemplaren wird die Begrenzung schalenartig und kann eine Verdickung an einem Pol aufweisen (Siegelringform). ASHFORD betont die recht weitgehende Variabilität des Aussehens.

Bezüglich des Verhaltens des in Rede stehenden Keimes ist nach einzelnen Autoren die konstante Vergärung des Traubenzuckers und der Maltose charakteristisch. Lävulose wird gleichfalls häufig, Galaktose und Saccharose jedoch nur ganz ausnahmsweise vergoren. Jedoch wird auch hier hervorgehoben, daß dieses Verhalten kein absolut gesetzmäßiges ist, da Schwankungen im Verlauf der Kulturpassage nicht selten zu beobachten sind.

Es wird auch erst durch weitere Forschung auf diesem Gebiete sichergestellt werden müssen, wieweit die Tierpathogenität als sicheres Differenzierungsmittel angesehen werden kann. Nach SMITH erweist sich Monilia psilosis für Kaninchen als pathogen im Gegensatz zur Monilia albicans. Die von ASHFORD zur Identifizierung herangezogenen serologischen Versuche im Sinne einer positiven Komplementfixation bedürfen weiterer Bestätigung. Das gleiche gilt für das Studium der Hautreaktion mit entsprechenden Antigenen. ASHFORD empfiehlt die Züchtung namentlich auf Traubenzuckeragar wachsender verdächtiger Kolonien auf 4% Traubenzuckeragar durch drei bis fünf Tage und Prüfung des Verhaltens der Keime gegen die verschiedenen Zuckerarten in Bouillon. Er bebrütet in Gärungskölbchen bei 32° durch längere Zeit bis zu 14 Tagen.

In Gelatinestichkulturen wird das nach allen Seiten strahlenförmige Wachstum vom Typus des „umgekehrten Fichtenbaumes“ als charakteristisch an-

[1] ASHFORD: Americ. journ. of the med. sciences, Bd. 150, S. 80, 1915 und Bd. 154, S. 157. 1917. — DOLD: Arch. f. Schiffs- u. Tropenhyg., Bd. 21, S. 1. 1917. — CASTELLANI: Brit. med. journ., S. 338, 1921 und Journ. of trop. med., Bd. 17, S. 305. 1914. — FLEISHER und WACHOWIAK: Americ. journ. of the med. sciences, Bd. 168, S. 37. 1924. — JONSON: Americ. journ. of the med. sciences, Mai 1925 u. a. — L. W. SMITH, Journ. Americ. med. Ass., 83, S. 1544. 1924.

gesehen. Die Gelatine wird niemals verflüssigt. Lackmusmilch wird nicht koaguliert und zeigt leichte Blaufärbung. In der Bouillon tritt keine diffuse Trübung, nur Bildung eines Bodensatzes auf; es kommt nicht zur Hautbildung, nur an den Kontaktstellen mit der Glaswand leichte Kragenbildung. Myzelformationen treten besonders bei virulenten Stämmen regelmäßig auf. Die Glieder der Hyphen sind 2 : 5 μ breit und können bis zu 100 μ lang werden. Sie zeigen bambusartige Glättung. Das Überwiegen der runden Hefeformen, ihre charakteristischen konstanten ovalen Formen sprechen gegen Monilia psilosis. Verzweigungen sind selten, es kommt nicht zur Bildung von Sterigmen.

Das Aussehen der Kulturen auf der Platte wird als leicht grünlich oder cremefarben geschildert. Die Kulturen sind meist erhaben, scharf begrenzt und zeigen besonders bei älteren Stämmen eine gelegentlich leicht glänzende Oberfläche. Mitunter kommt es auch zur Ausbreitung des Myzels in das Medium.

Wenn wir schließlich noch die zu den saccharomyzesähnlichen Pilzen gerechnete Gattung Oidium kurz streifen, so ist vor allem die kurze, zylindrische, fast rechteckige Form der Zellen bemerkenswert, welche nur an den Ecken eine gewisse Abrundung aufweist. Das Myzel besteht aus unregelmäßig verzweigten, gefächerten Fäden. Sprossung kommt nur ausnahmsweise vor.

Das Oidium albicans der Soorpilze ist durch glänzende Oidiumzellen und ein Netzwerk gegliederter Fäden ausgezeichnet. Plaut rechnet den Soorpilz zu den Monilienarten und stellt sie in die Nähe der Monilia candida. Jedoch ist die Stellung des Soorpilzes eine schwankende. Von einzelnen Autoren wird sogar der einheitliche Charakter des „Soorpilzes" in Diskussion gezogen.

Die rein morphologische Diagnose im Stuhl auftretender Elemente des Soorpilzes wird kaum möglich sein. Die Züchtung gelingt im Milchstuhl des Säuglings häufig, selbst bei negativem Ausfall des Kulturversuches bei aus der Mundhöhle stammendem Material. Gleiches ist wohl auch im Stuhl an Soor der Abschnitte des Digestivtraktes leidender Erwachsener zu erwarten.

Zur Identifizierung wird wieder das Verhalten gegen verschiedene Zuckerarten herangezogen. Während Maltose und Dextrose in der entsprechenden 1%igen Dauerbouillon nicht vergären werden, kommt es bei Anwendung von Saccharose zur Vergärung. Es kommen klein- und großsporige Formen vor, die Entwicklung der Hyphen bei den einzelnen Stämmen ist verschieden. Auch hier besteht eine außerordentliche Variabilität.

Auch beim Soor wurden nach früheren Untersuchungen von Rogere, Noisette und Widal, neuerdings von Epstein[1] serologische Methoden herangezogen. Während die erstgenannten Autoren die keimtötende und agglutinierende Kraft des Serums vorbehandelter Tiere studierten, glaubt Epstein in der gelungenen Komplementbindung des Serums der mit Soor vorbehandelten Kaninchen ein sicheres Kriterium für die Identifizierung des Soors zu erblicken. Beim Menschen sind analoge Versuche negativ ausgefallen.

Die Züchtung gelingt am leichtesten auf Bierwürzeagar oder Bierwürzegelatine. Die Kulturen weisen einen angenehmen, aromatischen Geruch auf.

Bezüglich des Tierversuches (Impfung in die vordere Augenkammer und Ohrvene des Kaninchens) sei auf Plaut im Kolle-Wassermannschen Handbuche verwiesen.

Die Untersuchung der Hefen und hefenähnlichen Pilze erfolgt zunächst im Nativpräparat, eventuell nach Jodzusatz, wobei die Hefen in der Regel einen gelblichen oder leicht bräunlichen Farbenton annehmen. In einzelnen Fällen

[1] Jahrb. f. Kinderheilk., Bd. 104, S. 129.

färben sich die Sporen deutlich blau (Schizosaccharomyzeten). Glykogen ist an der eigenartig braunen Farbe in den Glykogenvakuolen oft zu erkennen. Etwa vorhandene Fetttröpfchen können durch Osmiumsäure, Sudan- oder Alkannatinktur nachgewiesen werden. Die Färbung erfolgt am besten nach vorausgegangener Fixation, wobei die Hitzefixation zu vermeiden ist, da hier wesentliche Schrumpfung zustande kommen kann. Wir erhalten ziemlich gute Bilder nach Fixation mit Ätheralkohol oder Methylalkohol und folgender GIEMSA-Färbung oder noch besser nach Fixation mit konzentrierter Sublimatlösung, Sublimatessigsäure oder SCHAUDINNS Alkohol und folgender Färbung mit HEIDENHAINS Hämatoxylin. Es sei noch die Färbung nach ZIKES angeführt (Behandlung in 2%iger wäßriger Methylenviolettlösung unter leichtem Erwärmen, dann nach ganz kurzem Abspülen in Wasser für einige Sekunden 2%ige Essigsäure und neuerliches Abspülen in Wasser).

Wenn reichlich Hefen im Stuhl auftreten und eine Züchtung versucht werden soll, sind saure und zuckerhaltige Nährböden zu verwenden, in welchen, abgesehen von den Schimmelpilzen, die übrigen Keime bald zurücktreten (Bierwürzeagar). Untersuchung des frischen Stuhles ist auch hier besonders geboten.

Etwa übrigens auch schon auf der orientierenden Agarplatte aufgehende Kolonien müssen dann auf speziellen Nährböden auf ihr Verhalten gegen bestimmte Zuckerarten, Bodensatz und Kahmhautbildung, Form und Aussehen der Kolonien, namentlich im Gelatinestich geprüft werden. Die genaue Bestimmung der vorliegenden Hefeart wird im allgemeinen den Rahmen der Arbeit im klinischen Laboratorium übersteigen und es wird der Botaniker oder Techniker zu Rate gezogen werden müssen und selbst dann wird nicht gleich mit einer sicheren Einreihung der betreffenden Spezies gerechnet werden dürfen. Die seinerzeit von SCHMIDT[1] ausgesprochene Meinung, daß es sich bei den im Stuhle vorfindenden Hefen um abgestorbene Zellen handelt, besteht wohl oft, aber keineswegs immer zu Recht. Schon NEUMAYER[2] hat gezeigt, daß die verschiedenen Hefearten gegen die Einwirkung von Verdauungssäften außerordentlich resistent sind und nach Passage im Magendarmkanal lebend bleiben, und konnte dies für eine Reihe von Hefen nachweisen, so für zwei weiße Bierhefen, eine braune Bierhefe, zwei Torulaarten, Kulturhefen und Saccharomyces apiculatus. Für die Kultur aus dem Stuhl bedient er sich Platten von Würzgelatine. Der gelungenen Züchtung von Monilien (Monilia albicans? Monilia psilosis) wurde schon oben Erwähnung getan (BAHR, ASHFORD, JONSON). DOLD sah im Verlaufe der Kultur Ausgang zu Torulaformen, hält die bei Sprue gezüchteten Hefen für nicht spezifisch und glaubt, daß es sich bei allen diesen Versuchen um sogenannte „wilde" Hefen gehandelt hat.

Das im vorangegangenen Gesagte beleuchtet zur Genüge die in jeder Richtung in der Frage der Stuhlhefen bestehenden Schwierigkeiten. Für den Kliniker ist die Vertrautheit mit den Erscheinungsformen der Hefen wichtig, weil es nicht selten zu Verwechslungen kommen kann. Unter den Möglichkeiten wollen wir vor allem die Verwechslung mit Klostridien, Blastocystis, mit Zysten von Endolimax nana, Chilomastix mesnili, Askomyzetensporen noch einmal zusammenfassend hervorheben.

Wenn auch vorläufig die eingehendere Beschäftigung mit den Stuhlhefen nicht sehr erfolgverheißend ist, muß doch vielleicht damit gerechnet werden, daß weitere Studien uns neue Kenntnisse bringen. Die Versuche SCHMIDTS über

[1] Zeitschr. f. klin. Med., Bd. 61, S. 308.
[2] Arch. f. Hyg., Bd. 12, S. 1. 1891.

Hefen im Gärungsversuch des Stuhles, welche damals zu einem negativen Resultat führten, bedürfen der Nachprüfung. Wenn wir auch gegenwärtig nicht bestimmte darmpathogene Hefen kennen, muß doch in Analogie zu den Erfahrungen etwa bei der Soorerkrankung der Mundhöhle und der oberen Abschnitte des Verdauungskanales an die ausschlaggebende Bedeutung des Milieus gedacht werden (Bestehen einer „latenten" Soorinfektion). Es erscheint gewiß nicht ausgeschlossen, daß auch im Darm bei entsprechender Änderung des Terrains sonst harmlose Hefen zur Vermehrung gelangen können und ihrerseits schädliche Wirkung entfalten können. Das Studium der geänderten Empfindlichkeit der Darmschleimhaut gegen die etwa entstehenden Gärungsprodukte wird damit Hand in Hand gehen müssen. Ebenso wird an die Möglichkeit von sekundärer Infektion durch Hefen bei bestehender schwerer organischer Erkrankung gedacht werden müssen, wie es KARTULIS[1] für die Bilharzia angenommen hat. In der von ihm beschriebenen Blastomykosis glutaealis fistulosa, bei welcher es sich um, den Saccharomyzeten anscheinend nahestehende Hefen gehandelt hat, wird auch mit der sekundären Verunreinigung des Stuhles durch hefenhaltigen Eiter zu rechnen sein.

Schließlich ist auch daran zu denken, daß sich Hefe- und Bakterienflora vielleicht in bestimmtem Sinne gegenseitig beeinflussen könnten. Es sei hier auf eine Arbeit GALS hingewiesen,[2] welche sich bemüht, eine solche gegenseitige Beeinflussung von Hefen und Vertretern der Coli- und Typhusgruppe zu zeigen. Wenn auch anscheinend keine Nachprüfungen der Angaben GALS vorliegen, erscheinen doch die Resultate recht bemerkenswert. Die Untersuchungen des genannten Autors gehen von früheren Beobachtungen des METSCHNIKOFFschen Institutes auf, welcher eine deutliche Virulenzsteigerung des Typhusbazillus durch eine Hefe aus der Gruppe der Torula (Torula rosea) beobachtete. GAL erzielte nun beim Kaninchen durch Injektion von Hefe und Typhusbazillen schwere pathologische enteritische Veränderungen, welche an die des menschlichen Typhus erinnerten, und konnte im Gegensatz zu Versuchen mit reiner Typhusaufschwemmung auch Agglutination im Serum der Tiere erzielen. Besonders auffällige Resultate wurden bei Anwendung von aus Typhusstühlen gezüchteten Hefen erzielt.

Auch Colistämme scheinen durch gleichzeitige Fortzüchtung mit Hefen bezüglich der Gasbildung und Indolbildung wesentliche Veränderungen zu zeigen.

Auch diese Beobachtung scheint zu zeigen, daß die Hefen des menschlichen Stuhles mehr Beachtung verdienen, da es möglich erscheinen muß, daß eine bestimmte individuelle oder auch nur reichliche Hefeflora überhaupt die Disposition zu Erkrankungen anderer Art, vielleicht in erster Linie zu infektiösen Prozessen zu steigern vermag.

Im entgegengesetzten Sinne sind auch die seinerzeitigen Beobachtungen AGÉRONS von Interesse, welcher auf Grund klinischer Beobachtungen daran dachte, daß vielleicht ein Antagonismus zwischen Hefen- und Cholerabazillen bestehen könnte.

Jedenfalls verdienen alle diese Fragen größere Beachtung, als ihnen bisher geschenkt wurde.

Im Anschluß an die Besprechung der Hefen sei noch die Technik einer Methode kurz wiedergegeben, welche namentlich beim Versuch einer Rein-

---

[1] Zeitschr. f. Hyg., Bd. 9, S. 285. 1909.

[2] Zentralbl. f. Bakteriol. I. O., Bd. 61, S. 1. 1911.

züchtung der Hefen, aber auch sonst im Rahmen der Stuhluntersuchung Verwendung findet: Die Einzellkultur. Es soll das Verfahren der Tröpfchen- oder Federstrichkultur nach LINDNER beschrieben werden, wie es KLÖCKER im KRAUS-UHLENHUTschen Handbuch dargestellt hat.

„Man verdünne eine Kultur in einer Nährflüssigkeit so weit, daß in jedem Punkt oder Strich, welcher mittels einer sterilisierten Zeichenfeder auf ein steriles, ein wenig fettiges Deckglas aufgetragen wird, sich womöglich nur eine einzige Zelle befindet. Das Deckglas kittet man, mit diesen Punkten oder Strichen nach unten gekehrt, mittels Vaseline auf einen hohlen Objektträger oder auf eine BÖTTERsche Kammer fest und untersucht hierauf das Präparat mikroskopisch. Diejenigen Tröpfchen, die nur eine Zelle aufweisen, markiert man mit Tinte auf der Oberseite des Deckglases.

Deckgläser mit eingeätzten Strichen oder Quadraten erleichtern die Untersuchung. Nach ein paar Tagen haben sich die Vegetationen entwickelt und man saugt dann diejenigen Tröpfchen, die aus einer Zelle herrührende Vegetationen enthalten, mittels eines Stückchens sterilen Filtrierpapieres auf; letzteres bringt man dann auf Nährgelatine oder in Nährflüssigkeit in einen Kolben. Statt den Tropfen mittels Fließpapier aufzusaugen, kann man auch ein wenig Gelatine zusetzen und das Ganze mittels eines Platindrahtes oder dgl. nehmen und es in Nährflüssigkeit bringen. Die Tröpfchenkulturen sind auch unter eine feuchte Glocke zu stellen."

Schimmelpilze

Schimmelpilze können im menschlichen Stuhl bei längerem Stehen bei geeigneten Feuchtigkeits- und Temperaturverhältnissen leicht zur Entwicklung gelangen. Abb. 1 und 2 auf Tafel II zeigen Myzel und Sporangien einer Mucorart, welche wiederholt in zur Untersuchung gelangenden Stühlen gefunden wurden und als Mucor stercoreus identifiziert werden konnte.

Es sind auch Fälle beschrieben, in welchen die im Stuhl nachweisbaren Schimmelpilze auf verschlucktes Sputum in Fällen von Bronchopneumomykosen, Schimmelpilzerkrankungen der Lunge, zurückgeführt werden konnten, sei es, daß es sich um Aspergillus- oder Mucorarten handelte. MAURER konnte eine Penicilliumart in diarrhöischen Stühlen nachweisen, welche an Sprue oder Beriberi denken ließen. PLAUT zitiert einen Fall von Schimmelpilzansiedlung im Darm im Anschluß an Geschwürbildung infolge von Darminvagination. Selbstverständlich werden auch Elemente von Schimmelpilzen bei Ansiedlung im Magen, wie es ja wiederholt beschrieben worden ist, im Stuhl erscheinen können, ebenso wie nach Aufnahme schimmeltragender Nahrungsmittel.

Algen

Aus der Gruppe der Algen sei auf das beobachtete Vorkommen von Diatomeen im Stuhl hingewiesen, wohin sie durch Verunreinigung der Nahrung durch Infusorienerde, wie sie in manchen Putzmitteln verwendet werden, gelangt sind. Es wäre auch an die Möglichkeit zu denken, daß dieselben aus der Nahrung selbst nach Genuß kleiner Fische oder Krebse, welche mit den Eingeweiden verzehrt werden, stammen.

An dieser Stelle sei auch auf die Befunde von Radiolarienskeletten im Stuhl kurz hingewiesen. Vertreter beider Gruppen werden, wenn überhaupt daran gedacht wird, leicht an ihren charakteristischen Formen, wenigstens im allgemeinen ihrer Natur nach erkannt werden.

Ein Gebilde soll noch Erwähnung finden, welches wenigstens vorläufig von einer Reihe von Autoren den Algen zugezählt wird. Es handelt sich um einen als

Oscillospira Guillermondi von CHATTON und PÉRARD[1] beschriebenen Mikroorganismus, welcher von den genannten Autoren und auch von folgenden Beobachtern als Blaualge (Cyanophyceen) gedeutet worden ist. Es handelt sich um einen häufigen Befund im Dickdarm, namentlich im Coecum von Meerschweinchen. Ihre Beschreibung soll aber hier Platz finden, da ich dieses Gebilde in zwei Fällen auch im menschlichen Stuhl mit Sicherheit nachweisen konnte (s. Abb. 6 auf Tafel XVI).

Es handelt sich um etwa 5 μ breite und bis 25 und mehr μ und lange, zylindrische Gebilde mit ziemlich lebhafter Eigenbewegung, welche bei Untersuchung des frischen Objektes mehr oder weniger homogen, fein granuliert aussehen. Die Gebilde sind im hohen Maße, wie eigene Beobachtungen zeigen, photosensibel. Kurze Einwirkung des Lichtes genügt, um die Eigenbewegung zu hemmen, welche nach Aufenthalt im Dunkeln wieder leicht zu reproduzieren ist. Es kommt zur endogenen Sporenbildung, nach kurzer Zeit tritt bei Beobachtung im Nativpräparat Septenbildung auf, welche schließlich zum scheibenförmigen Zerfall führt. Ähnliche Gebilde wurden von REINER-MÜLLER seinerzeit als Scheibchenbakterien beschrieben. Die Abbildung zeigt eine solche „Oszillospire" bei HEIDENHAIN-Färbung und läßt die Septenbildung gut erkennen. Diese konnte wiederholt im Präparat beobachtet werden. Die Stellung im System ist eine keineswegs geklärte. Manches spricht für die bakterielle Natur dieser eigenartigen und interessanten Gebilde. Ihr Vorkommen im menschlichen Stuhl ist nicht überraschend, da im Mundspeichel bei manchen Menschen analoge Mikroorganismen nachgewiesen werden konnten. Über eine pathogene Bedeutung derselben für den Menschen, übrigens auch für das Tier, ist bisher nichts bekannt (s. LUGER[2] und KAUTZKY).

Kristalle

Cholesterinkristalle in Form dünner, durchsichtiger Platten von rhombischer Form, häufig stufenartig, immer kantig begrenzt, kommen im Mekonium regelmäßig, in Säuglingsstühlen gelegentlich vor. Ihre Löslichkeit in heißem Wasser und heißem Alkohol, die charakteristische Farbreaktion, welche unter Abschmelzen der Ränder nach Zusatz von Jod und konzentrierter Schwefelsäure erfolgt, charakterisieren dieselben, abgesehen vom rein morphologischen Befund, zur Genüge. In Glyzerin- oder Glyzerin-Gelatinepräparaten ist gleichfalls ein Abschmelzen der Ränder zu beobachten, welche dann unregelmäßig, selbst zackig werden können. Infolge ihrer Löslichkeit in Äther gehen sie bei der Anreicherung nach TELEMAN zugrunde. Eine Verwechslung mit Resten von Vegetabilien, auf deren Möglichkeit NOTHNAGEL hingewiesen hat, ist wohl immer leicht zu vermeiden. Ihr gelegentliches Vorkommen unter pathologischen Verhältnissen ist zu inkonstant, um diagnostische Schlüsse zu erlauben.

Von den Phosphatkristallen seien, abgesehen von dem relativ seltenen Vorkommen des neutralen phosphorsauren Kalks und des neutralen Magnesiumphosphats, vor allem die bekannten Tripelphosphatkristalle (Ammoniummagnesiumphosphat) erwähnt, da dieselben zu den häufigsten Befunden im menschlichen Stuhl zu rechnen sind. Sie treten in der bekannten typischen Form der „Sargdeckelkristalle" auf, langgestreckte Prismen mit abgestutzten Enden, isoliert oder in Haufen, jedoch zeigen die Formen eine ziemliche Variabilität (s. Abb. 3 auf Tafel XV). Häufig sind auch nur mehr unregelmäßige Bruchstücke und Splitter zu finden. Sie sind gewöhnlich farblos. NOTHNAGEL

[1] Cpt. r. de la Soc. de Biol., S. 1159. 1913.
[2] Wiener klin. Wochenschr. 1927.

beschreibt gelegentlich eine Imbibition mit Gallenfarbstoff. Sie können beträchtliche Größe erreichen und unter Umständen selbst makroskopisch sichtbar werden. Sie sind durch ihre Löslichkeit in verdünnter Essigsäure charakterisiert. Sie sind unlöslich in Wasser und alkalischen Lösungen, sie treten bei alkalischer Reaktion des Stuhles, häufig bei der Fäulnisdyspepsie auf und bilden sich besonders leicht bei Vermengung des Stuhles mit Haaren. Diagnostisch sind sie wohl so gut wie bedeutungslos, immerhin wird ein reichlicheres Auftreten im oben geschilderten Sinne Beachtung finden müssen.

Die Kristalle von oxalsaurem Kalk sind an ihrer viereckigen (Briefkuvert-) Form in der Regel leicht zu erkennen. Sie lösen sich nicht in verdünnter Essigsäure, nach Zusatz von Schwefelsäure Bildung von Gipskristallen. Mitunter sah ich das Auftreten von Zwillingskristallen, welche wie wohl die meisten Kristalle von oxalsaurem Kalk aus der Pflanzennahrung stammen. Auf das Vorkommen von langgestreckten, feinen Nadeln (Raphiden) wurde gelegentlich der Besprechung der Untersuchung der Pflanzenreste hingewiesen.

Auch Kristalle von Kalziumkarbonat werden nicht selten gesehen und wurden von SCHMIDT vor allem in Säuglingsfäzes häufig gefunden. Das Vorkommen von milchsaurem, essigsaurem und buttersaurem Kalk soll nur nebenbei erwähnt werden. Der fettsaure Kalk wird an anderer Stelle besprochen werden.

CHARCOT-LEYDENsche Kristalle — schmale, oft feine, nadelförmige, mitunter aber auch breitere Oktaederformen. Die Kristalle sind farblos, zeigen ziemlich starke Lichtbrechung, weisen einen leicht gelblichen Glanz auf, variieren in der Größe außerordentlich. Wir finden kleinste Exemplare mit einem Durchmesser von $1:3\,\mu$ bis zu Riesenformen von zirka $8:50\,\mu$. Die Form ist meist gut erhalten, gelegentlich erscheinen die Spitzen abgebrochen oder leicht abgerundet. Sie kommen nur dann vor, wenn eine Vermehrung der eosinophilen Zellen nachweisbar ist. Mitunter finden wir das Gesichtsfeld von CHARCOT-LEYDENschen Kristallen übersät, in anderen Fällen müssen wir eine Reihe von Gesichtsfeldern durchmustern, um das eine oder andere Kristall zu finden (s. Abb. 4 auf Tafel XV).

Sie sind unlöslich in kaltem Wasser, Alkohol, Äther und Chloroform, in der Wärme jedoch leicht löslich, sowohl in Alkalien als in Säuren, in Glyzerin-Gelatinepräparaten sind sie gut konservierbar. In reinem Glyzerin oder Glyzerinwasser pflegen sie sich langsam zu lösen.

Sie färben sich meist bei der GIEMSA-Färbung leicht, nehmen auch im Eosinpräparat häufig den roten Farbstoff leicht an. Bei der HEIDENHAIN-Färbung erscheinen sie tiefschwarz und geben bei der Differenzierung der Präparate den Farbstoff nur schwer ab. Bei spärlichem Befund erleichtert das Suchen im Dunkelfeld oder im Tuschpräparat die Aufgabe oft wesentlich.

Ihre diagnostische Bedeutung fällt mit der des Nachweises der lokalen Eosinophilie zusammen (Protozoendarmerkrankungen, vor allem Amöbendysenterie, Helminthiasis, Colica mucosa, eosinophile Colitis, leukämische Darminfiltrate und -geschwüre). LANGERON und RONDEAU DU NOYER weisen darauf hin, daß in Ländern, in welchen man die Pulpa von Cocus comosa verzehrt, Verwechslungen mit hier vorkommenden intrazellularen Kristallen vorkommen können, welche nach den Bildern zu schließen tatsächlich eine weitgehende Ähnlichkeit aufweisen.

Feinste, nadelförmige und körnige Bilirubinkristalle können im Mekonium und im Säuglingsstuhl (JAKSCH), bei schweren Diarrhöen auch beim Erwachsenen vorkommen (SCHMIDT). Sie liegen meist in Haufen in zellartiger Anordnung, nach vorausgegangener Blutung können auch kleine, rhombische, durch ihre rotgelbe Farbe charakterisierte Hämatoidinkristalle gefunden werden.

Schließlich sei noch der Wismutkristalle Erwähnung getan, welche in Form von rhombischen, schwarzen Platten als Wismutoxydul nach medikamentöser Verabreichung von Wismutpräparaten im Stuhl leicht zu finden sind. Sie sind durch ihre charakteristische Form, auch bisweilen durch eigenartige Lagerung und Überkreuzung in der Regel leicht zu erkennen (s. Abb. 6 auf Tafel XXII).

Sonstige kristallinische Formen, wie sie nach Verabreichung anderer Medikamente gelegentlich auftreten, können leicht erkannt werden, wenn man an diese Möglichkeit denkt und entsprechend nachforscht. Es sei wegen der zunehmenden Häufigkeit der Verwendung von Yatren auch auf die nach dieser Medikation im Stuhl auftretenden Kristalle hingewiesen (s. Abb. 5 auf Tafel XV), welche durch eine gelbrötliche Farbe ausgezeichnet sind.

Von amorphen, im Stuhl auftretenden festen Substanzen seien besonders das Karminpulver und die Tierkohle genannt, weil ja beide geradezu regelmäßig bei klinischen Stuhluntersuchungen Verwendung finden. Die Tierkohle erscheint in Form von Krümeln und Splittern, mitunter mit treppenartigen Bruchstellen und kann gelegentlich in ihrem Aussehen an das der Wismutkristalle erinnern, unterscheidet sich jedoch schon durch ihren Farbenton. Das Karmin ist durchaus unregelmäßig gestaltet und durch seine charakteristische Farbe gekennzeichnet. In beiden Fällen empfiehlt sich die Untersuchung im auffallenden Licht. Bezüglich der hiehergehörenden Erscheinungsformen des Fettes in seinen verschiedenen Formen s. S. 178. Auch hier, bei der Beurteilung amorpher Partikel, kann die Untersuchung im polarisierten Licht mit Vorteil herangezogen werden.

Die Untersuchung des menschlichen Stuhles im polarisierten Licht

Die ersten Untersuchungen in dieser Richtung verdanken wir WASSERTHAL und GOIFFON[1]. Die Ergebnisse dieser Untersuchungsmethoden sind tatsächlich nicht uninteressant und können unter Umständen zur Klärung eines im Stuhl vorgefundenen Gebildes nicht unwesentlich beitragen. In gemeinsamen Untersuchungen mit SILBERSTERN[2] habe ich mich fortlaufend mit dieser Methodik beschäftigt und wir können im allgemeinen die ursprünglich von den genannten Autoren gemachte Feststellung bestätigen. Wir verwenden die Mikropolarisationsapparate der Firmen Reichert und Zeiss, beide ohne Kondensatoren.

Der Polarisationsapparat besteht aus Polarisator- und Analysator-Nikol in Fassung und wird in Verbindung mit dem am Mikroskop vorhandenen Kondensor verwendet.

Ist die Irisblende mit dem Kondensor fest verbunden, so wird der Polarisator in den an der Unterseite der Irisblende vorhandenen Ring eingehängt; ist die Irisblende vom Kondensor gesondert angeordnet, so wird der Polarisator in die etwas geschlossene Irisblende eingehängt.

Der Analysator wird über das Okular gesteckt, nachdem die Klemmschraube entsprechend gelüftet wurde, und zwar läßt man zuerst unter Schrägstellen des Analysators die beiden fixen Schraubenspitzen an der Innenseite der Analysatorfassung über den Rand des Okulars gleiten, senkt dann erst den anderen Rand des Analysators und befestigt diesen am Tubusauszug mittels der Klemmschraube.

---

[1] Arch. des maladies de l'appar. dig. et de la nutrit 1913.

[2] Med. Klinik 1927 (im Druck).

Zur Untersuchung von doppeltbrechenden Substanzen werden die Nikols gekreuzt. Zu diesem Zwecke dreht man den Analysator so lange, bis die größte Dunkelheit im Gesichtsfelde erreicht ist; die Stellung des Analysators kann am Teilkreis abgelesen werden. Das Präparat wird in der Tischebene gedreht. Ist ein doppeltbrechendes Objekt vorhanden, so tritt bei einer vollen Umdrehung viermal abwechselnd Aufhellung und Verdunklung des Objektes ein.

Unter Umständen kann auch die Untersuchung nach Einschaltung eines Gipsplättchens mit Erfolg herangezogen werden.

Wenn am Mikroskop ein drehbarer Tisch vorhanden ist, so stellt man diesen mit Hilfe der Zentrierschrauben so ein, daß das Objekt beim Drehen nicht aus dem Gesichtsfeld heraustritt.

Man wird sich im allgemeinen mit der einfachen Feststellung begnügen müssen, ob das betreffende Objekt bei gekreuzten Nikols aufleuchtet, die Intensität des gegebenen Lichtes und etwa auftretende Interferenzfarben notieren; die genaue Bestimmung der Lage der optischen Achsen wird im allgemeinen auf sehr große Schwierigkeiten stoßen, da wir es ja in der Regel mit Bruchstücken verschiedenster Form und Lage zu tun haben. Die bisher vorliegenden Untersuchungen haben sich auch auf die oben angegebene Beobachtung beschränkt. Aber selbst bei dieser gegebenen Einschränkung erweist sich die Methode als nützlich, wobei noch hervorgehoben werden muß, daß die Technik an und für sich nicht schwer ist, wenn auch die Beobachtung namentlich bei das Licht nur in geringem Grade brechenden Objekten mitunter nicht ganz leicht fällt. Ein weiterer Vorteil ist wohl auch der, daß das betreffende frische oder in Gelatine eingelegte Präparat als solches verwendet und auch weiter zu anderen Untersuchungen benützt werden kann, so daß in Laboratorien, welche über den Mikropolarisationsapparat verfügen — und es steht ja ein solcher zu anderen Zwecken wie zur Untersuchung des Harnsedimentes jetzt wohl in allen Spitälern und Kliniken in Gebrauch — die Verwendung desselben zur Stuhluntersuchung wohl empfohlen werden darf. Es sei noch hinzugefügt, daß, abgesehen vom Stadium der Doppeltbrechung, die sich im gekreuzten Feld ergebenden Bilder an sich oft infolge des verschiedenen Grades der Doppelbrechung der einzelnen Teile des zu untersuchenden Objektes sehr eigenartige und charakteristische Bilder zeigen, so daß die Struktur weitaus deutlicher hervortritt und oft das betreffende Gebilde im polarisierten Licht ohneweiters in seiner Eigenart erfaßt werden kann. Auf Grund der Arbeiten Wasserthals und Goiffons, der Untersuchungen Langerons und der eigenen Beobachtung sollen die im Stuhl vorkommenden morphologischen Elemente in ihrem Verhalten bei der Untersuchung im polarisierten Licht geschildert werden.

Unsere Untersuchungen der verschiedenen Bestandteile des menschlichen Stuhles ergaben folgende Resultate:

Substanzen pflanzlicher Herkunft. „Diese sind fast durchwegs als zellulosehaltiges Material durch besonders starke Anisotropie ausgezeichnet, häufig kommt es auch zur Bildung von Interferenzfarben. Die Struktur der Vegetabilienreste erscheint im polarisierten Lichte außerordentlich deutlich, so daß in zweifelhaften Fällen, in welchen bei der gewöhnlichen mikroskopischen Untersuchung die Natur der Gebilde unter Umständen unklar kleiben kann, die Untersuchung im polarisierten Lichte wenigstens eine generelle Bestimmung des betreffenden Objektes gestattet. Besonders deutliche Doppelbrechung zeigen Pflanzenhaare, Steinzellen, Palisadenzellen, Pflanzengefäße jeder Art, Bruchteile derselben, Kartoffelzellen, die gleichfalls in der Mehrzahl der Fälle ein zartes Aufleuchten ihrer netzförmigen

Struktur erkennen lassen. Die differentialdiagnostisch nicht unwichtigen, im Stuhle vorkommenden Sporen ergeben bei der von uns gewählten Methodik ein nicht ganz gleichmäßiges Resultat. So zeigten keine Doppelbrechung Sporen von Boletus edulis, Ustilago hord., Ustilago arenae, Ustilago panici, Tilletia tritici und Tilletia secalis. Gelegentlich enthielten Sporen von Trüffeln, von Ustilago zeae, Tilletia tritici vereinzelt doppelbrechende Substanzen. Die Sporen von Ilycopodium und Tilletia levis zeigten deutlich die Anisotropie ihrer Schale, während im Innern nur vereinzelte Körnchen die Andeutung einer Anisotropie zeigten. Von besonderem Interesse sind die Untersuchungsergebnisse bei im Stuhle vorkommenden freien oder noch in Zellulose eingeschlossenen Stärkekörnern. Dieselben zeigen im unverdauten Zustande, besonders bei Aufnahme von roher Stärke ihr charakteristisches und bekanntes optisches Strukturbild, welches unter Umständen sogar die genauere Bestimmung der vorliegenden Stärkearten gestattet.

Je nach dem Grade der Andauung ist die Doppelbrechung mehr oder weniger deutlich ausgeprägt. Im allgemeinen zeigen die Stärkekörner, solange sie noch morphologisch oder mikrochemisch erkennbar sind, die Doppelbrechung, doch verwischt sich knapp vor der Verdauung die Schärfe des Strukturbildes, und es zeigen sich nur vereinzelte doppelbrechende Kugelkalotten. Anhangsweise seien noch Hefen, Leptotrix, Sarcine, Bakterien und Blastozystiszellen, Monilien, Schimmelpilze, Oscillospiren und Clostridienformen angeführt, die bei gekreuzten Nikols nicht aufleuchten.

Substanzen tierischer Herkunft. Muskelfasern ergeben in gut angedautem Zustande ein negatives Resultat. Deutliche Doppelbrechung spricht für ungenügende Verdauung. Auf die Einzelheiten des optischen Strukturbildes kann hier nicht näher eingegangen werden, es seien nur die hell aufleuchtenden scharfen Begrenzungslinien des Sarkolemms bei nicht verdauten Muskelfasern hervorgehoben. Kollagenes Gewebe ist konstant doppelbrechend, elastische Fasern im Stuhle in ihrem Befunde wechselnd. Stärkere Doppelbrechung findet sich ferner bei Resten von Haaren, Fischschuppen, Fragmenten von Knochen und Gräten. Fett verhält sich je nach seiner Herkunft, Grad der Spaltung und Verseifung verschieden, Neutralfett negativ, Seifen und Fettsäuren gelegentlich doppelbrechend. Reste von Kakaobutter, wie sie nach Benützung von Suppositorien im Stuhle vorgefunden werden, erscheinen deutlich anisotrop, durch Wärme verflüssigt, jedoch negativ. Ebenso sind auch Fetttropfen nach Öleinläufen negativ.

Kristalle und Konkremente. Die im Stuhle vorkommenden Kristalle sind bis auf die isotropen Kalziumoxalatkristalle durchwegs doppelbrechend, insbesondere auch die CARCOT-LEYDENschen Kristalle. Konkremente je nach ihrer Zusammensetzung wechselnd. Anorganische Kalziumsalze isotrop, Cholesterin doppelbrechend, Wismutkristalle isotrop, ebenso Tierkohle, Karmin, Bolus alba.

Pathologische Beimengungen von Seiten der Darmwand. Schleimhäute, Blut, Epithelzellen durchwegs isotrop. Bei der oft nicht leichten Unterscheidung von Schleim und Bindegewebe bei der mikroskopischen Stuhluntersuchung erweist sich das gegensätzliche optische Verhalten dieser beiden Substanzen als wichtig.

Wurmeier. Trematoden: Die Eier von Opisthorchis felineus, Dicrocoelium lanceolatum, Schistosomum japonicum und Bilharzien negativ. Gelegentliches Aufleuchten der Schale von Schistosomeneiern.

Cestoden: Eier von Botriocephalus latus positiv, Dipylidium caninum negativ, Taenia solium und saginata negativ, doch zeigen die Chitinhüllen der Proglottiden und des Kopfes, sowie die Häkchen und Saugnäpfe deutliche Doppelbrechung. Die Eier von Taenia nana gelegentliche Andeutung einer Anisotropie, ebenso die Häckchen derselben. Dagegen nicht die Chitinhüllen. Eier der Taenia flavopunctata negativ.

Nematoden: Die Eier von Ascaris lumbricoides, sowie sie reif sind, negativ; in unreifem Zustande finden sich im Innern doppelbrechende Kugeln. Die Eischale ist negativ, doch zeigen anhaftende Fetzen des Protoplasmas Refraktionsfarben. Ankylostoma duodenale: die Hülle stark doppelbrechend, die Eingeweide negativ, ebenso die Eier. Doch zeigen diese gelegentlich ein sehr zartes Aufleuchten ihrer Membran. Necator americanus: Der Mundapparat stark positiv, die Chitinhülle negativ. Bei Trichocephalus dispar sind die Eier negativ, doch zeigt sich gelegentlich ein Aufleuchten der Embryostruktur im Innern des Eies, gelegentlich auch eines der Schale. Die in dem Wurm eingeschlossenen Eier zeigen ein Aufleuchten der Schale und der Konturen des Wurmes. Die Verschlußknöpfe der Wurmeier sind stets dunkel. Bei Oxyuris vermicularis ist die Chitinhülle positiv, Darm und Eier negativ, nur gelegentlich zeigen die in dem Wurm eingeschlossenen Eier ein schwaches Aufleuchten.

Mit Rücksicht darauf, daß wir bei der Einschätzung des Stuhlbildes fast regelmäßig von der SCHMIDTschen Probekost ausgehen, soll noch kurz das Ergebnis der Untersuchung des Probekoststuhles bei dieser Kostform hier Platz finden. Es finden sich normalerweise an doppelbrechenden Substanzen: Pflanzenreste, Kristalle, vereinzelte Muskelfasern.

Die angeführten einzelnen Ergebnisse zeigen, daß der Untersuchung des menschlichen Stuhles im polarisierten Lichte, wenn auch kein entscheidender Wert, so doch eine gewisse Bedeutung zukommt, da sie uns unter Umständen in die Lage versetzt, auch dann noch wenigstens die allgemeine Natur eines Objektes zu bestimmen, wenn uns das mikroskopische Bild allein im Stiche läßt. Abgesehen von der schon oben hervorgehobenen Bedeutung der Differenzierung von Schleim und Bindegewebe sei noch auf die Tatsache hingewiesen, daß die Durchmusterung eines Präparates im polarisierten Lichte mit Rücksicht darauf, daß die zellulosehältigen Bestandteile im allgemeinen unter den doppelbrechenden Substanzen im Stuhle dominieren, einen raschen Überblick über den Zellulosegehalt im Stuhle ermöglicht und namentlich bei vergleichenden Verdauungsversuchen mit Vorteil herangezogen werden kann, worauf schon seinerzeit WASSERMANN und GOIFFON hingewiesen haben."

Die klinische Bewertung von Nahrungsresten in den Fäzes

Von

ERNST LAUDA

Die vom Normalindividuum in normaler Menge genossenen Nahrungsmittel werden durch den Verdauungsmechanismus des Magendarmkanales in der Regel fast restlos abgebaut und resorbiert. Nahrungsreste werden daher in den Fäzes solcher Individuen so gut wie nicht gefunden. Unter gewissen Bedingungen, auf die im Folgenden näher eingegangen werden soll, können sie aber, je nach dem Grade der eingetretenen Störung in kleinerer oder selbst in großer Menge angetroffen werden. Die genauere Kenntnis der Bedingungen, unter welchen diese pathologische Erscheinung statthat, knüpft sich ebenso wie die Kenntnis ihrer klinischen Bedeutung enge an die Namen Rubner, Adolf Schmidt, Strasburger, C. v. Noorden und Lohrisch; in den Arbeiten dieser Autoren, auf die sich jede, und somit auch die vorliegende Behandlung des unter obigem Titel gekennzeichneten Gegenstandes in erster Linie stützen muß, sind die diesbezüglichen Fundamentaltatsachen niedergelegt.

Unter den im Stuhl wieder erscheinenden Nahrungsmitteln sind einerseits solche zu unterscheiden, welche unverdauliche Schlacken darstellen, anderseits solche, die, obzwar an sich verdaulich, wegen Funktionsstörung des abbauenden oder resorbierenden Apparates unverbraucht ausgeschieden werden. Zur ersten Gruppe gehören Knochensplitter, kleine Knorpelstücke, Sehnen, altes derbes Bindegewebe, viel und insbesondere rohe Zellulose enthaltende Substanzen, wie Salate, zumal wenn sich die Zellulose zur Rohfaser umwandelt (u. a. Stroh, Holz, Fruchtkerne [Kirschen, Pflaumen, Johannis-, Stachelbeeren usw.], ferner Hornsubstanzen, Schuppen, Federn, wie sie gelegentlich bei schlecht geputztem Geflügel genossen werden, die Haut von Tieren und Vögeln (Schinkenschwarte, Gänsehaut usw.); in einem Teil dieser Substanzen können verdauliche Nahrungsbestandteile in solcher Art eingeschlossen sein, daß der Verdauungssaft an sie nicht heran kann, so daß mit diesen unverdaulichen Schlacken an sich verwertbares Nährmaterial verlorengeht. Zur zweiten Gruppe gehören die an sich verdaulichen Stoffe.

Ihr Wiedererscheinen im Stuhl kann verschiedene Ursache haben. Zunächst kann nämlich die Zubereitung der Speisen eine mangelhafte sein. Dieses verdauungsstörende Moment erscheint zum Teil schon bei der Aufzählung der an sich unverdaulichen Nahrungsschlacken der ersten Gruppe angedeutet. Es soll hiezu noch folgendes bemerkt werden. Viel bindegewebehaltiges, nicht abgelegenes und nicht genügend lang gekochtes Fleisch kann zum Teil den Verdauungsfermenten deshalb unzugänglich bleiben, weil frisches oder nicht genügend abgelegenes oder nicht hinreichend gekochtes Bindegewebe auch im Magen nicht oder nur sehr wenig angegriffen wird, die einzelnen Muskelfasern durch dasselbe aneinandergehalten und dadurch vor den verdauenden Fermenten geschützt werden. Die Zellulosebestandteile der pflanzlichen Nahrungsmittel werden normalerweise durch entsprechendes Kochen aufgeweicht, aufgerissen oder aufgesprengt und dann durch die Magensalzsäure weiter gelockert; bei mangelhaft durchgekochten Gemüsen (Kartoffeln, Kohlrüben, Bohnen usw.) kann die Zellulosehülle trotz normaler Magensaftsekretion intakt bleiben, so daß auch hier die eingeschlossenen verdaulichen Nahrungsanteile dem Abbauchemismus nicht oder wenigstens schwer zugänglich sind. Neuere Untersuchungen Biedermanns und Strasburgers[1] haben nämlich ergeben, daß Stärke auch durch die Zellulosehüllen von Algen oder Kartoffelzellen hindurch verdaut wird. Roh genossene Gemüse, wie Salate, werden zum größten Teil unverdaut ausgeschieden. Aber auch gut aufgeschlossene, an sich verdauliche Nahrungsmittel können durch fehlerhafte Zubereitung unverdaulich werden, wie schwarzgebratene oder gar zum Teil verkohlte Fleischgerichte oder selbst Eier, wie

---

[1] Die einzelnen Erkrankungen des Darmes in Mohr-Stähelin, Hdb. d. Inner. Medizin, Berlin: Julius Springer 1926, III/2, S. 466.

van Ledden-Hülsebosch gezeigt hat. Das Räucherungsverfahren ist nach Adolf Schmidt für die Verdaulichkeit des Fleisches desgleichen von ungünstigem Einfluß, roher, auch fein gehackter Schinken kann zum Teil unausgenutzt bleiben. Zur mangelhaften Zubereitung gehört auch die mangelhafte Zerkleinerung der Nahrungsmittel. Gleiche Bedeutung kommt unzureichendem Kauen zu. Nahrungsmittel, die im Übermaß zugeführt werden, können ebenfalls im Stuhl zum Teil unverdaut wiedererscheinen. In geringer, meist nur mikroskopisch nachweisbarer Menge erscheinen Fleisch, Fett und Kohlehydratereste zwar auch bei normaler Nahrungsmenge, wie später bei der Besprechung der Nahrungsausnutzung nach Schmidtscher Probekost näher ausgeführt werden soll; in größerer Menge werden sie aber nur — eine normale Fermentation und resorbierende Tätigkeit des Magendarmtraktes vorausgesetzt — nach Genuß großer Quantitäten von Fleisch und Kohlehydraten gefunden, auch in solchen Fällen, in welchen diese in den Darm gelangenden Nahrungsreste Dyspepsien irgend welcher Art nicht hervorrufen. Bei starker Belastung des Verdauungsapparates mit Fett (s. unten) erscheint Fett auch beim gesunden Menschen wieder im Stuhl.

Aber selbst bei Zufuhr von gut zubereiteten, also gut verdaulichen, entsprechend zerkleinerten, gut gekauten Nahrungsmitteln in normalen Mengen können geringere und größere Reste in den Entleerungen wiedererscheinen, weil die Nahrungsausnutzung auch bei bestverdaulichen Substanzen nicht immer eine komplette sein muß und weil bei mangelhafter oder fehlerhafter Funktion des Magendarmkanales der insuffiziente Verdauungsmechanismus die Nahrung nicht entsprechend verarbeitet.

Unter Nahrungsausnutzung im engeren Sinne des Wortes versteht man das Verhältnis des Nährwertes der genossenen zu den Werten der im Kot wiedererscheinenden Nährstoffe. Der Ausnutzungsgrad eines Nahrungsmittels wird im allgemeinen so bestimmt, daß ein Individuum ausschließlich mit einem Nahrungsmittel ernährt und nach drei- bis viertägigem Einhalten der gleichförmigen Kost der Nährwert von Ein- und Ausfuhr und damit der prozentuelle Ausnutzungsgrad bestimmt wird. Man kann auch so verfahren, daß man in einer, in ihrer Zusammensetzung und Ausnutzung bekannten Grundkost eine Zulage des zu prüfenden Nährmittels gibt und vor, während und nach der Zulage, die meist drei Tage gereicht wird, Aus- und Einfuhr berechnet. Die in derartigen Versuchen gefundenen Zahlen sind aus den Nahrungsausnutzungstabellen zu ersehen, wie sie zuerst von Rubner aufgestellt worden sind. Da diesen Bestimmungen aber mehr theoretisches als praktisches Interesse zukommt, sei diesbezüglich auf die einschlägige Literatur verwiesen. Hervorgehoben soll werden, daß diesem Zahlenmaterial, wie dies die Untersucher selbst schon betont haben, eine Reihe von Fehlerquellen anhaftet. Vor allem ist der Ausnutzungsgrad einerseits bei einförmiger, anderseits bei gemischter Kost nicht ohneweiters vergleichbar; v. Noorden hat besonders betont, daß der Ausnutzungsgrad bei bestimmten Nahrungsmitteln besonders ungünstig wird und insbesondere daß die Ausnutzungswerte individuell viel stärker von einander abweichen als man früher annahm. Schließlich ist es nicht erlaubt, Ausnutzungszahlen ohne Rücksicht auf die Vorbereitung bzw. küchentechnische Zubereitung eines Nährstoffes aufzustellen; als Beispiel sei auf die von M. P. Neumann erhobenen differenten Ausnutzungswerte der verschiedenen Brotsorten (feines, mittelfeines, grobes Weizen- oder Roggenbrot) hingewiesen. Wenn wir die Ausnutzungsgrade der einzelnen Nährstoffe durchgehen, so ergibt sich folgendes: Die Kohlehydrate zeigen im allgemeinen eine sehr gute Ausnutzung. Stärke bzw. Stärkemehle oder Gerichte aus reinem Mehl oder geschältem Reis und die Zuckerarten werden vom normalen Darm fast restlos resorbiert. Mangelhaftes Kochen von stärkehaltigen Nahrungsmitteln kann aber bedeutende Ausnutzungsverluste bedingen, wobei zu berücksichtigen ist, daß die verschiedenen Stärkearten im rohen Zustande ganz verschiedene Verdaulichkeit besitzen. So wird z. B. rohe Kartoffelstärke viel weniger ausgenützt als Weizen- oder Reisstärke usw. (FOFANOW)[1]. Größere Verluste treten ferner dann auf, wenn die Kohlehydrate mit viel Zellulose gereicht werden. RUBNER berechnet z. B. den Verlust bei gelben Rüben mit 18%, wogegen der Verlust bei Verabreichung von Brot aus feinstem Mehl nur 1,1% ausmacht. Was die Zellulose an sich anlangt, so wissen wir aus den grundlegenden Arbeiten von LOHRISCH, daß sie im menschlichen Magendarmkanal durchschnittlich mit 57,9% ausgenützt wird, daß sich ihr Ausnützungsgrad je nach dem Alter, dem Ursprung und der härteren oder zarteren Beschaffenheit des zellulosehaltigen Nährmaterials wesentlich verändern und daß sie unter Umständen sogar vollständig verarbeitet werden kann. Die Angaben von LOHRISCH finden in einer vor kurzem erschienenen Mitteilung von L. STRAUSS[2] ihre Bestätigung; dieser Autor zeigte, daß zarte, junge Gemüse, welche zum größten Teil aus Zellulose, zum geringen Teil aus Hemizellulosen, Stärke und Inkrustaten bestehen, wie Weißkraut, Spinat, Kohlrabi, etwa zu 50% abgebaut werden. Über das Schicksal jener Hemizellulosen, aus welchem sich im Darmkanal Pentosen abspalten, sogenannte Pentosane, ist noch nicht viel bekannt, sie werden wohl zum größten Teil resorbiert. Auch die Eiweißkörper ergeben, in gut zubereitetem Zustande verabreicht, nur geringen Verlust, nach RUBNER 5 bis 7% (Eiweiß von Fleisch, Eiern, feinen Brotsorten usw.). Interessant ist die vom gleichen Autor gefundene Tatsache, daß die Zulage N-haltiger Substanzen zu einer bestimmten Nahrung bessere Ausnutzung der Zulage ergibt als die alleinige Darreichung des N-haltigen Nahrungsmittels; Zugabe von Käse bedingt sogar ein Fallen des absoluten N-Wertes im Kot. Bei der Ausnutzung der Fette sind mehrere Momente zu berücksichtigen. Fette werden auch im Hungerzustande, und zwar in nicht unbeträchtlicher Menge ausgeschieden, worauf an anderer Stelle hingewiesen wurde (s. S. 177). Beim Ausnutzungsversuch mit sehr geringer Fettzufuhr kann daher unter Umständen eine der zugeführten Menge gleiche oder sogar eine größere Fettmenge im Stuhl nachgewiesen werden. Bei größeren Gaben, etwa von 100 g wird das Ausscheidungsverhältnis wieder günstiger, es erscheinen nur wenige Prozente im Stuhl. Der Fettverlust im Kot steigt aber wieder jäh an, wenn die obere Grenze des normalen Fettgehaltes der Nahrung, etwa 200 g Butter entsprechend, überschritten wird. Während sich ferner Butter, Schmalz, Käse, Oliven- oder Sesamöl und Lebertran und auch Margarine hinsichtlich ihrer guten Verdaulichkeit kaum unterscheiden, sind Fette mit hohem Schmelzpunkt schlecht oder überhaupt nicht resorbierbar. Aus den Ausnutzungstabellen von MUNK und ARNSCHINK geht hervor, daß Fette mit einem Schmelzpunkt unter 43° (Schweinefett, Schweinespeck, Gänsefett, Olivenöl) annähernd gleich geringe Ausnutzungsverluste von 2,3 bis 2,8% und solche mit einem Schmelzpunkt zwischen 49 und 51° (Hammeltalg und Hammeltalgfettsäuren) schon recht beträchtliche Abgänge von 7,4 bis 20,0% aufweisen, während Walrat mit einem Schmelzpunkt von 53° einen Verlust von 41% zeigt und endlich Stearin mit einem Schmelzpunkt von 60° fast überhaupt nicht resorbiert wird, da die bezüglichen Verluste 86 bis 91% betragen. Lanolin und Paraffin, die zwar

[1] Zeitschr. f. klin. Medizin, 1911, Bd. 72, S. 257.
[2] Arch. f. Verdauungskrankh. 34, S. 288. 1925.

ätherlösliche Substanzen, aber keine Fette sind, werden trotz niederem Schmelzpunkt nicht resorbiert. Ebenso wie für die übrigen Nahrungsmittel, gilt aber auch für Fette, daß die Zubereitung der Speisen auf die Verdaulichkeit von größtem Einfluß ist; so werden grobe Speckstücke schlecht ausgenützt. Bei gleichzeitigem Genuß von Alkohol und Fetten können größere Fettmengen zwar leichter genossen und vertragen werden, ohne daß aber die Fettausnutzung unter dem Einflusse des Alkohols eine bessere wäre. Die Annahme, daß die gleichzeitige Verabreichung von Fettsäuren und Neutralfett die Resorbierbarkeit des letzteren fördere, eine Annahme, die auf die Studien Buchheims über die Resorption des fettsäurehaltigen Lebertrans zurückgeht, wird heute im allgemeinen abgelehnt.

Wenn wir nunmehr auf die Insuffizienz des Verdauungsmechanismus zurückkommen, so verlangt diese wohl eine genauere Besprechung als die vorstehend behandelten Erscheinungen, da sie für das Wiederauftreten der Nahrung im Stuhle eine außerordentlich große Rolle spielt. Sind es doch die pathologischen Zustände der Verdauungsorgane, die in den meisten Fällen für das Wiedererscheinen der Nahrungsreste verantwortlich gemacht werden müssen und die eben durch den Nachweis unverdauter Bestandteile im Kot erkannt und näher bestimmt werden können. Die hervorragende klinische Bedeutung der Untersuchung der Fäzes auf unverdaute Nahrungsreste ist zum großen Teil eben darauf zurückzuführen.

Die Ursache für die Insuffizienz des Verdauungsmechanismus kann mehrfacher Art sein. Bei allzu rascher Darmpassage, zum Beispiel bei schwerer akuter Enterocolitis, der Jejunaldiarrhöe (Nothnagel) usw. können die Nahrungsmittel trotz guter Verdaulichkeit derselben an sich, trotz Anwesenheit einer entsprechenden Menge von Verdauungsfermenten und trotz guter Resorptionsbedingungen fast unverändert im Kot wiedererscheinen, ein Zustand, der bei den alten Ärzten unter dem Namen Lienterie irrtümlicherweise als selbständiges Krankheitsbild bekannt war. Es erscheint wichtig, hier zu betonen, daß insbesondere seit den Untersuchungen von Noorden und Dapper die Anschauung als feststehend zu betrachten ist, daß einfache Diarrhöen im allgemeinen keine großen Nahrungsverluste nach sich ziehen und daß nur eine übergroße Beschleunigung der Dick- und Dünndarmperistaltik Nährstoffe unausgenutzt passieren läßt Gesteigerte Dünndarmperistaltik allein macht weder Durchfall noch wesentliche Ausnutzungsverluste; erst wenn bei übermäßig schneller Passage durch den Dünndarm gärungs- und fäulnisfähiges Material in den Dickdarm gelangt, kann Beschleunigung der Dickdarmperistaltik auftreten, welche dann zur Lienterie führt, soferne die Beschleunigung der Dick- und Dünndarmperistaltik entsprechende Grade erreicht. In Obstipationsstühlen ist die Ausnutzung dagegen bekanntlich eine viel vollkommenere. Es gilt dies insbesondere für die Zellulose; Lohrisch fand bei chronischer habitueller Obstipation 81,4% Zelluloseausnutzung, beim Normalen 57,9%.

Aus der Tatsache, daß im Kot von Personen, die an chronischer Obstipation litten, die Gesamtmenge der mit dem Kot entleerten Bakterien auffallend gering war, daß die Trockenrückstände auch nach Abzug der Bakterientrockensubstanz unter der Norm lagen und in den Stühlen überraschend wenig Reste von Nahrungsbestandteilen zu finden waren, schloß Strasburger, daß bei diesen Individuen die Nahrung im Dünndarm so vollständig ausgenutzt würde, daß den Bakterien im Dickdarm der nötige Nährboden fehle. Die geringe Anzahl der Bakterien bildet nur wenige Umsetzungsprodukte, der physiologische Reiz für die Anregung der Peristaltik ist daher mangelhaft oder fehlt gänzlich. Strasburger betont aber ausdrücklich, daß er in diesem Befund nur „ein neues Moment zur Erklärung der Ursachen habitueller Obstipation" erblicke. AD. SCHMIDT ist im weiteren Verfolge dieser Tatsachen in seinen Schlußfolgerungen viel weiter gegangen: Er sah in dieser Eupepsie das Wesen der habituellen Obstipation und zwar speziell in der Fähigkeit des Darmes, Zellulose in auffallend großem Ausmaße zu lösen. Daß Zellulose bei chronischer Obstipation besonders gut ausgenützt wird, hat ja auch tatsächlich LOHRISCH in ausführlichen Untersuchungen gezeigt.

Es sei auf diesen Fragenkomplex hier nicht näher eingegangen. Wir wollen nur hervorheben, daß STRASBURGER, der an dem hyperpeptischen Faktor in der Ätiologie der habituellen Obstipation wohl noch festhält, doch der Meinung ist, daß in der Regel weniger der Reizmangel als die Untererregbarkeit das Wesentliche ist. v. NOORDEN hält die gute Nahrungsausnutzung für eine Folge des langen Verweilens der Nahrungsmittel unter der Einwirkung der Verdauungsfermente, eine Anschauung, der wohl zugestimmt werden muß.

Als weitere und häufigste Ursache der unvollständigen oder selbst ausbleibenden Verdauung der Nährstoffe kommt das Fehlen oder die Insuffizienz der verschiedenen Verdauungsfermente in Betracht, wobei diese entweder von den entsprechenden Drüsen in mangelhafter Weise gebildet werden oder ihr Zufluß in den Darm auf irgend eine Weise verhindert oder endlich ihre Wirkung durch andere pathologische Vorgänge gehemmt wird. Es kann sich hiebei um den Ausfall nur des einen oder anderen Sekretes oder um den Ausfall der Sekrete mehrerer, von unter Umständen in Korrelation zueinanderstehenden Drüsen handeln. So regt die Magensalzsäure nach den Untersuchungen von BAYLISS und HARLING[1] die Pankreassekretion dadurch an, daß sie das in der Schleimhaut des Duodenums und oberen Jejunums vorhandene Prosekretin in Freiheit setzt, welches als Sekretin in das Blut aufgenommen den Sekretionsreiz für das Pankreas abgibt. Mangelhafte Verdauung von Nahrungsbestandteilen auf Grund des Ausfallens eines Fermentes führt oft zu Reizzuständen und dadurch wieder zu mangelhafter fermentativer Wirkung in den tieferen Darmabschnitten, alles Umstände, welche dazu führen, daß im Stuhlbild im allgemeinen nur selten Verhältnisse vorgefunden werden, welche dem Ausfall eines einzigen fermentativen Prozesses entsprechen. Wir wollen der weiteren Besprechung den Ausfall der verschiedenen Fermente in der Reihenfolge, wie sie auf ihrem Wege von der Mundhöhle bis in den Dickdarm den Nahrungsmitteln normalerweise beigemengt werden, zugrunde legen; dabei ergeben sich folgende Verhältnisse:

Mit dem Mundspeichel wird der Nahrung diastatisches Ferment beigemengt; die Menge desselben tritt aber hinter der der Pankreasdiastase so sehr zurück, daß die Nahrungsausnutzung durch ihr Fehlen kaum berührt wird. In neueren Untersuchungen hat zwar STRAUSS[2] in Fällen von nicht normaler Verdauung, am deutlichsten bei Neigung zu Gärungsdyspepsie bei Ausschaltung des Mundspeichels eine Verschlechterung der Stärkeausnutzung beobachtet, eindeutige Ausschläge aber bei Normalindividuen niemals gesehen. Die Vorbereitung der Nahrung in der Mundhöhle besteht abgesehen aus der sicher bedeutungsvollen Schlüpfrigmachung durch den Mundspeichel vor allem in der Zerkleinerung und damit in der wenigstens teilweisen Aufschließung des Genossenen.

---

[1] Journ. of phys. 28, 330 1902; 30, 61, 1903.

[2] Arch. f. Verdauungskrankh., Bd. 33, S. 163, 1904,

Im Magen werden unter der Einwirkung von Pepsin und Salzsäure die Eiweißkörper in Albumosen und Peptone gespalten, rohes Bindegewebe wird, sofern es nicht zu derb ist, angedaut, wodurch die einzelnen Muskelbündel auseinanderfallen und der tryptischen Verdauung zugänglich werden, die pflanzlichen Stützgewebe, und zwar insbesondere die Zwischenlamellen werden, wie AD. SCHMIDT gezeigt hat, gelockert, so daß die Zellulosehüllen der stärkehaltigen Substanzen für den in dem tieferen Darmabschnitt sich abspielenden Abbau vorbereitet sind; unter Einwirkung der mitverschluckten Speicheldiastase wird die Stärke in geringem Ausmaße weiter abgebaut, wenigstens solange als nicht alle Schichten des Speisebreies mit Salzsäure gesättigt sind, da ja diese die Diastasewirkung aufhebt. Wie FOFANOW gezeigt hat, geht die Verdauung und Resorption von roher Stärke jeder Herkunft (Weizen-, Hafer-, Reis-, Kartoffelstärke) bei Hyperazidität des Magensaftes schlechter vor sich als unter normalen Verhältnissen. Die Frage der Magenlipase ist nicht entschieden; jedenfalls kommt diesem Magenferment nur bei der Milchnahrung des Säuglings und selbst hier nur eine untergeordnete Rolle zu. Aus dem Vorstehenden ergibt sich, daß Hypochylie und Achylie des Magensaftes zu ungenügendem Aufschluß der durch Bindegewebe und Zellulose geschützten Nährstoffe (Muskelfasern, Fette, die verschiedenen Kohlenhydrate) und zu mangelhafter Andauung von Fleisch und Bindegewebe führen kann. Es ist bemerkenswert, daß trotzdem auch bei völligem Versiegen der Fermentsekretion im Magen die Ausnutzbarkeit der Nahrungsmittel nicht leiden muß, daß im Stuhl trotzdem unverdautes Material in unphysiologischen Mengen nicht gefunden wird. Die meist gute Ausnutzung der Nahrung trotz Fehlens der Magensafteinwirkung findet in den vielen Fällen von Magenresektion, ferner den Magendünndarmanastomosen mit funktioneller Ausschaltung des Magens mit guter Verdauung, ihre Bestätigung. Die Drüsen des Darmes, insbesondere aber das Pankreas vermögen wenigstens bei nicht übermäßiger Nahrungszufuhr vikariierend die Mehrarbeit zu leisten. Anderseits aber ist es klar, daß Achylie des Magensaftes unter Umständen zu schweren Verdauungsstörungen und damit zu Ausnutzungsverlusten führen muß, wie wir ihnen bei den sogenannten „gastrogenen Diarrhöen“ begegnen. AD. SCHMIDT, der als Erster den häufigen Zusammenhang zwischen mangelhafter Magenverdauung und Darmstörung erkannt hat und diesen Begriff aufstellte, hatte ursprünglich der Anschauung Ausdruck verliehen, daß die Eiweißkörper bei der Achylie unverdaut in den Darm gelangen, daß dieser nicht die Fähigkeit habe, dieselben entsprechend abzubauen und daß es nun unter Einwirkung von Bakterien, die als autochthone Darmbakterien zu betrachten oder als Bakterien aufzufassen sind, welche mit der Nahrung verschluckt, im Magen wegen des Fehlens der Salzsäure der sonst keimtötenden Kraft des Magensaftes entronnen und in den Darm gelangt waren, zu Fäulnis der Eiweißkörper und damit zu Durchfällen, zur Fäulnisdyspepsie kommt. Wenngleich nun auch die Ansicht AD. SCHMIDTS von der großen Bedeutung des Magens für die normale Darmfunktion und damit für die normale Nahrungsausnutzung unbestritten geblieben ist, so hat, wie schon STRASBURGER und später NOORDEN zeigen konnten, die Identifizierung dieser „gastrogenen Diarrhöen“ mit Fäulnisdyspepsie ihre Richtigstellung erfahren müssen (s. o.). Da dem Magensaft beim Aufschließen der Zellulose eine bedeutsame Rolle zufällt, gelangen bei den Achylikern eine große Menge von für die Pankreasdiastase unangreifbaren oder wenigstens schwer angreifbaren Kohlehydraten in den Darm, die ein gärungsfähiges Material abgeben. Je nach dem Überwiegen der Fäulnis- oder Gärungserreger in den unteren Darmabschnitten wird der eine oder andere Zersetzungsprozeß überwiegen. Wenn es auch richtig ist, daß speziell das rohe Bindegewebe und die von diesem eingeschlossenen Muskelfasern bei Achylie im Stuhl wiedererscheinen können und ihr Erscheinen für die Erkennung der gastrogenen Störung sogar von großer Bedeutung ist, so finden wir bei Achylie doch auch trotz bindegewebe- und fleischfreier Kost gelegentlich eine mangelhafte Verdauung, eine Erscheinung, die aus obiger Darstellung ohneweiters verständlich ist. Es kann eben auch zu einer gastrogenen Gärungsdyspepsie kommen, bzw. bei gemischter Kost zur Kombination einer Gärungs- und Fäulnisdyspepsie. Es soll schließlich auch betont werden, daß das Erscheinen schlecht angedauter und mangelhaft zerkleinerter Nahrungsmittel beim Achyliker an sich schon einen abnormen Reiz für die Darmwand darstellt, der zu beschleunigter Peristaltik und damit zur Diarrhöe führt. Auch der oben bereits angedeuteten mangelhaften Sterilisierung des Mageninhaltes bei fehlender Salzsäure und dem Erscheinen dieser abnormen Flora im Darm muß für das Auftreten „gastrogener Diarrhöen" Bedeutung zuerkannt werden. Hiebei handelt es sich nicht immer um durch diese Bakterien bedingte abnorme Zersetzungen des Darminhaltes; STRASBURGER zufolge ist es wahrscheinlich, daß ein Teil der bei Magenachylikern auftretenden Durchfälle als „primär bakterielle toxische oder infektiöse" zu erklären sind. Hypo- und Achylie des Magens beeinträchtigt ferner die Nahrungsausnutzung auch noch dadurch, daß der „gastro-duodenale Reflex" ausbleibt und wenigstens in den Fällen, in welchen eine Pankreassekretionsautomatie (BOLDYREFF) nicht oder noch nicht eingesetzt hat, Ausnutzungsverluste durch Pankreasinsuffizienz zu gewärtigen sind. Bei normalem Pankreas scheint der Verlust dieses Säurereflexes im allgemeinen keine ausschlaggebende Rolle zu spielen, wir dürfen eben nicht vergessen, daß die Pankreassekretion nicht nur durch Salzsäure, sondern auch durch Wasser, Fett, Milch, Essig und Zitronensäure, Seifen usw. reflektorisch ausgelöst wird, daß das Pankreas sogar wenigstens durch kürzere Zeit, etwa eine Viertelstunde, bereits reflektorisch zu sezernieren beginnt, wenn Speisen in den Mund genommen werden, ähnlich wie die Fundusdrüsen des Magens, nur daß bei diesen Drüsen die Sekretion auch ohne Hinzukommen eines chemischen Reizes weiter anhält. Die Art der Nahrungsreste, die wir im Stuhl bei Achylie wiederfinden, hängt ganz von dem Charakter der Störung ab; bei Fäulnisdyspepsien erscheinen vorwiegend Bindegewebe und Muskelfasern, bei Gärungsdyspepsien Kohlehydratreste; die Fettausnutzung kann durch die konsekutive Darmreizung in Mitleidenschaft gezogen werden, wozu aber noch bemerkt werden muß, daß eine Gärungsdyspepsie sekundär eine mangelhafte Fleischausnutzung, eine Fäulnisdyspepsie sekundär eine mangelhafte Kohlehydratausnutzung zur Folge haben kann. Reine Formen von Gärungs- oder Fäulnisdyspepsie sind sogar recht selten.

Im Pankreassekret findet sich ein Ferment, welches unter Einwirkung der Enterokinase der Darmschleimhaut sich in Trypsin umwandelt, dem die Fähigkeit zukommt, im alkalischen Milieu Proteine und Peptone, die im Magen abgespalten wurden, in unmittelbar resorbierbare Polypeptide und einfache Aminosäuren zu zerlegen. Es enthält ferner die durch die Galle aktivierte Lipase, welche Neutralfett in Fettsäuren und Glyzerin zerlegt und damit die Emulgierung des Fettes in kleinste resorbierbare Tröpfchen einleitet, und endlich die Diastase, welche die Kohlehydrate, und zwar rohe und gekochte Stärke und Glykogen bis zur Maltose abbaut. Schließlich vermag der Pankreassaft Kernsubstanzen zu lösen. Insuffizienz der Pankreassekretion führt daher zu mangelhafter Eiweiß- und Fleisch- und speziell auch Kernverdauung, zu fehlender oder wenigstens mangelhafter Spaltung und Emulgierung des Neutralfettes und zu Ausbleiben des normalen Kohlehydratabbaues. Die Nahrungsausnutzung wird sowohl hinsichtlich der Eiweißkörper und der Fette als auch hinsichtlich der Kohlehydrate Not leiden; im Stuhl werden neben spärlichen Fettsäuren und Fettseifen in großer Menge Neutralfett, ferner eine große Anzahl meist gut erhaltener Muskelfasern, in welchen die Kerne noch deutlich nachweisbar sein können (s. die SCHMIDTsche Kernprobe, S. 214), und schließlich unverdaute Kohlehydrate und mit diesen reichlich Granuloseflora (s. S. 226) gefunden. Steht, wie zumeist, die Neutralfettausscheidung, zumal bei fettreicher Kost, im Vordergrund der Verdauungsstörung, so können sogenannte „Butterstühle“ beobachtet werden, bei welchen flüssiges, geschmolzenes Neutralfett und auch Fettsäuren mit dem Stuhl entleert werden, welches beim Abkühlen erstarrt und dann den Stuhl mit einer mattglänzenden Fettschicht überzieht. Das bei Pankreasinsuffizienz im allgemeinen spärliche Auftreten von Seifen rührt davon her, daß sich die Fettsäuren beim Fehlen des alkalireichen Pankreassaftes nicht in Seifen umwandeln und daß Neutralfett wegen Lipasemangel nicht zerlegt werden kann. Es sind jedoch keineswegs immer, auch bei hochgradiger Erkrankung der Drüse, alle Nahrungsgruppen in ihrer Ausnutzung schwer geschädigt, oft ist nur die Ausnutzung des einen oder anderen Nahrungsmittels eine schlechte. Die Ursache für die mangelhafte Pankreassekretion kann durch verschiedene krankhafte Vorgänge an der Drüse bedingt sein. Es kann wohl kaum ein sicheres Argument gegen die Anschauung vorgebracht werden, daß reine funktionelle Unterfunktionen der äußeren Sekretion des Pankreas vorkommen, wenn es auch anderseits sichersteht, daß rein funktionelle Störungen niemals schwerere Folgeerscheinungen für die Ausnutzung der Nahrungsmittel nach sich ziehen und daß die Nahrungsausnutzung sogar bei funktioneller Minderwertigkeit der Bauchspeicheldrüse eine durchaus normale sein kann. Letzteres erscheint experimentell ja dadurch bewiesen, daß auch bei Unterbindung des Pankreasganges Verdauungsstörungen wenigstens solange ausbleiben, bis das Drüsengewebe des Pankreas nicht atrophisch geworden ist, eine Beobachtung, welche auf das Bestehen bis jetzt noch nicht durchsichtiger hormonaler, reflektorischer Beziehungen zwischen Pankreas und vikariierender Darmfunktion hinzuweisen scheine (LOMBROSO). FLECKSEDER vertrat auf Grund experimenteller Untersuchungen an Hunden den Standpunkt, daß das Resorptionsvermögen der Darmschleimhaut vor allem von der inneren Sekretion des Pankreas abhänge. Allerdings steht AD. SCHMIDT diesen Hypothesen skeptisch gegenüber; er hält es für wahrscheinlicher, daß in diesen Versuchen der Pankreasgangabschluß kein ganz vollständiger war.[1] Die schwersten Alterationen der Nahrungsausnutzung treten klinisch bei der chronischen Pankreatitis in Erscheinung, ferner bei Zuständen, bei welchen es im Anschluß an Stein- oder Tumorverschluß des Pankreasganges zu konsekutiver Atrophie oder zu Destruktion der Drüse gekommen ist. Der normale Abbau der zugeführten Nährstoffe leidet in allen diesen Fällen um so mehr, als das wegen Fehlens der Verdauungsfermente nicht oder nicht genügend angedaute Nährmaterial schwere Reizzustände der Dünn- und Dickdarmschleimhaut herbeiführen kann. Der Stein- und Tumorverschluß des Pankreas führt anfänglich meist nicht zu nennenswerten Ausnutzungsverlusten, auch wenn wir von den Fällen absehen, in welchen ein akzessorischer Pankreasgang noch Drüsensekret in den Darm abgibt; erst beim Zugrundegehen des Drüsengewebes selbst stellen sich die schweren

[1] Erkrankungen des Pankreas in KRAUS-BRUGSCH, Spezielle Pathologie und Ther. innerer Krankh., VI/1, S. 11. 1922.

Störungen ein. Besonderes Interesse verdient schließlich die Beobachtung von AD. SCHMIDT, daß die von Gallenblasenerkrankungen ausgehenden Entzündungen der Bauchspeicheldrüse in erster Linie mit Störungen der Fettverdauung, die von Magenerkrankungen ausgehenden vorwiegend mit Störungen der Fleischverdauung einhergehen. Die Richtung der pankreatischen Sekretionsstörung sei derjenigen der auslösenden Ursache gleichgerichtet. In diesem Zusammenhang sei auch der „Achylie gastropancréatique" gedacht, die hauptsächlichst durch die französische Literatur, in letzter Zeit neuerdings durch LANDAU-GYGIELSTREJH und FEJGIN[1] eingehend bearbeitet wurde. Es handelt sich um einen Symptomenkomplex, in welchem profuse, dunkelgefärbte Diarrhöen mit groben Fleisch- und Fettresten dominieren und welchem eine gleichzeitige Achylie des Magens und Pankreas zugrunde liegt. AD. SCHMIDT hat als erster solche Fälle beschrieben. Während er der Meinung war, daß die Hypofunktion des Pankreas die unmittelbare Folge der Magenachylie sei, so nehmen die französischen Autoren eine Koexistenz zweier selbständiger, wenn auch durch die gleiche Ursache hervorgerufener Störungen an; sie glauben die Ansicht AD. SCHMIDTS damit widerlegen zu können, daß sie über Fälle von Anazidität des Magensaftes mit normaler oder fast normaler Pankreassekretion und über Kranke mit pankreatischer Achylie mit normalem Magensaft berichten. Auch SCHOPPE[2] konnte die Annahme einer funktionellen Pankreasstörung im Zusammenhang mit Magenerkrankungen in Untersuchungen über das tryptische Ferment in den Fäzes und dem Duodenalsaft nicht stützen. Zu den pankreatogen bedingten Nahrungsverlusten müssen schließlich, wenigstens zum Teil, auch jene bei den Fettdiarrhöen des Morbus Basedow gezählt werden. Die Ursache der verschiedenen Formen der Basedowdiarrhöen ist noch nicht sichergestellt; für die Fettdiarrhöen speziell ist es noch fraglich, ob sie einheitlich erklärt werden können. Während AD. SCHMIDT eine Fettresorptionsstörung annimmt, halten FALTA, C. v. NOORDEN u. a. wenigstens für einige Fälle an einer Pankreasinsuffizienz fest. Merkwürdig bleibt, daß das im Stuhl erscheinende Fett im allgemeinen gut gespalten ist und daß die Eiweißverdauung gleichzeitig nicht oder nur wenig leidet. Die Fettspaltung ist in diesen Fällen vielleicht auf Bakterienwirkung zu beziehen. Wir wollen schließlich nicht unerwähnt lassen, daß das Pankreas in letzter Zeit auch zur Zelluloseverdauung in Beziehung gebracht wurde; L. STRAUSS fand in einem Falle von Pankreaskarzinom, bei welchem er genaue quantitative Ausnutzungsversuche anstellte, eine im Verhältnis zum Normalen schlechtere Zelluloseverdauung. Ähnliche Beobachtungen hatte vor ihm schon LOHRISCH gemacht. Die Frage nach der Ursache dieser Störung muß vorläufig offenbleiben; ein Fehlen der Pankreasfermente oder eine Störung in der Darmperistaltik kommt nach STRAUSS für seinen Fall nicht in Frage, da die Pankreasfermente in normaler Menge nachgewiesen werden konnten und die Darmmotilität keine Abweichungen von der Norm zeigte.

Mit den Wirkungen des Pankreassaftes ist auch jene der Galle eng verknüpft. Ausfallen derselben bedingt gesetzmäßige Störungen im Verdauungsmechanismus und damit charakteristisch Ausnutzungsverluste. Der Galle kommt neben einer noch nicht sicher nachgewiesenen proteolytischen Wirkung diastatische Kraft zu; diese tritt jedoch im Verhältnis zu jener des Pankreassaftes so sehr in den Hintergrund, daß ihr eine besondere Bedeutung für die Kohlehydratverdauung gewiß nicht beizumessen ist. Auf die Kohlehydratausnutzung

[1] Arch. des mal. de l'appar. digest. et des mal. de l. nutrition XVI, Nr. 4, 1926.
[2] Arch. f. Verdauungskrankh., Bd. 28, S. 289, 1921.

kann sie nicht von Einfluß sein. Die bedeutsame Rolle der Galle besteht vielmehr darin, den Wirkungsmechanismus des Pankreas zu fördern, die Wirkung des Trypsins, der Lipase und Diastase des Pankreas ganz wesentlich zu verstärken. Die Pankreaslipase kann erst unter der Einwirkung der Gallensäure ihre Tätigkeit voll entfalten. Die Galle ist zur Lösung und zur Resorption der Fettsäuren und Seifen unbedingt erforderlich; sie ermöglicht durch ihre unmittelbare Einwirkung auf die Darmschleimhaut die Fettresorption, sie alkalisiert den aus dem Magen kommenden Chymus und vernichtet so das Pepsin, welches das Trypsin sonst zerstören würde. Bei Gallenmangel erscheinen Fettsäuren und Fettseifen im Kot, die sich unter der Einwirkung der Lipase aus Neutralfett zwar abspalten, die aber wegen des Fehlens der Gallensäure nicht resorbiert werden. Der Fettgehalt des Darminhaltes erschwert auch den Abbau der übrigen Nahrungsbestandteile oft in nennenswerter Weise, so daß unverdautes Fleisch und Kohlehydrate unausgenutzt ausgeschieden werden, zwar nur dann, wenn beide in größeren Quantitäten zugeführt wurden. Im Vordergrund steht jedenfalls der Fettverlust. Zum Versiegen der Gallensekretion in den Darm kommt es entweder beim Sistieren der Gallenproduktion bei schweren parenchymatösen Schädigungen der Leber z. B. Ikterus catarrhalis, bei dem gelegentlich durch mehrere Tage acholische, hauptsächlich Fettseifen und Säuren enthaltende Stühle zu beobachten sind oder aber bei Kompression oder Obturation des Ductus choledochus. Je nach dem Grade der Behinderung des Abflusses oder der Bildung der Galle schwankt der Grad der Ausnutzungsstörung.

Mit dem Darmsaft werden eine Reihe von Verdauungsfermenten, Erepsin, Lipase, Diastase, Nuklease und die die Disaccharide abbauenden Fermente Invertin, Maltase und Laktase in den Verdauungstrakt abgegeben. Wie im Vorhergehenden schon gesagt wurde, vermag der Darm vikariierend für den Ausfall von Magen- und Pankreasfermenten durch Überproduktion der ihm eigenen Abbaustoffe einzugreifen, es sind aber keine funktionellen Zustände bekannt, bei welchen der Ausfall dieser Fermente die Nahrungsausnutzung irgendwie beeinträchtigen würde. Durch Dysfunktion des Dünndarms können im allgemeinen Nahrungsverluste nur insoferne auftreten, als bei verstärkter Peristaltik (Enteritis, Enterokolitis, Diarrhöen verschiedener Art, wäßrige Stühle bei Mb. BASEDOW usw.) unverdautes Material in den Dickdarm abgegeben wird und im Kot wiedererscheint. Auf die Bedeutung des Darmes für die Zelluloseverdauung kommen wir später zurück.

Waren unter den bis jetzt aufgezählten Bedingungen die Ausnutzungsverluste durch das Fehlen von Fermenten zu erklären, welche das Nährmaterial in entsprechend resorptionsfähige Abbauprodukte zerlegt hätten, so müssen noch kurz jene Zustände aufgezählt werden, in welchen der Abbauprozeß, die Verdauung des Genossenen im engeren Sinne des Wortes zwar normal abläuft, die Resorption aber gestört ist. Es gilt dies insbesondere für die schlechte Fettresorption beim Verschlußikterus, deren Zustandekommen oben schon erörtert wurde. Auch die Amyloidose des Darmes gehört zweifellos hieher, wenn auch im gegebenen Fall die Mitbeteiligung einer amyloidotischen Pankreasinsuffizienz nur schwer auszuschließen ist. In beiden Fällen steht eine mangelhafte Fettresorption im Vordergrund; die Fleisch- und Kohlehydratausnutzung kann aber auch — insbesondere beim Darmamyloid — schwer leiden. Es sind ferner noch eine Reihe von Zuständen bekannt, bei welchen eine Resorptionsstörung allein oder wenigstens vorwiegend für die schlechte Ausnutzung angenommen werden muß, ohne daß wir hiebei über den genaueren Mechanismus der Störung Klarheit hätten. Bei der Tabes mesaraica finden sich im Stuhl große Mengen des

Nahrungsfettes wieder; die Kohlehydratverdauung ist eine normale, auch die N-Substanzverdauung erleidet im allgemeinen keine Störung. Hierher dürften, wenigstens zum Teil, auch die Fettstühle des Mb. BASEDOW, ferner die schlechte Fettresorption bei schlechten Zirkulationsverhältnissen zu rechnen sein. v. NOORDEN erwähnt in diesem Zusammenhang auch die darniederliegende CO_2-Resorption bei Stauungen im Pfortadergebiet und die schlechte Ausnutzung von Stickstoffsubstanzen und Fett bei hohem Fieber. Die Ursache der Fettstühle bei Aphtae tropicae (Sprue) ist wohl noch nicht geklärt, dürfte aber wenigstens zum Großteil in schlechten Resorptionsbedingungen für Fett zu suchen sein. Auch für die nicht tropische Sprue hat THAYSEN[1] jüngst die pankreatogene Genese abgelehnt und die enterogene behauptet. Er glaubte diese Auffassung auf Grund der Beobachtung vertreten zu müssen, daß sich bei einer pankreatogenen Fettdiarrhöe häufig Azotorrhöe, immer eine für einen diabetischen Zustand typische Störung des Kohlenstoffwechsels, bei der nichttropischen Sprue dagegen keines von beiden findet.

In diesem Zusammenhang muß auch auf die Beeinträchtigung der Resorption nach Dünndarmresektionen hingewiesen werden. Die ursprünglich in einer Reihe von Autoren vertretene Anschauung, daß das Ileum leichter entbehrt werden könne als das Jejunum, ist nach LIEBLEIN[2] als unbewiesen zurückzuweisen. Nach diesem Autor, der auch die einschlägige Literatur bespricht, müsse im Gegenteil der Ausfall des Ileums als für den Organismus schwerer wiegend angesehen werden, weil das Ileum der für die Fettresorption wichtigere Anteil des Dünndarmes sei; die Resorption stickstoffhältiger Substanzen findet in Ileum und Jejunum in annähernd gleicher Weise statt. Was die Ausnutzung der Kohlehydrate anlangt, so scheint wohl den oberen Dünndarmanteilen eine größere resorptive Kraft zuzukommen; aber trotz ausgedehnter Resektion des Dünndarmes werden die Kohlehydrate sowohl beim Menschen wie beim Tier fast zu 100% ausgenutzt.

Schließlich seien noch kurz einige Bemerkungen über die große Bedeutung des Darmes für den Zelluloseabbau angefügt. Es gilt als gesicherte Tatsache, daß im Magendarmkanal kein Ferment existiert, welches die Fähigkeit besäße, Zellulosen zu lösen, daß ihre Spaltung vielmehr auf Bakterienwirkung zu beziehen ist. Das unterste Ileum und insbesondere das aufsteigende Kolon stellt nach v. NOORDEN den Gärkessel dar, in welchem Zellulose, Hemizellulose und Pentosane der Pflanzenkost durch Bakterien gespalten und unter Gasbildung zersetzt werden. Voraussetzung für ihren normalen Abbau ist hiebei eine entsprechende Vorbehandlung, die Lösung der Zwischensubstanzen, der Mittellamelle von AD. SCHMIDT; dies geschieht durch hydrolytische Spaltung beim Kochen und durch die Magensalzsäure (s. S. 86). Für die ausschließliche bakterielle Spaltung sind eine Reihe von Autoren (PRINGSHEIM und MAGNUS v. MERKATZ, THOMAS u. a.) auf Grund experimenteller Arbeiten eingetreten. Nur L. STRAUSS kam vor kurzem zu etwas abweichenden Schlußfolgerungen. Er konnte nämlich in genauen Ausnutzungsversuchen bei Patienten mit Dünndarmausschaltung feststellen, daß die Zelluloseausnutzung nur 21,1 bis 28% betrug, während Normalindividuen 50% abbauten. Dünndarmausschaltung hatte aber Verlust von drei Viertel der eingeführten Zellulose zur Folge. Da die Dickdarmmotilität in den untersuchten Fällen normal war, kann der Befund nach STRAUSS ohne die Annahme einer Mitbeteiligung des Dünndarmes kaum

[1] Klin. Wochenschr. Nr. 46, S. 2168. 1926.
[2] Mitteilungen aus den Grenzgebieten d. Med. u. Chir. 23, S. 1. 1911.

erklärt werden. Wenn man auch in Rechnung setzt, daß in den untersten Ileumschlingen Bakterien vorkommen, welche einen Teil des Zelluloseabbaues bewerkstelligen könnten, so sei damit der große Unterschied in der Ausnutzung noch nicht erklärt. Der gleiche Autor konnte aber außerdem in einem Falle von Anus praeternaturalis mit Dickdarmausschaltung die bemerkenswerte Beobachtung machen, daß zirka 10% der eingeführten Zellulose bei der Dünndarmpassage verloren gehen, nach STRAUSS ein weiterer Beweis dafür, daß der Dünndarm über Kräfte verfügt, welche zwar nicht große, aber immerhin deutlich nachweisbare Teile der Zellulose abzubauen vermögen (s. auch S. 89). Die Art dieser Kräfte ist freilich unbekannt. Hier soll auch kurz eingeschaltet werden, daß die Stärkeausnutzung beim Normalindividuum und auch nach Dickdarmausschaltung durch eine Zellulosezulage eine Steigerung erfahren kann (L. STRAUSS). Ob hiebei die stärkere Darmblähung oder aber Sekretine der Zellulose eine gesteigerte Absonderung der Verdauungssäfte anregen, bleibt vorläufig fraglich.

Waren wir im Voranstehenden bemüht, die einzelnen Faktoren aufzuzeigen, welche das Auftreten unverdauter Nahrungsreste im Stuhle zur Folge haben können, so müssen wir noch kurz darauf hinweisen, daß bei einer Reihe von krankhaften Zuständen mehrere dieser Faktoren gleichzeitig ursächlich herangezogen werden müssen, ohne daß wir oft im gegebenen Falle entscheiden können, welche der Störungen die primäre, welche die sekundäre, akzessorische ist und ob getrennte Ursachen für die verschiedenen Störungen angenommen werden müssen. Als Beispiel sei hier die akute Enteritis, Gastroenteritis und Enterocolitis angeführt, bei welchen sich in den ersten diarrhöischen Entleerungen fast regelmäßig viel unverdaute Speisereste, Fleisch, Gemüse, Zellulose, Fett, Bindegewebe usw. finden. Es steht wohl fest, daß hier die beschleunigte Peristaltik neben der etwa bestehenden Unverdaulichkeit der Speisen an sich für die schlechte Ausnutzung den Hauptfaktor abgibt; ob aber nicht unter Einwirkung des infektiösen, infektiös-toxischen oder toxischen Agens nicht auch eine Alteration der fermentbildenden Drüsen mit vorliegt, ist zu mindestens schwer zu entscheiden. AD. SCHMIDT glaubt zwar aus dem Umstand, daß die Kerne regelmäßig verdaut sind, schließen zu können, daß die Pankreasfunktion bei den akuten Enterocolitiden intakt sei. Bei den chronischen Enterocolitiden finden sich ebenfalls geringe Mengen von Nahrungsresten im Stuhl, wobei auch hier die Ursache für die Ausnutzungsstörung gleichzeitig in der Affektion der Verdauungsdrüsen, der gesteigerten Peristaltik, vielleicht auch in der mangelhaften Resorption der entzündlich gereizten Darmschleimhaut gesucht werden kann. Auch bei Sprue und den Basedowdiarrhöen dürften für die mangelhafte Fettausnützung mehrere Faktoren im Spiele sein.

Die Technik der Untersuchung des Stuhles auf Nahrungsreste

Die praktische Durchführung der Untersuchung eines Stuhles auf Nahrungsreste kann auf dreierlei Weise erfolgen: Makroskopisch, mikroskopisch und chemisch. Auf die Einzelheiten der Technik, das Verreiben des Stuhles, der Untersuchung mittels des Stuhlsiebes usw. wurde in früheren Kapiteln (s. S. 9) eingegangen. In Fällen, wo es darauf ankommt Pflanzenreste oder andere Nahrungsbestandteile, deren Struktur durch das grobe Verreiben leicht zerstört wird, unversehrt zu erhalten, empfiehlt sich die Methode von LEDDEN-HÜLSEBOSCH (s. S. 8). Hier sei noch hervorgehoben, daß auf eine quantitativ-chemische Untersuchung der Fäzes auf Nahrungsreste im allgemeinen wird verzichtet werden können; mit chemischen Methoden durchgeführte Ausnutzungsversuche liefern kaum für die Klinik unmittelbar verwertbare Resultate, für den Praktiker sind sie undurchführbar und auch wertlos. Bei gröberen Funktionsstörungen wird die makroskopische Untersuchung des Stuhles bereits eine gute Orientierung geben, welche durch die Besichtigung des mikroskopischen Stuhlbildes vorteilhaft ergänzt werden wird. Bei leichteren, makroskopisch nicht erkennbaren Störungen wird das Mikroskop allein entscheiden. Für die mikroskopische Untersuchung genügt im allgemeinen ein oder mehrere Nativpräparate, ein Lugol-, Essigsäure-, Essigsäure-Sudan- (eventuell nach SAATHOFF) und ein Nilblausulfatpräparat. Der Geübte gewinnt schon bei flüchtiger Durchsicht dieser Präparate meist ein klares Bild über Art und Menge der im Stuhl wiedererscheinenden Nahrungsmittel. Hinsichtlich der Erkennung der einzelnen Nahrungsbestandteile (angedaute, nicht angedaute Muskelfasern usw.) sei auf die einschlägigen Kapitel des Buches (S. 177) und die Tafelabbildungen verwiesen.

So aussichtsreich nun eine derartige makro- und mikroskopische Untersuchung des Stuhles auf Nahrungsbestandteile von diagnostischen Gesichtspunkten aus in vielen Fällen sein kann, so wird sie doch erst unter Einhalten bestimmter Bedingungen besonders wertvoll. In der einleitenden Darstellung der Ursachen, unter welchen Nahrungsbestandteile im Kot wiedererscheinen, wurde betont, daß der Grad der Ausnutzung der Nährstoffe nicht nur vom Zustand des Verdauungsapparates, der Ansprechbarkeit der fermentbildenden Drüsen, der Peristaltik und resorptiven Kraft der Darmschleimhaut abhängig ist, sondern daß auch exogene Faktoren, Menge, Art und Zubereitung der Speisen von entscheidendem Einfluß sind. Handelt es sich daher bei den verschiedenen chronischen und insbesondere auch leichteren Formen der Ausnutzungsstörungen darum, ein Urteil über die verdauenden Fähigkeiten des Magen-Darmkanales, bzw. über die Art der vorliegenden Digestionsstörung zu gewinnen, so ist Voraussetzung, daß dem Untersucher die vom Untersuchten genossenen Nahrungsmittel, ihre Menge und Zubereitung genau bekannt ist.

Diese Erkenntnis erfaßt und praktisch angewandt zu haben, ist das Verdienst von AD. SCHMIDT, der gemeinsam mit I. STRASBURGER die auch jetzt in der Klinik noch allgemein übliche Funktionsprüfung des Verdauungsapparates bei Verabreichung einer bestimmt zusammengesetzten „Probekost“ einführte. Es soll hier nebenbei vermerkt werden, daß EINHORN mit der sogenannten „Perlenprobe“ ähnliche Ziele verfolgte. Diese Methode unterscheidet sich aber trotz vieler Ähnlichkeit mit dem SCHMIDT-STRASBURGERschen Verfahren doch prinzipiell von diesem. Sie besteht darin, daß kleine Mengen von Bindegewebe, Gräten, Fleisch, Thymus, Kartoffel und Hammelfett einzeln an Glasperlen verschiedener Farbe angebunden auf einer Schnur aufgezogen und dem Patienten in einer Gelatinkapsel gereicht werden. Die Perlenreihe ist im Stuhl leicht wiederzufinden und es läßt sich leicht feststellen, welche von den Nahrungsmitteln vom Verdauungsapparat nicht angegriffen wurden. Der prinzipielle Unterschied gegenüber der SCHMIDT-STRASBURGERschen Methode beruht darin, daß hier nur die Verdauung ganz geringer unphysiologischer Nahrungsmengen untersucht wird; der Ausfall dieser Probe gibt keinerlei Anhaltspunkte, ob und wieweit der Magendarmkanal befähigt ist, normale, für die Erhaltung des Individuums notwendige Nahrungsmengen zu verarbeiten. Die Methode ist heute verlassen.

Die SCHMIDTsche Probekost

Die SCHMIDTsche Probekost setzt sich folgendermaßen zusammen: 1,5 l Milch, 100 g Zwieback, 2 Eier, 50 g Butter, 127 g Rindfleisch, 190 g Kartoffeln, Schleim aus 80 g Hafergrütze, zirka 2 bis 3 g Kochsalz. Sie entspricht etwa

102 g Eiweiß, 111 g Fett, 191 g Kohlehydraten, das sind 2234 Kalorien. Diese Kost wird folgendermaßen verteilt:

Morgens: 0,5 l Milch, dazu 50 g Zwieback.

Vormittags: 0,5 l Haferschleim (aus 40 g Hafergrütze, 10 g Butter, 200 g Milch, 300 g Wasser, 1 Ei und etwas Salz bereitet; durchgeseiht).

Mittags: 125 g gehacktes Rindfleisch (Rohgewicht) mit 20 g Butter leicht überbraten, so daß es inwendig noch roh bleibt, 250 g Kartoffelbrei (aus 190 g gemahlenen Kartoffeln, 100 g Milch, 10 g Butter und etwas Salz bereitet).

Nachmittags: Wie morgens.

Abends: Wie vormittags.

Diese Kost kann insoferne eine Abänderung erfahren, als Patienten gelegentlich auf die relativ große Milchzufuhr mit Durchfällen reagieren und Schmidt und Strasburger in solchen Fällen morgens und nachmittags statt des halben Liter Milch die gleiche Menge Kakao empfehlen (aus 20 g Kakaopulver, 10 g Zucker, 100 g Milch und 400 g Wasser bereitet).

Für die ambulante Praxis, wo es ja niemals auf eine genauere quantitativ vergleichende Analyse der Nahrungsmittel und Nahrungsschlacken ankommt, hat Schmidt die folgende erweiterte Kostform angegeben:

Morgens: 0,5 l Milch (oder Tee oder Kakao) mit Milch oder Wasser gekocht, dazu 1 Semmel mit Butter und ein weiches Ei.

Vormittags: 1 Teller Haferschleimsuppe, mit Milch gekocht, durchgeseiht (Salz oder Zuckerzusatz erlaubt). Eventuell kann auch Mehlsuppe oder Porridge gereicht werden.

Mittags: 125 g gehacktes mageres Rindfleisch, mit Butter leicht überbraten (inwendig roh), dazu eine nicht zu kleine Portion Kartoffelbrei (durchgesiebt).

Nachmittags: Wie morgens, aber kein Ei.

Abends: ½ l Milch oder 1 Teller Suppe (wie zum 2. Frühstück), dazu 1 Semmel mit Butter und 1 bis 2 weiche Eier (oder Rühreier).

Diese Diätformen, welche je nach der Landessitte in verschiedener Weise über den Tag verteilt werden können, werden durch mindestens drei Tage hindurch gereicht, um einen Stuhl zu erzielen, der mit Bestimmtheit auf die Probenahrung bezogen werden kann. In Fällen von Obstipation wird man vier oder fünf Tage zuwarten müssen. Bei stärkeren Diarrhöen empfiehlt es sich nach v. Noorden, der Probekost einen Hungertag vorauszuschicken, man bekommt auf diese Weise schneller und eindeutiger einen charakteristischen Kotbefund. Am Hungertag werden bei Bettruhe nur Tee und Gemische von heißem Wasser und Kognak verabreicht. Neben dem Probediätstuhl ist auch eine Stuhlentleerung, die vor der Verabreichung der Probediät erfolgte, zu untersuchen, da die dyspeptischen Erscheinungen unter Probediät, als einer relativ leicht verdaulichen Kost, zurückgehen können. Um den der Probediät entsprechenden Stuhl leicht zu erkennen, ist es vorteilhaft, dem Patienten zu Beginn der Verabreichung der Probekost 0,3 g gepulvertes Karmin in einer Oblate zu geben, welches den Magen-Darmkanal unverändert passiert und die erste Portion des Probediätstuhles durch Rotfärbung markiert. Da diesem ersten Stuhle noch Nahrungsreste früher genossener Mahlzeiten beigemischt sein können, werden erst die nächstfolgenden Stühle zur Untersuchung herangezogen. Statt Karmin wurden von anderer Seite Preiselbeeren, die zum Teil unverdaut abgehen, Korkstückchen, Kohleemulsion (Carb. veget. 15,0, Muc. gummi arab. 15,0, Aqua menth. pip. 60,0, davon drei Eßlöffel) empfohlen; da größere und erst dann im Stuhle leichter auffindbare Mengen von Preiselbeeren, Korkstückchen, für den zumal kranken Magen-Darmkanal nicht indifferent sind und die Kohle das mikroskopische Bild stören kann, so ist dem Karmin, welches in so geringer Menge gereicht werden kann und doch eine sinnfällige Abgrenzung des Stuhles ermöglicht, vor den genannten Mitteln der Vorzug einzuräumen.

Der Probediätstuhl wird isoliert, ohne Harn aufgefangen und möglichst bald nach dem Absetzen der makroskopischen Untersuchung unterzogen, es werden seine Farbe, Konsistenz, Form, etwaige Blut- und Schleimauflagerungen, sein Geruch beurteilt, mit dem Spatel wird nach gröberen Nahrungsbeimengungen gesucht; er wird eventuell in der Reibschale mit Zusatz von Wasser verrieben und seine Reaktion geprüft. Hierauf folgt die Anfertigung der mikroskopischen Präparate aus einer mit wenig Wasser angeriebenen Stuhlpartie. Schließlich soll eine Brutschrankprobe (s. S. 194) angeschlossen werden.

Die Beurteilung der Stuhlanalyse erfolgt nun nach folgenden Gesichtspunkten:

Die SCHMIDTsche Probekost ist so zusammengesetzt, daß die gereichten Nahrungsmittel vom gesunden Individuum so weit abgebaut werden, daß sich im Stuhl makroskopisch erkennbare Nahrungsreste nicht mehr finden. Bei mikroskopischer Untersuchung können folgende Bestandteile wiedererscheinen:

Muskelfaserreste. Sie zeigen ohne Ausnahme die Zeichen der Andauung; es handelt sich zumeist um kleine gelbliche Partikel mit abgerundeten Ecken und ohne Querstreifung. Sie sind daher als Muskelreste nicht immer sicher erkennbar, nur die Berücksichtigung des übrigen Stuhlbildes, der Nachweis ebensolcher, aber zum Teil noch quergestreifter Partikelchen läßt sie als solche erkennen. Muskelbruchstücke mit wohlerhaltener Querstreifung und mit scharfeckigen Bruchrändern fehlen ebenso wie Bindegewebe. Kerne sind in den Muskelresten nicht nachweisbar. Bindegewebe fehlt.

Pflanzenreste: Es finden sich vereinzelte Kartoffelzellen, spärliche Zellulosereste von Hafer, Brot, eventuell Kakao, Pflanzenhaare des Hafers. Freie oder noch nicht aufgeschlossene Stärke wird nicht gefunden. Die Gärungsprobe ist negativ.

Fettsubstanzen: Es finden sich spärliche Schollen von fettsaurem Kalk. Im erhitzten Essigsäurepräparat finden sich sehr spärliche, bei Sudanzusatz sich rot färbende Kügelchen, welche sich beim Abkühlen zu kleinen Fettsäureschollen oder spitzen Fettsäurenadeln umwandeln können. Ihre Menge ist jedenfalls immer sehr gering; oft sind sie mit Sicherheit nicht nachweisbar. Neutralfett fehlt.

Unter pathologischen Bedingungen, bei Verdauungsstörungen hingegen kann die Untersuchung des Stuhles nach SCHMIDTscher Probediät schwere Ausnutzungsverluste aufdecken. Da die Diät, wie eben gezeigt, so zusammengesetzt ist, daß der normale Magen-Darmkanal sie bis auf wenige Schlacken vollständig verarbeitet, kann aus der Menge der wiedergefundenen unverdauten Nahrungsreste ein Schluß auf den Grad und aus der Art der wiedergefundenen Stoffe unter Umständen ein Schluß auf den Krankheitssitz gezogen werden.

An Fleischresten können grobe, durch die Darmpassage kaum veränderte, schon bei makroskopischer Betrachtung des Stuhles als Fleischpartikel erkennbare Elemente wiedererscheinen; bei weniger schweren Störungen finden sich mikroskopisch zahlreiche isolierte Muskelfasern, die aber nur zum geringsten Teil eine Andauung oder nur eine mangelhafte Andauung erkennen lassen (große Bruchstücke mit scharfen Konturen, scharfen Ecken an den Bruchrändern, wohlerhaltene Querstreifung, nicht einzelne, sondern Bündel von Muskelfasern)

Wie aus den einleitenden Ausführungen zu diesem Kapitel hervorgeht, ist das Auftreten derartiger Fleischreste ein Beweis für eine Unterfunktion des Dünndarmes, da das Fehlen der peptischen Magenverdauung im allgemeinen durch entsprechende proteolytische Mehrarbeit im Dünndarm ausgeglichen wird und daher nicht zur Kreatorhoe führt. Das Wiedererscheinen von Muskelfasern im Stuhl muß nicht Fermentmangel bedeuten, sondern kann auch auf gesteigerter Peristaltik des Dünndarmes beruhen (s. oben). Gleichzeitig mit den Muskelfasern werden häufig auch größere oder kleinere Bindegewebsreste gefunden, welche makroskopisch an ihrer harten, filzigen Konsistenz, mikroskopisch an der streifigen Struktur und an ihrer Dichte im allgemeinen leicht erkannt und vom Schleim im Essigsäurepräparat dadurch leicht unterschieden werden können, daß Bindegewebe unter Essigsäurewirkung die fädige Struktur verliert, während sie beim Schleim deutlicher wird. Hinsichtlich der diagnostischen Wertigkeit des Bindegewebenachweises im Stuhl sei an das Frühergesagte erinnert: Für die normale Verdauung rohen oder halbrohen (geräucherten) Bindegewebes ist eine normale Magenfunktion Voraussetzung (C. LUDWIG, AD. SCHMIDT, GREGERSEN). Der Nachweis von Bindegewebe beweist entweder einen mangelhaften Magenchemismus oder eine zu rasche Entleerung des Mageninhaltes in den Darm (z. B. Gastroenteroanastomie), in welchem das Bindegewebe nur gelegentlich in den obersten Dünndarmabschnitten einer Magennachverdauung unterliegen kann oder in nur unvollständiger Weise, und zwar in den unteren Darmabschnitten von Bakterien gelöst wird. Bei Achylie des Magens findet man den Probediätstuhl oft mit reichlichem Bindegewebe dicht durchfilzt. Beim Wiedererscheinen von Muskelfasern im Probediätstuhl erscheint schließlich der Nachweis der erhaltenen Muskelkerne von besonderer Bedeutung. Es sei diesbezüglich auf die theoretischen Auseinandersetzungen bei Besprechung der Kernprobe (s. S. 214) hingewiesen und noch einmal hervorgehoben, daß sich Muskelkerne nur bei vollständigem Fehlen von Pankreassaft bzw. schwerster Unterfunktion der Drüse finden lassen. Die Umkehrung: Fehlen von Kernen, daher normale Pankreasfunktion ist naturgemäß nicht erlaubt. Geringgradige Störungen der Eiweißverdauung müssen im Probediätstuhl nicht manifest werden; AD. SCHMIDT hat für solche Fälle, in welchen der Verdacht auf diese Störung vorliegt, eine Zulage von 50 g feingeschnittenem Schinken zur Probediät empfohlen.

An Kohlehydraten kann nach Probekost unter pathologischen Zuständen neben den auch schon beim normalen Individuum nachweisbaren Zelluloseresten Stärke gefunden werden. Bei schwerer Kohlehydratverdauungsinsuffizienz finden sich grobe, zum Teil verkleisterte makroskopisch sichtbare Klümpchen, wie sie auf S. 193 beschrieben wurden. Geringere Stärkemengen werden vom Geübten auch im Nativpräparat leicht gefunden, das Lugolpräparat gibt einen besseren Überblick. Es handelt sich nur selten um freie, intakte Körner, meist um in Zelluloseresten eingeschlossene Stärke, und zwar zumeist Kartoffelstärke. Im Jodpräparat kann der Grad der Andauung der einzelnen Stärkepartien an ihrer Verfärbung von blau zu rot beurteilt werden. Gestattet schon die mikroskopische Untersuchung des Stuhles eine Schätzung der mit dem Stuhle ausgeschiedenen Stärkemengen, so wird diese Untersuchung noch durch den Gärungsversuch (S. 194) ergänzt werden. Einen weiteren Behelf zur Beurteilung der Kohlehydratverdauung gibt die Beobachtung der Granuloseflora, die ebenfalls bereits an anderer Stelle (S. 226) ausführlich geschildert wurde. Hier sei nur hervorgehoben, daß sich die Insuffizienz der Kohlehydratverdauung unter Umständen einzig und allein durch das Auftreten pathologisch vermehrter Granuloseflora dokumentieren kann; es handelt sich um Fälle, in welchen der grobe Abbau der Stärke normal ist, in welchen weder freie noch eingeschlossene Stärke im Lugolpräparat zu finden sind und nur die in den Granulosebakterien nachweisbaren Körnchen von Stärke bzw. von Abbauprodukten derselben auf eine wohl meist nur geringgradig mangelhafte Verdauung der Kohlehydrate aufmerksam machen. Ist im Lugolpräparat Stärke in größeren Mengen vorhanden, so ist die Granuloseflora regelmäßig reichlich vertreten. Die individuelle Fähigkeit, Stärke abzubauen, schwankt bei verschiedenen Menschen. Will man die Leistungsfähigkeit des Darmkanales in dieser Hinsicht einer genaueren Prüfung unterziehen, so legt man, dem Vorschlag STRASBURGERS folgend, zur Probediät Kohlehydrate zu; man ersetzt in zweckmäßiger Weise die 100 g Zwieback mit 250 g Milchbrötchen. Von klinisch-diagnostischen Gesichtspunkten aus hat hinsichtlich der Kohlehydratausnutzung folgendes zu gelten: pathologische Stärkereste finden sich nach SCHMIDTscher Probekost einerseits bei beschleunigter Peristaltik, z. B. bei akuten Enterocolitiden, anderseits — und dies spielt diagnostisch eine größere Rolle — bei Krankheiten, welche mit mangelhafter Diastaseabgabe in den Darm einhergehen, so vor allem bei der chronischen Pankreatitis und dem Stein- oder Tumorverschluß des Ductus pancreat., soferne durch einen Ductus accessorius nicht doch genügend Ferment in den Darm abfließt und der Verschluß eine Pankreasatrophie zur Folge hat (s. S. 88). Achylie des Magens und des Galleabschlusses hat auf die Kohlehydratverdauung keinen Einfluß. Abnorm große Stärkeverluste werden bei Gärungsdyspepsie beobachtet, bei welcher die bereits im Dünndarm angesiedelten und die übrigen Dünndarmkeime überwuchernden Gärungskeime eine Vergärung des Darminhaltes bewirken, wodurch es zu einem mangelhaften Abbau der Stärke, zu gesteigerter Peristaltik, vielleicht auch zu Resorptionsstörungen kommt. Bei allen diesen Zuständen besteht im allgemeinen nicht eine reine Insuffizienz der Stärkeverdauung allein; bei der Pankreasinsuffizienz besteht fast immer auch eine Störung der Fett- und Fleischausnutzung (Pankreasstühle: viel Fett, unverdautes Fleisch mit Muskelkernen und viele Kohlehydratreste), bei der Gärungsdyspepsie findet sich fast regelmäßig auch eine leichte Störung der Fleischverdauung, so daß sich in diesen Fällen die Erscheinungen der Gärung und Fäulnis kombinieren, ebenso wie sich auch bei einer primär mangelhaften Fleischausnutzung, wie sie die Fäulnisdyspepsie zeigt, zur Fäulnis Gärungserscheinungen hinzugesellen. Auf die Bedeutung des Ausbleibens der normalen Zelluloseandauung, bzw. Lösens ihrer Kittsubstanzen im Magensaft bei Achylie für die Gärungsdyspepsie und damit für eine schlechte Kohlehydratausnutzung (gastrogene Gärungsdyspepsie) wurde oben schon hingewiesen.

Was die Ausnutzung der Zellulose anlangt, so ist die Beurteilung der ausreichenden oder ungenügenden Verdauung aus dem Probediätstuhl im allgemeinen deshalb nicht möglich, weil die Kohlehydrate in gut aufgeschlossener Form, mit verhältnismäßig wenig und stark zerkleinerter, gekochter Zellulose gereicht werden. Geringe Störungen der Zelluloseverdauung müssen bei diesem Verfahren entgehen. CAPALDI hat, wohl von anderen Gesichtspunkten ausgehend, das folgende Verfahren angegeben:

Den Patienten werden 50 g rohe Apfel- oder Karottenstücke, die zu Würfel von $\frac{1}{2}$ cm Länge geschnitten sind, vermengt mit Apfelmus oder Kartoffelbrei unter Ausschaltung des Kauaktes schlucken gelassen. Der entsprechende Stuhl wird im Stuhlsieb auf die groben Pflanzenreste untersucht. CAPALDI fand, daß die Fähigkeit, diese rohen Pflanzenstücke zu verdauen, der Azidität des Magensaftes parallel gehe; die Methode gestattet daher einen Rückschluß auf die Magensalzsäure. Die Methodik kann sich aber praktisch deshalb nicht bewähren, da ihre Anwendung nur auf Fälle mit normaler Darmentleerung beschränkt ist und sowohl bei beschleunigter Entleerung als auch bei Obstipation versagt. Bei Achylikern mit Obstipation sind die rohen Pflanzenbestandteile nicht mehr zu finden, da die Zellulose bei entsprechend langem Verweilen im Dickdarm von den Darmbakterien gelöst wird.

Fettsubstanzen können sich nach SCHMIDTscher Probekost im Stuhle in großer Menge wiederfinden, enthält die Kost doch über 100 g Fett. Bei schwerer Störung der Fettverdauung ist diese an der weißen Verfärbung des Stuhles oder an seinem „Butterstuhl"-Charakter (s. o.) schon makroskopisch leicht erkennbar. Auf die verschiedenen mikroskopischen Erscheinungsformen von Neutralfett, Fettsäuren und Fettseifen wurde bei der Technik der chemischen Untersuchungsmethoden ausführlich eingegangen (s. S. 177). Auch die Bedingungen, unter welchen Fett im Stuhl auftritt (Pankreasinsuffizienz, Galleabschluß, Resorptionsstörungen, zu reichlicher Fettgenuß), wurden im vorstehenden behandelt.

Je nach der Art der vorliegenden Störung werden fast ausschließlich Neutralfett (Butterstühle) oder Fettsäuren und Fettseifen nach gewiesen. Bei Pankreasinsuffizienz prävaliert Neutralfett, da die bei fehlender Pankreaslipase nicht zureichende Darm(und Magen ?)lipase nicht ausreicht, das Fett zu spalten. Aus der schlechten Fettausnutzung allein kann die Pankreasinsuffizienz nicht diagnostiziert werden, es sei denn, daß ausgesprochene Butterstühle auftreten. Ist die Insuffizienz der Fettverdauung eine weniger hochgradige, so muß nach weiteren Ausfallserscheinungen der Pankreassekretion gesucht werden (Kreatorrhöe, positive Kernprobe, schlechte Kohlehydratausnutzung, eventuell Glykosurie, positive LÖWY-Phänomen usw.). Bei Gallenverschluß wird das Neutralfett von der Pankreaslipase zwar in Glyzerin und Fettsäuren gespalten und diese verbinden sich zum Teil mit dem Alkali des Duodenalsaftes zu Fettseifen, doch die Resorption bleibt wegen Gallenmangel aus (s. S. 90). Auch hier gilt das früher Gesagte, daß die Störung der Fettausnutzung keine isolierte ist. Bei den Fettstühlen des Mb. BASEDOWII ist das Fett im Stuhl meist gespalten, auch bei Sprue finden sich vorwiegend Fettsäuren und Fettseifen in Nadeln und Schollen. Die Verdauung von freiem nicht in Bindegewebe eingeschlossenem Fett ist bei Magenkrankheiten im allgemeinen nicht gestört. Bei Enteritiden und Dyspepsien verschiedener Art ist die Fettausnutzung meist etwas verschlechtert, bei akuten Durchfällen wird häufig Neutralfett in größerer Menge gefunden. Leichtere Fettverdauungsinsuffizienzen können unter Umständen nach Verabreichung SCHMIDTscher Probekost entgehen, weshalb SALOMON und v. NOORDEN in solchen Fällen eine Diabetikerhaferdiät als Probekost empfehlen. Diese ist folgendermaßen zusammengesetzt: 250 g Hafermehl in Suppenform eingerührt in 300 g Butter, verteilt in fünf bis sechs Portionen über einen Tag.

Mit der SCHMIDTschen Probediät, welche alle Verdauungsfunktionen des Magendarmkanales in gleicher Weise in Anspruch nimmt, und zwar in einem Maße, wie es ungefähr einer Normalkost entspricht, gelingt es also wenigstens in vielen Fällen, die verschiedenen Ausnutzungsstörungen zu differenzieren, die einzelnen gestörten Komponenten als solche, bei gleichzeitiger Störung verschiedener Verdauungsfaktoren, die Hauptstörung und damit mit größter Wahrscheinlichkeit den Ausgangspunkt der Verdauungsinsuffizienz zu erkennen und auf diese Weise auch den Krankheitssitz zu bestimmen. Statt die Fermente einzeln aufzusuchen und ihr Fehlen oder ihren Mangel auf quantitativem Wege zu bestimmen, wie dies im Kapitel über die Technik der Fermentbestimmungen dargelegt wurde, wird hier durch die Stuhluntersuchung das Verdauungsergebnis näher analysiert und auf diesem physiologischen Weg ein Urteil über die einzelnen Komponenten des Verdauungsapparates gewonnen. Dies ist der eine Zweck der Untersuchung des Probediätstuhles. Mit ihm wird aber noch ein zweiter, nicht weniger wichtiger, in therapeutischer Hinsicht verfolgt und erreicht; denn, wenn nicht allzu komplizierte, ineinandergreifende und sich überdeckende Verdauungsstörungen verschiedener Art vorliegen, so gibt diese Stuhluntersuchung einen deutlichen Anhaltspunkt, welche Nahrungsmittel im gegebenen Falle nicht vertragen werden und welche Diätformen daher angewendet werden sollen. Ist, wie bei der idiopathischen Gärungs- oder Fäulnisdyspepsie, die fehlerhafte oder fehlende Verdauung eines bestimmten Nährstoffes die primäre Ursache für die Darmaffektion, so kann ein therapeutischer Erfolg nur auf einem diätetischen Weg erzielt werden, auf den durch das SCHMIDT-STRASBURGERsche Verfahren gewiesen wird. Das Ergebnis der Stuhluntersuchung führt nicht nur zur Diagnose, sondern auch unmittelbar zur richtigen kausalen diätetischen Therapie. In anderen Fällen, in welchen wegen Mangel eines bestimmten Verdauungssekretes ein bestimmtes Nahrungsmittel nicht verdaut wird, weist die Stuhluntersuchung doch wenigstens den richtigen Weg für eine symptomatische diätetische Therapie (z. B. beim Gallengangsverschluß).

Dem Einwand gegen das SCHMIDTsche Verfahren, daß der Nachweis, welche Nahrungsmittel der Patient verdauen könne, nicht so wichtig sei als die Kenntnis, wie er die von ihm in gewohnter Weise genossenen Kostformen vertrage, können wir keine wesentliche Bedeutung beimessen. Nach den vielfachen Erfahrungen, die wir gleich anderen mit dieser erprobten Methode gemacht haben, wird mit dem SCHMIDTschen Verfahren die Art der Verdauungsstörung in den meisten Fällen ohne Schwierigkeit aufgedeckt, es sei denn, daß die Störung so geringfügig ist, daß sie nur mit einer gröberen Belastung des Magendarmkanals erkannt wird. Wir kommen auch hier zum Ziele, wenn, wie wir es eingangs verlangt haben, auch vor der Verabreichung der Probekost eine Stuhluntersuchung vorgenommen wird. Der negative Befund nach SCHMIDTscher Probekost erlaubt in diesem Falle wohl nur insoferne eine Schlußfolgerung, als die vorliegende Störung als eine leichte zu betrachten ist. Durch die von AD. SCHMIDT und seinen Schülern angegebenen oben erwähnten weiteren Belastungsverfahren (Belastung mit Butter usw.) wird auch in diesen Fällen eine feinere Differentialdiagnose gelingen.

Das Kapitel soll nicht ohne den Hinweis geschlossen werden, daß die einmalige Untersuchung des Stuhles auf Nahrungsreste häufig nicht ausreicht, daß die Untersuchung nach einigen therapeutischen Versuchen mit entsprechender Diät wiederholt werden muß und daß bei komplizierten Verdauungsanomalien die primäre Störung oft erst nach wiederholter Stuhluntersuchung bei verschiedenen Diätformen erkannt wird. Es muß auch betont werden, daß das Resultat der Stuhluntersuchung beim Gesunden nicht immer gleich ausfällt; geringe Abweichungen von der Norm können daher nur unter Berücksichtigung des ganzen Zustandsbildes und erst nach wiederholter Untersuchung als pathologisch aufgefaßt werden. Beim kranken Individuum mit mangelhafter Nahrungsausnutzung schwankt der Grad derselben noch mehr, so daß die Schwere der Störung aus einer Stuhluntersuchung nur mit größter Vorsicht beurteilt werden darf. Die Dinge liegen doch verwickelter, als daß der in diesen Fragen Ungeübte aus einer einmaligen Untersuchung des Stuhles nach einer SCHMIDTschen Probekost unmittelbar verwertbare Resultate erhielte. Und in diesem Sinne muß v. NOORDEN unbedingt beigepflichtet werden, der in der Gewohnheit, Patienten in häuslicher Praxis auf „Probekost“ zu setzen und sich dann aus dem Analysenresultat, welches ein medizinisch-diagnostisches Institut liefert, die funktionelle

Diagnose und die sich daraus ableitende Therapie gleichsam diktieren zu lassen, eine ergiebige Quelle schlimmer und folgenschwerer Folgen erblickt. „Das Verfahren hat nicht den Rang einer einfachen Reaktion, wie z. B. der Nachweis von Zucker, Eiweiß, Bilirubin usw., sondern ist nur in der Hand und unter der Beurteilung des durchaus Geübten Quelle sicherer Erkenntnis." Immerhin soll unserer Meinung nach die Untersuchung des Stuhles auf Nahrungsausnutzung nicht der Klinik vorbehalten bleiben, auch der Praktiker, der über ausreichende Kenntnis der Verdauungsphysiologie und -Pathologie und über ein Mikroskop verfügt, gewinnt in vielen Fällen wertvolle diagnostische und therapeutische Hinweise. Vertrautheit mit den mikroskopischen Stuhlbildern, mit der Materie überhaupt sind freilich Voraussetzung. Wir nähern uns mit dieser Auffassung dem Urteile von Ad. Schmidt, der die Funktionsprüfung nicht als eine Laboratoriumstechnik, sondern als eine klinische Untersuchungsmethode, die sich in der Praxis Eingang verschaffen soll und muß, aufgefaßt wissen wollte.

Die Technik der Untersuchung der Protozoen

Von

Ernst Preissecker

Die Untersuchung des Nativpräparates

Die native Untersuchung muß auch hier als die einfachste und zugleich wichtigste Methode bezeichnet werden; denn nur auf diese Weise läßt sich ein Aufschluß über die vitalen Eigenschaften, über Bewegung und andere Lebensvorgänge erhalten. Für die Diagnose ist die Anfertigung des Nativpräparates oft von ausschlaggebender Bedeutung. Doch sei vorweg genommen, daß die native Untersuchung einige Übung voraussetzt; es werden mitunter nur kurze Augenblicksbilder sein, die uns für die Beobachtung zur Verfügung stehen. Je geübter der Beobachter im Gebrauch der Irisblende und in der Einstellung des Beleuchtungsapparates ist, desto mehr wird er an der Protistenzelle erkennen können. Auch das feinere Strukturbild ist Gegenstand der Untersuchung im Nativpräparat. Dieses Strukturbild kommt nicht in derselben Weise zustande, wie das Bild des gefärbten Objektes, bei dem die Absorption der durch das Objekt gehenden Strahlen das Farbenbild entstehen läßt, sondern durch Diffraktion der durchgehenden Lichtstrahlen. Je größer die Differenzen im Lichtbrechungsvermögen der einzelnen Elemente sind, desto ausgeprägter, kontrastreicher wird das Strukturbild der Zelle erscheinen. Nach optischen Gesetzen werden diese Differenzen größer sein, wenn die Lichtstrahlen parallel durch das Objekt dringen, als wenn sie kegelförmig durch den Beleuchtungsapparat gesammelt werden. Das erreicht man entweder durch Ausschalten des Abbeschen Beleuchtungsapparates, ein Vorgang, der jedoch mit zu großem Lichtverlust verbunden ist, oder aber durch enges Zuziehen der Blende, wobei wir auch die Tiefenschärfe erhöhen. Die Auflösungs*kraft* nimmt dabei aber ab. Es ist hier vielleicht angebracht, einige Worte über die Technik des Mikroskopierens bei nativer Untersuchung zu sagen, da die richtige Handhabung der einzelnen Hilfsapparate des Mikroskops die Diagnose wesentlich erleichtert. Besonders für den Anfänger ist die richtige Handhabung von größter Wichtigkeit. Man verwendet eine möglichst starke Lichtquelle, denn nur so wird das Gesichtsfeld trotz kleinster Blende hell genug bleiben. Die Tiefenschärfe hängt von der Blendengröße ab und ist bei den in verschiedenen Ebenen sich bewegenden Objekten ausschlaggebend. Da die meisten Protozoen genügend groß sind, um mit stärkeren Trockenobjektiven gesehen zu werden, ist es sehr ratsam, zuerst mit Objektiven von 16 mm Brennweite abwärts zu beginnen und erst nach dieser Orientierung 4 mm Objektive oder Ölimmersion einzuschalten. Trotz enger Blende ist ein dauerndes Spielenlassen der Mikrometerschraube nicht zu umgehen und wenn man noch bedenkt, daß manchmal ein ständiges Wechseln des Gesichtsfeldes nötig ist, um das entlaufende Tierchen wieder einzuholen, so erkennt man, daß nur Übung diese mannigfachen Funktionen von zwei Händen ausführen lassen kann. Es sei auch an dieser Stelle erwähnt, daß für solche Zwecke verschiebbare Objekttische entbehrlich sind, da die Protistenzelle nicht nur in der Abszissen- oder Koordinatenachse davonschwimmt, sondern auch andere Richtungen einschlägt und nur eine Hand zum Verschieben des Präparates nach allen Richtungen zur Verfügung steht, während die andere auf der Mikrometerschraube ruht. Im allgemeinen aber ist die Ausrüstung des Mikroskopes mit einem Kreuztisch oder dergleichen sehr empfehlenswert; für Arbeiten bei ruhenden Objekten unbedingt nötig. Beim Absuchen des Präparates, dies gilt auch für andere Zwecke, ist die Verwendung einer quadratischen Okularblende empfehlenswert.

Wir können Stuhlproben im einfachen Deckglaspräparat, im hängenden Tropfen, im Quetsch- und Zupfpräparat untersuchen. Das einfache Deckglaspräparat stellen wir in der Weise her, daß wir auf den gut gereinigten Objektträger einen Tropfen der zu untersuchenden Flüssigkeit bringen und mit einem Deckglas bedecken. Ein zu großer Tropfen wird das Deckglaspräparat zu dick machen, die Flüssigkeit wird an den Rändern hervorquellen und das Deckglas zum Schwimmen bringen. Ein zu kleiner Tropfen wird durch kapillare Saugwirkung das Deckglas an den Objektträger zu stark anpressen und obendrein den Raum nicht ausfüllen. Die Größe des Tropfens zu finden, ist Übungssache. Manchmal läßt sich der Fehler korrigieren, indem man bei dem zu großen Tropfen mit Filterpapier Flüssigkeit vom Rande absaugt, bei zu kleinem Tropfen Flüssigkeit an den Rand bringt und durch Kapillarwirkung einsaugen läßt. Von diarrhöischen Stühlen kann man ohne Zugabe von Verdünnungsflüssigkeit Präparate anfertigen, die die Bewegungen der Protozoen ungehindert erscheinen lassen. In anderen Fällen ist es aber nötig, das Medium dünnflüssiger zu machen. Man erreicht dies durch Zusatz von einem oder mehreren Tropfen physiologischer Kochsalzlösung. Wasser ist auf jeden Fall zu vermeiden, da es die Protozoen schädigt, eventuell sogar abtötet. Handelt es sich um eine Untersuchung von schnell beweglichen Tierchen, z. B. Flagellaten oder Ziliaten, so ist ein zäheres Medium empfehlenswert, um die allzu schnelle Bewegung zu hemmen. Es genügt eine geringe Menge von Gelatinezusatz, um die Viskosität zu steigern. Auch Alga-Carrageen, in Drogerien käufliche Meeresalgen, werden von Hartmann für diese Zwecke empfohlen. Diese Algen quellen bei Flüssigkeitszusatz schleimig auf, machen die Flüssigkeit zähe und verlangsamen auf diese Weise die Bewegung der zu untersuchenden Protozoen. Übt man mit Absicht einen Druck auf das unter dem Deckglas liegende Untersuchungsmaterial aus, so spricht man von einem Quetschpräparat. Bei Untersuchung von Stühlen, die ja meist nicht homogenisiert sind, wird das Quetschpräparat das gebräuchlichste sein. Einzelne Stuhlpartikelchen, die ohne Zerquetschung undurchsichtig erscheinen würden, werden so unserer Untersuchung zugänglich. Schleimfetzchen können durch Druck ebenfalls flächenhaft ausgebreitet werden. Breitet man aber solche Schleimfetzchen oder Membranen schon vor dem Auflegen eines Deckglases aus, und zerteilt dieselben vorsichtig mittels zweier Präpariernadeln, so sprechen wir von Zupfpräparaten.

Zur Herstellung des Präparates im hängenden Tropfen benötigt man einen hohl geschliffenen Objektträger und ein peinlich sauberes Deckglas. Mittels einer Öse oder einer Kapillare wird ein Tropfen des zu untersuchenden Materials, möglichst verdünnt, auf die Mitte des Deckglases gebracht und das Deckglas auf eine horizontale Fläche gelegt. Der Objektträger wird am Höhlungsrande mit Vaselin eingefettet, umgedreht und so über das Deckglas gelegt, daß der Tropfen in die Mitte der Höhlung zu liegen kommt. Ein sanfter Druck auf den Objektträger bewirkt ein inniges Anpressen des Deckglases. Mit raschem Griff wird das Präparat umgedreht. Es ist besonders wichtig, darauf zu sehen, daß der Tropfen zentral liegt, damit er nicht mit der Wand des Ausschliffes in Berührung kommt, weil er sonst sofort an dieser hinabfließen würde. Weiters ist der vollkommen luftdichte Abschluß unbedingt nötig. Wenn die Kammer nicht vollkommen dicht ist, wird ein ständiger Austausch von Feuchtigkeit zwischen Flüssigkeit und Luft stattfinden, der Tropfen wird nie zur Ruhe kommen und die Untersuchung äußerst erschwert sein. Ist die Vaselinabdichtung vollkommen, so ist die eingeschlossene Luft bald mit Wasserdampf gesättigt und die durch Oberflächenverdunstung hervorgerufene Bewegung zum Stillstand gekommen. Da das Eindrücken des Präparates durch das Niederschrauben des Objektives bei einem ungeübten Beobachter nicht selten vorkommt, ist es ratsam, zuerst mit einem schwachen Objektiv auf den Deckglasrand scharf einzustellen und dann erst durch Verschieben des Präparates über den Tropfen selbst zu gelangen. Die Untersuchung im hängenden Tropfen wird nur dann in Betracht kommen, wenn es sich um einen relativ klaren flüssigen Stuhl oder eine entsprechende Aufschwemmung handelt. Sie ist dann besonders wertvoll, wenn wir Entwicklungsvorgänge an einem bestimmten Objekt, etwa Kokzidienzysten, studieren wollen.

Anschließend an die Untersuchung im nativen, ungefärbten, Präparat sei auf eine Untersuchungsart eingegangen, die eine Mittelstellung zwischen nativer Untersuchung und Vitalfärbung einnimmt. Es ist die sogenannte Eosinmethode und die Untersuchung in Jodlösung. Da sich Protozoen, solange sie am Leben sind, mit Eosin nicht anfärben, ist diese Art nicht als Vitalfärbung zu bezeichnen. Sind im Stuhl nur vereinzelte Parasiten vorhanden, die mit relativ geringer Vergrößerung schon gut sichtbar sind, so leistet die Untersuchung eines Eosinpräparates bei der Auffindung der Mikroorganismen gute Dienste. Das Präparat wird in der Weise hergestellt, daß man ein klein wenig Fäzes auf dem Objektträger mit einem Tropfen einer 2%-Eosinlösung gut vermischt. Auch $^{1}/_{2}$% von Thioninblau (Höchst) ist für diesen Zweck geeignet. Hier färben sich jedoch zelluläre Elemente anderer Art an. Es wird ein Deckglas aufgelegt und mit schwacher Vergrößerung eingestellt. Ist das Präparat im durchfallenden Licht (am besten über ein beleuchtetes weißes Papier gehalten) dunkelrosa oder noch dunkler gegen das Rot hin gefärbt, so ist es zu dick und nicht gut brauchbar. Bei der Durchsicht sieht man eine rot gefärbte Fläche, und ungefärbte oder in der Komplementärfarbe, also zart grün erscheinende Stellen. Diese ungefärbten Stellen können nun folgendes sein: Entweder handelt es sich um Luftblasen, Fetttröpfchen oder Kristalle, alles leicht zu erkennen, oder um Pflanzenreste und Stärkekörnchen, die bei einiger Übung ebenfalls leicht zu diagnostizieren sind, oder aber um lebende Darmzellen (Leukozyten und Epithelien), Wurmeier, Larven, Würmer, oder um lebende Protozoen. Nur lebende Protozoen färben sich nicht mit Eosin. Man kann den Moment des Absterbens in Eosinpräparaten gut beobachten. Meist wird zuerst der Kern rot und später nimmt auch das Protoplasma leichte Färbung an. Die Eosinlösung ist für Protozoen nur wenig schädlich, Flagellaten und Amöben bleiben lange Zeit darin am Leben. Zysten lassen sich bequem durch ihre stark lichtbrechende Wand unterscheiden. Die Untersuchung im Eosinpräparat gehört zu den wichtigsten Methoden, wenn es sich um das Aufsuchen relativ spärlicher Protozoen handelt. Sie ist die Methode der Wahl. In jüngster Zeit ist von SEYDERHELM eine hochkolloidale Farbstofflösung angegeben worden, die die Erscheinungen, wie wir sie im Eosinpräparat sehen, noch viel mehr hervortreten läßt, da die Färbung der abgestorbenen Zellen viel prägnanter erscheint. Ursprünglich für Sediment[1] und Sekretuntersuchung angegeben, habe ich sie im verdünnten Stuhlpräparat versucht und die ausgezeichnete Verwendbarkeit auch hier bestätigt gefunden. Diese Lösung besteht aus einem Gemisch der beiden hochkolloidalen Farbstoffe Kongorot und Trypanblau und wird von der chemischen Fabrik Passek & Wolf, Hamburg 26, in den Handel gebracht. Die Anwendung geschieht in derselben Art wie bei der Eosinmethode.

Untersuchungen in Jodlösung. Wie bei der Eosinmethode, wird auch hier ein klein wenig Stuhl mit einem Tropfen der WEIGERTschen Lösung innig vermischt (Jod 1, Kalium jodatum 2, Aqua dest. 100). Kerne, aber auch Geißeln, werden gut sichtbar. Bei vollständig geöffneter Blende kann man im Jodpräparat nicht viel unterscheiden (die Jodlösung ist eben kein wirklicher Kernfarbstoff). Man muß die Blende stark zuziehen, um gute Strukturen zu bekommen. Scheinbar verändert das Jod den Brechungskoeffizienten der einzelnen Zellbestandteile. Da Kern und Plasma verschiedene Lichtbrechung aufweisen, ist die Behandlung mit der WEIGERTschen Jodlösung besonders für das Auszählen der Kerne in den Amöbenzysten gut geeignet. Glykogen, das in den Vakuolen der Zysten manchmal vorkommt, färbt sich mit der Jodlösung rotbraun, die von den Amöben etwa phagozytierten Stärkekörnchen blauschwarz. Flagellaten werden in der Jodlösung fast augenblicklich abgetötet.

Der heizbare Objekttisch leistet bei Nativuntersuchung oft ausgezeichnete Dienste. LÖWIT hat einen solchen Tisch konstruiert, der für solche Untersuchungen vollkommen genügt. Die Erwärmung des Tisches und somit auch des Objektes wird durch Zufluß von heißem Wasser bewirkt. Der Tisch selbst besteht aus einer Metallplatte, die von einem Netz von Röhren durchzogen ist, durch die das warme Wasser zirkuliert. Ein Thermometer am oberen Rande des Tisches läßt die jeweilige Temperatur ablesen. Im Zentrum dieses Tisches befindet sich ein kleines Kondensorsystem, so daß eine Untersuchung auch mit stärksten optischen Systemen möglich ist. Zur Beschickung der Wärmevorrichtung mit heißem Wasser hatten SPIETSCHKA und KRAUS einen Erwärmungsapparat angegeben. Der Wärmekasten nach PFEIFFER, in den das ganze Mikroskop hineingestellt wird und aus dem nur Okular- und Mikrometerschraube herausragt, wird wohl meist entbehrlich sein.

Native Dauerpräparate

Präparate im natürlichen Medium oder in physiologischer Flüssigkeit sind der Verdunstung preisgegeben und nur ganz kurze Zeit haltbar. Man hat daher versucht, natives Material in schwer oder nicht verdunstbare Medien einzuschließen. Bedingung für solche Medien ist, die Objekte nicht zum Schrumpfen zu bringen. Die Objekte können in diese Einschlußmittel aus dem Stuhl direkt oder aus der Verdünnungsflüssigkeit heraus eingelegt werden. Sollen die Präparate

[1] E. PREISSECKER: Zur Erkennung der frischen Entzündung im Harnsediment. Wien. Klin. Wochenschr. 1927. Nr. 27.

nicht gequetscht werden, so legt man kleine Streifchen von Papier oder mit dem Mikrotommesser in entsprechender Dicke geschnittene Scheibchen von Kork oder Hollundermark zwischen Deckglas und Objektträger, möglichst weit dem Rande zu, aber ohne daß diese Zwischenlagen das Deckglas überragen. Das Deckglas wird dadurch gehindert, einen Druck auf die Objekte auszuüben. Ein Verschluß der Präparate mit einem Lackring ist meist wünschenswert. Von Einschlußmedien zur Anfertigung von Dauerpräparaten kann man im großen ganzen zwei Gruppen unterscheiden, je nachdem sie mit Wasser mischbar oder unmischbar sind. Für die Zwecke der Stuhlpräparate kommen nur die Medien der ersten Gruppe in Betracht. Zu dieser gehören Glyzerin, Gummisirup, Lävulose und Gelatine. Insoweit speziell protozoäre Elemente in Betracht kommen, wird, abgesehen von widerstandsfähigeren, wie Kokzidienzysten usw., wohl nur vorher fixiertes Material in Betracht kommen.

Glyzerin. Der Einschluß in Glyzerin war früher sehr beliebt, hat aber seine Verbreitung eingebüßt, weil es schwer ist, einen guten Abschluß der Präparate zu erzielen. Auch das „Schwimmen" der Objekte im Präparat bei Neigung des Mikroskopes, sei es zur bequemeren Untersuchung oder zur Mikrophotographie bei liegendem Mikroskop, ist unangenehm.

Zum Einschluß bringt man einen Tropfen des flüssigen Materials auf den Objektträger, saugt das überschüssige Wasser (physiologische Kochsalzlösung) mit Filtrierpapier ab, bringt einen Tropfen Glyzerin dazu und legt unter Vermeidung von Luftblasen ein Deckglas auf. Soll das Präparat aufgehoben werden, so muß es umrandet werden (s. später). Am meisten gebraucht wird gegenwärtig

Glyzeringelatine. Der Vorzug vor Glyzerin besteht darin, daß Glyzeringelatine fest wird.

Herstellung: Man legt 7 g feinste Gelatine 2 Stunden lang in der 6fachen Menge destillierten Wassers ein, setzt 50 g reinstes Glyzerin hinzu und kann zu dieser Mischung je nach Bedarf noch 1 g konzentrierte Karbolsäure fügen; sodann wird die ganze Mischung unter stetem Umrühren 10 bis 15 Minuten erwärmt, bis die Flüssigkeit völlig klar geworden ist und schließlich wird durch angefeuchtete Glaswolle oder durch Filtrierpapier heiß filtriert. Glyzeringelatine ist in guter Qualität fertig käuflich.

Da Glyzeringelatine bei Zimmertemperatur fest ist, muß sie zum Gebrauch verflüssigt werden. Entweder kann man das ganze Fläschchen erwärmen und mit einem Glasstab einen oder mehrere Tropfen mit dem auf dem Objektträger befindlichen Material vermischen und mit einem Deckglas bedecken, oder man schneidet sich aus der festen Masse kleine Würfelchen heraus, bringt ein solches auf einem Deckglas durch vorsichtiges Erwärmen zum Schmelzen, dreht rasch um und legt den hängenden Tropfen auf das Präparat, wo sich die Masse schnell ausbreitet und erstarrt. Luftblasen werden leichter vermieden, wenn man die erstere Methode anwendet. Haben sich dennoch in das Präparat Luftblasen eingeschlichen, so muß man sich bemühen, diese noch vor dem Erstarren der Masse mit einer feinen Nadel oder einem Roßhaar zu entfernen. Sie haben hier den Nachteil, nicht wie bei Kanadabalsam von selbst zu verschwinden.

Es kommt öfters vor, daß sich die in Glyzeringelatine aufbewahrten Präparate nach längerer Zeit beschlagen, oder bei zufälligem Hineinkommen von Xylol oder dergleichen sofort trüb werden. Dies kann man durch Versehen der Präparate mit einem Lackring vermeiden.

Bei Präparaten, in denen die Objekte leicht schrumpfen, muß die Glyzeringelatine ohne Karbolzusatz verwendet werden; sonst ist der Zusatz aber empfehlenswert.

Das Gemisch von HOYER[1] kann man zur Herstellung von vital gefärbten Dauerpräparaten verwenden. Es besteht aus einer Mischung von arabischem Gummi und

[1] Biol. Zentralbl., 2. 1882.

einer mehrprozentigen Chloralhydratlösung, der 5 bis 10% Glyzerin hinzugesetzt werden. Dieses Gemisch wird aber wenig gebraucht. (Für Karmin- und Hämateinfarben.)

Von den wässerigen Einschlußmedien ist noch die Lävulose zu erwähnen, die für spezielle Zwecke, z. B. Amyloidfärbung, gebraucht wird.

Man rührt 30 g Fruchtzucker mit 20 ccm Wasser an und läßt ihn 24 Stunden bei 37° stehen. Die Lösung soll ganz dick sein.

APATHYs Gummisirup wird auf dem Wasserbad aus 50 g reinem Gummi arabicum, 50 g Rohrzucker, 50 ccm 1%iger Formaldehydlösung hergestellt.

Umranden: Vorbedingung einer guten Umrahmung und eines dauerhaften Verschlusses ist, daß Objektträger und Deckglas, wenigstens soweit sie von Kitt bedeckt werden sollen, rein und trocken sind. Nach Möglichkeit soll ein Hervorquellen der Masse vermieden werden. Sonst ist bei Glyzeringelatine diese Reinigung nur mit Vorsicht vorzunehmen. Am besten umfährt man den Rand des Deckglases mit einer Nadel oder einem Messerchen und trennt auf diese Weise die ausgetretene Gelatine ab, streut dann Talkum oder Kreidepulver um das Deckglas und verreibt das Pulver mit einem steifen Pinsel so lange, bis die Stelle trocken ist. Dann haften die Kitte einwandfrei. Das Auftragen der zähflüssig gemachten Mittel geschieht mit einem nicht zu weichen Pinsel. Umrahmungsmittel, die erwärmt werden müssen, werden noch besser so aufgetragen, daß man das Ende eines Drahtes in die Form eines gleichseitigen Dreiecks bringt, dessen Seitenlänge etwas größer als die des Deckglases ist. Die eine Kante des Drahtes wird in das flüssig gemachte Mittel eingetaucht und vom Deckglas herab über die Deckglasstufe nach außen auf den Objektträger gestrichen, so weit, als man den Lackring breit haben will. Verfährt man so auf allen vier Seiten, so ist der Verschluß fertig.

Eine Methode, die wir in letzter Zeit häufig üben, ist die von KOVACS angegebene.

Wenn man eine gewöhnliche, nicht zu dünnwandige Eprouvette am äußersten Teil der Kuppe vorsichtig über einer Gasflamme erwärmt und gleichzeitig vom Innern der Eprouvette aus mittels einer dünnen Präparier- oder Stricknadel ganz an der Seite der Kuppe auf dieselbe einen leichten Druck ausübt, so bildet sich daselbst eine Ausstülpung. Diese wird nun durchbohrt, wobei nur zu beachten ist, daß das Bohrloch nicht mehr als 1 mm Durchmesser hat. Falls die Öffnung etwas zu groß geworden ist, läßt sie sich in der Flamme wieder einschmelzen. Die so umgearbeitete Eprouvette wird mit der Einschlußmasse gefüllt und diese behufs gleichmäßiger Verteilung flüssig gemacht; beim folgenden Erstarrungsprozeß soll das Paraffin, beziehungsweise die APÁTHYsche Masse, die Wände möglichst gleichmäßig auskleiden, was durch Drehen der schief gehaltenen Eprouvette ohneweiters möglich ist.

Die Handhabung des Apparates ist folgende: Man erwärmt vom unteren Ende des Umrahmungsmassebelages so viel, als man jeweilig benötigt. Hiebei ist zu beachten, daß die Bohrung der Eprouvette beim Erwärmen nach oben sieht, da sonst unnötig Material verloren geht. Hat man auf diese Art genügend flüssige Umrahmungsmasse gewonnen, so streicht man, mit der Bohrung nach unten in einem Winkel von 20 bis 30°, die aus dem Bohrloch ausrinnende Umrahmungsmasse längs des Deckglasrandes auf.

Wie die praktische Erfahrung in unserer Klinik gezeigt hat, ist mit der beschriebenen einfachen Vorrichtung die Herstellung von guten und gleichmäßigen Einschlußpräparaten jedenfalls in kürzerer Zeit als mit den sonst gebräuchlichen Methoden möglich.

Zur Umrahmung der Präparate verwenden wir folgende Mittel:

Kanadabalsam. Er wird in Terpentinöl bis zu sirupdicker Konsistenz gelöst. Diese Mischung kann man mit einem Glasstäbchen entlang dem Deckglas auftragen.

Apáthy nimmt zum Umranden eine Mischung von Paraffin (60° Schmelzpunkt) und trockenem Kanadabalsam. Gleiche Teile dieser Substanzen werden in einer Porzellanschale geschmolzen und vermischt.

Krönigscher Lack. 2 Teile Wachs werden geschmolzen, dazu wird stückweise Kolofonium (7 bis 9 Teile) gegeben. Unter Umrühren wartet man die völlige Lösung ab. Hernach wird durch Gaze heiß filtriert.

Wachskerzchen. Wenn andere Einschlußmittel fehlen, sind Wachskerzen gut zu verwenden. Man zündet sie an, löscht sie nach kurzem Brennen wieder aus und streicht nun mit dem Docht, an dem das geschmolzene Wachs herunterläuft, rasch an den Kanten des Deckglases entlang. Der Wachsrahmen kann später gefirnißt werden.

Zum Firnissen der Umrahmungen benutzt man am besten Bernsteinlack oder Asphaltlack, beides bei Grübler in Leipzig zu kaufen.

Vitalfärbung

Diese in letzter Zeit immer mehr und mehr an Boden gewinnende Untersuchungsart verdanken wir Paul Ehrlich. Die Frage, ob der Farbstoff wirklich vom Protoplasma der Zelle gebunden werde, ob die vitale Färbung ein chemischer Vorgang sei oder physikalischen Gesetzen folge, ist wohl dahin entschieden, daß es eine rein vitale Färbung gibt. Wir haben Farbstoffe, die ohne wesentliche Schädigung in das Protoplasma eindringen. Die Versuche Arnolds beweisen, daß intravital gefärbte Leukozyten noch Tuschkörnchen phagozitieren, also unveränderte Vitalität zeigen. Lange Zeit ist die Färbbarkeit lebender Substanz negiert worden. Die tingierten Einschlüsse wurden als tote apoplasmatische Stoffe bezeichnet, zum Teil auch als Niederschläge, die durch Verbindung des Farbstoffes mit dem Zelleiweiß entstanden sein sollten. Prowacek und Nierenstein, dann Fischl, haben aber diese Einwände entkräftet. Viele Zelleinschlüsse, die von manchen Autoren als Kunstprodukte bezeichnet worden waren, sind als vital färbbar, also als echt erkannt worden. Groß ist auch der physiologische Wert der Vitalfärbung. So wurde erkannt, daß die Granulationen des Entoplasmas in innigem Zusammenhang mit der Assimilation und Verdauung stehen, daß bei manchen Infusorien regionär das gerade lokomotorisch beanspruchte Protoplasma sich färbte, man lernte reduktive und oxydative Funktionen der Zellen kennen und vieles mehr. Die Anzahl der Farbstoffe, die sich zur Vitalfärbung eignen, ist nicht groß. Der älteste Farbstoff ist das Neutralrot. Es wird in Verdünnungen von 1 : 1000 und darüber benützt. Saure Zellelemente werden kirschrot, alkalische gelbrot gefärbt. Ähnlich wirkt das Neutralviolett. Es ist aber giftiger. Ein weiterer Farbstoff ist das Bismarckbraun (Vesuvin, Manchesterbraun). Es wird in einer Verdünnung von 1 : 10.000 und darüber verwendet (Brandt empfiehlt 1 : 3000). Das Protoplasma wird gelblich, Granulationen werden rotbraun gefärbt. Das rektifizierte Methylenblau ist wenig giftig und färbt in schwach alkalischer Lösung plasmatische Einschlüsse ziemlich intensiv. Zusatz von organischen Säuren verhindert die Färbung (Prowacek). Azur I und Azur II wird zur Vitalfärbung der Spirochäten benützt. Eine ganz ausgezeichnete Vitalfärbungsmethode ist die Verwendung der bekannten Giemsaschen Lösung. Zu dem fertigen Deckglaspräparat wird ein kleiner Tropfen der unverdünnten Stammlösung gesetzt.

Die Methodik der Vitalfärbung ist sehr einfach. Entweder kann man, wie eben erwähnt, einen Tropfen der Farbflüssigkeit an den Rand des Deckglases bringen und ihn dort einsaugen lassen, was man durch Absaugen von Flüssigkeit auf der gegenüberliegenden Seite durch Filtrierpapier beschleunigen kann, oder man kann nach NAKANISHI[1] den Objektträger mit der heißen Farblösung bestreichen, diese eintrocknen lassen und mit einem Tuch abwischen, bis der gewünschte Farbton erzielt ist und dann ein gewöhnliches Nativpräparat darüber machen, oder man kann auch den nicht eingetrockneten Farbtropfen mit dem zu untersuchenden Material vermischen und dann mit einem Deckglas versehen. Auch die Färbung im hängenden Tropfen wurde vorgenommen.[2]

Dunkelfeldbeobachtung

Die Dunkelfeldbeobachtung ungefärbter Objekte, die durch ihre Bewegung leicht auffallen, wird in letzter Zeit immer mehr und mehr geübt; doch sei gleich vorweggenommen, daß diese Untersuchungsart für Stuhlpräparate nicht von der gleichen Bedeutung sein kann, wie für die Untersuchung etwa des Blutes oder des Serums. Um dies verständlich zu machen, seien ein paar Worte über die Entstehung des Dunkelfeldes gesagt.

Während beim gewöhnlichen Mikroskopieren die Lichtstrahlen im Zentrum und in einem gewissen Ausmaß bis zum Rand der Kondensoröffnung zum Objekt gelangen und von dort vom Objektiv aufgenommen werden, werden bei der Dunkelfeldeinrichtung nur die Randstrahlen bis zur Präparatebene durchgelassen, während die zentralen Strahlen durch eine Zentralblende oder sonstige Einrichtungen abgehalten werden. Ist kein Präparat am Objekttisch, so werden die Randstrahlen vom Objektiv nicht aufgenommen, da sie zu beiden Seiten wegstrahlen. Wird nun ein Medium mit korpuskulären Elementen in den Strahlengang geschaltet, so werden durch Beugung die früher außerhalb der Frontlinse gelegenen Strahlen in das Linsensystem gelenkt. Jedes einzelne Körnchen im Präparat hellt auf diese Weise das Dunkelfeld auf. Findet sich nur wenig beugende Substanz, z. B. Zellen mit Spirochäten in dem Präparat, so werden diese hell erleuchtet im dunklen Grund erscheinen. Bei Stuhlpräparaten ist es nicht möglich, nur wenig lichtbeugende Elemente ins Präparat zu bekommen. Die vielen Nahrungsbestandteile usw. werden jedes für sich eine kleine Lichtquelle darstellen, so daß der Untergrund aufgehellt wird, und der eigentliche Zweck des Dunkelfeldes, die Kontrastwirkung, illusorisch geworden ist. Bei Verwendung eines gewöhnlichen Kondensors und Einschaltung einer Zentralblende wird man weniger gut beobachten können als bei Verwendung des Paraboloidkondensors von SIEDENTOPF oder des Kardioidkondensors von ZEISS oder auch des konzentrischen Spiegelkondensors von JENTSCH. REICHERT hat einen Spiegelkondensor angegeben, der in der Kombination mit einer drehbaren Scheibe, die eine Anzahl verschieden großer Blenden, ferner eine Mattscheibe und eine plankonvexe Linse besitzt, sehr praktisch ist. Der größte Vorteil dieses Universalkondensors ist die Möglichkeit, eine Dunkelfelderscheinung sofort durch Drehung der Scheibe im gewohnten durchfallenden Licht kontrollieren zu können. Auch ZEISS stellt für diese Zwecke seinen Wechselkondensor nach SIEDENTOPF her. Um ein möglichst gutes Bild zu erhalten, ist auf folgendes noch zu achten: Die Objektträger müssen genau die Dicke haben, die dem verwendeten Kondensor entspricht. Die Verbindung zwischen Kondensor und Objektträger,

---

[1] Münch. med. Wochenschr. Nr. 6. 1900.

[2] ERNST, Zentralbl. f. Bakteriol., Abt. I, 8, Nr. 1, 1902, Zeitschr. f. Hyg. u. Infektionskrankh. 1888.

die durch Öl oder Wasser hergestellt werden kann, muß vollkommen blasenfrei sein; das Deckglas muß die Dicke, die das jeweils verwendete Objektiv fordert, besitzen; besonders zu achten ist auf vollkommene Reinheit des Deckglases, da schon kleinste Staubteilchen das Dunkelfeld aufhellen und den Wirkungsgrad der ganzen Einrichtung sehr verschlechtern können. Wie schon erwähnt, ist das Gesichtsfeld je dunkler, desto besser. Da nun die Dunkelheit auch von der Öffnungszahl des Objektivs abhängt, ist es sehr angebracht, bei Objektiven mit hoher Öffnung Trichter- oder Randblenden einzuschalten. Am besten eignen sich Apochromate und Fluoritsysteme, da dann die chromatischen Fehler fast verschwinden. Je stärker das Okular ist, das man verwendet, desto größer sind die Gegensätze zwischen schwarz und weiß. Bei der Anfertigung des Präparates ist, um den eingangs erwähnten Nachteil tunlichst zu mindern, ein möglichst verdünnter Tropfen auf den Objektträger zu bringen.

Es sei an dieser Stelle ein Verfahren erwähnt, das HOFFMANN im Jahre 1921 angab.[1] Diese, als Leuchtbild bezeichnete Methode besteht darin, daß gefärbte und fixierte Präparate im Dunkelfeld untersucht werden. Anfangs war diese Methode nicht recht brauchbar, da im Gesichtsfeld alle möglichen Bestandteile aufleuchteten. Erst als HOFFMANN die Einschaltung einer Mattscheibe zwischen Dunkelfeldlampe und Mikroskopspiegel empfahl, waren diese störenden Bildpunkte ausgeschaltet, so daß die Bakterien, Protozoen usw. hell leuchtend auf dunklem oder anders gefärbtem Grunde hervortraten. Die Anwendung erfolgt genau in derselben Weise wie beim Dunkelfeld. Man beginnt zuerst mit schwächerem Trockensystem, sucht sich die günstigste Stelle aus und schaltet dann eine halbgeölte Mattscheibe (besonders für Ausstriche) und die Immersion ein. Wichtig ist es, stets erst ohne Mattscheibe die bestmögliche, hellste Beleuchtung zu finden. Man sieht die eigenartige Erscheinung, daß rot gefärbte Mikroorganismen grün, blau gefärbte braungelb aufleuchten. Die Leuchtbildmethode hat sich besonders für die GIEMSA-Färbung als sehr gut verwendbar erwiesen.

Die Tuschmethode

Dem vital gefärbten Präparate schließt sich die Fixierung und Färbung an. Vorerst ist aber noch ein Verfahren zu erwähnen, das wegen seiner Einfachheit und Raschheit Beachtung verdient. Es ist die Tuschmethode, die für schnelle Diagnose gute Dienste leistet. Daß diese Methode u. a. auch für ein genaueres Studium der Objekte verwendbar ist, zeigt das Mikrophotogramm des Balantidium coli (s. Abb. 2 auf Tafel IV). Das Tuschverfahren ist gleichsam ein negativer Prozeß, der uns die Protistenzelle weiß, das ist ungefärbt, im schwarzen Grunde des Objektträgers zeigt. Dieses Verfahren, das BURRI[2] angab, beansprucht außer Objektträger nur einen Tropfen guter Tusche und eine Öse. GÜNTHER-WAGNER liefert eigens für diese Zwecke geeignete Tusche (Pelikantusche Nr. 541); da sie aber doch noch kleine Verunreinigungen und gröbere Tuschkörnchen enthält, ist es mitunter angezeigt, zu sedimentieren oder zu zentrifugieren, um sie von den unerwünschten Beimengungen zu befreien. Vorerst kann man die Tusche mit Wasser im Verhältnis 1 : 4 verdünnen. Man hat auch versucht, die Tusche, um sie keimfrei zu machen, zu sterilisieren und setzte Formol oder dergleichen hinzu. Der Ausstrich selbst wird analog einem Blutpräparat hergestellt. Er darf nicht zu dünn und auch nicht zu dick sein, weil in ersterem Fall die Abhaltung des Lichtes

[1] Dtsch. med. Wochenschr., Nr. 3. 1921.

[2] Das Tuschverfahren. Jena 1909.

durch die dünne Tuschschicht unvollkommen ist und die Begrenzung der Objekte nur undeutlich erscheint, im letzteren Fall aber auch die auszusparenden Objektteile von Tuschkörnchen überdeckt sind. Entweder verrührt man einen Tropfen des zu untersuchenden Materials mit einem Tropfen Tusche bis zum Ausmaße eines Kreises von $1/2$ cm Durchmesser und zieht mit der Kante eines Objektträgers die Mischung über die Glasseite des Trägers, oder man läßt den Stuhltropfen eintrocknen, setzt die Tusche hinzu, verrührt und streicht auf. GINS benützte zum Ausstrich einen Objektträger, dessen schmälere Kante mit einer Feile oder auch am Schleifstein in 45^0 Neigung abgeschliffen war, wobei man die Dicke der zu erhaltenden Präparattuschschicht je nach der Neigung des Objektträgers verändern kann.

Handelt es sich um größere Protozoen, die nur spärlich im Ausstrich vorhanden sind, so daß ein Suchen mit kleiner Vergrößerung das Auffinden erleichtert, so geht es ohneweiters an, entweder das Präparat mit Kanadabalsam und Deckglas einzuschließen, oder die Tuschschicht durch Überstreichen mit Zedernöl zu homogenisieren, um die bei Trockenuntersuchung störenden Beugungserscheinungen des Lichtes auszuschalten. Das Präparat ist meist nur an bestimmten Stellen zu verwenden: Dort, wo die Strichdicke die günstigste ist, d. h. die korpuskulären Elemente vollkommen ausgespart in der etwas bräunlich erscheinenden, nur mehr ein Minimum von Licht durchlassenden Tuscheschicht liegen.

Ein vollkommener Ersatz der Tuschmethode ist das von NITSCHE angegebene Verfahren mit Kollargol, das in entsprechendem Maße verdünnt wird.[1] Dieses Verfahren deckt sich im wesentlichen mit der Herstellung des Tuschpräparates. Es hat aber nach NITSCHE den Vorteil, daß es infolge der größeren Dispersion der kolloidalen Silberteilchen noch feinere Details im ausgesparten Objekt erkennen läßt. Es sei erwähnt, daß auch andere kolloidale Schwermetalle zur Herstellung dieser Ausstrichpräparate verwendet werden können, wie Dispargen, das den Vorteil noch kleinerer Teilchengröße hat. Dispargen ist stark verdünnt und man muß, um genügende Deckkraft zu erreichen, diese Flüssigkeit eindampfen oder etwas eintrocknen lassen.

Weiters ist bei der Negativdarstellung noch der Vorschlag H. FISCHERS zu erwähnen, Bakterien oder andere Keime in einer Lösung von sauren Farbstoffen auszustreichen. Mikroorganismen werden durch solche Farbstoffe nicht angefärbt, so daß sie farblos auf gefärbtem Grund erscheinen. Die beste Angabe eines solchen Farbstoffes stammt von EISENBERG, der die Fähigkeit zur Negativdarstellung mit einer Differentialfärbung kombinierte. EISENBERG verwendet ein Gemisch gesättigter Lösungen zweier Säurefarbstoffe, nämlich des Chinablaus und des Cyanosins (als Cyanochin von GRÜBLER in Leipzig zu beziehen). Die Technik des Ausstriches ist dieselbe wie bei Tusche oder Kollargol.

Das gefärbte Präparat

Fixierung des Ausstrichpräparates

Nach der Nativuntersuchung ist die wichtigste die am fixierten und gefärbten Präparat. Die Färbung ermöglicht nicht nur das Auffinden der Parasiten, sondern gibt uns auch einen besseren Aufschluß als wir im Nativpräparat durch Diffraktion der Lichtstrahlen erreichen können, über den morphologischen Aufbau der Organismen. Man nimmt von Fäzes mit einer vorher geglühten

[1] NITSCHE: Zentralbl. f. Bakteriol., Nr. 63, S. 575. 1912, und HARRISON: J. Royal Army Med. Corps. 19, 741. 1912.

Platinöse ein wenig auf und verstreicht dies sofort auf einem nicht zu dicken Deckglas. Ein schnelles Überführen in die Fixierungsflüssigkeit ist nötig, da der Ausstrich keinen Augenblick eintrocknen darf, wenn wir die gebräuchlichste Art der Fixierung, das Sublimatalkoholverfahren, verwenden wollen. Die Ausstriche müssen dauernd feucht gehalten werden, um die ursprünglich im Leben vorhanden gewesene Zellform tunlichst zu erhalten. Diese Forderung kann nur erfüllt werden, wenn die Zellen nach augenblicklicher Abtötung durch ununterbrochenes Verweilen in flüssigen Medien vor Schrumpfungen geschützt werden. Für Protozoen kommen hauptsächlich jene Fixierungsmittel in Betracht, die blitzartig wirken, d. h. die Protistenzelle sofort zum Erstarren bringen; denn nur so werden Organe, die der Fortbewegung dienen und leicht deformiert werden können, wie Pseudopodien, Wimpern, Geißeln und Undulationsmembranen möglichst gut erhalten bleiben.

Wie gesagt, wir haben noch kein Mittel, das die Zelle nativ und gefärbt gleich an Größe, Form und Struktur erscheinen läßt. Aber nicht nur die Schrumpfungs- oder Quellungsveränderungen im fixierten und gefärbten Präparat verzerren uns das wahre Bild der Zelle, sondern, was viel schlimmer ist, das Bild im Mikroskop selbst kann gefälscht sein. Falsch gemacht durch Niederschläge, die uns als Zellbestandteile imponieren, falsch durch alle möglichen Kunstprodukte. Das einfachste und sicherste Mittel, sich vor schweren Irrtümern beim Studium solcher Präparate zu schützen, ist die peinlichst genaue Mituntersuchung des un- oder vital gefärbten Lebendobjektes im Mikroskop. Findet man eine Koinzidenz der Bilder des lebenden und fixierten gefärbten Objektes, dann erst sind wir vor falscher Deutung sicher.

Die Fixierungsmittel, deren wir uns bedienen, wirken nicht auf gleiche Weise und jedes hat seine Vor- und Nachteile in Bezug auf spätere Färbung der verschiedenen Bestandteile der Zelle. Bei dem einen ist die Fähigkeit einer besonders guten Kernkonservierung und entsprechenden Färbbarkeit, aber dafür schlechte Erhaltung der Substanz ausgeprägt, bei einem anderen kann das Gegenteil der Fall sein.

Im Folgenden seien von den zahlreichen Fixierungsmitteln die wichtigsten aufgezählt (nach Giemsa).

1. Alkohol härtet die Zellen rein physikalisch, d. h. nur durch Wasserentziehung, so daß die Affinität der Zellbestandteile zu den verschiedenen Farbstoffen in ursprünglicher Form erhalten bleibt. Er findet Anwendung, wenn es darauf ankommt, die natürliche Chromophilie einer Zelle zu prüfen. Sein großer Nachteil ist die Schrumpfung durch Wasserentziehung. Er differenziert weder Kerne noch Plasma gut. In stärkeren Konzentrationen von 96 bis 100° tötet er schnell ab und fixiert mit ziemlicher Tiefenwirkung, verursacht aber leicht Schrumpfungen. In dieser Form benutzt man ihn gewöhnlich, um rasch Übersichtsfärbungen für die Diagnosestellung zu erhalten.

2. Azeton ist in seinem Verhalten ganz ähnlich dem Alkohol, wirkt aber energischer als dieser.

3. Methylalkohol ist etwas stärker wasserentziehend als Alkohol.

4. Äther wird nie allein benützt, da er nicht in jedem Verhältnis mit Wasser mischbar ist und in wasserreiche Organe nicht einzudringen vermag. Meist wird er, mit Alkohol absol. zu gleichen Teilen vermischt, verwendet. Diese Mischung wirkt aber ebenfalls schrumpfend.

5. Sublimat ist in Wasser leicht löslich (kalt 7%, heiß 54%, Alkohol 33%). Durch Kochsalz und Chlorammonium wird seine Wasserlöslichkeit erheblich gesteigert. Sublimat ist eines der besten Fixierungsmittel, es tötet sehr schnell, hat eine gute Tiefenwirkung und die Differenzierung zwischen Kern und Plasma ist hervorragend. Durch Jod läßt es sich wieder leicht aus den Präparaten entfernen und erhält die ursprüngliche Chromophilie der Zelle am meisten von allen chemisch wirkenden

Fixierungsflüssigkeiten. Allerdings muß das bei der Nachbehandlung von Präparaten gebundene Jod am besten durch Natriumthiosulfat (HEIDENHAIN, GIEMSA) beseitigt werden. Zum Gebrauch bei Sublimatmischung eignen sich keinerlei Metallpinzetten. Am besten solche mit Elfenbein- oder Hornschenkeln. Die Schnitte oder Ausstriche müssen bei Sublimatfixierung sehr dünn sein. Die Fixierungsgefäße müssen gut verschlossen sein. Wie schon erwähnt, wird zur Entfernung des Sublimats aus den Präparaten dünner Jodalkohol (1 bis 2 ccm der offizinellen Jodtinktur auf 100 ccm 70%-Alkohol) oder alkoholhaltiges Jod-Jodkaliumgemisch verwendet. Das Jod wird mit Natriumthiosulfat entfernt. Folgende sublimathaltige Fixierungsflüssigkeiten werden in der Protozoologie verwendet:

a) Konzentrierte, wäßrige Sublimatlösung (7%);

b) Sublimatalkohol nach SCHAUDINN (konz. wäss. Sublimatlösung 2 Teile plus absol. Alkoh. 1 Teil); wird er warm angewendet, so gibt er eine vorzügliche Konservierung der chromatischen Substanz und gestattet, weil Sublimat in Alkohol leichter löslich als in Wasser ist, eine Dauerkonservierung, ohne daß sich im Material Kristalle abscheiden.

c) Sublimat-Alkohol-Eisessig nach SCHAUDINN: konz. wäss. Sublimatlösung 100 ccm, absol. Alk. 50 ccm, Eisessig 5 ccm.

Fixiert besonders Granulationen sehr gut.

d) ZENKERsches Gemisch: Sublimat 5,0, Kaliumbichr. 2,5, Natr. sulf. 1,0, Aqu. dest. 100,0.

6. Formalin wird nur in verdünntem Zustand gebraucht. (1 Teil Formalin, 9 Teile Wasser oder 96%-Alkohol.) Die Fixierungsdauer beträgt bis zu 24 Stunden. Es fixiert schnell, doch ist seine Differenzierungsfähigkeit gering. Nach Formalinfixierung kann man fast alle Färbemethoden anwenden, nur die GIEMSA-ROMANOWSKY-Färbung gelingt weniger gut. Eine Kombination von Formol und Eisessig verlangt die RUPPERTsche Färbung (s. d.): Eisessig 1,0 + Formalin 20,0 + Wasser 100 (RUGEsche Lösung).

7. Osmiumsäure. Diese wird in Form ihrer flüchtigen Dämpfe oder in wässeriger Lösung verwendet. Die Vorteile der Osmiumfixierung sind blitzartiges Absterben der Zelle mit ausgezeichneter Fixierung des Plasmas und besonders der sehr leicht deformierbaren lokomotorischen Organe. Die Tiefenwirkung ist sehr gering. Auch die Differenzierung der chromatischen Substanz ist nicht besonders gut. Gemische mit der Osmiumsäure arbeiten bedeutend besser. Die Fett- und Lipoiddiagnose durch Osmium ist bekannt. Die Fixierung von Präparaten, die reduzierende Substanzen enthalten, ist tunlichst im Dunkeln vorzunehmen, da eine Schwärzung im direkten Sonnenlicht schnell zustande kommt. Bereits reduziertes Osmium kann man nur durch eine Reihe oxydierender Mittel wieder aus dem Präparat entfernen. GIEMSA empfiehlt ein mehrstündiges Einwirkenlassen einer frisch verdünnten Lösung des völlig neutralen Perhydrol (MERCK). Für die Fixierung dünner Objekte (feucht ausgestrichen) ist der Osmiumsäuredampf sehr geeignet. Die Fixierung nimmt man am besten in einem zirka 10 cm hohen und 5 cm weiten Glaszylinder mit sehr gut eingeschliffenem Stöpsel vor, nachdem man in das Gefäß 0,25 bis 0,50 kristallisiertes Osmiumtetroxyd und darüber so viel Glasschrott hineingeschüttet hat, daß der Boden des Zylinders vollständig bedeckt ist. Um einem nutzlosen Entweichen der an und für sich sehr giftigen und die Schleimhäute stark reizenden Dämpfe vorzubeugen, reibt man den Stöpsel mit etwas Vaseline ein. Bei der Fixierung öffnet man den Stöpsel, führt den noch feuchten Ausstrich in den Zylinder ein und schließt das Gefäß sofort wieder. Schon nach kurzer Zeit ist das Material genügend fixiert und kann weiter behandelt werden. Unter den Osmiumsäuregemischen sind folgende zu erwähnen:

FLEMMINGsches Gemisch (15 Teile 1%-Chromsäure, 4 Teile 2%-Osmiumsäure und bis zu einem Teil Eisessig): Dieses Gemisch gibt gute Kern- und Gewebsstrukturen und schwärzt Fettbestandteile. Die Dauer der Fixierung schwankt zwischen einer halben und 24 Stunden. Es muß gründlich ausgewaschen und in Alkohol nachgehärtet werden. Das FLEMMINGsche Gemisch ist nur für eine Anzahl Teerfarbstoffe bzw. für die Färbung mit Eisenhämatoxylin zu empfehlen.

8. Chromsäure. Diese wird wenig angewendet, da ihr Diffusionsvermögen sehr gering ist und das Durchfixieren und nachherige Auswaschen sehr viel Zeit in Anspruch nimmt. Noch dazu muß die ganze Arbeit im Dunkeln vorgenommen werden, da sonst am Präparat unlösliche Niederschläge entstehen. Davon sind auch die chromsauren Salze nicht frei.

Sehr brauchbar dagegen ist die Chromsäure und ihre Salze in Verbindung mit anderen Fixierungsmitteln. Verbindungen dieser Art sind das

ZENKERsche Gemisch (s. unter 5), das

FLEMMINGsche Gemisch (s. unter 7), die

BRASSsche Lösung (für Amöbenfixierung): 1 Teil Chromsäure, 1 Teil Eisessig, 1 Teil Platinchlorid, 400 bis 1000 Teile Wasser.

9. Pikrinsäure, die in konzentrierter wäßriger Lösung besonders gut Kernfiguren fixiert, während sie in der übrigen Zelle Mazerationserscheinungen hervorruft. Der große Vorteil, den die Pikrinsäure besitzt, ist ihr Durchdringungsvermögen, welches namentlich bei der Darstellung solcher Zellen von Bedeutung ist, die von Chitinmembranen (Zysten) umgeben sind. Bei solchen Objekten ist die Pikrinessigsäuremischung nach BOVERI sehr beliebt (100 Teile konzentrierte wässerige Pikrinsäurelösung, 200 Teile Wasser und 3 Teile Eisessig).

Im Folgenden sei der Arbeitsvorgang bei den gebräuchlichsten Fixierungsmethoden kurz zusammengestellt:

a) Trockenfixierung. Das Material wird auf einen Objektträger gebracht und mit einer Platinnadel, oder bei mehr flüssigem Zustande, mit der Kante eines Deckglases ausgestrichen. Die Trocknung soll an einem nicht feuchten Ort bei Zimmertemperatur erfolgen. Wenn auch die Konservierung bei der Trockenfixierung nicht so gut ist wie die bei der feuchten Fixierung, so sind doch die Gesamtformen der Parasiten so gut erhalten, besonders wenn auf sehr dünne und schnell zum Eintrocknen gebrachte Ausstriche gesehen wird, daß die Identifizierung der betreffenden Organismen meist ohne Schwierigkeiten gelingt. Nur die Kernstrukturen werden bei dieser Methode nicht so gut erhalten sein, als bei der Feuchtfixierung. Da aber die Herstellung der Trockenausstriche in viel kürzerer Zeit erfolgt, wird ihr stets der Vorzug gegeben, wenn man eine schnelle Diagnose stellen muß.

b) Hitzefixierung. Man verfährt auf dieselbe Weise, nur wird das Präparat über einer Flamme getrocknet.

c) Trocken-Ausstrich-Fixierung für die GIEMSA-ROMANOWSKY-Färbung. Entweder werden die Ausstriche ca. 10 Minuten nach dem Lufttrocknen in Alk. absol. mindestens 30 Minuten, oder abgekürzt 2 bis 3 Minuten in Methylalkohol, oder Äther und Alk. absol. $\overline{aa}$ gebracht. Mit Fließpapier wird abgetupft und das Präparat kann gefärbt werden.

d) Feuchtfixierung für diese Färbung. Die Präparate müssen für diesen Zweck sehr dünn ausgestrichen sein und werden noch feucht in dem auf 60 bis 70° erhitzten Sublimatalkohol nach SCHAUDINN (s. S. 111) fixiert. Die Dauer der Fixation beträgt je nach Bedarf $^1/_2$ bis 24 Stunden. Zuerst läßt man den Objektträger oder das Deckglas mit nach unten gekehrter Schichte auf die Fixierungsflüssigkeit fallen und dreht nachher um. Wenn bei zu flüssigem Material alles vom Objektträger abgeschwemmt wird, kann man die Fäzes vor dem Ausstreichen mit etwas Eiweiß vermischen. Nach der Fixierung wird abgewaschen, entweder in Wasser oder Alk. Das Präparat kommt dann in eine Lösung von sehr verdünnter Jodtinktur (1 ccm Jodtinktur auf 100 ccm 70%-Alkohol) oder in eine Lösung von

Jodkali 2 g,
dest. Wasser 100 ccm,
LUGOLsche Lösung 3 ccm.

Darin verbleibt das Präparat zirka 10 bis 15 Minuten und wird dann noch mit Wasser abgespült. Es folgt eine 10 Minuten lang dauernde Spülung in einer 0,2 bis 0,5% wässerigen Lösung von Natriumthiosulfat. Das Präparat wird hierauf wieder abgewaschen. Die eigentliche Färbung wird mit frisch verdünnter GIEMSA-Lösung (s. b. „Färbung“) eine halbe Stunde lang durchgeführt, dann die alte Lösung weggeschüttet und durch eine neue ersetzt. Mit dieser wird wieder 30 Minuten hindurch gefärbt. Nach Abspülen mit Wasser wird das Präparat durch folgende Azeton-Xylolreihe hindurchgeführt.

1. Azeton 95 ccm Xylol 5 ccm;
2. „ 70 „ „ 30 „
3. „ 70 „ „ 30 „
4. reines Xylol.

Das Präparat ist dann zum Einschließen bereit.

Die Präparate müssen nach der Jodierung bzw. Dejodierung bald gefärbt werden, weil sie sehr schnell ihre spezifische Färbbarkeit einbüßen.

e) Fixierung für Beizenfärbung. Das Präparat wird auf eine heiße Lösung von $^1/_3$ Sublimatalk. plus $^2/_3$ abs. Alk. mit der Schichtseite nach unten fallen gelassen, nach 2 bis 3 Minuten mit einer Elfenbeinpinzette umgedreht und untergetaucht und jetzt je nach der Dicke des Ausstriches 30 Minuten oder länger stehen gelassen. Dann wird abgespült, in Jodalk. eine Stunde lang behandelt (70%-Alk., dazu ein paar Tropfen Jodtinktur), wieder mit Wasser oder Alk. abgespült und der Färbung zugeführt.

Vorschrift für die Untersuchung von Infusorien, besonders Balantidium coli. SCHAUDINN empfiehlt zum Studium dieser Parasiten folgende Methode: Den mit Osmiumsäure fixierten Infusorien, die sich in einem Uhrgläschen mit Wasser befinden, werden wenige Tropfen einer schwachen (3 bis 5%) Sodalösung zugesetzt (Methode von SCHEWIAKOFF); indem man die Schale zirka $^1/_2$ Stunde offen stehen läßt, verdunstet das Wasser, die Sodalösung wird stärker und wirkt so allmählich auf das Infusorium ein. Für das Studium der Cilien und der Peristomränder ist diese Methode unübertrefflich. Zur Untersuchung bringt man das Infusorium in Wasser, Glyzerin oder noch besser in eine wässerige Lösung von essigsaurem Kali, in welcher es sich dauernd erhält.

Färbung des fixierten Präparates

Über die Theorie der Färbung in dieser Zusammenfassung zu sprechen, würde zu weit führen. Nur so viel sei gesagt, daß die Frage, ob die Färbung als chemischer oder als physikalischer Vorgang aufzufassen sei, noch immer nicht ganz geklärt ist. Man neigt aber immer mehr der Ansicht zu, daß man es stets mit beiden Prozessen zu tun hat. Die Färbearten kann man nach GIEMSA in folgender Weise einteilen:

1. substantive und adjektive Färbung;
2. progressive und regressive Färbung;
3. singuläre und panoptische Färbung.

Unter substantiver Färbung versteht man, wenn die Objekte den Farbstoff direkt aus dessen Lösung aufnehmen.

Adjektiv sind Färbungen dann, wenn die Färbung unter Vermittlung der sogenannten Beize stattfindet.

Progressiv nennt man eine Färbung, wenn der Farbstoff nur so lange auf das Objekt einwirkt, bis die durch besondere Affinität zum Farbstoff ausgezeichneten Zellbestandteile genügend gefärbt sind, während die den Farbstoff schwerer aufnehmenden Teile noch ungefärbt erscheinen.

Bei der regressiven Färbung wird solange gefärbt, bis alle überhaupt färbbaren Bestandteile mit Farbstoff übersättigt sind.

Unter singulärer Färbung versteht man eine mit einem einzigen, einfachen Farbstoff vorgenommene Tinktion. Meist ist diese Art „monochromatisch“ färbend. Es gibt aber auch einzelne, einfache, basochrome Farbkörper, die verschiedene Zellbestandteile metachromatisch färben (Methylen, Azur, Thionin, Safranin usw.).

Bei der panoptischen Färbung endlich kommen mehrere Farbstoffe zur Wirkung, und zwar kann man entweder die einzelnen einfachen Farbkörper gleichzeitig (Simultanfärbung) oder nacheinander (Sukzessivfärbung) auf die Objekte einwirken lassen.

Zur ersten Gruppe (Simultan) gehört die GIEMSA-Färbung, bei der die Salze Methylenazur-Eosin und Methylenblau-Eosin zur Wirkung gelangen.

Am einfachsten ist die singuläre Färbung mit den einfachen Anilinfarbstoffen. Solche sind als Kernfarbstoffe: Fuchsin, Gentianaviolett, Methylviolett, Bismarckbraun, Methylenblau, Methylenazur, Thionin, Safranin usw.

Plasmafarbstoffe sind: Eosin, Säurefuchsin, wasserlösliches Anilinblau, Indulin, Nigrosin.

Die Stammlösungen der Farbstoffe sind meist konzentriert, alkoholisch, manchmal mit keimtötenden Mitteln versetzt, um das Bakterienwachstum zu verhindern. Die gebrauchsfertigen Lösungen werden hergestellt, indem man in destilliertes Wasser so viel von der Stammlösung hineinfiltriert, bis die Mischung im Reagenzglas eben nur mehr durchscheinend zu werden beginnt. Die Wirkung der Farbstoffe kann man durch Zusatz von gewissen Medien verstärken. Bei basochromen Farbsalzen durch Alkalien, z. B. Borax, bei azidochromen durch Säuren (Essigsäure). Die Färbung ist meist in kurzer Zeit vollzogen.

Wichtiger ist die panoptische (polychromatische) Simultan- und Sukzessivfärbung nebst den Beizenfärbungen.

a) MANSONsche Färbung. Stammlösung:
100 ccm kochendes Wasser,
5 g Borax,
2 g Methylenblau.

Verdünnung wie oben angegeben. Färbedauer: 10 bis 15 Sekunden.

Für Stuhlausstriche weit wichtiger und in letzter Zeit für die HEIDENHAINsche Beizenfärbung ein immer größer werdender Konkurrent ist die

b) GIEMSAsche Färbung. In dieser Lösung befinden sich drei Farbstoffe von verschiedenem Elektionsvermögen und teilweise metachromatischen Eigenschaften (Methylenazur, Methylenblau, Eosin). Das Kontrastvermögen ist ganz außerordentlich und die Intensität der Färbung hervorragend. Einiges ist zu beachten. Das destillierte Wasser muß frei von Säure sein. Ein geringer Alkaleszenzgrad ist von Vorteil. Man prüft das Wasser mit Hilfe einer frisch bereiteten Lösung von einem Körnchen Hämatoxylin in absolutem Alkohol. Ein halbes Reagenzglas des zu prüfenden Wassers mit ein paar Tropfen der Lösung versetzt, soll sich innerhalb 1—5 Minuten schwach violett färben. Bleibt das Wasser farblos, so muß zum Wasser so lange 1%ige Natriumkarbonatlösung hinzugesetzt werden, bis ein neue Probe positiv ausfällt.

Die Farblösung selbst muß nach dem Verdünnen mit Wasser sofort auf das vorher bereitgelegte Präparat gegossen werden. Die Farblösung läßt man 20 Minuten bis zu einer halben Stunde oder auch etwas länger auf das Präparat wirken. Sie wird dann abgespült und das Präparat ist nach Trocknung zur Untersuchung bereit.

Herstellen der Lösung. Von der käuflichen (bei GRÜBLER, Leipzig) Stammlösung für GIEMSA-ROMANOWSKY-Färbung werden 10 Tropfen auf 10 ccm Wasser genommen. Mehr wird selten nötig sein. Das Mischen geschieht am besten in einem graduierten zylindrischen Gläschen, das nicht zu dünn ist. Um die Färbung in kurzer Zeit vollenden zu können, gab GIEMSA seine Schnellfärbemethode an:

Schnellfärbemethode. Man verdünnt die käufliche GIEMSA-Lösung im Tropffläschchen mit dem gleichen Volumen Azeton oder Methylalkohol reinster Qualität. (Für die Tropen ist Azeton weniger zu empfehlen.) Die Mischung behält nur einige Tage volle Farbkraft, daher nicht viel vorrätig halten.

Einlegen des lufttrockenen, sehr dünnen Objektträgerausstriches (Schichtseite nach oben) in eine trockene Petrischale oder noch besser in das eigens für diese Färbung hergestellte Färbewännchen. Aus dem Tropffläschchen soviel Farbmischung auf das Präparat tropfen, bis dieses hiermit völlig benetzt ist (10 bis 15 Tropfen) und eine halbe bis höchstens 1 Minute bei bedeckter Schale einwirken lassen. Darauf soviel destilliertes, nötigenfalls vorher schwach alkalisiertes Wasser in die Schale gießen, bis der Objektträger ganz von Flüssigkeit bedeckt ist (10 bis 12 ccm). Hin- und Herschwenken, bis Farblösung und Wasser homogen vermischt sind. 5 Minuten oder länger in dem Gemisch belassen, Farblösung abgießen, Objekt mit Wasser abspülen, trocknen.

Zur Färbung von Protozoen kommen noch weitere Färbemethoden in Betracht.

Beizenfärbungen.

1. DELAFIELDsche oder GRENACHERsche Hämatoxylinfärbung. Nach der sub e) auf S. 113 beschriebenen Fixierung färbt man in stark verdünnter Hämatoxylinlösung 30 Minuten bis zu mehreren Stunden, je nach der Verdünnung. Man spült dann in lauem Wasser und kontrolliert das Präparat unter dem Mikroskop. Bei Überfärbung differenziert man in salzsaurem Alkohol (0,1 ccm salzsaurem Alkohol auf 100 ccm 70% Alkohol) bis (unter abermaliger Kontrolle im Mikroskop) die richtige Färbung erreicht ist. Die Kerne müssen scharf zu erkennen sein, sie sind tiefblau, das Protoplasma, Schleim usw. blaßblau. Dann Alkoholreihe und Einschließen in Kanadabalsam.

Zur Selbstherstellung des Hämatoxylin nach DELAFIELD diene folgendes Rezept:

400 ccm Ammoniakalaunlösung (wässerig konzentriert) werden mit 4,0 g kristallisiertem Hämatoxylin, das in 25 ccm absolutem Alkohol gelöst ist, gut vermischt. Das Gemisch bleibt 3 bis 4 Tage in offenem Gefäß stehen, wird dann filtriert und nach Zusatz von je 100 ccm Methylalkohol und Glyzerin in geschlossener Flasche aufbewahrt und reifen gelassen. Ältere Lösungen, die sehr leicht überfärben, verdünnt man vor dem Gebrauch mit 2% Alaunlösung.

2. Färbung mit Eisenhämatoxylin nach HEIDENHAIN.

Lösung I (Beize) $2^1/_2$% bis 5%ige wässerige Lösung von violettem Eisenoxydammoniumsulphat (Eisenalaun).

Lösung II: Hämatoxylin 1,0 g,
Alkohol absolut 10,0,
Aqua 90,0.

Die Lösung I muß mindestens 4 Wochen vor Gebrauch reifen.

In Lösung I werden die fixierten und in destilliertem Wasser ausgespülten Ausstriche gebeizt: Dauer bis zu 6 Stunden oder auch länger; werden dann in destilliertem Wasser abgespült und in der Lösung II 1 bis 12 Stunden gefärbt. In dieser Lösung werden die Präparate ganz schwarz. Hierauf wird wieder mit destilliertem Wasser abgespült und die Ausstriche in die Beize (Lösung I) zur Differenzierung zurückgebracht. Es empfiehlt sich sehr, diese unter dem Mikroskop zu verfolgen. Nachdem der gewünschte Färbegrad erreicht ist, wird abgespült, wozu Leitungswasser verwendet werden kann, hierauf in aufsteigender Alkoholreihe das Präparat über Xylol in Kanadabalsam eingeschlossen. Als gut sind die Präparate zu bezeichnen, wenn das Protoplasma hellgrau und das Kernchromatin schwarz erscheint. Diese Färbung ermöglicht die stärkste Differenzierung.

HEIDENHAIN ist immer dort am Platze, wo es sich um Färbung eines Geißelapparates handelt. Amöben und ihre Zysten färben sich nach DELAFIELD fast ebenso gut, und man wird daher für diese Protozoenart infolge der Schnelligkeit die DELAFIELDsche Färbung vorziehen.

Um den erwähnten Nachteil der längeren Färbung nach HEIDENHAIN zu beheben, sind Verfahren zur Verkürzung der Zeitdauer angegeben worden. So von BREINL und ROSENBUSCH, BRUG, und in letzterer Zeit von NÖLLER[1].

[1] Arch. f. Schiffs- u. Tropenhyg., Bd. 25, S. 35. 1921.

Da diese Methode auch Ungeübten keinerlei Schwierigkeiten bereitet und in keiner Weise der alten HEIDENHAIN-Färbung nachsteht, sei sie ausführlicher geschildert (zitiert nach NÖLLER).

Jedes Differenzieren unter dem Mikroskop fällt weg, und alle Färbevorgänge können nach der Uhr gemessen werden. Dadurch gelingt es, selbst von Stühlen mit geringem Protozoenbefund vorzüglich ausdifferenzierte Präparate zu bekommen, während nach der alten Färbung mit Differenzierung unter dem Mikroskope solche Stühle gar nicht untersucht werden konnten. Bei dem Verfahren legt man die Feuchtpräparate nach Fixierung mit Sublimat oder Pikrinsäuregemischen, Entfernung des Sublimats mit Jodalkohol oder der Pikrinsäure mit 70% Alkohol in eine 4%ige wässerige, frisch bereitete Eisenalaunbeize (s. dort) für eine Stunde in den 37° Brutschrank. Dann erfolgt ein 1 bis 2 Minuten langes Auswässern des Beizüberschusses mit mäßig strömendem Leitungswasser. Darauf Einlegen der Präparate in die gebräuchliche HEIDENHAIN-Farblösung, die einige Tage gereift, doch nicht allzu alt, etwa viele Monate, sein soll, und Färben darin im 37° Brutschrank 1 Stunde lang. Nach Abgießen der Farblösung, die noch mehrmals gebraucht werden kann, Abspülen unter fließendem Leitungswasser und Übergießen mit 2% Eisenalaunlösung für die Dauer von $3^1/_2$ bis 4 Minuten bei Untersuchung auf Darmamöben, $1^1/_2$ bis $2^1/_2$ bei Darmflagellaten und 5 bis 6 Minuten bei Infusorien. Darauf Abgießen der Eisenalaunlösung, kräftiges, gründliches Wässern in Leitungswasser, Aufwärtsführen durch die Alkoholstufen in Xylol und Einbetten in Kanadabalsam oder in dem käuflichen venetianischen Terpentin (VOSSELER, 1889) unmittelbar aus dem 96%igen Alkohol. Nicht genaues Innehalten der Beizungs- und Färbungszeiten ändert merkwürdigerweise die Differenzierungsdauer nicht wesentlich, so daß z. B. bei 24stündiger Beizung bei Zimmertemperatur oder bei 3stündiger Beizung oder Färbung im Brutschrank die Differenzierungszeiten meist ganz die gleichen bleiben. Da im Brutschrank in Beiz- und Farblösung sich Niederschläge häufiger bemerkbar machen als bei Zimmertemperatur, sind Beize und Farblösung vor Gebrauch stets zu filtrieren. Die HEIDENHAIN-Farblösung kann bei Anwendung im filtrierten Zustand mehrere Wochen lang wiederholt gebraucht werden. Man ersetzt sie jedoch durch frischere Lösung, sobald die Präparate in der angegebenen Zeit zu stark angezogen werden. Eine schwache Nachfärbung der Präparate mit Eosin (1 bis 2 Minuten in 1% Eosinlösung). empfiehlt sich unter Umständen bei etwas zu starker Ausdifferenzierung.

Diese Färbemethode haben wir in letzter Zeit oft an Stelle der Original HEIDENHAIN-Färbung angewendet und haben nie schlechtere Resultate als bei dieser erhalten; im Gegenteil, infolge ihrer Leichtigkeit (die Differenzierung im Mikroskop verlangt einen gewissen Grad von Übung) konnten auch wenig Geübte ausgezeichnet differenzierte Präparate herstellen.

In den letzten Jahren sind von verschiedenen Seiten Methoden zur Färbung der Stuhlprotozoen angegeben worden, die wegen ihrer ausgezeichneten Verwendbarkeit und Einfachheit große Beachtung verdienen.

1. RIEGELsche Färbung[1]. Dieses Verfahren ist weder als Vitalfärbung zu bezeichnen, denn es findet eine leichte Fixierung statt, noch als Dauerpräparat, da schon nach 24 Stunden Schrumpfungen auftreten können, die das Präparat zerstören. Die Lösung wird folgendermaßen hergestellt:

1 ccm MANSONscher Lösung (100 ccm kochendes destilliertes Wasser, darin zuerst gelöst 5 g Borax, dann 2 g reines Methylenblau) wird im Reagenzglas mit 10 ccm Chloroform 1 Minute lang geschüttelt. Das tief rot-violett gefärbte Chloroform schichtet sich bald unter der wässerigen Lösung ab. Man geht nun mit einer geschlossenen Pipette durch die Wasserschichte hindurch, hebt das Chloroform heraus und gießt es durch ein kleines Papierfilterchen in das Färbeschälchen.

[1] Münch. med. Wochenschr., Feldbeilage, Nr. 42. 1916.

Etwaiges Wasser muß vom Filter festgehalten werden. Der zu färbende Ausstrich kommt mit der Schicht nach oben in die Lösung und wird untergetaucht. Nach 20 bis 40 Sekunden ist die Färbung vollendet und das Deckglas kann in Paraffinöl eingeschlossen werden. Plasma färbt sich lebhaft rotviolett. Nach zirka 15 Minuten ist das Präparat am besten geeignet, untersucht zu werden, da eine kräftige Nachfärbung eintritt.

Wie schon erwähnt, eine Dauerfärbung ist die RIEGELsche nicht. Oft schon nach 12 Stunden sind Schrumpfungen zu erkennen. Ursprünglich für Amöben angegeben, läßt sie sich aber auch ausgezeichnet bei anderen Protozoen anwenden[1].

2. RUPPERTsche Färbung. RUPPERT[2] gab für die Untersuchung der Menschen- und Hasensyphilis eine Methode an, die auch für Flagellaten gut verwendbar ist. Die Originalvorschrift lautet:

a) Herstellung dünner Objektträgerausstriche.
b) Ausstriche gut an der Luft trocknen lassen.
c) 1 bis 2 Minuten Fixierung in der RUGEschen Lösung (s. unter Formalin 6, S. 111).
d) Abspülen in Leitungswasser.
e) Überschichten und gut kochen mit gesättigter Lösung von Brillant-Reinblau 8. G extra (BAYER, LEVERKUSEN J. G. Farbenindustrie).
f) Nochmaliges Abspülen in Leitungswasser.
g) 3 Sekunden nachfärben in 5fach verdünntem ZIEHLschem Karbolfuchsin.
h) Abspülen und Trocknen.

Für Flagellaten, z. B. Trichomonaden oder Lamblien hat R. OEHLER[3] das Verfahren noch vereinfacht. Es ist gut verwendbar.

Es ist am besten, Darminhalt mit körperwarmem Agarschleim (1 Teil Agar auf 500 Teile Wasser) gut zu vermischen, einen Tropfen auf den gut gereinigten Objektträger zu bringen und wie ein Blutpräparat dünn auszustreichen. Je dünner, desto besser, denn nur an den dünnsten Stellen ist die Färbung einwandfrei. Hierauf läßt man den Ausstrich gut lufttrocken werden, fixiert in Formolessigsäure wie oben, kann aber auch die Fixierung in der RUGEschen Lösung weglassen und gießt dann die Farblösung (2 g Brillant-Reinblau 8. G extra auf 100 Wasser) auf das Präparat. Unter leichter Erwärmung läßt man die Farblösung ungefähr eine Minute einwirken, dann wird mit Wasser abgespült, getrocknet und kann in Paraffinum liquid. einschließen oder ohne Deckglas untersuchen. Die Nachfärbung mit Fuchsin bleibt weg.

Die Form der Mikroorganismen ist nicht gut erhalten, desto besser aber sind die einzelnen Teile der Zelle zu erkennen. Die basalen Körper der Geißeln, die Geißeln selbst und Kerne sind ausgezeichnet zu erkennen.

3. Eine Methode, die eigentlich unter die Negativverfahren einzureihen ist, ist die von BRESSLAU angegebene Färbung[4].

Die BRESSLAUsche Färbung ist keine Innenfärbung, sondern eine Deckfärbung. Die verwendete Deckfarbe, das Opalblau, ist von GRÜBLER in Leipzig beziehbar. Die Farbe ist eine dicke Masse, die mit dem zu untersuchenden Darminhalt, der unbedingt stark verdünnt sein muß und wenig größere Teilchen enthalten soll, gut zu verrühren ist. Analog einem Tuschpräparat wird das Fäzesfarbgemisch ausgestrichen. Auch hier ist ein dünner Ausstrich besser als ein dicker. Besonders bei dieser Färbung ist ein schnelles Lufttrocknen notwendig. Durch Schwenken in der Luft kann dieses beschleunigt werden.

Die feine kolloide Farbmasse umschließt die einzelnen Protistenteilchen und erhält ausgezeichnet die Form selbst der feinsten Geißeln. Alle Erhaben-

[1] Archiv f. Schiffs- u. Tropenhyg., 22, S. 217. 1918.
[2] Dtsch. med. Wochenschr., Nr. 36. 1922.
[3] Dtsch. med. Wochenschr., Nr. 14, S. 456. 1922.
[4] Arch. f. Protistenkunde, Nr. 43, S. 467. 1921.

heiten erscheinen licht, alle Vertiefungen blau, in allerfeinsten Abstufungen, so daß man auf dunkelblauem Grunde ein schönes Reliefbild zu sehen bekommt.

Anhangsweise sei mitgeteilt, daß auch die gewöhnliche GRAM-Färbung zur Flagellatendiagnose verwendet wurde. SCHMIDT und KAMNIKER haben [1] ausgedehnte Untersuchungen über Trichomonas vaginalis mitgeteilt. Zur Färbung verwendeten sie die GRAM-Methode mit Anilinwasser-Gentianaviolett und legten großen Wert auf eine ausgiebige Kontrastfärbung mit Karbolfuchsin. Wir haben versucht, Stuhlausstriche nach dieser Methode zu färben, glauben aber, daß diese Färbung, außer zur Diagnosestellung, für Darmprotozoen nicht sehr empfehlenswert ist.

Markierung bestimmter Präparatstellen

Es ist angenehm, bestimmte Stellen im Präparat, die besonders wichtige Objekte enthalten, anzeichnen zu können, so daß wir jederzeit in der Lage sind, dieselben Parasiten wieder zu finden. Handelt es sich um Objekte, die mit kleinerer Vergrößerung zu finden und zu erkennen sind, so wird man zur einfachsten Art der Markierung greifen: Unterhalb der anzuzeichnenden Stelle, auf der Rückseite des Objektträgers, zieht man einen Kreis mit Tusche oder mit Glastinte. Bei Präparaten, die mit einer Umrahmungsmasse oder einem Lackring umgeben sind, ist es sehr einfach und angenehm, durch Einkerbungen an Längs- und Breitseite der Umrandung die Lage der zu markierenden Stelle festzustellen. Bei kleinen Objekten aber, die starker Vergrößerung bedürfen, muß man zu Markierungsapparaten greifen. Apparate, die sich gut bewährt haben, sind die von FÜLLEBORN u. a. angegebenen. Sie beruhen auf dem Prinzip, durch Drehung einer exzentrisch angebrachten Nadel oder eines Diamantsplitters einen Kreis von verschiedener Größe entweder in die Schicht des Präparates oder in das Glas selbst einzuritzen. Für die meisten Zwecke wird das Modell mit Stahlspitze genügen. Der Apparat mit Diamantspitze hat seine Verwendung bei Deckglaspräparaten. Ein vorsichtiges Arbeiten mit ihm ist ratsam. Es wurde auch von BECHER[2] ein „Finder“ angegeben, der aus einer gläsernen Meßplatte besteht, die, mit einem Metallwinkel versehen, an das Deckglas gebracht und an demselben Präparat immer in derselben Lage befindlich, das gewünschte Objekt unter einer bestimmten, genau bezeichneten Stelle der in Quadrate eingeteilten Meßplatte zeigt. Man ist bei diesem übrigens auch selbst herstellbaren Apparat nicht an ein bestimmtes Mikroskop gebunden, als wenn man die Markierung an einem richtig zentrierten Kreuztisch durch Angabe der genauen Abszissen und Koordinatenstellung vornimmt.

Die Züchtung der Protozoen

Wenn im Rahmen dieses Buches ausführlicher über Züchtung der Protozoen gesprochen werden soll, so geschieht es nicht deshalb, weil die Züchtung bei der Protozoenuntersuchung in der Klinik eine große Rolle spielt; im Gegenteil, es sei gleich vorweggenommen, daß das Züchten der parasitischen Protozoen bis jetzt nur vereinzelt gelungen ist, daß es großer Übung und Vorsicht dabei bedarf. Die Protozoen haben im Gegensatz zu den Bakterien viele Eigenschaften, die ihrer Züchtung hinderlich sind. In erster Linie ist es der Mangel fast jeglicher Hülle, die die Zelle sonst vor Verdunstung bewahrt. Dies ist der Hauptgrund, daß eine Züchtung auf festen Nährböden so schwierig, fast unmöglich, und in

[1] Archiv f. Gynäkol., Bd. 27, H. 2/3, S. 362. 1926.

[2] Zeitschr. f. wiss. Mikroskopie, 33. 1916.

den meisten Fällen überhaupt noch nicht gelungen ist. Dann ist die Vermehrungstendenz und auch die Vermehrungsschnelligkeit im Gegensatz zu den Bakterien sehr gering. Gelingt eine Kultur von einem Ausgangsmaterial, so sind die Spaltpilze schon längst in vielen Kolonien vorhanden und überwuchern die vielleicht etwas vermehrten Protozoen und bringen sie durch ihre Toxine bald zum Absterben. Reinkulturen aus Stuhl, in dem doch immer Bakterien vorhanden sind, begegnen daher den größten Schwierigkeiten.

Bei der Züchtung von Protozoen müssen wir drei biologisch verschiedene Gruppen unterscheiden. Die erste Gruppe stellen osmotisch sich ernährende Protozoen dar. Diese sind am leichtesten auf verhältnismäßig einfachen Nährböden zu züchten und wir erhalten Kulturen sowohl in flüssigen, als auch in feuchten festen Nährböden. Die zweite Gruppe wird von Protozoen gebildet, die wir als Bakterienfresser kennen. Daher ist den Protozoen bis zu einem gewissen Grade das Mitzüchten von Bakterien im Nährboden sehr willkommen. Zur dritten und wichtigsten Gruppe zählen wir die Mikroorganismen, die sich zellparasitisch ernähren. Es ist natürlich schwer, dem Nährboden Gewebe zuzusetzen, das den sich vermehrenden Protozoen dauernd Nahrung bieten könnte. Vielleicht wird dies durch Kombination mit Gewebskulturen möglich sein. In manchen Fällen gelingt es durch „Fütterung" der Kultur, etwa durch wiederholten Zusatz von frischem Blut, das Ziel zu erreichen.

Im Folgenden sei eine Reihe von Nährböden angeführt, die zur Züchtung der einzelnen Gruppen von Protozoen verwendet werden.

Nährböden für nicht pathogene Amöben

a) Der einfachste Nährboden ist ein Infus oder eine Abkochung von Stroh.

b) Fucusnährböden nach Celli und Fiocca. 5 Teile Fucus (chondrus crispus) werden mit 100 Teilen Wasser versetzt und das Gemisch mit 1 ccm n/10 Kalilauge oder 4 bis 5 ccm gesättigter Sodalösung alkalisch gemacht.

c) Ein einfaches Rezept, das sich bewährt hat, ist auch Agar 2 g, destilliertes Wasser 100 ccm, dazu Bouillon $^1/_2$ g. Überdies

d) das Franksche Amöbenagar: 0.5 bis 1% Agar in 10% Bouillon.

Auf diesen und auf anderen Nährböden ähnlicher Art gelingt es fast regelmäßig, aus menschlichem oder auch tierischem Stuhl saprophytische Amöben zu züchten. Diese Amöben gehören meistens der Limax-Gruppe an und sind oft für Dysenterie-Amöben gehalten worden. Aus diesem Grunde ist es wichtig, für jeden, der sich mit Stuhluntersuchung befaßt, die morphologischen Eigenheiten dieser Amöben und ihr biologisches Verhalten genau zu kennen, um sich vor Irrtümern zu bewahren. Was die Technik der Züchtung anbelangt, so weicht sie nicht ab von der der Aussaat des Ausgangsmaterials in der Bakteriologie. Nur wird man größere Mengen aussäen als bei jenen. Es bildet sich ein Bakterienrasen, in dessen Verlauf wir die Amöben suchen müssen.

Die Züchtung der pathogenen Amöben

Seit vielen Jahren hat man vergebens versucht, die Dysenterieamöbe zu züchten. Erst Cutler[1] scheint die Kultur der Dysenterieamöben gelungen zu sein. Die Nährböden, die Cutler 1918 für Dysenterieamöbenzüchtung angab, sind folgende:

---

[1] Journ. of pathol. a. bacteriol. 1918, XXII, S. 22 bis 27; Parasitology, XI, S. 127 bis 146. 1919.

Der Inhalt eines Eies (mit Eigelb) wird in einer Glasflasche mit Glasperlen geschüttelt, bis eine vollkommen gleichmäßige Emulsion entsteht. Dann werden 300 ccm destilliertes Wasser zugesetzt und es wird weiter geschüttelt. Die Schüttelflaschen werden in ein Wasserbad gebracht und langsam unter ständigem heftigen Schütteln bis zum Kochen erwärmt und 30 Minuten bei dieser Temperatur fort geschüttelt. Die fertige Mischung wird zu je 5 ccm in Röhrchen gefüllt und im Autoklaven sterilisiert. Vor der Einsaat setzt man jedem Röhrchen einige Tropfen frisches Blut zu.

Blutbouillon:

500 g geronnenen Menschenblutes werden in 1 l Wasser 1 Stunde hindurch aufgekocht. Es wird filtriert und dem Filtrat setzt man $^1/_2$% Kochsalz und 1% Pepton hinzu. Es erfolgt das Abfüllen in Röhrchen und das Sterilisieren bei 100° durch 20 Minuten. Das Sterilisieren wird 3mal vorgenommen. Auch diesen Röhrchen sind vor Gebrauch einige Tropfen frisches Blut zuzusetzen (zit. nach Nöller).

Man beimpft die Röhrchen, indem man amöbenreiche Schleimflocken aus dem frischen Stuhl aufnimmt und in der Menge von sechs bis acht Ösen auf ein Röhrchen (mit 5 ccm Nährflüssigkeit) bringt. Die Röhrchen werden durch 24 Stunden bei 28 bis 30° gehalten und nach je 24 bis 72 Stunden abgeimpft. Wenn man merkt, daß der Nährboden durch zu starkes Bakterienwachstum sauer geworden ist, muß man besonders früh abimpfen.

Ein Nährboden, der für Trypanosomen, aber auch allgemein für Protozoen verwendet werden kann, sei an dieser Stelle noch angegeben.

Aqua dest. 100, Liebigs Fleischextrakt 1,0, Natrium chloratum 0,5, Pepton 1,0. Diese Mischung wird gekocht und filtriert und kommt zu einer Agar-Traubenzuckermischung, die für Platten 1,25 Agar und 1,25 Traubenzucker enthält. Dazu kommt dieselbe Menge defibrinierten Blutes. Am besten gelingt die Impfung, wenn man z. B. bei Amöben eine Schleimflocke des Dysenteriestuhles in das Kondenswasser bringt (nach Mac Neal).

In einwandfreier Weise ist in letzter Zeit Boeck und Drbohlav die Züchtung der Amoeba histolytica gelungen, eine Tatsache, die um so bedeutsamer ist, als die Ergebnisse der Cutlerschen Versuche zwar zu zeigen scheinen, daß es sich in seinen Kulturen tatsächlich um Amoeba histolytica gehandelt hat, seine Untersuchungen aber bisher keine weitere Bestätigung gefunden haben.

Die Darstellung des Nährbodens soll nach der Originalarbeit Boecks und Drbohlavs[1] geschildert werden:

1. Vier Eier werden gewaschen, mit Alkohol abgebürstet und in einen mit Glasperlen versehenen Kolben geschlagen. Nach Zusatz von 50 ccm physiologischer Locke-Lösung wird kurz geschüttelt.
2. Die Mischung wird in Röhrchen gefüllt in einer Menge, daß die Höhe nach Hitzekoagulation ungefähr 1 bis $1^1/_2$ Zoll beträgt.
3. Erhitzen bei 70° und im Autoklaven 20 Minuten sterilisiert.
4. Das in den Röhrchen enthaltene Koagulum wird nun mit 1 ccm einer Mischung von Locke-Lösung und sterilem inaktivem Menschenserum versetzt und durch Beobachten im Brutofen auf Sterilität geprüft. Das Menschenserum konnte auch durch Pferdeserum ersetzt werden.

Die physiologische Locke-Salzlösung entspricht folgender Zusammensetzung:

[1] The Americ. Journ. of hyg. Bd. 5, S. 374, 1925.

destilliertes Wasser	1000 ccm
NaCl	9,0 g
CaCl	0,2 g
KCl	0,4 g
$NaHCO_3$	0,2 g
Traubenzucker	2,5

Bei diesem Nährboden zeigten die Amöben vor allem am zweiten Tage reichliche Entwicklung und hielten sich bis zu sechs Tagen, ebenso Kulturen durch Übertragung eines Tropfens des sich entwickelnden Bakteriensediments mittels Papiers auf den Grund eines neuen Röhrchens. Die Kulturen werden bei 30 bis 37⁰ gehalten.

BOECK und DRBOHLAV sind im Laufe von über sechs Monaten 50 solcher Kulturen gelungen.

Die Züchtung von Darmflagellaten

Auch die Darmflagellaten kann man ähnlich den Amöben in Halbparasiten und in echte Parasiten einteilen. Die Halbparasiten sind ebenso wie die nicht pathogenen Amöben reine Bakterienfresser. Ihre Züchtung macht keinerlei Schwierigkeiten und kann auf den erwähnten Amöbenagar oder auch in gewöhnlichen flüssigen Nährböden (Bouillon oder Infuse) erfolgen. Die echten Darmflagellaten, speziell die Zellparasiten, leisten der Kultur größeren Widerstand. Am ehesten wird nach den Erfahrungen BOECKS der gelegentlich der Dysenterieamöbenzüchtung beschriebene Nährboden, die LOCKE-Ei-Serummischung, zu versuchen sein. Daneben menschliches Serum und LOCKEsche Lösung (1:4). Pseudoparasitierende Flagellaten, wie die Bodo- und Prowazekiaarten können leicht auf Amöbenagar oder Kotinfusionen gezüchtet werden. Es kommen ferner Ascites-Bouillon, Ascites- und LOCKEsche Lösung āā, eventuell Bouillon oder eine der genannten Nährflüssigkeiten bei Zusatz kleiner Organstücke (LEIER) in Betracht.

Bei den Kokzidienarten kommt nur die eventuelle Beobachtung einer weiteren Entwicklung, welche in Wasser, schwacher Chromsäure- oder Trypsinlösung bei Aufbewahrung des Materials in Schälchen oder in hängenden Tropfen stattfindet, in Betracht. Bezüglich der für den Kokzidiennachweis im Stuhle zu versuchenden Anreicherungsmethoden s. S. 132.

Die Technik des Tierversuches

Der Tierversuch ist der Protozoenforschung zu einem fast unentbehrlichen Hilfsmittel geworden. Nicht nur aus rein wissenschaftlichem Interesse wird man die Infektion des Tieres versuchen, sondern auch um klinisch die Diagnose, die vielleicht morphologisch nicht genau zu stellen ist, zu erhärten. Der Tierversuch eignet sich für alle Darmprotozoen, besonders aber für Amöben. Die ersten Tierversuche stammen von LÖSCH, der Hunde mit Amöben zu infizieren versuchte. Die Ergebnisse waren aber nicht einwandfrei; erst KARTULIS konnte mit vegetativen Formen der Dysenterieamöbe Katzen infizieren. Die Infektion der Katzen oder anderer Versuchstiere geschieht per rectum am besten folgendermaßen: Nachdem man sich durch mehrmalige genaue Untersuchung von der Abwesenheit der Amöben im Stuhle überzeugt hat, spritzt man mit Hilfe eines weichen NELATONschen Katheters und einer Spritze ungefähr 1 ccm von amöbenhaltigen Schleimflocken eines frisch entleerten dysenterischen Stuhles in das Rektum. Man führt den Katheter möglichst tief in den Darm ein und achtet darauf, daß das amöbenhaltige Material im Darme behalten wird. Man hat deshalb vorgeschlagen, den After mit einer Naht zu verschließen oder die Tiere mittels Morphium (0,01 bis 0,03) zu narkotisieren und nach Injektion den After des Tieres kurze Zeit zuzuhalten, bis sich der Tonus des Sphinkters wieder hergestellt hat. Auch das Einführen eines mit amöbenhaltigem Material beschickten Glasstabes in das Rectum wurde empfohlen. Vor allem bewährte sich der Verschluß des Anus mittels eines mit Kollodium getränkten Wattepfropfens. Die Infektion zeigt sich nach zwei bis drei Tagen. Es tritt Blut und Schleim im Stuhl auf und man kann die Protozoen meist schon am zweiten bis dritten Tag nachweisen.

Um den natürlichen Infektionsakt nachzuahmen, wurden Versuche mit Zuführung infektiösen Materials per os gemacht. Die ersten Forscher, die sich mit dieser Frage beschäftigten, verfütterten die vegetativen Formen selbst per os. Jedoch ohne Erfolg. Erst GRASSI und CALANDRUCCIO versuchten die Infektion per os mit Amöbendauerformen (Zysten). Zwölf Tage nachher waren Amöben im Stuhle nachweisbar, die aber keinerlei Krankheitserscheinungen hervorriefen. Es scheint sich bei diesen Versuchen nicht um echte Dysenterieamöben gehandelt zu haben. Erst durch SCHAUDINN lernten wir die natürliche Infektion durch Dauerzysten kennen.[1]

Um die Infektion mit Dauerzysten per os zu bewerkstelligen, verfährt man am besten so, daß man infektiöses Material, von dem man sich durch mikroskopische Untersuchung überzeugt hat, daß es solche Zysten enthält, auf einer Platte ausstreicht und eintrocknen läßt. Durch dieses Eintrocknen werden die vegetativen Formen getötet. Hierauf schwemmt man das eingetrocknete Material mit Wasser oder physiologischer Kochsalzlösung ab und kann diese Aufschwemmung nun zur Infektion benützen.

Die anderen Darmprotozoen, Flagellaten usw. kann man auf ähnliche Weise wie Amöben auf Tiere, speziell Katzen, übertragen. Doch steht diese Übertragung an klinischer Bedeutung weit hinter der der Amöben zurück, wo ja das gelungene Tierexperiment in zweifelhaften Fällen von ausschlaggebender Bedeutung für die Diagnose ist.

Die Technik der Darstellung der Stuhlspirochäten

Wenn dieser Abschnitt kurz behandelt erscheint, so hat es seinen Grund darin, daß viele der bei Besprechung der Protozoen geschilderten Methoden auch hier mit Erfolg angewendet werden können.

Die Herstellung des Nativpräparates weicht nicht von der auf S. 100 angegebenen Weise ab. Bei schleimigem Stuhl wird man trachten, Schleimmassen in das Präparat zu bringen und zu zerzupfen. Auf alle Fälle ist es aber notwendig, das Präparat so dünn als möglich zu machen.

Auch die vitale Färbung ist bei Spirosomenuntersuchung zu versuchen. Doch genügen hier ganz geringe Mengen der Farbe, um die Spirochäten leicht erkennen zu können, während Färbungen mit größeren Mengen Farbstoff alle anderen färbbaren Bestandteile des Stuhles so stark tingieren, daß die Spirochäten überdeckt werden. LEPORSKY empfiehlt zur Vitalfärbung Brillantkresylblau, ZETTNOW u. a. Methylenblau. Auch eine Untersuchung im hängenden Tropfen, eventuell vital gefärbt, ist zu versuchen. Doch wird der Detritus die Klarheit des Bildes meist störend beeinflussen.

Wichtiger ist die Untersuchung im Dunkelfeld. Doch darf man nicht vergessen, daß gerade auch hier die vielen Zellbestandteile und der dichte feine

[1] SCHAUDINN, Arb. a. d. kaiserl. Gesundheitsamt, Bd. 19, Heft 3. 1903.

Detritus, der in jedem Stuhlpräparat, auch wenn es in noch so dünner Schicht hergestellt ist, vorhanden ist, das Dunkelfeld sehr ungünstig beeinflussen und man nur in den seltensten Fällen ein Bild erzielen wird, wie man es bei Reizserum oder Blutuntersuchung auf Spirochäten gewohnt ist.

Bedeutend besser erscheint uns für Darmspirochätenuntersuchung die von HOFFMANN angegebene Leuchtbildmethode (s. S. 108). Die Untersuchungsweise deckt sich mit der früher angegebenen. Nur sei noch ein Hilfsmittel erwähnt, das bei seiner Verwendung an Stelle des gewöhnlichen Dunkelfeldkondensors gute Dienste leistet. ZEISS hat in letzter Zeit einen Leuchtbildkondensor für Ausstrichpräparate konstruiert, der das lästige Abblenden der Objektive, um eine niedrige Apertur zum günstigsten Einstellen des Dunkelfeldes zu erzielen, überflüssig macht. Man kann diesen Kondensor mit voller Apertur verwenden und bekommt so auch von dickeren Ausstrichpräparaten einwandfreie Bilder. Die Objekte werden bei Anwendung dieser Apparatur bedeutend besser aufgelöst; doch ist dieser Kondensor wegen seiner hohen Apertur nur für Ausstrichpräparate zu verwenden, die einen Brechungsexponenten über 1,45 haben, da bei wässerigen Präparaten schon an der Grenze zwischen Objektträger und Präparat eine Totalreflexion der Lichtstrahlen erfolgt. Die Anwendung des Leuchtbildkondensors ist die eines gewöhnlichen Kondensors, doch muß die Schicht zwischen Kondensor und Präparat Öl sein und nicht Wasser, da sonst die Lichtstrahlen überhaupt nicht in das Präparat eintreten. Auch soll die Dicke des Objektträgers nicht mehr als 1,2 mm betragen, da sonst der Fokus der beleuchtenden Strahlen sich nicht in der Präparatebene befindet. Bei dünneren Objektträgern aber muß der Fokus durch Tieferdrehen des Beleuchtungsapparates in die Objektebene verlegt werden.

Was die Herstellung der Präparate für diese Methode betrifft, so möge man sie nicht zu dick auftragen und nur wenig färben, da schon die geringste Anfärbung der Spirochäten genügt, um sie deutlich bemerkbar zu machen. Als besonders geeignet hat sich die GIEMSAsche Färbung erwiesen.

Die Negativverfahren können gut zur Darstellung von Spirochäten verwendet werden. Auch hier trifft das meiste zu, was schon bei der Herstellung von Tusch- oder Kollargolpräparaten auf S. 108 gesagt wurde. Da es sich um sehr kleine Gebilde handelt, wird bei Spirosomen jenes Verfahren die besten Resultate ergeben, bei dem das Medium die feinste Dispersion aufweist. Neben der Tuschmethode und der Darstellung im Kollargolpräparat hat sich das Cyanochin nach EISENBERG (s. S. 109) als besonders verwendbar erwiesen. Bei der Feinheit des Objektes muß man besonders auf eine dünne Schicht achten, da sonst die Tuschkörnchen den dünnen Spirochätenleib überdecken, wie man das auch öfters bei den Geißeln von Flagellaten sehen kann. Die Spirochäten erscheinen im allgemeinen etwas größer als im gefärbten Präparat, weil die Tusch- oder Kollargolschicht beim Auftrocknen des Ausstriches dem schrumpfenden Objekt nicht folgen kann und auf diese Weise nur die Lebensgröße der Spirochäten fixiert. Es kann auch, wie EISENBERG meint, infolge Retraktion der Tuscheschicht die Aussparung, die den Organismen entspricht, größer werden. Die von EISENBERG beschriebene „Attraktion" d. h. die vermehrte Anhäufung von Tuschteilchen um das Objekt herum, gleichsam eine Hofbildung, habe ich einigemal auch bei Spirochätenpräparaten feststellen können.

Über die Herstellung von Darmspirochätenpräparaten, die fixiert und gefärbt werden, ist in Anbetracht ihrer vollkommen gleichen Anfertigung, wie sie auf S. 109 u. f. dargestellt ist, nicht viel zu sagen. Zur Fixierung eignet sich am besten das Trockenverfahren, eventuell die Fixierung in der Hitze.

Doch sei hier auf einen Unterschied hingewiesen, den die Spirochäten bei schnellem und bei langsamem Trocknen aufweisen (Cl. Schilling). Wird die ausgestrichene Schicht schnell getrocknet, so sind die Spirosomen gewöhnlich stark gewunden, während bei langsamem Trocknen die im Leben vorhandene Spiralform gut erhalten ist. Auch die Fixierung mit den anderen erwähnten Fixierungsmitteln ist zur nachträglichen Spirochätenfärbung möglich.

Als wichtigstes Färbeverfahren kommt, wie schon erwähnt, die Behandlung des Ausstriches mit Giemsa-Lösung in Frage. Soll der Ausstrich der Leuchtmethode dienen, so wird man ihn nur ganz schwach färben. Soll aber das Präparat im durchfallenden Licht untersucht werden, so ist eine sehr intensive Färbung nötig. Das Farbenbild entsteht ja durch Absorption von Lichtstrahlen, und durch starke Färbung, also durch vermehrte oder komplette Absorption der betreffenden Lichtstrahlen, wird das Objekt auffälliger erscheinen. Zur schnellen Färbung kann die Methode von Preis empfohlen werden. Er mischt 10 ccm dest. Wasser mit 25 Tropfen Giemsa-Lösung und gießt diese Mischung auf das über einer Flamme erhitzte Präparat und erneuert unter Erhitzung bis zur Dampfbildung drei- bis viermal die Farblösung. Doch fand Giemsa die Färbung besser, wenn man im Verhältnis 10 ccm Wasser zu 10 Tropfen Farblösung mischte.

Auch die auf S. 117 angegebenen neueren Methoden sind gut verwendbar. Besonders sei auf die Färbung nach Ruppert hingewiesen. Ausführlicher sei eine Methode der Versilberung erwähnt.

Die Originalvorschrift von Fontana lautet:

1. Das Material mit einem Tropfen aqua dest. verdünnen, ausstreichen, über der Flamme fixieren.
2. Einige Tropfen 5% Tanninlösung auf den Objektträger gießen und zirka 30 Sekunden über der Flamme erwärmen.
3. Abspülen in fließendem Wasser zirka 30 Sekunden.
4. Ammoniakalische Silbernitratlösung (d. h. 5% $AgNO_3$ + soviel Tropfen Ammoniak, daß ein anfangs ent tehender Niederschlag sich wieder löst und die Lösung opaleszíert) über der Flamme 20 bis 30 Sekunden einwirken lassen.
5. Abwaschen, trocknen.

Becker modifizierte die Fontanasche Methode in der Weise, daß er den Tanningehalt der Beize steigerte und an Stelle der Silberlösung das Zielsche Fuchsin verwendet. Eine Überfärbung der Präparate soll bei diesem Verfahren nicht eintreten. Man geht so vor, daß man:

1. Das Material dünn ausstreicht und mit der Rugeschen Lösung (Eisessig 1,0, Formalin 20, Wasser 100) 1 Minute fixiert. Die Lösung soll 1 bis 2 mal erneuert werden. Dann wird abgespült.
2. Die Beizung findet mit einer 10% Tanninlösung über der Flamme bis zum Aufsteigen von Dämpfen statt. Dauer zirka $^1/_2$ Minute. Man kann zur Erhöhung der Haltbarkeit 1,0 Karbolsäure der Tanninlösung zusetzen.
3. Nach Abspülen wird mit Zielschem Karbolfuchsin in der Wärme nachgefärbt. Es wird wieder abgespült, getrocknet und in Zedernöl untersucht.

Man kann die fixierten und gefärbten Ausstrichpräparate auch mit Kanadabalsam und Deckglas einschließen, oder sie ohne Verschluß aufbewahren. Nur ist es dann nötig, das an der Schichtseite befindliche Zedernöl mit Xylol abzuwaschen.

Über die Kultur der Spirochäten und den Tierversuch kann nicht viel mitgeteilt werden, da Reinkulturen aus spirochätenhaltigem Darminhalt bis jetzt nicht erzielt werden konnten und auch eine Tierpathogenität für die im Darm befindlichen Spirochäten bis auf vereinzelte Versuche an der Katze (Luger) nicht erwiesen ist.

Die Untersuchung der Würmer und Wurmeier

Von

Ernst Preissecker

Was die Nativuntersuchung anbelangt, so ähnelt sie in hohem Grade der bei Protozoen geübten. Doch kann man das Nativpräparat bedeutend dicker als bei diesen machen, da die Wurmeier größer sind als Protozoen. Nur Balantidium coli übertrifft an Größe die Wurmeier. Jedenfalls darf aber das Präparat nicht so dick angelegt werden, daß eine Überdeckung der Objekte mit Detritus und anderen Stuhlbestandteilen die Diagnose erschwert. Am besten ist es, die Schichtdicke, also auch die Menge der zugesetzten Verdünnungsflüssigkeit, so zu wählen, daß sie ungefähr der Dicke des Wurmeies entspricht. Bei der Nativuntersuchung von Helminthen ist auch die Eosinmethode zu verwenden (s. S. 102). 2%ige wässerige Eosinlösung wird genau in derselben Weise angewendet, wie bei den Protozoen. Das Eosinverfahren bietet aber nur dann einen Vorteil, wenn es sich um farblose Eier, wie z. B. Ankylostomum duodenale, Oxyuris oder Hymenolepis handelt, die dann in dem rot gefärbten Hintergrunde sehr scharf hervortreten. Bei der Untersuchung aber auf Würmer und deren Eier, die eine braune Farbe haben, ist die Eosinanwendung meist störend. Ebenso bei Taenien und Trichocephalus-Untersuchungen. Solche Eier werden am besten nativ in dem mit physiologischer Kochsalzlösung verdünnten Stuhle nachgewiesen.

Im Gegensatz zu den Protozoen kann man das Material auch mit Wasser verdünnen, da die Wurmeier viel widerstandsfähiger gegen osmotische Einflüsse sind, als jene. Für die Untersuchung genügt meist eine schwache Vergrößerung. Ein Objektiv von der Brennweite zwischen 10 und 16 mm und ein Okular der Eigenvergrößerung von 5 bis 10 wird wohl dem nur einigermaßen geübten Untersucher genügen, um aus einem größeren Gesichtsfeld die Eier herauszufinden. Bei Eiern, die eine braune Eigenfarbe besitzen, wird das Auffinden mit schwacher Vergrößerung bei völlig offener Blende erleichtert. Bestandteile des Stuhles, die ebenfalls braun erscheinen und im abgeblendeten Gesichtsfeld denselben Helligkeitswert zeigen wie Wurmeier, werden bei offener Blende von der Fülle des Lichtes überstrahlt, also kaum sichtbar sein, während die kompakteren Wurmeier braun erscheinen.

Zur genaueren Diagnose, besonders zur Erkennung feinerer Unterschiede, ist die Einschaltung eines stärkeren Objektives und eine kräftige Abblendung empfehlenswert. Neben der Untersuchung im durchfallenden Licht, das man auch hier meist anwendet, kommt noch das Beobachten der Objekte im auffallenden Licht in Betracht. Wer über eine Mikrobogenlampe verfügt oder eine der modernen Mikroskopierlampen zur Verfügung hat, wird ohne Schwierigkeit den Lichtkegel unter einem spitzen Winkel auf das Präparat fallen lassen können, und so ein markanteres Hervortreten der Eier erzielen. Hat man diese Hilfsmittel nicht zur Hand, so tut eine größere Lupe von längerer Brennweite, die man in geeigneter Weise vor die Tischlampe schaltet, fast dieselben Dienste. Um das Abbilden der Glühfäden bei elektrischer Beleuchtung zu vermeiden, benützt man entweder eine mattierte Glühlampe oder schaltet zwischen Lichtquelle und Objekt eine Mattscheibe ein.

Über die Bedeutung und die Technik der Untersuchung auf Wurmeier im polarisierten Licht hat Luger in seinem Abschnitt ausführlich berichtet.

Die native Untersuchung in der Art, wie sie eben erwähnt wurde, führt nur dort zum Ziel, wo Wurmeier in erheblicher Zahl im Stuhl auftreten. Im allgemeinen finden sich zu wenig Objekte in einem Präparat, und es müssen oft viele Präparate angefertigt werden, um auf ein Wurmei zu stoßen. WOLF hat bei einer großen Anzahl von Stuhluntersuchungen das später zu beschreibende TELEMANN-Verfahren und die gewöhnliche Nativuntersuchung einander gegenübergestellt und bei weitem weniger positive Resultate im gewöhnlichen Stuhlpräparat erzielt, als bei der Anreicherung nach TELEMANN. Bevor aber über die verschiedenen Methoden zum leichteren Auffinden der Helmintheneier gesprochen werden soll, möge zuerst das Gewinnen der Würmer selbst und ihrer Bestandteile und anschließend daran die Konservierung derselben besprochen werden.

Um in den Fäzes die Würmer selbst oder Proglottiden nachzuweisen, schwemmt man den Stuhl mit Wasser auf, läßt sedimentieren, gießt die darüber stehende Flüssigkeit ab, wirbelt den Bodensatz wieder mit Wasser oder physiologischer Kochsalzlösung auf und wiederholt das Abgießen und Aufschwemmen so lange, bis alle abschwemmbaren Bestandteile entfernt sind. Man kann nun mit Nadeln den Bodensatz zerzupfen, wobei es sich empfiehlt, als Untergrund den schwarz-weißen Teller zu benutzen, und findet leicht die meist weißglänzenden Würmer bzw. Proglottiden. Bei Oxyuren gewinnt man das Material am besten, indem man einen Glasstab in die Ampulla recti einführt und in dem daran haftenden Kote nach Oxyuren sucht. Auch Abkratzen in der Umgebung des Anus ist zu diesem Zwecke zu empfehlen. Will man Nematoden, Taenien oder andere Würmer lebend untersuchen, so geht es ohneweiters an, sie in physiologischer Kochsalzlösung oder in Wasser aufzubewahren; sie bleiben oft einige Tage am Leben. In schwach saurer Pepsinpeptonlösung (3 bis 4% mit nicht ganz 1% Chlornatrium) sollen nach LÖNNBERG[1] manche Taenien auch längere Zeit am Leben bleiben.

Will man aber zu Sammlungs- oder Demonstrationszwecken die Objekte längere Zeit hindurch zur Verfügung haben, so ist eine Fixierung nötig. Da nun die Würmer die Tendenz zeigen, sich einzurollen, bedarf es einiger Kunstgriffe, sie zu strecken. Bei kleineren Würmern tut die sogenannte Schüttelmethode gute Dienste. Wir bevorzugen das Verfahren von LÜHE,[2] der den Darminhalt direkt mit kalt gesättigter Sublimatlösung vermischt und die Mischung in ein Reagenzglas füllt und einige Stunden horizontal liegen läßt, wobei sich die Parasiten gut strecken und diese Haltung dauernd beibehalten. Auf diese Weise können sogar Zestoden bis zu 15 cm Länge gestreckt werden. MÜHLING[3] breitet das Tier auf einem Deckglas gut aus und drückt dann das Deckglas schnell auf den mäßig erwärmten Objektträger, auf dem sich eine geringe Menge des Fixiergemisches befindet (z. B. 50 Teile Pikrinsalpetersäure und Wasser und zwei Teile Essigsäure); dann wird abgespült und langsam in 70% Alkohol übergeführt. ANDRÉ[4] tötet die Tiere (Nematoden) in kochendem Wasser, nachdem er sie vorher in ein nur etwas weiteres Glasrohr gesteckt hat, bringt sie dann in kaltes Wasser und fixiert sie auf irgend eine Weise. Größere Parasiten, wie z. B. Bandwürmer, müssen auf andere Art gestreckt werden. KÖHLER[5] spült die Taenie mit 0,6% Salzwasser ab, wickelt sie über eine Glasplatte oder spannt sie mit Igelstacheln auf Kork und fixiert nachher. LOOSS legt längere Objekte auf eine Glasplatte, die sich in einem Gefäß mit Kochsalzlösung befindet und versucht sie dadurch gleichmäßig auszubreiten. Dann wird jedes Stück

[1] Zentralbl. f. Bakteriol., 11. Bd., S. 89. 1882.
[2] Zentralbl. f. Bakteriol., 30, 167. Anm. 1901.
[3] Arch. Naturg. 64, Jg. 1898, S. 5.
[4] Zeitschr. f. wiss. Mikrosk., Bd. 24, S. 278. 1907.
[5] Zeitschr. f. wiss. M., Bd. 57, S. 386. 1894.

beim Ende angefaßt und in 0,75% Kochsalzlösung, der 1 bis 2% Sublimat zugesetzt ist, gebracht, hin und her geschwenkt, bis eine regelmäßige Streckung erfolgt ist. Ganze Bandwürmer mit längeren Gliederketten legt LOOSS auf die flache Hand, so daß zu beiden Seiten die Enden herunterhängen, und gießt kalt gesättigte, konzentrierte Sublimatlösung so auf, daß dieselbe an den Gliederketten herabfließt. Bandwurmpräparate für Demonstrationszwecke stellt man am besten her, indem man den Wurm über einem weiten Glaszylinder spiralig aufrollt und den Zylinder unter Alkohol in ein weites Präparatenglas setzt. Anschaulicher ist das Aufspannen des Wurmes in Schlangenlinien auf einer schwarzen Glasplatte. Die Fixierung der erwachsenen Würmer oder deren Bestandteile kann meist in Alkohol vorgenommen werden. Sie werden darin im Gegensatz zu der mit Metallsalzen geübten Fixierung nie brüchig. Eine 60 bis 70%ige Verdünnung ist die geeignetste. Erst nach längerer Zeit können zur definitiven Aufbewahrung die Objekte in 90%igen Alkohol übergeführt werden. Formalin ist im allgemeinen zur Konservierung von Helminthenmaterial nicht anzuraten. Die Objekte werden steif und brüchig und sind für eine eventuelle spätere Aufhellung mit Glyzerin nicht mehr gut verwendbar.

Es sei noch vor längerem Aufbewahren der ganzen Würmer oder der Bandwurmglieder in Wasser oder physiologischer Kochsalzlösung gewarnt. Die Tiere quellen darin auf und es kommt nicht selten vor, daß sie platzen. Nur eine höhere Konzentration der Kochsalzlösung (bis zu 2%) verhindert die Quellung. Für die einzelnen Wurmarten gelten spezielle Fixierungs- und eventuell Färbungsvorschriften, die im folgenden beschrieben werden sollen.

Trematoden. Nach LOOSS nimmt man vom Darminhalt etwa 2 ccm auf, gibt diese Menge in ein Reagenzröhrchen, fügt ein Drittel Reagenzglas voll physiologischer Kochsalzlösung hinzu und schüttelt durch längere Zeit. Sofort nach Aufhören des Schüttelns gießt man die gleiche Menge kalt gesättigter Sublimatlösung hinzu und schüttelt abermals 1 bis 2 Minuten. Um die Würmer zur Untersuchung zu isolieren, wird das Reagenzglas vollkommen mit Wasser gefüllt, wieder umgeschüttelt und nach dem Absetzen die darüberstehende Flüssigkeit abgegossen. Diese Prozedur kann man so lange wiederholen, bis alle Beimengungen von den Tieren entfernt sind. Hierauf überträgt man die Würmer in 96% Alkohol, dem man einige Tropfen Jod-Jodkalilösung hinzugesetzt hat, um das Sublimat zu entfernen. Ein leichtes Isolieren der Würmer gelingt auch, wenn man die fixierte Stuhlmenge in eine Petrischale gießt und eventuell unter Zuhilfenahme einer Lupe die Tiere einzeln herausfischt. Von Fixierungsmitteln wären noch folgende zu erwähnen: Das FLEMMINGsche Gemisch (s. S. 111), das von WRIGHT und MACALLUM[1] für Trematoden sehr gelobt wird. LO BIANCO verwendet heiße konzentrierte Sublimatlösung. BRAUN und LÜHE empfehlen 0,5 bis 1%ige Chromsäure. Auch die anderen, Chrom enthaltenden, Fixierungsflüssigkeiten sind empfohlen worden, doch findet man mit der Sublimatfixierung vollkommen das Auslangen und höchstens die MÜLLERsche Flüssigkeit wird, wenn es besonders auf die Darstellung der die Dotterstücke und Dottermassen einschließenden Organe bei Trematoden ankommt, zu empfehlen sein. BRAUN und LÜHE empfehlen für Trematoden (und auch für Zestodenglieder), die ausgebreitet schwer liegen bleiben, die HOFERsche Fixierungsflüssigkeit (kalt gesättigte Pikrinsäurelösung 50, Wasser 48, Eisessig 2). Man legt die Tiere nach einer Reinigung in Wasser auf einen Objektträger, legt einen anderen Objektträger, der bereits in die Fixierungsflüssigkeit getaucht war, darauf und gibt allmählich so viel von der frischen Fixierungsflüssigkeit seitlich hinzu, bis die Spannung des Tieres aufhört. Man fixiert dann das vom Objektträger abgenommene Tier in der HOFERschen Flüssigkeit in einem Uhrschälchen so lange, bis es undurchsichtig geworden ist, und läßt es einige

[1] Journ. of morphol., Vol. I, S. 1. 1887.

Minuten darin liegen. Nach kurzem Abspülen mit Wasser wird es zuerst in 50% Alkohol und bald darauf in 70% gebracht. In diesem bleiben die Objekte einige Tage, um die Pikrinsäure vollkommen zu entfernen. Um sie unbegrenzt haltbar zu machen, bringt man sie in 80 oder 96% Alkohol.

Will man Trematoden oder auch Bandwurmglieder genauer studieren, oder als durchsichtige Demonstrationspräparate aufbewahren, so muß man sie in absolutem Alkohol vollkommen entwässern und kann sie dann über Kreosot oder Xylol in Kanadabalsam überführen. Man kann aber sogenannte Quetschpräparate auch mit Glyzerineinbettung herstellen. Besonders für Proglottiden eignet sich diese Methode. Die aus dem Alkohol kommenden Objekte werden in einer Schale mit einer Mischung von 70% Alkohol und 0,5% Glyzerin übergossen und in dieser Flüssigkeit so lange erwärmt, bis der Alkohol verdunstet ist. Man schließt sie dann in Glyzeringelatine ein.

Zestoden. Für die Bandwürmer wurden die Fixierungsmethoden bereits beschrieben. Wenn der Bandwurm eine Länge bis zu 10 cm nicht überschreitet, läßt er sich leicht mit der Schüttelmethode konservieren. Ist er länger, so muß man die Verfahren von Looss und anderen, um den Wurm gleichmäßig auszubreiten, anwenden. Meistens wird man die Bandwürmer nur in 70% Alkohol aufbewahren. Es ist ratsam, dem Alkohol einige Tropfen Essigsäure zuzusetzen, damit sich die Kalkkörperchen auflösen; außerdem wird durch diesen Zusatz der porus genitalis und der ganze Genitalapparat besser sichtbar. Um den Genitalapparat markanter hervortreten zu lassen, hat man die Färbung der Proglottiden empfohlen. So empfiehlt Leukart die Färbung in einer ammoniakalischen Karminlösung von mittlerer Konzentration. Färbedauer ungefähr 1 Tag. Lühe empfiehlt das Alaunkarmin, Neumann-Mayer nehmen ebenfalls Alaunkarmin, verwenden aber auch Boraxkarmin und Hämatoxylin. Köhler färbt Proglottiden und Schnitte von Taenien 24 Stunden lang mit Orange-G (auf 100 g der gesättigten Lösung 5 Tropfen Eisessig), wäscht dann in destilliertem Wasser aus und färbt in Hämateintonerde nach. Das Herstellen von Proglottiden-Dauerpräparaten wurde bei den Trematoden schon erwähnt. Es empfiehlt sich aber, vor dem Einbetten in Glyzerin-Gelatine dickere Papierstreifchen oder kleine Holz- oder Korkklötzchen zwischen Objektträger und Deckglas zu legen, um ein allzu arges Quetschen zu vermeiden.

Nematoden. Zur Fixierung und Konservierung der Nematoden empfehlen Looss, Neumann und Mayer den Alkohol. Looss erhitzt 70% Alkohol auf 80 bis 90° und fixiert darin die einzelnen Würmer, die sich gerade ausstrecken und auch diese Form dauernd beibehalten. Nach 24 Stunden ersetzt man den Alkohol durch einen ebenso starken kalten. Nur einige Würmer der Strongylusart und auch Trichuris rollen sich bei dieser Behandlung zusammen. Kleine Nematoden können mit der oben erwähnten Schüttelmethode in Sublimat fixiert werden. Auch Formalin kann man in 5% Lösung benützen, wenn man nur die äußere Form erhalten haben will. Zur Konservierung von Nematoden empfiehlt Kalantarda (Tiflis) die Barbagallsche Flüssigkeit (Natrii chlorati 8,0 — Formaldehyd 30,0 — Aqua dest. 970,0). Zur Strassen fixiert in Flemmingschem Gemisch, Gorgius in $^1/_2$%iger Chromsäure. Augstein fixiert Strongylus in Pikrinsalpetersäure. Glaue fixiert Askaris in einem heißen Gemisch von 100 Teilen 6% Sublimatlösung, 100 Teilen absolutem Alkohol und 1 Teil Eisessig. Braun fixiert kleine Nematoden in verdünntem Müllerschen Gemisch, bringt sie in 25%igen und nachher in 40%igen Alkohol, gibt sie dann in Glyzerin und Wasser zu gleichen Teilen und schließt sie in karbolsäurehältiger Glyzeringelatine ein. Das von Braun angegebene Glyzerin bewährt sich ausgezeichnet für die Aufhellung der Objekte; so setzt Looss einem 70%igen Alkohol 5 bis 10% Glyzerin zu und gibt die in Alkohol fixierten Würmer hinein. Es kann aber vorkommen, daß kleine und zarte Nematoden bei dieser Konzentration schrumpfen. Man gibt bei solchen Würmern nur einen Glyzerinzusatz von 2 bis 3%. Wie schon erwähnt, wird der Alkohol durch Erwärmung zum Verdampfen gebracht und die Objekte dann in Glyzeringelatine eingeschlossen. Für alle in Glyzeringelatine eingeschlossenen Präparate empfiehlt sich ein Lackring oder das Umfahren des Deckglasrandes mit Kanadabalsam (s. die Herstellung von nativen Dauerpräparaten S. 103). Jagić empfiehlt zur Aufhellung einen Zusatz von 1% Chloralhydrat zur Glyzeringelatine. Die

Glyzeringelatine stellt er so her, daß er 7 Teile Gelatine in 43 Teilen Wasser löst und 37 Teile Glyzerin und 1 Teil Karbolsäure hinzufügt.

Die Färbung der erwachsenen Würmer ist sehr schwierig. Nur alkoholisches Karmin gibt einigermaßen brauchbare Resultate[1].

Die Anreicherungsmethoden für Wurmeier

Der Nachweis von Wurmeiern ist für die in unseren Breitegraden in Betracht kommenden Wurmerkrankungen meist wichtiger als das Suchen nach den Parasiten selbst. Es werden viel häufiger die Eier der Tiere im Stuhl nachzuweisen sein, als die Träger derselben.

Wir unterscheiden zweierlei Arten von Anreicherung, je nachdem wir durch Zusatz einer Flüssigkeit von bestimmter Konzentration die Eier zu Boden sinken lassen (Sedimentierungsmethoden) oder durch eine Veränderung des spezifischen Gewichtes der Suspensionsflüssigkeit die Wurmeier zum Aufsteigen bringen (Flottationsmethode). Wir haben nur unter den Methoden der ersten Art eine, die wir als Universalverfahren für alle Wurmeier bezeichnen können, während bei den anderen die eine oder andere Wurmeierart nicht zur Anreicherung gebracht wird.

Sedimentierungsverfahren. Für die Praxis und auch für klinische Laboratorien hat sich als Universalmethode die von TELEMANN angegebene bewährt.

Aus 4 bis 5 Stellen des Stuhles werden etwa erbsengroße Stückchen mit einem Spatel oder Glasstab herausgenommen und in einem Reagenzglas, $^1/_3$ voll mit konzentrierter Salzsäure, verrührt und aufgeschwemmt, so daß womöglich keine gröberen Bestandteile mehr vorhanden sind, und stark durchgeschüttelt. Ganz kurzes, vorsichtiges Erwärmen des Reagenzglases erleichtert die Auflösung. Zu dieser Kotemulsion werden gleiche Teile Äther hinzugefügt und diese Mischung längere Zeit hindurch stark geschüttelt. Man filtriert nun durch ein Gazefilter oder ein Drahtsieb, um die gröbsten noch vorhandenen Teile abzuhalten und zentrifugiert 2 bis 3 Minuten bei mittlerer Tourenzahl. Es bilden sich deutlich 3 Schichten, von denen die oberste aus dem im Äther gelösten Fett besteht, die mittlere und kompakteste die ungelösten Zerfallsmassen enthält und gelblich gefärbt erscheint, während die unterste aus Wurmeiern und kleineren Nahrungsresten gebildet wird. Die oberste Schicht ist leicht abzugießen, während die mittlere das Zentrifugierröhrchen oft fest verschließt, so daß sie erst abgelöst werden muß und die unterste Schicht fest am Boden haftet. Man dreht das Röhrchen vollkommen um, läßt es aber nicht ganz austropfen, sondern wirbelt mit der noch darin enthaltenen Flüssigkeit den Bodensatz auf und untersucht das Sediment mikroskopisch.

Diese Methode in ihrer Originalausführung wird aber von QUADFLIEG kritisiert. Durch die reine Salzsäure soll das natürliche Aussehen der Parasiteneier sehr stark beeinflußt und durch den noch ziemlich großen Reichtum des Sedimentes an Nahrungsresten die Durchsichtigkeit behindert werden. Es empfiehlt sich, wie schon MIYAGAWA angab, zwei- bis dreifach verdünnte Salzsäure zur Herstellung der Kotemulsion zu verwenden. In dieser Abänderung ist das TELEMANNsche Verfahren als Universalmethode zu bezeichnen und sehr zu empfehlen.

YAOITA sucht die Verwendung der Salzsäure ganz zu vermeiden und bringt die Stuhlproben in 15 ccm einer 25% Antiforminlösung. Er fügt dann Äther hinzu und verfährt weiter in der oben angegebenen Weise. Bei dem YAOITAschen

[1] Über die Herstellung dieses Karmingemisches s. LEE und MAYER, Grundzüge der mikroskopischen Technik. 4. Aufl., S. 156. 1910.

Verfahren bilden sich vier Schichten und das im Endkonus des Zentrifugierröhrchens verbleibende Sediment enthält neben anderen unlöslichen Elementen die Parasiteneier. Nach unseren Erfahrungen bietet diese Methode höchstens, wie auch schon QUADFLIEG hervorhob, für die Untersuchung auf Askariseier Vorteile. Denn beim TELEMANNschen Verfahren erweisen sich die Eischalen von Askaris gegen das Salzsäure-Äther-Gemisch wenig resistent, die Schale kann abgestreift werden und das nackte Ei sieht oft einem Ankylostomumei sehr ähnlich.

In allerjüngster Zeit hat ROBIN[1] ein Sedimentierungsverfahren angegeben, das, obwohl ursprünglich für Flagellatenzysten gedacht, auch für Helmintheneier gut verwendbar erscheint.

ROBIN bringt in ein Fläschchen, in dem sich neben zirka 20 Glasperlen 14 ccm SCHWEITZERsches Reagens (Salzsäure 22, Formol 34 und physiologische Kochsalzlösung 44 Teile) befinden, ein haselnußgroßes Stück Stuhl. Vermittels der Glasperlen findet ein schnelles Homogenisieren statt. Die so gewonnene Aufschwemmung wird in zwei Zentrifugierröhrchen durch kurze Zeit geschleudert. Die darüberstehende Flüssigkeit wird abgegossen und zu jedem Sediment werden 4 ccm physiologische Kochsalzlösung hinzugefügt. Das Sediment wird aufgewirbelt und stark durchgeschüttelt. Hierauf wird durch ein Drahtsieb mit einer Maschenweite von zirka 340 μ in eine weithalsige Flasche filtriert. Dazu werden wieder $4^1/_2$ ccm des SCHWEITZERschen Reagens gegeben und durch 15 Sekunden geschüttelt. Nachdem man dieser Mischung $12^1/_2$ ccm Äther hinzugefügt hat, wird wieder durch 15 Sekunden geschüttelt. Die ganze Flüssigkeit wird in zwei Zentrifugierröhrchen gebracht und durch 1 Minute scharf zentrifugiert. Von einem Röhrchen gießt man die Flüssigkeit rasch ab und untersucht das Sediment in gewöhnlicher Weise. Wenn das Sediment keine Zysten oder Wurmeier enthält, ist es, um die Untersuchung zu vervollständigen, nötig, aus dem zweiten Zentrifugierröhrchen mit einer dünnen Pipette etwas von dem Schleier, der sich an der Grenze zwischen dem Äther und der darunter liegenden Flüssigkeit gebildet hat, aufzusaugen und zu mikroskopieren. Es kommt vor, daß Wurmeier von einem bestimmten spezifischen Gewicht sich in dieser Schicht ansammeln. Lambliazysten tun dies oft.

Flottations- oder Schwimmethoden. Die bis jetzt erwähnten Methoden gingen alle von dem Prinzipe aus, die Wurmeier in einer Flüssigkeit, die spezifisch leichter ist, zu emulgieren und sie dadurch zum Sedimentieren zu bringen. Das umgekehrte Prinzip, durch spezifisch schwerere Flüssigkeiten die Wurmeier zum Aufsteigen zu bringen und sie dann an der Oberfläche nachzuweisen, ist in den sogenannten Flottationsmethoden angewendet. Die Idee ist nicht neu. So hat schon BASS[2] die wässerige Kotaufschwemmung, in der sich Ankylostomumeier befinden sollten, durch Zentrifugieren sedimentiert und das sorgfältig gewaschene Sediment nacheinander mit Chlorkalziumlösung von 1,05 und 1,25 spezifischem Gewicht versetzt und die oben schwimmenden Eier zur mikroskopischen Untersuchung abpipettiert. Oder er verdünnte die abgesaugte Chlorkalziumlösung mit Wasser und zentrifugierte dann die Eier, so daß er beide Methoden in eine verband. In ähnlicher Weise verfuhren COCHRAN und DARLING. KOFOID und BARBER gaben ein Verfahren der Helminthenanreicherung an, das sie als „Brine flotation loop method" bezeichneten[3]. Dies Verfahren eignet sich besonders für Ankylostomenuntersuchungen. Sie benutzten paraffinierte Papierbecher, die zu einem Drittel mit Kot gefüllt waren und zirka 80 ccm Inhalt hatten, füllten konzentrierte Kochsalzlösung nach und verrührten. Um die größeren Kotpartikelchen niederzuhalten, senkten sie eine Scheibe aus zusammengepreßten

---

[1] Cpt. rend. des séances de la soc. de biol., 31. März 1925.
[2] Arch. of internat. med. 1909, Vol. III, Nr. 5/6, S. 446.
[3] Arch. f. Schiffs- u. Tropenhyg., S. 522. 1919.

dünnen Stahldrehspänen auf den Boden, oder sie schöpften mit einem Löffel die gröberen Kotteile ab. Nach einer Stunde wurden die Ankylostomeneier mit einer großen Drahtöse von der Oberfläche abgehoben und ohne Deckglas mit geringerVergrößerung untersucht. Wenn die abgehobene Probe zu undurchsichtig war, verdünnten sie sie auf dem Objektträger mit einigen Tropfen einer Mischung von Glyzerin und Kochsalzlösung $\overline{\overline{aa}}$.

Eine konzentrierte Kochsalzlösung wird hergestellt, indem man 35,7 g Kochsalz zu 100 g Wasser gibt. Diese Lösung besitzt ein spezifisches Gewicht von ungefähr 1,2 und etwa 24,5° Baumé. Man füllt eine 200 ccm fassende Mensur mit gewöhnlichem Kochsalz etwas über ein Drittel, dann mit Leitungswasser und schüttelt kräftig längere Zeit hindurch, da die Herstellung einer so hoch konzentrierten Lösung lange dauert.

Die Methode wurde von Fülleborn vereinfacht. Fülleborn nimmt keine so hohe Konzentration der Kochsalzlösung wie Kofoid und Barber. Er fand, daß die Eier schon nach viel kürzerer Zeit aufsteigen, wenn die Verdünnung nur 1 : 20 betrug. Ein weiterer Vorteil ist das Freihalten des Gesichtsfeldes von dem störenden Detritus. Er verfährt folgendermaßen:[1]

„In einem gewöhnlichen Wasserglas von 200 ccm Inhalt stelle man (wenn es sich um Kot von normaler Konsistenz handelt) eine Aufschwemmung von 1 Teil Kot zu etwa 20 Teilen einer konzentrierten wässerigen Kochsalzlösung her, in der der Kot unter anfänglich nur allmählichem Zusetzen der Flüssigkeit zu einem möglichst gleichmäßig dünnen Brei verrieben und dann erst der Rest der Kochsalzlösung hinzugefügt wird. Das Glas soll ungefähr 7 bis 8 cm hoch gefüllt sein, Abschöpfen der etwa auf der Oberfläche schwimmenden gröberen Teile oder ihr Niederhalten durch eine Scheibe von zusammengepreßten Stahldrehspänen, wie es Kofoid und Barber angeben, ist mindestens entbehrlich; ebenso ist Durchsieben des Stuhles nicht nötig.

Der Aufstieg der Ankylostomen (und Askaris)-Eier erfolgt bei der angegebenen Kotverdünnung so schnell, daß man sie bei stärkeren Infektionen auch schon unmittelbar nach Herstellung der Aufschwemmung recht zahlreich an der Oberfläche findet und so eine Beschleunigung des Aufsteigens durch Zentrifugieren durchaus entbehrlich wird; nach einer Viertelstunde sind die Eier aber durchschnittlich 5 mal reichlicher als anfangs geworden und 1 Stunde nach Ansetzen der Aufschwemmung findet man ebensoviel (das Optimum lag zwischen $^1/_2$ und $^3/_4$ Stunden), während einige Stunden später die Eier schon fast völlig in den Abschöpfungen fehlen können, obschon man sie in anderen Fällen sogar mehrere Tage lang von der Oberfläche entnehmen kann. Zum Abheben des eierhaltigen Oberflächenhäutchens benütze man am besten eine 1 cm große geschlossene Öse, man kann aber auch eine gewöhnliche Platinöse gebrauchen. Die Öse soll, bevor sie zu anderen Kotproben benutzt wird, ausgeglüht werden, da Abspülen zur sicheren Entfernung der Eier nicht immer genügt. Man nehme die Proben sowohl von den mittleren wie den seitlichen Teilen der Oberfläche und entleere jede Öse — das zwischen ihr ausgespannte Flüssigkeitshäutchen muß platzen — für sich gesondert durch Auftupfen auf einen Objektträger, so daß mehrere nicht übermäßig breit verteilte Tröpfchen nebeneinander zu liegen kommen. Untersucht wird ohne Deckglas. Die Eier schwimmen auf der Oberfläche des Kochsalztropfens und sammeln sich gerne in Häufchen an. Ist der Detritus noch zu störend, so wird mit einem Deckglas untersucht.“

Diese Methode eignet sich für Ankylostomen-, Nekator- und Trichostrongyluseier und auch die Eier von Askariden steigen ziemlich schnell auf. Trichocephaluseier brauchen viel mehr Zeit zum Aufsteigen. Daher ist es notwendig, bei Untersuchung auf Trichozephalus erst nach einer Stunde oder noch länger das Häutchen abzuheben. Hymenolepis nana eignet sich auch hervorragend, ebenso Hymenolepis diminuta, doch sinken die Diminutaeier oft schon nach $^3/_4$ Stunden wieder

[1] Fülleborn, Dtsch. med. Wochenschr. Nr. 26, S. 714. 1920.

zu Boden. Taenia saginata und Oxyuriseier steigen viel schwerer auf und solche von Botriocephalus latus und Trematoden sind mit der Kochsalzmethode überhaupt nicht nachzuweisen, sondern im Sediment aufzusuchen. Die geschilderte Methode eignet sich auch, wie RHODE zuerst für den menschlichen Stuhl gezeigt hat, für die Anreicherung von Kokzidienzysten.

Für Bilharzia (Schistosomum mansoni), deren Eier, wie erwähnt, nicht aufsteigen, rät FÜLLEBORN folgenden Nachweis:

Um die Mirazidien zum Ausschlüpfen zu bringen, wird der Stuhl mit 2 bis 3%iger Kochsalzlösung versetzt, eventuell mit frischem Urin. Da der feine Detritus in dieser Aufschwemmung stört, empfiehlt es sich, zu sedimentieren und aufzuschwemmen und wieder zu sedimentieren. Da Licht das vorzeitige Ausschlüpfen begünstigt, soll man möglichst im Dunkeln arbeiten. Mit nicht zu feiner Pipette, deren Spitze abgefeilt ist, nimmt man das Sediment auf, setzt angewärmtes Wasser hinzu und läßt einen starken Lichtstrahl so durch das Gefäß fallen, daß man, schräg gegen den Lichtkegel sehend, die ausschwärmenden Mirazidien oft schon ohne Lupe schwimmen sieht. FÜLLEBORN empfiehlt, dieser Flüssigkeit ein paar Tropfen unverdünnter GIEMSA-Lösung hinzuzusetzen und so die Tierchen noch leichter sichtbar zu machen.

SIGALAS[1] gibt folgende Modifikationen der Kochsalzanreicherung an: Stuhlteilchen werden mit 100 ccm filtrierten Wassers (wenn der Stuhl sehr fest ist, mit 30 großen Glasperlen in einem 300 ccm fassenden Gefäß) bis zur Homogenität geschüttelt und durch ein Drahtsieb, ähnlich den Sieben, wie man sie bei einem Bunsenbrenner verwendet, filtriert. Das Filtrat wird in einem Standglas aufgefangen und bis zur Sedimentierung stehen gelassen. Die Oberschicht wird abgegossen, nachdem man eventuell noch einigemal aufgeschwemmt und dekantiert hat. Dann fügt man zu dem Sediment eine kalte Kochsalzlösung vom spezifischen Gewicht 1,185. Dieses Gemisch gießt man dann in einen zirka 6 cm langen und 5 cm breiten Kolben. Dieser Kolben muß ganz voll gefüllt werden. Über ihn legt man eine Glasplatte unter Vermeidung des Einschließens von Luftblasen. Man läßt stehen und kann nach 24 Stunden mit einem schnellen Griff die Glasplatte so abheben, daß das Oberflächenhäutchen an ihr haften bleibt. Man kann die Glasplatte, die z. B. eine abgewaschene Bromsilberplatte sein kann, direkt unter dem Mikroskop untersuchen.

Wir haben diese Methode versucht, fanden aber, daß das Abheben der Glasplatte mit einigen Schwierigkeiten verbunden ist. Es ist schon schwer, die Glasplatte, die unter hydrostatischem Druck steht, zu lüften, und noch schwerer, ein Abgeschwemmtwerden des Häutchens von ihr zu vermeiden. Die Technik der Salzflottationsmethode ist im Jahre 1921 von WILLIS verbessert worden und wird in Amerika besonders für Massenbetrieb sehr viel geübt. LANE hat im Jahre 1922 die WILLISsche Methode weiter verfeinert und hat durch eine Zentrifugeneinrichtung diese Untersuchungsart auch für quantitative Bestimmungen brauchbar gemacht. Seine Technik ist auch bei konserviertem Kote anwendbar (LANE, C., The Mass Diagnosis of Ankylostome infection. Trans. of the Soc. of Trop. Med. u. Hyg., Bd. 17, Teil II bis VII, S. 274, 1922 und Bd. 17, Teil II bis VII, S. 407, 1923).

Man kann auch mit anderen Mitteln das spezifische Gewicht der Suspensionsflüssigkeit so erhöhen, daß die Wurmeier aufsteigen. So gab SHEATER ein Verfahren an, das eine Anreicherung mit einer 50%igen Zuckerlösung beinhaltet. Die Arbeitsmethode ist ähnlich der bei Kochsalz angegebenen. Kotteile werden im Wasser bis zu wässeriger Konsistenz aufgeschwemmt, die Aufschwemmung durch Metallgaze filtriert, dem Filtrat gleiche Teile einer 50%igen Zuckerlösung zugesetzt und die Mischung mit einem Glasstab umgerührt. Bei hoher Tourenzahl (2000) wird zwei bis drei Minuten zentrifugiert. Nach einiger Zeit

[1] Cpt. rend. des séances de la soc. de biol., S. 755. 1924.

hebt man mit einer Öse das Häutchen von der Oberfläche der Kotaufschwemmung ab. Man untersucht am Objektträger mit oder ohne Deckglas. Trematoden und Trichocephaluseier steigen nicht auf und können in dem Sediment derselben Flüssigkeit nachgewiesen werden.

1925 hat Liess Untersuchungen über die verschiedenen Anreicherungsmethoden angestellt und dabei die Zuckermethode etwas modifiziert. Er verdünnt den Stuhl je nach seiner Konsistenz mit lauwarmem Wasser (bei festem Stuhl 1 : 7, bei flüssigem 1 : 1) und verreibt diese Aufschwemmung im Mörser. Gleiche Teile werden dann auf sechs Zentrifugenröhrchen verteilt. Hierauf fügt er überall die gleiche Menge 50%iger Zuckerlösung hinzu, schüttelt kräftig durch und zentrifugiert vier Röhrchen durch zwei Minuten. Die restlichen zwei Röhrchen läßt er zur Kontrolle stehen. Von den zentrifugierten Röhrchen hebt er das Oberflächenhäutchen mit einer Öse ab und untersucht wie gewöhnlich.

Quantitativer Nachweis von Wurmeiern

Bevor wir auf die Färbung und Konservierung von Wurmeiern für Dauerpräparate eingehen, seien Methoden zum quantitativen Nachweis von Wurmeiern beschrieben. Die Lanesche Methode ist bereits kurz erwähnt worden. Ebenfalls in Amerika ist die Eierauszählungsmethode nach Stoll sehr in Gebrauch, die zwar nicht die Genauigkeit der Laneschen Technik hat, dafür aber viel bequemer zu handhaben ist. Ihr Prinzip besteht in der unmittelbaren Auszählung der Eierzahl, die in einer abpipettierten kleinen Menge einer quantitativ bekannten Kotaufschwemmung enthalten ist. (Stoll, N. R., Investigation on the Control of Hookworm Disease. XVIII Americ. Journ. of Hyg. Bd. 3, Nr. 2, S. 156, 1923.)

Da, wie schon erwähnt, die Möglichkeit besteht, aus der Stuhluntersuchung nach der Anzahl der Wurmeier einen gewissen Rückschluß auf den Grad der Infektion zu erheben, sei eine erst in jüngster Zeit angegebene Methode zum Auszählen von Eiern näher beschrieben. Wir sind uns wohl bewußt, daß eine Eierauszählung keine genauen Aufschlüsse über die Anzahl der im Darm befindlichen Wurmweibchen gibt. Es sind zu viele Faktoren, wie Konsistenz des Kotes, verschiedener Gehalt der Nahrung an unverdauten Substanzen usw. dabei im Spiele. Die Methode ist die von S. L. Hung als „Hamburger Deckglasauszählung" bezeichnete Untersuchungsart (S. L. Hung, Archiv f. Schiffs- u. Tropenhyg. 1926, S. 399). Das Prinzip dieser Auszählung besteht darin, daß in einer Schale oder einem flachen Gefäß eine abgewogene Menge des zu untersuchenden Stuhles mit konzentrierter Kochsalzlösung aufgeschwemmt wird. Die aufgestiegenen Eier werden mit drei Deckgläschen, die auf die Flüssigkeitsoberfläche gelegt worden waren und auf dieser recht gut schwimmen, abgehoben, nachdem sie zehn Minuten auf dem Flüssigkeitsspiegel gelegen sind. Die Eier werden ausgezählt und aus dem Mittelwert läßt sich dann die Anzahl der in der ganzen Kotprobe enthaltenen Eier berechnen. Über die genaue Apparatur, die für diese Methode Verwendung findet, möge im Originale nachgelesen werden.

Färbung der Wurmeier. Im allgemeinen muß man die Färbung von Helmintheneiern als überflüssig bezeichnen, da sie im allgemeinen schon bei der Nativuntersuchung genügend charakterisiert erscheinen. Einige Verfahren seien jedoch erwähnt. So färbt z. B. van Beneden Taenieneier 2 bis 3 Tage lang mit Pikrokarmin, nachdem er sie mit 1%iger Osmiumsäure und nachher mit 30%igem Alkohol fixiert hat und hebt sie dann in Glyzerin mit etwas Pikrokarmin auf. Bei älteren Eiern sprengt er zuerst die Chitinhülle, indem er unter dem Deckglas die Flüssigkeit wegsaugt. Für

Nematoden hat BOVERI eine Färbung mit Boraxkarmin angegeben. Er fixiert Askariseier in Pikrinessigsäure, bringt sie in 70%igen Alkohol, färbt sie dann mit Boraxkarmin und überträgt sie in ein Gemisch von einem Teil Glyzerin und einem Teil absoluten Alkohol. Den Alkohol läßt er langsam verdunsten. ZUR STRASSEN fixiert Askariseier 24 Stunden in einem Gemisch von 4 Teilen 96% Alkohol und einem Teil Essigsäure, überführt sie dann in reinen Alkohol und färbt sie mit Salzsäurekarmin, aus dem sie allmählich in Glyzerin übergeführt werden.

Konservierung von Wurmeiern für Dauerpräparate

Um Dauerpräparate von Helmintheneiern zu erhalten, kann man nach Looss in folgender Weise verfahren: Man entnimmt eine kleine Menge dem Stuhl, in dem vorher nach irgend einer Methode Eier nachgewiesen worden waren, und vermischt diese Probe mit Glyzerinalkohol (100 Teile 70% Alkohol und 5 Teile Glyzerin). Die Eier können auch vorher schon in Alkohol fixiert worden sein. Um die Flüssigkeit aus dem Stuhlbrei vollkommen zu entfernen, versetzt man eine kleine Menge von mit Wasser angerührtem Kot mit dem eben angeführten Glyzerinalkohol, und zwar in dem Verhältnis, daß 8 bis 10 mal mehr des Glyzerinalkoholgemisches vorhanden ist. Die Mischung wird umgerührt, sedimentiert, die darüber stehende gelbbraun gewordene Flüssigkeit wird abgegossen und wieder ein neues Glyzerinalkoholgemisch hinzugeschüttet. Man kann diese Prozedur nochmals wiederholen. Dann stellt man das Ganze in einen Brutschrank von 50° C, in dem der Alkohol verdunstet. Die nun im reinen Glyzerin liegenden Parasiteneier werden mit einer Platinöse aufgenommen und mit einem Tröpfchen geschmolzener Glyzeringelatine auf dem Objektträger verrieben. Ein Deckglas wird darüber gelegt und dieses nach irgendeinem der früher erwähnten Verfahren umrandet. Es kommt vor, daß einzelne Eier zu stark aufgehellt sind, doch wird man immer in dem Präparat solche finden, die die natürliche Form und Farbe in ausgezeichneter Weise bewahrt haben. Im allgemeinen gelingt die Konservierung auch im einfachen Glyzeringelatinepräparat.

Die Züchtung von Wurmlarven

Wenn in einem Präparat keine Eier nachzuweisen sind, und man trotz wiederholter Untersuchung niemals solche findet, der dringende Verdacht auf Wurmerkrankung aber besteht, greift man zu einer Methode, die die geringsten Mengen von Parasiteneiern im Stuhle schon nachweisen läßt. So hält FÜLLEBORN den Nachweis der Ankylostomen l a r v e n im Stuhl für eine der wichtigsten parasitologischen Untersuchungsmethoden. Wir haben nämlich die Möglichkeit, eine viel größere Menge von Fäzes zu untersuchen, als bei dem direkten Nachweis der Eier. Es wurde schon der von FÜLLEBORN empfohlene Vorgang zum Nachweis der Bilharziaeier erwähnt; es wurde auch erwähnt, daß direktes Sonnenlicht Eier und Larven ungünstig beeinflußt; Änderung der Konzentration der Flüssigkeit, in der sich reife Eier befinden, regt das Ausschlüpfen der Larven aus den Eiern an.

Man bringt mit Tierkohle versetzten Kotbrei in eine Petrischale in einer Schicht von zirka ½ cm und läßt ihn bei 25 bis 30° fünf bis sechs Tage stehen. Der Brei wird mit warmem Wasser übergossen und die Schale für einige Minuten wieder in den Brutschrank gestellt. Die Ankylostomen- oder Strongyloideslarven sammeln sich in dem Wasser an und können in dem Schälchen selbst oder im Sediment nachgewiesen werden. Ist der Kot, den man zur Untersuchung hat, sehr konsistent, so muß er mit Wasser gleichmäßig verrieben werden. Das Verhältnis Stuhl zu Tierkohle soll ungefähr 1 : 2 betragen, der Brei soll ziemlich zähflüssig sein. Um in dem Wasser die Larven nachzuweisen, empfiehlt es sich, das Wasser durch einen Trichter, in den ein Stück Leinwand gelegt ist, zu gießen, auf dem sie zuerst haften bleiben. Man faltet dann die Leinwand zu einem Säckchen zusammen, hängt dieses in ein mit Wasser gefülltes Glas und sedimentiert oder zentrifugiert das Wasser, in das die Larven durch das Säckchen gekommen waren.

FÜLLEBORN hat das Verfahren vereinfacht. Er stellt in ein großes Glasgefäß, welches gut zu verschließen ist, einen Glaszylinder, der gegen seitliche Verschiebungen durch eine Drahtkonstruktion geschützt ist. Der Zylinder steht in einer zirka 1 bis 2 cm hohen Schicht von konzentrierter Kalilauge, um herüberwandernde Ankylostomenlarven abzutöten. In den Trichter gibt FÜLLEBORN Gaze, die er mit Tannineisen schwarz färbte, um die Larven auf dem schwarzen Untergrund besser erkennen zu können, und in die Gaze schüttet er zu unterst sterilen Sand und darauf Ankylostomeneierkot. Der Inhalt des Trichters wird angefeuchtet. Der Apparat wird in einen zirka 30° aufweisenden Raum gegeben. Die Ankylostomenlarven und eventuell bei Nachweis auf Strongyloides die filariformen L. wandern aus dem Kot aus und kriechen bis an den Rand der Gaze, wo sie als kleine Zöpfchen schon mit freiem Auge nachgewiesen werden können. Von dort kann man sie mit einer Platinnadel zur Untersuchung abheben.

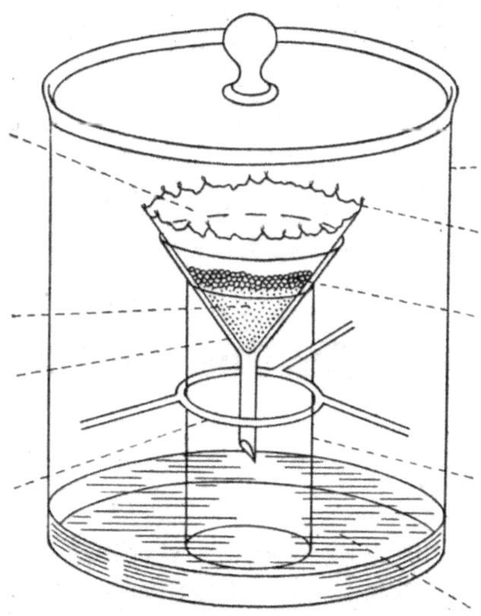

Abb. 30. Anreicherungsapparat nach Fülleborn

Durch Kombination der Kotkohlekultur mit dem Verfahren der Züchtung auf Agarplatten hat FÜLLEBORN ausgezeichnete Resultate erzielt. Als Nährboden benutzte er gewöhnlichen Amöbenagar (Stangenagar 1,5, Leitungswasser 100, Bouillon 10, Reaktion schwach alkalisch), den er in ein Petrischälchen ausgoß, und auf den er nach dem Erstarren das Kotkohlegemisch in 1 cm dicker Schicht so auftrug, daß ein zirka 3 cm breiter Rand freiblieb. Die zugedeckten Schälchen kommen dann in den Brutschrank. Durch die aus dem Kot auf den Agar hinkriechenden Larven, die immer Bakterien mitschleppen, entstehen entlang dem Kriechwege Bakterienkolonien, die schon dem freien Auge das Vorhandensein von Ankylostomeneiern im Stuhl verraten. Bei Betrachtung unter dem Mikroskop mit stärkerer Vergrößerung kann man auf der Agarplatte selbst entscheiden, ob es sich um Ankylostomum oder Strongyloides handelt. Ist die Infektion gering, so daß nur wenige Larven auftreten, so sticht man zirka 1 ccm große Stückchen aus dem Agar aus und füllt diese Lücke mit Wasser an. Da die Larven Feuchtigkeit aufsuchen, so kriechen sie alsbald in diese Wassermulde. Die beste Temperatur zum Ankylostomennachweis ist 25 bis 30° C. Aber auch bei 37° reifen Ankylostomenlarven aus, während Strongyloideslarven bald zugrunde gehen. Man kann das bei Doppelinfektionen zum Herauszüchten der Ankylostomen benützen. In neuester Zeit hat USAMI (Wr. klin. Wochenschr. S. 595, 1926) zwei Modifikationen — die Agarbedeckungs- und die Agarhöhlungsmethode — beschrieben. Er legt eine, wie früher angeführt, Kotkohlekultur in einer Petrischale an, überschichtet mit einer dünnen Lage Agar, läßt erstarren und bringt über die Agarflächen Wasser, in dem sich die Larven alsbald sammeln. Das Anfärben des zuerst klaren Wassers mit der zwischen Glaswand und Kultur aufsteigenden Kohle vermeidet er durch seine Agarhöhlung.

Eine Züchtung auf Agarplatten ist von NISSLE und WAGNER, LAMBINETT und F. SMITH angegeben worden. Diese verstreichen in dünnster Schicht den Kot über die ganze Platte, auf der man dann neben den Kriechspuren die Würmer selbst nachweisen konnte. Natürlich war auch immer ein dichter Bakterienrasen mit aufgegangen.

Zum Schluß sei noch etwas über die Verschickung und Konservierung des Stuhles in toto mitgeteilt. Am besten ist es, den Stuhl so bald als möglich frisch zu untersuchen. Zur Verschickung auf kürzere Strecken eignen sich die bekannten Stuhlgefäße, die aus einem Glasfläschchen, in dessen Korkstoppel ein kleiner Löffel nach innen gesteckt ist, und die zuerst in eine Blechhülse und dann in ein Holzfutteral gestülpt werden, bestehen. Wird aber das Stuhlmaterial über weite Strecken geschickt, oder will man den Kot in toto für spätere Untersuchungen aufbewahren, so tut den besten Dienst dafür der nicht zu hoch konzentrierte Alkohol. Bei späteren Untersuchungen ist irgend eines der Anreicherungsverfahren in diesem so konservierten Stuhl infolge Änderung des spezifischen Gewichtes der Eier nicht mehr angängig. Man kann versuchen, durch Abschwemmen den störenden Detritus zu entfernen.

III. Die chemische Stuhluntersuchung

Von

ERNST LAUDA

Reaktion

Bei der Prüfung der Reaktion der Fäzes ist zu berücksichtigen, daß häufig nicht alle Partien des Stuhles gleichartig reagieren, daß Innen- und Außenschicht und verschiedene Partien der Kotsäule ein differentes Verhalten zeigen können, sei es, daß der Grad der Azidität bzw. Alkaleszenz variiert, sei es, daß die eine Stuhlpartie sauer, die andere alkalisch reagiert. Es gilt dies insbesondere für feste, aber auch für weiche und breiige Stühle; nur annähernd homogene dünnflüssige Entleerungen machen zumeist eine Ausnahme. Die Ursache für diese Erscheinung liegt darin, daß sich im alkalischen Dünndarminhalt nach seinem Übertritt in den Dickdarm eine Reihe verschiedenartiger Prozesse abspielen, die einerseits saure, anderseits alkalische Reaktionsprodukte liefern. Fäulnisvorgänge geben alkalische, Gärungsvorgänge saure Zersetzungsprodukte; beide Vorgänge können in verschiedenen Anteilen des Darminhaltes gleichzeitig statthaben. Insbesondere bei rascher Darmpassage oder nicht genügender Durchmischung des Darminhaltes in den distalen Kolonabschnitten bleibt die gegenseitige Neutralisation bzw. Absättigung aus (FISCHER). Zum Nachweis der verschiedenen Reaktionen der verschiedenen Fäzesanteile wird auf verschiedene Weise verfahren: Streifen blauen oder roten Lackmus- (oder Azolithmin)papieres werden mit destilliertem Wasser benetzt und an verschiedenen Stellen der Kotsäulenoberfläche aufgelegt. Auf der anderen Seite des Streifens wird der Farbenumschlag zu blau oder zu rot beobachtet. Nicht selten ist hiebei weder bei Benützung des blauen noch des roten Papieres ein Farbenumschlag zu erkennen: neutrale Reaktion. Es ist selbstverständlich, daß oberflächliche alkalisch oder sauer reagierende Stuhlauflagerungen wie saurer oder alkalischer Harn, alkalisches Blut (Menses, Hämorrhoiden), Schleim usw. die Reaktion beeinflussen können, ferner daß der Stuhl möglichst bald nach der Entleerung untersucht werden muß, um weiteren Zersetzungsvorgängen zuvorzukommen. Blut- und Schleimbeimengungen haben, soweit es möglich ist, vor Anstellung der Reaktion entfernt zu werden. Es ist eine selbstverständliche Voraussetzung, daß die Auffanggefäße des Stuhles die Reaktion nicht beeinflussen dürfen.

Liefert schon diese Methode Anhaltspunkte darüber, ob in den Fäzes vorwiegend saure oder basische Reaktionsprodukte vorhanden sind, oder ob, wie in den meisten Fällen, alle Bestandteile nahezu neutral reagieren, so erhält man ein sicheres Urteil über die Gesamtalkaleszenz oder -Azidität einer Kotsäule bei Untersuchung einer Portion des gründlich durchmischten Stuhles. Der Stuhl wird im gut gereinigten Mörser mit destilliertem Wasser, welches zur Vertreibung der Kohlensäure aufgekocht wurde, verrieben. Die Reaktion wird entweder in der Aufschwemmung selbst oder im Filtrat so angestellt, daß man entweder einen mit dem Indikator beschickten Papierstreifen eintaucht oder neutrale Lackmustinktur (Kahlbaum) eintropfen läßt. Im allgemeinen eignen sich bei normalen Stühlen, bei welchen der Aziditäts- bzw. Alkaleszenzgrad nahe dem Neutralpunkte liegen, (eventuell mit Tierkohle entfärbte) Filtrate besser als Aufschwemmungen, da in diesen geringgradige Farbenumschläge nur schwer oder überhaupt nicht erkannt werden.

Durch Titration läßt sich die Azidität bzw. Alkaleszenz auch quantitativ bestimmen.

Eine abgewogene Menge des Stuhles, etwa 40 g, wird mit einer abgemessenen Menge destillierten Wasses verrieben. Absitzenlassen oder Filtration der Aufschwemmung. Zu einer abgemessenen Menge der überstehenden Flüssigkeit bzw. des Filtrates werden einige Tropfen neutraler Lackmustinktur oder Phenolphtalein zugesetzt, worauf je nach dem Farbenumschlag mit $^1/_{10}$ n Salzsäure (Schwefelsäure) oder $^1/_{10}$ n Kalilauge aus der Bürette titriert wird. Man kann auch so verfahren, daß man zum Filtrat (Aufschwemmung) die Säure oder die Lauge langsam zufließen läßt und nach jeweiligem Zusatz von einigen Tropfen die Reaktion des Filtrates prüft, indem man mit einem Glasstab einen Tropfen des Filtrates auf das Reagenzpapier bringt. Auftreten eines roten bzw. blauen Streifens am Rande des blauen bzw. roten Tropfens zeigt den Umschlagspunkt an. Die Menge der zugesetzten Kubikzentimeter Säure oder Lauge bezieht sich auf die abgemessene Menge des Filtrates oder der Aufschwemmung. Die Gesamtazidität wird auf 100 g Stuhl umgerechnet.

Hinsichtlich der Normalzahlen, die mit dieser Methode gefunden werden, finden sich in der Literatur die differentesten Angaben. Nach eigenen Erfahrungen sind 10 bis 15 ccm $^n/_{10}$ Säure oder Lauge noch normale Werte für 100 g Stuhl. Zumeist liegen die Zahlen ganz nahe am Neutralpunkt.

Auch hier scheitert eine genauere Auswertung nicht selten an der dunklen Eigenfarbe des Kotes. In solchen Fällen muß mit Filtraten gearbeitet werden, die mit Tierkohle gereinigt sind. Roux und Goiffon haben vor kurzem eine Klärungsmethode angegeben[1].

Mit diesen Methoden wird die Reaktion des Stuhles gegen den angewandten Indikator Lackmus oder Phenolphtalein geprüft. Da diese Indikatoren den Farbenumschlag nur nahe dem Neutralpunkt, nicht genau am Neutralpunkt d. h. bei genauer Absättigung der H- und OH-Ionen zeigen, so haftet den obigen

[1] Arch. des mal. de l'app. digest. et de la nutrition **14**, 1924, S. 46.

Bestimmungen ein Fehler an. Dieser ist aber so gering, daß er klinisch nicht ins Gewicht fällt. Exakte Bestimmungen können nur durch Ermittlung der H-Ionen-Konzentration (Gasketten, Indikatorenkette) durchgeführt werden. (EITEL[1], TISDALL und BROWN[2].)

Bei normaler gemischter Kost ist die Reaktion beim Gesunden annähernd neutral. Abnorm saure Reaktion findet sich bei schlechter Fettverdauung und insbesondere bei gärungsdyspeptischen Zuständen. (Bildung von Milch-, Essig-, Ameisen-, Buttersäure u. a.) Bei mangelhafter Fettverdauung mit Ausscheidung von höheren Fettsäuren bedingen diese einen Umschlag gegen die saure Seite, wie dies bei der Behinderung des Galleabflusses beobachtet werden kann; auch die schwach saure Reaktion des Frauenmilchstuhles des Säuglings ist auf die höheren Fettsäuren, zum Teil auch auf Milchsäure zu beziehen. Bei reichlichem Kohlehydratgenuß, insbesondere wenn die Kohlehydrate schlecht aufgeschlossen waren, können die Stühle saure Reaktion zeigen, auch ohne daß gärungsdyspeptische Zustände manifest würden. Bei der „initialen Diarrhöe“ der Säuglinge ist die Stuhlazidität in der Regel erhöht, vermutlich als Folge pathologischer Gärungen im Dickdarm (DAVIDSOHN und ROSENSTEIN[3]). Alkalische Reaktion findet sich bei vorwiegender Eiweiß- bzw. Fleischnahrung, wobei Fäulnisprozesse die Ursache der Alkaleszenz abgeben, und ebenso bei fäulnisdyspeptischen Zuständen. Nach FISCHER kann auch reichliche Gemüse-, Obst- und Fettnahrung zur alkalischen Stuhlreaktion führen; die eiweißreichen, in großer Menge abgeschiedenen Verdauungssekrete bilden hier das Substrat der Fäulnis. Entzündliche Veränderungen des Darmes, welche mit Absonderungen von Schleim, Serum oder Exsudat in das Darmlumen einhergehen, bedingen ebenfalls alkalische Stühle, wenn die genannten N-haltigen Substanzen im Darmkanal fauliger Zersetzung anheimfallen. Sämtliche, sowohl konsistente als auch dünne Stühle, welche auf Lackmus alkalisch reagieren, enthalten nach FISCHER freies Ammoniak[4].

Gallenfarbstoffe und Gallenfarbstoffderivate

In den Fäzes können an Gallenfarbstoffen Bilirubin, Urobilin und Urobilinogen gefunden werden.

Während die Annahme, daß die Gallenfarbstoffe aus dem roten Blutfarbstoff entstehen, als unzweifelhaft feststeht, so gehen die Ansichten über den Entstehungsort von Urobilin und seiner farblosen Leukobase Urobilinogen zum Teil auseinander. Die landläufigste Theorie ist die ihrer enterogenen Entstehung; da sich mit ihr die klinischen Beobachtungen fast ausnahmslos in Einklang bringen lassen, so ist sie von der Mehrzahl der Fachleute angenommen worden. Sie verlegt den Entstehungsort der Gallenfarbstoffderivate in den Darm, wo diese unter der Einwirkung der Darmbakterien aus der Muttersubstanz, dem Bilirubin, gebildet werden. Ein Teil der gebildeten Urobilinkörper wird von der Darmwand resorbiert, sie gelangen über das Pfortadersystem zur Leber, wo sie wahrscheinlich, wenigstens zum Teil, aus der Zirkulation herausgezogen werden, wobei es fraglich bleibt, ob sie zerstört oder wieder zu Bilirubin umgewandelt oder als solche mit der Galle wieder unverändert in den Darm ausgeschieden werden. Die Galle enthält also, meist wohl in geringer Menge Urobilin und Urobilinogen. Die Urobilinkörper werden niemals vom Lymphsystem aufgenommen, sie er-

[1] Zeitschr. f. Kinderheilk., 16, S. 36. 1917.
[2] Americ. Journ. of dis. of childr. 1924, 27, S. 312.
[3] Zeitsch. f. Kinderheilk. 35, 1923, S. 207.
[4] Zeitschr. f. exp. Path. u. Ther., 35, 190. 1913.

scheinen im Ductus thoracicus nicht. Es besteht also ein Kreislauf vom Darm zur Leber und von dieser auf dem Gallenwege zurück zum Darm. Eine Reihe von Autoren, vor allem FISCHLER[1], treten dafür ein, daß ein Teil des Urobilins autochthon in der Leber entstehen kann (hepatogene Theorie der Urobilinbildung); FISCHLER erbringt für seine Annahme so zwingendes Beweismaterial, daß an einer, wenn vielleicht auch nur unter seltenen besonderen Bedingungen stattfindenden hepatogenen Urobilinentstehung kaum gezweifelt werden kann. Andere Untersucher glaubten eine Urobilinentstehung aus Hämatomen, eine Urobilinbildung in der Niere oder eine in der Blutbahn vor sich gehende Umwandlung des Hämatins in Urobilin annehmen zu dürfen (histiogene Theorie der Urobilinbildung). In letzter Zeit hat SCHILLER[2] die Theorie der Entstehung aus Hämatomen widerlegt. Ein Teil des aus dem Darm rückresorbierten Urobilins (Urobilinogens) gelangt in die allgemeine Zirkulation und wird mit dem Harn ausgeschieden. Im allgemeinen handelt es sich hier aber nur um verhältnismäßig geringe Mengen; nach ADLER schwankt das Verhältnis von Harnurobilin zum Koturobilin beim Normalen zwischen 1:10 bis 1:30, nach EPPINGER spielt die Urobilinogenausscheidung im Harn im Verhältnis zu der durch die Fäzes keine Rolle.

Da die chemische Zusammensetzung der in verschiedenen Fällen gefundenen und untersuchten Urobiline keine ganz gleiche ist (zum Beispiel Unterschiede im Stickstoffgehalt), so empfiehlt FROMHOLDT nicht von Urobilin zu sprechen, sondern diese Farbstoffe in einer Urobilingruppe zusammenzufassen. Die Annahme, daß das Harn- und das Darmurobilin (Synonym Hydrobilirubin, Sterkobilin), bzw. das Harn- und Darmurobilinogen (Synonym Hydrobilirubinogen, Sterkobilinogen) nicht identisch sei, ist nach den Feststellungen, die von klinischer Seite gemacht wurden, nicht mehr haltbar (FISCHLER).

Bilirubin wird nur in seltenen pathologischen Fällen durch die Fäzes ausgeschieden und zwar dann, wenn das Bilirubin durch eine abnorm rasche Darmpassage der Einwirkung der Bakterien nicht genügend lange ausgesetzt ist. Die biliösen Diarrhöen der tropischen und der nichttropischen Sprue und die Jejunaldiarrhöe (NOTHNAGEL) müssen hierhergezählt werden. Normalerweise findet sich Bilirubin ferner in den Säuglingsstühlen der ersten Lebenstage. Bei pathologischen Zuständen können die Urobilin-Urobilinogenmengen des normalen Stuhles wesentlich zu- oder abnehmen und ganz verschwinden. Sie nehmen ab, wenn der Galleabfluß zum Darm, aus welcher Ursache immer, behindert ist oder versiegt (kompletter oder inkompletter Choledochusverschluß, Versiegen der Gallensekretion bei schweren parenchymatösen Leberschädigungen), sie nehmen zu, wenn Galle in größerer Menge oder in höherer Konzentration dem Darminhalt beigemischt wird (Pleiochromie bei hämolytischen Anämien, hämolytischem Ikterus usw.). Es sei betont, daß geringe Mengen von Urobilinkörpern auch bei kompletter Behinderung des Gallenabflusses im Stuhl gefunden werden können, weil der Gallenfarbstoff auf dem Wege der Galleimbibition der Darmwände in den Darm gelangen kann.

Technik des Nachweises der Gallenfarbstoffe

Bilirubin

Die üblichen Methoden sind die folgenden:

1. Die Sublimatprobe nach AD. SCHMIDT.

Auf dem Boden einer Petrischale wird der nicht vorbehandelte Stuhl aus-

[1] Physiologie u. Pathologie der Leber. Springer, Berlin. 1925.
[2] Wien. Arch. f. inn. Med., 12, S. 417. 1926.
[3] THAYSEN, Klin. Wochenschr., 5, Nr. 46, S. 2168. 1926.

gestrichen und mit konzentrierter wäßriger Sublimatlösung (5%) überschüttet. Nach 24stündigem Stehen bei Zimmertemperatur färben sich die bilirubinhaltigen Teilchen grün, bei diffuser Imbibition der Fäzes mit Bilirubin gibt die ganze Probe die Grünreaktion.

2. Die HUPPERTsche Probe in der Modifikation von NAKAJAMA.

Diese Probe wurde ursprünglich von NAKAJAMA für den Gallenfarbstoff im Harn angegeben und von LOHRISCH auf die Stuhluntersuchung übertragen. Eine wäßrige Stuhlaufschwemmung wird zu gleichen Teilen mit einer 10%igen Baryumchloridlösung gemischt, der entstehende Barytniederschlag durch Zentrifugieren zum Absetzen gebracht. Die über dem Niederschlag stehende Flüssigkeit wird abgegossen und der Niederschlag mit 2 ccm folgender Lösung überschichtet:

Rp.	95%iger Alkohol	99,0
	rauchende Salzsäure	1,0
	Eisenchlorid	0,4

Nach Aufschwemmen des Niederschlages wird zum Sieden erhitzt. Bei Bilirubinanwesenheit tritt eine grün- bis blaugrüne Färbung auf. Setzt man dieser Probe noch gelbgefärbte Salpetersäure zu, so geht die blaugrüne Farbe in Violett und Rot über.

3. Die Probe nach MÜNZER und BLOCH.

Sie kann entweder im frischen Stuhl oder mit Trockenkot angestellt werden. Ein pflaumengroßes Stück Fäzes (oder 5 g Trockenkot) wird mit Alkohol-Äther āā verrieben und extrahiert. Filtration, ein Teil des Filtrates wird mit gleichen Teilen einer 10%igen Lösung von Zinkazetat in absolutem Alkohol versetzt. Da sich Zinkazetat beim Stehen absetzt, muß die Flasche vor dem Gebrauch kräftig geschüttelt werden. Der im Fäzesextrakt entstehende Niederschlag wird abfiltriert und der Filterrückstand mit BOUMAS Reagens überschüttet. BOUMAS Reagens: festes Eisenchlorid 1,5 wird in einem Liter Salzsäure (spez. Gewicht 1,15) aufgelöst. 1 ccm dieser Lösung plus 4 ccm absoluter Alkohol stellen das gebrauchsfertige Reagens dar. Bei Anwesenheit von Bilirubin ist das Filtrat grün gefärbt. In eigenen Untersuchungen war die Grünfärbung des Filters häufig deutlicher wie die des Filtrats. Die Grünfärbung tritt häufig erst nach einer vorübergehenden Rotfärbung nach längerem Stehen ein.

Urobilinogen

Qualitativer Nachweis.

Urobilinogen wird mit dem EHRLICHschen Reagens nachgewiesen. Dieses wird so hergestellt, daß 20 g Paradimethylamidobenzaldehyd im Mörser mit 100 g konzentrierter Salzsäure verrieben und dann mit derselben Säure bis auf 500 ccm aufgefüllt werden; das ganze wird mit Wasser auf 1000 ccm ergänzt. Das Verfahren des Urobilinogennachweises im Stuhl mittels der Aldehydreaktion ist dem Verfahren im Harn prinzipiell gleichartig.

Nach NEUBAUER ist das EHRLICHsche Reagens ein Indikator für Pyrrolabkömmlinge verschiedener Art. Da daher auch Indol und Skatol auf Aldehydzusatz Rotfärbung bedingen, müssen diese Körper vor Anstellung des Urobilinogennachweises aus dem Stuhl entfernt werden. Dies geschieht durch Ligroinextraktion. Bei Fehlen von Urobilinogen kann übrigens die durch Indol und Skatol bedingte Rotfärbung spektroskopisch diagnostiziert werden, da Indol einen Absorptionsstreifen zwischen λ 581 — λ 555 und einen zweiten schwächeren zwischen λ 541 und λ 532 bedingt, während Urobilinogen einen Streifen zwischen λ 575 und λ 538 (s. Abb. 35) beim Übergang von Gelb zu Grün zeigt.

Die Ligroinextraktion des Indols und Skatols wird folgendermaßen durchgeführt: Der Stuhl wird in der Reibschale mit Ligroin wiederholt verrieben, bis alles Indol und Skatol entfernt ist, was daran erkannt wird, daß eine Probe der Waschflüssigkeit, mit dem EHRLICH-Reagens versetzt, keine Rotfärbung mehr gibt. Hierauf Filtration. Der Rückstand wird mit Alkohol extrahiert und filtriert. Das Filtrat zeigt bei Gegenwart von Urobilinogen sofort oder nach einigen Minuten eine schöne Rotfärbung, mit dem für die Urobilinogenreaktion charakteristischen Absorptionsstreifen. Daneben findet sich noch der Streifen des Urobilins. Wird der Alkoholextrakt längere Zeit in der Sonne stehen gelassen, so gibt er die Aldehydreaktion nicht mehr, der Urobilinstreifen im Spektroskop wird deutlicher.

Die quantitative Bestimmung nach EPPINGER und CHARNAS.

Die 24stündige weder mit Kohle (wegen Absorption des Urobilinogens) noch mit Farbstoffen abgegrenzte Stuhlmenge wird in mit schwarzem Papier umhüllten Glasgefäßen gesammelt und möglichst bald nach der Entleerung verarbeitet. Der Stuhl wird womöglich bei künstlicher Beleuchtung gewogen, gut verrieben und vermischt. Von dem Brei werden etwa 10 g in eine Schale abgewogen, mit warmem, 1%ige Weinsäure enthaltenden 95%igen Alkohol allmählich verrieben und die Extrakte in einem Rundkolben von etwa 300 ccm Inhalt überführt, vorsichtig auf dem Wasserbad etwa eine Minute lang gekocht und in eine bereitgehaltene Saugflasche filtriert. Der Filterrückstand wird mit weiteren Alkoholmengen nachextrahiert, bis eine Probe des in eine Eprouvette aufgefangenen Filtrates keine oder nur minimale Aldehydreaktion zeigt. Man kommt fast immer mit etwa 150 ccm in toto aus. Der Alkoholextrakt wird zu gleichen Teilen mit 20%iger Ammonsulfatlösung versetzt, mit Natronlauge alkalisch gemacht und mit 250 bis 300 ccm gereinigtem Äther (der Äther ist vor dem Gebrauch durch Schütteln mit starker Lauge und durch Waschen von Peroxyden, Aldehyden, Säuren usw.) zu reinigen. Die wäßrig alkoholische Schicht wird abgehoben, mit Weinsäure stark angesäuert und mit etwa 250 bis 300 ccm Äther ein oder mehrere Male (unter Kontrolle der Aldehydreaktion in der unteren Schicht) extrahiert. In der Regel genügt eine einmalige Extraktion, der Äther wird nunmehr gründlich mit kleinen Wassermengen gewaschen und oberflächlich mit Natriumsulfat getrocknet (man hüte sich vor alkalisch reagierenden Natriumsulfatsorten). Die Bestimmung erfolgt in der Weise, daß man genau 10 bis 20 ccm des Ätherextraktes in einen 30 cm-Meßzylinder mit etwas trockenem Dimethylamidobenzaldehyd versetzt, auf dem Wasserbad auf etwa 1 ccm eingengt und mit 3 bis 4 Tropfen Salzsäure vom spezifischen Gewicht 1,19 versetzt. Nach längerem Schwenken der sich intensiv rot färbenden Flüssigkeit wird mit Alkohol passend verdünnt, es gelingt fast immer, die Reaktion so zu leiten, daß ein urobilinfreies Kondensationsprodukt entsteht, welches spektroskopisch nur einen Streifen (λ 550 bis λ 570) zeigt. Der Gehalt der Lösung an Urobilinogen wird spektrophotometrisch unter Berücksichtigung der Verdünnung und des von CHARNAS ermittelten Absorptionsverhältnisses $A = 0{,}000017$ bestimmt. Stühle, die sich in saurer Gärung befinden, sollen nicht in Arbeit genommen werden, da das Urobilinogen dabei zerstört wird. Auch diarrhöische Fäzes sind zur Analyse ungeeignet. Manche Stühle enthalten bald nach der Entleerung viel Urobilin, ein Umstand, der dann eine beträchtliche Fehlerquelle darstellt. Als normaler Durchschnittswert wird 0,13 g angegeben.

Diese Methode liefert annähernd richtige quantitative Resultate für Urobilinogen. Daß sie aber, wie EPPINGER und CHARNAS angenommen haben, über die Urobilinkörper überhaupt quantitativ verläßliche Zahlen ergibt, wurde in jüngster Zeit sowohl von FISCHLER wie von ADLER entschieden bestritten. Diese Autoren weisen insbesondere darauf hin, daß im Darm nicht immmer alles Urobilin bis zum Urobilinogen reduziert wird, sondern daß nur ein wechselnd großer und gar nicht abzuschätzender Teil zu Urobilin umgewandelt wird. ADLER hat daher die quantitative Bestimmung für Urobilinkörper so durchgeführt, daß er das Urobilinogen in Urobilin umwandelt und dann das Urobilin quantitativ bestimmt (s. S. 144). Vor kurzem ist ADLER allerdings von diesem Prinzip abgekommen (s. u.).

Die quantitative Schätzungsmethode nach SALOMON und CHARNAS

Die eben beschriebene quantitative Methode der Urobilinogenbestimmung ist nur in Laboratorien, welche sich speziell mit dieser Methode beschäftigen, durchführbar. SALOMON und CHARNAS haben eine quantitative Schätzungsmethode angegeben: Die Tagesmenge Stuhl von möglichst normaler Konsistenz kalt und unter Lichtabschluß aufbewahrt, wird gut verrieben. 10 g hievon werden mit 1 ccm Eisessig im Porzellanmörser fein zerrieben und mit Alkohol unter Ätherzusatz extrahiert, wobei die Fäzes in einen feinkörnigen Brei zerfallen. Erhält man eine schleimige Masse, so wird noch Alkohol zugesetzt. Filtration. Das Filtrat soll ein Reagenzglas zu Dreiviertel füllen. Die Hälfte des Filtrates, zirka 6 bis 7 ccm, wird tropfenweise unter Umschütteln mit etwa 10 bis 15 Tropfen Reagens (5 g Dimethylamidobenzaldehyd in 100 ccm rauchender Salzsäure vom spezifischen Gewicht 1,2) versetzt und geschüttelt. Man gießt nun die rote Flüssigkeit in eines der üblichen Spitzgläser oder besser in einen 200 ccm-Zylinder, und beurteilt durch Vergleich mit Normalfällen die Intensität der Reaktion. Als Anhaltspunkt diene, daß normale Fäzes eine Verdünnung mit Wasser bis etwa zum Rande des Spitzglases zulassen, wobei die Farbintensität einer solchen den üblichen Methylorangelösungen ähnlich erscheint. Bei Vermehrung können zwei bis drei Spitzgläser bis zur Erzielung dieser Intensität angefüllt werden, bei großer Verminderung sieht man die rote Farbe kaum mehr oder auch nicht mehr im ersten Extrakt. Es ist darauf zu achten, daß zum Extrakt des untersuchten und des Kontrollstuhles eine gleiche Tropfenanzahl des Reagens zugesetzt werde. In eigenen Versuchen wurde häufig beobachtet, daß Kontrollproben, zu welchen nur um 4 bis 5 Reagenztropfen mehr zugesetzt waren, eine viel intensivere Rotfärbung zeigten. Zur Abschätzung der Reaktion kann man auch den FLEISCHL-Hämometer benutzen. Hat man etwa 15 bis 20 ccm Filtrat erhalten, so ergeben etwa 6 bis 7 ccm davon mit Wasser auf 100 ccm verdünnt, und bei weiterer Verdünnung mit Alkohol auf 200 ccm in der höheren der dem Apparat beigegebenen Kammern einen Farbton etwa entsprechend der Ziffer 30 bis 50. Wenn die Lösung mit Fett getrübt war, so kann sie mit Äther leicht geklärt werden. Der Indolgehalt des Fettes fällt bei dieser Methode nicht ins Gewicht. Auch hier dürfen diarrhöische und gärende Stühle nicht verwendet werden. Chlorophyllhaltige Fäzes sind ebenso auszuscheiden, da Chlorophyll bei der Aldehydreaktion braune, schwer zu beurteilende Mischfarben gibt; aus dem gleichen Grunde sind auch bluthaltige Stühle nicht zu verarbeiten.

In jüngster Zeit hat ADLER im deutschen Arch. f. klin. Medizin, Bd. 154, S. 238, 1927, eine neue Methode der exakten quantitativen Urobilinogen (Mesobilirubinogen)-Bestimmung im Harn und Stuhl mitgeteilt, die hier nicht mehr Berücksichtigung finden konnte.

Als quantitative Schätzungsmethode hat sich an unserer Klinik auch das folgende Verfahren bewährt, welches sich an die von WELTMANN und TENSCHERT beim Harnurobilinogen angewendete Technik anlehnt. Das Verfahren liefert keine absoluten, sondern nur Vergleichswerte.

Eine abgewogene Menge des Stuhles wird mit Ligroin extrahiert, wie es beim qualitativen Urobilinogennachweis beschrieben wurde. Nach der Filtration wird der Rückstand mit einer abgemessenen Menge 96%igen Alkoholes, etwa im Verhältnis 1 : 3, verrieben. Filtration. Mit dem Filtrat wird eine Verdünnungsreihe (1 : 2, 1 : 4, 1 : 8, 1 : 16 usw.) aufgestellt; als Verdünnungsflüssigkeit wird Alkohol verwendet. Zusatz von zwei Tropfen EHRLICH-Reagens zu jedem Röhrchen. Es wird diejenige Verdünnung bestimmt, bei welcher eben noch Rotfärbung eintritt.

Urobilin

Der qualitative Nachweis

1. Die Sublimatprobe nach AD. SCHMIDT. Sie wird ebenso durchgeführt wie für den Bilirubinnachweis (s. S. 139). Rotfärbung zeigt positive Reaktion an.

2. Die Zinkazetatprobe von W. SCHLESINGER. Extraktion der Fäzes, wie es früher bei dem Verfahren zum Bilirubinnachweis nach MÜNZER und BLOCH beschrieben wurde. Das durch Filtration der Mischung Stuhlextrakt plus Zinkazetatlösung gewonnene Filtrat zeigt bei positiver Probe grüne Fluoreszenz.

3. Methode nach EDELMANN, welche eine Kombination der genannten Proben darstellt. Eine geringe Menge frischen Stuhles wird in der Reibschale mit Wasser zu dickem Brei verrieben. Zusatz einer konzentrierten alkoholischen, ungefähr 10%igen Sublimatlösung und Weiterverreiben. Filtration. Das Filtrat ist bei Anwesenheit von Urobilin rosarot gefärbt, die Rotfärbung war in eigenen Untersuchungen im Filtrat häufig weniger deutlich wie die des Filterpapiers. Hierauf Zusatz einer 10%igen klarfiltrierten alkoholischen Chlorzinklösung zum Filtrat; Fluoreszenz bei positiver Probe. Der in dieser Probe viel schneller eintretende Farbenumschlag in Rot als in der SCHMIDTschen Sublimatprobe ist auf die Verwendung der alkoholischen höher konzentrierten Sublimatlösung zu buchen; Sublimat löst sich in Wasser nur zu 5%.

4. RIVA-ZOYAsche Probe. Eine kleine Menge Fäzes wird mit Chloroform extrahiert, zum Chloroformextrakt wird etwas Salzsäure, die eine Spur Salpetersäure enthält, zugesetzt. Im Spektrum ist der charakteristische Urobilinbefund nachweisbar.

Der quantitative Nachweis

Die im folgenden besprochenen Methoden tragen in der Literatur vielfach die Bezeichnung einer quantitativen Bestimmung. Von einer exakten quantitativen Bestimmung ist aber sicherlich nicht die Rede, weshalb an der von ADLER angegebenen Bezeichnung der „approximativ quantitativen Schätzungsmethode" festgehalten werden soll. Die zur Sprache gelangenden Verfahren stellen ohne Ausnahme Modifikationen der von ADLER angegebenen Technik dar. Eine volle Einigung über die zuverlässigste Technik konnte unter den Autoren bisher nicht erzielt werden, wie aus unseren Ausführungen hervorgehen wird. Es soll versucht werden, die ADLERsche Originalvorschrift und die von ihm und anderen Autoren angegebenen Modifikationen von einem einheitlichen Standpunkte aus zu besprechen.

Das Wesen der ADLERschen Originalmethodik besteht darin, daß nach gründlicher mehrmaliger Auswaschung der Fäzes mit Petroläther oder Ligroin zur Entfernung des Indol und Skatol und nach Zusatz von Alkohol, Zinkazetat und Jodtinktur das Auftreten der SCHLESINGERschen Zinkazetatfluoreszenzreaktion beobachtet wird und in einer Verdünnungsreihe dasjenige Röhrchen bestimmt wird, in welchem eine Fluoreszenz eben noch nachweisbar ist. Die Verdünnungen werden nach ADLER mit folgender Lösung hergestellt: 20 g Zinkazetat werden mit Wasser in ein Meßkölbchen von 100 ccm bis zur Marke aufgefüllt und kalt gelöst. Diese Lösung wird mit 100 ccm absolutem Alkohol verdünnt. Für den Fall, daß eine feine Trübung auftritt, wird abfiltriert. Das Ausmaß der Verdünnungsmöglichkeit des Stuhlextraktes bis zum Verschwinden der Fluoreszenz stellt das Maß der in den Fäzes befindlichen Urobilinmenge dar.

TÜTZER und ADLER[1] haben die Methode später dahin abgeändert, daß sie nicht mit Reihenverdünnungen arbeiteten, sondern im gleichen graduierten Röhrchen mit der ADLERschen Verdünnungsflüssigkeit so lange verdünnten, bis die Fluoreszenz verschwand.

ADLER versuchte schon in seiner ersten Publikation die von ihm gefundene Methodik, die zu vergleichenden Prüfungen von Urobilinmengen im Stuhle gut brauchbar war, auch zu mehr minder genauen Bestimmungen der absoluten Urobilinmengen zu verwenden. Er bestimmte den Verdünnungstiter von 1 mg „reinem“ Urobilin, bei welchem Fluoreszenz eben noch nachweisbar war, er bediente sich hiebei eines von ihm selbst hergestellten Urobilins. Damit war der Prozentgehalt einer Lösung an Urobilin, die mit dem SCHLESINGERschen Reagens eben noch Fluoreszenz zeigt, gefunden und für eine annähernd absolut quantitative Urobilin-Bestimmungsmethode ein absoluter Vergleichswert gegeben. Aus der Verdünnungsmöglichkeit der Stuhl-Zinkazetatreaktionen bis zum Verschwinden der Fluoreszenz und aus diesem absoluten Vergleichswert wurden von ADLER absolute Urobilinwerte errechnet, die von ihm tabellarisch zusammengefaßt wurden.

ADLER und SCHUBERT[2] haben später gezeigt, daß der ursprünglichen ADLERschen Methodik insoferne ein Fehler anhaftet, als mit einer einmaligen Extraktion des Stuhles nicht alles Urobilin ausgezogen wird und bei der quantitativen Bestimmung daher zu niedere Werte erhalten werden. Sie konnten aber gleichzeitig feststellen, daß „durch die Größe der ersten Extraktion sowohl die Zahl der folgenden (zur vollständigen Erschöpfung des Extraktes notwendigen), wie die Summe der bei diesen erhaltenen Farbstoffmengen eindeutig bestimmt“ sind; bei einer erhaltenen Verdünnungszahl bis 1 : 3000 ist nach der ADLERschen Originalvorschrift der errechnete Wert mit 1,8 zu multiplizieren; bei mittleren Zahlen 1 : 3000 bis 1 : 15,000 ist der errechnete Wert mit zwei zu multiplizieren und über 1 : 15,000 mit 2,3 zu vervielfachen. TÜTZER hat schließlich die so korrigierten Zahlen in einer Tabelle (siehe unten) zusammengestellt. Die in dieser angegebenen Zahlen sind mit den Stuhltagesmengen zu multiplizieren, um die Tagesurobilinausscheidung in den Fäzes zu bestimmen.

Entsprechend den Angaben der genannten Autoren ergibt sich folgende Durchführung der

Urobilinbestimmung nach ADLER, SCHUBERT und TÜTZER

Die frisch entleerten Fäzes werden gewogen, gut durchgemengt. 5 g werden abgewogen und in eine Reibschale gebracht, in dieser mit 20 ccm Petroläther

---

[1] Klin. Wochenschr. III. Jg., Nr. 29.

[2] Biochem. Zeitschr. 134. Bd., S. 539.

oder Ligroin übergossen und zwei bis drei Minuten lang durchgerieben. Der Petroläther wird abgegossen und mit einem gleichen Quantum frischen Petroläthers ersetzt. Abermals gründliches Verreiben. In dem möglichst vollständig abgegossenen Petroläther kann eine SCHLESINGERsche Reaktion angestellt werden und es soll für den Fall, daß diese positiv ausfällt, eine erneute Auswaschung vorgenommen werden. Die Auswaschung dient zur Entfernung des Indol und Skatol. Die ausgewaschenen Fäzes werden dann mit 10 ccm Alkohol absolut., 1 g Zinkazetat und drei Tropfen Jodtinktur versetzt. Diese Mischung wird gut durchgerieben und durch ein gehärtetes Filter filtriert. Das Filtrat wird in dem von TÜTZER und ADLER angegebenen kleinen Apparat (s. Abb. 31 und 32), der bei der Firma F. Hugershoff, Leipzig, Karolinenstraße 13 zu beziehen ist, bis zum Verschwinden der Fluoreszenz verdünnt. Die Röhrchen U 1 und U 2 des Apparates (s. Abb. 31 u. 32) werden zur Urobilinbestimmung im Harn, F^1 und F^2 zu der im Stuhl verwendet. F^1 trägt eine Skala von 30 bis 600, F^2 eine solche von 600 bis 12000. Von dem fluoreszierenden alkoholischen Zinkazetat-Stuhlfiltrat werden 0,03 ccm in das Röhrchen F^1 gebracht;

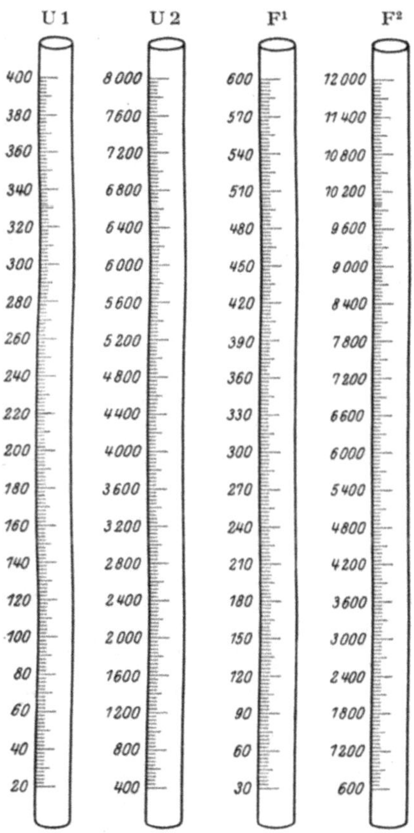

Abb. 31

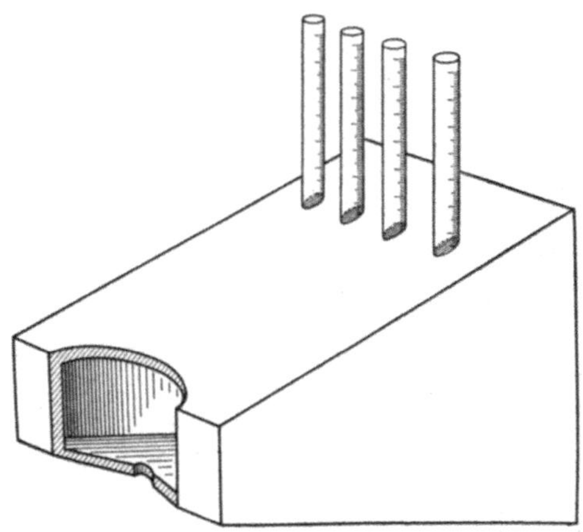

Abb. 32

mit der Verdünnungsflüssigkeit von ADLER (s. o.) wird bis zum Verschwinden der Fluoreszenz verdünnt. Reicht die Verdünnung 1 bis 600 wie in den meisten Fällen nicht aus, so füllt man das Röhrchen F^2 mit dieser verdünnten Lösung bis zur Marke 600 und verdünnt weiter. War aber die Fluoreszenz bei der bis 600 verdünnten Lösung in F^1 noch sehr stark, so pipettiert man besser 0,03 ccm der in F^1 verdünnten Lösung ab und gibt sie in das Röhrchen F^2. Man hat dann nur die Skalenwerte von F^2 mit 10 zu multiplizieren und kann bis 120000 verdünnen. Bei der Prüfung der Fluoreszenz werden die Röhrchen in einem Holzkästchen beobachtet, das von innen und außen schwarz angestrichen ist (s. Abb.). Beim Anstellen der Verdünnungen des Extraktes empfiehlt es sich, den verdünnten

Extrakt mit der ADLERschen Verdünnungsflüssigkeit als Vergleichslösung zu kontrollieren, da diese nicht fluoresziert.

Die absoluten Urobilinwerte wurden von TÜTZER, wie oben angegeben, in Milligrammen ausgerechnet und können auf einer Tabelle, die dem Apparat beigegeben ist, unmittelbar abgelesen werden. Sie müssen mit den Stuhltagesmengen multipliziert werden, wenn man die Urobilintagesmenge bestimmen will.

Nach KÜHL ist die Entfernung von Indol und Skatol überflüssig, da diese Stoffe seiner Meinuug nach nur die Urobilinogen-, aber nicht die SCHLESINGERsche Zinkazetatreaktion geben. OPITZ und BREHME dagegen betonen, wie schon seinerzeit ADLER, daß die Entfernung von Indol und Skatol sehr sorgfältig geschehen müsse, da auch diese Substanzen ein fluoreszierendes Zinksalz bilden. Sie extrahieren die beiden Substanzen durch Verreiben mit Petroläther; die Extraktion ist erst beendet, wenn im Petroläther die Probe mit P-Dimethylamidobenzaldehyd negativ ausfällt. Die Extraktion ist meist nach fünf- bis sechsmaliger wiederholter Waschung beendet, doch finden sich auch Stühle, die man fünfzehn- bis zwanzigmal extrahieren muß, ehe die EHRLICHsche Probe negativ wird.

OPITZ und BREHME modifizierten die ursprüngliche ADLERsche Methode noch dahin, daß sie das Urobilinzinksalz im Soxlethapparat auf folgende Weise extrahierten:

Nach der Entfernung von Indol und Skatol werden auf 5 g Stuhl mit dem Löffelchen etwa 2 bis 3 g Zinkazetat zugesetzt, und nach gründlichem Verreiben zirka zehn Tropfen einer 3%igen Jodtinktur zugefügt; es erfolgt hiebei die Umwandlung des gesamten Urobilinogens und Urobilins in das fluoreszierende Zinksalz. Ein genaues Abwiegen des Zinkazetates ist nicht nötig, da die zugesetzte Menge in jedem Falle einen erheblichen Überschuß bedeutet. Das Gemisch wird in die Soxhlethülse gebracht, das unter mehrfachem Nachspülen mit einer vorher abgemessenen, ungefähr der Größe des Soxhletapparates entsprechenden Menge Alkohols (zirka 150) stattzufinden hat. Ist das Stuhlgemisch quantitativ übergeführt, so wird der Soxhletapparat in Gang gebracht. Bei nicht zu farbstoffreichen Stühlen wird etwa fünf- bis siebenmal ablaufen gelassen. Erscheint der Hülsenalkohol genügend farblos, so wird der Prozeß unterbrochen und eine Probe auf Fluoreszenz geprüft. Ist keine mehr vorhanden, so ist der Extraktionsvorgang beendet. Der Gesamtalkohol, dem der Hülsenalkohol noch zugefügt ist, wird im Meßkolben auf eine runde Zahl aufgefüllt und dann weiter verarbeitet. Drei- bis viertägiges Stehen des so gewonnenen Extraktes ohne intensive Beleuchtung bis zur definitiven Verarbeitung ist auf das Endresultat ohne Einfluß.

Bedient man sich dieses Extraktionsverfahrens und ermittelt man dann das Verschwinden der Fluoreszenz in dem von TÜTZER und ADLER angegebenen Apparat, so ist naturgemäß die in diesem Falle höhere Verdünnung des primären Extraktes in Rechnung zu setzen. Es sei hier auch hervorgehoben, daß man nach diesem Verfahren höhere Werte erhalten muß als nach der Methodik von ADLER, SCHUBERT und TÜTZER, da das Urobilin im Gegensatz zu dem Verfahren der genannten Autoren (s. o. die Befunde von ADLER und SCHUBERT) im Soxhletapparat quantitativ extrahiert wird.

Es sei auch schließlich betont, daß die Frage, ob bei Tages-, Sonnen- oder künstlichem Lichte abgelesen werden soll, nicht einstimmige Beantwortung gefunden hat. OPITZ und BREHME sind der Ansicht, daß die Ablesung bei verschiedener Belichtung verschiedene Resultate zeitigt, weshalb sie eine Ablesung unter dauernd gleichen Bedingungen bei künstlichem Lichte fordern. KÜHL fand von der Belichtungsart unabhängige Werte.

Sämtliche Autoren, die sich mit den beschriebenen Methoden beschäftigt haben, ermittelten durchschnittliche Werte für die Urobilintagesmenge im Stuhle der Erwachsenen. Die gefundenen Resultate differieren aber untereinander sehr wesentlich: Während ADLER eine durchschnittliche Tagesmenge von 200 bis 400 mg angibt, finden z. B. OPITZ und BREHME nur 64 bis 124 mg, HERZFELD und HÄMERLI sogar 560 mg pro die. Diese außerordentlich hohen Diskrepanzen, die das Vertrauen zu den verschiedenen angegebenen Methoden zu untergraben drohten, konnte ADLER[1] in einer vor kurzem erschienenen Mitteilung eindeutig erklären. Er konnte nämlich zeigen, daß die Fluoreszenzkraft der einzelnen selbst sehr reinen Urobilinpräparate (Mesobilirubinogen Fischer) in ungeheuren Grenzen schwankt; während das eine Präparat in einer Verdünnung von 1 mg in 15 l eben noch Fluoreszenz zeigte, war dies bei einem anderen bei einer Verdünnung von 1 mg in 400 l der Fall. Da die verschiedenen Autoren, die die durchschnittliche Urobilintagesmenge bestimmen wollten, zur Herstellung der Vergleichslösungen von verschiedenen Urobilinen ausgingen, mußten sich naturgemäß große Unterschiede in den errechneten Werten ergeben. Es erhellt daraus eindeutig, daß alle oben angeführten Methoden keine absoluten, sondern nur Vergleichswerte liefern.[2]

Biliverdin

Biliverdin, ein Oxydationsprodukt des Bilirubins, gibt gelegentlich zur Grünfärbung von Säuglingsstühlen Anlaß. Da sich eine ähnliche Grünfärbung der Fäzes bei Chlorophyllbeimengungen oder bei Vorhandensein bestimmter Bakterien finden kann, ist es notwendig, das Biliverdin mit Alkohol zu extrahieren und den Nachweis zu führen, daß dieser Extrakt keinen Absorptionsstreifen zeigt.

Die Brauchbarkeit der Gallenfarbstoffproben im Stuhl

Es erscheint zweckmäßig, hier Proben auf Bilirubin einerseits und auf die Urobilinkörper anderseits getrennt zu besprechen.

Hinsichtlich sämtlicher Bilirubinproben muß hervorgehoben werden, daß sie nur bei Gegenwart von viel Bilirubin positive Reaktion zeigen. Was die Sublimatprobe anlangt, so gehört eine diffus grüne Färbung des Stuhlausstriches nach Einwirkung der konzentrierten Sublimatlösung wohl zu den größten Seltenheiten. In gallehaltigen Stühlen sieht man mit freiem Auge nur selten grüngefärbte Bestandteile. Sie werden durch die diffus vom Urobilin rot gefärbte Fäzesmasse überdeckt. Bei mikroskopischer Untersuchung dagegen sind die leuchtend grünen Partikelchen leicht aufzufinden. Was die übrigen Proben anlangt, so sind sie in reinen Bilirubinlösungen zwar sehr empfindlich — nach NAKAJAMA gibt die von ihm modifizierte HUPPERTsche Probe noch in Verdünnungen von reinem Bilirubin (MERCK, Darmstadt) bis 1:1,200.000 noch positive Reaktion —, liefern aber nach eigenen Erfahrungen in menschlichen Stühlen auch bei ziemlich hohen Bilirubinbeimengungen meist negative Resultate. Der Gallenfarbstoffnachweis spielt für die Klinik eine nur untergeordnete Rolle.

Viel wertvollere klinisch-diagnostische Anhaltspunkte liefern die Urobilinkörperproben, denn sie vermögen diagnostische Überlegungen häufig, und

[1] Deutsch. Arch. f. klin. Med. Bd. 154, S. 238. 1927.

[2] Siehe die zusammenfassende jüngst erschienene Darstellung des Gegenstandes durch LEPEHNE ABDERHALDENS, Hdbch. der biolog. Arbeitsmethoden.

zwar sowohl durch den Nachweis abnorm erniedrigter als auch abnorm erhöhter Werte, entscheidend zu beeinflussen. Zum Nachweis des Fehlens oder der pathologischen Verminderung der Gallenfarbstoffderivate finden die qualitativen Proben vielfache Anwendung; ihr Wert liegt überdies noch darin, daß sie auch je nach der Stärke ihres Ausfalles grobe Schätzungen des Grades der Verminderung gestatten. Hinsichtlich der Diagnose des kompletten Gallengangverschlusses mittels der Urobilinkörperproben im Stuhl muß freilich neuerlich darauf hingewiesen werden, daß ein schwach positiver Ausfall der Proben denselben nicht mit Sicherheit ausschließt, da Bilirubin auch durch die Galleimbibition der Darmwand in das Darmlumen gelangt sein konnte. Nach den Erfahrungen an unserer Klinik halten wir uns daher in erster Linie an den makroskopischen Aspekt, an die weiße Farbe des Stuhles. Immerhin wird in solchen Fällen eine mehrtägige Stuhlkontrolle mit den qualitativen Urobilinkörperproben für die Diagnose und Differentialdiagnose des kompletten Gallengangverschlusses doch von besonderer Wichtigkeit sein; höhergradige Schwankungen ihres Ausfalles, auch ohne daß sich die Stuhlfarbe bei bloßer Betrachtung geändert hätte, werden mitunter die Differentialdiagnose zwischen Tumor- und Steinverschluß zugunsten des letzteren entscheiden lassen. Das Wiederauftreten von Urobilinkörpern im Stuhl nach mehrtägigem Sistieren des Galleabflusses in Fällen von schwerer Parenchymschädigung der Leber (schwerer Icterus simplex) wird die Prognose wesentlich beeinflussen. Zur Feststellung der Verminderung der Gallenfarbstoffe im Stuhl kann die Klinik auf die quantitativen Methoden verzichten. Anders bei abnorm vermehrten Urobilinkörpermengen als Zeichen pathologisch gesteigerter Bilirubinproduktion (hämolytischer Ikterus usw.). Wenn es auch richtig ist, daß die dunkle Farbe des Stuhles an sich einen abnormen Farbstoffreichtum erschließen läßt, so läßt sie ein sicheres Urteil keineswegs zu. Hier treten die quantitativen Methoden in ihre Rechte. Wie aus unserer Darstellung hervorgeht, verfügen wir über eine Reihe von Verfahren, welche als quantitative Schätzungsmethoden ausgezeichnete Resultate geben und für die Klinik durchaus ausreichen. Die Frage, welche der Methoden die richtigsten absoluten Werte gibt, kann nicht als entschieden betrachtet werden; sie ist für die Klinik von untergeordneter Bedeutung.

Die okkulte Blutung

In den Fäzes auftretendes oder diesen an der Oberfläche anhaftendes Blut kann aus den Wandungen des Magendarmtraktes, aus dem Ösophagus, dem Mund (Zahnfleisch, Ulzerationen irgend welcher Art, wie Karzinom, Tuberkulose usw.), aus dem Nasenrachenraum (Nasenbluten), ferner aus verschlucktem hämorrhagischem Sputum (Hämoptoe, Pneumonie usw.) stammen. Es kann sich ferner um Beimengungen von Blut bei der Menstruation oder um Blut aus äußeren Hämorrhoiden handeln. Schließlich kann mit der Nahrung eingeführtes Blut in den Fäzes erscheinen. Zu den bluthältigen Nahrungsmitteln zählen neben aus Blut bereiteten Speisen (Blutwürste) sämtliche Fleisch- oder aus Fleisch bereiteten Gerichte. Da das Hämoglobin durch Kochen zum Teil zerstört wird, sind es vor allem rohe oder halbrohe Fleischspeisen (Würste, Räucherware, nicht durchgebratenes Beefsteak), welche hier besonders genannt sein müssen. Fischfleisch enthält verhältnismäßig wenig Hämoglobin. Auch Fleisch- und Fischsuppen sind naturgemäß hämoglobinhaltig.

Je nach der Abstammung wird von einigen Autoren im Stuhl zwischen endogenen, aus dem Magendarmtrakt stammenden, und exogenen, aus Nahrungsmitteln, Mund, Nasenrachenraum, Lunge usw. stammenden Blutbeimengungen unterschieden. Für die Klinik hat nur der Nachweis des endogenen Blutes Interesse.

Auf die makroskopisch erkennbaren Blutbeimengungen wurde in einem früheren Kapitel eingegangen. Geringgradige Beimengungen von Blut zum Stuhl werden bei bloßer Betrachtung des Stuhles nicht erkannt, da sie die Eigenfarbe des Stuhles nicht verändern. Es bedarf einer speziellen Untersuchungsmethodik, um sie nachzuweisen.

Die Klinik schenkt nun aus diagnostischen Gründen diesen geringen Blutbeimengungen, welche aus dem Magendarmtrakt stammen, besonderes Interesse und bezeichnet dieselben als okkulte Blutung. Jene minimalsten Blutbeimengungen, die unter Umständen physiologischerweise im Stuhl vorkommen und auf die später noch zurückzukommen sein wird, fallen aber nicht unter diesen Begriff. Okkulte Blutungen im klinischen Sinn sind also solche, welche aus pathologisch veränderter Magen- oder Darmwand stammen (Ulkus, Karzinom, Infarkt, Purpura, Tuberkulose usw.) und so geringgradig sind, daß sie die Eigenfarbe des Stuhles nicht beeinflussen.

Fehlerquellen sämtlicher dem Nachweis der okkulten Blutung dienenden Methoden

Aus der oben gegebenen Definition der okkulten Blutung ergeben sich die folgenden Fehlerquellen sämtlicher ihrem Nachweis dienenden Methoden:

1. Die Blutbeimengung stammt nicht aus dem Magendarmtrakt. Die verschiedenen Möglichkeiten (Gingiva, Nasenbluten, Sputum usw.) wurden eingangs aufgezählt.

2. Das Blut stammt aus den Nahrungsmitteln.

Zur Verhütung dieser beiden Fehlerquellen ergibt sich naturgemäß vor allem die Forderung, durch eine genaue Untersuchung des Patienten das Vorliegen einer sub 1 fallenden Blutung auszuschließen. Eine genaue Inspektion der Mund-, Nasen- und Rachenhöhle, eine Untersuchung des Sputums wird verlangt, Hämorrhoiden werden berücksichtigt und bei Frauen wird zur Zeit der Menstruation nach Tunlichkeit von einer Untersuchung auf okkulte Blutung Abstand genommen werden müssen. Es sei betont, daß das Einführen einer Magensonde, ja das Erbrechen und Würgen allein gelegentlich zu kleinen Gefäßrupturen und damit zu okkulter Blutung führen können. Die Untersuchung auf okkulte Blutung soll daher einer etwaigen Magensaftuntersuchung zeitlich vorausgeschickt werden. Bei Hämorrhoidalblutungen, die, wie oben gezeigt, im allgemeinen durch ihr charakteristisches Aussehen leicht zu erkennen sind, kann doch auch noch nebenbei auf okkulte Blutbeimengung d. h. auf Blut aus höheren Abschnitten des Magendarmabschnittes untersucht werden. Es gelingt im allgemeinen unschwer, aus den zentralen Partien eines derartigen, an seiner Oberfläche blutigen Stuhles hämorrhoidalblutfreie Teile zu gewinnen; insbesondere der negative Ausfall der Proben auf okkulte Blutung wird in solchen Fällen beweisend sein. Es hat übrigens Gündersen empfohlen, derartige Stühle mit Wasserstoffsuperoxyd zu behandeln, wobei das außen anhaftende Hämoglobin vernichtet wird. Entscheidend ist in diesen Fällen wohl nur der positive Hämatoporphyrinnachweis (s. u.).

Eine weitere Forderung ist eine hämoglobinfreie Kost des Patienten. Im allgemeinen genügt es, wenn dieser durch drei Tage hämoglobinfrei (Ausschluß von Fleisch, Fisch, Fleisch- und Fischsuppen usw.) ernährt wird. Bei Obstipation kann es auch hier vorkommen, daß sich am dritten Tage im Stuhl noch Reste der früher verabreichten Nahrungsmittel finden, so daß auch dieses Moment eine Fehlerquelle abgeben kann. Die Untersuchung eines Nativpräparates, das Auffinden von Muskelfasern wird in solchen Fällen vor gröberen Irrtümern schützen. Man wird gut tun, bei bestehender Obstipation zu Beginn der fleischfreien Ernährung den Darm per Klysma zu reinigen und die Untersuchung des Stuhles etwa auf den vierten oder fünften Tag des hämoglobinfreien Regimes zu verschieben. Um sicher zu gehen, daß der untersuchte Stuhl der hämoglobinfreien Periode angehört, ist es zweckdienlich, dem Patienten am ersten Tag ein Karminpulver à 0,3 zu geben; das Karmin wird im Stuhl makroskopisch nachgewiesen werden. Die dem Karminstuhl folgenden Entleerungen werden untersucht. Im allgemeinen gestattet erst die Untersuchung von drei Stühlen ein endgültiges Urteil, ob in den Fäzes pathologische Blutbeimengungen nachweisbar sind.

Für Fälle, in welchen wegen dauernden Fehlens von okkulten Blutungen die Ulkusdiagnose zweifelhaft ist oder in welchen es sich überhaupt um atypische Fälle handelt oder wo endlich die Entscheidung zwischen frischem oder altem Ulkus getroffen werden soll, hat BRAS[1] ein Verfahren zur provokatorischen Erzeugung okkulter Blutungen angegeben, dem die folgende Methodik zugrunde liegt:

Der Patient, der auf entsprechende Diät gesetzt ist und drei bis vier Tage im Bett gehalten wird, bekommt untertags alle halben Stunden einen heißen (nicht nur warmen!) Leinsamenumschlag auf die Magenduodenalgegend. Die einwirkende Hitze muß so stark sein, daß die Haut bereits innerhalb der ersten zwei Tage ständig ausgesprochene Rötung, eventuell sogar auch Blasenbildung zeigt. Bisweilen fallen die bis dahin negativen Proben auf okkulte Blutung schon am nächsten oder zweitnächsten Tag positiv aus; ist dies bis zum vierten Tag nicht der Fall, so kann auf eine Fortsetzung der Prozedur verzichtet werden. Man soll mindestens drei Stuhluntersuchungen vornehmen.

Dieses Verfahren, welches eine Hyperämisierung des nicht blutenden Ulkus und damit eine Neigung desselben zur Blutung bezweckt, wurde von KALISCH[2] und an unserer Klinik von LUGER und von LAUDA (nicht veröffentlichte Versuche) mit gutem Erfolge angewendet.

Methodik

Für den Blutnachweis stehen drei prinzipiell verschiedenartige Methoden zur Verfügung: 1. Die chemisch-katalytischen Methoden, 2. die spektroskopischen Methoden und 3. der Hämatoporphyrinnachweis. Die mikrochemische Methode, die zum Schluß kurz angeführt werden soll, kommt klinisch kaum in Betracht.

Die chemisch-katalytischen Methoden

Das Prinzip dieser Methoden beruht darauf, daß gewisse oxydationsfähige, leicht oxydable Substanzen bei Gegenwart gewisser Stoffe (Katalysatoren) von leicht reduzierbaren, Sauerstoff leicht abgebenden Substanzen (Sauerstoffträgern) Sauerstoff unter Bildung einer höher oxydierten Verbindung aufnehmen und hiebei einen charakteristischen Farbenumschlag zeigen; das Eintreten der Farbreaktion zeigt die Anwesenheit des Katalysators an. Der Katalysator spielt nur eine vermittelnde Rolle. Er selbst tritt in die Reaktion nicht ein, er wird durch sie nicht verändert. Das Hämoglobin ist ein derartiger Katalysator.

Bei den Methoden zum Nachweis der okkulten Blutung dienen eine Reihe verschiedenartiger Substanzen, wie Guajak, Benzidin, Aloin, Phenolphthalein,

[1] D. med. W. 1926, Nr. 4, S. 349.
[2] D. med. W. 1926, Nr. 42, S. 1776.

als Sauerstoffempfänger, oxydiertes Terpentinöl und Wasserstoffsuperoxyd als Sauerstoffspender. Das folgende Schema illustriert den Vorgang beim Ablauf der Reaktion (ADLER):

Peroxyd	Peroxydase	Oxydabler Körper
Sauerstoffspender	Sauerstoffüberträger	Sauerstoffempfänger →
H_2O_2	Hämoglobin	Benzidin u. s. w.

Die Fehlerquellen der katalytischen Methoden und ihre Verhütung. 1. Die Nahrungsmittelnoxydasen. Wenn mit der Nahrung Katalysatoren aufgenommen und beim Passieren des Magendarmkanals nicht zerstört werden, so müssen sie bei Anstellung einer der dem Blutnachweis dienenden katalytischen Methoden auch in blutfreien Fäzes eine positive Reaktion bedingen, d. h. einen Blutgehalt der Fäzes vortäuschen. SCHUMM und WESTPHAL, WEBER, GRUNDMANN, WACKERS u. a. haben das Vorkommen der Nahrungsmitteloxydasen besonders betont und haben den katalytischen Blutproben unter Hinblick auf die Möglichkeit dieser durch die Nahrungsoxydasen bedingten Fehlerquellen die Verläßlichkeit abgesprochen. Es ist richtig, daß zahlreiche Nahrungsmittel, besonders im rohen Zustande, positive Guajak- und Benzidinreaktionen geben. Unter diesen seien vor allem genannt: Mehl, Kartoffeln, Erbsen, Erbsenmehl, Bohnen, Bohnenmehl und rote Rüben; auch grüne Salate und Spinat geben im rohen Zustand die Reaktion, doch sind es hier im allgemeinen nur die Stengeln, welche stellenweise, und zwar in den zentralen Partien derselben den Farbenumschlag zeigen. Spinat und Salatblätter, ebenso wie chlorophyllhältige Blätter anderer Art, von welchen im allgemeinen behauptet wird, daß sie meist positiv reagieren, zeigten in eigenen Untersuchungen den Farbenumschlag nicht. Rohes Obst dagegen gibt die Reaktion. Durch längeres Kochen gehen diese Nahrungsmitteloxydasen fast völlig verloren; so geben die gekochte Kartoffel, Mehlspeisen usw. keine Färbung mit den genannten Reagenzien. Backen und Rösten vernichtet die Oxydasen meist nicht vollständig, so daß die Röstkartoffel z. B. ebenso wie weißes und schwarzes Brot häufig die Benzidin- und Guajakproben geben.

Diese Nahrungsmitteloxydasen würden also, wenn sie in den Fäzes erscheinen, sämtliche katalytischen Proben illusorisch machen. Sie werden aber, wie die Erfahrung zeigt, im Verdauungskanal fast restlos zerstört; die tägliche Beobachtung beweist, daß blutfreie Stühle von Patienten, die ausschließlich mit aus Mehl bereiteten Speisen, darunter auch mit Brot, Kartoffeln und Gemüsen usw. fleischfrei ernährt werden, auch mit den feineren katalytischen Methoden meist nicht reagieren, selbst wenn die gereichten Nahrungsmittel als solche positive Reaktion geben. Die Bedeutung der Nahrungsmitteloxydasen wurde seinerzeit sicherlich stark überschätzt. Besonders dem im Stuhl befindlichen Chlorophyll wurden starke katalytische Fähigkeiten zugesprochen, wie u. a. GREGERSEN aber gezeigt hat, mit Unrecht. Wir glauben heute, daß die Nahrungsmitteloxydasen im allgemeinen zwar theoretisches Interesse, aber keine praktische Bedeutung besitzen. Immerhin gibt es seltene Fälle, in welchen wir mit sehr empfindlichen Proben positive Reaktionen erhalten, ohne daß Blut in den Fäzes vorhanden wäre und ohne daß andere Momente in Betracht kämen, welche die Reaktion bedingen könnten (s. später), bei welchen wir per exclussionem doch zur Annahme gezwungen werden, daß die Nahrungsoxydasen vielleicht doch die Ursache für den positiven Ausfall der Reaktion darstellen. Man wird daher vorsichtshalber gut tun, bei hämoglobinfrei ernährten Patienten nur Speisen zu reichen, welche erfahrungsgemäß keine oder nur wenig Nahrungsoxydasen enthalten, bzw. in welchen die Oxydasen vorher vernichtet wurden. Wir werden aus der Diät eines Patienten, dessen Stuhl auf okkulte Blutung untersucht werden soll, alle rohen Gemüse, Salate, frisches Obst streichen und ausdrücklich gekochte Nahrungsmittel verordnen. Obzwar, wie früher hervorgehoben, Weißbrot im allgemeinen eine positive Reaktion gibt, so kann es doch ohne Beeinträchtigung der Verläßlichkeit der katalytischen Blutproben der Diät eingefügt werden, da Weißbrot-Oxydasen im Magendarmkanal sicher vernichtet werden. Durch Aufkochen der Fäzesemulsion können übrigens die Nahrungsmitteloxydasen zum Teil unwirksam gemacht werden[1]. RASSERS[2] hat aber die Feststellung gemacht, daß hiebei auch das Hämatin zum Teil zerstört wird; in der von ihm angegebenen Technik sucht dieser Autor die Nahrungsoxydasen mit 25%iger Kochsalzlösung zu binden. Bei den Guajak- und Benzidinmethoden ist aber diese Technik nicht anwendbar, da die genannten Reagentien mit essigsaurem Alkohol und Kochsalz allein schon eine positive Reaktion geben.

Da die Eigenfarbe des Stuhles die Beurteilung von Farbenumschlägen bei den katalytischen Methoden beeinträchtigen kann, so hat GRUNDMANN eine Diät angegeben, welche einerseits keine im Stuhl wiedererscheinenden Nahrungsoxydasen enthalten soll und anderseits wenig gefärbte Stühle liefert. Ihre Zusammensetzung ist folgende:

Morgens: 0,5 l Tee oder Milch, 10 g Butter, 100 g Weißbrot;
Zweites Frühstück: 0,25 l Milch, 1 Ei;
Mittags: Milchsuppe, Milchreis mit Zucker, Kartoffelpüree;
Nachmittag: 0,25 l Milch, Zwieback oder Weißbrot;
Abends: Milchsuppe, 100 g Schwarzbrot, 10 g Butter, 1 Ei.

KUTTNER empfiehlt eine Probekost mit folgender Zusammensetzung: gekochte Milch, Milchreis (eventuell auch Graupen), Kaffee, Zwieback, Butter und 1 Ei pro Tag.

Schließlich muß betont werden, daß gekochtes, weißes Fleisch im allgemeinen keine große Gefahr als Fehlerquelle bedeutet (BOAS, FULD). BOAS hat überdies für die Klinik ein Verfahren ausgearbeitet, welches weißes Fleisch und Fischfleisch durch Behandeln mit Wasserstoffsuperoxyd vom Hämoglobin zu befreien vermag („hämoglobinfreies Fleisch"). Ein eventueller Überschuß von Wasserstoffsuperoxyd wird nachher mit Wasser ausgewaschen. Das Fleisch wird als Hackfleisch gereicht. Das Verfahren erleichtert dem Patienten die bis zu einem gewissen Grade lästige Fleischkarenz. Es ist nach BOAS für intelligente ambulante Kranke zwar durchführbar, falls man sie mit genauen Vorschriften versieht, doch hat auch er die Unmöglichkeit einer exakten Durchführung im allgemeinen betont.

2. Die Oxydasen der tierischen Zellen und Sekrete. Leukozyten, insbesondere von Eiter und Speichel, ferner auch Galle und Schleim wirken als schwache Katalysatoren. Sie wurden daher als Fehlerquelle in Betracht gezogen. Bei der Stuhluntersuchung spielen die genannten Elemente aber kaum eine Rolle. Die makroskopische Betrachtung oder die mikroskopische Untersuchung des Stuhles wird das Vorhandensein von viel Schleim oder von zahlreichen Eiterzellen leicht aufdecken und hinsichtlich der Beurteilung der Blutproben zur Vorsicht mahnen. Im übrigen wird ja der Nachweis der okkulten Blutung

---

[1] Siehe Methode von SCHLESINGER und HOLST, S. 160.
[2] Berl. klin. Wochenschr., S. 646, 1918.

bei Vorhandensein von Eiter im Stuhl (Periproktitis, durchgebrochener Abszeß usw.) differentialdiagnostisch kaum in Frage kommen.

Eine wesentliche Bedeutung kommt der Beimengung von Leukozyten zum Stuhl sicherlich nicht zu. ZÖPPRITZ ist sogar der Meinung, daß ein positiver Ausfall der katalytischen Proben in eiterhältigen Stühlen eine durch die Eiterung bedingte Blutbeimischung mit größter Wahrscheinlichkeit beweise, da reiner Eiter von pleuralen Exsudaten nur ganz schwache Reaktionen bedinge. Nach WACKERS gehen die Leukozytenoxydasen in den sauren Ätherextrakt im allgemeinen nicht über. GREGERSEN kam auf Grund experimenteller Untersuchungen (Beimengung von Sputum zu den Fäzes) zur Überzeugung, daß verschlucktes purulentes Sputum bei der Untersuchung auf okkulte Blutung keine Rolle spiele.

3. Andere katalytische Substanzen: Eisen, Wismut, Jodkali, Bromnatrium, Argentum nitricum, Carbo animalis sollen katalytisch wirken. In eigenen Versuchen konnte dies nur für Eisen und Jodkali mit Regelmäßigkeit erwiesen werden. Die genannten Substanzen werden daher zur Zeit der Untersuchung auf okkulte Blutung nicht verordnet werden dürfen, wie man überhaupt gut tut, in dieser Zeit keine Medikamente zu verabfolgen, insbesondere, wenn sie nicht vorher auf ihre katalytischen Fähigkeiten geprüft wurden. Jodkali und Eisensalze können nach SCHUMM bei den Methoden mit Ätherextraktionen dadurch eliminiert werden, daß man den Äther mit Wasser ausschüttelt.

4. Antikatalytische Substanzen. Nach KOBER soll Gerbsäure, Gallensäure, Gallenfarbstoffe, Indol, Skatol, Harnsäure, Resorzin, Hydrochinon die katalytischen Reaktionen hemmen. Ein wesentlicher Einfluß auf die Reaktion kommt diesen Substanzen aber nicht zu. Die Existenz von im Greisenalter im Stuhl vorkommenden hemmenden Substanzen (MESSERSCHMIDT) ist keineswegs bewiesen, ihre Annahme gründet sich auf eine ohne entsprechende Kontrollen mit unempfindlichen Methoden durchgeführte Versuchsserie. Dagegen soll an der Existenz von uns nicht näher bekannten „antikatalytischen", die katalytische Blutprobe hemmenden Substanzen in gewissen Stühlen nicht gezweifelt werden, da in Versuchen, in welchen zu blutfreien Stühlen Blut in bestimmten Konzentrationen zugefügt wurde, beobachtet werden konnte, daß Stühle verschiedener Individuen trotz gleicher Blutkonzentration verschieden stark reagierten.

5. Bei Aufzählung der Fehlerquellen der katalytischen Methoden zum Blutnachweis müssen schließlich noch einige Momente aufgezählt werden, welche bei der praktischen Durchführung der Methoden in den meisten Laboratorien nicht genügend Berücksichtigung finden. Spuren von Blut, welche den Untersuchungsgeräten (Reibschale, Pistill, Reagenzröhrchen usw.) anhaften und von früheren Untersuchungen herrühren, ferner Spuren von Kupferoxydul, z. B. nach Anstellung einer positiven TROMMER-Probe, können zu Irrtümern Veranlassung geben. Die Geräte müssen sorgfältig gereinigt sein. GRUNDMANN verlangt: Spülung mit fließendem Wasser, Reinigung mit Seife, Wasser und Bürste, Ausspülung mit destilliertem Wasser, Nachspülen mit Eisessig und Alkohol, Trocknen. Man kann die Reagenzröhrchen durch Einbringen des oxydablen Körpers und des Sauerstoffspenders auf ihre Reinheit prüfen. Hiezu eignen sich am besten Benzidin und Wasserstoffsuperoxyd, da sie die empfindlichsten Reagenzien darstellen. Diese Überprüfung des Reagenzröhrchens stellt auch gleichzeitig eine Reinheitsprobe der Reagenzien selbst dar. Die auch sonst bei der chemischen qualitativen Analyse zu beachtende Regel, Reagenzflaschen oder Stammreagenzien mit dem Untersuchungsmaterial nie in Berührung zu bringen, muß eingehalten werden; Benzidin und Guajakpulver darf nie mit der Eprouvette aus

dem Stammgefäß entnommen werden, wie dies so häufig geschieht, das Pulver muß in das Reagenzröhrchen hineingeschüttet werden. Man soll es ferner vermeiden, Reagenzröhrchen mit dem Daumen zu verschließen, wenn man es zwecks Durchmischung des Inhaltes umschwenkt, da einerseits auf dem Finger haftende geringste Blutspuren und anderseits auch Schweiß (DREYER) Fehlresultate bedingen können. Schließlich soll man Fäzes in möglichst frischem Zustand untersuchen. Nach ZÖPPRITZ verliert der Blutfarbstoff nach zweitägigem Stehen an der Luft seine katalytischen Fähigkeiten.

6. LOHRISCH u. a. verlangen eine sorgfältige Vermischung der Fäzes, da man bei wahllosem Herausnehmen von Partien aus irgend einer Stelle der Kotsäule solche treffen kann, welche gerade kein Blut enthalten. Für Blutungen aus den untersten Darmabschnitten ist diese Forderung gewiß berechtigt, bei Blutungen aus den oberen ist der Stuhl auf Grund eigener Erfahrung im allgemeinen so durchmischt, daß sich diese Vorsichtsmaßregel erübrigt; auch nach GREGERSEN sind die Stühle in dieser Beziehung so homogen, daß es hinreicht, selbst sehr kleine Proben zur Untersuchung zu nehmen.

I. Die Guajak-Reaktionen

Als oxydabler, die Farbreaktion zeigender Körper dient das Guajakharz, als Sauerstoffspender Terpentinöl oder Wasserstoffsuperoxyd.

Das wirksame Prinzip des Guajakharzes (Resina guajaci) ist die Guajakonsäure ($C_{20}H_{24}O_5$). Bei Einwirkung von Sauerstoff auf das Guajakharz entsteht aus der Guajakonsäure Guajakonsäureozonid, ein in höheren Konzentrationen dunkelblauer, in geringeren blauvioletter, grünlichblauer Körper von der Formel $C_{20}H_{20}O_6$. Nach KIONKA geht die Reaktion nach folgender Gleichung vor sich: $C_{20}H_{24}O_5 + O_3 = C_{20}H_{20}O_6 + 2HO_2$. Das blaue Guajakonsäureozonid kann leicht noch mehr Sauerstoff aufnehmen, wobei es seine blaue Farbe verliert und erst grün und schließlich farblos wird. Es gibt aber anderseits Sauerstoff auch leicht wieder ab, speziell bei Gegenwart von überschüssigem Guajakharz, ein Moment, welches gewisse Proben berücksichtigen (GEHRMANN, s. S. 156). Die Guajakonsäure, der Träger der Reaktion, ist auch rein dargestellt worden; sie ist aber leicht zersetzlich und daher für den Laboratoriumsbetrieb unbrauchbar.

Als Sauerstoffspender kann bei sämtlichen Guajakreaktionen sowoh Terpentinöl als auch Wasserstoffsuperoxyd verwendet werden. Welchem von den beiden Agentien bei der jeweils angewendeten Modifikation der Guajakprobe der Vorzug gebührt, ist mit Sicherheit nicht entschieden. ADLER hält beide Reagentien für gleichwertig und auch eigene Erfahrungen sprechen im gleichen Sinne, wenn auch gelegentlich das eine oder das andere das empfindlichere Mittel zu sein scheint. SCHUMM und ZÖPPRITZ bevorzugen Terpentinöl, BOAS H_2O_2, nach GRUNDMANN kommt bei geringen Blutspuren in erster Linie Wasserstoffsuperoxyd als Katalysator in Betracht.

Die differente Beurteilung der Brauchbarkeit des Terpentinöls, bzw. die Differenzen im verschiedenen Ausfall der Proben in verschiedenen Laboratorien dürfte zum größten Teil auf der Tatsache beruhen, daß die verschiedenen käuflichen Terpentinöle nicht gleich wirksam sind. Nach SCHUMM ist ein Terpentinöl nur brauchbar, wenn es folgenden Forderungen entspricht:

a) Es soll ein spezifisches Gewicht von 0,95 haben.

b) Wenn man 2 ccm des Öles in einer mit einem Glasstopfen verschlossenen Flasche unter Umschütteln auf eine jedesmal frisch bereitete Lösung von reinstem Jodkalium (Jodkal., Aq. dest. aa 2,0) durch drei Minuten einwirken läßt, das Gemisch mit einer größeren Portion Äther (etwa 50 ccm) ausschüttelt, die das

Jod enthaltende ätherische Lösung mit je etwa 4 ccm Wasser zweimal ausschüttelt, dann die wäßrige Lösung in ein reines Gefäß überführt, 10 ccm Wasser zusetzt und mit $^1/_{10}$ Normal-Natriumthiosulfatlösung bis zur Entfärbung titriert, muß wirksames Öl etwa 2 ccm der Thiosulfatlösung verbrauchen.

c) Schüttelt man einige Kubikzentimeter des wirksamen Öles in einem trockenen, verschlossenen, nicht zu kleinen Glas mit etwas Quecksilber tüchtig durch, so daß letzteres fein verteilt ist, fügt man dann 10 Tropfen frischer Guajaktinktur (ein Teil Harz auf neun Teile 90%igen Alkohol) hinzu und schüttelt kräftig, so entsteht sehr schnell eine Blaufärbung.

Gut wirksames Öl läßt sich nach SCHUMM in kurzer Zeit herstellen, indem man das käufliche Öl mit einem spezifischen Gewicht von ungefähr 0,87 in weiten, flachen Porzellanschalen in dünner Schicht bei Zimmertemperatur dem zerstreuten Tageslicht aussetzt. Das Öl dickt sich ein und riecht endlich kaum mehr nach frischem Terpentinöl. Durch Verdünnung dieses dicken Öles mit etwa der fünffachen Menge des käuflichen läßt sich ein sehr geeignetes Reagens herstellen. SCHUMM macht noch darauf aufmerksam, daß Terpentinöl allein unter Umständen die Guajaktinktur bläuen kann. Bei Aufbewahren des Öles in dunklem Raume verliert es aber diese Eigenschaft. ZÖPPRITZ läßt gewöhnliches Terpentinöl 36 bis 48 Stunden in Petrischalen offen stehen und filtriert. Es darf dann dem hellen Sonnenlicht nicht ausgesetzt werden, da es sonst das Guajakharz auch bei Abwesenheit von Blut färbt.

Das wirksame Prinzip des Terpentinöles wurde früher in dem Gehalte an Ozon gesehen. CARLSON hat gezeigt, daß Terpentinöl kein Ozon enthält, auch kein Wasserstoffsuperoxyd (EUGLER und WEISSBERG). Seine Wirksamkeit bei den Blutproben ist nach CARLSON durch die Bildung molekular gebundener Hydroxylgruppen bedingt.

Wasserstoffsuperoxyd wird in 3%iger Lösung verwendet. In konzentrierter Lösung (Peroxyd) ist es zu empfindlich.

1. Die WEBERsche Probe. Die Originalvorschrift: Man zerreibt eine möglichst reichliche Probe der Fäzes mit Wasser, dem man etwa $^1/_3$ Volumen Eisessig zugesetzt hat, und schüttelt im Scheidetrichter mit Äther gut durch. Von diesem sauren Ätherextrakt werden nach der Klärung einige Kubikzentimeter abgegossen und mit etwa 10 Tropfen Guajaktinktur und 20 bis 30 Tropfen Terpentinöl versetzt. Bei Anwesenheit von Blut Blaufärbung. Diese Originalvorschrift findet in dieser Form fast keine Anwendung mehr. Es hat sich bewährt, eine Stuhlportion, ohne den Stuhl mit Wasser zu emulgieren, direkt mit Essigsäure zu verreiben und dann in der Reibschale mit Äther zu extrahieren. Der Äther setzt sich hier nach kurzem Stehen schnell ab und kann aus der Reibschale direkt in das Reagenzröhrchen abgegossen werden. Bei starkem Verreiben, eventuell starkem Schütteln im Schütteltrichter und bei geringer Äthermenge bilden sich gelegentlich sulzige Emulsionen. Der Äther setzt sich dann nicht ab. In der Regel genügt ein Zusatz von ein paar Tropfen 96%igen Alkohols, um dem abzuhelfen. Tritt eine Scheidung der wäßrigen und ätherischen Schicht auch dann nicht ein, so empfiehlt es sich nach ZÖPPRITZ etwas Wasser zuzusetzen; vorteilhafter ist es nach diesem Autor, den Eisessig von vornherein mit Wasser zu verdünnen. Zusatz von Guajaktinktur und Terpentinöl zum Eisessig-Ätherextrakt. Hinsichtlich der Beurteilung des Reaktionsausfalles sind die Meinungen geteilt. Während die einen Autoren lediglich einen Farbenumschlag in Dunkelblau als positive Reaktion anerkennen, sehen andere auch noch einen Umschlag in Blaugrün oder Grün als positiv an (s. S. 173).

FULD hat die Methode insoferne etwas abgeändert, als er den Essigsäureextrakt in ein Reagenzröhrchen abgießt, diesem eine Messerspitze pulverisierten Guajakharzes hinzufügt und nach Umschütteln mit Terpentinöl unterschichtet. Bei positiver Probe tritt an der Grenze zwischen Äther und Öl ein blauer Ring auf, der allmählich verwaschen wird, wobei der Äther je nach dem Blutgehalt eine mehr oder weniger tiefe Violettfärbung annimmt.

2. Die Gehrmannsche Probe, Modifikation von 1. mit abgestuften Konzentrationen der Guajaklösung. Die theoretische Grundlage der Probe ist folgende: Bei großen Blutmengen sind starke Guajaklösungen zum optimalen Eintreten der Reaktion erforderlich, bei geringen Blutmengen schwache Lösungen. Vándorfy hat die Tatsache bestätigt, daß man bei geringem Blutgehalt des Stuhles mit starken Guajaklösungen keine oder schwache, mit verdünnten Lösungen deutliche Reaktionen erhält. Bei geringem Blutgehalt können starke Guajaklösungen die Reaktion vollkommen aufheben (s. S. 154). Die Guajakkonzentration muß der Blutkonzentration daher annähernd parallel gehen.

Ausführung: Herstellung von drei Lösungen: Lösung 1: 1 ccm absoluter Alkohol und eine Messerspitze Guajakharz; Lösung 2: 1 ccm absoluter Alkohol und ein paar Tropfen der Lösung 1; Lösung 3: 1 ccm absoluter Alkohol und ein paar Tropfen der Lösung 2. Zu jeder der Lösungen fügt man gleiche Mengen Terpentinöl und nach Umschütteln 1 ccm des Eisessigätherextraktes.

Die Schrödersche Probe in der Ausführungsform nach Vándorfy. Diese Methode lehnt sich im Prinzip an die eben geschilderte an. Der Fäzesextrakt wird in gleicher Weise wie bei der Weberschen Probe hergestellt. Die verschieden konzentrierten Guajaklösungen verfertigt man derart, daß man in drei Reagenzröhrchen je 3 bis 5 ccm Alkohol abgießt und zu dem ersten Röhrchen soviel Guajakpulver gibt, daß der Alkohol eine weingelbe Farbe erhält; von dieser Lösung gibt man soviel in das zweite Röhrchen, daß hier eine strohgelbe Farbe zustande kommt und von dieser Lösung wieder zehn bis zwanzig Tropfen in die dritte Eprouvette, um hier eine fast wasserklare Lösung zu erhalten. Zu jedem Reagenzgläschen gibt man dann zuerst zwanzig Tropfen 3% Wasserstoffsuperoxyds und beobachtet, ob nicht schon jetzt eine Verfärbung eintritt, und gießt schließlich zu jedem Röhrchen je fünf bis zehn Tropfen des Essigsäureätherextraktes zu.

3. Die Schummsche Modifikation der Weberschen Probe. Die Methode unterscheidet sich von der Weberschen Technik dadurch, daß der Stuhl vor seiner Behandlung mit Essigsäure, d. h. vor Umwandlung des Hämoglobins in saures Hämatin mit Alkohol-Äther gründlich gewaschen wird, wodurch eine Reihe, die Reaktion störender Elemente ausgezogen wird: Gallenfarbstoff und Chlorophyll, welche durch ihre Eigenfarbe den Farbenumschlag im Extrakt manchmal schwer erkennen lassen, Chlorophyll und andere oxydasehaltige Körper, welche auf Grund ihres Oxydasengehaltes oder ihrer Oxydasennatur eine positive Reaktion vortäuschen können, und Fett, welches die Herstellung des sauren Ätherextraktes erschwert. Diese Substanzen werden zwar nicht vollständig, aber zum großen Teil durch die Alkohol-Ätherwaschung entfernt. Ein wesentlicher Vorteil der Methode liegt ferner darin, daß durch die Alkohol-Ätherextraktion dem Stuhl auch Wasser entzogen wird, das Stuhlvolumen dadurch kleiner und die Hämoglobinkonzentration daher erhöht wird, wodurch die Probe an Empfindlichkeit gewinnt.

Ausführung: A) Für dickere Stühle. Zirka 4 g (kleinwalnußgroße Menge) Fäzes werden mit zirka 30 ccm Alkohol-Äther (aa) in der Reibschale verrieben, durch ein Papierfilter filtriert, der Filterrückstand mit Alkohol-Äther einmal übergossen, mit einem Glasstab vorsichtig aufgerührt, neuerdings mit Äther übergossen und wieder aufgerührt. Die Waschung mit Äther wird wiederholt. Der den Blutfarbstoff enthaltende Filterrückstand wird auf dem Filter mit zirka 4 ccm Eisessig übergossen, mit einem Glasstab durchgerührt und das Eisessigfiltrat in einem reinen Reagenzglas aufgefangen. Nachdem ein größerer Teil durchfiltriert ist, gießt man wieder 4 ccm Eisessig auf und mischt nochmals. Hierauf wird das Filtrat auf das Filter gebracht, mit dem Filterrückstand vermengt und filtriert. Mehrere Kubikzentimeter des endgültigen Filtrats werden mit dem doppelten bis dreifachen Volumen Äther verdünnt, der Flüssigkeit hierauf ein halbes Volumen destillierten Wassers zugesetzt und durchgeschüttelt. Tritt bei dem Versuch, abstehen zu lassen, keine Scheidung zwischen Äther und Wasser ein, so gibt man etwas Alkohol zu. Die ätherische Lösung wird abgetrennt und nochmals mit einer kleinen Menge Wasser ausgeschüttelt. Ein Teil der jetzt gewonnenen ätherischen Lösung wird mit einem Gemisch von 10 Tropfen frisch bereiteter Guajaktinktur und etwa 1 ccm Terpentinöl versetzt. Bei Anwesenheit von Hämatin entsteht allmählich eine mehr oder weniger reine, violette, blauviolette, rotviolette oder auch grünblaue Färbung. Nach Zusatz von Wasser kann man die blaue Farbe mit Chloroform ausschütteln.

B) Für dünnere Stühle: Wenn es sich nicht um stark sauer reagierende Stühle (sauer gärende diarrhöische Entleerungen) handelt, ist das Verfahren dasselbe. Nur wird als Ausgangsmaterial mehr Stuhl genommen und mit etwa der vierfachen Menge Alkohol-Äther verrieben. Bei sauer reagierenden Stühlen verreibt man die Probe in der Reibschale zunächst mit mehreren Tropfen konzentrierter Sodalösung und dann erst mit Alkohol-Äther.

4. Methode von Kowarski. Ein bohnengroßes Stück Fäzes (von dünnflüssigem Stuhl etwa 2 g) wird in einem Zentrifugenröhrchen unter allmählichem Zusatz von zirka 10 ccm Azeton verrieben und zentrifugiert. Der größte Teil des Fettes und der Farbstoffe wird auf diese Weise extrahiert. Nach Abgießen des Azetons wird der Bodensatz mit 1 ccm Eisessig verrieben. Hierauf wird mit etwa 7 ccm Äther durchgeschüttelt und dann stehen gelassen; die Ätherschicht setzt sich ab. Zum Äther, der in ein Reagenzglas abgegossen wird, werden einige Tropfen frisch bereiteter Guajaktinktur und einige Tropfen einer 10%igen Wasserstoffsuperoxydlösung zugesetzt. Umschlag in Blau (bzw. Grün; s. o.) zeigt die positive Reaktion an.

5. Methode von Kuttner-Guttmann. Diese Methode unterscheidet sich ebenso wie die Methode von Kowarski von den übrigen Guajakverfahren vornehmlich durch die der Hämoglobin-(Hämatin-)Extraktion vorangehende Waschung des Stuhles mit Azeton, wobei demselben neben den Kotfarbstoffen und Chlorophyll auch Wasser entzogen wird. Die Azetonwaschung wurde von Snapper für die spektroskopische Stuhluntersuchung auf okkulte Blutung angegeben (s. S. 167) und von den genannten Autoren auf die Guajakreaktion übertragen. Ein weiterer Unterschied gegenüber den übrigen Proben liegt darin, daß zu den mit Eisessig verriebenen Fäzes 7%ige Kochsalzlösung zugesetzt wird, wodurch eine weit bessere Ätherextraktion ermöglicht werden soll.

Ausführung: Etwa 8 g Stuhl werden einer größeren Menge gut durchmischter Fäzes entnommen und mit überschüssigem Azeton verrührt, auf einem Papierfilter filtriert und mit Azeton nachgewaschen. Mittels eines Pistills wird das Azeton aus dem Stuhl ausgepreßt. Es resultiert hiebei ein nahezu trockener, meist leicht bröckliger Filterrückstand. Dieser wird mittels des Pistills in den Porzellanmörser zurückgebracht, mit 5 ccm Eisessig gründlich verrieben; hierauf werden unter leichtem Durchrühren 10 ccm einer 7%igen Kochsalzlösung hinzugefügt. Die Mischung wird in einen Scheidetrichter (starkwandiges

Reagenzglas) gebracht und mit 20 ccm Äther kräftig aufgeschüttelt. Der Äther setzt sich leicht ab. Er wird in einem kleinen Scheidetrichter eingegossen, zweimal mit demselben Volumen Aqua destillata gewaschen; nach Zugabe von einigen Tropfen Eisessig ist er für die anzustellende Reaktion gebrauchsfähig. Bei Stühlen mit sehr viel Schleim, besonders bei Säuglingsstühlen, bereitet die Ausätherung der Blutfarbstoffe manchmal insoferne größere Schwierigkeiten, als sich die ätherische Schicht von der Fäzesschicht nicht abtrennt. Tritt dieser seltene Fall ein, so gibt man 20 ccm Äther in den Scheidetrichter und schüttelt erneut um. Der gewonnene Ätherextrakt wird, wie oben angegeben, mit Wasser gewaschen, etwa 3 ccm werden in ein Reagenzglas gebracht und bei einer Temperatur von 45 Grad zur Hälfte eingedampft. In dem Extrakt wird die Blutreaktion mit Guajakharz und Wasserstoffsuperoxyd angestellt. Zu einer 0,5%igen Guajakharzlösung in 96%igem Alkohol wird die halbe Volummenge 3%igen Wasserstoffsuperoxyds hinzugefügt; der Ätherextrakt wird in einer etwa 3 mm hohen Schicht dieser Lösung überschichtet. Das Auftreten eines blauen Ringes an der Grenzschicht zeigt die positive Reaktion an.

6. Methoden von Boas und Grundmann mit Alkoholextraktion. Boas und später Grundmann bevorzugen vor der Äther- die Alkoholextraktion der Fäzes, da der Alkohol nach ihrer Meinung ein wesentlich überlegeneres Extraktionsmittel darstellt und die Hämatinausbeute dadurch eine bessere ist. Es werden mit Alkohol zwar auch Galle und andere Farbstoffe mitgerissen, sie stören aber die Reaktion nach Boas in keiner Weise. Die Methode stellt nach Boas eine Verbesserung des Weberschen Verfahrens dar, da hier noch Blutspuren, die dort unerkannt geblieben sind, nachgewiesen werden können. Das Verfahren gestaltet sich im einzelnen folgendermaßen.

Man nimmt mit einem Glasstab aus der Mitte der Kotsäule mehrere, etwa bohnengroße Partikel und zerreibt sie in einer Porzellanschale unter allmählichem Zusatz einer Eisessig-Alkoholmischung (Acid. acet. glaciale 25,0, Alkohol. absolut. 75,0) und filtriert durch ein gewöhnliches Faltenfilter. Ist das Filtrat stark braun gefärbt, so kann man noch 2 bis 3 ccm Alkohol zusetzen. Sodann stellt man sich durch Auflösen von fein pulverisiertem Guajakharz eine eben schwachgelbliche, alkoholische Lösung her, fügt hievon 10 bis 15 Tropfen zum Filtrat und ohne Umschütteln 15 bis 20 Tropfen einer 3%igen Wasserstoffsuperoxydlösung hinzu. Man erhält dann je nach dem Blutgehalt schon während des Zusatzes von Wasserstoffsuperoxyd einen tiefblauen bis stark violetten Farbenumschlag.

Man erhält auch eine charakteristische Reaktion, wenn man die Probe am Filter, nach Trocknen desselben, anstellt. Bei geringen Blutspuren erzielt man gelegentlich sogar mit dieser Papierprobe noch eine eben erkennbare Blaufärbung, während die Reagenzglasprobe undeutlich ausfällt. Grundmann verwendet bei gleicher Extraktionsmethodik Terpentinöl statt Wasserstoffsuperoxyd. Bei der Beurteilung dieser Papierprobe ist aber größte Vorsicht geboten; denn Zöppritz hat gezeigt, daß Filterpapiere sich schon bei Zusatz eines Eisessigätherextraktes oder auch eines Eisessigguajakterpentingemisches blau färben können. Dies ist auch der Grund, warum sich die katalytischen Proben mit Reagenzpapieren (mit Guajak oder Benzidin getränkte Fließpapiere), wie sie Dreyer, Einhorn und Weinberger angegeben haben, nicht bewährten (Walther).

7. Chloralalkoholmethode von Boas. Es handelt sich um eine Guajakprobe, in welcher der Blutfarbstoff mit Chloralhydrat in 70%iger alkoholischer Lösung extrahiert wird.

Ausführung: Man bringt ein etwa bohnen- bis kirschgroßes Stück der Fäzes aus der Mitte derselben in eine Reibschale, versetzt es mit 5 bis 10 ccm 70%iger Chloralhydratalkohollösung (Alkohol 96%ig), fügt 20 Tropfen Eisessig hinzu und verreibt gründlich. Dann löst man eine Spatelspitze gut pulverisierten Guajakharzes gleichfalls in 2 ccm der genannten Chloralalkohollösung, fügt 20 bis 25 Tropfen 3%iger Wasserstoffsuperoxydlösung hinzu und schüttelt kräftig. Hiebei bleibt das Wasserstoffsuperoxyd oben, während der Chloralalkohol sich am Boden befindet. Man läßt nun den Chloralalkoholextrakt langsam in diese Guajak-Wasserstoffsuperoxydlösung filtrieren. Bei Anwesenheit von Blutfarbstoff färbt sich die obere Schicht sehr bald blau. Die Blaufärbung bleibt nur kurze Zeit bestehen. Umschütteln der Flüssigkeit ist nicht nötig. Bei Fehlen von Blutfarbstoff tritt Grünfärbung ein.

Bei sehr geringem Blutgehalt oder sehr starkem Kotfarbstoffgehalt der Fäzes oder bei nicht ganz zweifelfreiem Ausfall der Reaktion ist der Extraktion mit Chloralalkohol eine einmalige Extraktion mit Alkoholäther zu gleichen Teilen (ohne Eisessigzusatz!) vorauszuschicken. Nach Entfernung des Alkoholäthers wird der Rückstand, wie oben angegeben, mit Chloralalkohol und Eisessig versetzt und hierauf die Reaktion mit Guajak angestellt.

II. Die Aloinreaktion

An Stelle des Guajakharzes hat Rossel das Barbados-Aloin in die Untersuchungsmethodik der okkulten Blutung eingeführt. Dieses wird in ungefähr 3%iger alkoholischer Lösung verwendet. Koziczowsky, der sich mit der Probe eingehend beschäftigte, führt die Probe folgendermaßen aus: Entfetten des Stuhles mit Äther (kräftiges Ausschütteln in einem weithalsigen Glase) unter wiederholtem Abgießen des Äthers. Es empfiehlt sich, vor der Fettextraktion den Stuhl mit viel Alkohol zu verreiben und durch Filtrieren wieder von Alkohol zu befreien, um dem Stuhl möglichst viel Urobilin zu entziehen, auf die Gefahr hin, daß durch die Alkoholwaschung auch etwas Hämoglobin mitextrahiert wird; hierauf Zusatz von Eisessig, Verreiben und Extraktion mit Äther. Die Eisessigmenge kann relativ groß, die Äthermenge soll klein sein. Zum Extrakt wird Terpentinöl und hierauf eine ungefähr 3%ige Aloinlösung (zirka 0,3 Aloin auf 10 ccm 60 bis 70%igem Alkohol) zugesetzt. Das Terpentinöl kann entweder auf der Oberfläche des Extraktes schwimmen, dann kommt es bei positivem Ausfall der Probe unter dem Öl zu einer ringförmigen roten Schicht. Mischt sich das Öl mit dem Extrakt, so kommt es zu einer gleichmäßigen Rotfärbung der gesamten Flüssigkeit. Sinkt das Öl später zu Boden, so findet sich an der unteren Kuppe des Reagenzröhrchens die dunkelrote Schicht. Die Reaktion tritt oft gleich, meist erst nach drei bis fünf Minuten ein. Die Beurteilung der Probe ist außerordentlich schwierig, da der Farbenumschlag von gelb zu rötlichgelb oft mit Sicherheit nicht erkannt werden kann. Nur deutliche Farbenumschläge, die aber nur bei höheren Blutkonzentrationen zur Beobachtung gelangen (siehe die Empfindlichkeit der Proben), sind verwertbar.

III. Die Benzidinreaktionen

O. und R. Adler haben bei systematischen Untersuchungen der aromatischen Aminokörper, Phenole, aromatischen Säuren der Diphenyl- und Naphthalingruppe gefunden, daß das zur Diphenylgruppe gehörige Benzidin noch in einer Blutverdünnung von 0,001% eine deutliche, erst grüne, dann blauwerdende Reaktion gibt. Die Empfindlichkeit der Reaktion ist in erster Linie von der Benzidinkonzentration abhängig, ein Umstand, den sich Gregersen zunutze gemacht hat, um die Empfindlichkeit der Probe abzustumpfen und sie dadurch der Klinik nutzbar zu machen. Anderseits aber haben SCHLESINGER und GATTNER gezeigt, daß auch die Essigsäurekonzentration, unabhängig von der des Benzidins, für den Ausfall der Reaktion von Bedeutung ist. Wenn man einer konzentrierten Lösung von Benzidin in Eisessig einige Tropfen einer verdünnten Blutlösung und Wasserstoffsuperoxyd zusetzt, so tritt eine tiefblaue Farbe ein. Filtriert man diese Lösung, so geht zwar ein Teil des Blaufarbstoffes durch das Filter, der größte Teil wird aber zurückgehalten. Verreibt man den blauen Filterrückstand mit Wasser, so erhält man eine blaue Suspension, setzt man Eisessig zu, so erhält man eine grüne Lösung. Verdünnt man das blaue Filtrat mit Essigsäure, so wird sie grün. Verdünnt man konzentrierte Lösungen von Benzidin mit Essigsäure und stellt die Blutreaktion an, so tritt eine Grünfärbung auf, verdünnt man die konzentrierte Benzidinlösung dagegen mit Wasser, so tritt eine Blaufärbung auf. SCHLESINGER und GATTNER kommen daher zur Auffassung, daß das eigentliche Reaktionsprodukt bei der Benzidinreaktion eine blau gefärbte Substanz sei. Ist im Verhältnis zum Benzidin wenig Essigsäure vorhanden, so fällt diese Substanz aus und ist beständig. Bei Essigsäureüberschuß löst sie sich mit grüner Farbe auf und ist unbeständig. Das Auftreten der einen oder anderen Farbe kann daher nicht ohneweiters dazu benützt werden, um diagnostische Schlüsse auf die Stärke einer Blutung zu ziehen, es spielt hiebei die Menge der verwendeten Essigsäure eine ausschlaggebende Rolle. Ausfallen von blau- bis blaugrünen Partikeln, wie sie SCHUMM und BOAS beschreiben, scheint nach SCHLESINGER und GATTNER nur dann einzutreten, wenn wenig Essigsäure vorhanden ist. Es kommt dann zu einem Niederschlag eines blauen Reaktionsproduktes auf den einzelnen Fäzespartikeln. Durch Zusatz von mehr Essigsäure läßt sich die positive Reaktion zweifellos nachweisen; der blaue Niederschlag geht in Lösung und die Flüssigkeit färbt sich grün.

Das Benzidin wird in Essigsäure gelöst. Bei der Benzidinreaktion dient ausschließlich Wasserstoffsuperoxyd bzw. Bariumsuperoxyd (s. S. 161) als Oxydationsmittel.

a) Proben mit Fäzesaufschwemmungen

Methode von O. und R. ADLER. Originalvorschrift. Eine kleine Quantität der zu untersuchenden Fäzes wird mit etwas Wasser aufgeschwemmt. Man versetzt 3 ccm der unfiltrierten Aufschwemmung mit 2 ccm der Benzidinlösung (in der Hitze konzentriert gelöste und nach dem Abkühlen filtrierte alkoholische Benzidinlösung) und mit 2 ccm Wasserstoffsuperoxyd (3%) und fügt einige Tropfen Essigsäure hinzu. Bei Gegenwart von Blut tritt eine intensive Grünfärbung ein.

Methode von SCHLESINGER und HOLST. Diese Modifikation der Originalmethode besteht darin, daß die wäßrige Fäzesaufschwemmung vor Anstellen der Reaktion kurz aufgekocht wird, um Nahrungsoxydasen auszuschalten. Da GRUNDMANN gezeigt hat, daß auch die oxydative Fähigkeit des Hämoglobins durch Kochen etwas abnimmt und da anorganische Oxydasen durch Kochen in keiner Weise in ihrer Wirksamkeit beeinträchtigt werden, bringt die Methode keine Vorteile. Auch SCHLESINGER hat sie aufgegeben. Sie wird aber unter Umständen, wenn das Vorhandensein von pflanzlichen Nahrungsoxydasen wahrscheinlich ist, versucht werden können.

Hiebei möge die von WACKERS gemachte Beobachtung berücksichtigt werden, daß heiße Lösungen ohne Vorhandensein eines Katalysators, auch heißes Wasser, mit Guajak positive Reaktionen geben.

b) Proben mit Objektträgerausstrichen

Das Wesentliche dieser Methoden besteht darin, daß der frische Stuhl am Objektträger ausgestrichen und daß die Blutprobe direkt im Ausstrich ausgeführt wird. Wie unten noch näher ausgeführt werden soll, wurde hier von GREGERSEN eine Methode gefunden, welche, wenn sie auch nicht durchaus exakt ist, vor allem dem Praktiker eine relativ verläßliche und rasche Orientierung über den Blutgehalt der Fäzes gestattet. Die Proben müssen nicht gerade auf Objektträgern angestellt werden; sie werden von den einen Autoren auf weißen Schälchen (Schälchenmethode von BOAS), von anderen auf mehrfach unterteiltenTellern, die eine gleichzeitige Untersuchung mehrerer Stühle gestatten, angestellt, ohne daß hierin ein wesentlicher Unterschied der Methodik erblickt werden könnte.

Die Objektträgerprobe von WAGNER. Ausstreichen des Stuhles in dünner Schicht auf den Objektträger. Aufträufeln von einigen Tropfen folgender Lösung: Eine Messerspitze Benzidin, gelöst in zirka 2 ccm Eisessig, plus etwa 20 Tropfen einer 3%igen Wasserstoffsuperoxydlösung. Blaufärbung. Versucht man in Analogie zur Methode von SCHLESINGER und HOLST störende katalytische Substanzen durch Erhitzen, Glühen des Objektträgers, zu vernichten, so stört dies den Ablauf der Blutreaktion nicht. WAGNER hat Unterschiede zwischen geglühten und nicht geglühten Ausstrichen niemals feststellen können. Aus der langsamer oder rascher eintretenden Blaufärbung kann man bei einiger Übung auch Schlüsse auf die Höhe der vorhandenen Blutmenge ziehen; bei größerem Blutgehalt tritt die Reaktion sofort ein, bei geringerem nach Ablauf von ein bis zwei Minuten.

Methode von GREGERSEN. GREGERSEN hat die WAGNERsche Methode insoferne modifiziert und für die Klinik brauchbar gemacht (siehe Empfindlichkeit der Proben), als er die Konzentration der Benzidinlösung verringerte und damit die übergroße Empfindlichkeit der Probe abstumpfte. In technischer Hinsicht hat GREGERSEN die Methode noch dadurch verbessert, daß er als Oxydationsmittel Bariumsuperoxyd in Pulverform verwendet; die Pulvermischung von Benzidin und Bariumsuperoxyd kann in Pulverform vorrätig gehalten werden. BOAS hat die GREGERSENsche Methode noch dadurch vereinfacht, daß er durch die Firma E. MERCK, Darmstadt, Benzidintabletten in den Handel bringen ließ, deren jede 0,05 Benzidin puriss. Merck und 0,2 Bariumsuperoxyd enthält; eine Tablette wird in 10 ccm 50%iger Essigsäure gelöst. Es handelt sich also um gleiche quantitative Verhältnisse wie bei den von GREGERSEN angegebenen Pulvern, welche die folgende Zusammensetzung haben:

Rp. Benzidin 0,025,
Bariumsuperoxyd 0,1.
M. F. P. (in Wachspapier).

Ein derartiges Pulver wird in 5 ccm 50%iger Essigsäure in der Kälte gelöst, wobei eine ½%ige Benzidinlösung resultiert. Die Lösung ist nur etwa eine halbe Stunde lang haltbar und muß daher immer wieder frisch bereitet werden.

Ausführung: Ein zirka hanfsamengroßer Teil der zentralen Partie der Fäzes wird in dünner Schicht auf einen reinen Objektträger ausgestrichen. Es werden hierauf 2 bis 4 Tropfen der Benzidinlösung aufgeträufelt. Bei Gegenwart von Blut tritt eine grünblaue bis blaue Farbe auf. Aus der Schnelligkeit, mit welcher die Farbe erscheint, kann ein quantitatives Urteil über den Blutgehalt der Fäzes gefällt werden. Nicht gut gereinigte Objektträger, denen etwa noch Spuren früherer Blutausstriche anhaften, geben natürlich an sich eine positive

Reaktion; diese Fehlerquelle wird aber dadurch bemerkt werden, daß die Blaufärbung auch an stuhlfreien Stellen des Glases auftritt.

Methode von Wohlgemuth. Es handelt sich um eine der Gregersenschen prinzipiell gleichartige Methode, nur das Reagens hat eine andere Zusammensetzung: Es werden zwei Lösungen vorrätig gehalten:

Lösung I: Benzidin puriss. 0,5,
Acid. acet. (50%) 50,o.

Das Benzidin wird in der Kälte gelöst, die Lösung wird in brauner Flasche gehalten.

Lösung II: Glucose 5,0,
Ortizon (Bayer & Co.) 3,0,
50%iger Alkohol 50,0.

Diese Lösung wird so hergestellt, daß man zunächst den Traubenzucker in Alkohol unter leichtem Erwärmen löst, die Lösung abkühlt, das Ortizon zufügt und unter häufigem Schütteln in der Kälte zur Lösung bringt. Dabei bleibt ein kleiner Rückstand ungelöst, welcher aus der in dem Ortizon enthaltenen Stärke besteht. Nach einer viertel Stunde wird die Lösung in eine braune Flasche filtriert.

Das gebrauchsfertige Reagens wird so hergestellt, daß man je einen Kubikzentimeter der Lösung I und der Lösung II in einem reinen Glaszylinder mischt; die Lösung bleibt mehrere Stunden gebrauchsfähig. Einige Tropfen der Lösung werden, wie bei den oben angegebenen Methoden, auf einen Objektträgerausstrich der Fäzes aufgetropft. Blaufärbung zeigt positive Reaktion an.

Objektträgermethode von Schütz[1]. Am Objektträger werden fünf Tropfen Eisessig mit etwas Stuhl gründlich verrieben; es werden dann eine kleine Menge Benzidin in der Größe eines Hanfkornes und fünf Tropfen H_2O_2 hinzugefügt. Verreiben. Sofortige Blaufärbung bedeutet positiven Ausfall der Probe; bleibt die Probe ungefärbt oder erfolgt der Eintritt der Färbung erst nach etwa einer Minute, so ist das Ergebnis negativ.

c) Die Extraktionsmethoden

Die Essigsäure-Ätherextraktionsmethode. Eine bohnenstückgroße Stuhlpartie wird mit wenig Eisessig in der Reibschale zu einem Brei verrieben. Zusatz von Äther und neuerliches Zerreiben. Wenn sich der Stuhl im Äther hierauf nicht sedimentiert, so muß mehr Äther zugefügt und neuerlich zerrieben werden. Abgießen des klaren Ätherextraktes in ein Reagenzröhrchen, Zusatz einiger Tropfen einer konzentrierten Benzidinlösung in Eisessig und hierauf einer geringen Menge 3%igen Wasserstoffsuperoxyds. Die an sich schon bei Verwendung konzentrierter Benzidinlösungen außerordentlich empfindliche Probe soll durch Verwendung höher konzentrierter Wasserstoffsuperoxydlösung, etwa Perhydrol, nicht verfeinert werden. Bei positivem Ausfall der Probe Blaufärbung des Extraktes. Bei schwach positiver Reaktion tritt der Farbenumschlag langsamer auf, und zwar oft nicht in Blau, sondern in Grün. Bardachzi hat in Anlehnung an die Schlesinger-Holstsche Methodik zur Vernichtung unspezifischer katalytischer Substanzen das Kochen des Eisessig-Stuhlgemisches empfohlen.

Die Essigsäure-Alkoholextraktionsmethode. Eisessig-Alkoholextraktion, wie sie von Boas und Grundmann angegeben und früher (s. S. 158) beschrieben wurde. Zusatz einer konzentrierten Benzidinlösung in Eisessig und von 3% Wasserstoffsuperoxyd, wie oben, Blaufärbung (Grundmann). Oder Überschichten einer Eis-

[1] Wr. med. W. 1920, Nr. 37/38.

essig-Benzidin-Wasserstoffsuperoxydmischung mit dem Extrakt. Auftreten eines je nach dem Blutgehalt blaugrünen bis blauen Ringes an der Berührungsstelle der beiden Schichten (Ringprobe von BOAS).

IV. Die Pyramidonproben

Die Originalmethode von THEVERNON und ROLLAND. Zu ihrer Ausführung dienen folgende gut haltbare Lösungen:

1. Pyramidon 5,0, Spiritus vini 90%ig 100,0,
2. Acid. acet. glacial. 25,0, Aqua dest. ad 50,0,
3. Wasserstoffsuperoxyd Merck 3%ig.

Ausführung: Zu 2 bis 3 ccm einer wäßrigen Stuhlaufschwemmung fügt man 6 bis 8 Tropfen der Eisessiglösung, dann etwa 2 ccm der Pyramidonlösung und 6 bis 8 Tropfen der Wasserstoffsuperoxydlösung hinzu. Umschütteln. Lilafärbung zeigt positive Reaktion an. Der Farbenumschlag tritt bei geringer Blutkonzentration erst nach einigen Minuten auf. Nach FORTWÄNGLER ist es vorteilhaft, pro Kubikzentimeter 16 Tropfen Eisessig und 12 Tropfen Wasserstoffsuperoxydlösung zu nehmen.

Methode von FORTWÄNGLER. Um die hohe Empfindlichkeit der Pyramidonprobe in dieser Ausführungsform abzustumpfen und klinisch brauchbar zu machen, hat sie FORTWÄNGLER in der folgenden Weise modifiziert: Der Stuhl wird mit reinem neutralem Äther in der Reibschale verrieben, der Ätherextrakt in ein reines Gefäß geschüttet und abgedunstet; den dadurch gewonnenen Rückstand, der das Hämoglobin enthält, nimmt man in etwa 2 ccm Wasser auf und stellt nun mit diesem farblosen Substrat die Probe an. Die Pyramidonproben können auch als Schichtproben ausgeführt werden, indem man die Pyramidonlösung über die mit Eisessig angesäuerte Flüssigkeit schichtet und vorsichtig Wasserstoffsuperoxyd zufließen läßt. Die Empfindlichkeit dieser Probe steht zwischen der der WEBERschen Guajak- und der mit konzentrierten Benzidinlösungen angestellten Proben (FORTWÄNGLER).

V. Die Thymolphtalein- und Phenolphtaleinproben von BOAS

Das Prinzip der Thymolphtaleinproben beruht darauf, daß bei Gegenwart oxydierender Substanzen und eines Katalysators das farblose Thymolphtalin zu blaugefärbtem Thymolphtalein oxydiert wird.

Herstellung des Reagens: 1 g Thymolphtalein Kahlbaum und 25 g Kalium hydric. fus. werden in 100 g Wasser gelöst. Hiezu werden 10 g Zinkpulver gegeben. Die erst tiefblaue Lösung wird unter ständigem Umrühren und Schütteln im Kolben bei kleiner Flamme solange gekocht, bis vollständige Entfärbung eintritt. Dann wird heiß filtriert, und hierauf mit destilliertem Wasser bis zum ursprünglichen Volumen aufgefüllt. Der Lösung werden Zinkspäne in solcher Menge zugefügt, daß sie den Boden des Kolbens in etwa $^1/_2$ cm dicker Schicht bedecken. Herstellungsdauer: 2 bis 3 Stunden; das Reagens ist mehrere Wochen unverändert haltbar.

Durchführung der Probe: Eine etwa kirschgroße, aus der Mitte der Fäzes entnommene Partie wird in einem Porzellanmörser mit 5 bis 10 g Alkohol unter Zusatz von 10 Tropfen Eisessig innig verrieben und kurze Zeit stehen gelassen. Dann nimmt man von dem Thymolreagens, welches in dunkler Flasche aufbewahrt wird, 20 Tropfen in ein Reagenzröhrchen und setzt 15 Tropfen 3%iger Wasserstoffsuperoxydlösung zu. Zusatz von Alkohol zum Reagens ist zwar nicht notwendig, begünstigt aber bisweilen den Reaktionsausfall. Man filtriert nun von dem genannten Eisessigalkoholextrakt zu dem Reagens etwa 25 bis 30 Tropfen. Bei Blutanwesenheit tritt beim Umschütteln zunächst eine graublaue opake Färbung ein, die in wenigen

Sekunden am Boden des Reagenzglases eine zunächst violette, dann zunehmend stark blaue Färbung erkennen läßt, die sich bei Gegenwart von viel Blut rasch auf die ganze Flüssigkeit verteilt. Die Blaufärbung ist beständig.

Das Prinzip der Phenolphtaleinreaktion und deren Ausführung ist analog. Gegen ihre Anwendung haben sich alle Untersucher, die die Reaktion überprüften (KOBER, SCHLESINGER und JAGIELSKI, SCHIROKAUER und GRUNDMANN) mit größerer oder geringerer Entschiedenheit ausgesprochen. Als Ursache der Fehlresultate beschuldigen sie die Unreinheit des Reagens, das sich aus Phenolphtalein und phenolphtalsauren Salzen zusammensetzen soll, und auch BOAS selbst hat sich aus diesem Grund gegen die Zuverlässigkeit der Probe ausgesprochen. Auch gegen die Thymolphtaleinreaktion sind die gleichen Bedenken erhoben worden.

Die spektroskopischen Methoden

Da das Hämoglobin und bestimmte Derivate desselben im Spektroskop spezifische Absorptionsstreifen zeigen, so ist der Blutnachweis im Stuhl auch spektroskopisch möglich. Ehe wir auf die Beschreibung der einzelnen Methoden eingehen, soll kurz das Wesentliche über das Spektroskop und über seine Handhabung vorausgeschickt werden.

Kurze Beschreibung des Spektroskopes (s. Abb. 33 und 34.)

In A ist das vor dem Spalt aufgestellte Absorptionsgefäß auf einem Stativ angeordnet, davor eine entsprechende Beobachtungslampe.

In K befindet sich das auf dem Stativ festmontierte Spaltfernrohr mit einfachem Spalt und mit bis zur Hälfte des Spaltes vorgeschlagenem Reflexionsprisma sowie ein entsprechender Beleuchtungsspiegel, der das von der Beobachtungslampe kommende Licht aufnimmt und in das Reflexionsprisma leitet.

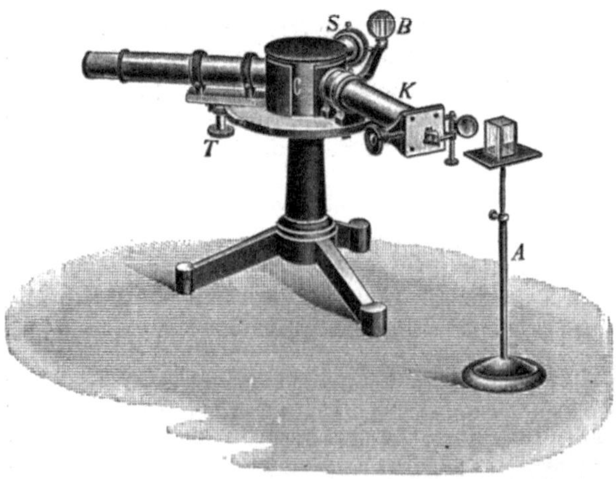

Abb. 33. Spektroskop nach Kirchhoff-Bunsen in der Ausführung der Firma Franz Schmidt und Haensch, Berlin S.

In S befindet sich die Wellenlängeskala mit Skalenrohr, in B ein davor befindlicher Reflexionsspiegel, der zur Beleuchtung der Skala dient und das von der Beobachtungslampe aus kommende Licht aufnimmt, auf die Skala reflektiert und in dieser Weise beleuchtet.

In T befindet sich der Trieb zur Bewegung des Beobachtungsfernrohres um die vertikale Achse des Apparates nebst einstellbarem Okular.

In C ist das betreffende Flintglas- oder Rutherfordprisma lichtdicht eingeschlossen.

Zur Erläuterung der Anwendung des Apparates lassen wir zunächst eine kurze Übersichtsanordnung für die Schnittzeichnung (s. Abb. 34) folgen:

In L befindet sich die Beobachtungslampe, vor dem Spalt in A das Absorptionsgefäß, in L_1 eine zweite Lichtquelle zur Beleuchtung des vor den Spalt geschlagenen Reflexionsprismas bzw. ein Spiegel, der das von L kommende Licht in das Reflexionsprisma wirft, und K stellt das Spaltrohr dar; S ist das Skalenfernrohr mit Wellenlängeskala, davor befindet sich in R der zur Beleuchtung dienende Reflexionsspiegel, der das Licht von L empfängt.

F ist das bewegliche Beobachtungsfernrohr mit darin verschiebbarem Okular O mit Fadenkreuz f, P ist das Flintglasprisma.

Die allgemeine Anwendung des Apparates geschieht wie folgt:

Vor dem Spalt werden zur Beobachtung von Linien in den Spektren entsprechende Salze und Metalle in einem Bunsenbrenner verbrannt, so daß der Spalt von der verdampfenden farbigen Flamme entsprechend beleuchtet wird. Die Beobachtung geschieht, indem das Okular O zunächst auf das Fadenkreuz f scharf eingestellt und dann der gesamte Okularauszug scharf auf die im Gesichtsfeld auftretende Linie eingestellt wird, wobei selbstverständlich die Spaltstellung selbst entsprechend berücksichtigt werden, d. h. derselbe mehr oder weniger geöffnet sein muß.

Die auftretende Linie muß mit dem Fadenkreuz im Fernrohr zur Deckung gebracht werden; zu dem Zwecke wird das Beobachtungsfernrohr um die Vertikale des Apparates mit Hilfe des Triebes T entsprechend gedreht.

Die Einstellung der Wellenlängeskala geschieht nur durch Verschiebung des Skalenauszuges selbst. Die Wellenlänge, die der im Fernrohr beobachteten entspricht, muß jetzt durch Verschiebung der Skala mittels der in dem Kopf des Skalenrohres befindlichen Schräubchen verstellt werden. Für die seitliche Verstellung dienen die horizontal stehenden, für die Höhenverstellung die vertikal stehenden Schräubchen, es muß mit anderen Worten bei richtiger Einstellung die betreffende Linie mit dem Fadenkreuz und mit der Wellenlänge genau übereinstimmen.

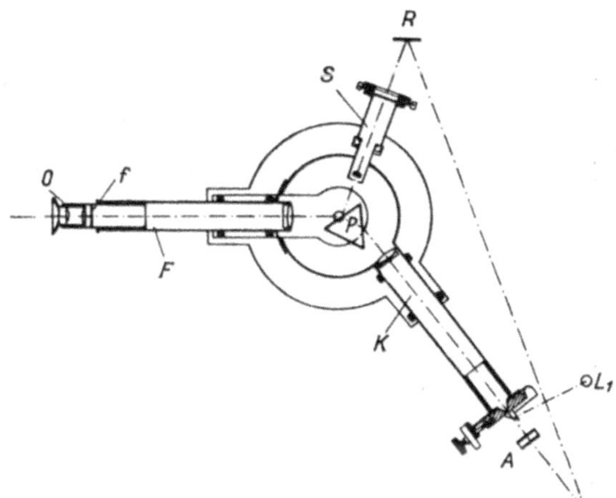

Abb. 34. Schematischer Querschnitt

Bei richtiger Einstellung muß z. B. bei Anwendung eines Flintglasprismas die Natriumlinie durch eine zart auftretende dunkle Linie getrennt erscheinen, wobei immer wiederholt darauf zu achten ist, daß der Spalt auch die entsprechende Feineinstellung erhält.

Eine entsprechend leuchtende Beobachtungslampe vor dem Bunsenbrenner aufgestellt, bringt das Spektrum zu gleicher Zeit im Beobachtungsfernrohr zur Darstellung, so daß mit Leichtigkeit die auftretende Linie in demselben nach den Wellenlängen festgelegt werden kann. Für einen etwaigen Vergleich mit einer zweiten Lichtquelle wird das Reflexionsprisma vor den Spalt geschlagen und rechtwinklig zur Eintrittsfläche eine zweite Lichtquelle L_1 aufgestellt, so daß im Gesichtsfeld zwei übereinander durch eine horizontale Linie getrennte Spektren auftreten.

Für Vergleichsspektren ein und derselben Lichtquelle dient der am Spalt befindliche Reflexionsspiegel, der dann so eingestellt werden muß, daß er das von der Beobachtungslampe aus kommende Licht auf das vor dem Spalt befindliche Reflexionsprisma dirigiert und man im Gesichtsfeld ebenfalls zwei übereinanderliegende Spektren, aber von derselben Lichtquelle, erhält; es können etwaige absorbierende Mittel vor die freie Hälfte des Spaltes eingeschaltet werden, so daß ein normales Vergleichsspektrum zum Vergleich mit dem absorbierenden beobachtet werden kann. Bei dieser Anordnung müßte selbstverständlich, um die Wellenlängeskala wieder benutzen zu können, diese dann durch eine Extralichtquelle an Stelle des fortschlagbaren Spiegels beleuchtet werden.

Absorptionserscheinungen

Für diese Zwecke werden die Absorptionsgefäße A auf Stativ zwischen Lampe und Spalt eingeschaltet, die übrige Aufstellung bleibt, wie vorstehend angegeben, erhalten, nur ist es notwendig, den Spalt jetzt etwas zu vergrößern. Die im Gesichtsfeld auftretenden Absorptionsbanden erscheinen nicht mehr so zart begrenzt wie die Linien, sondern zeigen nach den Rändern zu ein verwaschenes Aussehen; die Lage derselben muß immer wieder mit dem Fadenkreuz und der entsprechenden Wellenlänge übereingebracht werden. Sonst bleibt für die gesamte Anwendung und Beobachtung derselbe Hinweis, wie oben angegeben, bestehen.

Das saure Hämatin gibt bei spektroskopischer Betrachtung die folgenden charakteristischen Absorptionsstreifen:

Ein starkes Band in Rot	λ 645 bis λ 635	(s. Abb. 35)
ein schwacher Schatten in Gelb ...	λ 585 ,, λ 580	
ein starkes Band in Grün	λ 570 ,, λ 550.	

Dieses Spektrum ist für das saure Hämatin spezifisch.

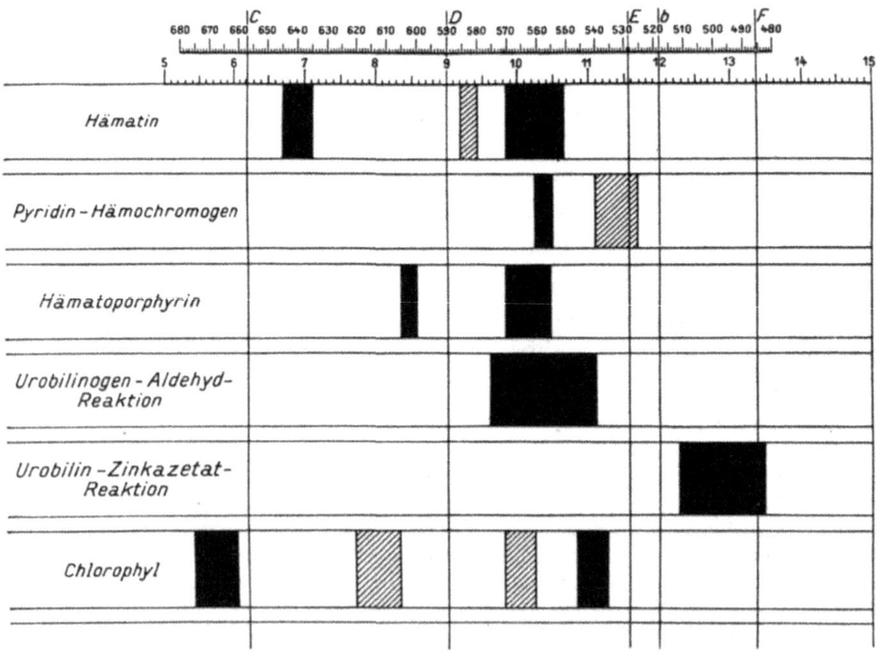

Abb. 35. Spektraltafel

Es lag daher nahe, die spektroskopische Methode für den Blutnachweis in den Fäzes heranzuziehen, da mit dieser alle Fehlerquellen der katalytischen Methoden, welche durch das Vorhandensein pflanzlicher, zelliger und anderer nicht spezifischer Katalysatoren bedingt sind, vermieden werden können und da manchmal gerade die Ausschaltung dieser Fehlerquellen bei der Prüfung auf okkulte Blutung großen Schwierigkeiten begegnet. Kann man exogenes, Nahrungsmittel-, verschlucktes, Hämorrhoidal-Blut usw. ausschließen — und dies gelingt im allgemeinen leicht —, so spricht der Nachweis des beschriebenen Spektrums eindeutig für das Bestehen einer Blutung im Magendarmkanal.

Der ursprünglich ausgearbeiteten Methodik, saures Hämatin spektroskopisch nachzuweisen, haftete aber ein Mangel an, der ihr den Eingang in die Klinik verwehrte: die Methode war zu wenig empfindlich. Denn nach der von Siegel, Weber und Schumm beschriebenen Technik konnte höchstens ein Blutgehalt der Fäzes von $3\frac{1}{2}$ bis 1% nachgewiesen werden. Dieses Verfahren hatte ferner noch folgenden Nachteil: Bei hochgradiger Verdünnung und bei geringem Blutgehalt der Fäzes treten die Streifen in Grün und Gelb zurück und man beobachtet lediglich den Streifen in Rot. Da nun geringe Chlorophyllbeimengungen zum Stuhl einen an annähernd gleicher Stelle gelegenen intensiven Streifen im Rot zeigen, so war man mit dieser Methode vor Verwechslungen mit Chlorophyll nie ganz sicher. Schließlich bedeuteten die Kotfarbstoffe, die die Untersuchung eines konzentrierten Extraktes unmöglich machten, ein äußerst störendes Element bei der Durchführung dieser spektroskopischen Methoden.

Die spektroskopischen Methoden nach Snapper. Snapper hat das Verdienst, die spektroskopischen Methoden durch mehrfache Abänderungen wesentlich verfeinert zu haben, so daß die modernen spektroskopischen Verfahren auch sehr empfindlichen katalytischen Methoden an Feinheit nahezu gleichkommen. Adler hat ferner durch eine weitere Verbesserung der Technik gezeigt, daß das etwa vorhandene störende Chlorophyllspektrum durch geeignete Kunstgriffe ausgelöscht werden kann. Damit war eine Methode gewonnen, welche alle katalytischen Methoden durch ihren absolut beweisenden Reaktionsausfall weit übertraf.

Das Prinzip der neuen Snapperschen Technik beruht auf zwei Momenten.

1. Umwandlung des Hämoglobins des Stuhles in Pyridin-Hämochromogen, welches spektroskopisch in viel höheren Verdünnungen nachgewiesen werden kann als Hämatin. Es hat das folgende Spektrum (s. Abb. 35):

Starker Streifen bei	560	bis	554
sehr schwacher Streifen bei.......	539	„	525.

Das Pyridin-Hämochromogen wird entweder (Snapper-Modifikation II) aus salzsaurem Hämatin (Essigsäure-Ätherextrakt des Stuhles) durch Zusatz von Pyridin und Schwefelammon oder 25%igem Hydrazinhydrat (zur Reduktion) hergestellt, oder so gewonnen (Snapper-Modifikation I), daß der unveränderte Blutfarbstoff direkt mit alkalischem Pyridin in Alkohol ausgezogen und dann mit Schwefelammon oder Hydrazinhydrat reduziert wird.

2. Vorbehandlung des Stuhles mit Azeton, wodurch einerseits die die Spektroskopie störenden Kotfarbstoffe wenigstens zum größten Teil eliminiert werden und wodurch anderseits das Hämoglobin angereichert wird, da mit dem Azeton Wasser ausgezogen und der Stuhl wesentlich eingedickt wird.

Ausführung: Snapper-Modifikation I. Einige Gramm Stuhl werden im Mörser mit einem Überschuß von Azeton verrieben. Man filtriert und wäscht das Filter mit Azeton nach. Der Filterrückstand wird tüchtig ausgepreßt, dann wird die trockene, körnige Substanz von dem Filter in einen neuen Mörser gebracht und mit einem Gemisch von 1 Teil 50%iger Kalilauge, 1 Teil Pyridin und 2,5 Teilen Alkohol verrieben. Man benützt so wenig wie möglich Flüssigkeit, damit der Extrakt sehr konzentriert wird. Zu einigen Kubikzentimetern Extrakt werden 4 bis 5 Tropfen Schwefelammonium zugesetzt. Diese Flüssigkeit wird vor dem Spektroskop untersucht, bei positiver Probe sieht man das oben beschriebene Spektrum. Bei geringem Blutgehalt sieht man nur den Streifen auf λ 560, bei starkem auch den zweiten auf λ 523 bis λ 526; dieser ist schwächer und unscharf begrenzt.

Snapper-Modifikation II. Azetonwaschung des Stuhles wie bei Modifikation I. Der getrocknete körnige Stuhl wird hierauf mit wenig Eisessig zu einem Brei verrieben und dieser mit wenig Äther ausgezogen. Setzt sich hierauf die ätherische Schicht nicht ab, so kann entweder noch etwas Äther zugefügt oder es kann der Brei abzentrifugiert werden. Zum Ätherextrakt fügt man etwas

Pyridin und hierauf einige Tropfen Schwefelammon. Es erweist sich als zweckmäßig, den Extrakt vor dem Zusatz von Schwefelammon im Spektroskop einzustellen, 1. um etwa vorhandene störende Spektren (Chlorophyll und andere), welche zu Täuschungen Anlaß geben könnten zu erkennen, und 2. weil das bei dieser Methodik gewonnene Spektrum flüchtig ist und oft schon nach einer halben Minute nach dem Schwefelammonzusatz sehr undeutlich wird oder gänzlich verschwindet.

Für beide Modifikationen gilt naturgemäß, daß die Reaktion um so deutlicher ausfällt, je konzentrierter der Extrakt bereitet ist. Die Konzentration ist von der größeren oder geringeren Wasserentziehung durch das Azeton und von der geringeren oder stärkeren Verdünnung des azetongewaschenen Stuhles mit der alkalischen Pyridinlösung, bzw. mit dem Eisessig-Äther abhängig. Konzentrierte Extrakte können nur dann spektroskopiert werden, wenn sie durch das gleichzeitige Ausziehen der Kotfarbstoffe nicht zu dunkel sind. Man wird daher trachten, helle Stühle zu verarbeiten, die man durch entsprechende Diät (s. S. 152) im allgemeinen leicht erzielen kann.

Spektroskopischer Nachweis von Hämoglobin neben Chlorophyll (Methode von Adler). Chlorophyllhaltige Bestandteile der Fäzes können die Durchführung der oben besprochenen Methoden unmöglich machen. Das Chlorophyll hat nämlich folgende Absorptionsstreifen (s. Abb.):

starkes Band	λ 675	bis	λ 660
schwacher Streifen	λ 620	„	λ 605
schwacher Streifen	λ 570	„	λ 560
starkes Band	λ 545	„	λ 535

Bei geringem Chlorophyllgehalt bleibt der Streifen im Rot deutlich.

Vergleicht man dieses Spektrum mit dem des Hämochromogens, so werden die Spektren dadurch leicht auseinandergehalten werden können, daß das Chlorophyllspektrum durch den dem Hämochromogen nicht zukommenden Streifen im Rot ausgezeichnet wird. Da aber Chlorophyll durch Azeton zwar zum größten Teil ausgewaschen wird, zum kleineren Teil aber doch in den Fäzes zurückbleibt und nun sowohl durch Essigsäureäther als durch alkalisches Pyridin ausgezogen wird, so müssen bei Gegenwart von Chlorophyll und Hämatin die Hämochomogenstreifen im Chlorophyllspektrum untergehen; sie werden zumindestens mit Sicherheit nicht abgegrenzt werden können. Nach der Snapperschen Originalmethodik ist Hämoglobin daher, zumal in geringerer Konzentration und für den weniger Geübten, neben dem Chlorophyll im allgemeinen nicht nachweisbar. Wenn nun auch chlorophyllhaltige Speisen aus der Nahrung des Patienten, der auf okkulte Blutung untersucht werden soll, eliminiert werden können und wenn auch der Hämochromogenstreifen trotz Anwesenheit von Chlorophyll unter Umständen erkannt wird, wenn man nämlich den Essigsäure-Ätherextrakt vor Zusatz des Schwefelammons spektroskopiert und sich die Lage und Intensität der Chlorophyllstreifen in Grün genau einprägt und dann eine Verstärkung und Verbreiterung der Streifen durch Addition der Verdunkelung durch das Hämochromogen und Chlorophyll-Spektrum erkennen kann, so bedeutet dies unter Umständen doch einen schweren Nachteil der Snapperschen Methodik.

Adler hat diesem Übelstand dadurch abgeholfen, daß er den störenden Chlorophyllstreifen durch Zusatz von destilliertem Wasser ausschaltete. Seine Technik ist folgende:

Der nach der Vorschrift von Snapper erzielte Eisessig-Ätherextrakt wird zunächst mit einem viertel Volumen Pyridin versetzt. Bevor man nun durch Zusatz eines Tropfens Schwefelammon reduziert, gibt man unter leichtem Durchschütteln soviel Aqua dest. zu (gewöhnlich genügen 1 bis 2 ccm), daß am Boden des Reagenzglases eine zur Anstellung der Spektroskopie ausreichende (etwa fingerbreite) Wasserschichte entsteht. Zur besseren Extraktion des Chlorophylls und leichteren Schichtbildung setzt man alsdann noch 1 bis 2 ccm Äther zu. Wie man sich nun überzeugen kann, ist in der unteren Wasserschicht allenfalls noch der Chlorophyllstreifen im Rot sichtbar, der die Hämochromogenreaktion nicht stört; die Hauptmenge des Chlorophylls ist in der überstehenden Ätherschicht zu finden, während der Blutfarbstoff in die alkalische wässerige Schicht übergegangen ist. Denn gibt man jetzt einen, eventuell auch zwei Tropfen Schwefelammon zu, die bei ihrem höheren spezifischen Gewicht die Ätherschicht durchfließen und in die Wasserschicht hinabsinken, so sieht man bei Blutanwesenheit in dieser letzteren deutlich den Streifen des Pyridinhämochromogens. Offenbar geht der in Eisessig gelöste Blutfarbstoff fast restlos aus der oberen Ätherschichte in die untere Wasserschichte über. Die Empfindlichkeit der Methode ist annähernd die gleiche wie die der Original-SNAPPERschen Technik.

Bei allen Stühlen mit starkem Chlorophyllgehalt und schwachem Blutgehalt gelingt der spektroskopische Blutnachweis einzig und allein mit Hilfe dieses einfachen Verfahrens.

Wenn die Trennung des Wassers vom Äther Schwierigkeiten bereitet, so werden diese durch Zusatz größerer Äthermengen (zirka 3 ccm) unschwer behoben.

Da in die Wasserschicht nur der Blutfarbstoff, kaum aber Kotfarbstoffe übertreten, kann diese Ausschüttelungsmethode mit Aqua dest. auch bei nicht chlorophyllhaltigen, aber dunklen, wenig durchsichtigen Fäzesextraktstoffen Anwendung finden. Man erspart sich dann die sonst zur Aufhellung notwendige Verdünnung des Ätherextraktes durch Ätherzusatz, wodurch die Empfindlichkeit der Spektroskopie leidet.

Der Hämatoporphyrinnachweis

Hämoglobin wird im Darm zum Teil, manchmal auch vollständig zu eisenfreien Abkömmlingen abgebaut. Diese geben die katalytischen Proben nicht, da die Katalasewirkung an den Eisengehalt des Hämoglobins gebunden ist. Auch die besprochene SNAPPERsche Technik ist für ihren Nachweis nicht anwendbar, da aus ihnen Pyridin-Hämochromogen nicht dargestellt werden kann.

SNAPPER hat nun gezeigt, daß bei Blutungen im Magendarmkanal das Hämoglobin im Darm zu einem Hämatoporphyrin abgebaut werden kann und er hat eine Methodik angegeben, mit welcher dieses nachgewiesen werden kann. Bei fleischfrei ernährten gesunden Individuen wird mit dieser Technik im Stuhl Hämatoporphyrin niemals gefunden (ADLER). Diese Methodik des Porphyrinnachweises stellt also eine sichere Probe auf Blutbeimengung zum Darminhalt dar. Es muß betont werden, daß sich nach den Untersuchungen von STOKVIS und GARROD und insbesondere nach den Feststellungen von GÜNTHER[1] im Kot des gesunden Menschen regelmäßig Spuren eines Hämatoporphyrins finden, daß dieses in den Mekoniumentleerungen des Neugeborenen sogar immer in nennenswerten Mengen vorhanden ist. Mit der im folgenden angegebenen Methodik von SNAPPER ist nur das bei einer Blutung im Magendarmtrakt entstehende Hämatoporphyrin, nicht aber das physiologischerweise im Kot Ge-

[1] LUBARSCH-OSTERTAG, Ergeb. der allg. Pathol. u. pathol. Anat., XX. Jahrg., I. Abt.

sunder vorkommende Porphyrin nachweisbar. Diese Verhältnisse fanden durch die Untersuchungen von PAPENDIECK[1] ihre Aufklärung, der zeigen konnte, daß es sich in beiden Fällen um verschiedene, z. B. durch die Löslichkeit in Chloroform sich unterscheidende Porphyrine handle (siehe die zusammenfassende Darstellung von SCHUMM[2]). Die SNAPPERsche Technik ist die folgende:

Ausziehen des Stuhles mit Azeton, Filtrieren. Der Filterrückstand wird mit einem Gemisch von einem Teil Eisessig und drei Teilen Äther oder besser Essigäther ausgezogen. Ein Teil des Filtrates kann für die Hämochromogenreaktion mittels Pyridin und Schwefelammon benutzt werden. Der Rest des Filtrates wird mit Salzsäure nach Zusatz einer kleinen Menge Äther ausgeschüttelt. In der Salzsäure sieht man, wenn Porphyrine vorhanden sind, im Spektroskop ein deutliches zweibändiges Spektrum (s. Abb. 35):

Breiter Streifen im Grün.	λ 570	bis	λ 555
schmaler Streifen im Gelb.	λ 605	,,	λ 600.

ADLER, der sich mit der Technik des Hämatoporphyrinnachweises eingehend beschäftigt hat, gibt an, daß die besten Ergebnisse bei Verwendung einer 5%igen Salzsäure erzielt werden. Um möglichst konzentrierte salzsaure Porphyrinlösungen zu erhalten, verwendet dieser Autor nicht mehr Salzsäure als für die Betrachtung im Spektroskop notwendig ist; eine einen Finger breite, 1 bis 1½ cm hohe Schicht ist durchaus ausreichend. Falls der Salzsäureextrakt zu dunkel und damit eine Spektroskopie unmöglich gemacht ist, erweist es sich als zweckmäßig, eine 2½%ige Salzsäure zu verwenden (ADLER).

Da bei okkulter Blutung trotz starken Blutgehaltes der Fäzes oft nur wenig Hämatoporphyrin gefunden wird (ADLER und eigene Untersuchungen), so spielt der Porphyrinnachweis für die Untersuchung auf okkulte Blutung im allgemeinen eine mehr untergeordnete Rolle. Er kann aber unter Umständen Bedeutung gewinnen. Denn SNAPPER[3] hat gezeigt, daß beim Magenkarzinom sämtliche chemischen und spektroskopischen Hämoglobin- bzw. Hämochromogenreaktionen relativ häufig (bei einer Untersuchung von 41 Fällen in 16%) negativ ausfallen können, während Porphyrine nachweisbar sind. Nur durch ihren Nachweis kann in solchen Fällen die okkulte Blutung aufgedeckt werden. Dem Porphyrinnachweis kommt nach SNAPPER speziell für die Tumordiagnose besondere Bedeutung zu, weil sich das Hämatin nach seinen Erfahrungen gerade beim Tumor in großer Menge in Porphyrin umwandelt und man aus einer starken Porphyrinreaktion trotz schwacher Hämatinreaktion eine starke Blutung annehmen kann, die den Tumor, zum Unterschied vom Ulcus, charakterisiert. Dem Porphyrinnachweis kommt aber noch weitere diagnostische Bedeutung zu. Porphyrine entstehen sowohl bei Blutungen aus dem Magen, dem Dünndarm und dem Dickdarm, eine Magendünndarmpassage ist also für ihr Entstehen nicht notwendig; immerhin ist aber wenigstens ein kurzdauernder Aufenthalt des Blutes im Darm zur Umwandlung in Porphyrin unbedingt erforderlich. Und dieser Umstand kann praktische Bedeutung gewinnen. Bei gleichzeitigem Bestehen einer Hämorrhoidalblutung ist nämlich der Nachweis von Hämatoporphyrin die einzige Möglichkeit, okkultes Blut von Hämorrhoidalblut mit Sicherheit oder wenigstens größter Wahrscheinlichkeit zu unterscheiden. Bei blutendem Ulcus ventriculi und gleich-

---

[1] Zeitschr. f. physikal. Chemie, Bd. 128, 109. 1923; Bd. 133, 97, 1924, Bd. 140, 16, 1924.

[2] Klin. Wochenschr., 5. Jahrg., Nr. 34, S. 1574. 1926.

[3] Arch. des maladies de l'appar. digestif et de la nutrition, 14, S. 677. 1924.

zeitiger Hämorrhoidalblutung spricht — soweit die chemische Stuhluntersuchung in Betracht kommt — nur der Nachweis des Hämatoporphyrins für eine gleichzeitige Blutung aus einem höherem Darmabschnitt.

Es muß hier aber neuerlich darauf hingewiesen werden, daß bei einer Blutung aus inneren Hämorrhoiden in die Ampulla recti Blut durch retrograden Transport in das Kolon zurückgeschafft werden kann und dadurch die Bedingungen zum Auftreten von Hämatoporphyrin gegeben sind. Auch die positive Porphyrinprobe muß also mit Vorsicht gewertet werden.

Die mikrochemischen Methoden

Die Methoden sind außerordentlich wenig empfindlich und finden daher praktisch keine Anwendung.

Nachweis der TEICHMANNschen Häminkristalle

Man nimmt ein kleines Stück Fäzes und verreibt es mit Wasser. Ein bis zwei Tropfen der Aufschwemmung werden am Objektträger eingetrocknet. Es werden nun ein Körnchen Kochsalz und einige Tropfen Eisessig zugesetzt, dann wird erwärmt, und zwar anfänglich unter ständigem Ersetzen der abdampfenden Essigsäure, und schließlich langsam eingedampft. Es bilden sich die charakteristischen rhombischen, braungelben Hämatin-Kristalle.

Azetonhäminprobe nach NENCKI-ROBERT

Der Stuhl wird mit Alkohol und Äther, der mehrmals erneuert werden muß, entfettet. Verreiben mit Azeton, dem auf etwa 1 g Kot ein Tropfen starker HCl zugesetzt wird. Kochen. Es wird heiß durch Filterpapier in ein Uhrschälchen filtriert. Während des Filtrierens werden einzelne Tropfen auf einem Objektträger aufgefangen. Nach Abdunsten finden sich am Objektträger die „äußerst charakteristischen, langen, gebogenen, haarförmigen Kristalle“ des Azetonhämins. Werden die Kristalle in den ersten Tropfen nicht gefunden, so müssen noch weitere HCl-Tropfen zum azetongewaschenen und gekochten Stuhl zugesetzt werden. Die Kristalle schießen im Uhrschälchen bei langsamerem Erkalten massiger und dicker auf.

Die Empfindlichkeit und Brauchbarkeit der einzelnen Proben

Die Empfindlichkeit der einzelnen Blutproben schwankt in weiten Grenzen. Man kann sich hievon durch die Untersuchung von reinen Blutlösungen in abgestuften Konzentrationen überzeugen; die Benzidinprobe, mit konzentrierter Benzidinlösung angestellt, zeigt durchschnittlich noch eine Verdünnung von 1:200000, die Weberprobe eine solche von ungefähr 1:50000 an. Die dabei erhaltenen Werte sind aber für die Beurteilung der Proben hinsichtlich ihrer Bedeutung für den Nachweis einer okkulten Blutung nicht maßgebend, da bei diesen die jeweils besondere Methodik der Hämoglobinextraktion und anscheinend auch eine Reihe von nicht näher erfaßbaren Momenten eine große Rolle spielen. Sicherlich weisen z. B. verschiedene Benzidine eine verschieden große Empfindlichkeit auf. Für die klinische Beurteilung der Blutproben kommen daher nur Untersuchungen an bluthaltigen Stühlen in Betracht, entweder in der Form, daß zu einem nicht bluthaltigen Stuhl Blut in bestimmten Mengenverhältnissen beigemengt oder daß magendarmgesunden Patienten abgewogene Blutmengen zur Nahrung beigegeben werden. Die hier gegenüber den in Blutlösungen gefundenen Empfindlichkeitsdifferenzen sind außerordentlich groß. GREGERSEN findet zum Beispiel mit der

WEBERschen Guajakprobe in den Fäzes eine positive Reaktion bei einem Blutgehalt von 1 bis 10, wogegen die Blutlösung bei gleicher Technik noch bei einer Verdünnung von 1: 100000 positiv reagiert. Bei der Thymolphthaleinprobe ist die Reaktion in den Fäzes bei einem Blutgehalt von ungefähr 1: 3000, in der Blutlösung bei einer solchen von 1: 5000000 positiv usw.

Den folgenden Ausführungen sind zum Teil gemeinsam mit M. RUBINSTEIN an der II. mediz. Klinik in Wien durchgeführte Untersuchungen, in welchen Blut den Fäzes beigemengt wurde, zum Teil Angaben der Literatur (ADLER, BOAS, GREGERSEN, GRUNDMANN, SNAPPER u. a.) zugrunde gelegt. Die von uns und von anderen Untersuchern vor uns gewählte Methodik der Blutbeimischung zu blutfreien Fäzes liefert zwar keine unmittelbar mit den natürlichen Verhältnissen vergleichbare, immerhin aber verwertbare Resultate.

Es seien vorerst die katalytischen Methoden besprochen:

Zu den wenigst empfindlichen Proben gehört die Aloinprobe. Eindeutig positive Resultate erhält man hier erst bei einem Blutgehalt der Fäzes von 5%. Bei geringeren Konzentrationen kann zwar auch ein Farbenumschlag von der gelben Eigenfarbe des Aloins in ein Rötlichgelb auftreten; dieser wird aber nur bei gleichzeitiger Anstellung einer negativen Kontrolle erkannt und liefert nur dem in dieser Methodik sehr Geübten einigermaßen verwertbare Anhaltspunkte. Da aber auch bei diesen unsicher zu bewertenden Befunden die Blutkonzentration noch eine relativ sehr hohe sein muß, etwa 3%, so kann die Aloinprobe nur bei sicher positivem Ausfall für die Diagnose einer Blutung, und zwar einer höhergradigen, Bedeutung gewinnen.

Die Guajakproben sind hinsichtlich ihrer Empfindlichkeit untereinander nicht gleichwertig. Der Feinheitsgrad der WEBER-Probe in der Modifikation mit Ätherextraktion, wie sie in den meisten Laboratorien geübt wird, ist verschieden angegeben worden. GREGERSEN findet z. B. eine positive Reaktion nur bei einem Blutgehalt von 10%, andere Autoren bei einem solchen von 5%. Eigene Untersuchungen führten zu anderen Zahlen; bei Beimengungen von 2%, seltener auch noch von 1% Blut erhält man mit der WEBER-Probe einen deutlichen blauen Farbenumschlag, soferne man den Stuhl nur mit wenig Essigsäure verreibt und mit nur wenig Äther auszieht. Wird ein Stuhl mit großen Reagenzmengen behandelt, so erfährt er, bzw. der Auszug naturgemäß eine entsprechende Verdünnung, ein Umstand, der im allgemeinen nicht genügend Berücksichtigung findet. Theoretisch können größere oder kleinere Mengen von Eisessig an der Empfindlichkeit der Probe zwar nichts ändern, weil es sich beim Säurezusatz nur darum handelt, daß das Hämoglobin in saures Hämatin überführt wird, und weil mit Äther das gesamte Hämatin aus dem größeren oder kleineren Stuhleisessiggemisch herausgezogen werden soll. Praktisch scheinen sich aber doch Unterschiede zu ergeben. Aus konzentrierteren mit wenig Säure hergestellten Stuhlverreibungen werden doch hämatinreichere Extrakte gewonnen. Der Essigsäurezusatz spielt aber gewiß nur eine untergeordnete, die Menge des zugesetzten Äthers dagegen eine wesentliche Rolle. Dem Bestreben, mit möglichst geringen Äthermengen zu extrahieren und damit einen möglichst konzentrierten Hämatin-Ätherauszug zu erzielen, ist freilich damit eine Grenze gesetzt, daß sich bei zu geringen Äthermengen der Äther nach dem Verreiben von den Fäzes nicht mehr abschichtet oder daß der Extrakt zu dunkel wird, so daß Farbenreaktionen nicht mehr deutlich verfolgt werden können. Man ist dann doch zum Zusatz größerer Äthermengen gezwungen. Blutkonzentrationen von 1% können also noch einen blauen Farbenumschlag und damit eine positive Reaktion geben.

Die Methode gewinnt noch ganz bedeutend an Empfindlichkeit, wenn man nicht bloß den Farbenumschlag zu Blau, sondern auch den meist langsamer eintretenden zu Blaugrün und Grün verwertet, eine Reaktion, welche oft noch bei 0,3% Blutgehalt eintritt. Bei vergleichenden Untersuchungen der WEBER-Probe mit einem empfindlicheren Verfahren kann man sich von diesen Verhältnissen leicht überzeugen; daß die Grünreaktion Blutreaktion ist, zeigen negative Kontrollen an blutfreien Stühlen. Bei schwachem Ausfall der Grünreaktion ist man wohl nie sicher, daß eine spezifische Blutreaktion vorliegt. Sie scheint gelegentlich auch durch andere katalytische Substanzen ausgelöst werden zu können. Es muß auch zugegeben werden, daß die Beurteilung dieser Grünreaktion bei schwachem Ausfall sehr schwierig sein kann, wenn sich nämlich die schmutzig bräunliche Eigenfarbe der Guajakharzlösung nur wenig in Grün umfärbt. Für den, der sich mit der Probe nicht vielfach beschäftigt hat, wird daher nur der Farbenumschlag in Blau maßgebend sein können. Und in dieser Form ist die Methodik, wie oben hervorgehoben, relativ wenig empfindlich.

Die GEHRMANNsche Methodik stellt keine Verfeinerung der Guajakproben hinsichtlich höherer Empfindlichkeit dar, sie will nur Fehlerquellen, die sich aus zu starken Guajakkonzentrationen ergeben, vermeiden.

Die übrigen angeführten Guajakproben, die Methoden von SCHUMM, KOWARSKI, KUTTNER-GUTTMANN, BOAS und GRUNDMANN mit Alkoholextraktion stellen hingegen wesentliche Verfeinerungen der ursprünglichen WEBERschen Probe dar. Ihre Empfindlichkeitsgrenze liegt ungefähr bei 0,2% Blutgehalt. Die Chloral-Alkoholguajakmethode von BOAS zeigt nach ihrem Entdecker einen Blutgehalt von 0,3%, nach GREGERSEN von 0,5% an.

Die Benzidinproben, welche mit konzentrierten Benzidinlösungen angestellt werden, wie die Originalmethode von R. und O. ADLER, ihre Modifikation nach SCHLESINGER und HOLST, die Objektträgermethode von WAGNER und die Essigsäure-Äther- oder Alkohol-Extraktionsmethoden bei Verwendung von konzentriertem Benzidin sind außerordentlich empfindlich; sie geben bei Blutkonzentrationen von 0,02% im Stuhl und darunter noch positive Resultate. Die modifizierten Objektträgermethoden von GREGERSEN und WOHLGEMUTH dagegen sind wesentlich gröber, sie zeigen erst einen Blutgehalt von 0,2% an, sind also hinsichtlich ihrer Empfindlichkeit den oben genannten verfeinerten Guajakproben gleichzusetzen.

Die Pyramidonprobe (positive Reaktion zwischen 0,02 bis 0,2% JOSEF, ungefähr 0,05% eigene Untersuchungen) und insbesondere die Phenolphthaleinmethode (positive Reaktion bei 0,02% und darunter GREGERSEN, ADLER, eigene Untersuchungen) sind wieder außerordentlich empfindlich. Nach STAMMERS[1] ist die Phenolphtaleinprobe in wässeriger Hämoglobinlösung 10 bis 30 mal, im Harn drei- bis viermal empfindlicher als die Benzidinprobe (er verwendet eine Benzidinlösung von 5 g in 25 ccm Eisessig und setzt dann gleiche Teile $H_2 O_2$ zu). Mit der Phenolphthaleinprobe hat HALLEZ[2] in wässeriger Blutlösung noch in einer Verdünnung von 1 : 1000000 positive Reaktionen erhalten. Der Grund, warum französische Autoren, wie PRON[3], die Pyramidonprobe für sehr unempfindlich halten, dürfte darin zu suchen sein, daß sie nur ein sofortiges Auftreten der Lilafärbung als positive Reaktion verwerten.

Hinsichtlich der Empfindlichkeit der Thymolphthaleinreaktion von BOAS weichen die Angaben auseinander: BOAS gibt eine solche von zirka $^1/_3$% Blut, GREGERSEN eine solche von ungefähr 0,03%; die Probe wäre also nach diesem

[1] Biochem. Journ., Bd. 20, Nr. 3, S. 620, 1926.
[2] Arch. des maladies de l'appar. dig. et de la nutrition, Juli-Aug. 1913.
[3] Arch. des maladies de l'appar. dig. et de la nutrition, 12, S. 204. 1922.

Autor ungefähr ebenso empfindlich wie die Phenolphthaleinprobe. Auf die Thymolphthalein- und Phenolphthaleinproben soll aber nicht näher eingegangen werden, da sie sich klinisch, wie früher ausgeführt, nicht bewährt hat.

Je empfindlicher eine qualitativ chemische Probe ist, umso brauchbarer ist sie im allgemeinen. Das Bestreben der Autoren, die sich mit der Frage der okkulten Blutung befaßten, war daher darauf gerichtet, immer empfindlichere Proben zu entdecken. Und dieses Bestreben führte ja auch zur Auffindung der angeführten überaus feinen Methoden. Es hat sich aber gezeigt, daß die feineren Proben, wie die Benzidinprobe, in der Ausführungsform mit konzentriertem Benzidin oder die Pyramidonprobe in der Klinik unbrauchbar sind, da sie auch jene minimalen Blutbeimengungen zum Stuhl aufzeigen, welche in einem gesunden, bzw. bei makroskopischer Betrachtung pathologisch-anatomisch intaktem Magendarmtrakt vorkommen können und welche anderseits bei Gegenwart von geringfügigen Oxydasen anderer Art (Zellen, eventuell Nahrungsmittel usw.) Fehlresultate bedingen können. Eine positive Benzidinreaktion im Essigsäureätherextrakt, mit konzentriertem Benzidin angestellt, ist bei Gesunden keine Seltenheit. Der positive Ausfall der Probe beweist keine Ulzeration, durch die Probe kann also eine okkulte Blutung vorgetäuscht werden. Diese empfindlichen Proben sind infolgedessen für den Nachweis der okkulten Blutung im allgemeinen nicht brauchbar und ihre Bedeutung restringiert sich darauf, daß ihr negativer Ausfall mit Sicherheit eine okkulte Blutung ausschließt. Grundmann war der erste, der über häufig vorkommenden minimalen „physiologischen" Blutgehalt der Fäzes berichtete; er glaubte bei Gesunden sogar fast regelmäßig im Essigsäure-Alkoholextrakt Hämatin in Spuren nachweisen zu können. Er erwog die Möglichkeit, daß diese Blutungen teilweise durch Pressen beim Stuhlgang entstehen. Gregersen hat die Höhe dieses „physiologischen" Blutgehaltes der Stühle näher studiert, wobei er so vorging, daß er zu Stühlen, welche nach der Methode von van Leersum sicher blutfrei gemacht waren, indem sie mit H_2O_2 behandelt und mit Wasser nachgewaschen wurden, in steigenden Mengen Blut zusetzte, bis die Reaktion in diesen Proben, deren Blutgehalt also genau bekannt war, ebenso kräftig ausfielen, wie in einer Portion Fäzes, aus denen die minimalen physiologischen Blutmengen nicht entfernt waren. Bei 30 darm- und magengesunden Patienten fand er einen Blutgehalt der Fäzes von $^1/_{200}$ bis $^1/_{30}$%.

Vor kurzem hat Snapper (l. c.) betont, daß okkulte Blutungen bei einer Reihe pathologischer Zustände vorkommen, bei welchen wir eine Darmblutung nicht vermuten würden, so insbesondere bei entzündlichen Prozessen in der Umgebung von Magen und Darm wie Cholecystitis, Cholelithiasis, ferner bei Stauungen im Pfortadergebiet, bei Arteriosklerose, perniziöser Anämie usw.

Reaktionen, die einen so geringen Blutgehalt anzeigen, sind also im allgemeinen nicht brauchbar. Die Empfindlichkeitsgrenze der klinisch verwendbaren Methode muß höher liegen, und zwar beträchtlich höher, damit die Fehlerquelle der minimalen physiologischen Blutung mit Sicherheit ausgeschaltet wird. Gregersen hat gezeigt, daß die hiezu erforderliche Empfindlichkeitsgrenze bei 0,2% Blutgehalt liegt, eine Konzentration, die unter normalen Verhältnissen niemals erreicht wird. Methoden, welche geringere Blutmengen nicht mehr nachweisen, vermögen also eine okkulte Blutung mit Sicherheit zu erweisen. Es kommt daher jenen Methoden, welche relativ wenig empfindlich sind und dadurch physiologische Blutbeimengungen nicht mehr anzeigen, eine besondere Bedeutung zu.

Es ist das Verdienst von Gregersen, die Benzidinprobe durch Verminderung der Benzidinkonzentration in diesem Maße abgestumpft zu haben. Da die Methode bei positivem Ausfall eine okkulte Blutung mit Sicherheit nachweist, da sie ferner noch immer relativ empfindlich ist und durch die Einkleidung in die Objektträgerprobe technisch dermaßen vereinfacht ist, daß sie leicht und schnell erlernbar und durchführbar ist, hat sie sich mit Recht rasch in die Klinik eingeführt. Doch auch sie wird nicht allen Anforderungen gerecht, da gewisse okkulte Blutungen bei dieser Technik dem Nachweis entgehen. Wenn zum Beispiel ein blutendes Ulkus zu bluten aufhört, und die Blutkonzentration im Stuhl allmählich abnimmt, so wird die Blutung erst mit der GREGERSENschen Methode, dann aber nur mehr mit empfindlicheren Proben (konzentrierte Benzidinproben oder Pyramidonprobe usw.) nachweisbar sein.

Die gleichen Überlegungen, die eben hinsichtlich der GREGERSENschen Methode angestellt wurden, haben auch für die annähernd gleich empfindlichen Proben Geltung (Probe nach KUTTNER-GUTTMANN, BOAS, GRUNDMANN, SCHUMM usw.).

Aus einer derartigen Darstellung ist also ersichtlich, daß keine der Proben im Einzelfalle sicher verwertbare Resultate liefert und daß je nach der Art des untersuchten Falles bestimmten katalytischen Proben der Vorzug einzuräumen ist. Bei starker Blutung werden die groben Proben diagnostisch das meiste besagen, bei schwachen aber versagen sie vollends; um eine Blutung mit Sicherheit auszuschließen, wird man sich mit Vorteil der empfindlichsten Proben bedienen. Diese werden, wie das obige Beispiel zeigt, auch dann Anwendung finden müssen, wenn nach einer stärkeren Blutung das eben noch in geringem Maße blutende Ulkus nachgewiesen werden soll (BOAS) und die Blutkonzentration des Stuhles unter 0,2% abgefallen ist. Den Proben kommt also je nach ihrer Empfindlichkeit ihre besondere Bedeutung zu; es gibt keine allgemein anwendbare katalytische Blutprobe und für eine richtige Beurteilung des Reaktionsausfalles der verschiedenen Verfahren ist die Kenntnis der Leistungsfähigkeit der Proben unbedingte Voraussetzung. Bald wird die empfindlichere, bald die weniger empfindliche Probe weitgehendere diagnostische Schlußfolgerungen erlauben.

Wenn somit für den exakten Blutnachweis in der Klinik keiner der Methoden der Vorrang gebührt, so darf doch für die Praxis das gleiche nicht gesagt werden. Abgesehen davon, daß umständliche und oft auch kostspielige Verfahren wie die SCHUMMsche Modifikation der WEBERschen Probe sich nicht einbürgern können, kann in der Praxis wohl auch kaum verlangt werden, daß gleichzeitig mehrere katalytische Proben angestellt werden, wie sich dies in der Klinik meist als notwendig erweist. Wenn unter diesem Gesichtspunkt eine Probe für die Praxis besonders empfohlen werden soll, so kann es sich hier nur um Proben mit mittlerer Empfindlichkeit handeln (Methoden von BOAS, GREGERSEN, GRUNDMANN, KUTTNER-GUTTMANN, SCHUMM u. a.). Vor allem um die GREGERSENsche Probe, welche ja mit relativ hoher Empfindlichkeit die leichte Durchführbarkeit und eine leichte Beurteilung des Reaktionsausfalles verbindet. In der Mehrzahl der Fälle wird man mit der GREGERSENschen Probe auch das Auslangen finden. Sie verdankt, wie früher erwähnt, ihre Entstehung dem Gedanken, die überaus empfindliche Probe mit konzentriertem Benzidin soweit unempfindlich zu machen, so daß sie einerseits die minimalen Blutbeimengungen, die im Darmtrakt Gesunder vorkommen können und anderseits Oxydasen anderer Art, die sich unter Umständen im Kot vorfinden können, nicht mehr anzeigt. Die brauchbare Benzidinkonzentration von ½% hat GREGERSEN auf Grund von zahlreichen Stuhluntersuchungen mit besonderer Berücksichtigung der Klinik ausgewertet. Die Technik ist also aus der Praxis hervorgegangen und sie hat sich bewährt, wie das Urteil der Fachmänner übereinstimmend lautet. Der Praktiker, dem eine einfache Methode zur Hand sein muß, wird sich ihrer mit Vorteil bedienen, er muß sich aber dessen bewußt bleiben, daß eine negative Probe eine sehr geringfügige (unter 0,2% liegende) Blutung mit Sicherheit nicht ausschließt.

Jede der katalytischen Methoden verlangt vielfache Übung. Vertrautheit mit der Untersuchungstechnik und Erfahrung am Krankenbett gestatten erst weitgehendere Schlußfolgerungen. Bei undeutlichem Ausfall einer Reaktion muß sie wiederholt oder eine andere katalytische Probe zur Kontrolle herangezogen werden.

Daß der von einem Untersuchungslaboratorium abgegebene Befund „okkulte Blutung positiv (negativ)" nichts besagt, wenn nicht gleichzeitig die Methode angegeben wird, mit welcher der Befund erhoben wurde (Boas),[1] bedarf nach den vorangehenden Ausführungen wohl keiner eingehenderen Erläuterung.

Viel einfacher und eindeutiger liegen die Verhältnisse hinsichtlich der Beurteilung der spektroskopischen Proben. Der positive Ausfall der Reaktion beweist hier mit Sicherheit die Anwesenheit von Blut. Die spektroskopischen Methoden sind unabhängig von allen unspezifischen katalytischen Substanzen, die die Verwertung der Versuchsresultate bei den katalytischen Proben so sehr erschweren und in Frage stellen. Die Empfindlichkeit der Snapperschen Probe ist, wie früher schon erwähnt, ebenso hoch, wie die der Gregersenschen Reaktion, eher sogar etwas höher (Adler, eigene Untersuchungen), sie zeigt einen Blutgehalt der Fäzes von 1 bis 700, also von ungefähr 0,14% mit Sicherheit an. Wegen ihrer fast gleich hohen Empfindlichkeit und ihrer gleichzeitig absoluten Spezifität ist die Probe auch der brauchbarsten katalytischen Methode überlegen. Sie kann nur dort versagen, wo sich in einem Fall von okkulter Blutung bei pathologischer Magen-Darmveränderung (Ulcus ventriculi, Ca. usw.) der Blutgehalt der Fäzes unter die früher erwähnte Grenze herabgeht und sich dem minimalen „physiologischen" Blutgehalt nähert. Hier wird sie fast immer (s. u.) negativ; diese geringsten Blutbeimengungen können, wie früher gezeigt, nur mit den feinsten katalytischen Proben aufgedeckt werden und es treten dann Methoden, wie die mit konzentriertem Benzidin angestellten usw., in ihre Rechte, wohl mit dem Nachteil, daß statt der spezifischen eine zwar empfindlichere, dafür aber eine unspezifische Probe zur Anwendung kommt.

Die spektroskopische Methode nach Snapper ist also im allgemeinen die exakteste, die wir besitzen. Sie hat sich einen entscheidenden Platz im Laboratoriumsbetrieb gesichert. Für die Praxis kommt sie wohl vorläufig kaum in Betracht; sie ist nicht einfach genug, verlangt ein Spektroskop und endlich eine gewisse Erfahrung in der spektroskopischen Technik.

Zum Schlusse sei noch darauf hingewiesen, daß die „physiologischen Blutbeimengungen" wohl nur relativ selten Grade erreichen können, welche spektroskopisch manifest werden. Adler hat in Stühlen von Säuglingen, welche weder an einer Magen-Darmschädigung, noch an einer mit hämorrhagischer Diathese verbundenen Krankheit noch an Wundsein der Analgegend usw. litten, mehrfach okkultes Blut im Spektroskop nachgewiesen. Die Säuglinge waren zum Teil mit Milch, zum Teil mit Milch und Breikost ernährt. Eine Schädigung der Darmschleimhaut durch mechanische Reizung war ausgeschlossen. Nach Adler ist hiemit der Beweis erbracht, daß der normale Darm von Säuglingen seinem Inhalt Blut beimischt. Sollten diese Blutbeimengungen nicht durch den Saugakt in den Magendarmkanal gelangen — eine Möglichkeit, die Adler nicht diskutiert —, so ergibt sich, daß der Nachweis einer okkulten Blutung im klinischen Sinne, d. h. einer Blutbeimengung aus pathologisch-anatomisch veränderter

[1] Klin. Wochenschr., 4, S. 109. 1925.

Magendarmwand auch mit der spezifischen Methodik SNAPPERS allein mit Sicherheit nicht geführt werden kann, sondern daß dem Blutnachweis im Stuhl nur im Rahmen der klinischen Gesamtuntersuchung des Kranken entscheidende Bedeutung zufallen kann. Ohne die ADLERschen Befunde bezweifeln zu wollen, sei aber doch hervorgehoben, daß in zahlreichen eigenen Stuhluntersuchungen mit der SNAPPERschen Technik in solchen Fällen niemals Blut nachgewiesen werden konnte, welche nach der Klinik des Falles als physiologische Blutungen hätten gedeutet werden können. Die Fälle, in welchen eine positive SNAPPERsche Probe nicht als Ausdruck einer okkulten Blutung gedeutet werden darf, sind sicher außerordentlich selten.

Als Richtlinie für die einzuschlagende Technik zum Nachweis der okkulten Blutung können nach den Erfahrungen unserer Klinik folgende Verfahren empfohlen werden:

Für die allgemeine Praxis, welche meist nur mit einer Methode arbeitet, sind grobe Proben, wie die Guajakprobe in der WEBERschen Ausführung, in den meisten Fällen ebenso unbrauchbar, wie die feinsten katalytischen Proben (Benzidinprobe, Pyramidonprobe usw.). Am besten eignen sich hier Proben mit mittlerer Empfindlichkeit, welche einen Blutgehalt der Fäzes von 0,2% eben noch anzeigen. Unter diesen Proben gebührt der GREGERSENschen Technik wegen ihrer leichten und raschen Ausführbarkeit der unbedingte Vorzug.

Im klinischen Laboratorium wird die Untersuchung mit der GREGERSENschen Technik bei ihrem positiven Ausfall in wertvoller Weise mit den weniger empfindlichen Proben, insbesondere der WEBERschen Guajakprobe, bei negativem Ausfall mit den feinen katalytischen Methoden ergänzt werden, um im ersteren Falle ein Urteil über die Höhe der Blutung zu gestatten, im zweiten, um eine okkulte Blutung mit Sicherheit auszuschließen. Die spektroskopische Methode des Hämochromogennachweises nach SNAPPER wird in jedem Falle eine willkommene Bestätigung des mit den katalytischen Methoden gewonnenen Resultates darstellen und sie allein wird im Zweifelsfalle imstande sein, die Frage, ob eine Blutung besteht, eindeutig zu beantworten. Bei negativer Hämochromogenprobe ist eine okkulte Blutung erst dann mit Sicherheit auszuschließen, wenn auch der Hämatoporphyrinnachweis mißlingt. In zweifelhaften Fällen ist auch das Provokationsverfahren nach BOAS (s. S. 150) heranzuziehen.

Fett

Im Stuhl finden sich:

1. Neutralfett (Glyzerinester der höheren Fettsäuren).
2. Höhere Fettsäuren (Ölsäure, Palmitinsäure, Stearinsäure).
3. Seifen (Seifen der höheren Fettsäuren), und zwar zum Teil Alkali-, zum Teil Erdalkaliseifen.

Der Kot enthält Fett, auch ohne daß mit der Nahrung Fett zugeführt wird. F. MÜLLER hat beim hungernden Menschen eine Ausscheidung von 1 g Fett pro die, d. i. 33% des Tagestrockenkotes, festgestellt; bei sehr geringer Zufuhr von Fett wird daher mehr Fett ausgeschieden als eingenommen, erst bei steigendem Fettgehalt wird der relative Fettverlust geringer.

Für die Klinik haben nur pathologische, aus der Nahrung stammende, abnorme Fettbeimengungen Interesse. Geringgradige Störungen der Fettverdauung werden erst bei einer Fettbelastung (s. S. 98), höhergradige, z. B. bei Insuffizienz der äußeren Pankreassekretion oder bei Gallenabschluß, auch bei normaler Kost manifest. Hier kann der Trockenkot 50 bis 80% Fett enthalten. Hinsichtlich der diagnostischen Gesichtspunkte, die aus dem Nachweis von Fett und besonders aus dem Nachweis der verschiedenen Fettsorten im Stuhl gewonnen werden können, sei auf das Kapitel über Nahrungsausnutzung S. 80 verwiesen.

Wenn auch die quantitativen Methoden des Fettnachweises im Stuhl eine genauere Orientierung über Menge und Art des Fettes gestatten, so haben sie sich in die Klinik als diagnostische Methode doch kaum einzubürgern vermocht, einerseits deshalb, weil sie im allgemeinen kompliziert und zeitraubend sind, anderseits deshalb, weil die makroskopische und die einfache, qualitative mikroskopische Untersuchung des Stuhles auf Fett einen genügenden Aufschluß über die Fettverdauung erlaubt. Die quantitativen Methoden bleiben den genauen Stoffwechseluntersuchungen, Ausnutzungsversuchen vorbehalten.

Die qualitativ mikroskopische Untersuchung des Stuhles auf Fett

Zur qualitativ mikroskopischen Untersuchung des Stuhles auf Fett wird das Nativpräparat des Stuhles verwendet. Dickere Stühle werden mit Wasser zu Emulsion verrieben, dünnere Stühle werden direkt unter das Deckglas gebracht. Bei Vorhandensein von Neutralfett, Fettsäuren und Seifen, die in verschiedenen Mischungsverhältnissen meist gleichzeitig vorkommen, sieht man Tropfen, Schollen und Nadeln.

Tropfen können Neutralfett oder Fettsäuren sein. Sie sind Öltropfen ähnlich und schwimmen im Präparat; bei dickerer Schicht desselben ist der Tropfen oft nur bei hoher Einstellung scharf konturiert, da er in den Oberflächenschichten des Präparates liegt. Die Tropfen sind rund, verändern aber bei Druck auf das Deckglas oder beim Hindurchschwimmen zwischen festen Partikeln des Präparates ihre Gestalt. Neutralfett- und Fettsäuretropfen können im einfachen Nativpräparat nicht differenziert werden; nur wenn in den Tropfen Nadeln auftreten, Nadeln aus ihnen herauswachsen (LOHRISCH), können sie mit Sicherheit als Fettsäuretropfen angesprochen werden.

Schollen können Seifen, Neutralfett oder Fettsäuren sein. Die Seifen können meist leicht differenziert werden, da sie im allgemeinen kleiner, kompakter und unregelmäßig eckig begrenzt sind und keine Innenzeichnung, sondern nur undeutliche Bruchlinien zeigen. AD. SCHMIDT hat unter den Seifenschollen rundliche Gebilde mit erhabenem Rand und vertieftem Zentrum besonders hervorgehoben und als Kringelformen bezeichnet; er hat vor Verwechslungen mit Bandwurmeiern gewarnt. Neutralfett- und Fettsäureschollen sind im allgemeinen durchscheinender — es gilt dies insbesondere für das Neutralfett — sie zeigen in ihren Konturen rundliche Ausbuchtungen, machen einen elastischen Eindruck und zeigen häufig eine strahlige Innenstruktur. Fettsäuren und Neutralfett lassen sich, soweit es sich um Schollen- und Tropfenform handelt, nicht differenzieren.

Nadeln können Fettsäuren oder Seifen sein. Die Fettsäurenadeln haben eine charakteristische Form. Sie sind lang, zart, schlank und spitz zulaufend. Die Seifen sind kleiner, gröber, haben meist abgerundete Enden und liegen meist zu Haufen und Büscheln. Sie stellen in acholischen Stühlen die Hauptmasse des Fettes dar und beherrschen hier das Gesichtsfeld (s. Nahrungsausnutzung).

Zur genaueren mikroskopischen Differenzierung dienen folgende Verfahren:

1. Erhitzen des Nativpräparates durch Durchziehen desselben durch die Flamme. Neutralfett- und Fettsäureschollen, bzw. Nadeln schmelzen zu Tropfen, die kleineren Tropfen fließen vielfach zu größeren zusammen. Beim Abkühlen des Präparates erstarren die Tropfen wieder bei bestimmten Temperaturen, je nach ihrem Schmelzpunkt. Größere Tropfen kühlen etwas langsamer ab und erstarren etwas später. Immerhin erfolgt das Erstarren doch meist gleichzeitig, entweder ruckartig oder auch langsamer, wobei man in den entstehenden Schollen strahlenförmige Innenfiguren auftreten sehen kann. Die Tropfen verlieren beim Erstarren ihre runde Gestalt, es entstehen größere und kleinere Schollen, welche sich von den Tropfen durch größere Dichte unterscheiden. Beim Erstarren der Fettsäuretropfen können auch Fettsäurenadeln entstehen, die aus den Tropfen oft ruckartig hervorschießen. Seifen bleiben beim Erhitzen unverändert. Die Umwandlung der Neutralfett- und Fettsäureschollen in Tropfen ist ein reversibler Vorgang; durch erneutes Erhitzen kann die Tropfenform immer wieder hervorgerufen werden. Durch Zusammenfließen der Tropfen können immer größere Tropfen entstehen.

2. Zusatz von Essigsäure und Erhitzen des Nativpräparates. (Essigsäurepräparat nach AD. SCHMIDT.) Man fügt zum Nativpräparat einen Tropfen einer etwa 30%igen Essigsäure und erhitzt nach dem Vermischen bis zum beginnenden Kochen. Hiebei werden die Fettseifen in Fettsäuren gespalten, die in der Wärme geschmolzen als Tropfen erscheinen. Da auch das Neutralfett in der Wärme Tropfenform annimmt, erscheinen sämtliche Fettbestandteile des Stuhles in Tropfenform. Man gewinnt auf diese Weise eine gute Übersicht über die Menge des vorhandenen Fettes. Beim Abkühlen können die Tropfen zu Neutralfett- und Fettsäureschollen oder Fettsäurenadeln erstarren; man beobachtet den gleichen Vorgang wie er oben für das erhitzte Nativpräparat beschrieben wurde. Nach dem Erstarren kann das Fett durch neuerliches Erwärmen immer wieder in Tropfenform gebracht werden.

3. Das Schwefelsäurepräparat. Es dient zum Nachweis von Kalkseifen. Das mit verdünnter Schwefelsäure versetzte Präparat wird erwärmt. Nach dem Erkalten treten Gipskristalle auf.

4. Behandlung des mikroskopischen Präparates mit Fettlösungsmitteln. Als solche dienen: Äther, heißer oder kalter Alkohol, Chloroform, Petroläther und Laugen:

Seifen lösen sich in keinem der genannten Reagentien.

Neutralfett löst sich in Petroläther, Chloroform, heißem Alkohol. Äther, löst sich schlecht in kaltem Alkohol, löst sich nicht in Laugen.

Fettsäuren lösen sich in Petroläther, Chloroform, heißem oder kaltem Alkohol, Äther und in Laugen.

Nachstehende Tabelle erlaubt eine Übersicht über diese Verhältnisse.

Tabelle 1

	Seifen	Neutralfett	Fettsäuren
Petroläther . . .	unlöslich	löslich	löslich
Chloroform. . . .	unlöslich	löslich	löslich
kalter Alkohol .	unlöslich	schwer löslich	löslich
heißer Alkohol . .	unlöslich	löslich	löslich
Äther	unlöslich	löslich	löslich
Laugen	unlöslich	unlöslich	löslich

Man könnte also Seifen gegen Neutralfett und Fettsäuren z. B. auf Grund ihrer Unlöslichkeit bzw. Löslichkeit in Äther, Neutralfett und Fettsäuren auf Grund ihres verschiedenen Verhaltens gegenüber kaltem Alkohol und Alkalilaugen differenzieren. Die Technik der Durchführung stößt aber auf unüberwindliche Schwierigkeiten. Beim Zusatz von Alkohol oder auch von Lauge verändert sich das mikroskopische Bild zum Teil auf Grund chemischer Einwirkung, zum Teil auf Grund von Diffusionsströmungen so sehr, daß die einzelnen, vorher im Mikroskop fixierten Stuhlbestandteile, die differenziert werden sollen, nicht mehr erkannt oder gefunden werden. Mit Hilfe dieser Methodik gelingt es daher

z. B. höchstens, sich über einen niederen oder höheren Gehalt des Stuhles an Seifen, bzw. Fettsäure und Neutralfett eine Vorstellung zu machen, indem man das mikroskopische Bild vor und nach der Ausätherung vergleicht.

5. Färbemethoden: a) Das Sudanpräparat. In einem Tropfen konzentrierter alkoholischer Sudan-III-Lösung wird auf dem Objektträger ein kleines Kotpartikelchen verrieben, mit dem Deckglas bedeckt und mikroskopiert. Während sich die Seifen nicht färben, erscheinen die Schollen und Tropfen von Fett und Fettsäuren intensiv rot oder rotgelb. LOHRISCH hat darauf aufmerksam gemacht, daß Fettsäuren sich in der alkoholischen Farblösung zum Teil lösen und dann das Präparat als rötliche Masse diffus durchsetzen, ein Übelstand, der sich um so mehr fühlbar macht, als ja, wie oben gezeigt, das Alkoholpräparat an sich schon oft schwer zu beurteilen ist. Man beachte, daß der Sudanfarbstoff nicht selten in meist groben, leicht erkennbaren Nadeln ausfällt.

Ähnliche Resultate erzielt man mit anderen alkohollöslichen Azofarbstoffen (Alkannin, Indophenol, Scharlachrot; LOHRISCH) und mit 5%iger alkoholischer Chlorophyll-Lösung (BOAS). Die Seifen sind auch gegenüber Chlorophyll indifferent.

b) Sudanfärbung im Essigsäurepräparat. Setzt man zu einem erhitzten Essigsäurepräparat einen Tropfen konzentrierter alkoholischer Sudan-III-Lösung, so färben sich auch die aus den Seifen freigewordenen Fettsäuren, welche nun als Tropfen erscheinen. Man verfährt zweckmäßig in der Weise, daß man am Objektträger zu einem Tropfen der Stuhlemulsion je einen Tropfen der Sudanlösung und der 30%igen Essigsäure zusetzt, mit dem Deckgläschen bedeckt und dann erwärmt.

SAATHOFF hat ein Simultanverfahren angegeben, welches sich darauf stützt, daß Sudan III in konzentrierter Essigsäure löslich ist. Optimale Färbungsresultate erzielt man nach seiner Angabe mit folgender Mischung:

Rp. Eisessig 90,0,
96%iger Alkohol 10,0,
Sudan III eine Messerspitze.

Nach Schütteln und Filtration ist das Reagens gebrauchsfertig.

Im einzelnen verfährt man so, daß man ein kleines Partikelchen Fäzes in 2 bis 3 auf den Objektträger gebrachten Tropfen der Lösung zu einem völlig homogenen, ziemlich dickflüssigen Brei, am besten mit einem Streichhölzchen, innig durchmischt, mit einem Deckgläschen bedeckt und dann den Objektträger durch die Flamme zieht. Ist der Kot dünnflüssig, so empfiehlt es sich, ihn über der kleinen Flamme einzudicken; denn bei der Verdünnung der Farblösung mit Wasser fällt der Farbstoff leicht aus. Das Verreiben des Stuhles mit der Farblösung muß sorgfältig geschehen, aber auch schnell genug, um eine erhebliche Verdunstung des Essigsäure-Alkoholgemisches zu verhindern, weil aus der zu konzentrierten Lösung Farbstoff auskristallisiert. Sämtliches Fett erscheint im fertigen Präparat in Tropfenform und ist mit Sudan rot gefärbt. Beim Erkaltenlassen verlieren die runden Tropfen wieder ihre Gestalt, sie erstarren ohne die Färbung zu verlieren. Wenn Fettsäuretropfen, und dies ist im Sudan-Essigsäurepräparat wenn nicht nach dem ersten so nach dem zweiten oder dritten Erwärmen- und Erkaltenlassen des Präparates fast regelmäßig der Fall, zum Teil auskristallisieren, so geht jegliche Färbung verloren. Das Schrumpfen und Auskristallisieren der Tropfen kann langsam oder auch ruckartig erfolgen, ebenso, wie dies beim Essigsäurepräparat beschrieben wurde; je höher der Schmelzpunkt, desto schneller die Erstarrung. Erscheint das Präparat nicht genügend intensiv gefärbt, so kann man den Prozeß der Erwärmung unter Zusatz der Farblösung mehrmals wiederholen. Wenn dieses Verfahren auch nicht absolut mehr Tropfen von Fettsäuren und Neutralfett zur Darstellung bringt als das gewöhnliche Essigsäurepräparat nach AD. SCHMIDT, so wird es insbesondere dem weniger Geübten ein eindrucksvolleres Bild über den Fettgehalt des Stuhles liefern, da der Stuhl unverdünnt zur Verarbeitung gelangt.

Für klinische Demonstrationszwecke ist die Methode sehr brauchbar; um das Fett längere Zeit flüssig zu erhalten, hat SAATHOFF eine Heizvorrichtung angegeben, die in einem 1 mm starken Kupferblech besteht, annähernd von der Größe des Objekttisches, welches in der Mitte über dem Diaphragma ein Loch und seitlich abstehend eine etwa 8 cm lange Blechzunge trägt, unter die ein Mikrobrenner gestellt wird. Durch stärkeres oder weniger starkes Heranziehen desselben an das Mikroskop kann der gewünschte Temperaturgrad, der das Fett flüssig erhält, leicht dauernd erzielt werden.

c) Färbung mit Dimethylamidoazobenzol (FRIEDIGER). Die konzentrierte alkoholische Farblösung färbt Neutralfett und Fettsäuren gelb. Seifen werden nicht gefärbt. Um im gefärbten Präparat einen Überblick über die Menge der vorhandenen Seifen zu gewinnen, ist es notwendig, die Seifen durch Zusatz von Essigsäure und durch nachheriges Erhitzen zu spalten. Man verfährt in der Art, daß man zu einem Kotpartikelchen einen Tropfen der alkoholischen Farblösung und einen Tropfen 33%ige Essigsäure zusetzt, das Deckglas aufsetzt und kurz erwärmt. Es ist vorteilhaft, eine Mischung aus Essigsäure und alkoholischer Dimethylamidoazobenzollösung zu gleichen Teilen vorrätig zu halten; man fügt 1 bis 2 Tropfen der Stammlösung dem Fäzespräparat zu, erhitzt und untersucht in noch heißem Zustand.

Der Farbstoff findet bei der kombinierten Farbtechnik nach FRIEDIGER (Färbung mit Dimethylamidoazobenzol, Eosin, Jodkali und Muzikarmin) Anwendung.

d) Die Nilblausulfatfärbung. Nilblau ist ein Oxazinderivat (Diäthylphenyl-P-Ammonium-Alpha-Amidonaphthoxazin). Die Salze dieses basischen Farbstoffes sind blau, die Nilblaubase ist ein rötlicher Farbstoff. Nilblausulfat ist wasserlöslich. Zur Fettuntersuchung in den Fäzes wird eine konzentrierte wäßrige Nilblausulfatlösung verwendet.

Untersuchungstechnik nach LOHRISCH: Man nimmt ein Viertel kirsch- oder pflaumengroßes Quantum des mit dem Spatel gut verrührten Stuhlganges und vermischt dieses in einem Schälchen mit Hilfe des Spatels oder eines Glasstabes gut mit einigen Tropfen konzentrierter Nilblausulfatlösung, bis die Mischung gesättigt blau aussieht. Man muß ziemlich reichlich Farbe zusetzen, um eine schöne Rotfärbung des Neutralfettes zu erzielen. Es empfiehlt sich die Azidität sehr stark saurer Fäzes mit einigen Tropfen n/10 Natronlauge bis zu schwach saurer, höchstens neutraler Reaktion herabzusetzen, da dann die Rotfärbung des Neutralfettes leichter und schöner zur Beobachtung kommt. Von der Fäzes-Farbstoffmischung nimmt man kleine Proben auf den Objektträger und untersucht in dünner Schicht unter dem Deckglas. Die Präparate müssen schnell untersucht werden, da sie die blaue bzw. rote Farbe oft ziemlich schnell verlieren.

Nach eigenen Erfahrungen verfährt man am besten in der Art, daß man einen größeren Tropfen der Nilblaulösung auf den Objektträger bringt und eine sehr geringe Stuhlmenge beimengt. Bei schrägem Aufsetzen des Deckglases schwimmen die Fetttröpfchen nicht selten auf die eine Seite des Präparates. Es erweist sich häufig als notwendig, mehrere Präparate mit verschiedenen Mengenverhältnissen von Nilblaulösung und Stuhl anzufertigen.

Das blaue Nilblausulfat färbt Fettsäureschollen blau. Die Schollen der Fettseifen bleiben ungefärbt oder sie erscheinen graublau; Fettseifen- und Fettsäurenadeln färben sich nicht. Neutralfett wird metachromatisch rot gefärbt.

Es gelingt in diesem Präparat also eine sichere Differenzierung des Neutralfettes, ein Vorteil, den diese Methode vor allen anderen besprochenen voraus hat.

Durch folgenden Versuch läßt sich die Eigenschaft der Nilblausulfatlösung, metachromatisch zu färben, zur Anschauung bringen (LOHRISCH): Schüttelt man eine konzentrierte Nilblausulfatlösung im Reagenzglas mit reinem Olivenöl, so färbt sich das Öl rosarot, schüttelt man dagegen mit Ölsäure, so erhält man einen bläulichvioletten Farbton.

HANSEN erklärt die eigentümlichen Färbungsverhältnisse auf folgende Weise: Die wäßrige Lösung des blauen Nilblausulfats ist zum Teil hydrolytisch gespalten, sie enthält also neben dem Salz auch die rötliche Nilblaubase. Diese wird durch das Neutralfett ausgezogen, wodurch das Gleichgewicht zwischen den dissoziierten und nichtdissoziierten Farbsalzen gestört wird; dadurch werden neue Farbbasenmoleküle frei gemacht, die ihrerseits wieder vom Neutralfett absorbiert werden. Die Bindung zwischen Farbbase und Fett ist eine ziemlich lockere. Man muß mit konzentrierten Farbstoffen arbeiten, um eine möglichst starke hydrolytische Dissoziation zu erzielen. Starke Säurekonzentration hebt die Dissoziation auf und die metachromatische Färbung verschwindet. Dies ist die Ursache, warum LOHRISCH die Azidität saurer Fäzes, wie oben angegeben, mit Lauge herabsetzt. Die Fettsäuren färben sich nicht direkt mit dem Nilblausulfat als solchem, sondern sie verbinden sich mit der Nilblaubase zu blau gefärbtem, fettsaurem Nilblau.

e) Ähnliche Doppelfärbungen wie mit Nilblausulfat lassen sich bis zu einem gewissen Grade auch mit Methylenblau oder Carbolfuchsin (JAKOBSON) erzielen, da beide Farbstoffe hydrolytisch gespalten sind und die Methylenblaubase schwach rot gefärbt, die Fuchsinbase ungefärbt ist. Beide Farbstoffe sind aber nach eigenen Erfahrungen für eine Differenzierung kaum brauchbar, weil die Methylenblaubase zu schwach rötlich gefärbt ist, um eine Unterscheidung zu erlauben, und weil bei der Methode mit Carbolfuchsin die Nichtfärbung des Neutralfettes seine sichere Erkennung meist unmöglich macht.

Die quantitative Fettbestimmung im Stuhl

Die quantitative Fettbestimmung im Stuhl wird im Trockenkot ausgeführt. Will man den Prozentgehalt an Fett im frischen Stuhl bestimmen, so wird der Stuhl vor der Trocknung gewogen, der Wasserverlust durch Wiegen des Trockenkotes bestimmt und in Rechnung gesetzt.

Das Trocknen des Stuhles: Es wird entweder der Gesamttagesstuhl oder eine abgewogene Menge der vorher gut durchmischten Fäzes verarbeitet. Der Stuhl wird in eine Porzellanschale gebracht und auf deren Boden und Wänden gut verstrichen. Die Eintrocknung erfolgt am Wasserbad oder auf gleichmäßig erhitztem Sande, bei einer Temperatur von 50 bis 60°. Höhere Temperaturen sind zu vermeiden, da sich bei diesen Fettsäuren verflüchtigen und da Fett bei 100° verbrennt. Der Stuhl ist während des Eintrocknens oft zu durchmischen. Wenn das Fett schmilzt, so sammelt es sich an der Oberfläche an, bleibt mit zunehmender Eintrocknung an den oberen Partien der Porzellanschale kleben und muß daher immer wieder mit dem Spatel abgeschabt und mit dem Kotrest vermengt werden.

Je nach dem Wassergehalt trocknen die Stühle rascher oder langsamer, die Trocknung ist im allgemeinen in ein bis zwei Tagen beendet. Bei stark fetthaltigen Stühlen ist es angezeigt, sich der Methode von PODA zu bedienen, die darin besteht, daß man den bereits zum Teil eingetrockneten Kot mit absolutem Alkohol verrührt, wieder trocknet, neuerdings mit Alkohol versetzt usw., bis man eine trockene Substanz erhält. Bei hohem Fettgehalt ist es oft nicht möglich, absolut trockenen Kot zu gewinnen.

CASPARI und ZUNTZ trocknen im Vakuumapparat bei 60 bis 70°; die endgültige Entziehung der letzten Reste Wassers im Vakuumapparat erweist sich auch bei der oben beschriebenen Trocknungsmethode häufig als notwendig, da bei der Trocknung bei 50 bis 60° eine vollständige Wasserentziehung sehr häufig nicht gelingt.

Der lufttrockene Kot wird von der Porzellanschale mit einem Metallspatel abgekratzt, in eine Reibschale gebracht und fein vermahlen. Sehr stark fetthaltige Stühle können nicht pulverisiert werden, denn sie geben eine fettig schmierige Masse. Der getrocknete Stuhl soll nach Tunlichkeit gleich weiterverarbeitet oder wenigstens gewogen werden; er ist hygroskopisch, das Gewicht des Trockenkotes erhöht sich durch Anziehen von Wasser, ein Umstand, der bei der Prozentberechnung des Fettgehaltes eine Fehlerquelle bedeutet.

I. Bestimmung des Gesamtfettgehaltes als Ätherextrakt im SOXHLET-Apparat. Diese Methode ist die einfachste und rascheste, hat aber den Nachteil, daß Fettsäuren, Neutralfett und Fettseifen nicht gesondert bestimmt werden und daß die Fehlerquellen recht beträchtliche sind. Nach KUMAGAWA und SUTO erhält man einerseits um 12 bis 17% Fett zu wenig und erzielt anderseits einen Extrakt, der neben dem Fett 4 bis 12% Verunreinigungen, und zwar vor allem flüchtige Fettsäuren, Milchsäure, Cholesterin und Koprosterin enthält.

Ausführung: Spaltung der Seifen im Trockenkot mit Salzsäurealkohol. Der Trockenkot wird mit 1%igem Salzsäurealkohol in einer Eindampfschale durchmischt, eine halbe Stunde stehen gelassen und hierauf unter heftigem Umrühren bei 50 bis 60° zu Trockenkot eingedampft. Dabei werden die Fettsäuren aus den Seifen frei und diese so mit Äther extrahierbar gemacht. Der so vorbehandelte Stuhl wird in den SOXHLET-Apparat gebracht.

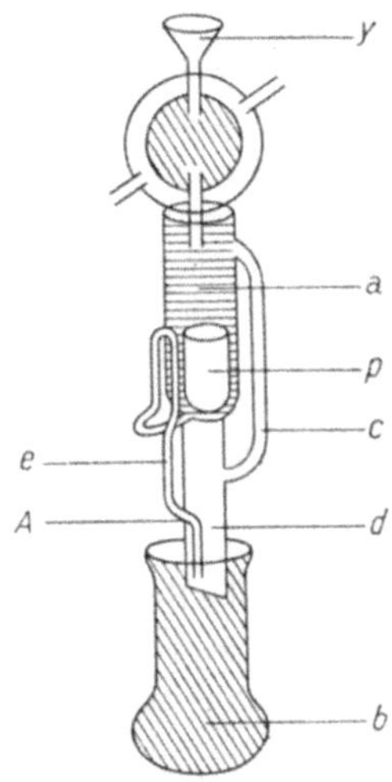

Abb. 36. Soxhlet-Apparat (schematisch)

Die Extraktion im SOXHLET-Apparat. Der SOXHLET-Apparat (s. Abb. 36). Er besteht aus einem Glaszylinder *a*, der mit dem Kolben *b* in doppelter Verbindung steht: 1. durch das etwas weitere Rohr *c*, welches sich nahe dem oberen Rand des Glaszylinders in diesen öffnet und als Verbindungstück *d* in den Kolben *b* eintaucht und 2. durch das dünne, doppelt gewundene Röhrchen *e*, welches sich in dem Boden des Zylinders *a* öffnet, durch das Verbindungsstück *d* bei *A* durchtritt und bis an das untere Ende des breiteren Rohres *d* geführt wird, um dort mit dem Kolben *b* in Kommunikation zu treten.

Der Zylinder *a* steht an seinem oberen Ende mit einer Kühlvorrichtung in Verbindung, welche mit fließendem Wasser betrieben, einen gekühlten Hohlraum darstellt, welcher mit dem Zylinder *a* in Verbindung steht und das von *a* aufsteigende Gas zur Kondensation bringt. Der gekühlte Hohlraum steht nach oben offen, so daß die Extraktionsflüssigkeit durch die Kühlvorrichtung hindurch durch den Trichter *y* in den Zylinder *a* eingebracht werden kann.

Das zu extrahierende Material wird in eine aus dickem Löschpapier gepreßte Patrone *p* und diese in den Glaszylinder *a* eingebracht.

Gießt man nun die Extraktionsflüssigkeit durch den Trichter *y* ein, so sammelt sie sich im Glaszylinder *a*, und steigt hier solange, bis ihr Oberflächenniveau den Scheitelpunkt des gekrümmten Abflußröhrchens *e* erreicht hat, und fließt dann durch Heberwirkung durch das Röhrchen *e* in den Kolben *b*. Dieser ruht auf einem regulierbaren Heizapparat, der zweckmäßigerweise durch elektrische Glühbirnen oder einen elektrischen Reostaten auf entsprechender Temperatur gehalten wird, so daß die Extraktionsflüssigkeit zum Sieden gebracht wird. Hiebei verdampft das Extraktionsmittel, der Dampf steigt durch die Röhre *d* bzw. *c* nach oben bis in den Kühlapparat und wird hier kondensiert. Die Kondenstropfen fallen wieder in den Zylinder *a* zurück und füllen diesen allmählich. Hat sich die Flüssigkeit hier wieder bis zum Scheitelpunkt des Röhrchens *e* gefüllt, so fließt die Extraktionsflüssigkeit wieder in den Kolben *b* ab und das Spiel beginnt von neuem. Bei richtiger Einstellung, entsprechender Erhitzung und entsprechender Abkühlung im Kühlapparat, bei gleichzeitiger einwandfreier Abdichtung geht von der Extraktionsflüssigkeit nichts verloren, so daß der Apparat automatisch durch mehrere Tage läuft. Entweicht das Gas an einigen undichten Stellen, so muß gelegentlich durch den Trichter *y* die Extraktionsflüssigkeit ergänzt werden.

Eine gewogene Menge des gespaltenen Trockenkotes wird, wie oben erwähnt, in die Papierpatrone gebracht, der Apparat mit Äther gefüllt und in Gang gesetzt. Man läßt zwei bis drei Tage lang extrahieren. Die Fettsäuren und Neutralfette lösen sich im Äther auf und werden mit dem Äther in den Kolben *b* überführt.

Der fertige Ätherextrakt wird in einen gewogenen Kolben filtriert, nachdem er eventuell vorher bereits einmal eingedampft und neuerdings in reinem Äther aufgenommen worden war. Der Ätherextrakt wird im Kolben zur Trockensubstanz eingedampft und zweckmäßigerweise noch einige Stunden bei 50 bis 60° gehalten. Hierauf folgt Wiegen des Kolbens samt Extrakt. Das Gewicht abzüglich des Gewichtes des Kolbens gibt den Gesamtfettextrakt als Fettsäure. Die Umrechnung auf Neutralfett geschieht durch Multiplikation des gefundenen Wertes mit 1,046.

II. Bestimmung des Gesamtfettgehaltes als Alkohol-Chloroformextrakt nach Rosenfeld, Kumagawa und Suto.

Nach Angabe der genannten Autoren liefert ihre Methode eine höhere Fettausbeute als die eben beschriebene. Durchführung:

1. Spaltung der Seifen im Trockenkot wie bei I.

2. Die gespaltenen Fäzes werden in eine Papierpatrone gebracht, und diese wird in einem Becherglas in 96%igem Alkohol auf dem Wasserbade durch zwei Stunden gekocht. Der Alkoholextrakt wird hierauf durch Abdunsten des Alkoholes getrocknet und dann mit wenigen Kubikzentimeter absoluten Alkohols gelöst; dazu kommen 100 ccm Äther. Nach mehrstündigem Stehen wird filtriert, das Filtrat eingedampft, nach Kumagawa und Suto soll der Extrakt noch einmal mit Äther aufgenommen, hierauf durch Asbest filtriert und der Äther abgedunstet werden.

3. Die vom Alkohol getrockneten und jetzt oben zugebundene Papierpatrone kommt in den Soxhlet-Apparat, und wird hier mit Chloroform extrahiert. Da Chloroform einen höheren Siedepunkt hat als Äther, so muß der Apparat auf eine höhere Temperatur gebracht werden. Bei großen Apparaten genügt häufig schon die Abkühlung der Chloroformdämpfe im Hals des Kolbens *b*, um die Dämpfe zum Kondensieren zu bringen, so daß sie nicht in den Kühlapparat aufsteigen. Durch Einwickeln des Apparates in Tücher gelingt es aber leicht, die Extraktion in Gang zu bringen. Extraktionsdauer: Sechs Stunden. Der endgültige Chloroformextrakt wird eingedampft.

Der Alkohol- und der Chloroformextrakt werden nun in Äther gelöst und zusammengegossen. Der Gesamtextrakt wird durch Filterpapier in ein gewogenes Bechergläschen filtriert, der Filter mit reinem Äther nachgewaschen, das Filtrat eingedampft, der Rückstand im Becherglas gewogen. Durch Multiplikation des gefundenen Gewichtes der Fettsäuren mit 1,046 wird auf Neutralfett umgerechnet.

In der hier angegebenen Form ist die Methode ungenau, ebenso wie die erstbeschriebene Ätherextraktionsmethode, weil eine Reihe von Verunreinigungen in den Extrakt übergehen. Diese sollen entfernt werden:

a) flüchtige Fettsäuren. Der trockene Gesamtextrakt wird im Kolben mit heißem Wasser übergossen und ausgewaschen; nach kräftigem Schütteln wird durch ein glattes Filter filtriert. Der größte Teil des Extraktes bleibt im Kolben zurück, nur spärliche Fetttröpfchen sammeln sich am Filter. Die Auswaschungsprozedur wird etwa zehnmal wiederholt und das Waschwasser immer wieder durch den gleichen Filter abfiltriert. Der Kolben mit dem Rest des Ätherextraktes und der Filter, auf dem sich etwas Fett gesammelt hat, werden hierauf bei etwa 60^0 getrocknet, hierauf die am Filter gebliebenen Fetttröpfchen mit Äther in den Kolben zurückgespült und endlich der Äther verdampft. Im Waschwasser können die flüchtigen Fettsäuren quantitativ bestimmt werden (s. S. 186).

b) Cholesterin und dessen Reduktionsprodukt Koprosterin. Da beide Substanzen nicht verseifbar sind, gelingt eine Trennung von den Fettsäuren durch Verseifung der letzteren. Nach OBERMÜLLER-KOSSEL gestaltet sich das Verfahren folgendermaßen: Der Gesamtfettextrakt wird in Äther gelöst und es wird eine in der Wärme hergestellte Lösung von 0,15 g Natrium in 1,0 bis 1,5 ccm 99%igem Alkohol zugesetzt, eine Lösung, die beim Erkalten bald erstarrt. Nach dreistündigem Stehen ist die Verseifung beendet. Hierauf Filtration der Seife, eventuell unter leichtem Absaugen, Nachwaschen des Filterrückstandes mit Äther. Im Waschätheralkohol befinden sich Koprosterin und Cholesterin; nach BONDZYNSKI und HUMNICKI gehen mit dem Waschäther geringe Mengen von Seife verloren. Der Filterrückstand, der jetzt getrocknet wird, besteht aus Seifen. Diese werden in Wasser gelöst mit verdünnter Schwefelsäure angesäuert, wobei die Fettseifen wieder in Fettsäuren rückverwandelt werden, die nun wäßrig suspendiert sind. Die wäßrige Suspension wird auf das Filter gebracht, die Fettsäuren bleiben auf diesem zurück. Nach dem Trocknen des Filters werden diese mit Äther aus dem Filter gelöst, der Äther eingedampft und der Rückstand, der nun die gereinigten Fettsäuren darstellt, gewogen. Die Fettsäuren können auch nach ihrer Freimachung mit Schwefelsäure direkt mit Äther ausgeschüttelt, dann getrocknet und gewogen werden.

c) Cholalsäure. LOHRISCH gibt folgende Methode zu ihrer Entfernung an: Wenn man das Ätherextrakt verseift und Cholesterin und Koprosterin entfernt hat, löst man den Seifenrückstand in viel Wasser, säuert mit verdünnter Schwefelsäure an und führt die Seifen dadurch wieder in Fettsäuren über, die man durch Ausschütteln mit Äther und Verdunsten der ätherischen Lösung wieder erhält. Dann schüttelt man die Fettsäuren unter Erwärmen mit Barytwasser zwecks Bildung von Barytseifen und cholalsaurem Baryt. Beim Filtrieren bleiben die Seifen auf dem Filter; der cholalsaure Baryt geht ins Filtrat. Die Seifen werden durch gründliches Nachwaschen vom cholalsauren Baryt befreit und durch Zusatz verdünnter Schwefelsäure wieder in Fettsäuren überführt.

III. Verfahren nach MÜLLER-BRUGSCH zur isolierten Bestimmung von Neutralfett, Fettsäuren, Seifen und Alkaliseifen. Eine gewogene Menge Trockenkotes, der mit Salzsäurealkohol nicht vorbehandelt war, wird im SOXHLET-

Apparat mit Äther extrahiert. Es wird sowohl der so gewonnene Extrakt, als der in der Patrone zurückbleibende Rückstand weiter verarbeitet.

Im Extrakt finden sich die flüchtigen Fettsäuren, Neutralfett und die höheren Fettsäuren.

Bestimmung der flüchtigen Fettsäuren: Mehrmaliges Auswaschen des Extraktes mit heißem Wasser, wie auf S. 185 angegeben. Nach Titration des Waschwassers mit n/10 Natronlauge und Phenolphthalein als Indikator erhält man durch Multiplikation der verbrauchten n/10 Normallösung mit 0,0088 das Gewicht der flüchtigen Fettsäuren als Buttersäure berechnet.

Bestimmung der höheren Fettsäuren: Nach Entfernung der flüchtigen Fettsäuren wird der wieder getrocknete Extrakt in absolutem Alkohol und Äther gelöst und filtriert. Zusatz von Phenolphthalein und Titration mit n/10 Natronlauge. Die verbrauchten Kubikzentimeter Lauge multipliziert mit 0,0284 geben das Gewicht der höheren Fettsäuren als Stearinsäure berechnet.

Bestimmung des Neutralfettes: Substraktion des gefundenen Gewichtes der flüchtigen und höheren Fettsäuren vom Gesamtextrakt.

Im Patronenrückstand sind die Seifen zurückgeblieben.

Sie werden folgendermaßen quantitativ bestimmt: Der Inhalt der Patrone wird in ein Porzellanschälchen gebracht, mit 1%igem Salzsäurealkohol erhitzt, wenn möglich am Rückflußkühler zwei Stunden gekocht, dann getrocknet, und schließlich mit Petroläther im SOXHLET-Apparat durch 36 Stunden extrahiert. Hierauf wird der Extrakt getrocknet und neuerlich in Alkoholäther gelöst. In der Lösung befinden sich die aus dem Seifen gespaltenen Fettsäuren und diese werden mit n/10 Natronlauge und Phenolphthalein als Indikator titriert. Das Gewicht der Fettsäuren als Stearinsäure berechnet erhält man durch Multiplikation der Zahl der verbrauchten Kubikzentimeter Lauge mit 0,0284.

Will man die Alkaliseifen getrennt bestimmen, so empfiehlt sich folgendes Verfahren: Da die Alkaliseifen im Gegensatz zu den Erdalkaliseifen alkohollöslich sind, so kann man sie aus dem mit Äther bereits erschöpften in der Patrone zurückgebliebenen Kot mit absolutem Alkohol im SOXHLET-Apparat extrahieren. Extraktionsdauer zwei Tage. Der Extrakt wird eingedampft, zum Rückstand erst etwas Wasser und dann Schwefelsäure zugesetzt, um die Alkaliseifen zu spalten, hierauf Ausschüttelung der hiebei frei gewordenen Fettsäuren im Schütteltrichter. Auswaschen der Schwefelsäure aus dem Äther mit Wasser, Filtration und Eindampfen des Äthers auf ein kleines Volumen. Zusatz von absolutem Alkohol und Titration mit n/10 Lauge und Phenolphthalein.

Kohlehydrate

An Kohlehydraten kann der Stuhl die verschiedenen Zuckerarten, Hexosen und Pentosen, ferner Polysaccharide, die Hemizellulosen, die Zellulose, die Rohfaser und die Stärke enthalten. Sämtliche Kohlehydrate, die in den Fäzes erscheinen, entstammen der Nahrung.

Die Zucker

Hexosen, Dextrose, Lävulose und Galaktose finden sich im Stuhl außerordentlich selten. Sie werden aus den Dissacchariden (Rohrzucker, Milchzucker, Malzzucker) bzw. aus den Polysacchariden, vor allem der Stärke, durch die Darmfermente und zwar vornehmlich die des Dünndarms abgespalten und im allgemeinen restlos resorbiert. Sie gelangen unter normalen Verhältnissen nicht in den Dickdarm, wie Untersuchungen an Fällen mit Anus präternaturalis und

Dickdarmausschaltung beweisen. Nur bei hochgradiger Beschleunigung der Darmmotilität können geringe Zuckermengen in den Dickdarm übertreten und bei rascher Entleerung desselben in den Fäzes erscheinen. Bei entsprechendem Verweilen im Dickdarm können sie auch hier resorbiert werden. Nach v. NOORDEN können Milchzucker und Lävulose am leichtesten bis in den Dickdarm gelangen. Eine weitere Möglichkeit, wie es zum Auftreten von Zucker im Dickdarm, bzw. in den Fäzes kommen kann, ist die folgende: Wenn die in Zellulose eingeschlossene Stärke durch die Magendünndarmverdauung nicht restlos aufgeschlossen wird, so treten Zellulosetrümmer mit Stärkeresten in den Dickdarm über, wo die Zellulose durch Bakterienwirkung verdaut und Stärke frei gemacht wird. Durch die im Dickdarminhalt befindliche Diastase wird die freie Stärke nun in ihre Zucker zerlegt, als Zucker resorbiert oder bei beschleunigter Passage mit den Fäzes als Zucker ausgeschieden.

Pentosen (Arabinose, Xylose) entstammen bestimmten Hemizellulosen, den sogenannten Pentosanen (Araban, Xylan), wie sie sich z. B. in der Weizen- und Roggenkleie, im Spinat u. a. finden. Die Pentosane werden im Dünndarm in ihre Zucker zerlegt. Gewisse Nahrungsmittel wie Leber und Pankreas enthalten große Mengen von Pentosen, die wahrscheinlich an die Kernsubstanzen gebunden sind. Desgleichen enthalten bestimmte Obstsorten wie Kirschen und Pflaumen reichlich Pentosen. Die Nahrungspentosen werden zum größten Teil resorbiert, ein kleinerer Teil erscheint aber immer in den Fäzes. SCHMIDT und STRASBURGER erwogen auch die Möglichkeit, daß die im Stuhl nachweisbaren Pentosen aus dem Zerfall von Kernsubstanzen des Körpers, insbesondere aus dem auffallend pentosenreichen Nukleoproteid des Pankreas stammen könnten.

Während sich im Kot des Erwachsenen normalerweise kein Zucker findet, lassen sich im normalen Säuglingskot gelegentlich geringe Spuren nachweisen.

Klinisch diagnostisch spielt der Zuckernachweis im Stuhl wohl keine große Rolle. Es sei daher nur die Technik des qualitativen Zuckernachweises wiedergegeben und hinsichtlich der quantitativen Bestimmungen und der Differenzierung der einzelnen Zuckerarten auf die einschlägigen Handbücher verwiesen (LOHRISCH im Handbuch der biologischen Arbeitsmethoden von ABDERHALDEN 1923).

Bei Besprechung der Technik des qualitativen Zuckernachweises folgen wir im wesentlichen den Angaben von LOHRISCH.

Ausführung: Der frisch entleerte Kot (Tagesmenge) wird mit destilliertem Wasser aufs feinste zu dünnflüssiger Konsistenz verrieben. Die Masse wird in einen großen Kochkolben gebracht, mit destilliertem Wasser noch weiter verflüssigt und eine halbe Stunde am Rückflußkühler gekocht. Ist die Fäzesmenge zu groß, um in einem Kochkolben untergebracht zu werden, so müssen mehrere Kochkolben damit beschickt werden. Nun wird nach vorherigem Absitzenlassen durch ein Asbestfilter (mit Asbest beschickter Goochtiegel unter Anwendung der Saugpumpe) filtriert. Papierfilter sind unter allen Umständen zu vermeiden, da sie nicht selten pentoseartige Substanzen enthalten, welche in die Filtrate übergehen können. Bei Verwendung größerer Fäzes- und Wassermengen kommt man mit einem Asbestfilter nicht aus, sondern man muß die Filtration mit mehreren Tiegeln zu Ende führen. Zum Schluß wird dann der Bodensatz aufs Filter gebracht und mit heißem Wasser gründlich ausgewaschen. Wenn man des leichteren Filtrierens wegen vermeiden will, den Bodensatz aufs Filter zu bringen, kann man den Bodensatz nach Abgießen der darüberstehenden Flüssigkeit nochmals mit Wasser auskochen und dieses nach Absetzen aufs Filter bringen. Man kann dann sicher sein, sämtlichen Zucker extrahiert zu haben. Zur Entfärbung kann man das Filtrat mit Tierkohle schütteln und nochmals klar filtrieren. Etwa im Filtrat vorhandene Eiweißkörper können durch Schütteln mit Kieselgur und Abfiltrieren des Kieselgurs so gut wie vollständig entfernt werden, weil Kieselgur wie alle porösen Substanzen imstande ist, Eiweiß festzuhalten; man kann sie auch durch Ansäuern mit 30% Essigsäure ausfällen und den Niederschlag bis zur völligen Klarheit des Filtrats abfiltrieren. Das endgültig erhaltene klare Filtrat wird auf dem Wasserbade stark eingeengt.

Da unter Umständen biuretgebende Eiweißkörper mitgelöst werden, welche Kupferlösungen reduzieren, und da auch Schleim eine positive Reaktion vortäuschen kann, so muß das Filtrat auf einen etwaigen Eiweißgehalt geprüft werden, und es dürfen schleimhaltige Stühle, sofern sie nicht vom Schleim befreit werden, auf Zucker nicht untersucht werden. Ist Eiweiß vorhanden, so muß es, wie oben angegeben, aus dem Filtrat durch Schütteln mit Kieselgur und Abfiltrieren des Kieselgurs entfernt werden. Man kann das Eiweiß auch mit 30% Essigsäure ausfällen und den Niederschlag abfiltrieren.

Mit dem Filtrat werden die üblichen Zuckerproben angestellt.

MOORE-HELLERsche Probe. Kochen von einigen Kubikzentimeter des Filtrats mit Kali- oder Natronlauge. Auftreten von gelb bis dunkelbrauner Farbe zeigt positive Reaktion an. Diese Probe kann bei nicht gut entfärbten bräunlichen Filtraten nicht Anwendung finden.

Die TROMMERsche Probe.

Die Probe mit dem NYLANDER-Reagens. Kochen einer Mischung des Filtrats und des Reagens zu gleichen Teilen durch einige Minuten. Schwarzbraun bis schwarze Färbung zeigt Zucker an.

Die Phenylhydrazin-Probe s. S. 194.

Die Hemizellulose

Die Hemizellulosen sind Polysaccharide der aus ihnen abspaltbaren Zuckerarten. Sie unterscheiden sich von der Zellulose chemisch dadurch, daß sie sich beim Kochen mit verdünnten Mineralsäuren in ihre Zucker spalten, während Zellulose nur unter Einwirkung konzentrierter Säuren zerlegt wird. Unter den Hemizellulosen unterscheidet man die Hexosane, das sind solche, welche sich in sechswertige, und die Pentosane, das sind solche, welche sich in fünfwertige Zucker spalten. Zu den ersteren gehört z. B. das Galaktan, welches bei der Spaltung Galaktose liefert. Hemizellulosen zerlegen sich niemals in Dextrose. Die Hemizellulosen finden sich in vielen Pflanzenarten: Erbse, Wicke, Ackerbohne, Sojabohne, Dattelkerne usw. Einige von ihnen spalten sich nicht nur in einen, sondern auch in zwei Zucker, wie die Hemizellulose der Kaffeebohne, die Galaktose und Mannose liefert. Der größte Teil der mit den Nahrungsmitteln aufgenommenen Hemizellulosen wird resorbiert. Für das Galaktan hat LOHRISCH angegeben, daß es ebenso verdaut wird wie die Stärke, daß aber das Tempo der Umwandlung ein langsameres sei.

Bei Genuß von Pflanzennahrung, die viel Hemizellulosen enthalten, können aber auch nennenswerte Mengen mit den Fäzes ausgeschieden werden. Der Abbau im Darmkanal beruht wahrscheinlich nur auf Bakterienwirkung.

Die Hemizellulosen werden so nachgewiesen, daß sie durch Kochen der Fäzes mit verdünnten Mineralsäuren in ihre Zucker übergeführt und daß diese dann qualitativ und quantitativ bestimmt werden. Hinsichtlich der genaueren Technik siehe LOHRISCH.

Die Zellulose

Die Zellulose ($C_6H_{10}O_5$), deren Konstitutionsformel unbekannt ist, ist ein Polysaccharid, welches unter der Einwirkung konzentrierter Säuren Dextrose (oder auch Mannose) abspaltet. Sie findet sich in reiner Form in den Zellwänden junger Pflanzen. In älteren pflanzlichen Bestandteilen erfährt die Zellulose Zustandsänderungen verschiedener Art: Ein Teil der Pflanzenmembran wandelt sich in Kutin und Subarin, eine elastische, feste, nicht quellbare Substanz, um, ein anderer Teil verholzt, es entsteht Lignin, ein anderer endlich wird zu einer stark quellbaren Schleimsubstanz (Gummisubstanzen und Pentosane) verwandelt. Schließlich lagern sich in die Zellulose und seine Umwandlungsprodukte nicht brennbare Produkte ein, vor allem Kieselsäure, Kalziumkarbonat und Kalziumoxalat. Es entsteht auf diese Weise die Rohfaser. LOHRISCH, der sich mit dem Gegenstand eingehend beschäftigt hat, betont daher die Richtigkeit der von HENNEBERG und STOHMANN aufgestellten Grundsätze: 1. Die Rohfaser besitzt keine konstante chemische Zusammensetzung. Diese richtet sich vielmehr nach der Pflanzenart und dem Alter der Pflanze. 2. Die Zellulose ist nicht identisch mit Rohfaser, eine Unterscheidung, an der es die ältere Literatur sehr fehlen läßt. Mit dem Grade der Inkrustierung nimmt die Verdaulichkeit der Rohfaser ab; Holz ist unverdaulich.

Reine Zellulose wird nach LOHRISCH vom normalen Individuum zu ungefähr 50%, eine Zahl, die durch STRAUSS[1] volle Bestätigung erhalten hat, bei Obstipation bis zu 81% ausgenützt. Die Zellulose von jungen Karotten und Weißkraut wird nach KHOUVINE[2] fast vollständig abgebaut. Als Ort der Zersetzung kommt in erster Linie das unterste von Bakterien bewohnte Ileum und das Kolon in Frage, wo die Zellulose zu Ameisensäure, Essigsäure, Buttersäure, Bernsteinsäure, Valeriansäure, Kohlensäure, Wasserstoff und Methan abgebaut wird. Ein Teil der Säuren wird resorbiert. Ob sich in diesem Abbauprozeß als Zwischenglieder nicht auch irgendwelche Zuckerarten, Zellulosedextrine bilden, welche resorbiert werden und eine Energiequelle darstellen, ist nicht entschieden. LOHRISCH meint, daß der Abbau mit größter Wahrscheinlichkeit in gleicher Weise erfolge, wie der der Stärke; die Zellulose werde im Darm in Zucker übergeführt, die Umwandlung erfolge nur in viel längerer Zeit als bei der Stärke; die resorbierten Mengen werden im Organismus gänzlich verbrannt. Hinsichtlich des Mechanismus des Abbaues der Zellulose geht die allgemeine Meinung heute dahin, daß der Darm oder die Darmdrüsen über kein die Zellulose abbauendes Ferment verfügen, sondern daß diese durch Bakterienwirkung im unteren Ileum und im Dickdarm, vor allem dem Coecum, zerlegt wird. Die bis dahin ungeklärte Frage, welche Bakterien der Darmflora es sind, welchen die zelluloseabbauende Fähigkeit zukommt, konnte KHOUVINE[3] wenigstens zum Teil lösen. Diese Autorin nämlich konnte aus der Intestinalflora einen streng anaerob wachsenden, schwer züchtbaren, sehr hitzebeständigen, sporenhaltigen, zelluloselösenden Bazillus züchten, den sie Bacillus cellulosae dissolvens benannte. Der Bazillus war in 60% der untersuchten Fälle nachweisbar. Bemerkenswert erscheint die von KHOUVINE angegebene Tatsache, daß dieser Bazillus in einem Milieu anderer Darmbakterien fünfmal mehr Zellulose zu verdauen vermag als in Reinkultur.

Allerdings hat STRAUSS vor kurzem nachgewiesen, daß ein geringer Teil der Zellulose auch im Dünndarm einen Abbau erfährt; er zog diesen Schluß aus der Beobachtung, daß einerseits bei Dickdarmausschaltung noch eine 10%ige Zelluloseausnützung festzustellen war und daß sie bei der Dünndarmausschaltung

[1] STRAUSS: Arch, f. Verdauungskr., Bd. 34, S. 288, 1925.

[2] PRINGSHEIM und MAGNUS VON MERKATZ: Zeitschr. f. physikal. Chem., 105, S. 173. 1919. — THOMAS: Berl. klin. Wochenschr., S. 428. 1919.

[3] Annal. de l'Inst. Pasteur 37, 1923, S. 724.

geringer ausfiel als beim Normalen. Welcher Art diese im Dünndarm nachweisbaren zelluloselösenden Kräfte sind, sagt STRAUSS, ist unbekannt. Mit der ausschließlich bakteriellen Verdauung der Zellulose sind seine Befunde immerhin nicht ohneweiters erklärbar. Es ist auch bemerkenswert, daß der Hund im Gegensatz zum Menschen Zellulose überhaupt nicht zu verdauen vermag. (SCHEUNERT und LÖTSCH, v. HÖSSLIN, LOHRISCH.)

Die Bedingungen, unter welchen Zellulose und Rohfaser in größerer Menge im Stuhl auftreten, sind verschiedener Art. Die Zellulose als solche und insbesondere die Rohfaser ist für die Bakterien schwer oder doch solange nicht angreifbar, als die einzelnen Zellwandbestandteile durch das pflanzliche Stützgewebe, die sogenannten Zwischenlamellen, fest aneinander gehalten werden. Daher spielt die Zerkleinerung der Nahrungsmittel für die Verdaulichkeit eine große Rolle. Wie AD. SCHMIDT ferner gezeigt hat, wird die Zwischenlamelle durch Kochen angedaut und gelockert und die Zellulose erst dadurch abbaufähig. Gleiche Bedeutung kommt der Magensalzsäure zu. Der Genuß nicht gekochter Vegetabilien, z. B. rohes Obst wird daher in gleicher Weise wie Achylie des Magensaftes zu einem vermehrten Auftreten unverdauter Zellulose in den Fäzes führen können. Es spielt hier ferner die Gewöhnung bzw. die Einstellung der Darmflora auf den Abbau von Zellulose und insbesondere einer bestimmten Zelluloseart eine bedeutsame Rolle. Aus dieser Tatsache erklärt sich z. B. die Empfindlichkeit des Verdauungskanales beim ungewohnten Obstgenuß. Schließlich kommt der Art der Pflanzennahrung in verdaulicher Hinsicht noch insoferne Bedeutung zu, als ältere und an Inkrustaten reichere Zellulose, die Rohfaser, schwerer verdaulich oder unverdaulich ist. Grobe unverdauliche Pflanzenfaserbestandteile können endlich Reizzustände des Dickdarmes und damit eine beschleunigte Entleerung des Darminhaltes zur Folge haben, wodurch die Einwirkungszeit der Bakterien auf die Zellulose derart verkürzt wird, daß sich auch hier wieder eine Ursache für einen mangelhaften Abbau derselben ergibt.

Die Technik des Nachweises von Zellulose und Rohfaser

Im allgemeinen gibt die makroskopische Untersuchung der Fäzes, zumal im Stuhlsieb, einen genügenden Einblick über Art und Menge der im Stuhl enthaltenen Zellulose und Rohfaserreste. Bei geringeren Beimengungen werden die pflanzlichen Elemente im Nativpräparat mikroskopisch ohneweiters erkannt; hinsichtlich ihrer genaueren Beschreibung und Diagnostik sei auf das entsprechende Kapitel verwiesen.

Die Mikroskopie des Nativpräparates reicht für die qualitative Bestimmung der Zellulose und der Rohfaser wohl immer vollkommen aus. Wenn gelegentlich ein im Mikroskop gefundenes Gebilde nicht mit Sicherheit als zellulosehaltiger Bestandteil angesprochen werden kann, so soll dieser Nachweis mit Hilfe der früher angeführten mikrochemischen Methoden versucht werden. Es sei aber neuerdings betont, daß auch diese Hilfsmittel gerade im Stuhlpräparat nur selten ein eindeutiges Urteil gestatten.

Die quantitativen Methoden

Rohfaser

Das WEENDER-Verfahren nach HENNEBERG und STOMANN in der Ausführung nach LOHRISCH. Es werden immer zwei Bestimmungen gleichzeitig angesetzt und durchgeführt. Bei genügender Übung können auch vier Bestimmungen nebeneinander erledigt werden. Die einzelne Bestimmung verläuft so, daß 2 bis 3 g der luftgetrockneten fein pulverisierten Fäzes in einem Kochkolben mit 200 ccm 1,25 %iger Schwefelsäure eine halbe Stunde am Rückflußkühler gekocht werden. Der Kolbeninhalt wird dann quantitativ auf ein großes gehärtetes Filter (Schleicher & Schüll, Nr. 575, 24 cm Durchmesser) gebracht. Es erleichtert das Filtrieren wesentlich, wenn der Kolbeninhalt heiß filtriert wird. Eventuell wird die Saugpumpe benützt. Vorsichtiges Aufrühren des Rückstandes im Filter mittels Glasstabes beschleunigt mitunter das Filtrieren. Filter und Rückstand werden schließlich mit kochendem Wasser bis zum Verschwinden der sauren Reaktion des ablaufenden Wassers gründlich nachgewaschen. Dann wird der Filterrückstand in den schon benutzten Kochkolben zurückgespritzt, und zwar, da er nunmehr mit 1,25 % Kalilauge gekocht werden soll, gleich mit dieser, so daß schließlich 200 ccm 1,25 % Kalilauge sich mit dem Rückstand im Kolben befinden. Wiederum halbstündiges Kochen am Rückflußkühler und Filtrieren und Waschen des Kolbeninhaltes auf gehärtetem Filter in der schon beschriebenen Weise, bis das Waschwasser nicht mehr alkalisch reagiert. Der Filterrückstand wird dann mit möglichst wenig Wasser in ein großes Becherglas gespritzt. Hier läßt man gut absitzen und bringt dann — zuerst immer die überstehende Flüssigkeit, zuletzt den Bodensatz — den Inhalt des Becherglases mit Hilfe einer Gummifahne quantitativ auf ein kleines gewogenes, aschefreies oder ein bekanntes Quantum Asche enthaltendes Filter (Schleicher & Schüll, Nr. 589, 12,5 cm Durchmesser). Der Filterrückstand wird nochmals mit heißem Wasser, dann mit heißem Alkohol und Äther gut gewaschen. Dann wird getrocknet. Filter und Rückstand werden gewogen.

Aus den einzelnen (zwei oder vier) Bestimmungen ist der Durchschnittsgehalt des Kotes an Rohfaser zu berechnen. Davon ist noch der Asche- und Proteingehalt in Abzug zu bringen. Hiezu wird Filter und Rückstand der ersten Bestimmung verascht, von der Asche ist der eventuelle Aschengehalt des Filters abzuziehen. Filter und Rückstand der zweiten Bestimmung werden zu einer Stickstoffbestimmung nach KJELDAHL verwendet; Proteinsubstanz $= N \times 6{,}25$.

Ebenso können Bestimmung 3 und 4 verarbeitet werden. Bei dem WEENDER-Verfahren wird speziell elastisches Gewebe nicht gelöst und als Rohfaser mitbestimmt, worauf bei der Untersuchung von Fäzes, die von einer reichlich Fleisch enthaltenen Nahrung stammen, zu achten ist.

Zellulose

Die Methode nach SIMON und LOHRISCH. Zirka 3 bis 5 g feinst pulverisierte, lufttrockene Fäzes werden in ein zirka 500 ccm fassendes Becherglas gebracht und zunächst mit 100 bis 150 ccm heißem Wasser übergossen. Mit dem Glasstab wird die Substanz möglichst fein verrührt, so daß von dem Fäzespulver keine gröberen Bröckel mehr sichtbar sind. Zu dieser Aufschwemmung setzt man nun soviel Gramm Ätzkali in Stangen, daß eine 50 %ige Lauge entsteht. Es erfolgt beim Schmelzen des Alkalis starke Erhitzung und lebhaftes Aufschäumen, weshalb der Alkalizusatz nur portionsweise erfolgen darf. So wird erreicht, daß das Ätzkali bereits in schmelzendem Zustand bei starker Hitze auf die inkrustierenden Substanzen und sonstigen Fäzesbestandteile einwirken kann. Nachdem sich alles Kali gelöst hat, kocht man eine Stunde im Wasserbade. Nach dieser Zeit ist ein großer Teil der Substanz gelöst. Man läßt die Flüssigkeit ziemlich erkalten und setzt dann 3 bis 5 ccm 30 % H_2O_2 (MERCK) zu. Der Zusatz muß vorsichtig tropfenweise, am besten aus einer Meßpipette erfolgen, da die Flüssigkeit stark aufschäumt. Sollte das Aufschäumen so intensiv sein, daß der Inhalt des Becherglases den Rand desselben zu überschreiten droht, so genügt es, aus der Spritzflasche eine kleine Menge 96 %igen Alkohol aufzuspritzen, um das Aufschäumen zu verhindern. Unter dem H_2O_2-Zusatz tritt eine neuerliche starke Erhitzung ein, bei der noch die letzten Reste organischer Substanzen außer der Zellulose zerstört und zersprengt werden. Gleichzeitig entfärbt sich die Flüssigkeit. Selbst anfangs tiefschwarz aussehende Flüssigkeit erscheint jetzt hellgelb oder hellbraun. Das bietet den Vorteil, daß man etwa noch ungelöste Brocken erkennen kann, in welchem Fall man noch eine halbe bis dreiviertel Stunde im Wasserbade kocht. Nachdem die helle Flüssigkeit etwas abgekühlt ist, setzt man das halbe Volumen 96 %igen Alkohols zu. Oft mischen sich die Flüssigkeiten nicht sofort. Der Alkohol schwimmt oben auf, wie Öl auf Wasser. Es genügt dann ein tropfenweiser Zusatz von 6 bis 7 ccm konzentrierter Essigsäure, welche Zellulose nicht angreift, um eine gleichmäßige Mischung zu erzielen. Die etwa gelöst gewesene Zellulose fällt als feiner Niederschlag aus. Die Flüssigkeit ist dabei natürlich noch so stark alkalisch, daß alle Eiweißstoffe in Lösung bleiben. Nun wird möglichst heiß durch ein gehärtetes Filter (Schleicher & Schüll, Nr. 575, 24 cm Durchmesser) abfiltriert. Das Filtrieren geht meistens so schnell von statten, daß man eine Saugpumpe nicht nötig hat. Der Rückstand im Filter ist unlösliche und lösliche Zellulose und Asche. Um aus dem Rückstand schon den größten Teil des Alkalis zu entfernen und sich dadurch das spätere Filtrieren zu erleichtern, ist es zweckmäßig, noch ein- bis zweimal mit heißem Wasser nachzuwaschen, was ebenfalls sehr schnell vor sich geht. Nunmehr wird der Rückstand vom Filter ins Becherglas zurückgespritzt, mit reichlich warmem Wasser aufgenommen, auf einem gewogenen Filter (Schleicher & Schüll, Nr. 589, 12,5 cm Durchmesser) filtriert und mit heißem Wasser ausgewaschen, bis das Spülwasser keine alkalische Reaktion mehr gibt. Dieses Filtrieren geht ebenfalls sehr rasch vor sich, zumal, wenn man darauf achtet, daß zunächst die im Becherglas überstehende Flüssigkeit getrennt vom Sediment auf das Filter gebracht wird. Dann wird mit verdünnter warmer Essigsäure zur Entfernung der organischen Salze gewaschen, die Essigsäure wird mit Wasser ausgewaschen, zuletzt wird mit heißem Alkohol und Äther gewaschen, getrocknet und gewogen. Der Aschengehalt muß von dem Gewicht in Abzug gebracht werden. Ein etwaiger N-Gehalt ist so geringfügig, daß er vernachlässigt werden kann. Vorherige Extraktion sehr fettreicher Fäzes mit Äther ist nicht nötig.

Die Methode ist nach Lohrisch für Ausnutzungsversuche brauchbar, wo es darauf ankommt, die eingeführten und ausgeschiedenen Zellulosemengen zu vergleichen. In beiden Versuchsreihen müssen Kochzeiten, Hitze, Menge von Lauge und H_2O_2 durchaus gleichgehalten werden. Kontrolluntersuchungen sind unerläßlich. Im allgemeinen stimmen diese gut überein; bei größeren Differenzen soll der Mittelwert aus den am meisten übereinstimmenden Analysen gezogen werden. Scheunert und Lötsch haben gezeigt, daß Zellulose in alkalischer Lösung an sich, und besonders bei Behandlung mit H_2O_2 leicht oxydiert, woraus bei einer quantitativen Bestimmung Zelluloseverluste resultieren. Lohrisch hat diese Zelluloseverluste zugegeben; sie beeinträchtigen nach ihm aber die klinische Brauchbarkeit der Methode nicht. Scheunert uud Lötsch haben eine neue Methode der Zellulosebestimmung angegeben, welche die Verwendung von H_2O_2 vermeidet:

Die Methode von Scheunert und Lötsch. 1 bis 2 g feingemahlener Kot werden in einem Jenenser Becherglas mit 100 ccm kalten Wassers verrührt; nach und nach werden 100 g Kalistangen eingetragen; sobald die Lösung erfolgt ist, wird auf dem siedenden Wasserbade eine Stunde lang erhitzt, dann durch ein gehärtetes Schleicher-Schüllfilter filtriert und so lange mit heißem Wasser nachgewaschen, bis das Filtrat ungefärbt abfließt. Dann wird der Rückstand vom Filter in das Becherglas zurückgespritzt, durch ein gewogenes Filter filtriert und mit heißem Wasser so lange nachgewaschen, bis die Reaktion des Filtrates nicht mehr alkalisch ist. Hierauf wäscht man mit 5 %iger Essigsäure dreimal, spült abermals mit heißem Wasser nach bis die saure Reaktion verschwindet und wäscht schließlich in Alkohol und Äther. Das Filter mit dem grauweißen Inhalt wird bis zur Gewichtskonstanz getrocknet, das Zellulosegewicht durch Wägung bestimmt und nach dem Veraschen und Wägen der Asche das Gewicht der aschenfreien Zellulose errechnet. Bei mehrmaligem Behandeln von auf diese Weise hergestellter Zellulose mit derselben Methode erhält man höchstens einen Verlust von zirka 5 bis 7 %.

Kohmoto und Sagakuchi haben eine neue Methode zur Bestimmung der Zellulose angegeben; es sei auf die Originalarbeit The Journ. of biochemistry VI., Jänner 1926 verwiesen.

Die Untersuchung des Stuhles auf Stärke

Die Menge der mit dem Stuhle ausgeschiedenen Stärke ist einerseits von der Zubereitung der kohlehydrathaltigen Nahrungsmittel, ihrer Aufschließung, anderseits vom Zustande des Verdauungsapparates abhängig. Die speziellen Bedingungen, welche zu starken Verlusten im Stuhle führen, sind in dem Kapitel „Die klinische Bewertung von Nahrungsresten in den Fäzes. Schmidtsche Probekost“ abgehandelt. Es kann sich entweder um freie, geformte Stärke in Gestalt von Stärkekörnern oder um freie, verkleisterte Stärke, ferner um in Zellulosehüllen eingeschlossene, und zwar geformte oder verkleisterte und endlich um gelöste Stärke handeln.

Der Stärkenachweis im Stuhle kann makro- und mikroskopisch oder auf chemischem Wege erfolgen. Der makro- und mikroskopische Nachweis ist die in der Klinik geläufige Methode; nur in den Fällen, in welchen der mikroskopische Stärkenachweis trotz Verdachtes auf mangelhafte Stärkeverdauung nicht gelingt, treten die chemischen Methoden in ihre Rechte. Bei negativem mikroskopischem Befund gibt die Granuloseflora einen guten Anhaltspunkt für mangelhafte Stärkeausnutzung.

Makroskopisch erscheinen die Stärkereste entweder in Form von kleinen sagoartigen, gequollenen, glasigen Gebilden, oder, bei schwereren Verdauungsstörungen, in Form leicht erkennbarer gröberer Reste: Linsen-, Bohnen-, Kartoffelstücke usw. Die Hülsenfrüchte können unverändert im Stuhle wiedererscheinen. Die glasigen gequollenen Teilchen unterscheiden sich von Schleimpartikeln deutlich durch ihre Konsistenz.

Die mikroskopische Untersuchung wird entweder im Nativpräparat oder im Lugol-Präparat durchgeführt; ein Stuhlpartikel wird mit etwas Wasser verrieben und entweder direkt oder nach Zusatz von Lugolscher Lösung unter das Deckglas gebracht. Im Nativpräparat kann man, wenn auch selten, intakte, nicht angedaute, nicht verkleisterte Stärkekörner finden, die je nach ihrer Herkunft verschiedene Gestalt zeigen: Weizenstärke hat runde, Kartoffelstärke ovale Körner. Zumeist sind die Schichtlinien der Stärke nicht oder nur undeutlich zu erkennen. Bei Vorhandensein nicht aufgeschlossener Stärke finden sich die charakteristischen Zellulosehüllen, wie die der Kartoffelzellen und zwar oft in Verbänden, welche ganz oder zum Teil mit intakter oder verkleisterter Stärke erfüllt sind. Die Entscheidung, ob Pflanzenzellen leer oder stärkehaltig sind, ist im Nativpräparat nicht immer leicht, soferne die Stärke verkleistert ist. Im Jodpräparat wird die Entscheidung hingegen ohne Schwierigkeit getroffen, da sich die stärkehaltigen Bestandteile blaufärben. Ist die Stärke teilweise angedaut, so können die verschiedenen Partikel alle Farbtöne von blau über violett zu rot zeigen, entsprechend dem Stärkeabbau zu Erythrodextrin. Ist gelöste Stärke vorhanden, so können unscharf begrenzte Bezirke des LUGOL-Präparates die Farbreaktionen zeigen. Dies ist aber sehr selten zu beobachten.

Der qualitativ chemische Nachweis der Stärke kann auf folgende Weise erfolgen:

1. Aufkochen des mit Wasser emulgierten Kotes, Filtration, eventuell Einengung des Filtrates im Wasserbad. Zusatz von einigen Tropfen LUGOLscher Lösung. Blaufärbung.

2. Verreiben des Stuhles mit derart konzentrierter Salzsäure, daß in der Aufschwemmung eine 2%ige Salzsäurekonzentration resultiert. Kochen durch eine halbe Stunde am Rückflußkühler. Oder: Verreiben des Stuhles mit 10%iger Salzsäure und Aufkochen durch einige Minuten. In beiden Fällen wird die Stärke in Zucker invertiert; die zweite Methode soll den Nachteil haben, daß ein Teil des gebildeten Zuckers aus Zellulose stammen kann. Filtration. Im Filtrat wird Zucker nachgewiesen:

a) mit der TROMMERschen Probe: Zu etwa 8 ccm des Filtrates werden zirka 2 ccm 40%ige Kalilauge und hierauf 2 bis 3 Tropfen einer 5%igen Kupfersulfatlösung zugesetzt. Löst sich das beim Einfallen der Kupfersulfattropfen gebildete Kupferoxydhydrat nach Schütteln, so enthält das Filtrat Zucker. Weiterer Zusatz der Kupfersulfatlösung, bis sich der Niederschlag nicht mehr auflöst und Kochen. Bei Gegenwart von Zucker fällt ein roter Niederschlag (Kupferoxydul und Kupferoxydulhydrat) aus.

b) Mit der Phenylhydrazinprobe: Man gibt in ein Reagenzglas etwa fünf Tropfen Phenylhydrazin, 0,5 ccm Eisessig oder 1 ccm 50%ige Essigsäure, 4 ccm des Filtrates und kocht eine Minute. Hierauf Zusatz von vier bis fünf Tropfen Natronlauge vom spezifischen Gewicht 1,16, so daß die Flüssigkeit sauer bleibt. Neuerliches Aufkochen, Erkaltenlassen. Nach einigen Minuten, oft aber erst nach einer halben Stunde und mehr fallen die charakteristischen Phenylglykosazonkristalle aus (zumeist lange spitze Nadeln, oft in Büscheln, auch stechapfelförmige oder rundlich kugelige Gebilde).

3. Die Gärungsprobe von SCHMIDT-STRASBURGER

Diese Methode gibt annähernd quantitative Resultate. Ihr Prinzip beruht darauf, daß die Stärke beim Einbringen des stärkehaltigen Stuhles in den Brutschrank unter der Einwirkung der in jedem Stuhle enthaltenen Diastase in Zucker abgebaut wird, welcher nun unter dem Einflusse der Darmbakterien zur Vergärung kommt. Die hiebei freiwerdende Gasmenge wird als Maß der schwächeren oder stärkeren Gärung, der größeren oder geringeren Menge an vorhandener Stärke angenommen. In Zellulose eingeschlossene Stärke bleibt in dieser Versuchsanordnung unangreifbar; die Gärungsprobe gibt also nur ein Maß für die freie oder wenigstens gut aufgeschlossene Stärke an, für die Klinik insoferne ein Vorteil, als die Methode ohne Rücksicht auf die Verdauung der Zellulose ein Urteil über die stärkeverdauende Kraft des Verdauungstraktes erlaubt.

Die Durchführung der Probe gestaltet sich nach SCHMIDT und STRASBURGER mittels des von STRASBURGER angegebenen kleinen Apparates (s. Abb. 37) folgendermaßen:

Von dem gut durchgerührten Kot wird mittels eines geeigneten Instrumentes (Holzspatels) ein walnußgroßer Teil, zirka 5 g, abgeteilt. Von harten Stühlen nimmt man entsprechend weniger, von dünnen mehr, so daß stets annähernd dieselbe Menge Trockensubstanz verarbeitet wird. Für diagnostische Zwecke ist eine größere Genauigkeit nicht erforderlich. In dem Grundgefäß *a* des Gärungsröhrchens nach STRASBURGER wird der Kot mit Wasser gut verrührt. Dann nimmt man die beiden Gefäße *b* und *c* von ihrem Gummipfropfen ab, legt sie beiseite und setzt den großen Gummipfropfen, der vermittelst der beiden Glasröhrchen mit den kleinen Pfropfen in Verbindung bleibt, auf das Grundgefäß *a* auf, drückt ihn so weit als nötig in das Gefäß hinein und achtet darauf, daß dabei alle über der Kotaufschwemmung befindliche Luft durch das Glasröhrchen in der Durchbohrung des Pfropfens ausgetrieben wird. Das Gefäß *b* wird nun mit der Spitze nach unten gehalten, mit Leitungswasser gefüllt und, indem man das Grundgefäß mit dem daranhängenden kleinen Stopfen überstülpt, mit dem dem Grundgefäß zunächstliegenden kleinen Gummipfropfen verschlossen. Man schiebt auch jetzt wieder den Stopfen so weit vor, bis alle Luft aus dem Gefäß *b* entfernt ist. Jetzt stellt man das Ganze wieder aufrecht und setzt zum Schlusse das Gefäß *c*, welches an der Spitze mit einem kleinen Loch versehen ist, auf. Man beachte auf der Abb. 37, wie weit die verbindenden Glasröhrchen in das Lumen der größeren Gefäße hineinragen. Ist der Apparat richtig zusammengesetzt, so ist das Gefäß *a* vollständig mit Kotaufschwemmung, Gefäß *b* mit Leitungswasser, ohne Luftblasen gefüllt, während Gefäß *c* leer bleibt. Der Gärungsapparat wird nun für 24 Stunden in den auf 37° C geheizten Brutschrank gestellt. Entwickelt sich aus den Fäzes Gas, so steigt dieses in das Rohr *b*, aus dem eine entsprechende Menge Wasser nach dem Steigrohr *c* verdrängt wird. Als Kriterium für die Größe der Gärung gilt die Höhe des Wasserstandes im Rohr *c*. Die Menge des nach *c* verdrängten Wassers muß unter allen Umständen der gebildeten Gasmenge entsprechen, gleichgültig ob dieses vollständig in das Rohr *b* gelangt, oder, wie dies meist und gerade bei den Fällen starker Gärung der Fall ist, teilweise im Grundgefäß *a* bleibt. Um immer dieselben Vergleichswerte zu erhalten, empfiehlt es sich, die Ablesung gleich nach der Herausnahme des Apparates aus dem Brutschrank vorzunehmen, um einer Kontraktion des Gases in der Kälte zuvorzukommen. Nach der Ablesung wird das Gärungsgefäß auseinandergenommen und der Geruch des gebildeten Gases, ferner die Reaktion des Inhaltes des Grundgefäßes *a* geprüft, bzw. diese mit der Reaktion vor Anstellung der Probe verglichen.

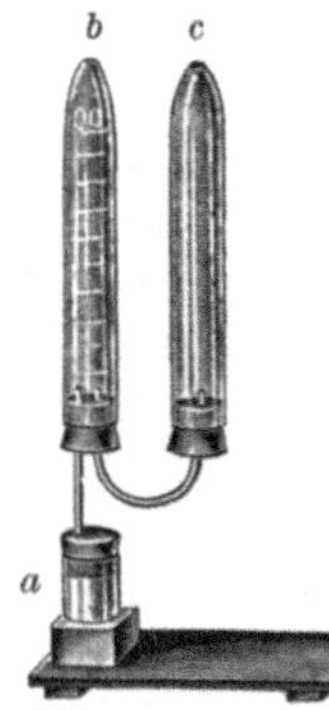

Abb. 37. Gärungsapparat nach Schmidt-Strasburger

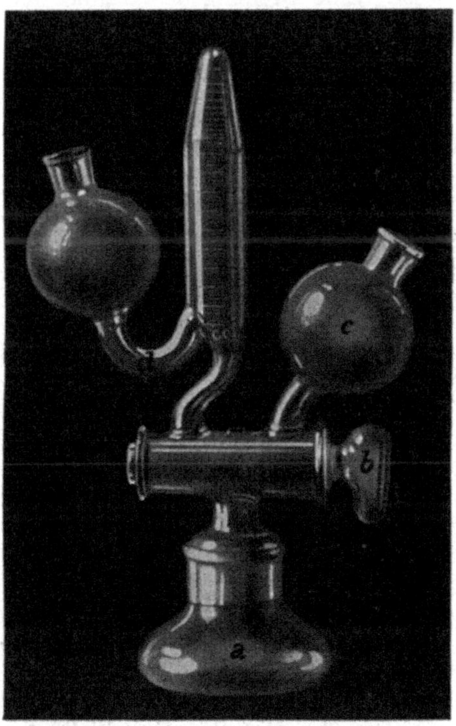

Abb. 38. Gärungsapparat nach Luger-Kovács

Der SCHMIDT-STRASBURGERsche Apparat hat durch eine Reihe von Autoren Modifikationen erfahren, auf deren genauere Beschreibung hier verzichtet werden soll. Es soll nur der von LUGER und KOVACS vor kurzem angegebene Apparat beschrieben werden, der nach unseren Erfahrungen allen Anforderungen genügt und handlicher ist als seine Vorgänger.

Der Apparat (s. Abb. 38) besteht aus einem etwa 70 ccm fassenden, an der Basis breit ausladenden Glaskolben als Standgefäß. In den 4 cm breiten Hals ist ein gläserner Holzstöpsel eingeschliffen, dieser mündet mit einem kurzen Verbindungsstück in einen quergestellten, leicht konisch verjüngten Aufsatz von 7 cm Länge, in welchem der später zu schildernde Hahn eingeschliffen ist. Dieser horizontale Ansatz trägt zwei kurze Verbindungsröhrchen, welche einerseits zum U-Röhrchen *d*, anderseits zu dem als Einfülltrichter dienenden kugeligen Gefäß *c* führen. Das U-Röhrchen entspricht dem Typus der auch sonst verwendeten Gärungsröhrchen und trägt in seinem 11 cm langen vertikalen Schenkel eine Graduierung. Wenn auch die Methode absolut genaue quantitative Messungen nicht gestattet, so können Vergleichswerte an der Hand der Skala doch leichter ausgedrückt werden. Der in den früher beschriebenen horizontalen Ansatz eingefügte Hahn *b* trägt eine Doppelbohrung. Die Bohrung ermöglicht bei der aus der Abbildung ersichtlichen Stellung des Hahnes nach abwärts (Stellung 1) eine Kommunikation zwischen Standgefäß *a* und Trichter *c*, während das Gärungsröhrchen gegen das Standgefäß abgesperrt ist. Eine Drehung des Hahnes um 180 Grad (Stellung 2) eröffnet die Verbindung zwischen Standgefäß und Gärungsröhrchen und schließt den Trichter *c* ab. Der in das Standgefäß eingeschliffene Stöpsel ist von oben innen nach unten außen schräg abgeschliffen, um eine Ansammlung von Gasbläschen unterhalb des Hohlstöpselrandes zu vermeiden. Die Gesamthöhe des Apparates, der bei der Firma P. Haack, Wien IX, Garelligasse 4 zu beziehen ist, beträgt 24 cm.

Die Verwendung des Apparates gestaltet sich folgendermaßen: Vor Anstellung der Probe wird bei Hahnstellung 1 (s. o.) das Gärungsröhrchen mit Leitungswasser in der üblichen Weise durch den offenen Schenkel des U-Röhrchens *d* durch entsprechende Haltung des Apparates derart gefüllt, daß die Luft aus dem Steigröhrchen vertrieben wird. Zum Schlusse soll das Flüssigkeitsniveau im Trichter nur etwa das untere Drittel der Glaskugel erreichen. Es werden 5 g, bei flüssigem Stuhle etwas mehr Stuhlmasse in 50,0 ccm physiologischer Kochsalzlösung in einer mit Ausguß versehenen Reibschale fein aufgeschwemmt. Hierauf wird bei unveränderter Stellung des Hahnes (Stellung 1) und nach erfolgter Füllung des Gärungsröhrchens mit Wasser der Inhalt der Reibschale in den Trichter *c* gegossen. Dann wird mit physiologischer Kochsalzlösung nachgespült, bis das Niveau den unteren Teil des Trichters *c* erreicht. Nun wird der Hahn in Stellung 2 gebracht. Der Apparat kommt in den Brutschrank bei 37°. Das kleine Quantum von Luft, welches bei Stellung 2 in das graduierte Röhrchen aufsteigt, spielt als konstanter und auch an sich zu vernachlässigender Wert keine Rolle. Die Ablesung erfolgt nach 24 Stunden, die Entleerung des Apparates geschieht in der Weise, daß erst das U-Röhrchen entleert und dann der ganze Apparat horizontal gehalten wird, so daß die Kugel *d* nach unten zu liegen kommt. Wenn man in dieser Stellung den Hahn *d* aus dem Ansatz entfernt, so fließt der Inhalt des Standgefäßes *a* durch das Ansatzstück hinaus. Bei dieser Gelegenheit kann man auch die Reaktion des Rückstandes einer Prüfung unterziehen.

Die Gärungsprobe gilt — einerlei mit welchem der angegebenen Apparate sie angestellt wird — als positiv, wenn mindestens $1/_3$ bis $1/_2$ des Steigrohres mit Gas gefüllt ist, wenn der vergorene Stuhl deutlich sauer reagiert bzw. seine Azidität während der Vergärung zugenommen hat, wenn der Rückstand nach flüchtigen Fettsäuren, vornehmlich Buttersäure riecht und der Stuhl eine etwas hellere Farbe angenommen hat.

AD. SCHMIDT hat in seinen grundlegenden Untersuchungen über die Fäzesgärungen zwischen einer in den ersten 24 Stunden stattfindenden und einer erst in den nächsten zwei bis drei Tagen erfolgenden Spätgärung unterschieden. Bei der Frühgärung werden (neben geringen Mengen von H_2S und flüchtigen Fettsäuren) CO_2, CH_4 und H_2 im Verhältnis von 17: 4: 1 gebildet, bei der langsam vor sich gehenden Spätgärung tritt die Fäulnis in den Vordergrund, was sich in der vermehrten Bildung von H_2S dokumentiert. Auf Grund der Gasanalyse kommt SCHMIDT zu dem Schlusse, daß ein wesentlicher Unterschied zwischen Früh- und Nachgärung nicht besteht. Zu diagnostischen Zwecken wird nur die Frühgärung herangezogen.

Die Bedingungen zum Zustandekommen der Gärung sind im gleichzeitigen Vorhandensein von Stärke, einer entsprechenden Bakterienflora, von genügender Nährsubstanz (mit entsprechendem Eiweißgehalt?), von Diastase und in der Abwesenheit von zu viel Säure gegeben. Der Ausfall der Gärungsprobe gibt daher nur ein annäherndes Maß über die Menge der vorhandenen Stärke, da auch bei gleicher Stärkemenge die Quantität des gebildeten Gases beträchtlich schwanken kann; die zur Verfügung stehende Diastasemenge, die Art der Bakterien und des Nährbodens können das endliche Resultat wesentlich beeinflussen. Vom klinisch-diagnostischen Standpunkte kommt aber diesen Fehlerquellen der Stärkebestimmungsmethode keine große Bedeutung zu, da immerhin die folgenden Gesetzmäßigkeiten Geltung besitzen, wie schon AD. SCHMIDT betont hat. Normal aussehende Stühle, welche kein Gas bilden, enthalten auch keine pathologische Stärkemenge. Bei pathologisch aussehenden Stühlen beweist der negative Ausfall der Gärungsprobe das Fehlen der Stärke nicht. Geringe Gasbildung kann auch von Fäulnisgärung herrühren; diese ist bewiesen, wenn der Stuhl nach der Vergärung deutlich alkalisch reagiert, faulig riecht und eine dünklere Färbung hat als vor Anstellung der Probe; stärkere Gasbildung findet bei Fäulnisgasbildung nie statt. Eine pathologische Stärkegärung erscheint sichergestellt, wenn aus zirka 1 g Trockensubstanz eines Probediätstuhles (s. S. 93) wenigstens die Hälfte des Röhrchens mit Gas gefüllt ist und die übrigen oben aufgezählten Zeichen der Gärung (Buttersäuregeruch, Hellerwerden und deutlich saure Reaktion des Stuhles) nachweisbar sind.

Die Nachgärung des Stuhles kann zum Teil auch auf etwa in der Nahrung vorhandene und im Stuhl wiedererscheinende Zellulose zu beziehen sein. WEISS[1] hat gezeigt, daß Zusatz von Zellulose (zartes Gemüse) zu nicht gärenden Fäzes und auch die Verabfolgung von Gemüse zur Nahrung eine Stuhlnachgärung bedingt, wobei die Gasbildung nach der Darmpassage der Zellulose größer ist. Die letztere Tatsache hat seinen Grund vielleicht darin, daß die bei zellulosereicher Nahrung beschleunigte Peristaltik eine schlechtere Stärkeausnützung zur Folge hat. Bei der Zellulosegärung entsteht CO_2 und CH_4.

Für die genauere quantitativ chemische Bestimmung der Stärke im Stuhl hat STRASBURGER eine Methode angegeben, die in der Originalarbeit[2] einzusehen ist.

---

[1] Arch. f. Verdauungskrankh. **35**, 1925.

[2] Pflügers Arch. f. d. ges. Physiol. 84, S. 173. 1921.

Eiweiß

Im Stuhl finden sich Eiweißkörper verschiedenen Ursprungs:

1. Nahrungsmitteleiweiß,
2. Bakterieneiweiß,
3. Eiweiß der Darmsekrete,
4. Eiweiß pathologischer Darmabscheidungen (Leukozyten, Eiter, Transsudat, Exsudat, abgestoßene Epithel, Tumorzellen usw.).

Um sich ein Urteil über das Nahrungsmitteleiweiß zu bilden, wird der Stuhl mikroskopiert, man erkennt ohneweiters Muskel- und Bindegewebsfasern (s. S. 59 u. 60). Die Bestimmung des Nahrungsmitteleiweißes ist naturgemäß nur dann von Interesse, wenn die per os zugeführte Eiweißmenge und die Art des Eiweißes bekannt sind (s. Probediätstuhl nach SCHMIDT-STRASBURGER S. 80). Die Bestimmung des Eiweißes der Bakterienleiber und der Darmsekrete ist abgesehen von ihrer technischen Schwierigkeit für die Klinik bedeutungslos. Wenn auch die qualitative und quantitative Bestimmung der sub 4 genannten Eiweißarten praktisch keine große Rolle spielt, so verdient sie doch einiges Interesse; hier muß zwischen Eiweißkörpern, die durch Essigsäure fällbar sind, ferner dem Serumalbumin und endlich den Abbauprodukten der Eiweißkörper unterschieden werden.

1. Die durch Essigsäure fällbaren Eiweißkörper

a) Nukleoproteide. Es sind dies Verbindungen von Eiweißkörpern mit Nukleinsäure, welche den Zellkernen entstammen. Sie werden beim Zugrundegehen von Zellen bzw. von Kernen frei.

Die Nukleoproteide der Nahrung gelangen normalerweise nicht in die Fäzes, da ja, wie SCHLÖSSMANN gezeigt hat, die Nahrungseiweißkörper im Darm fast restlos resorbiert werden; SCHLÖSSMANN konnte experimentell dartun, daß auch eine starke Belastung mit Nukleoproteiden (Verabfolgung von Kalbsleber und Gehirn) keine Vermehrung der Nukleoproteide in den Fäzes Erwachsener zur Folge hat. Kinder bilden hier eine Ausnahme. Unter pathologischen Verhältnissen kann es zu einer Steigerung der Nukleoproteid-Ausscheidung kommen, wenn Zellen, insbesondere im Dickdarm, in größerer Menge zugrundegehen, (Katarrhe verschiedenster Art, Darmtuberkulose, Colitis membranacea, Proctitis, Cholera nostras, Typhus abdominalis usw.). Bei schlechter Verdauung und mangelhafter Resorption können unter pathologischen Bedingungen auch die Nukleoproteide der Nahrung im Stuhl erscheinen.

Der normale Stuhl enthält fast regelmäßig etwas Nukleoproteid, da die Darmwand dauernd Zellen abstößt. Vielleicht entstammt ein geringer Anteil des Fäzes-Nukleoproteids den Darmbakterien. Bei chronischer Obstipation fand SCHLÖSSMANN bei drei Versuchspersonen auffallend geringe Mengen Nukleoproteid und er nahm an, daß auch die Nukleine bei chronischer Obstipation einer weit intensiveren Spaltung und Resorption, als normalerweise, unterliegen.

Nachweis der Nukleoproteide nach SIMON-SCHLÖSSMANN. Die Fäzes (Tagesmenge) werden unter langsamem Zusetzen von Wasser gut verrieben und weiterhin mit Wasser bis zu ziemlich dünnflüssiger Konsistenz (zirka 500 ccm Volumen) verdünnt. Einige Stunden stehen lassen. Filtrieren durch doppeltes Faltenfilter; trübes Filtrat wird durch Klärung durch ein mit wenig reinem Kieselgur beschickten Filter filtriert. Durch sehr vorsichtigen Zusatz von 30%iger Essigsäure zum klaren Filtrat werden die Nukleoproteide ausgefällt. Der Niederschlag ist in überschüssiger Essigsäure löslich, diese ist daher tropfenweise zuzusetzen. Der Niederschlag ist ferner dadurch ausgezeichnet, daß er phosphorhaltig ist.

b) Mucin. Gelöstes Mucin ist in normalen Stühlen außerordentlich selten, nach Angabe mancher Autoren fehlt es vollständig, in pathologischen Stuhlgängen, in welchen mikro- und auch makroskopisch Schleim gefunden wird, kann auch gelöstes Mucin nachgewiesen werden.

Gelöstes Mucin wird durch Essigsäure gefällt. Bei einer positiven Nukleoproteid-Reaktion, wie sie oben beschrieben wurde, muß daher der Nachweis geführt werden, daß der Niederschlag nicht gefälltes Mucin ist. Hiezu dienen folgende Verfahren:

1. Zusatz von Essigsäure im Überschuß. Der Mucinniederschlag ist in überschüssiger Essigsäure nicht löslich.

2. Mucin gibt beim Kochen mit verdünnten Mineralsäuren eine reduzierende Substanz ab. Reduktionsprobe nach URY-SCHLÖSSMANN:

Zirka 400 ccm unverdünnten Stuhles werden mit 100 ccm $^1/_{10}$ %iger Natronlauge versetzt und verrieben. Filtration. Die Hälfte des Filtrates wird mit 30 %iger Essigsäure versetzt, bis ein feiner wolkiger, später diffus werdender Niederschlag entsteht. Zusatz von 100 ccm 96 %igen Alkohols, der Niederschlag nimmt flockige Beschaffenheit an und wird noch intensiver. Der Niederschlag wird nun abfiltriert, mit Aqu. dest. nachgewaschen, dann abgehoben und in wenig Natronlauge gelöst, darauf neuerdings mit Essigsäure gefällt. Durch Zusatz von 100 ccm 96 %igen Alkohols wird der Niederschlag abermals verdichtet; Filtration und Nachwaschen mit Aqu. dest. Der Filterrückstand wird nun mit 7,5 %iger Salzsäure im Wasserbad gekocht, zum Prüfen der Reduktion wird die Probe filtriert, abgekühlt mit Natronlauge alkalisiert, und mit 10 %iger Kupfersulfatlösung versetzt und erwärmt. Nach etwa zehn Minuten langem Kochen zeigen sich die ersten Spuren der Reduktion, die nach einigen weiteren Minuten noch deutlicher werden kann. Die Menge des sich absetzenden Kupferoxyduls ist im allgemeinen gering.

c) Kasein. Kasein spielt nur in Kinderstühlen eine größere Rolle. Sein Nachweis stützt sich:

auf seine Unlöslichkeit in Essigsäure, seinen Gehalt an Phosphor und das Fehlen eines Reduktionsvermögens. Es kann auch auf immunbiologischem Wege (Präzipitinreaktion, Anaphylaxieversuch) nachgewiesen werden.

II. Serumalbumin

Serumalbumin wird in normalen Stühlen niemals gefunden. Bei pathologischen Zuständen der Darmwand kann es zu einem Durchtritt des Serumalbumins in das Darmlumen kommen; es wird dem Darminhalt beigemengt und kann entweder in unverändertem oder abgebautem Zustande in den Fäzes erscheinen. Die mittels Abführmittel entleerten diarrhöischen Fäzes enthalten je nach der Stärke des Reizes, der auf die Darmwand ausgeübt wird, größere oder geringere Mengen von Eiweiß. Dieses findet sich auch bei Darmtuberkulose, Typhus abdominalis, bei Blut- und Eiterbeimengungen usw., ferner bei Durchfällen auf enteritischer Grundlage, wenn die Enteritis einige Tage bestanden hat, bei anaphylaktischen und idiosynkrasischen Durchfällen. Nach AD. SCHMIDT ist die Untersuchung der Fäzes auf gelöstes Eiweiß nur bei diarrhöischen Stühlen klinisch verwertbar, und zwar nur dann, wenn die Frage zur Diskussion steht, ob die der Diarrhöe zugrunde liegende Störung rein funktioneller Natur ist oder ob organische Wandveränderungen des Darmes angenommen werden müssen. Nach DIEGO DE MOXO Y DE QUERI[1] ist der Nachweis von Albumen

[1] Arch. des maladies de l'appar. dig. et de la nutrit., 15, S. 83. 1925.

bei niederen Ammoniakwerten im Stuhl ein Zeichen von Entzündung der Darmwand bei gleichzeitig rascher Darmpassage.

Technik des Nachweises. 1. Nachweis im wäßrigen Extrakt, aus welchem die Essigsäurekörper (Nukleoprotein, Mucin, Kasein) entfernt wurden. Der Extrakt wird ebenso hergestellt, wie es für den Nukleoproteid-Nachweis nach SIMON-SCHLÖSSMANN beschrieben wurde. Durch sehr vorsichtigen Zusatz von 30 %iger Essigsäure wird das Nukleoproteid ausgefällt und die hiebei entstehende Trübung durch doppelte Filter ein- oder mehrmals abfiltriert. Durch weiteren Zusatz von wenigen Tropfen 3- bis 5 %iger Essigsäure überzeugt man sich, ob alles Nukleoproteid entfernt ist und stellt nun im nukleoproteidfreien Extrakt die Eiweißproben an. Die Eiweißreaktionen werden nach URY-SCHLÖSSMANN in dreifacher Weise vorgenommen: als Kochprobe (unter Zusatz einiger Tropfen konzentrierter Kochsalzlösung), als Salpetersäureringprobe und als Ferro-Zyankaliprobe. Hinsichtlich der Möglichkeit der Verwechslung mit Albumosen sei auf S. 202 verwiesen.

Dieses Verfahren ist zuverlässig und für klinische Zwecke ausreichend, erfordert aber viel Zeit. Es haftet ihm weiter der Nachteil an, daß wasserklare Filtrate unter Umständen schwer zu gewinnen sind, ein Umstand, der die Untersuchungszeit wesentlich verlängert. Wird man bei Nichtklärung des Filtrates gezwungen, durch Kieselgur zu filtrieren, so kann das Eiweiß im Kieselgur zurückgehalten werden. Diesen Nachteilen und Fehlerquellen weicht die Methode nach TSUCHIYA aus.

2. Methode von TSUCHIYA mittels der Biuretreaktion. Das Prinzip der Methode besteht darin, daß man die Nukleoproteide zunächst im wäßrigen Extrakt vollkommen niederschlägt und das Urobilin mit Alkoholchloroform möglichst extrahiert; wenn man alsdann in den so vorbehandelten Fäzesextrakt ein kleines Stück Kupfersulfatagar einbringt, so quillt dieses nach einer gewissen Zeit auf und zieht die nukleoproteid- und urobilinfreie Flüssigkeit an. Taucht man jetzt diesen Kupfersulfatagar in Natronlauge, so zeigt sich bei Gegenwart von Eiweiß am Agar die Biuretreaktion. Die Fällung der Nukleoproteide geschieht durch Zusatz von Essigsäure, es wird hiebei so verfahren, daß die Nukleoproteide nicht im Extrakt, sondern in der Stuhlaufschwemmung niedergeschlagen werden, wobei sich die Menge der hiezu erforderlichen Essigsäure nach dem Alkaleszenzgrad der Aufschwemmung richtet; bei saurer Reaktion werden kleine, bei neutraler mittelgroße, bei alkalischer große Mengen zugesetzt. Die Endreaktion muß immer sauer sein. Die Entfernung des Urobilins durch Alkoholchloroform ist notwendig, da Urobilin die Biuretreaktion gibt.

Durchführung der Probe: Herstellung des Kupfersulfatagars: 2 g Agar-Agar werden mit 100 ccm Wasser in einer Porzellanschale gekocht, bis das ganze gelöst ist. Zu dieser dickflüssigen Lösung Zusatz von 10 ccm einer 10 %igen Kupfersulfatlösung und Umrühren derselben. Abgießen der Mischung in Glasröhrchen von ungefähr 20 bis 30 cm Länge und 0,8 bis 1 cm Durchmesser. Diese Glasröhrchen sind vorher an einem Ende mit einem Kork verschlossen worden. Nachdem die Lösung hineingegossen ist, verschließt man auch das offene Ende mit einem Kork oder einem metallischen Deckel, um das Austrocknen zu verhüten. Der Agar läßt sich dann feucht lange Zeit aufbewahren. Zum Gebrauche schiebt man den Kork auf der einen Seite des Glasröhrchens immer weiter in dasselbe hinein, so daß der erstarrte Kupfersulfatagarzylinder auf der anderen Seite heraustritt, wo man für die Versuche etwa 1 cm dicke Scheiben abschneiden kann.

Ausführung: Eine taubeneigroße Menge, (etwa 5 g) der gut vermischten

Fäzes wird unter Zusatz von Wasser nochmals verrieben und bis zu ziemlich dünnflüssiger Konsistenz verdünnt. Von dieser Flüssigkeit gibt man 10 ccm in einen Porzellanmörser und prüft mit Lackmus genau die Reaktion. Je nach der Art derselben fügt man mehr oder weniger 10 %igen Eisessigalkohol (Eisessig 10, 95 %iger Alkohol 90) zu, am besten folgendermaßen: Bei mäßig saurer Reaktion 0,5 ccm, bei schwach saurer oder neutraler Reaktion 1 ccm, bei schwach alkalischer 1,5, bei stark alkalischer 2 bis 2,5 ccm. Nach dem Zusatz von Eisessigalkohol wird die ganze Masse wieder gut verrieben, hierauf setzt man zirka 5 ccm Chloroform zu, und verreibt zum drittenmal. Dann gießt man die ganze Flüssigkeit in ein Reagenzglas und läßt stehen. Nach einigen Minuten sinken die groben Partikelchen des Fäzesextraktes zusammen mit dem Chloroform zu Boden, während sich eine meist hellgelbe, manchmal schwach bräunlichgelbe fein getrübte Flüssigkeit oben abscheidet. Diese letztere gießt man in ein Reagenzglas und wirft ein Scheibchen Kupfersulfatagar hinein. Eine Stunde darnach nimmt man die Agarscheibe heraus und wäscht sie mit Wasser aus. Ist der Fäzesextrakt eiweißreich, so behält der Agar zumeist seine schöne, tiefblaue Farbe, wenn Eiweiß nur in Spuren oder garnicht vorhanden ist, so ist er bräunlich hellblau gefärbt. Man schneidet nur ein kleines Stückchen von dem Scheibchen ab und bringt dasselbe in ein Porzellanschälchen, in welchem sich verdünnte Natronlauge oder Kalilauge befindet. Ist in den Fäzes gelöstes Eiweiß vorhanden, so tritt am Rande des Scheibchens eine hellviolette Farbe (Biuretreaktion) auf.

Nach Lohrisch kann man auch die Brutschrankprobe nach Ad. Schmidt zum Eiweißnachweis heranziehen. Wenn es nun auch gewiß richtig ist, daß die Darmsekrete auf Grund ihres Eiweißgehaltes ein sehr stark fäulnisfähiges Substrat abgeben und den Ausfall der Brutschrankprobe wesentlich beeinflussen, so kann der Ansicht Lohrischs doch nicht beigepflichtet werden, daß das faulende Eiweiß ausschließlich von der Darmwand stammendes und nicht auch Nahrungseiweiß ist. Noorden vertritt gleichfalls den Standpunkt, daß es „übertrieben ist, wenn manche das Darmsekret als alleiniges Objekt der Fäulnis bezeichnen". Die Brutschrankprobe kann also nur eine orientierende Methode darstellen.

3. Zur ungefähren quantitativen Bestimmung des Eiweißgehaltes der Fäzes kann man analog der Eiweißbestimmung im Harn mittels des Essbach-Röhrchens vorgehen: Mit dem nach obiger Vorschrift vom Nukleoproteid befreiten Fäzesextrakt einer abgewogenen Stuhlmenge wird das Essbach-Röhrchen bis zur Marke *U*, mit Essbach-Reagens (10,0 Pikrinsäure, 20,0 Zitronensäure, 1000 Aqu. dest.) bis zur Marke *R* gefüllt. Schütteln und Abstehenlassen des Niederschlages.

Nach Lohrisch kann das Serumalbumin des Stuhls aus dem nukleoproteidfreien Extrakt quantitativ auch so bestimmt werden, daß dieser nach Ansäuern mit 1 %iger Essigsäure gekocht und der ausgefallene Niederschlag nach Filtration und Waschung mit heißem Wasser, Alkohol und Äther und Trocknung gewogen wird. Der Niederschlag wird verascht, das Aschengewicht gewogen und vom ursprünglichen Gewicht des Niederschlages abgezogen.

III. Abbauprodukte der Eiweißkörper

Unter den Abbauprodukten der Eiweißkörper spielen die Albumosen, ferner die Aminosäuren, Leuzin, Tyrosin und Tryptophan die größte Rolle.

1. Die Albumosen. Sie werden durch Ferrozyankalium und Salpetersäure ebenso wie das Serumalbumin niedergeschlagen und daher mit der Methode von Schlössmann zum Nachweis des Serumalbumins gleichzeitig mit diesem

dargestellt. Um den Albumosenniederschlag neben dem gefällten Serumalbumin zu differenzieren, können folgende Wege eingeschlagen werden:

a) Der bei der Ferrozyankaliprobe entstandene Niederschlag wird vorsichtig erwärmt. Waren Albumosen in der Fällung, so lösen sich dieselben bei zirka 70° wieder auf und die Trübung verschwindet mehr oder weniger. Wenn man nun das Reagenzglas rasch abkühlt, so fallen die Albumosen wieder aus und die Trübung nimmt zu (Schlössmann).

b) Dieses Verfahren schließt sich an die Salpetersäureprobe an; setzt man zu der vom Nukleoproteid befreiten Lösung Salpetersäure im Überschuß zu, so bleibt ein Eiweißniederschlag bestehen, während ein Albumosenniederschlag sich im Überschuß von Salpetersäure wieder auflöst (Ury).

c) Die mit Essigsäure stark angesäuerten Lösungen werden zu ein Sechstel des Volumens mit konzentrierter Kochsalzlösung versetzt. Bei starkem Eiweißgehalt tritt schon in der Kälte ein Niederschlag auf. Löst sich dieser beim Erwärmen, so besteht er nur aus Albumosen. Sind Albumin und Albumosen vorhanden, so scheiden sich die Albumosen aus dem warmen Filtrat der gekochten Mischung beim Erkalten wieder aus, während Eiweiß auf dem Filter zurückbleibt (Sahli).

2. Leuzin und Tyrosin. Leuzin und Tyrosin entstehen aus Eiweißstoffen durch Pankreaswirkung oder durch Fäulnis. Zu ihrem Nachweis wird der Stuhl mit Äther entfettet und mit einer größeren Menge absoluten Alkohols im Mörser verrieben. Filtration. Das alkoholische Filtrat wird eingedampft, und der Rückstand mit kochendem Wasser gelöst. Hierauf wird neuerlich eingedampft; Leuzin und Tyrosin kristallisieren aus. Im Mikroskop sieht man die runden Leuzinkugeln und die Tyrosinnadeln und -büschel.

Man kann auch so verfahren, daß die wäßrige Aufschwemmung des alkoholischen Extraktes erst mit neutralem, dann mit basischem Bleiazetat versetzt, vom Niederschlag abfiltriert und das Filtrat mit Schwefelwasserstoff entbleit wird. Beim Eindampfen kristallisieren Leuzin und Tyrosin aus.

Leuzin und Tyrosin können im allgemeinen mikroskopisch leicht differenziert werden. Sie können nach folgendem Verfahren auch getrennt werden: Das Gemenge von Leuzin- und Tyrosinkristallen wird mit siedendem Eisessig übergossen, wobei Leuzin extrahiert wird. Tyrosin geht fast nicht in Lösung. Nach Filtration wird das Eisessigfiltrat verdampft. Im Rückstand erhält man Leuzin. Die beiden Kristalle können auch durch die Schmelzpunktbestimmung unterschieden werden. Leuzin hat einen Schmelzpunkt bei 292 bis 295, Tyrosin bei 310 bis 318°.

Anhang

Die Gesamtstickstoff- und Ammoniak-, Indol- und Skatolbestimmung in den Fäzes

Die Gesamtstickstoffbestimmung

Der Gesamtstickstoffbestimmung im Stuhle kommt deshalb nur eine geringere klinische Bedeutung zu, weil der hiebei gefundene Wert eine Resultante der untereinander in keiner Relation stehenden Stickstoffzahlen der verschiedenen im Stuhl vorkommenden N-haltigen Substanzen darstellt. Diese sind: Vor allem die Mikroorganismen, ferner die Reste von Verdauungssekreten, wie Galle, Pankreas- und Darmsaft, ferner nicht entsprechend abgebaute und nicht resorbierte Nahrungsbestandteile. In pathologischen Stühlen können Eiter, Blut, Schleim, abgestoßene Epithelzellen, Exsudate und Transsudate der Darmschleimhaut für den Gesamtwert von ausschlaggebender Bedeutung sein. Auch Würmer und Protozoen kommen in Betracht.

Der Gesamtstickstoff wird nach der Methode von KJELDAHL im frisch abgesetzten Stuhle bestimmt. Die Verwendung getrockneten, pulverisierten Kotes hat zwar den Vorteil der genaueren Dosierung und Wägung des Ausgangsmaterials, aber den oft sehr ins Gewicht fallenden Nachteil, daß eventuell vorhandenes freies Ammoniak der Bestimmung entgeht, da sich dieses beim Trocknen verflüchtigt. Auch nach Bindung des Ammoniaks durch Verreiben des Stuhles mit 0,5 %iger Salzsäure werden Ammoniakverluste mit Sicherheit nicht vermieden. Im allgemeinen handelt es sich darum, den Gesamtstickstoff der Tagesmenge im Stuhle zu ermitteln. Der Tagesstuhl wird gesammelt, in frischem Zustande gewogen und durchmischt. In 2 bis 3 g des durchmischten Stuhles wird der Stickstoffgehalt bestimmt und es wird dann auf die Tagesmenge umgerechnet. Trotz gleichmäßiger Durchmischung des Stuhles differieren die in gleichzeitig aufgestellten Kontrollen gefundenen Werte nicht unbeträchtlich, weshalb am gleichen Stuhle mehrere Bestimmungen angestellt werden müssen. Bei Verwendung von Trockenstuhl genügt die Untersuchung von einem halben oder einem Gramm. Auch hier sind Kontrollen unerläßlich.

Hinsichtlich der Einzelheiten der Methodik nach KJELDAHL sei auf die einschlägigen Lehrbücher verwiesen. Es sei nur hervorgehoben, daß es bei der Verbrennung im Schwefelsäuregemisch häufig zu starkem Schäumen und dadurch zum Überfließen des KJELDAHL-Kolbens kommt. Die Bestimmung kann daher nur an kleinen Kotportionen erfolgen, wie oben beschrieben. Der KJELDAHL-Kolben muß langsam erhitzt werden.

Die Ammoniakbestimmung im Stuhle

Im Stuhl findet sich freies und gebundenes Ammoniak.

Wie H. FISCHER gezeigt hat, ist eine deutliche alkalische Reaktion der Fäzes mit Sicherheit auf freies Ammoniak zu beziehen, wobei der Grad der Alkaleszenz mit der absoluten Ammoniakmenge parallel geht. ROUX und GOIFFON[1] haben den Ammoniakgehalt des Stuhles bei verschiedenen Kostformen untersucht und hiebei im wesentlichen Folgendes festgestellt: Bei Kohlehydratkost besteht im allgemeinen niedriger Ammoniakgehalt. Gleiche Verhältnisse obwalten zumeist bei Gärungsstühlen; diese können aber auch hohe Werte zeigen, wenn es nämlich auf Grund der Reizung der Darmschleimhaut zu einer serösen Exsudation in das Darmlumen kommt und sich an diesem Material Fäulnisvorgänge abspielen. Eiweißreiche Kost als solche bedingt beim Gesunden kein Steigen der Ammoniakwerte, da das Nahrungseiweiß in den oberen Darmabschnitten abgebaut und resorbiert wird. Bei dyspeptischen Zuständen hingegen kann das Nahrungseiweiß in den unteren Darmabschnitten der Fäulnis anheimfallen und so zur Ammoniakproduktion führen. Milchdiät scheint die abnorme Bildung von Ammoniak nicht auszulösen; wenn es aber bei pathologischer Gärung zur Reizung der Darmschleimhaut und damit zu einer Exsudation ins Darmlumen kommt, können gleiche Verhältnisse eintreten wie sie oben bei der Kohlehydratkost geschildert wurden.

Die quantitative Bestimmung des Ammoniak im Stuhle nach SCHITTENHELM in der Modifikation nach KRÜGER-REICH-SCHENITZKY

SCHENITZKY hat für die Bestimmung einen Apparat angegeben, der folgendermaßen zusammengesetzt ist: Als Destillationskolben A dient ein runder 0,5-1

[1] Arch. de maladies de l'app. digest. et de la nutrition, Bd. XI. S. 25, 1921.

Kolben aus Jenaglas mit doppelt durchbohrtem Kautschukstopfen. Durch die eine Bohrung geht ein nach unten verengtes fast bis zum Boden reichendes Rohr *a*, das oben mit dem Trichter *d* endet. Am Übergang des Trichters in das Rohr *a* befindet sich ein Hahn *c* mit kapillarer Öffnung, so daß man den Apparat ganz absperren oder auch eine enge Öffnung lassen kann, durch die eine Flüssigkeit tropfenweise in den Kolben *A* abfließen kann. Durch die zweite Bohrung geht die den Kolben *A* mit der in einem Gefäß mit Eiswasser stehenden PÉLIGOT-röhre *B* verbindende Röhre *b* mit einem Destillieraufsatz *e*. Sie ist durch einen dicken Schlauch mit der zu *B* führenden Röhre *e* verbunden. *B* ist mit einer WOULFschen Flasche *C* durch eine Röhre verbunden, die durch ein Stück dicken Schlauches mit dem Quetschhahn f unterbrochen ist. An *C* ist eine Wasserstrahlpumpe angeschlossen. Der Destillationskolben *A* steht in einem Wasserbad, der Trichter *d* wird mit 96%igem Alkohol gefüllt.

Die Durchführung der Ammoniakbestimmung mit diesem Apparat gestaltet sich folgendermaßen: Zunächst wird die PÉLIGOTsche Röhre mit 20 bis 25 ccm

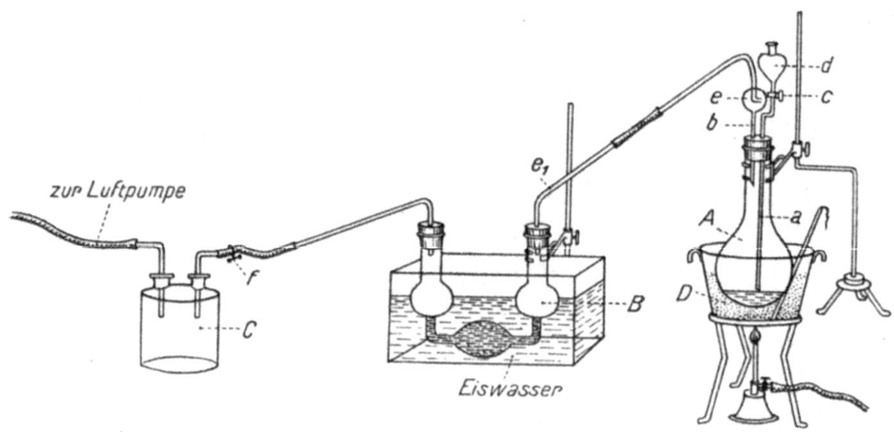

Abb. 39. Apparatur zur Ammoniakbestimmung im Stuhl nach Schenitzky

n/10 Schwefelsäure und dann mit destilliertem Wasser bis zur Füllung der mittleren Kugel gefüllt; als Indikator werden einige Tropfen einer 1%igen alkoholischen Rosolsäure zugesetzt. Die frischen Fäzes werden in der Reibschale mit 0,5% Salzsäure (zur Umwandlung des NH_3 in Ammoniumchlorid) sorgfältig verrieben und hierauf mit destilliertem Wasser auf 800 ccm aufgefüllt; 30 ccm dieser Fäzessuspension werden in den Destillationskolben gebracht, hierauf noch zirka 10 g Natriumchlorid und dann soviel Natriumkarbonat zugesetzt, daß eine deutlich alkalische Reaktion eintritt. Der Destillationskolben wird sofort geschlossen und der Apparat nach Öffnung des Quetschhahnes *f* bei abgesperrtem Hahn *c* in Gang gesetzt; durch Laufenlassen der Luftpumpe wird in *C* ein Unterdruck erzeugt und das Wasser in *C* mit einem Bunsenbrenner erwärmt. Es empfiehlt sich die Temperatur des Wasserbades nicht über 43 bis 44 Grad steigen zu lassen. Sobald im Destillationskolben mehrere kleine Gasblasen entstehen und man annehmen kann, daß der bei einer Temperatur von 43 Grad notwendige Druck bzw. Zug erreicht ist, wird der Hahn *c* so geöffnet, daß der in dem Trichter *d* befindliche 96%ige Alkohol tropfenweise in den Kolben abfließt, und zwar in der Menge von zirka 10 bis 12 ccm in zehn Minuten.

Man läßt den Apparat bei einem Verbrauch von zirka 30 bis 35 ccm Alkohol durch zirka 35 Minuten laufen, bis die Flüssigkeit im Destillationskolben auszutrocknen beginnt. Die Péligotsche Röhre wird nach Verschluß des Hahnes *f* von der Luftpumpe und dann vom Destillationsapparat abgenommen und ihr Inhalt in ein Becherglas gebracht. Mit n/10 Natronlauge wird die vorgelegte nicht gebundene Schwefelsäure zurücktitriert. Die Gegenwart von Alkohol macht den Farbenumschlag der Rosolsäure sehr scharf. Die überdestillierte Ammoniakmenge, welche dem Gesamt-(gebundenen und freien) Ammoniakgehalt entspricht, wird durch Multiplikation der durch das Ammoniak gebundenen Kubikzentimeter n/10 H_2SO_4 mit 1,7 in Milligramm errechnet.

Will man nur das freie Ammoniak bestimmen, so werden die nicht mit Salzsäure vorbehandelten Fäzes dem gleichen Verfahren unterzogen.

Der Nachweis von Indol und Skatol

Indol und Skatol sind Produkte der Eiweißfäulnis; sie sind Abbauprodukte des Tryptophans. Während Indol in jedem Stuhl gefunden werden kann (nach BAUMSTARK in der Tagesmenge des Stuhles 17 mg), ist Skatol nur selten und dann nur in geringer Menge vorhanden. Bei abnorm starker Fäulnis können beide Substanzen im Stuhle vermehrt sein. Mit qualitativen Proben leicht nachweisbares Skatol zeigt dessen pathologische Vermehrung an; abnorme Indolmengen müssen auf quantitativem Wege nachgewiesen werden. Da die in den Fäzes nachweisbaren Indol- und Skatolmengen nicht nur von den Fäulnisvorgängen an sich, sondern auch von der Resorption in die allgemeine Zirkulation abhängig sind, so können aus den Indol- und Skatolzahlen im Stuhle nur mit Vorsicht Schlüsse auf abnorme Fäulnisvorgänge bezogen werden. Die Indol- und Skatolausscheidung im Stuhle einerseits und die Indikanausscheidung im Harn anderseits geht nicht parallel. Eine geringe oder fehlende Indikanreaktion im Harn spricht nicht gegen einen erheblichen Tryptophan-Indolabbau, somit nicht gegen Eiweißfäulnis im Darm (KÖTSCHAU)[1].

Der qualitative Nachweis. Indol und Skatol werden durch Destillation aus dem Stuhle gewonnen. Die Tagesmenge des Stuhles wird in Wasser in einem Literkolben aufgeschwemmt und im Destillationsapparat destilliert. Neben Indol und Skatol gehen auch Phenol und die flüssigen Fettsäuren in dieses Destillat I über. Zur Bindung der Fettsäuren wird konzentrierte Natronkarbonatlösung im Überschuß zugesetzt und neuerlich destilliert; im Destillat II erhält man Indol, Skatol und Phenol. Zur Entfernung des Phenols wird nach Zusatz von starker Kalilauge nochmals destilliert; im Destillat III erscheinen die gesuchten Substanzen. Im Destillat III werden die folgenden Proben angestellt:

1. die qualitativen Indolproben:

EHRLICHS Benzaldehydreaktion nach SCHMIDT und BAUMSTARK. Zu einigen Zentimeter des Destillates werden einige Tropfen des EHRLICH Aldehydreagens (seine Zusammensetzung s. S. 140) zugesetzt. Rotfärbung. Im Spektroskop ein Streifen zwischen *D* und *E*.

Die LEGALsche Probe. Im Destillat wird ein Körnchen von Nitroprussidnatrium bis zur Gelbfärbung gelöst. Zusatz von Natronlauge, Dunkelviolettfärbung, auf Zusatz von Eisessig Umschlag in blau.

Methode nach BLUMENTHAL. Zu einigen Kubikzentimeter des Destillates werden zirka 0,5 ccm 10%iger alkoholischer Vanillinlösung und zirka 1 ccm rauchender Salzsäure zugesetzt. Es tritt eine Orangerotfärbung auf, die auf Zusatz von wenigen Tropfen 1%iger Natriumnitritlösung zu gelb verblaßt.

Reaktion von KONTO. Zu 1 ccm Destillat werden einige Tropfen einer

[1] Klin. Wochenschr. 5. Jahrg. Nr. 51, S. 2405, 1926.

4 %igen Formaldehydlösung zugesetzt. Man läßt hierauf etwa 1 ccm reiner konzentrierter Schwefelsäure zufließen und mischt durch Umschütteln. Violettrote Färbung. In reiner Indollösung ist die Reaktion noch in einer Verdünnung von 1: 700.000 positiv. Das Destillat muß ammoniakfrei sein. Bei Gegenwart von Ammoniak Zusatz von verdünnter Schwefelsäure zu Destillat III und neuerliche Destillation. Im Destillat IV wird die Probe angestellt.

Die Salpetersäure-Kaliumnitritprobe. Zum Destillat werden einige Tropfen Salpetersäure, die geringe Mengen von salpetriger Säure enthält, zugesetzt. Rotfärbung. Die Probe kann auch so durchgeführt werden, daß zum Destillat erst einige Tropfen Salpetersäure und dann einige Tropfen 0,02 %ige Kaliumnitritlösung zugesetzt werden.

2. Die qualitativen Skatolproben.

Aus dem Destillat muß vorerst Indol entfernt werden. SCHUMM hat hiezu folgendes Verfahren angegeben: Zum Destillat wird 10 %ige Natronlauge bis zur schwach alkalischen Reaktion zugesetzt und hierauf eine 2 %ige Lösung von β-naphtochinonmonosulfosaurem Natrium in geringem Überschuß zugesetzt. Nach Ansäuerung wird überdestilliert. Skatol geht in das Destillat über. In diesem werden die folgenden Proben durchgeführt:

Die LEGALsche Probe. Durchführung wie oben. Auf Zusatz von Natronlauge Gelbfärbung, nach dem Zusatz von Eisessig und Kochen Violettfärbung.

EHRLICH-Aldehydreaktion: Wie oben. Intensive Blaufärbung. Im Spektroskop sind hier zwei Streifen und zwar zwischen *D* und *E* und zwischen *C* und *D* nachzuweisen.

Die quantitative Indolbestimmung. Die quantitative Schätzungsmethode nach SCHMIDT und BAUMSTARK in der Modifikation nach KIMURA. Das Prinzip der Methode beruht darauf, nach Zusatz von EHRLICH-Aldehydreagens die Indolreaktion in einer Verdünnungsreihe des Stuhlextraktes spektroskopisch bis zum Verschwinden des Indolstreifens zu verfolgen. Die Alkoholextraktion, die SCHMIDT und BAUMSTARK ursprünglich angegeben hatten, gibt deshalb Fehlresultate, weil mit Alkohol auch das Urobilinogen ausgezogen wird. Durchführung: Eine abgewogene Stuhlmenge, etwa 2,5 g (bei weichen Stühlen 3 g, bei flüssigen Stühlen 10 g), wird mit 40 ccm Ligroin verrieben, filtriert; mit dem Filtrat wird in Eprouvetten eine Verdünnungsreihe angestellt und zu jeder Eprouvette zwei bis drei Tropfen EHRLICH-Aldehydreagens zugesetzt. Die Proben werden spektroskopiert und dasjenige Röhrchen festgestellt, welches keinen Indolstreifen mehr erkennen läßt. Nach SCHMIDT verschwindet der Streifen im Spektroskop, wenn sich das Indol in einer Lösung von 1,25: 1000 befindet.

Methoden zur absolut-quantitativen Bestimmung wurden von MORACZEWSKI, HERZFELD und BAUER, MOEVES, SCHMIDT und BAUMSTARK angegeben. Sie sind im Original nachzulesen. Eine Zusammenstellung der Methoden findet sich bei LOHRISCH, Methoden zur Untersuchung der menschlichen Fäzes in ABDERHALDENS Handbuch der biologischen Arbeitsmethoden, Abtg. IV, Teil 6, H. 1. Berlin: J. Springer, Wien. 1912.

Fermente

Übersicht über die im Stuhl vorhandenen Fermente

Im Stuhl finden sich: 1. proteolytische Fermente und zwar:

a) Trypsin, welches ein Sekretionsprodukt des Pankreas darstellt. Fehlen von Trypsin in den Fäzes spricht für Verschluß des Ductus pankreaticus mit fehlendem Abfluß des Pankreassekretes in das Duodenum (Pankreaskopf-Ca., Choledochus-Ca., welches auf den Ductus pankreaticus übergreift und diesen verschließt, Pankreasstein, oder Gallensteinverschluß an der Papilla vateri) oder für eine hochgradige Störung der Fermentproduktion des Pankreas (chronische Pankreatitis). Bei Obturation des Ductus pankreaticus durch einen der genannten Prozesse muß Trypsin in den Fäzes nicht fehlen, da geringere oder aber auch größere Mengen von Pankreassekret durch einen Ductus pankreaticus accessorius in das Duodenum abfließen können (s. auch S. 221). Trypsin baut natives Eiweiß, Kasein und Kernsubstanz, nur in geringem Grade Peptone ab. Die Fähigkeit, Kernsubstanz zu verdauen, kommt unter den Fermenten des Magendarmkanales nur dem Trypsin zu.

b) Erepsin. Es entstammt der Dünndarmschleimhaut; die Menge des im Darminhalt enthaltenen Erepsins ist im Verhältnis zur Menge des Trypsins im allgemeinen gering. In der Darmschleimhaut selbst dagegen finden sich nach Kobzarenko große Mengen. Erepsin findet sich nicht nur in der Darmschleimhaut, sondern in fast allen Organen, vor allem in der Leber, den Nieren, in Spuren auch im Muskel, in der Milz und im Blutserum. Erepsin gehört zur Gruppe jener Fermente, welche bereits abgebaute Proteinkörper weiter zerlegen; es spaltet Peptone und Albumosen, welche zu Peptiden und weiter zu einfachen Aminosäuren zerlegt werden. Außerdem vermag es, wenn auch nur langsam und unvollkommen, Kasein abzubauen.

Frank und Schittenhelm gelangten in Untersuchungen, in welchen sie die fermentative Fähigkeit von Stühlen auf natives Eiweiß und Kasein verglichen, zur Annahme, daß sich im Stuhl normalerweise nur wenig Trypsin, dagegen regelmäßig viel Erepsin nachweisen lasse; der Befund hat keine allgemeine Anerkennung gefunden.

c) Pepsin, welches nur bei rascher Darmpassage und auch dann nicht regelmäßig im Stuhl gefunden wird. Pepsin verdaut Eiweiß zu höhermolekularen Peptonen; es baut im Gegensatz zum Erepsin natives Eiweiß ab, doch nur bei Gegenwart von Salzsäure. Der Pepsinnachweis im Stuhl spielt diagnostisch kaum eine Rolle.

2. Lipolytisches Ferment, Lipase. Dieses Ferment entstammt in erster Linie dem Pankreas, zum geringeren Teil auch der Darmschleimhaut. Molnár hat dieses Ferment am eingehendsten studiert. Die Lipase hat die Fähigkeit, Fette in Glyzerin und Fettsäuren zu spalten. Die Mengen der im Stuhl nachweisbaren Lipase und der später zu besprechenden Diastase gehen nach Molnár nicht parallel; wenn die Diastase als Ausfallserscheinung des Pankreas im Darmsaft schwindet oder nur in geringer Menge vorhanden ist, so zeigt die Lipase abnorm hohe Werte. Molnár schloß daraus, daß diese hohen Lipasemengen nicht pankreatischen Ursprungs seien, daß der Darm vikariierend, und zwar überschießend für das schlecht oder nichtfunktionierende Pankreas eintrete (s. auch S. 88). Er glaubte durch Untersuchungen an pankreasexstirpierten Hunden dieser Annahme eine gesicherte Grundlage zu geben, indem er zeigte, daß bei diesen Hunden die Fäzeslipase wesentlich vermehrt ist. Es scheint, daß das bei Hypofunktion des Pankreas im Darm sich ansammelnde Fett selbst den Reiz zur Mehrproduktion der Lipase im Darm abgibt. Daher kommt es auch, daß die Lipasewerte nach Zufuhr von Öl ansteigen. Ähnliche Verhältnisse findet man bei ikterischen Patienten mit mangelhafter Fettausnutzung: während des Ikterus hohe Lipasemengen im Stuhl, mit Abnahme der Gelbsucht Rückgang der hohen Werte zur Norm. Ob eine Magenlipase existiert und ob sie in den Fäzes erscheinen kann, ist nicht sichergestellt.

3. Amylolytisches Ferment, Diastase. Die im Kot gefundene Diastase entstammt in erster Linie dem Pankreas. Ein ganz geringer Anteil ist als Speichel oder als Dünndarmdiastase (SCHLECHT und WITTMUND, die an isolierten Dünndarmschlingen experimentierten) aufzufassen. Diastase vermag Stärke, bzw. Glykogen in niedere Spaltprodukte (in die verschiedenen Stärkedextrine, in Maltose, zu einem kleinen Teil auch in Traubenzucker) zu zerlegen. Sie erreicht ihr Wirkungsoptimum bei einer Temperatur von 37°.

4. Saccharolytische Fermente (Laktase, Maltase, Invertase, Saccharase). Ihr Name besagt ihr Spaltungsvermögen; klinisch spielt der Nachweis dieser Fermente kaum eine Rolle. Das gleiche gilt für die

5. Glyzerophosphatose, ein Ferment, welches aus der Glyzerinphosphorsäure des Lecithins Phosphorsäure abspaltet.

Die Technik des Fermentnachweises

Um die Fermentsekretion in den Darm anzuregen, wurde von einigen Autoren empfohlen, Appetit und Sekretion anregende Probemahlzeiten vor der Untersuchung der Fäzes zu verabreichen. Es ist zweckmäßig, mit der Probemahlzeit ein Karminpulver (0,3 g) per os zu verabreichen, um den dieser Mahlzeit entsprechenden Kot zu markieren. Da ferner die im Stuhl nachweisbaren Fermente vornehmlich dem Dünndarm entstammen, und die Fermente bei längerem Verweilen im Darm, insbesondere im Dickdarm abgeschwächt oder vernichtet werden können, wird vielfach vorgeschlagen, durch Verabreichung von Abführmitteln die Verweildauer der Fermente im Darm abzukürzen. Hiezu werden meist salinische Laxantien, am besten Karlsbader Salz verwendet. Phenolphthalein, welches mit Ausnahme der Diastase die Fermente schädigt, darf nicht gegeben werden.

MÜLLER und SCHLECHT empfehlen zum Nachweis der proteolytischen Fermente die Einleitung folgenden Verfahrens: Die zu untersuchende Person erhält früh nüchtern einen hohen Einlauf oder eine Glyzerinspritze zur Darmreinigung. Nach erfolgtem Stuhlgang wird eine Probemahlzeit, bestehend aus 150 g Fleisch und 150 g Kartoffelbrei verabfolgt. Eine halbe Stunde darnach wird Karlsbader Salz gereicht. Der jetzt erzielte Stuhl wird verarbeitet. Um einen an Pankreassekret, speziell an Diastase reichen Stuhl für die Untersuchung zu gewinnen, verabreicht WOHLGEMUTH eine gemischte Kost mit wesentlicher Einschränkung der Kohlehydrate. Er gibt durch zwei Tage Milch mit Tee, Kaffee, Fleischbrühe, Hackfleisch vom Kalb und Rind, Eier, Käse, etwas Weißbrot, Butter. Am Tage vor und an den beiden Tagen, an welchen diese Diät gegeben wird, verabreicht er ein mildes Laxans (Rhabarber, Sagrada, Kurella-Pulver); der damit erzielte Stuhl ist dünnflüssig und nicht sauer. HOPMANN verordnet zum Erepsinnachweis SCHMIDTsche Probekost und nimmt von der Verabreichung von Medikamenten Abstand. Zum Trypsinnachweis bereitet MATKO den Patienten folgendermaßen vor: Flüssige Abendkost, Eingabe von 15 g Karlsbader Salz in 300 ccm Wasser; nach weiteren zwei Stunden Seifenwasser oder Wasserklysma. Nachts eventuell Wiederholung des Einlaufes. Morgens Schnitzelfrühstück (130 bis 150 g) mit Karminzusatz. Nach zwei Stunden 15 g Karlsbader Salz in 200 g Wasser. Die ungefähr nach vier bis fünf Stunden entleerten, karmingefärbten Stühle werden untersucht. GOLDSCHMIDT gibt beim Trypsinnachweis einen Reinigungseinlauf, hierauf eine Probekost, bestehend aus 150 g Beafsteak und einem Weißbrötchen mit Butter; nach zwei Stunden Purgen oder Kalomel.

Eine Reihe von Autoren (GERGANOFF u. a.) sind später von der Verabreichung von Abführmitteln abgekommen. Denn KAUFMANN, EIRANIAN und KOSLOWSKI haben für die proteolytischen, STRASBURGER, WYSCHHAUSEN und

Ury und Hirschlag haben für das amylolytische Ferment nachgewiesen, daß die Fermente in diarrhöischen Stuhlentleerungen abnorm vermehrt sind. Bei Fermentbestimmungen vom diagnostischen Gesichtspunkte aus ist die Verabreichung eines Laxans im allgemeinen nicht notwendig. Auf Grund der Erfahrungen an unserer Klinik sei der Standpunkt vertreten, daß Laxantien nur dort Anwendung finden sollen, wo in dem ohne Laxans erfolgten Stuhl das Ferment nicht nachgewiesen werden konnte und wo es gilt, das Fehlen eines Fermentes, z. B. Diastase, mit größerer Sicherheit zu beweisen. Wir sehen von einer diätetischen Vorbereitung des Patienten im allgemeinen ab. Nur in Fällen, in welchem das Ferment nicht oder in nur sehr geringer Menge gefunden wird, kann nach Art der oben angegebenen Verfahren vorgegangen werden. Denn schon Koslowski hat z. B. die Beobachtung gemacht, daß der Trypsinnachweis bei Kohlehydratkost schwerer zu führen ist, eine Tatsache, die Schoppe später besonders unterstrichen hat.

Bei den Fermentbestimmungen kommt die Blutbeimengung zum Stuhl als Fehlerquelle in Betracht (Binder, Gerganoff). Denn Beimischungen von Blut zu den Ingestis vermögen den Fermentgehalt der Fäzes zu steigern. Es gilt dies insbesondere für Blutungen aus dem Darm, aber auch für Magenblutungen, wenn die Magensalzsäure fehlt. Magensalzsäure vernichtet die Blutfermente. Immerhin muß die Menge des beigemischten Blutes recht groß sein, um als Fehlerquelle in Betracht zu kommen. Hinsichtlich der Verwechslung der Darmfermente mit Leukozytenferment sei auf S. 211 verwiesen.

Die Fermente werden entweder direkt im dünnflüssigen Stuhl bzw. bei festen Stühlen in Stuhlaufschwemmungen oder in einfachen oder keimfreien Stuhlfiltraten nachgewiesen. Die Aufschwemmungen werden entweder mit Wasser, oder, falls es sich um ein Ferment handelt, welches nur bei alkalischer Reaktion wirksam ist, mit $1\,^0/_{00}$iger Sodalösung hergestellt. Einfache Filtrate werden durch mehrfaches Filtrieren der Aufschwemmung durch ein doppeltes Faltenfilter hergestellt. Da einer Reihe von Bakterien, vor allem dem Bakterium coli und Proteus, proteolytische Fähigkeiten zukommen, ist es in Fällen, in welchen die Fermentreaktion bei 37° abläuft, notwendig, die Bakterienwirkung nach Tunlichkeit auszuschalten. Dies kann entweder durch Zusatz von Chloroform oder Toluol oder durch Verwendung von keimfreien Filtraten versucht werden. Diese werden so hergestellt, daß eine wäßrige Fäzesaufschwemmung durch ein keimdichtes Filter (Berkefeld-Kerze, Reichel-Kerze) filtriert wird; es ist hiebei zweckmäßig, den Stuhl vor der keimfreien Filtration durch ein Papierfilter von den gröberen Beimengungen zu klären.

Sowohl der keimfreien Filtration als auch dem Zusatz chemischer Agentien haften aber zum großen Teil unvermeidbare Fehlerquellen an. Denn bei der Filtration durch Tonkerzen geht durch Adsorption z. B. Trypsin zum Teil verloren; wenigstens haben eine Reihe von Untersuchern eine starke Adsorption des Trypsins bei der Filtration von Trypsinlösungen durch Kaolin, Kohle, Talkum und Kieselgur festgestellt. Einfacher Chloroformzusatz zur Stuhlaufschwemmung hindert zwar das Bakterienwachstum bis zu einem gewissen Grade, wie Schoppe[1], der sich um die Aufdeckung der Fehlerquellen der Trypsinbestimmung mit der Kaseinmethode verdient gemacht hat, hervorhebt; nur die Durchschüttelung der Fäzes mit einem kräftigen Überschuß Chloroform mit gleichzeitiger Verhinderung der Verdunstung vermag Bakterienwirkung auszuschalten. Dieses Verfahren hat aber wieder den Nachteil,

[1] Schoppe, Arch. f. Verdauungskrankh. 1921, Bd. 28, S. 289.

daß durch die großen Chloroformmengen das Trypsin Schaden leidet (KAUFMANN, SCHOPPE).

Der Trypsinnachweis

Das zu untersuchende Material (dünnflüssiger Stuhl, Stuhlaufschwemmung, Stuhlfiltrat, keimfreies Filtrat) muß leicht alkalisch reagieren.

1. Fibrinflockenmethode

In ein Reagenzglas mit einer Stuhlaufschwemmung, welche eventuell durch ein Papierfilter geschickt und welcher etwas Chloroform oder Toluol zugesetzt war, wird eine (mit Karmin gefärbte) Fibrinflocke gebracht; das Reagenzglas kommt auf ungefähr 24 Stunden in den Brutschrank bei 37°. Bei Vorhandensein von Trypsin hat sich die Flocke nach Ablauf dieser Zeit (zumeist früher) aufgelöst. Bei Verwendung von karmingefärbten Flocken ist die Aufschwemmung diffus rötlich gefärbt. Die käuflichen, in Glyzerin konservierten Karminfibrinflocken sind vor dem Gebrauch in Wasser auszuwaschen.

2. Methode mit METTschen Röhrchen

In dünne, etwa 1 bis 2 mm im inneren Durchmesser haltende Glaskapillaren wird frisches Eiereiweiß aufgesogen. Durch langsames, vorsichtiges Erwärmen der gefüllten Kapillare über einer kleinen Flamme wird das Eiweiß zum Gerinnen gebracht. Die Kapillare wird hierauf in etwa 2 bis 3 cm lange Röhrchen zerbrochen und diese werden in Glyzerin aufbewahrt. Sie sind zwei bis drei Wochen haltbar. Vor Anstellung der Reaktion wird ein Röhrchen in Leitungswasser ausgewaschen und hierauf in das zu untersuchende leicht alkalisch reagierende Substrat (Stuhlaufschwemmung mit Chloroform- oder Toluolzusatz, Stuhlfiltrat) gebracht. Nach 24stündigem Aufenthalt im Brutschrank bei 37° werden die Röhrchen herausgenommen und in Wasser abgewaschen. Bei Vorhandensein von Trypsin ist der Inhalt des Röhrchens von beiden Seiten her verdaut.

3. Das Serumplattenverfahren nach MÜLLER und SCHLECHT

Ein dünnflüssiger Stuhl oder eine Stuhlaufschwemmung wird in Form von kleinen Tropfen auf die Oberfläche einer LÖFFLER-Serumplatte gebracht. Nach 24 stündigem Aufenthalt der Platte bei 50 bis 60° finden sich bei Anwesenheit des wirksamen Fermentes, welches erstarrtes Blutserum zu verdauen imstande ist, entsprechend dem Abbau des Eiweißes, an Stelle der Tropfen flache Dellen. Bei fehlendem Fermentgehalt bleibt die Dellenbildung aus.

Die Serumplatten werden aus Rinderblutserum mit Zusatz von Traubenzuckerbouillon bereitet: Zwei Teile Rinderblutserum werden mit einem Teil Traubenzuckerbouillon versetzt und sorgfältig geschüttelt. Die „LÖFFLER-Platten" werden derart gegossen, daß man in den zuvor sterilisierten Petrischalen eine dicke Schicht der möglichst undurchsichtigen, weißgelben Serum-Traubenzuckerbouillon in dem auf 85 bis 90° eingestellten Sterilisator erstarren läßt. Nach drei- bis vierstündigem Verweilen im Sterilisator läßt man das erstarrte Serum langsam abkühlen. Nach Abnahme des Glasdeckels wird das Kondenswasser durch Umdrehen der Platten entfernt. Die für bakteriologische Zwecke gebotene wiederholte Sterilisation ist für die Zwecke des Fermentnachweises nicht unbedingt notwendig und nur dann wünschenswert, wenn man einen Teil der fertigen Platten längere Zeit aufbewahren will. Etwaige Verunreinigungen der Platten durch vereinzelte Bakterienkolonien sind übrigens kaum hinderlich und können mit der glühenden Platinöse entfernt werden. Statt Rinderblutserum können auch andere Warmblütlersera Anwendung finden. Auch sehr eiweißreicher menschlicher Aszites kann benutzt werden. Die auf der Platte ausgesäten Flüssigkeitstropfen dürfen nicht zerrinnen, „auslaufen". Die Oberfläche der Platte muß zu diesem Zweck trocken sein. Dies wird dadurch erreicht, daß man die Platten erst ablagern und eventuell vor Gebrauch nach Wegnahme der Deckeln durch einige Zeit bei einer Temperatur von 55 bis 60° im Trockenschrank beläßt. Manchmal bildet sich auf den gelagerten Serumplatten eine stark spiegelnde Oberflächenschicht, die von der Fermentlösung nur schwer angegriffen wird. Diesem Umstand kann man durch vorsichtiges Abwischen der Platte mit dem trockenen Finger abhelfen. Bakterielle Verunreinigungen haben hier nichts zu besagen, weil die Platte zum Fermentnachweis auf eine Temperatur von 56 bis 60° gebracht wird.

Mit Platten, welche nach BRIEGER und SCHWALM zur besseren Sichtbarmachung der Dellen mit Irisviolett gefärbt waren, konnte in eigenen Untersuchungen die Andauung der Platten nicht deutlicher erkennbar gemacht werden.

Größere Beimengungen von proteolytischem Leukozytenferment zum Stuhl können dadurch Fehlresultate bedingen, daß auch diese Fermente gelegentlich zur Dellenbildung führen. Es kommen hier wohl nur Stühle bei eitrigen Prozessen (Periproktitis, Durchbruch eines periproktitischen Abszesses, ulzerierendes Dickdarm-Ca. usw.) in Frage. Eventuellen Täuschungen kann man, abgesehen vom mikroskopischen Eiternachweis, durch folgendes Verfahren begegnen: Geringe Mengen von Kaltblütler- oder Vogelblutserum vermögen durch ihre antitryptischen Eigenschaften die Trypsinwirkung und damit die Dellenbildung zu verhindern, wogegen das leukozytäre proteolytische Ferment durch diese Sera in keiner Weise beeinflußt wird (MÜLLER und SCHLECHT). Wird also eine ausgesprochene Dellenbildung durch Zusatz geringer Mengen von Kaltblütler- oder Vogelblutserum gehemmt, so handelt es sich um ein Ferment pankreatischen Ursprungs.

4. Methoden mit Gelatine

a) Gelatineplattenverfahren nach KNIASKOF. Es handelt sich um ein der LÖFFLER-Serumplattenmethode analoges Verfahren, bei welchem statt erstarrtem Blutserum Gelatine verwendet wird. Die Gelatine muß aber für die Trypsinproben besonders vorbehandelt werden, da sie sich bei Temperaturen von mehr als 22° verflüssigt. KNIASKOF hat gezeigt, daß die Gelatine brauchbar wird, wenn man sie der Wirkung des Formalins aussetzt; ihre Empfindlichkeit gegen Trypsin bleibt erhalten, sie verflüssigt sich aber bei höherer Temperatur nicht. Die Gelatineplatten haben den LÖFFLER-Platten leichtere Herstellbarkeit und geringere Herstellungskosten voraus. Die Platten werden nach KNIASKOF folgendermaßen bereitet: 10- bis 15%ige Gelatine wird auf einem Wasserbad in destilliertem Wasser aufgelöst, neutralisiert, filtriert und dann gleichmäßig in Petrischalen ausgegossen. Man läßt die Gelatine erstarren und gießt dann eine 10%ige Formalinlösung auf ihre Oberfläche. Nach 12 bis 24 Stunden wird das Formalin entfernt; die Gelatineplatten werden während einer halben bis einer Stunde mit fließendem Wasser abgespült, bis der Formalingeruch verschwunden ist. Die Oberfläche der Gelatine wird hierauf vorsichtig mittels Fließpapiers abgetrocknet. Die Platten müssen vor Austrocknung geschützt werden. Geringgradige Vertiefungen, die durch die Fermenteinwirkung entstehen, sind manchmal wegen der Durchsichtigkeit der Gelatine nicht sehr deutlich erkennbar. KNIASKOF trachtete diesem Übelstand dadurch abzuhelfen, daß er der Gelatine einen Farbstoff zusetzt. Er verwendet BURRI-Tusche. Vor der Füllung der Petrischalen wird der flüssigen Gelatine tropfenweise Tusche zugesetzt, bis die Gelatine rauchgraue Farbe angenommen hat.

Die Untersuchungsmethodik gestaltet sich im einzelnen ebenso wie bei der Methode von MÜLLER und SCHLECHT. Nach Einwirkung des Fermentes wird die Platte an ihrer Oberfläche mit Wasser abgespült. Bei Vorhandensein von Trypsin sieht man die flachen Dellen. Bei Verwendung der Tuschegelatineplatten sollen diese deutlicher sichtbar sein. Ein wesentlicher Unterschied zwischen gefärbten und nicht gefärbten Platten konnte in eigenen Untersuchungen aber nicht festgestellt werden.

Eine weitere Modifikation der Probe nach KNIASKOF besteht darin, daß Stückchen von mit Formalin vorbehandelten Platten ausgeschnitten und in die zu untersuchende, Trypsin enthaltende Flüssigkeit eingelegt werden. Bei positiver Probe löst sich die Gelatine langsam auf, bei Verwendung tuschegefärbter Platten färbt sich die Flüssigkeit mehr oder weniger schwarz.

b) Die Methode mit Gelatinekapseln nach MÜLLER und SCHLECHT. Das Verfahren stellt eine Modifikation der Glutoidkapselmethode von SAHLI dar. Dieser prüft die eiweißverdauende Kraft des Pankreas mit Glutoidkapseln, die infolge ihrer Härtung in Formaldehyd nur durch Pankreastrypsin, nicht aber vom Magensaftpepsin angegriffen werden. Der Zeitpunkt der fermentativen Lösung der mit Jodoform oder Salol gefüllten Kapseln wurde aus dem Auftreten der Jod- oder Salizylreaktion im Speichel bzw. Harn beobachtet. Die Methode hat eine Reihe von Fehlerquellen, auf die hier nicht eingegangen werden soll. MÜLLER und SCHLECHT haben nun diese SAHLIsche Methode „gewissermaßen aus dem Körper in das Reagenzglas verlegt“. Sie benutzen hiebei Gelatinekapseln, welche in einer alkoholischen Formalinlösung so gehärtet sind, daß sie nur durch das Pankreastrypsin gelöst werden (Capsulae geloduratae). Der Härtegrad der Kapseln ist so berechnet, daß sie in wirksamen Trypsinlösungen in etwa einer halben Stunde in Lösung gehen, während sie in nicht tryptischen Flüssigkeiten 24 bis 48 Stunden ungelöst bleiben. Die Kapseln werden mit fein pulverisiertem Holzkohlenstaub gefüllt. Die Originalvorschrift zur Anstellung der Probe lautet: 10 bis 15 ccm einer dünnflüssigen Stuhlprobe werden in ein kleines Glasgefäß gefüllt, welches so groß sein muß, daß die später quellende Kapsel noch frei schwimmen kann. Zusatz von etwas Chloroform oder gesättigter Thymollösung. Die Probe muß leicht alkalisch reagieren, eventuell Zusatz von einigen Tropfen konzentrierter Sodalösung. Einlegen einer Kapsel in die zu prüfende Flüssigkeit. Das Glasgefäß kommt auf 37°; die Temperatur kann etwas darunter liegen. Bei höheren Temperaturen droht die Spontanlösung der Kapsel. Der Moment der Lösung zeigt sich dadurch an, daß der austretende Kohlenstaub die Flüssigkeit schwarz färbt. Bei normalem Trypsingehalt löst sich die Kapsel meist nach einer halben bis einer Stunde.

Nach Angaben der Autoren eignet sich die Probe auch zu einer quantitativen Beurteilung des Fermentgehaltes. Der dünnflüssige Stuhl wird mit 10%igem Glyzerinwasser in einer abfallenden Reihe fortlaufend verdünnt, in jedes Röhrchen kommt eine Kapsel, nach 24 Stunden wird jene Verdünnung festgestellt, bei welcher die Kapsel eben noch gelöst wurde. Normalerweise werden die Kapseln noch bei Verdünnungen von 1:100 gelöst.

Die Methode hat keine allgemeine Anerkennung gefunden. Nach SCHLEICHER sind die Geloduratkapseln für das Pankreasferment nicht spezifisch, sie werden auch in natürlichem Magensaft in relativ kurzer Zeit verdaut. Der negative Ausfall der Probe blieb in Untersuchungen dieses Autors auch dort aus, wo Pankreasferment sicher nicht vorhanden war.

5. Die Kaseinmethode nach GROSS-KOSLOWSKY und FULD

Das Prinzip der Methode beruht darauf, daß eine Kaseinlösung, die auf Essigsäurezusatz eine Fällung gibt, nach ihrer Verdauung durch Trypsin diese Fällung nicht mehr zeigt.

a) Der qualitative Fermentnachweis gestaltet sich nach dieser Methode wie folgt: 1 g Caseinum puriss. GRÜBLER wird in 1000 ccm $1^0/_{00}$iger Sodalösung unter Erhitzen gelöst, eventuell filtriert. Zusatz von Chloroform oder Toluol, um die Lösung haltbar zu machen. Ein Teil eines frisch entleerten Stuhles wird mit etwa der fünffachen Menge $1^0/_{00}$iger Sodalösung verrieben und durch Papier mehrmals bis zur Klärung filtriert. Zu etwa zehn Teilen der Kaseinlösung gießt man einen Teil der Stuhlaufschwemmung, schüttelt durch und läßt im Trockenschrank bei 56° stehen. Bei Vorhandensein von Trypsin kann man meist schon nach Ablauf von einer bis zwei Stunden in einer der Mischung entnommenen Probe den Kaseinabbau damit nachweisen, daß auf Zusatz verdünnter Essigsäure eine Fällung nicht mehr eintritt. Nach GROSS soll mit 1%iger Essigsäure gefällt werden. In eigener Untersuchung hat es sich bewährt, mit dem Hauptversuch ein Kontrollkölbchen mit entsprechend verdünnter Kaseinlösung (ohne Fäzeszusatz) aufzustellen und in Proben dieser Kaseinlösung die zur Fällung optimale Essigsäurekonzentration zu bestimmen; diese liegt häufig unter 1%. Man achte darauf, nicht zu konzentrierte Essigsäure zu verwenden und die Essigsäure nur tropfenweise zuzusetzen, da sich der gebildete Kaseinniederschlag bei Übersäuerung rasch auflöst. Gießt man rasch zu stark konzentrierte Essigsäure zu, so kann man die Fällung übersehen und hält die Probe irrtümlich für positiv. FULD gibt zur Kaseinfällung folgendes Reagens an: 5 ccm konzentrierte Essigsäure, 45 ccm Alkohol, 50 ccm Wasser.

b) Die quantitative Fermentbestimmung. Zu abgestuften Mengen der Fäzesaufschwemmung (Fäzesfiltraten) werden gleiche Mengen Kaseinlösung zugesetzt. Nach 24 stündigem Aufenthalt im Brutschrank bei 56° wird das Röhrchen bestimmt, welches eben keinen Abbau mehr erkennen läßt.

Ausführung: Herstellung einer Stuhlaufschwemmung mit $1^0/_{00}$iger Sodalösung, wie oben beschrieben, in abgemessenen Mengen, am besten im Verhältnisse 1:10. Die Aufschwemmung wird filtriert. Als Kaseinlösung dient die oben unter a angegebene, mit Chloroform oder Toluol haltbar gemachte Lösung. Das Fäzesfiltrat wird in abgestuften, abfallenden (mit 0,5 ccm beginnend) (oder aufsteigenden) Mengen in etwa fünfzehn in einem Reagenzglasgestell befindliche Röhrchen gebracht. Auf das Prinzip der Verdünnungsreihe kommen wir unten zurück. Auffüllen sämtlicher Röhrchen mit Wasser auf 1 ccm und hierauf Zusatz von 2 ccm der Kaseinlösung. Es ist zweckmäßig, mit dem Versuch ein Kontrollröhrchen mitlaufen zu lassen, in welchem sich 2 ccm Kaseinlösung und 1 ccm Wasser befinden. Das Reagenzglasgestell kommt auf 56° in den Brutschrank. Nach 24 Stunden wird in einer dem Kontrollröhrchen entnommenen Probe die für die Kaseinfällung optimale Essigsäurekonzentration bestimmt und es werden dann zu allen Röhrchen gleiche Mengen entsprechend konzentrierter Essigsäure (s. o.) zugesetzt. In dem Röhrchen, in welchem eine Fällung eben nicht mehr auftritt, vermochte das eingebrachte Fäzesfiltrat 2 ccm Kasein abzubauen. Ist dies z. B. bei dem Röhrchen mit 0,5 Fäzesfiltrat der Fall, so gilt folgende Berechnung für 1 ccm des Filtrates: Da $^5/_{10}$ Fäzesaufschwemmung 2 ccm abbauen, verdaut 1 ccm Fäzes 4 ccm Kaseinlösung, d. h. er enthält 0,4 Fermenteinheiten, wenn als Einheit diejenige Fermentmenge genommen wird, welche zur Verdauung des in 10 ccm der Lösung enthaltenen Kaseins ausreicht. Da die Aufschwemmung zehnfach verdünnt ist, so enthält im obigen Beispiel 1 ccm Stuhl vier Einheiten.

Die zumeist angewandte Anordnung der Verdünnungen ist die der arithmetischen Reihen, die, wie bekannt, eine Folge von Zahlen darstellt, von denen jede folgende um einen bestimmten Betrag größer ist als die vorangehende. Eine derartige Verdünnungsreihe zeigt das folgende Beispiel:

Röhrchen Nr.	1	2	3	4	....	9	10 usw.
Extrakt	0,1	0,2	0,3	0,4	....	0,9	0,10

oder mit größeren Sprüngen

0,1	0,3	0,5	0,7	....	1,7	1,9 usw.

In einer derartigen Reihe ist die absolute Differenz zwischen zwei Einzelgliedern gleich, die prozentuelle Differenz weist aber große Unterschiede auf; sie wird bei einer aufsteigenden Reihe in den höheren Gliedern imme· geringer. Beträgt die Differenz zwischen 1,7 und 1,9 z. B. nur 20%, so ist die Differenz zwischen 0,1 und 0,3 der gleichen Reihe 150%. Um die Genauigkeit der prozentuellen Differenz immer gleich groß zu gestalten, muß statt arithmetischer eine geometrische Reihe gewählt werden, in welchem jede folgende aus der vorangehenden Zahl durch Multiplikation mit einem bestimmten Faktor entsteht. Soll die Differenz zwischen den vorangehenden und den folgenden Röhrchen 50% betragen, so lautet der Multiplikator 3/2. Eine derartige Reihe wird durch das folgende Beispiel illustriert:

Röhrchen No.	1	2	3	4	5	6	7
	0,1	0,15	0,225	0,3375	0,50625	0,759375	1,1390625
oder gekürzt	0,10	0,15	0,23	0,34	0,51	0,76	1,14

Dieses Beispiel ist dem Buche „MICHAELIS: Einführung in die Mathematik 1922“ entnommen. Die relative Genauigkeit ist bei jedem Gliede dieser Reihe die gleiche.

E. FULD hat die folgenden Reihen, welche das Intervall 0,1 bis 1,0 umfassen, in Vorschlag gebracht.

1. Quotient $10\ \sqrt{}$ 0,10 0,32 1,00;
2. „ $10\ \sqrt[3]{}$ 0,10 0,22 0,46 1,00;
3. „ $10\ \sqrt[4]{}$ 0,10 0,18 0,32 0,56 1,00;
4. „ $10\ \sqrt[5]{}$ 0,10 0,16 0,25 0,40 0,63 1,00;
5. „ $10\ \sqrt[6]{}$ 0,10 0,15 0,21 0,32 0,46 0,68 1,00;
6. „ $10\ \sqrt[7]{}$ 0,10 0,14 0,19 0,27 0,37 0,52 0,72 1,00;
7. „ $10\ \sqrt[8]{}$ 0,10 0,13 0,18 0,24 0,32 0,42 0,56 0,75 1,00;
8. „ $10\ \sqrt[9]{}$ 0,10 0,13 0,17 0,21 0,28 0,36 0,46 0,60 0,77 1,00.

Die positive Kaseinprobe ist, worauf noch später verwiesen werden soll, für das Vorhandensein von Trypsin nicht durchaus beweisend, da auch Erepsin Kasein abzubauen vermag. Erepsin kommt diese Fähigkeit aber in nur viel geringerem und unvollständigerem Maße zu, so daß eine deutlich positive Reaktion, bei quantitativer Bestimmung eine solche in höheren Verdünnungen das Vorhandensein von Trypsin eindeutig beweist. In der obigen Versuchsanordnung kommt übrigens Erepsin als Fehlerquelle kaum in Frage, da Erepsin bei mehrstündigem Aufenthalt bei 56° zerstört wird. Es muß hier darauf hingewiesen werden, daß auch Trypsin gegen länger dauernde stärkere Erwärmung nicht unempfindlich ist, eine Fehlerquelle, die die obige Methodik nicht berücksichtigt.

Anhang: Die Kernprobe nach AD. SCHMIDT

Das Prinzip der Methode beruht darauf, daß Kernsubstanzen nur vom Pankreassekret verdaut werden. Dem Magen- und Darmsaft kommt diese Fähigkeit nicht zu.

Das ursprünglich von AD. SCHMIDT angegebene Verfahren bestand darin, daß Fleisch zu kleinen Würfeln mit etwa 1 cm Seitenlänge geschnitten und in Alkohol gehärtet wurde, einige Fleischwürfel in einem kleinen Beutel aus Seidengaze eingebunden und nach mehrstündigem Auswässern der Versuchsperson per os verabreicht wurden. Das Seidengazebeutelchen ist im Stuhl leicht wiederzufinden, insbesondere, wenn der Faden mit dem es zugebunden wurde, lang gelassen wird. Die Fleischwürfel, die den Darm passiert haben, werden in Wasser ausgewaschen und histologisch untersucht. (Gefrier- oder Paraffinschnitte, Färbung mit Hämalauneosin.) Es genügt auch ein Zupfpräparat mit nachfolgender Kernfärbung. Bei Fehlen des Pankreassekretes sind die Kerne gut erhalten, bei Gegenwart von Trypsin sind sie nicht nachzuweisen. Statt Fleisch läßt sich auch Thymusgewebe verwenden.

KASHIWADO hat die Probe dahin verbessert und vereinfacht, daß er statt der Fleischwürfel isolierte, gefärbte, in Kapseln eingeschlossene Thymuskerne schlucken läßt. Diese werden so hergestellt, daß Thymusgewebe mit Magensaft verdaut wird, wobei die Kerne erhalten bleiben. Die Kerne werden mit Alkoholäther gewaschen, mit Alaunhämatoxylin gefärbt, getrocknet, mit Lycopodium vermischt und in Oblaten oder Gelatinekapseln abgefüllt. Derartige Kapseln sind durch die Firma Merk, Darmstadt, zu beziehen. Der Patient erhält zwei derartige Kapseln nach einer größeren Mahlzeit. Die Stühle werden fortlaufend mikroskopisch untersucht. Bei positiver Probe, bei Fehlen von Trypsin werden die Kerne unverändert ausgeschieden. Es muß betont werden, daß die Kerne schon vor der Darmpassage bei mikroskopischer Betrachtung den normalen Kernaufbau vermissen lassen, wie dies durch die Vorbehandlung ja zu erwarten ist. Man sieht im Mikroskop größere und kleinere oft aneinandergebackene, schwarzblaue Klümpchen, meist ohne jede Innenstruktur. Die Lykopodiumbeimengung erleichtert das Aufsuchen der Kerne, da das Lykopodium schon bei schwacher Vergrößerung gefunden wird.

Die Kernprobe ist nur dann positiv, wenn Trypsin in den Fäzes vollkommen fehlt, bei schwerer Schädigung, aber nicht vollkommenem Ausfall der Pankreassekretion ist sie meist negativ (AD. SCHMIDT). Es muß hervorgehoben werden, daß ein positiver Ausfall der Probe bei rascher Darmpassage (Erscheinen der Kerne im Stuhl etwa fünf Stunden nach ihrer Einnahme) das Fehlen von Pankreassekret nicht beweist. Der gegen die Methode erhobene Einwand, daß die Kerne auch im Magensaft gelöst werden können, ist wohl als dahin entschieden zu betrachten, daß der Magen für die Kernverdauung gewiß nur eine ganz untergeordnete Rolle spielt.

Der Erepsinnachweis

Das zu untersuchende Material muß ebenso wie beim Trypsinnachweis alkalisch reagieren. Der Erepsinnachweis stützt sich auf die Fähigkeit dieses Fermentes, Polypeptide, Peptone und in geringem Grade auch Kasein zu spalten; natives Eiweiß und Gelatine werden ebenso wenig verdaut, wie Kernsubstanz.

Da auch Trypsin Kasein und Peptone abbaut, ersteres in viel stärkerem Grade als Erepsin, letzteres in nur sehr geringem Grade, so kann nur die fermentative Fähigkeit den Polypeptiden gegenüber als spezifische Probe für den Erepsinnachweis gelten.

Die Methoden mit Polypeptiden sind im allgemeinen kompliziert. LOHRISCH gibt folgende

Probe mit Glycylglyzin

an: Man bringt ungefähr 1 g Glycylglyzin mit 10 ccm Fäzesfiltrat zusammen, überschüttet mit Toluol und läßt das Gemisch 24 Stunden bei 37° stehen. Dann wird unter vermindertem Druck bei einer 40° nicht übersteigenden Temperatur zur Trockne eingedampft. Der Rest wird mit 50 ccm absolutem Alkohol übergossen und gasförmige Salzsäure in diesen eingeleitet. Es muß dabei vermieden werden, daß sich die Lösung auf mehr als 20° erwärmt. Der größte Teil des mit Alkohol übergossenen Rückstandes geht beim Einleiten des Salzsäuregases in Lösung. Vom Ungelösten wird abfiltriert und das Filtrat unter vermindertem Druck auf 30° zur Trockne eingedampft. Der ganze Prozeß wird wiederholt, nur verwendet man bei der Wiederholung der Veresterung nur etwa 25 ccm Alkohol. Ist die Alkohollösung mit gasförmiger Salzsäure gesättigt, so wird diese abgekühlt und nach Zufügen einiger Kriställchen von Glykokoll-Esterchlorhydrat stehen gelassen. Ist es zur Spaltung von Glycylglyzin gekommen, dann scheidet sich Glykokoll-Esterchlorhydrat ab, das leicht zu identifizieren ist. Es schmilzt bei 144°, während Glycylglyzin-Esterchlorhydrat bei 182° schmilzt. Man kann ferner durch Bestimmung des Stickstoffgehaltes oder des Chlorgehaltes nach VOLHARDT die beiden Produkte leicht auseinanderhalten.

Da Trypsin, wie oben erwähnt, Peptone nur schwach und unvollkommen, Erepsin diese aber stark abbaut, so können auch Peptonproben zum Erepsinnachweis herangezogen werden; stark positiver Ausfall der Proben spricht für Anwesenheit von Erepsin.

Peptonproben

a) Die Seidenpeptonprobe von ABDERHALDEN. Hinsichtlich der Darstellung des Seidenpeptons sei auf die ausführliche Mitteilung von ABDERHALDEN und STEINBECK in Zeitschr. f. phys. Chem., Bd. 68, S. 312, 1910, verwiesen. Durchführung der Probe: Verreiben des Stuhles mit Wasser zu einer dünnflüssigen Aufschwemmung. Filtration durch eine BERKEFELD-Kerze. Zu 5 ccm des klaren Filtrates werden zirka 1 bis 2 g Seidenpepton zugesetzt, welches sich leicht löst. Reagiert die Flüssigkeit nicht alkalisch, so wird sie durch Zusatz von Sodalösung alkalisch gemacht. Die Probe kommt in den Brutschrank bei 37°, nachdem ihr etwas Toluol zugesetzt worden war. Bei positiver Probe beobachtet man nach ein oder zwei Tagen am Boden des Gefäßes spärliches Sediment, in welchem bei mikroskopischer Betrachtung reichlich Tyrosinnadeln und -büscheln gefunden werden. Zuweilen fällt das Tyrosin erst aus, wenn die Probe auf einige Tage in den Eisschrank gestellt wird.

b) Nachweis des Erepsins mit Hilfe der Biuretreaktion. Prinzip der Probe: Die auf Erepsin zu untersuchende Flüssigkeit läßt man auf Pepton einwirken. Nach dem Abbau des Peptons ist die in der Flüssigkeit vorher positive Biuretreaktion negativ.

Ausführung: Zu einigen Kubikzentimeter eines bakterienfreien Fäzesfiltrates wird ungefähr 1 ccm einer 1%igen Peptonlösung (LA ROCHE, HOECHST) zugesetzt. In einem Kontrollröhrchen wird die gleiche Mischung aufgekocht. Beide Röhrchen werden unter aseptischen Kautelen durch 24 Stunden bei 37° gehalten. Während die Biuretreaktion nach Ablauf dieser Zeit im Kontrollröhrchen positiv ist, ist sie im Hauptversuch bei Vorhandensein von Erepsin entweder nicht oder nur schwach demonstrierbar.

c) Die Kaseinprobe. Wie aus dem früher Gesagten hervorgeht, kann diese Probe für den Erepsinnachweis im allgemeinen nicht herangezogen werden, da Trypsin Kasein viel stärker abbaut als Erepsin; sie beweist nur dann, und dann mit Sicherheit, die Anwesenheit von Erepsin, wenn eine gleichzeitig angestellte Probe mit nativem Eiweiß (Fibrinflocken, METTsches Röhrchen mit Eiereiweiß, LÖFFLER-Serumplatte) oder mit Gelatine negativ ausfällt. Die Kaseinprobe wird für den Nachweis von Erepsin ebenso wie für den von Trypsin durchgeführt. Auch die SCHMIDTsche Kernprobe kann differentialdiagnostisch verwertet werden, wenn bei nachgewiesenem Kaseinabbau zwischen Trypsin- und Erepsinwirkung unterschieden werden soll. Positive Kernprobe, Nachweis intakter, nicht verdauter Kerne im Stuhl, spricht dafür, daß der beobachtete Abbau in der Kaseinprobe auf Erepsin zu beziehen ist. Die Kaseinprobe fällt meist nur schwach positiv aus. Es sei hier nochmals darauf hingewiesen, daß Erepsin bei 56° im allgemeinen innerhalb 24 Stunden zerstört wird, übrigens auch ein Moment, welches zur Differenzierung von Trypsin und Erepsin herangezogen werden kann. Die Kaseinprobe auf Erepsin muß bei 37 bis 40° angestellt werden. Um Bakterienwachstum zu verhindern, ist die Verwendung bakterienfreier Filtrate, bzw. Chloroform- oder Toluolzusatz zur Fäzesaufschwemmung (s. o.) unbedingtes Erfordernis.

Die Differenzierung von Trypsin und Erepsin

Da eine Reihe der oben angeführten Proben sowohl bei Gegenwart von Trypsin als von Erepsin positiv reagieren, so erscheint es angezeigt, die Methodik zu ihrer Differenzierung kurz zusammenzufassen, wie sie sich aus dem oben besprochenen ergibt: Trypsin ist mit Sicherheit nachgewiesen, wenn die zu untersuchende Fermentlösung im alkalischen Milieu natives Eiweiß abbaut. Denn Erepsin vermag natives Eiweiß nicht zu zerlegen. Bei saurer Reaktion des Gemisches ist der Abbau auf Pepsinwirkung zu beziehen. Die Fibrinflockenmethode, die Methode mit den METTschen Röhrchen, welche mit Eiereiweiß gefüllt sind, und das Serumplattenverfahren werden also für den Trypsinnachweis einwandfreie Ergebnisse liefern; das gleiche gilt für die Gelatine.

Die Kaseinmethode ist für den Nachweis von Trypsin nur dann beweisend, wenn sie stark positiv ausfällt, da auch das Erepsin, wenn auch in viel schwächerem Maße, Kasein abzubauen vermag. Bei schwachpositivem Ausfall der Kaseinprobe muß mittels anderer Methoden zwischen Trypsin und Erepsin unterschieden werden. Zur Entscheidung können einerseits die spezifischen Trypsinproben mit nativem Eiweiß, anderseits die Erepsinproben und die Untersuchung auf das Temperaturoptimum (für Erepsin 37°, für Trypsin 56°) herangezogen werden.

Erepsin erscheint nachgewiesen, wenn die Fermentlösung Polypeptide verdaut und die Peptonproben stark positiv ausfallen. Schwach positiver Ausfall der letzteren kann auch durch Trypsin bedingt werden. Eine schwach positive Reaktion mit der Kaseinmethode, eine negative Reaktion mit den Methoden mit nativem Eiweiß sprechen für Erepsinwirkung.

Zur Differenzierung von Erepsin und Trypsin kann schließlich auch die Kernprobe von AD. SCHMIDT herangezogen werden (s. o.).

Der Pepsinnachweis

Das zu untersuchende Material (Fäzesaufschwemmung, klares Fäzesfiltrat) muß sauer reagieren. Pepsin entfaltet seine Wirkung nur bei saurer Reaktion, alkalische Reaktion vernichtet seine Wirksamkeit. Man setzt den Proben daher entsprechende Mengen Salzsäure zu. Das Wirkungsoptimum liegt bei einer Temperatur von 38 bis 40° und einer Salzsäurekonzentration, die je nach der Eiweißart zwischen 0,1 und 0,3% schwankt.

Dem Nachweis dienen folgende Methoden:

1. Die Fibrinflockenmethode

Zur angesäuerten Fäzesaufschwemmung (Fäzesfiltrat usw.) wird eine Fibrinflocke zugesetzt. Bei Vorhandensein von Pepsin ist die Flocke nach etwa zwei- oder mehrstündigem Aufenthalt im Brutschrank bei 37° gelöst, die Flüssigkeit bei Verwendung von mit Karmin gefärbtem Fibrin rötlich gefärbt. Das käufliche, in Glyzerin aufbewahrte Karminfibrin ist vor Anstellung der Reaktion in Wasser auszuwaschen.

2. Methode mit METTschem Röhrchen

Ein mit geronnenem Hühnereiweiß gefülltes METTsches Röhrchen (s. S. 210) wird in eine angesäuerte Fäzesaufschwemmung gebracht und einige Stunden bei 37° gehalten. Bei Vorhandensein von Pepsin sieht man nach Ablauf dieser Zeit die Andauung des Eiweißes an den beiden Enden des Röhrchens.

3. Nachweis mit Elastin nach ABDERHALDEN

Prinzip der Methode: Elastin, ein Albuminoid, vermag Pepsin zu adsorbieren. Ein Elastinstückchen, welches beim Verweilen in einem pepsinhaltigen Medium Pepsin durch Adsorption aufgenommen hat, wird durch dieses Pepsin bei 37° verdaut. Die die Biuretreaktion gebenden Abbauprodukte werden mit Wasser ausgezogen. Positive Biuretreaktion zeigt Anwesenheit von Pepsin an. Herstellung des Elastins: Es wird aus dem Ligamentum nucheae des Pferdes bereitet. Nach viertägigem Auskochen mit Wasser und Entfernung der anhaftenden makroskopischen Fleisch- und Fettreste werden die in etwa 1 cm breiten Längsstreifen geschnittenen Bänder einen Tag lang in 1%iger Kalilauge digeriert, mit Wasser ausgekocht und darauf drei Tage lang einer 1%igen Essigsäure, nach abermaligem Auskochen einen Tag lang einer 5%igen Salzsäure bei Zimmertemperatur ausgesetzt. Nach gründlicher Wässerung werden die Nackenbänder im SOXHLET-Apparat mit Alkohol und dann mit Äther extrahiert. Es resultiert ein weißes, ziemlich homogenes Präparat.

Ausführung der Probe: Etwa ½ g Elastin wird in die zu untersuchende Lösung getaucht und einige Stunden belassen; das hierauf der Lösung entnommene Elastinstückchen wird mit Wasser gut gewaschen, in 0,4%ige Salzsäure gebracht und in den Brutschrank gestellt. Es wird nun von Zeit zu Zeit geprüft, ob in der Flüssigkeit biuretgebende Substanzen auftreten. (Zusatz von zirka 33%iger Natronlauge und einigen Tropfen sehr verdünnter, zirka 1%iger Kupfersulfatlösung. Rotviolettfärbung zeigt positive Reaktion an.)

Läßt man die Reaktion bei schwach alkalischer Reaktion ablaufen, so kann die Methode auch zum Trypsinnachweis verwendet werden.

Der Lipasenachweis

Das Prinzip der Methodik besteht darin, das zu untersuchende Substrat auf Fette einwirken zu lassen und deren Spaltung an dem Auftreten von Fettsäuren zu erkennen.

Die Methode von MOLNÁR

MOLNÁR verwendet als Testobjekt KAHLBAUMsches Tributyrin oder Palmitin.

Ausführung: Die Fäzes werden gut verrieben, 3 g derselben werden in 300 ccm destillierten Wassers von Zimmertemperatur gut aufgeschwemmt. Die Suspension darf nicht geschüttelt werden, da die Lipase gegen Schütteln sehr empfindlich ist (BRADLEY). Die Aufschwemmung wird als solche zum Versuch verwendet, Filtrate können nicht benutzt werden, da Lipase am Filter zurückgehalten wird (Zuntz) und die Lipase im Wasser unlöslich ist (Berczeller). Je 100 ccm der Aufschwemmung werden gleichzeitig mit je 1 ccm Toluol, welches Bakterienwirkung verhindern soll, in drei gleiche Untersuchungsgläser (Erlenmeyer-Kolben usw.) gebracht. Zu je einer der Flaschen werden 5 ccm Tributyrin bzw. 5 ccm Palmitin zugesetzt. Palmitin, welches bei Zimmertemperatur nicht flüssig ist, sondern ein weißes Pulver darstellt, muß vor der Untersuchung durch Erwärmen flüssig gemacht und die zur Untersuchung erforderliche Menge vor dem neuerlichen Festwerden abgemessen werden. Die Gläser werden verkorkt und kommen auf 24 Stunden in den Thermostaten. Nach Ablauf dieser Zeit werden die Stuhlaufschwemmungen mit 100 ccm Alkoholäther (80 Teile Äther, 20 Teile Alkohol) ausgeschüttelt. Von jedem der Extrakte werden 50 ccm in einen Titrierkolben gegeben, welche vorher mit je 50 ccm Alkohol gefüllt wurden. Nach Zusatz von Phenolphthalein als Indikator werden die Fettsäuren, welche beim Abbau des Fettes frei geworden sind, mit n/10-Natronlauge titriert. Der gefundene Wert muß verdoppelt werden, da ja nur die Hälfte des Alkoholextraktes titriert wurde. Die in der Kontrolle erhaltene Zahl verbrauchter Kubikzentimeter wird von den bei der Tributyrin- und Palmitinprobe gefundenen Werten abgezogen. Die Differenz stellt die lipolytische Kraft von 1 g Fäzes dar.

Die Tributyrinwerte, die man mit dieser Methode erhält, sind immer viel höher als die Palmitinwerte, da Palmitin der Lipase gegenüber resistenter ist. Nach Molnár schwankt der Palmitinspaltungswert beim Normalen zwischen 0,8 bis 8,8, im Durchschnitt 3,2, der Tributyrinspaltungswert zwischen 4,6 und 27,6, durchschnittlich 14,3. Beim Ausfall der Pankreasfunktion und bei vikariierender Mehrleistung des Darmes können nach Molnár Palmitinwerte von 56,6 Tributyrinwerte von 91,4 gefunden werden. Die Annahme Wertheimers, daß Palmitin nur durch Pankreaslipase gespalten werde, besteht nach Molnár nicht zurecht.

Statt der genannten Fette kann auch Butter, Monobutyrin u. a. Verwendung finden.

Methode mit Mettschen Röhrchen nach Einhorn

Glasröhrchen, analog jenen, wie sie bei der Probe mit Mettschen Röhrchen für den Trypsinnachweis beschrieben wurden (s. S. 210), werden mit folgender Mischung gefüllt:

Rp. Oleum olivarum 1,0,
Agar Pulver 2,5,
Phenolphthaleinlösung 1,0,
Lösung von Kal. hydric. oxyd. 0,5,
Wasser 100,0.

Man verreibt das Olivenöl mit dem Agar, setzt genügend Wasser hinzu, um eine dünne Paste herzustellen. Hierauf wird der Indikator zugesetzt, dann das Alkali und schließlich der Rest des Wassers. Die Mischung wird in einem Kolben bis zum Sieden erhitzt und in die kapillaren Glasröhrchen aufgesogen, die vorher in der Flamme erwärmt werden. Die gefüllten Röhrchen werden abgekühlt und in zirka 3 cm lange Stückchen zerschnitten. Sie werden an ihren Enden zur Aufbewahrung mit Paraffin versiegelt.

Die Röhrchen werden senkrecht in eine Stuhlaufschwemmung gebracht, nachdem diese auf ihre Alkaleszenz geprüft war. Zusatz von Toluol, Einbringen in den Brutschrank auf 16 bis 22 Stunden. Bei Vorhandensein von Lipase bedingen die bei der Spaltung des Olivenöls entstehenden Fettsäuren einen Farbenumschlag des Röhrchenextraktes, der an den Enden der beiden Röhrchen, wo die Fermentlösung in erster Linie angreift, deutlich sichtbar ist.

Neben diesem Versuch muß eine Kontrollprobe mit einer Aufschwemmung von gekochten Fäzes angestellt werden. Gelegentlich entfärbt sich nämlich auch trotz Vernichten des Fermentes durch das Kochen das Kontrollröhrchen. Das Farbmittel, das Phenolphthalein, verschwindet durch Osmose. Zum Nachweis des Fermentes ist es dann notwendig, den Inhalt des Röhrchens des Hauptversuches und der Kontrolle in eine schwache Phenolphthaleinlösung zu tauchen. Bei Vorhandensein von Ferment färbt sich nur der Inhalt des Kontrollröhrchens.

Der Diastasenachweis

Das Prinzip der Methoden, die dem Diastasenachweis dienen, beruht darauf, daß man die fermenthaltige Flüssigkeit auf Stärkelösung einwirken läßt, deren Abbau bei Jodzusatz erkannt wird. Nicht abgebaute Stärkelösung färbt sich blau; wird die Stärke über Erythrodextrin, Achroodextrin zu Maltose und zum Teil zu Traubenzucker abgebaut, so nimmt die Lösung auf Jodzusatz je nach dem Grade des Abbaues eine blauviolette oder rötliche Färbung an oder aber sie bleibt ungefärbt.

Bestimmung der Diastase nach Wohlgemuth

Bereitung der Stärkelösung. 1 g lösliche Stärke von Kahlbaum wird in 100 ccm destillierten Wassers eingebracht und bei Zimmertemperatur solange verrührt, bis die Stärke gleichmäßig suspendiert ist. Hierauf wird die Suspension langsam am siedenden Wasserbad erwärmt und hiebei ständig umgerührt, um ein Sedimentieren und Verkleben der Stärkepartikelchen zu verhindern. Nach etwa einer Viertelstunde ist die Stärke gelöst. Die abgekühlte Lösung wird in einen Meßzylinder gebracht und mit destilliertem Wasser wieder auf 100 ccm aufgefüllt. Im Laufe der nächsten Tage sedimentieren sich meist Stärkepartikelchen und bilden einen geringfügigen Bodensatz. Zum Versuch wird die darüberstehende klare Lösung verwendet. Wenn viel Stärke sedimentiert, ist die Lösung nicht brauchbar. Die Stärkelösung erhält sich mehrere Tage gebrauchsfähig, wenn sie im Eisschrank aufbewahrt wird. Toluol- und Chloroformzusatz führt leicht zur Ausflockung der Stärke und ist daher zu vermeiden.

Ausführung der Probe: Man beschickt eine Reihe von Reagenzgläsern mit der Fäzesaufschwemmung, und zwar in absteigendem Mengenverhältnisse, wie es auf S. 214 bei der Kaseinprobe für die Trypsinbestimmung beschrieben wurde. Zu jedem der Röhrchen fügt man hierauf 5 ccm der 1 %igen Stärkelösung und hält die Gläschen durch 24 Stunden im Brutschrank. Hierauf werden sie mit etwa 10 ccm kalten Wassers aufgefüllt und mit je einem Tropfen n/10-Jodlösung versetzt. Je nach dem Abbau der Stärke treten verschiedene Färbungen (dunkelblau, blaurot, rotgelb, gelb) auf. Diejenigen Gläschen, die eine gelbe bis rotgelbe Farbe zeigen, enthalten Achroodextrin, Erythrodextrin, Maltose und keine unangedaute Stärke, diejenigen, welche eine blaurote Färbung zeigen, Erythrodextrin und Stärke, die blauen fast ausschließlich unveränderte Stärke. In dem Röhrchen, welches in der absteigenden Reihe als erstes einen blauroten oder rotvioletten Farbton aufzeigt, vermochte die vorhandene Fermentmenge die 5 ccm 1 % Stärke nicht mehr vollkommen abzubauen; es wird als Limes-Röhrchen bezeichnet. Im nächst höheren Röhrchen, welches den blauen Farbton vollständig vermissen läßt und rotgelb gefärbt ist, vermochte die eingebrachte Fermentmenge die 5 % Stärke aber vollständig abzubauen. Die Berechnung wird so durchgeführt, daß man bestimmt, wieviel Kubikzentimeter 1 %ige Stärkelösung innerhalb

24 Stunden von 1 ccm der Fermentlösung vollkommen in Dextrin umgewandelt werden.

Beispiel: Enthält das vor dem LIMES-Röhrchen gelegene Röhrchen 0,4 ccm der Fermentlösung, so vermochte diese Menge 5 ccm 1 % Stärke vollständig abzubauen. 1 ccm der Fermentlösung vermag daher 12,5 ccm der Stärkelösung in 24 Stunden zu zerlegen. War der Stuhl auf 1 : 10 verdünnt worden, so ist dieser Wert mit 10 zu multiplizieren = 125. Der Befund wird folgendermaßen notiert:

$$D^{37^\circ}_{24^h} = 125$$

Bestimmung der Diastase nach der Methode im METTschen Röhrchen nach EINHORN

Glasröhrchen analog jenen, wie sie bei der Probe mit METTschen Röhrchen für den Trypsinnachweis beschrieben werden (s. S. 210), werden mit folgender Mischung gefüllt:

Rp. Agarpulver 2,0,
Stärke 5,0,
Jodtinktur 2,0,
Destilliertes Wasser ad 100,0.

Stärke und Agar werden mit Wasser zu einer Paste verrieben, hierauf wird Jod und endlich der Rest des Wassers zugesetzt. Die Mischung wird zum Sieden gebracht und in die Röhrchen aufgezogen. Nach dem Erstarren ihres Inhalts werden sie in etwa 3 cm lange Röhrchen zerlegt und an den offenen Enden zwecks Aufbewahrung mit Paraffin verschlossen.

Die Röhrchen werden senkrecht in eine Stuhlaufschwemmung gestellt, die leicht alkalisch reagieren muß. Zusatz von Toluol, Einbringen in den Brutschrank auf 12 bis 24 Stunden. Bei Vorhandensein von Diastase wird die Stärke abgebaut und die Blaufärbung des Röhrcheninhaltes verschwindet. Die Entfärbung tritt an den äußeren Enden des Röhrchens zuerst auf. Es ist zweckmäßig, ebenso wie beim Lipasenachweis (s. S. 220) ein Kontrollröhrchen in einer gekochten Fäzesaufschwemmung aufzustellen.

Der klinisch-diagnostische Wert der Fermentbestimmung in den Fäzes

Der Wert der Fermentbestimmung in den Fäzes in klinisch diagnostischer Hinsicht liegt vor allem in der Möglichkeit, mit ihrer Hilfe unter Umständen den Verschluß des Ductus pancreaticus, bzw. ein Versiegen der Pankrassekreetion in den Darm aus anderer Ursache zu beweisen bzw. wahrscheinlich zu machen oder auszuschließen. Da die Hauptmenge der in den Fäzes erscheinenden Diastase und alles Trypsin vom Pankreas stammt, ist es vor allem die Untersuchung auf diese beiden Fermente, welche unter Umständen diagnostische Schlußfolgerungen im obigen Sinne gestatten. Es muß hiebei betont werden, daß die Menge des in den Fäzes erscheinenden Trypsins auch unter physiologischen Verhältnissen außerordentlichen Schwankungen unterliegt, daß Normalstandardzahlen nicht aufgestellt werden können und daß also eine schwach positive Trypsinreaktion in den Fäzes nicht ohneweiters auf eine mangelhafte äußere Pankreassekretion bezogen werden darf. Es erscheint entgegen der Ansicht CARPIS[1], der vor kürzerer Zeit zu dieser Frage Stellung genommen hat, wohl nicht gestattet, aus niederen Trypsinzahlen auf eine funktionelle Minderwertigkeit der Bauchspeicheldrüse zu schließen. ISAAC-

[1] Policlinico, ser. prat. Bd. 38, S. 105f. 1923.

Krieger, Katsch, Strasburger u. a. messen dem Trypsinnachweis für die Pankreasdiagnostik einen sehr geringen Wert bei. Nur völliges Fehlen von Trypsin in den Fäzes bzw. in Einlaufstühlen berechtigt, und zwar auch nur mit einer gewissen Wahrscheinlichkeit, zur Annahme einer Pankreasinsuffizienz, sei es, daß die Drüse nicht funktioniert und kein Sekret bildet, sei es, daß der Ausführungsgang verlegt ist. Hinsichtlich der Diastase liegen die Verhältnisse deshalb weniger eindeutig, weil einerseits auch bei normal funktionierendem Pankreas nur geringe Diastasenmengen im Stuhl gefunden werden können und weil anderseits auch bei völligem Versiegen der Pankreassekretion Speichel und Dünndarmdiastasen, wenn auch im allgemeinen in geringer Menge, in den Fäzes erscheinen können. Eindeutige Schlußfolgerungen erlauben die Fermentbestimmungen nur dann, wenn die Fermente einwandfrei in großer Menge nachgewiesen werden können.

Der klinisch diagnostische Wert des Fermentnachweises in den Fäzes ist also ein relativ geringer. Es erhellt dies schon aus der eingangs erwähnten Tatsache, daß die Fermente während der Darmpassage zum Teil, und zwar in nicht gesetzmäßiger Weise, zerstört oder auch resorbiert werden, so daß die im Stuhl nachgewiesene Fermentmenge in keiner mit einiger Sicherheit abschätzbaren quantitativen Beziehung zu der primär in den Darm sezernierten Fermentmenge, z. B. zu der vom Pankreas in das Duodenum abgeschiedenen Fermentmenge, steht.

Daher kommt es, daß die Fermentbestimmungen in den Fäzes seit der Einführung der Einhornschen Duodenalsonde vielfach durch die Fermentuntersuchung des Duodenalsaftes verdrängt wurden, da hier Werte gefunden werden, die wenigstens von den Einflüssen der Darmpassage auf die Fermente, bakterielle Einwirkung, Gärung, Fäulnis unabhängig sind. Nur in Fällen, in welchen die Duodenalsonde nicht eingeführt werden kann, werden die Fermentuntersuchungen in den Fäzes größere Bedeutung gewinnen. Der Ansicht von Durand[1], daß die Diastasebestimmung im Stuhl präzisere Resultate gäbe als die im Duodenalsaft, kann wohl nicht beigepflichtet werden.

IV. Die Technik der bakteriologischen Stuhluntersuchung

Von

Nikolaus Kovács

Stuhlentnahme

Bei der bakteriologischen Untersuchung der Fäzes kommt es entweder darauf an, die im Stuhl vorkommenden Bakterien im allgemeinen morphologisch und kulturell zu bestimmen und die quantitativen Verhältnisse der einzelnen Arten zueinander festzulegen oder aber nach bestimmten Erregern im Stuhle zu fahnden. Gegenwärtig kommt zweifellos letzterer Frage größere Wichtigkeit zu. Besonders ist diese Untersuchungsrichtung bei gewissen Infektionskrankheiten als diagnostisches Hilfsmittel von größter und oft entscheidender Bedeutung.

Trotzdem eine exakte Untersuchung nur auf Grundlage der verschiedensten Methoden aufgebaut werden kann, so daß theoretisch bei der Zielsetzung: Be-

[1] Arch. des maladies de l'apparat digest. et de la nutrition, S. 76, 1911, und S. 1023. 1925.

stimmung der Stuhlbakterien, alle in Frage kommenden Untersuchungsarten ausgeführt werden sollten, muß die praktische Ausführung der Aufgabe auf eine bestimmte Arbeitsprämisse aufgebaut werden, welche im allgemeinen darauf beruht, daß man nur nach den unter den üblichen Bedingungen vorkommenden Bakterien sucht, bzw. die für deren Auffindung notwendigen Untersuchungsmethoden anwendet. Spezielle Untersuchungen aber werden bei der klinischen Stuhluntersuchung nur bei konkreter Fragestellung berücksichtigt werden können. Unter diesen Umständen ist es selbstverständlich, daß eine strenge Trennung der beiden Untersuchungsmethoden: einerseits Züchtung der Stuhlbakterien überhaupt und anderseits Untersuchung auf eine bestimmte Art nicht bestehen kann.

Die Fäzes sollen in reinen, möglichst trocken oder aber mit Dampf sterilisierten, eventuell ausgekochten Gefäßen aufgefangen werden, wobei es in den meisten Fällen mehr auf die Keimarmut im Moment des Gebrauches als auf die absolute Sterilität, jedenfalls aber auf die sichere Abtötung der vorher vorhandenen Keime ankommt. Zweckmäßig sind die sogenannten Stuhlgefäße: diese sind 10 cm hohe Glasgefäße mit einem Durchmesser von 15 cm und Glasdeckel, die in den Leibstuhl hineingegeben werden können, so daß der Stuhl sofort in das Gefäß entleert werden kann. Wichtig ist, daß der Patient vor der Stuhlentleerung uriniert, damit die Fäzes nicht mit dem Harn in Berührung kommen. Die Stuhlgefäße können in Papier eingewickelt, trocken sterilisiert und steril aufbewahrt werden. Die Desinfektion der gebrauchten Gefäße geschieht am zweckmäßigsten mit Dampf, wenn eine solche nicht durchführbar ist, mit chemischen Desinfizienzien, am besten mit Phenolkörpern: mit Kresol, Lysol usw., mit Kalk oder mit Chlorkalk. Die Gefäße müssen aber nachher mit heißem Wasser öfters nachgespült werden, da die Reste der Desinfektionsmittel die Lebensfähigkeit und das Wachstum der Bakterien hemmen könnten. Sublimat ist mit Rücksicht auf etwaige „oligodynamische" Wirkungen ganz zu vermeiden. Die chemische Desinfektion kann im Notfalle auch zur Vorbereitung der Gefäße zur Stuhlentnahme dienen, in diesem Falle soll die Nachspülung mit kurz vorher gekochtem Wasser vorgenommen werden, wobei durch das gekochte Wasser die zur Untersuchung notwendige Sterilität nicht gefährdet wird. Hiebei werden die Gefäße am besten mit ihrer Öffnung nach unten auf den desinfizierten Glasdeckel aufgesetzt. Gute Dienste leistet auch die Aufbewahrung des Stuhles bis zur Untersuchung in Petrischalen, welche die zur Untersuchung notwendigen kleinen Mengen leicht aufnehmen können.

Es soll nicht unerwähnt bleiben, daß mehrere Vorrichtungen zur sterilen Entnahme des Stuhles aus dem Rektum beschrieben wurden. So benützte Escherich ein bleiernes Klystierspritzenansatzröhrchen, P. Cohnheim ein Glasröhrchen mit olivenförmiger Verdickung mit seitlicher Öffnung, Sato einen Glasstab mit zwei querlaufenden Löchern am Ende, wobei das Röhrchen in einem Glaszylinder steril aufbewahrt werden kann. Ebenso kann man auch durch die Einführung einer Öse oder eines Glasstabes durch das Lumen eines Klystierschlauches Stuhl gewinnen. Riff hat einen ähnlichen Apparat mit einem löffelartig geformten Glasstab zwecks Stuhlentnahme bei Oxyuriasis angegeben.

Einen besonderen Vorteil bieten unserer Ansicht nach diese Entnahmeapparate nicht. Sittler verurteilt sogar die Stuhlentnahme aus dem Rektum, indem er hervorhebt, daß ein strenger und ständiger Unterschied zwischen der wandständigen Darmflora und der Flora des Darminhaltes besteht und daß daher bei der Stuhlentnahme nicht beurteilt werden kann, ob der herausbeförderte Stuhl aus den wandständigen Partien oder aus dem eigentlichen Darminhalt stammt, oder aber eine Vermischung der beiden vorliegt. Wenn eine solche Entnahme aus dem Rektum in

Betracht gezogen wird, so ist sie nur dort zweckmäßig, wo etwa Inkontinenz der Stuhlentleerung besteht, wie auch bei Säuglingen, in welchem Falle das Auffangen des Stuhles in sterile Gefäße mit Schwierigkeiten verbunden sein kann. Wir glauben jedoch einerseits aus den schon von SITTLER vorgebrachten Gründen, anderseits wegen der Seltenheit der Verunreinigung des auf steriler Gaze oder Leinwand aufgefangenen Stuhles — wenn letzterer bald nach der Entleerung aufgearbeitet wird — auch in diesem Falle die rektale Entnahme vermeiden zu können.

Zum Zwecke der bakteriologischen Untersuchung des entleerten Stuhles wird — wenn er flüssig ist — ein wenig mit der Öse oder Kapillarpipette entnommen, wobei, wie später ausgeführt werden wird, je nach dem Zweck der Untersuchung verschiedene Anteile des Stuhles verwendet werden müssen. So werden bei Verdacht auf Dysenterie oder Cholera in erster Linie die Schleimflocken geprüft. Feste Stuhlpartikel werden mit sterilem Skalpell oder Paraffinspatel getrennt und dann wird von der Schnittfläche mit der Öse abgeimpft. Es genügt auch, mit zwei Holzspateln die Fäzes zu zerkleinern und von zwei bis drei Stellen, die mit dem Holzspatel nicht in Berührung gekommen waren, abzuimpfen. Jedenfalls erscheint es geboten, bei der Untersuchung des Stuhles immer mehrere Partien zu verwenden.

Daß wir bei der Stuhlentnahme der bei sonstigen bakteriologischen Arbeiten gebotenen Sterilität nicht vollkommen entsprechen, ist einerseits in der angewandten Methode der Abimpfung aus der Tiefe begründet, anderseits lehrt die Erfahrung, daß auch bei Paralleluntersuchungen von Stühlen, die mit der größtmöglichen Sterilität entnommen worden waren und solchen, die mit den beschriebenen Methoden gewonnen wurden, keine wesentlichen Unterschiede zu bemerken sind. Auch bei flüssigen Stühlen, bei welchen eine eventuelle innere Verunreinigung nach der Entleerung durch hinzukommende Keime kaum zu vermeiden ist und bei denen die Heranziehung der nicht oberflächlichen Schichten unmöglich ist, hat sich die Anwendung der beschriebenen Methoden als zweckentsprechend erwiesen.

Neben der Art der Stuhlentnahme muß auch noch auf die Bedeutung des Zeitabstandes zwischen Untersuchung und Entleerung hingewiesen werden. Es gilt der Grundsatz, die Aufarbeitung des Stuhles sobald als möglich nach der Entleerung vorzunehmen. Diese Notwendigkeit ist damit begründet, daß auch im entleerten Stuhl sich Veränderungen in der Zahl und im gegenseitigen Verhältnis der stuhleigenen Keime im Sinne einer Überwucherung einzelner Arten ergeben und außerdem das Zugrundegehen mancher Bakterien durch die bakteriophage Wirkung wie bei den Dysenteriestühlen oder durch die gebildete Säure wie bei Cholera (R. KRAUS) in Betracht gezogen werden muß. Damit soll nicht gesagt werden, daß sich solche Veränderungen im Inneren des geformten Stuhles während 24 oder gar 48 Stunden unbedingt abspielen müssen, wie z. B. Untersuchungen zeigen, welche das Verhältnis von Enterokokken und Colikeimen oder aber die Zahl der vermehrungsfähigen Bakterien feststellten, welche keine sichere Verschiebung ergaben. Wenn die Stühle nicht sofort untersucht werden können, sollen sie, vor Licht geschützt, an einem möglichst kühlen Ort, eventuell im Kühlschrank trocken aufgehoben werden, damit es nicht infolge der Feuchtigkeit zu einer frühzeitigen Schimmelpilzbildung kommt.

Zum Versand der Fäzes eignen sich am besten die sogenannten Versandgläser, breite zylindrische Glasgefäße, die mit einem Korkstöpsel, in dem ein Blechlöffelchen befestigt ist, zu verschließen sind. Nachdem die hitzesterilisierten Gläser mittels des Blechlöffelchens mit etwas Stuhl gefüllt worden sind, kommen sie in ein Blech, dieses wieder in ein Holzgefäß. Bei der Füllung der Gefäße ist sehr darauf zu achten, daß sie von außen nicht beschmutzt werden und der Verschluß sehr sorgfältig erfolgt, damit nicht etwa der Untersucher beim Öffnen der Gefäße sich infizieren kann.

Mikroskopische Methodik

Die mikroskopische Untersuchung soll von jedem Stuhl auch dann erfolgen, wenn eine Züchtung der Keime vorgenommen wird. Nicht nur zur allgemeinen Orientierung, sondern auch deshalb, weil — wie später besprochen werden wird — der größte Teil der Stuhlbakterien nicht mehr wachstumsfähig ist, oder aber mit der heute üblichen Technik, wie es z. B. bei den Fusiformen und einigen anderen Keimen der Fall ist, die Reinzüchtung nicht gelingt.

Für die mikroskopische Untersuchung soll ebenso wie für die Züchtung Material von mehreren Stellen entnommen werden.

Nativpräparat

Die Untersuchung des frischen Kotes erfolgt durch Anfertigung im Nativpräparate, welches Aufschlüsse über Beweglichkeit und Form der Keime gibt und z. B. durch Zusatz von Lugolscher Lösung eine Vitalfärbung ermöglicht, und im fixierten und gefärbten Ausstrich.

Zur Herstellung des Nativpräparates wird von wenigstens drei Stellen des Stuhles je eine kleine Öse entnommen, auf einem Objektträger in einem größeren Tropfen physiol. NaCl-Lösung aufgeschwemmt und mit einem Deckglas bedeckt oder aber, um die für ein Nativpräparat notwendige Verdünnung der Aufschwemmung zu erreichen, auf andere Objektträger mit der erforderlichen NaCl-Menge übertragen und sofort mit der Immersion oder besser mit dem Korrektionsobjektiv untersucht. Die Verdünnung ist dann entsprechend, wenn die Zahl der Bakterien nicht zu groß ist, um die Bewegung der Keime zu hindern und damit die Beobachtung der Bewegung zu erschweren. Wir brauchen, um die Beweglichkeit der Keime im nativen Stuhlpräparat zu beobachten, gewöhnlich nicht den „hängenden Tropfen" anzufertigen, da im Stuhl immer kleine organische oder anorganische Partikel nicht bakterieller Art vorhanden sind, an denen die eventuell auftretende Flüssigkeitsströmung wahrnehmbar ist. So wird die aktive Bewegung der Bakterien, die in den verschiedensten Richtungen vor sich geht, von den Strömungen der kleinen Partikel und toter Bakterien ohneweiters abzugrenzen sein. Die Anwendung des Nativpräparates ist im allgemeinen zweckentsprechender, um so mehr, als die Untersuchung auf die Beweglichkeit der Bakterien unter gleichzeitiger Berücksichtigung ihrer Form und Größe nur einen orientierenden Wert hat, welche auf die Art der Bakterien nur ganz ausnahmsweise Schlüsse zu ziehen erlaubt. Bei dem Gebrauch des Korrektionsobjektives wird das Deckglas nicht berührt, so daß auch die Ursache für eine Flüssigkeitsbewegung im Präparat größtenteils eliminiert wird.

Das Nativpräparat hat außerdem gegenüber dem hängenden Tropfen den Vorzug, die Beweglichkeit der Anaeroben länger zu erhalten als dieser.

Es kommt ferner die Untersuchung des Nativpräparates im Dunkelfelde in Betracht, eine Methode, welche auch von Zeissler zur Feststellung der Beweglichkeit der Anaeroben vorgeschlagen wurde (Methodik siehe Seite 318).

Eine viel größere praktische Bedeutung besitzt die native Untersuchung im Lugol-Präparate zur Darstellung der Granuloseflora.

LUGOL-Präparat (Granuloseflora)

Unter Granulose verstehen wir die Bestandteile der Bakterienzelle, welche sich mit Jod-Jodkalilösung blauviolett bis rotbraun färben. Die Reaktion wurde zuerst von NOTHNAGEL in die mikroskopische Diagnostik des Stuhles eingeführt und beruht auf der Tatsache, daß manche Bakterien unter geeigneten Bedingungen in ihrem Körper Stärke aufstapeln, welche mit Jod die charakteristische Reaktion gibt. Man findet entweder den ganzen Bakterienleib anscheinend diffus mit Jod gefärbt, wobei man aber doch bei genauerer Analyse Granula im Protoplasma in der Regel bemerken kann, wie es schon von FISCHER beschrieben wurde, seltener in Flecken oder Herden, in welchen keine körnigen Elemente erkennbar sind; mitunter bleibt ein Pol oder die Mitte frei, seltener enthält nur die Mitte die Granula, die aber auch, wie erwähnt, im ganzen Zellkörper unregelmäßig verteilt vorkommen können. Was die Form der Granulalagerung anbetrifft, so findet man auch Zellen, in welchen die jodgefärbten Stellen in Form schmaler Bänder den Bakterienleib quer durchsetzen und ganz gleichmäßig angeordnet sind, daneben auch Formen mit streptokokkenartiger Gliederung der Granulose. Manchmal kamen auch Bakterien zur Beobachtung, in welchen die Verteilung der Granula an das Bild der Polkörperchen erinnerte.

Meistens sind die die Granulose aufweisenden Keime Stäbchen oder Fäden, seltener Spirillen oder Kokken. Nach ZIMMERLI[1] färben sich die Diplokokken häufiger mit Jod als die Solitären. Es ist wichtig auf den Zusammenhang zwischen der Bildung von sogenannten Blähformen der Anaeroben und der Granuloseeinlagerung in letzteren hinzuweisen. Unter Blähformen verstehen wir teils örtliche, teils über den ganzen Leib der Bakterien ausgebreitete Anschwellungen, oder aber eine allgemeine Vergrößerung der Zelle, ohne eine ausgesprochene Umformung zu zeigen. Die Blähformen, auch Klostridien genannt, haben hauptsächlich in ihrem geschwellten Anteil eine besondere Neigung zur Granulosebildung und es sind auch die Bedingungen für die Bildung der Blähformen und Granulose dieselben. Wir erblicken dieselben, wie die Untersuchungen von HIBLER festgestellt haben, in ihrer Abhängigkeit von den zur Verfügung stehenden Kohlehydraten und in der Alkaleszenz des Nährbodens. Doch bildet dieser Parallelismus keine allgemein gültige Regel. Es muß hervorgehoben werden, daß die Klostridienformen und die Granulose sehr häufig bei den üblichen Färbungen den Farbstoff sehr schlecht annehmen, so daß sie meistens, worauf besonders HIBLER[2], GRASSBERGER und PASSINI[3] hingewiesen haben, wie ausgelöscht erscheinen und die Klostridien nur dadurch sichtbar werden, daß sich ihre Zellgrenzen, das unveränderte Protoplasma, als Umrisse der Bläschen färben. Bei der Gramfärbung gelingt ihre Darstellung dann gut, wenn man das zur Kontrastfärbung verwendete Fuchsin lange einwirken läßt, oder aber durch Kombination der Jodfärbung mit Anilinfarbstoffen, besonders mit Fuchsin (GRASSBERGER und PASSINI). Diese Autoren fassen auch die Granulosebildung als einen Degenerationsvorgang auf, insoferne als die die Granulosereaktion zeigenden Bakterien eine verminderte Fähigkeit des Kohlehydratabbaues zeigen, wodurch ihre Fähigkeit, sich mit Jod zu färben, zustande kommt. Demgegenüber steht die Auffassung anderer Autoren, nach welchen die Granulosebildung als eine Ablagerung von Reservestoffen aufgefaßt wird.

[1] Zeitschr. f. klin. Med. Bd. 82, S. 332, 1916.

[2] Untersuchungen über die pathogenen Anaeroben. Jena, G. Fischer, 1908.

[3] Wien. klin. Wochenschr. 1902, S. 10.

Vom morphologischen Standpunkte aus soll noch darauf hingewiesen werden, daß die Sporen von der Granulosesubstanz räumlich immer getrennt sind (HIBLER), wobei es vorkommen kann, daß die Sporen von einem Granulosering umschlossen erscheinen. Die von SCHATTENFROH und GRASSBERGER ins Auge gefaßte Möglichkeit einer Einlagerung von Granulose in den Sporen von bestimmten Anaeroben wird von HIBLER bezweifelt.

Die chemische Grundlage der Reaktion liegt in der Färbung der Stärke, bzw. deren Abbauprodukte mit Jod. Außerdem sehen wir aber, daß, abgesehen von dem unten noch erörterten Einfluß optischer Momente, Teile des Bakterienleibes sich blauviolett, rosarot, aber auch braunrot färben, welche Erscheinung nach ARTUR MAYER dadurch begründet ist, daß in dem Bakterienprotoplasma außer dem Amylum noch Dextrin, speziell Erythrodextrin, aber auch noch Glykogen vorkommen kann. Auf letztere Möglichkeit weisen auch die Versuche HIBLERS hin, der in Glykogennährboden eine reichliche Granulosebildung erzielte. Die Granulose entsteht durch den bakteriellen Assimilationsprozeß aus den Kohlehydraten, und zwar bei den Anaeroben, die auch in den Fäzes vorwiegend als Träger dieser Substanz in Betracht kommen, hauptsächlich bei alkalischer Reaktion (HIBLER), jedoch können auch aerobe Bakterien, wie die experimentellen Untersuchungen von GRASSBERGER und PASSINI, für B. coli, Staphylokokken und Milzbrand zeigten, unter geeigneten Bedingungen zur Granulosebildung gebracht werden. Nach HENNEBERG kann es in B. subtilis und B. megatherium auch zur Einlagerung von Glykogen kommen. Siehe Abb. 5 auf Tafel XXII.

Eine praktisch wichtige Frage ist nun, ob durch die Granulosereaktion eine bakteriologische Differenzierung möglich ist. Nach den übereinstimmenden Ansichten von GRASSBERGER und PASSINI, RODELLA, ZIMMERLI müssen wir diese Frage verneinen; wie letztere zeigen konnten, besteht keine Berechtigung, aus der Reaktion die Diagnose einer bestimmten Art zu stellen. Die Annahme von der Spezifität der Reaktion für bestimmte Mikroorganismen (NOTHNAGEL, MANNABERG, A. SCHMIDT) kann heute nicht mehr aufrecht erhalten bleiben. Eine Feststellung, die um so wichtiger ist, als SCHMIDT-STRASBURGER noch immer hervorheben, daß „eine Anzahl im Kot vorkommender Spaltpilze durch ihr Verhalten zu Jod auf das schärfste charakterisiert seien, wie NOTHNAGEL sagte". Wir können jedoch im anderen Sinne mit ZIMMERLI durch die Reaktion eine Abgrenzung der Stuhlbakterien vornehmen, da die Granulose hauptsächlich durch Gärungserreger gebildet wird, also durch Arten, die Stärke, Zucker, Pektin, Zellulose verzehren, „so daß die Jodfärbung trotz der Ausnahmsfälle uns sehr wertvolle Dienste beim Erkennen dieser Arten leistet" (HENNEBERG). Unter welchen Bedingungen Bakterien zu Trägern der Granulose werden und dadurch zu einer positiven Reaktion Anlaß geben, wird an anderer Stelle besprochen.

Die Ausführung der Reaktion gestaltet sich folgendermaßen: Nach der Stuhlentnahme, welche, wie schon früher betont wurde, an mehreren Stellen vorgenommen werden soll, da es, wie ZIMMERLI ausdrücklich betont hat, vorkommen kann, daß sich die verschiedenen Stuhlpartien in ihrem Gehalt an Granuloseflora ganz different verhalten, schwemmt man in zirka 2 gtt. LUGOL-Lösung den zu untersuchenden Stuhl auf einen Objektträger von der Öse ab und bedeckt die Flüssigkeit mit einem Deckglas. Es ist vorteilhaft, das fertige Präparat vor der mikroskopischen Untersuchung ein paar Minuten stehen zu lassen, da dadurch die Reaktion deutlicher wird.

RODELLA[1] schlägt folgende Methode vor: In ein Uhrgläschen, an dessen

[1] Zentralbl. f. Bakteriol. I. Abt. Orig.-Bd. 69. S. 167, 1913.

Stelle man auch ein Standglas oder eine Eprouvette nehmen kann, gibt man $^1/_2$ bis 1 ccm Lugol-Lösung und verrührt darin drei Ösen Stuhl, von denen jede aus einer anderen Stuhlpartie entnommen wurde; das Uhrgläschen wird nun zugedeckt und nach einiger Zeit, sogar nach zwei bis drei Stunden, werden aus dem Bodensatz Nativpräparate untersucht. Nach Rodella soll man die hergestellten Präparate erst bei schwacher Vergrößerung beobachten, da häufig rosarote oder violette Inseln zu beobachten sind, welche Stellen eine reichliche Granulosaflora zeigen; anderseits beweist das Nichtvorhandensein solcher Stellen keineswegs das Fehlen von Granulose tragenden Bakterien.

Zur Darstellung von Granulose werden auch nach Hitzefixation mit Lugol gefärbte Präparate empfohlen: zu diesem Zwecke wird das lufttrockene Präparat wie üblich dreimal durch die Flamme gezogen, dann ein bis zwei Minuten mit Lugol gefärbt und nach kurzer Wasserspülung und Trocknen untersucht. Man findet jedoch nach einer solchen Färbung positive Resultate in viel höherem Prozentsatz als im Nativpräparat, welcher Unterschied nach Rodella durch die bei der Erwärmung im Zelleib hervorgerufenen Veränderungen zu erklären ist. Da aber bei der früher beschriebenen Methode bei normalen Menschen nur ganz vereinzelte Granulose tragende Formen gefunden werden, sich dagegen bei der Fixation das Bild durch Zunahme der gefärbten Bakterien verändert, ist es zweckmäßig, die erste Methode, das Nativpräparat, zu gebrauchen, da hier die Beurteilung pathologischer Fälle leichter ist. Die geschilderte Differenz zwischen den beiden Methoden ist um so wichtiger, da durch diese vielleicht so manche widersprechenden Angaben in der Literatur (Passini und Moro) bezüglich der granulosetragenden Formen in Säuglingsstühlen zu erklären sind.

Wie schon oben erwähnt, färbt sich die Granulose blau, blauviolett bis rot und rotbraun, welche Unterschiede aber nicht allein auf eine chemische Reaktion der gefärbten Körperchen zurückzuführen sind, sondern, wie Hibler meint, zum Teil auf Art und Stärke der verwendeten Lichtquelle, aber auch auf die Dichte der Granuloseinfiltration, da stärkere Lichtabsorption und Reflexion die Blaufärbung hervorruft, worauf die Häufigkeit ihres Auftretens in dicht infiltrierten Stellen hinweist. Das Protoplasma der Bakterien, welche keine Granulose enthalten, färbt sich meistens gelb bis goldgelb, in fixierten Präparaten stärker als in nicht fixierten.

In älteren Stühlen nimmt die Granuloseflora ab, welche Beobachtung darauf verweist, daß nicht nur die kulturelle, sondern auch die mikroskopische Untersuchung möglichst frühzeitig vorgenommen werden soll. Bezüglich der Granulose der Hefezellen siehe S. 71.

Fixation und Färbung

Das fixierte Präparat erlangt nach der Behandlung mit den verschiedenen Farbstoffen eine viel größere diagnostische Bedeutung als das Nativpräparat. Nicht nur deshalb, weil es in dieser Form für die weitere Untersuchung konservierbar ist, sondern auch darum, weil die Färbungen den ersten Schritt in der bakteriologischen Artdiagnose bedeuten. Man wird wohl, wie überhaupt in der Bakteriologie, nur in speziellen Fällen, wie es für die Fusiformen, Spirochäten, eventuell auch Tuberkelbazillen u. a. zutrifft, aus dem färberischen und morphologischen Verhalten eine Diagnose stellen können. In anderen Fällen müssen wir uns mit der Wahrscheinlichkeitsdiagnose begnügen, wobei zu berücksichtigen ist, daß es sehr oft nicht so sehr auf die exakte bakteriologische Diagnose als vielmehr auf eine Feststellung der Relation der sich mit Gram-Lösung positiv färbenden Mikroben zu jenen ankommt, die den Jodgentianaviolettfarbstoff nicht annehmen. Diese Tatsache muß um so mehr hervorgehoben werden, als in vielen Fällen dem morphologischen und tinktoriellen Stuhlbild eine besondere Bedeutung zukommt, die mit der weiteren Ausbildung der Technik der bakteriologischen Fäzesuntersuchung wahrscheinlich noch wachsen wird.

Bei der Besprechung der Herstellung von Stuhlausstrichen zwecks Färbung soll nochmals auf die Notwendigkeit hingewiesen werden, daß das Material aus verschiedenen Stellen des Stuhles zu entnehmen ist. Sehr dünnflüssige Stühle kann man direkt ausstreichen, dickflüssige und feste verdünnt man erst in wenig Kochsalzlösung. Die Stuhlpartikel werden mit einer Öse in einem größeren Tröpfchen physiologische Kochsalzlösung aufgeschwemmt und auf einem fettfreien Objektträger so ausgestrichen, daß man nach Möglichkeit trachtet, die schon aufgetragenen Stellen nicht wieder mit der Öse zu berühren. Wenn man das Hin- und Herfahren beim Ausstreichen meidet, indem man am besten parallele Linien zieht, erreicht man, daß die natürliche Lagerung der Keime, wie die Zellverbände, nicht zerstört wird, eine Maßregel, welche sehr oft nicht beachtet wird. Neben der Art des Ausstreichens muß auch auf die Dicke des Präparates ein besonderes Augenmerk gerichtet sein. Ein gutes Präparat soll so ausgestrichen sein, daß die einzelnen Keime möglichst getrennt zu liegen kommen und einander nicht überlagern.

Das Präparat wird nach der Lufttrocknung, die man dadurch beschleunigen kann, daß man den Objektträger in zwei Fingern über dem Bunsenbrenner in einer solchen Höhe hält, daß die unter dem Glas gehaltenen übrigen Finger die Wärme leicht ertragen können, in der Hitze fixiert. Die Fixation mit Methyl- oder Äthylalkohol kommt nur bei darauffolgender Giemsafärbung oder in speziellen Fällen, wie zur Herstellung der bipolaren Färbung usw. in Betracht und soll im Zusammenhang mit der GIEMSA-Färbung noch eingehender besprochen werden.

Die Hitzefixierung geschieht in der Weise, daß das lufttrockene Präparat am besten in der CORNETschen Pinzette gehalten, mit der Schichtseite nach oben dreimal durch die Flamme gezogen wird.

Es soll bemerkt werden, daß bei sehr starken Steatorrhoen das Fett das mikroskopische Bild stören kann. Um diesem Umstand Rechnung zu tragen, soll man das fixierte Präparat mit einigen Tropfen Xylol oder Toluol, die das Fett lösen, abspülen, danach mit etwas Alkohol nachwaschen und kann dann bei Behandlung der Präparate in der gewohnten Weise fortfahren.

Nach erfolgter Fixation wird die Färbung auf einem Färbegestell vorgenommen, dann die noch feuchten Präparate zwischen Filtrierpapier leicht abgetupft und, wie oben beschrieben, über der Flamme getrocknet, wobei man zu starkes Erhitzen besonders sorgfältig vermeidet.

Man kann auch Deckglasausstriche anfertigen, die nach der Fixation in einem Uhrschälchen oder in einer Petrischale mit der Farblösung bedeckt, oder mit der Schichtseite nach unten auf der Farblösung schwimmen gelassen werden, worauf sie ebenso wie die Objektträgerausstriche weiter behandelt werden.

Die gefärbten Objektträgerausstriche werden mit einem Tropfen Zedernöl versehen und ohne Deckglas mit der Immersionslinse untersucht. Nur zu Konservierungszwecken werden die Präparate nach Entfernen des Zedernöles durch Abwischen mit Xylol mit Kanadabalsam bedeckt und mit Deckglas eingeschlossen.

Die einfachen Färbungen haben in der Bakteriologie der Fäzes keine besondere Bedeutung, es soll daher nur die Färbung mit Methylenblau und mit Fuchsin erwähnt werden.

Zur Methylenblaufärbung benützt man die wässerige Verdünnung einer alkoholischen gesättigten Methylenblaulösung im Verhältnis 1:4. Mit dieser Lösung wird das Präparat eine halbe bis eine Minute lang gefärbt, dann mit Wasser abgespült und getrocknet. Eine Verstärkung der Färbekraft wird durch Zusatz von Lauge erzielt: LÖFFLERS Methylenblau. Dieses wird durch Auflösen von 0,5 Methylenblau in 30 ccm Alkohol hergestellt, welchem dann noch 2 ccm N/10 KOH und 98 ccm destilliertes Wasser zugesetzt werden.

Die Fuchsinfärbung wird am besten mit einer durch Karbol verstärkten Lösung (siehe ZIEHL-NEELSEN-Färbung) in einer Verdünnung 1:10 oder 1:20 vorgenommen. Bei der Verwendung verdünnter Farblösungen behalten die Bakterien ihre Struktur besser als bei der Benützung konzentrierter Farbstoffe.

Eine weit größere praktische Bedeutung als die oben beschriebenen Färbungen besitzen jene Methoden, durch welche die sich sonst schlecht färbenden Mikroorganismen dargestellt werden, wie die Spirochäten, und die anderseits bei Kontrastfärbungen eine bakteriologische Diagnose, wie z. B. bei der ZIEHL-NEELSEN-Färbung, erzielen, ode reine Abgrenzung einer bestimmten Bakteriengruppe, wie bei der GRAM-Färbung, ermöglichen.

Die GIEMSA-Färbung wird in der Stuhlbakteriologie in erster Linie zur Darstellung der Spirochäten benützt. Sie besteht aus einer Glyzerin-Methylalkohollösung von Azur II und Azur II-Eosin und ist am besten fertig zu beziehen (GRÜBLER). Zur Färbung wird ein Tropfen der Lösung in einem reinen Glaszylinder mit 1 ccm destillierten Wasser gemischt, das vorher lufttrockene und entweder durch fünfzehn bis zwanzig Minuten mit Äthylalkohol oder durch zwei bis drei Minuten mit Methylalkohol fixierte Präparat damit bedeckt, fünfzehn bis zwanzig Minuten gefärbt und dann mit Wasser gespült. Für die Zeitdauer der Färbung läßt sich jedoch keine bestimmte Regel aufstellen. Es muß jeder neue Farbstoff ausgeprobt werden.

Silberimprägnation nach FONTANA:

a) Fixierung des Ausstriches mit

Eisessig	1,0
Formalin	20,0
Wasser	100,0

Eine Minute. Eine Erneuerung der Lösung, die für erythrozytenhaltige Präparate empfohlen wurde, ist nicht notwendig.

b) Spülung in fließendem Wasser.

c) Beizung in

Acid. carbolic.	1,0
Acid. tannic.	5,0
Aq. dest. ad	100,0

Zwanzig Sekunden unter leichtem Erwärmen bis zur Entwicklung schwacher Dämpfe.

d) Spülung in fließendem Wasser 30 Sekunden.

e) Leichtes Erwärmen während 20 bis 30 Sekunden in einer 0,25% Silbernitratlösung in destilliertem Wasser, zu welcher soviel konzentrierte Ammoniaklösung in Tropfen zugesetzt wurde, daß schwache Opaleszenz der Flüssigkeit auftrat.

f) Gründliche Wasserspülung und Trocknen.

Die ammoniakalische Farblösung ist nicht lange haltbar.

Die Gramfärbung ermöglicht die mikroskopische Trennung der das Jodpararosanilin festhaltenden Bakterien von jenen, welche diesen Farbstoff bei Alkoholbehandlung leicht abgeben. Zwischen den beiden Gruppen der Bakterien gibt es Übergänge, wobei einzelne Arten den Farbstoff leichter abgeben als andere derselben Gattung. Außerdem besteht eine Abhängigkeit der Färbbarkeit von dem Alter der Kultur und von dem Säuregrad des Nährbodens. Diese Eigentümlichkeit der Bakterienarten soll hier besonders hervorgehoben werden, weil die in der Stuhlbakteriologie eine große Rolle spielenden Anaeroben ein ziemlich inkonstantes Verhalten in ihrer Gramfärbbarkeit zeigen können.

Nach der Fixation werden die Präparate gefärbt mit

a) Anilinwassergentianaviolett (nicht haltbar)

Anilinöl 10 ccm
Wasser 100 ccm

gut durchgeschüttelt, bis eine milchige Emulsion entsteht, nach fünf Minuten langem Stehen durch einen angefeuchteten Filter klar filtriert. Zu dem Filtrat kommen 11 ccm gesättigte alkoholische Gentianaviolettlösung und 11 ccm 96%iger Alkohol; Färbung drei Minuten. Statt des Anilinwassergentianaviolett ist das von FRÄNKEL angegebene Karbolgentianaviolett infolge seiner Haltbarkeit empfehlenswerter:

Alkoholische gesättigte Gentianaviolettlösung . . . . . . 10,0 ccm
2,5% Karbolwasser . . . . 90,0 „

Die Lösung soll vor dem Gebrauch filtriert werden, Färbung zwei bis drei Minuten, eventuell unter leichtem Erwärmen.

b) Abspülen mit LUGOL-Lösung:

Jodi pur. 1,0
Kalii jod. 2,0
Aqu. dest. 5,0

Nach der Lösung Auffüllen mit Aqu. dest. auf 300 ccm.

Das Präparat wird mit der Pinzette schief gehalten und tropfenweise die LUGOL-Lösung darauf fließen gelassen, wodurch die gebildeten Niederschläge abgeschwemmt werden. Bedecken mit der Lösung ein bis zwei Minuten.

c) Abfließenlassen der Jod-Jodkalilösung und Entfärben mit absolutem Alkohol, wobei die Schräghaltung des Präparates und Aufträufeln, bzw. Wechseln des Alkohols zweckmäßig ist, bis keine Farbwolken mehr aufsteigen. Zirka eine halbe Minute.

d) Kontrastfärbung mit 1:10 verdünnter Karbolfuchsinlösung 10 bis 20 Sekunden.

e) Wasserspülung und Trocknen.

Von den Modifikationen der Gramfärbung soll noch die WEIGERT-ESCHERICHsche Färbung erwähnt werden, welche folgendermaßen vorgenommen wird:

1. Gentianaviolett 5:200 durch eine halbe Stunde gekocht und filtriert, lange Zeit brauchbar.

2. Alkohol absol. 11, Anilinöl 3, auch haltbar.

1 und 2 im Verhältnis 8½ zu 1½ gemischt bildet die verwendete Farblösung, die aber in zwei bis drei Wochen unbrauchbar wird.

3. Jod-Jodkalilösung 1:2:60.
4. Anilin-Xylol zu gleichen Teilen.
5. Reines Xylol.
6. Wässerige Fuchsinlösung.

Man läßt die Farblösung 10 bis 15 Sekunden lang einwirken, danach Abtropfen des Farbstoffes und Abtupfen des Glases mit Filterpapier. Dann Aufgießen von Jod-Jodkalilösung (3) und ebenfalls sofortiges Abtrocknen mit Filterpapier. Die nachfolgende Entfärbung mit Anilin-Xylol (4) geschieht bis zum Verschwinden der aufsteigenden Farbstoffwolken. Danach Übergießen mit Xylol und Trocknen. Kontrastfärbung mit Fuchsinlösung (6), Wasserspülung, Trocknen und Untersuchen mit Immersion.

Die ZIEHL-NEELSENsche Färbung zum Nachweis der Tuberkelbazillen ermöglicht auch die Darstellung von anderen säure-alkoholfesten Gebilden des Stuhles (siehe unten).

a) 5%iges Karbolwasser 100,0
gesättigte alkoholische Fuchsinlösung 10,0

Mit dieser Lösung wird das Präparat bedeckt und zweimal bis zur Dampfbildung aufgekocht, dann läßt man noch die heiße Lösung ein bis zwei Minuten einwirken. Zu diesem Zwecke wird das Präparat entweder auf ein metallenes Färbegestell gelegt und mit dem Farbstoff bedeckt oder mit der Schichtseite nach unten in ein in der Form dem Objektträger angepaßtes Metallschälchen, oder aber man gibt ein Stückchen Filtrierpapier in der Größe des Ausstriches auf das Glas, welche Methode das Abfließen des Farbstoffes verhindert, auch wenn der Objektträger mit der Pinzette in der Hand gehalten wird.

b) Nach Abgießen des Farbstoffes mit Wasser nachspülen und entfärben mit 3%igem Salzsäure-Alkohol, bis das Präparat farblos erscheint: ungefähr eine Minute. Man kann auch die Säure-Alkohol-Behandlung trennen, indem man erst eine 5%ige Schwefelsäure fünf Sekunden lang einwirken läßt und dann mit 60%igem Alkohol auswäscht, bis keine Farbe mehr abgegeben wird.

c) Gegenfärbung mit wässeriger Methylenblaulösung, höchstens eine halbe Minute.

d) Wasserspülung, Trocknen.

Die säure-alkoholfesten Bazillen erscheinen bei der ZIEHL-NEELSEN-Färbung rot, die anderen Bakterien und Stuhlbestandteile blau. Es ist jedoch wichtig, darauf hinzuweisen, daß manchmal im Stuhl Sporen vorkommen können, die sich ebenfalls rot färben, außerdem nehmen SCHMIDT und STRASBURGER an, daß auch das Clostridium butyricum (B. amylobakter) den Farbstoff schwer abgibt. Wir haben ziemlich oft große, eher plumpe säurefeste Stäbchen im Stuhl gesehen, doch haben wir bisher keinen hinreichenden Grund zu der Annahme einer bestimmten Art (Abb. 3 auf Tafel XXII). Besonders häufig findet man säurefeste Bakterien im Rinderkot, so daß in solchen Fällen der mikroskopische Tuberkelbazillennachweis auf Schwierigkeiten stößt, da diese Gebilde zur Verwechselung Anlaß geben können. Auch findet man manchmal große längliche und spiralförmige Pflanzenreste, die sich ebenfalls rot färben. Die relative Häufigkeit der unspezifischen Befunde, hauptsächlich aber die geringe praktische Bedeutung der positiven Befunde für die Darmtuberkulose (Verschlucken von Sputum) begründen, daß wir die neueren Verfahren, wie das Pikrinsäureverfahren und seine Modifikationen, nicht besprechen.

Nur wegen der Möglichkeit der rascheren Diagnosestellung mit dem von HOFFMANN angegebenen Leuchtbildverfahren soll auf die Einfachheit dieser Methode hingewiesen werden. Bei diesem wird das in üblicher Weise hergestellte ZIEHL-NEELSEN-Präparat mit Immersion und Dunkelfeld (siehe später) untersucht. Die alkohol-säurefesten Bakterien erscheinen hier grün, die anderen braun, und lassen sich erstere viel leichter und in größerer Zahl nachweisen als bei der Betrachtung im Hellfeld.

Sporenfärbung.

Die Sporen nehmen bei den üblichen Färbungen mit wässerigen Anilinfarbstoffen diese nicht an, so daß sie in dem Bakterienleib als scharf abgegrenzte ungefärbte Gebilde erscheinen. Durch bestimmte verstärkende Farbstoffe lassen sie sich aber doch färben, und zwar färbt sich, wie oben erwähnt, ein Teil der Sporen nach der ZIEHL-NEELSENschen Methode, für viele andere Sporen ist jedoch die dabei angewendete Entfärbung zu intensiv.

Wir haben mit der von HEIM angegebenen Modifikation der KLEINschen Methode gute Resultate erzielt:

In einer Eprouvette werden in etwa ½ ccm destilliertem Wasser einige Ösen des Stuhles gut verteilt (an der Wand der Eprouvette verrieben) und dazu die gleiche Menge filtrierte Karbolfuchsinlösung zugesetzt, und dann die Eprouvette fünf bis zehn Minuten in kochendem Wasser gehalten. Ein Tropfen der Aufschwemmung wird auf den Objektträger ausgestrichen, rasch getrocknet und gut fixiert. Entfärbung mit 60%igem Alkohol, zu welchem, wenn kräftigere Entfärbung notwendig, auf 100 ccm ein Tropfen Salzsäure zugesetzt wird, Wasserspülung. Nachfärbung mit Methylenblau.

Die Sporen der verschiedenen Bakterien behalten den Farbstoff nicht gleichmäßig stark, so daß man, wenn man im allgemeinen Sporen im Stuhl sucht, mit dem Entfärben vorsichtig sein muß.

Geißelfärbung nach ZETTNOW. Nach der Zusammenstellung von HEIM bringt man vom Bakterienmaterial, ohne Spuren vom Nährboden mitzunehmen, eine Spur in einem Tropfen destillierten Wassers auf einen Objektträger, daß der Tropfen deutlich trübe ist. Neben den ersten Tropfen bringt man auf den Objektträger einen dreimal so großen Wassertropfen, dem eine Öse 2%ige Osmiumsäurelösung zugesetzt wird. Von dem ersten Tropfen wird nun nach einigen Sekunden eine kleine Öse in den zweiten Tropfen eingebracht. Bei allen diesen Übertragungen darf der Tropfen nicht mit der Öse verrieben werden, um das Abreißen der Geißeln zu vermeiden. Von dem zweiten Tropfen wird eine Öse auf ein ausgeglühtes Deckglas (darf nur mit der Pinzette angefaßt werden!) gebracht und, ohne viel hin- und herzustreichen, ausgebreitet.

Aus Bouillonkulturen und abgeschwemmten Agarkulturen wird die Fixation so vorgenommen, daß man zu 10 ccm Kulturflüssigkeit 1 ccm 35%iger Formaldehydlösung gibt, den Inhalt vom Bodensatz in ein Spitzglas abgießt und 25 ccm Wasser dazufügt. Man läßt die Bakterien ein bis drei Tage lang sedimentieren, übergießt noch einmal mit 35 ccm 1%iger Formaldehydlösung und läßt diese einwirken. Zum Schluß wird nach Abgießen der Flüssigkeit deren Rest vom Bodensatz abgesaugt (mit Fließpapier) und eine Öse in einen auf einem Objektträger befindlichen Tropfen Wasser gegeben, so daß dieser trübe wird. Nun bringt man eine kleine Öse von dem ersten Tropfen in einen zweiten größeren und streicht mit einer kleinen Öse auf einem Deckglas wie oben aus.

Nach dem Lufttrocknen des Deckglases (gleichgültig ob die Fixation des Präparates mit Osmiumsäure oder mit Formaldehyd vorgenommen wurde) wird es zweimal durch die Flamme gezogen und mit der Schichtseite nach unten in ein Blockschälchen gelegt.

Von der gut aufgeschüttelten Antimon-Tanninbeize werden pro ein Blockschälchen 2,5 ccm in der Eprouvette gekocht, wobei sich die Beize ganz oder nahezu ganz klärt, und über das Deckglas in das Blockschälchen gegossen. Wenn die Beize trüb wird, nimmt man das Deckglas mit der EHRLICHschen Pinzette heraus und spült es unter der Wasserleitung — mit der Schichtseite nach unten — ab. Dann faßt man das Deckglas mit einer CORNETschen Pinzette, spült nochmals ab und der Rest des Wassers wird von der Kante aus mit Filtrierpapier abgesaugt.

Die CORNETsche Pinzette wird dann so auf ein Gestell gelegt, daß das Deckglas mit der Schichtseite nach oben gerichtet ist. Man bedeckt es mit einer

Äthylaminsilberlösung und erwärmt es mit der Sparflamme eines Bunsenbrenners von einer Distanz von zirka 10 cm aus, bis leichte Dämpfe aufsteigen und die gebeizten Stellen schwarz werden, bzw. die Ränder des Deckglases Spuren von Niederschlag von weißem Silberoxyd aufweisen.

Nach Abgießen der Silberlösung wird auf drei bis vier Sekunden eine 1%ige Ammoniaklösung zwecks Entfernung von Silberoxydniederschlägen aufgeträufelt. Wasserspülung, Trocknen, Einschließen in Kanadabalsam und Untersuchung mit Immersion.

Die zu der Färbung notwendigen Lösungen sind folgende:

I. Beize:

A) 10 g Tannin in 150 ccm destilliertem Wasser zum Kochen erhitzen, filtrieren und abkühlen lassen.

B) 2 g Tartarus stibiatus in 40 ccm destilliertem Wasser in der Reibschale heiß gelöst. Zu den 40 bis 50° C warmer Lösung A gibt man 30 ccm von der Lösung B. Im allgemeinen gibt man soviel von B zu A, daß der entstehende Niederschlag sich auch nach einigen Minuten Schütteln nicht wesentlich verringert. Eine im Reagenzglas aufgekochte Probe soll klar werden und beim Abkühlen sich bald wieder trüben.

II. Äthylaminsilberlösung:

A)	Silbernitrat	5 g
	Natriumsulfat	6 g
	Aqu. dest.	30 ccm

Wenn der Niederschlag sich gesetzt hat, wird die Flüssigkeit abgegossen, durch 20 ccm destillierten Wassers ersetzt, umgerührt und absetzen gelassen und diese Waschung zwei- bis dreimal wiederholt. Zu dem Bodensatz werden 500 ccm destillierten Wassers gegeben, umgeschüttelt und wenigstens eine Stunde sedimentieren gelassen. Diese Lösung wird in braunen Flaschen mit Glasstöpseln aufbewahrt und nach Bedarf, ohne den Inhalt aufzuschütteln, entnommen. B) 33%ige wässerige Äthylaminlösung (im Handel erhältlich). Von der Silbersulfatlösung A werden gleiche Mengen mit destilliertem Wasser gemischt und von der Äthylaminlösung tropfenweise soviel zugesetzt, bis der anfänglich entstandene braune Niederschlag eben wieder verschwindet. Die Lösung soll keinen Überschuß von B enthalten. Man kann auch tropfenweise wieder Silbersulfatlösung zugeben, bis sich der entstehende braune Niederschlag nicht wieder löst.

Tuscheverfahren nach Burri

Dieses Verfahren hat den Vorteil, daß die Bakterien in ihrer natürlichen Gestalt erhalten bleiben und die bei den Färbungen auftretende Schrumpfung vermieden wird. Außerdem ermöglicht diese Methode den Nachweis von Spirochäten aller Art, weshalb wir sie neben dem GIEMSA- und FONTANAschen Verfahren häufig verwenden.

Die Ausführung der Methode gestaltet sich folgendermaßen: Pelikantusche Nr. 541 (GRÜBLER, Leipzig) oder Perltusche (GÜNTHER und WAGNER, Hannover und Wien) eventuell mit zwei Teilen destillierten Wassers verdünnt, wird sterilisiert und zentrifugiert, nach dem Sterilisieren absetzen gelassen und zur Aufbewahrung mit etwas Formalin versetzt. Wir geben soviel Formalin dazu, daß sein Gehalt 0,1% beträgt.

Die Ausstriche müssen auf fettfreien, entweder ausgeglühten oder mit Alkohol-Äther behandelten Objektträgern hergestellt werden, indem man auf ein Ende des Objektträgers einen Tropfen Wasser bringt und darin eine Spur des Stuhles oder der Kultur verreibt. Dazu gibt man einen Tropfen Tusche, vermischt das Ganze mit der Öse oder der Ecke eines geschliffenen Objektträgers und breitet es mit der Kante des letzteren in der Art der Blutausstriche rasch aus. Das ausgestrichene lufttrockene Präparat darf nicht zu dick, anderseits auch nicht zu durchsichtig sein; bei richtiger Anfertigung muß es, gegen weißes Papier gehalten, dunkelgrau erscheinen. Die Untersuchung des Präparates erfolgt direkt, in der Regel ohne Einschluß unter Immersion. Siehe Abb. 1 auf Tafel XXIII.

Das Tuscheverfahren erlaubt eine sehr einfache Darstellung der Stuhlbakterien, besonders auch der Spirochäten, wobei Bakterien und korpuskuläre Elemente auf dunkelgrauem Untergrund ungefärbt erscheinen. Ein Vorteil dieses Verfahrens gegenüber der unten zu beschreibenden Dunkelfelduntersuchung liegt darin, daß die geformten, nicht bakteriellen Bestandteile der Fäzes in den meisten Fällen als solche im Präparat leicht erkannt werden können.

Das Dunkelfeld

dient wie das Tuschepräparat zur Darstellung der ungefärbten Bakterien, obwohl es in der letzten Zeit auch als Leuchtbildmethode für die Untersuchung gefärbter Präparate Verwendung findet, so bei der Untersuchung der säurefesten Bakterien (siehe S. 232).

Zur Dunkelfeldbeleuchtung dient entweder der Paraboloid- oder Spiegelkondensor oder aber eine Dunkelfeldblendscheibe mit entsprechender Lichtquelle in Form einer Nernstlampe oder einer Liliputbogenlampe bei Verwendung des Planspiegels. Nach Zentrierung des Kondensors kommt zwischen diesen und den Objektträger ein Tropfen Zedernöl und das mit Deckglas bedeckte Präparat wird unter starker Trockenlinse oder Ölimmersion mittels einer Trichterblende beobachtet. Die Zeiss-Werke stellen einen Hell- und Dunkelfeldkondensor her, durch welchen mit Leichtigkeit eine abwechselnde Beobachtung im Hell- und Dunkelfeld ermöglicht wird. Die eingehendere Beschreibung dieser Apparate übersteigt den Rahmen dieser Abhandlung, doch kann man in den größeren Lehrbüchern der Bakteriologie darüber Aufschluß erhalten (Spirochäten siehe S. 28, Protozoen siehe S. 31).

Der hängende Tropfen

dient hauptsächlich zum Nachweis der Beweglichkeit der Bakterien, zur Feststellung ihrer Größe, Gestalt und Lagerung, daneben auch noch zur Untersuchung bei der mikroskopischen Agglutination. Er spielt nur bei der Identifizierung der reingezüchteten Stämme eine Rolle, als Untersuchungsbehelf des Ausgangsmateriales kommt ihm höchstens ein orientierender Wert zu (siehe S. 225). Im ersten Falle besitzt der „hängende Tropfen“ eine größere Bedeutung, weshalb wir auf diese Methode kurz eingehen wollen.

Die technische Ausführung gestaltet sich folgendermaßen: Die geschliffene Höhle eines „hohlen“ Objektträgers wird an ihrer ganzen Peripherie (mittels eines Zündhölzchens) mit Vaselin bestrichen; in die Mitte eines gut gereinigten Deckglases, welches am zweckmäßigsten auf einer schwarzen Unterlage liegt, gibt man eine Öse der flüssigen Kultur oder des in physiol. NaCl oder Bouillon aufgeschwemmten Materiales, dann legt man den vorbehandelten Objektträger so auf das Deckglas, daß der Tropfen in die Mitte der Höhlung hineinragt, in welcher Lage der Objektträger an das Deckglas leicht angedrückt wird, so daß es an jenem festhält, worauf der Objektträger vorsichtig umgedreht wird, so daß das Deckglas nach oben zu liegen kommt. Die Vaseline muß den Spalt zwischen Deckglas und Objektträger ringsherum gut verschließen, da andernfalls das Austrocknen des Präparates nicht verhindert werden könnte. Zur mikroskopischen Betrachtung wird zuerst abgeblendet, dann mit dem Trockensystem der Rand des Tropfens eingestellt und erst dann die Immersion herangezogen. Es ist sehr darauf zu achten, daß namentlich bei infektiösem Material bei der Einstellung mit der Immersionslinse das Deckglas nicht zerdrückt wird, weshalb wir die Vorsichtsmaßregel gebrauchen, das Objektiv unter der Leitung des Auges von der Seite aus betrachtet erst in das Öl einzutauchen und dann durch langsames Heben des Tubus den Tropfenrand im Mikroskop zu suchen. Nach Beendigung der Untersuchung wird das Deckglas mit der Pinzette abgehoben und ebenso wie der Objektträger sterilisiert.

Allgemeine bakteriologische Methodik

Zur Bestimmung der Bakterienart ist die Kultur erforderlich. Zu diesem Zwecke muß man zunächst die Bakterien isolieren. Wir stellen aus dem Ausgangsmaterial, welches in den Fäzes immer eine Mischkultur darstellt, Verdünnungen her. Auf diese Weise wächst auf dem Nährboden nur jener Stamm, welcher im Stuhl in der größten Menge vorkommt, d. h. in den stärksten Verdünnungen allein vorhanden ist. Doch ist diese Methode nicht sehr gebräuchlich, sie hat nur bei der Verarbeitung von Säuglingsstühlen eine gewisse Bedeutung, da hier schon die Verdünnung in Bouillon eine Reinzüchtung ergeben kann. Eine zweite Art der Verteilung des Untersuchungsmateriales gestattet nicht nur die Reinzüchtung der im Überschuß vorhandenen Keime, sondern in den meisten Fällen die Mehrzahl aller überhaupt noch wachstumsfähigen Keime. Durch diese Methode, welche in der Verteilung des Materials auf in Petrischalen gegossenen festen Nährböden besteht, gelingt ebenso wie in der heute weniger gebrauchten hohen Schicht die Gewinnung von isolierten Einzelkolonien, deren Herstellung die Grundlage unserer bakteriologischen Isolierung bildet. Das Prinzip des von BURRI angegebenen Einzelkulturverfahrens, welches aber für allgemeine praktische Zwecke nicht in Betracht kommt und hier nur erwähnt werden soll, beruht auch auf den gleichen Grundlagen.

Eine weitere Methode der Isolierung wird durch Verteilung auf festen Spezialnährböden unter Ausnützung von speziellen biologischen Eigenschaften bestimmter Keime erreicht, da diese Nährböden durch von den Bakterien bewirkte Farbveränderungen die Isolierung der Keime erleichtern. Das Wesen dieser Methode beruht darauf, daß verschiedene in Betracht kommende Bakterien häufig, z. B. gegenüber bestimmten Zuckerarten ein verschiedenes Zersetzungsvermögen besitzen. Die entstandenen Säuren rufen — um die säurebildenden Kolonien — Veränderungen des Nährbodens hervor, die durch diesem zugesetzte Indikatoren, wie Lackmustinktur, durch Natriumsulfit entfärbte Fuchsinlösung und andere sichtbar gemacht werden. Dieselben Nährböden und Indikatoren können bei Reinkulturen zur Differenzierung auch in flüssigen Kulturmedien verwendet werden.

Eine andere Methode bedient sich der Spezialnährböden, die bei Reinzüchtungen aus dem Stuhl unter den gewöhnlich in Frage kommenden Bedingungen nur bestimmten Stämmen das Wachstum gestatten, oder aber gewisse, hauptsächlich als Begleitbakterien auftretende Stämme in ihrem Wachstum hindern. Zu den ersteren gehören z. B. der DIEUDONNÉ-Agar zur Reinzüchtung der Choleravibrionen oder die Essigsäurebouillon für die Azidophilen, zu letzteren der DRIGALSKI-Nährboden mit Kristallviolettzusatz, durch welchen hauptsächlich die Staphylokokken gehemmt werden oder der Malachitgrünnährboden, der auf B. coli wachstumshemmend wirkt.

Die meisten dieser Spezialnährböden sind ferner dadurch ausgezeichnet, daß sie außer den oben beschriebenen Eigenschaften noch eine besondere Eignung für eine bestimmte Art oder eine Gruppe von Bakterien besitzen. Zur Isolierung von bestimmten Bakterien wird auch die Eigenschaft spezieller Nährböden verwendet, daß sie diesen Keimen ein viel üppigeres Wachstum erlauben als den anderen. So gelingt der Nachweis des Choleravibrions im Peptonwasser dadurch, daß sich die Vibrionen in diesem sehr üppig und schon nach einigen Stunden, und zwar hauptsächlich an der Oberfläche der Nährlösung vermehren.

Eine weitere Isolierungsmethode beruht auf der Hitzeresistenz der Sporen. Da die Anaeroben im Stuhl häufig im sporulierenden Stadium vorkommen, ist es möglich, die anderen Bakterien, jedoch auch die eigenen vegetativen Formen durch entsprechende Erhitzung abzutöten, wodurch sich in dem Nährmedium nur diejenigen Keime entwickeln können, die als Sporen der Erhitzung standgehalten haben (siehe S. 318). Doch müssen wir uns darüber klar sein, daß diese Art der Trennung durch physikalische Einflüsse aus noch später zu erörternden Ursachen unseren bakteriologischen Forderungen nicht ganz entsprechen und nur als Hilfsmittel in Ermangelung einer besonderen Methode angewendet werden soll.

Die Isolierung der Aeroben von den anaeroben Keimen macht keine Schwierigkeiten, da letztere bei der aeroben Züchtung auf der Platte nicht wachsen. Doch soll bemerkt werden, daß es trotzdem vorkommen kann, daß in Symbiose mit Aeroben unter geeigneten Bedingungen auch anaerobe Bakterien sich vermehren können (WEIGMANN u. a.). Das Hervorheben dieser Möglichkeit ist aus diagnostischen Gründen notwendig. Hingegen ist das Wachstum der Anaeroben in flüssigen Nährmedien in Kombination mit aeroben Bakterien eine allgemein bekannte Tatsache, welcher Vorgang durch den Verbrauch des Sauerstoffes von den letzteren erklärt wird. Es spielen jedoch, wie KOVÁCS hervorgehoben hat, auch andere Bedingungen eine Rolle, so die Reduktion durch die Lebenstätigkeit der Bakterien und des Eiweißes der abgestorbenen Bakterienleiber.

Das umgekehrte Verhältnis, das Ausbleiben des Wachstums der Aeroben unter anaeroben Bedingungen, besteht jedoch für die meisten in der Stuhlbakteriologie in Betracht kommenden Stämme nicht, welcher Umstand auch der Grund für die etwas umständlichere Reinzüchtung der anaeroben Bakterien ist.

Es soll noch eine Methode der Isolierung erwähnt werden, welche jedoch bei Reinzüchtungen aus dem Stuhle eben wegen der großen Anzahl der beigemengten Keime keine häufige Anwendung findet: es ist dies der Tierversuch. Bei mikroskopischem Verdacht auf Tetanusbazillen kann man beispielsweise weiße Mäuse mit einer Stuhlemulsion impfen und aus Wundeiter und Ödemflüssigkeit der Impfstelle der der Infektion erlegenen Tiere Kulturen anlegen. Doch ist die Aussicht auf ein positives Ergebnis wegen der vielen Arten anderer Keime nicht groß. Diese Methode führt eher zum Ziele nach halbstündiger Erhitzung des Materiales auf 75 °, wodurch die nicht sporenbildenden Keime vernichtet werden (KITASATO). Der Tierversuch gibt aber in jenen Fällen, in denen es sich nicht um die Isolierung, sondern nur um sicheren Nachweis der Keime durch das gebildete Toxin handelt, speziell bei Tetanusbazillen, gute Resultate: da wird man durch das Auftreten charakteristischer Erscheinungen im Tierversuch auf Grund der Giftigkeit in Bouillon oder Gelatine gezüchteter Mischkultur wohl einen sicheren Schluß auf den Erreger ziehen dürfen.

Die Isolierung der Keime wird durch die Darstellung von Einzelkolonien ermöglicht. Die Isolierung einiger Bakterienarten kann auf Spezialnährböden vorgenommen werden, wodurch die Zugehörigkeit des Stammes zu einer bestimmten Gruppe von Mikroben wahrscheinlich wird. Anderseits müssen wir bei Stämmen, die auf den gebräuchlichen Spezialnährböden keine charakteristischen Eigenschaften zeigen, nach ihrer Isolierung die Zugehörigkeit zu einer Gruppe durch systematische Untersuchungen bestimmen.

Die Bestimmung der Bakterien geschieht durch Untersuchung der Einzelkolonien. Zur bakteriologischen Differenzierung müssen die Keime auf folgende Eigenschaften untersucht werden:

1. Mikroskopische Form und Verhalten zum Gramfarbstoff.

2. Form, Farbe, Art des Wachstums ihrer Kolonien auf Agar und Gelatine, bei Fäzesbakterien hauptsächlich auf DRIGALSKI-, ENDO- und andere Spezialnährböden.

a) Aerobes Wachstum: Wachstum auf der Nährbodenoberfläche;

b) anaerobes Wachstum: Wachstum in Schüttel- und Stichkulturen, in anaerober Plattenkultur.

3. Wachstum in flüssigen Nährböden, hauptsächlich Bouillon.

a) Häutchenbildung;

b) Trübung;

c) Wachstum mit Sediment.

4. In der Differenzialdiagnostik verwertbare Lebensäußerungen und Eigenschaften.

a) Beweglichkeit: Prüfung im hängenden Tropfen, im Dunkelfeld;

b) Gasbildung in verschiedenen Zuckerarten: Schüttel- und Stichkultur;

c) Säure- und Alkalibildung: hauptsächlich auf Lackmusnährböden, Milch;

d) Reduktion von Farbstoffen, Neutralrot und Metallsalzen;

e) Indolbildung (siehe S. 269);

f) Gelatineverflüssigung durch Produktion von proteolytischen Fermenten. Die Züchtung geschieht in Gelatine meist bei 22° C in Röhrchenkulturen, sie kann jedoch auch bei 37°, zwecks schnellerer Vermehrung und bei nachfolgender Abkühlung vorgenommen werden. Hier soll die Verflüssigung des koagulierten Serums und des Kaseins erwähnt werden;

g) Schwefelwasserstoffbildung, besonders von den Anaeroben bei gleichzeitiger Reaktionsveränderung des Nährbodens: Prüfung auf Ferrosulfat-Gehirnbrei (siehe S. 311);

h) Veränderungen des Blutfarbstoffes: Prüfung auf Blutagar, Traubenzuckerblutagar, gekochtem Blutagar (VOGES);

i) Hitzeresistenzprüfung wird bei den Enterokokken und bei den Anaeroben angestellt;

k) Giftbildung: Tetanus, Botulinus, Dysenterie, Pseudocholera, Toxine sind bei der Besprechung der Stuhlbakterien von Interesse.

l) Tierpathogenität.

m) Agglutination (siehe S. 278).

Die in sterilen Gefäßen (siehe oben) aufgefangenen Fäzes sollen kurz nach der Entleerung der bakteriologischen Untersuchung unterzogen werden. Mit einer größeren Öse werden von mehreren Partien des Stuhles Proben entnommen und in sterilen Kochsalz- oder Bouillonröhrchen derart verrührt, daß der Stuhl erst an der Wand der Eprouvette knapp oberhalb der Flüssigkeit verteilt und erst dann mit der Öse in die Flüssigkeit hineingespült wird. Dieser Vorgang wird bei der Verarbeitung jeder Partie befolgt, wodurch die Wahrscheinlichkeit, daß die verschiedenen Bakterien in der Aufschwemmung verteilt werden, zunimmt. Die beschriebene Methode wird im allgemeinen genügen, außer es wäre zum Nachweis bestimmter Keime die Untersuchung der Schleimflocken erwünscht. Am zweckmäßigsten stellt man sich in dem Kochsalz-, bzw. Bouillonröhrchen eine Aufschwemmung her, daß die Flüssigkeit noch eben durchscheinend ist. Eine zu dichte Aufschwemmung hat den Nachteil, daß bei dem nachfolgenden Ausstreichen auf der Platte die große Anzahl der wachstumsfähigen Keime auf der ersten Platte eine Trennung der einzelnen Kolonien voneinander nicht erlaubt. Bei dünnflüssigen Stühlen kann die Herstellung von Stuhl-, Kochsalz- oder Bouillonaufschwemmung auch mit einer sterilen Pipette vorgenommen werden, eventuell bei sehr dünnen Stühlen eine solche überhaupt umgangen und die Fäzes sofort auf die Platte ausgestrichen werden.

Von der Stuhlaufschwemmung werden zuerst mit der Öse oder Pipette, sehr geeignet sind die selbst billig herstellbaren Kapillarpipetten, ein bis drei Tropfen auf ENDO- oder DRIGALSKI-Platten gebracht.

Die Platten werden nach erfolgter Verflüssigung des Nährbodens im Wasserbade, sowie Gießen und Erstarren, im Brutschrank ein bis zwei Stunden lang in der Weise getrocknet, daß die Deckel der Petrischalen nach unten zu liegen kommen und der den Nährboden enthaltende Unterteil exzentrisch so aufgestellt wird, daß die Platte teilweise offen ist und die Nährbodenschicht nach unten sieht. Das Trocknen der Platte ist deshalb notwendig, weil andernfalls das Kondenswasser die Bildung von Einzelkolonien verhindert, deren Vorhandensein die Grundbedingung der bakteriologischen Differenzierung ist, indem das auf der Platte befindliche Wasser die Kolonien zusammenfließen läßt. Man kann sich, wenn die Platten sehr dringend trocken gebraucht werden, auch auf solche Weise helfen, daß man eine breitere Eprouvette bis beiläufig zur Mitte mit Wasser füllt, über dem Bunsenbrenner bis zum Aufkochen des Wassers erwärmt und damit schnell die ganze Nährbodenoberfläche bestreicht. Durch das Wasser wird eine Überhitzung des Glases und daraus resultierende Erweichung des Nährbodens verhütet. Bei der Beimpfung des so getrockneten Nährbodens muß das Impfmaterial schnell gleichmäßig auf der Oberfläche verteilt werden. Von den hiezu verwendeten verschiedenen Methoden seien folgende erwähnt:

1. Das Ausstreichen mit dem DRIGALSKI-Spatel, i. e. ein rechtwinklig gebogener Glasstab, welcher vor dem Gebrauch ausgeglüht wird, zweckmäßiger ist es aber, eine Anzahl solcher Spatel sterilisiert vorrätig zu halten.

2. Glasspatel aus Kapillarpipetten. Da der Gebrauch der Kapillarpipetten die bakteriologische Arbeit sehr erleichtert und diese deshalb in den meisten Laboratorien sterilisiert vorrätig sind, stellen wir uns die Spatel aus diesen her. Die Pipetten werden in einer größeren Glashülse zu zehn bis zwanzig Stück sterilisiert, vor dem Gebrauch daraus entnommen und im Bunsenbrenner, zweckmäßig in der Sparflamme, das ausgezogene Ende abgeschmolzen. Wenn nun der kapillare Teil ungefähr 3 cm von der Spitze zum Schmelzen gebracht wird, bewegt er sich von selbst bei horizontaler Haltung der Pipette nach abwärts, so daß ein rechtwinklig gebogener Spatel entsteht. Die ganze Prozedur ist in einigen Sekunden und absolut steril ausführbar. Wenn sehr viele Untersuchungen auszuführen sind, lassen sich in breiteren Eprouvetten eine Reihe Kapillarröhrchen sterilisiert vorrätig halten, wodurch die Arbeit der Herstellung der Kapillarpipetten erspart bleibt.

3. Eine weitere Methode ist das Ausstreichen mit der Kuppe einer Eprouvette. Zu diesem Zwecke wird die Eprouvettenkuppe mit Wasser gefüllt und dann in der Flamme rasch sterilisiert. In dieser Art

wird die nötige Sterilität erzielt und gleichzeitig auch die entsprechende Abkühlung des Glases durch die Wärmeabgabe an das darin enthaltene Wasser.

Das Impfmaterial soll auf der Nährbodenoberfläche gleichmäßig verteilt werden. Am zweckmäßigsten nimmt man die den Nährboden enthaltende Plattenhälfte in die eine Hand — um Verunreinigungen aus der Luft zu vermeiden mit der Schichtseite schräg nach unten — und streicht mit dem Spatel schnell und gleichmäßig über die ganze Schicht. Die so beimpften Platten werden — wie überhaupt alle Platten — mit Ausnahme der zu Anaerobenkulturen dienenden, die im Vakuum bebrütet werden müssen, oder Gelatineplatten, die mit verflüssigenden Keimen beimpft werden, mit der Schichtseite nach oben, also auf dem Deckel der Schalen liegend, bebrütet. Die Gelatineplatten werden bei 22° C bebrütet.

Die flüssigen Nährböden werden zur Reinzüchtung von Bakterien nur bei speziellen Untersuchungen gebraucht, und zwar nur in Kombination mit der Plattenmethode, da noch nach erfolgter Anreicherung der Nachweis der Reinheit der gezüchteten Stämme immer auf festen Nährböden durch Darstellung von Einzelkolonien erfolgt. Die flüssigen Nährböden werden durch Abschwemmung des an der Eprouvettenwand verriebenen Öseninhaltes beimpft. Die Anreicherung geschieht entweder dadurch, daß, wie z. B. bei der Reinzüchtung der Azidophilen in essigsaurer Bouillon die Begleitbakterien abgetötet werden, oder aber so, daß bestimmte Keime in speziellen Nährböden so schnell wachsen, daß sie dadurch den Begleitbakterien gegenüber wenigstens zeitlich angereichert werden. Auf einem Vorgang dieser Art beruht die Anreicherung der Choleravibrionen in Peptonwasser.

Abimpfung. Die Gewinnung von Reinkulturen von den in der Petrischale isoliert gewachsenen Kolonien erfolgt durch „Abimpfung" oder „Abstechung". Jede Kolonie, soll sie zur weiteren Bestimmung oder zur Aufbewahrung verwendet werden, muß auf Schrägagar auf schrägem Traubenzucker- oder Serumagar übertragen werden. Für Anaeroben vergleiche an entsprechender Stelle. Mit der Abimpfung ist die Isolierung beendet, außer wenn sich der Stamm später etwa als verunreinigt erweist, in welchem Fall der Vorgang der Isolierung durch Aussaat auf die Platte wiederholt werden muß.

Die Abimpfung von nicht zu dichten Platten geschieht in der Art, daß nach erfolgter mikroskopischer Durchmusterung der geschlossenen, mit der Nährbodenschicht nach oben liegenden Platte bei schwacher Vergrößerung und enger Blende die abzustechende Kolonie bestimmt und am zweckmäßigsten an der äußeren Schalenhälfte mit Fettstift bezeichnet wird. Dann wird die Kolonie mit der Stichöse berührt und das festhaftende Material auf Schrägagar übertragen. Wenn auf der zur Abimpfung zu verwendenden Platte die einzelnen Kolonien ziemlich dicht beieinander stehen, soll nach der Abimpfung eine mikroskopische Kontrolle der berührten Kolonie vorgenommen werden, um festzustellen, ob das übertragene Material auch wirklich von der bestimmten Kolonie stammte.

Die Abimpfung von dicht bewachsenen Platten kann nur unter dem Mikroskop geschehen. Die offene Platte wird auf den Objekttisch gelegt und die Kolonie mit einem Objektiv, dessen Fokusdistanz genügend groß ist, eingestellt. Die Hand, welche die Stichöse schreibfederartig hält, wird mit dem kleinen Finger auf dem Objekttisch fixiert, gleichzeitig die Spitze des Zeigefingers auf einem (in dem Revolver) seitlich stehenden — unbenützten — Objektiv gestützt, wodurch es möglich ist, durch die Senkung des Objektivrevolvers mit Hilfe der Schraubendrehung durch Vermittlung des Zeigefingers die Öse gleichzeitig zu senken. Beim Hinaufschrauben wird die Öse wieder mitgeführt, doch ist darauf zu achten, daß sie die Objektivlinse nicht berührt. Am zweckmäßigsten ist es, so vorzugehen, daß man erst die Spitze der Öse im Mikroskop einstellt, dann durch gleichzeitiges Senken der Linse und der Öse die Kolonie wieder einstellt und die Abimpfung vornimmt. Jetzt wird der Tubus und damit die Linse wieder heraufgeschraubt und mit der Öse schnell der Schrägagar beimpft. Nachher Kontrolle des Gesichtsfeldes, ob die Öse nicht an eine benachbarte Kolonie angekommen ist.

Nach erfolgter Abimpfung in Strich- (Schrägagar) oder Stichkultur (s. unten) werden die weiteren Untersuchungen zur Bestimmung des isolierten Keimes vorgenommen. Doch soll man es sich zum Prinzip machen, vor jeder weiteren Untersuchung diese zu überimpfen, da bei der Abimpfung der Stamm verunreinigt werden kann. Im allgemeinen ist die Aufbewahrung der Stämme in flüssigen Nährböden wegen der schwierigen makroskopischen Beurteilung einer Verunreinigung besser zu vermeiden.

Die Herstellung der Schüttel- und der Stichkulturen soll in Kürze hier besprochen werden. Schüttelkulturen werden in verflüssigtem und auf 45° abgekühltem Agar angelegt, indem der Nährboden ebenso wie bei der Beimpfung der Bouillon infiziert wird, worauf zwecks gleichmäßiger Verteilung des Impfmateriales das Röhrchen zwischen den Händen gerollt wird. Stichkulturen werden hergestellt, indem man mit der Stichöse in der Mitte des Nährbodens bis nahezu zur Kuppe hineinsticht, die Öse einmal um ihre Achse dreht und wieder hinauszieht.

Nährböden

Es sollen nur die wichtigsten Nährböden für die Stuhlbakterien geschildert werden; die hier nicht erwähnten Spezialnährböden werden in den entsprechenden Kapiteln angeführt.

Fleischwasser. Von Sehnen, Knochen und Fett befreites Rind-, Pferde- oder Kalbfleisch wird in der Hackmaschine zerkleinert, dann wird ein Teil Fleisch mit zwei Teilen Wasser eine halbe Stunde bei 60° stehen gelassen, dann pro 1 l zirka eine Stunde gekocht, die verdampfte Flüssigkeit durch Nachfüllen auf das Originalvolumen ersetzt und durch einen Papierfilter filtriert. Aus diesem Fleischwasser werden die meisten der gebräuchlichen Nährböden hergestellt. Bezüglich der Einstellung der Reaktion der Nährböden, welche heute fast durchwegs durch Bestimmung der Wasserstoffionenkonzentration geschieht, verweisen wir auf die bakteriologischen Lehrbücher.

Nährbouillon. Das Fleischwasser wird mit 1% Pepton Witte und 0,5% NaCl oder 0,3% NaCl und 0,2% sekundärem Natriumphosphat versetzt, bis zur Lösung gekocht und die Reaktion eingestellt. Für die gewöhnlichen Zwecke wird ein ph von 7,2 bis 7,4 vorteilhaft sein. Filtration durch doppelten Papierfilter. Abfüllen in Kölbchen und Eprouvetten und Sterilisation im Dampftopf an zwei aufeinanderfolgenden Tagen je eine Stunde lang.

Wenn Zuckerzusatz vorgeschrieben ist, so gibt man ihn entweder vor der Filtration oder auch in die fertige Nährbouillon.

Essigsäurebouillon. Zur Herstellung der Traubenzucker-Essigsäurebouillon werden 2% Traubenzucker und 0,5% Essigsäure der lackmusneutralen Bouillon zugesetzt. Wir stellen die Reaktion auf ph = 4,0 ein.

Nährgelatine enthält dieselben Zusätze wie die Bouillon, zu welcher noch 10 bis 15% Gelatine zugesetzt werden. Nach der Lösung bei 50 bis 60° wird der Nährboden, wenn er nicht ganz klar ist, durch Aufkochen mit Tierkohle oder

Serum geklärt und nachher durch Warmwassertrichter oder im offenen Dampftopf filtriert. Die Gelatine darf nicht zu lange sterilisiert werden, weil dadurch ihr Erstarrungsvermögen vermindert wird. Die Gelatinekulturen werden im allgemeinen bei 22° C bebrütet (siehe auch S. 238).

Gelatine zur Anaerobenzüchtung nach KOVÁCS. Dieser Nährboden besteht aus einer Kalbsbouillon mit 20% Gelatine und 2% Traubenzucker in hoher Schicht abgefüllt. Die Herstellung der dazu erforderlichen Kalbsbouillon erfolgt nach den Angaben von DERNBY und ALLANDER und wird in der unten beschriebenen Weise ausgeführt. Die Wasserstoffionenkonzentration der Gelatine, welche bei der Zubereitung auf ph = 7,8 bis 8,0 eingestellt ist, geht bei der zweimaligen Sterilisation im strömenden Wasserdampf während je einer Stunde gewöhnlich auf ph = 7,4 bis 7,6 zurück. Eine ganz genaue Einstellung erübrigt sich bei den üblichen Züchtungsversuchen, für spezielle Untersuchungen muß die Reaktion nach der Sterilisation mit steriler Lauge eingestellt werden. Die Gelatine wird vor der Beimpfung — wie alle Anaerobennährböden — im Wasserbad zehn bis fünfzehn Minuten hindurch gekocht, schnell abgekühlt, beimpft und sofort bei 37° bebrütet, so daß sie einen flüssigen Nährboden repräsentiert.

Zur Herstellung der Bouillon wird frisch geschlachtetes, feines Kalbfleisch verwendet. Zu 5 kg Fleisch werden 10 l Leitungswasser zugesetzt und die Mischung über Nacht im Eisschrank stehen gelassen. Am nächsten Tag wird die Mischung eine Stunde lang auf 60° erwärmt, worauf filtriert wird. Zum Filtrat wird 1% Witte-Pepton und 0,5% NaCl zugesetzt. Alsdann wird die Bouillon mit Natriumhydroxyd oder Natriumkarbonat — im allgemeinen braucht man zu 10 l etwa 40 g Kristallsoda — neutralisiert und die Alkalinität so bestimmt, daß sie etwa ph = 8,0 entspricht. Die Bouillon wird dann 20 bis 30 Minuten hindurch gekocht.

Zu dieser Bouillon kommen die weiteren Zusätze (Pepton und Zucker) und die Reaktion wird eingestellt.

Nähragar. Fleischwasser mit Zusätzen wie zur Bouillon, in welches zuletzt noch Agar-Agar in einer Menge von 2 bis 2,5% gegeben wird und nach erfolgtem Aufweichen solange gekocht, bis der Agar sich gelöst hat, Filtration durch Watte oder in Gaze eingelegte Zellstofflagen. Einstellung und Sterilisation wie bei der Bouillon.

Zum Agar können Zusätze von Zuckerarten (1 bis 2%), Glyzerin (2 bis 5%) und Farbstoffen gegeben werden.

Lackmus-Nutrose-Milchzuckeragar nach DRIGALSKI und CONRADI. Zu 1 l 3% Agar werden außer dem üblichen 1% Pepton und 0,5% Kochsalz noch 1% Nutrose zugesetzt und der Agar gegen Lackmus schwach alkalisch gemacht. Von einer Lackmuslösung nach KÜBEL-TIEMANN (KAHLBAUM) werden 150 ccm, die zehn Minuten gekocht wurde, mit 15 g chemisch reinem Milchzucker gemischt und wieder, jedoch nicht länger als fünfzehn Minuten gekocht, danach mit dem oben beschriebenen Agar in heißflüssiger Form gemischt. Dann wird soviel Sodalösung zugesetzt, daß der Schüttelschaum blau erscheint.

Der Agar darf nur vorsichtig sterilisiert werden, da sonst aus dem Milchzucker Traubenzucker abgespalten wird.

Dieser Nährboden kann zur Isolierung der Stuhlbakterien mit Vorteil verwendet werden, und wir gebrauchen ihn mit dem noch unten zu beschreibenden ENDO-Nährboden neben anderen Spezialnährböden als wichtigstes Nährmedium in der Stuhlbakteriologie.

Es ist von CONRADI ein Zusatz von 10 ccm frisch bereiteter Lösung von 0,1 g Kristallviolett B (HÖCHST) in 100 ccm sterilem, heißem, destilliertem Wasser zu 1 l des Nährbodens vorgeschlagen worden, wodurch die Begleitbakterien in ihrem Wachstum gehindert werden, da der Nährboden vor allem zum Typhusnachweis dienen soll. Zu diesem Zweck kann er mit diesem Zusatz verwendet werden, doch erreichten wir bei Typhusnachweis auch ohne den Kristallviolettzusatz gute Resultate, da in den meisten Fällen Zahl und Kolonieform der aus dem Stuhl wachsenden Keime, die durch das Kristallviolett gehemmt werden, praktisch bei der Differenzierung von Typhusbazillen keine Rolle spielen.

Fuchsin-Milchzuckeragar nach ENDO. Der ENDO Agar ist ein 3%iger Agarnährboden, zu welchem nach erfolgter Neutralisierung auf 1 l 10 ccm 10%ige Sodalösung zugesetzt werden, dazu kommen 10 g in wenig destilliertem Wasser heiß gelöster chemisch-reiner Milchzucker, 5 ccm filtrierte konzentrierte alkoholische Fuchsinlösung und 25 ccm frisch zubereitete 10%ige Lösung nicht verwitterten Natriumsulfats.

Der Nährboden soll farblos oder hellrosa sein, er darf ebensowenig wie der DRIGALSKI-Nährboden lange sterilisiert werden und ist vor Licht geschützt aufzubewahren.

Der ENDO-Agar hat gegenüber dem DRIGALSKI-Nährboden den Vorteil, daß er billiger ist und außerdem bei künstlichem Licht zu gebrauchen, wogegen die Unterscheidung der Farbqualitäten bei DRIGALSKI-Nährböden in künstlicher Beleuchtung ziemlich schwierig ist. Der ENDO-Nährboden enthält keine wachstumshemmenden Zusätze, weshalb sein Gebrauch zu bakteriologischen Untersuchungen von Vorteil ist, umso mehr, als durch seinen Zuckergehalt viele Keime in ihrem Wachstum gefördert werden.

GAETHGENS hat einen Zusatz von 0,33% chemisch-reinen Coffeins zur Wachstumsverhinderung der Begleitbakterien empfohlen, wodurch der Typhusnachweis sehr erleichtert wird. Wir haben auch ohne weitere Zusätze bei Typhuszüchtungen gute Resultate erzielt.

Neutralrotagar besteht aus 2%igem Traubenzuckeragar mit 0,5% kaltgesättigter wässeriger Neutralrotlösung.

Serumagar wird durch Mischen von drei Teilen verflüssigtem und auf 45° abgekühltem Agar mit einem Teil Serum hergestellt.

Blutagar nach SCHOTTMÜLLER: defibriniertes Menschen- oder Hammelblut wird im Verhältnis 2:5 mit verflüssigtem und auf 45° abgekühltem 2%igem Agar gemischt (durch Rollen der Eprouvette zwischen den Händen) und davon Platten gegossen.

Kochblutagar nach VOGES: zu 10 ccm aus dem Wasserbad entnommenem heißem Agar wird 1 ccm Blut gegeben, durch Rollen gut gemischt, bis die Farbe des Nährbodens milchkaffeeartig wird, weiter gekocht und schnell, bevor das Blut ganz gerinnt, zu Platten gegossen.

BARSIEKOWsche Lösung (Lackmus-Nutrose-Zuckerlösung): 10 g Nutrose werden in 1 l 0,5%iger Kochsalzlösung verrieben und eine bis zwei Stunden gekocht, absetzen gelassen und durch Faltenfilter filtriert. Dann setzt man 50 ccm sterilisierte KÜBEL-TIEMANNsche Lackmuslösung zu, in der 10 g Zucker in der Wärme gelöst sind. Falls Rötung auftritt, wird die Lösung mit n/10 Natronlauge zurücktitriert, bis ein schwach rötlich-blauer Farbton auftritt. Der Nährboden wird in Eprouvetten zu zirka 6 ccm abgefüllt und kurz sterilisiert. Als Zuckerzusatz verwendet man Milchzucker, Traubenzucker, Saccharose, Maltose, Mannit.

Lackmusmolke nach PETRUSCHKY: Milch wird bei 40° mit Lab zur Gerinnung gebracht, die Molke abfiltriert, zwei Stunden gekocht, neutralisiert und filtriert. Auf 100 g Molke gibt man 5 ccm sterile Lackmuslösung. Die Farbe wird mit Säure oder Alkali auf einen rotvioletten Farbton eingestellt. Die Lackmusmolke wird abgefüllt und sterilisiert.

Nach SEITZ kann die Lackmusmolke auch künstlich zusammengesetzt werden, wir hatten jedoch mit dem vorigen bessere Ergebnisse.

Milch wird ohne weitere Zusätze verwendet. Sie ist möglichst steril zu gewinnen, da sie andernfalls von den hineingelangten Sporen sehr schwer zu befreien ist. Nach HEIM ist die Filtration durch Watte zweckmäßig, da die Bakterien meist an den Schmutzpartikeln haften. Sie wird zweimal während zwanzig Minuten sterilisiert und wenigstens zehn Tage hindurch auf Sterilität geprüft. Nach ZEISSLER soll man sie zur Anaerobenzüchtung eine Stunde bei 110° im Autoklaven sterilisieren.

Leberbouillon nach TAROZZI: Leber, am besten eignet sich Pferdeleber, wird in kleine Würfelchen geschnitten und mit doppelter Gewichtsmenge Wasser eineinhalb Stunden gekocht. Zur filtrierten Bouillon kommen 1% Pepton, 0,5% Kochsalz, 2% Traubenzucker, alles wieder kochen und filtrieren. Die Reaktion wird ph = 7,4 eingestellt. In Reagenzgläser, eventuell Kölbchen, werden soviel Leberstücke eingebracht, daß sie einige Zentimeter hoch stehen, und werden mit einer 6 bis 7 cm hohen Schicht Leberbouillon bedeckt und sterilisiert. Für die Anaerobenzüchtung kann die Bouillon nach dem Kochen vor der Beimpfung (siehe Anaerobenzüchtung) mit sterilem Paraffinum liquidum etwa 1 bis 2 ccm hoch überschichtet werden.

VAN DER REIS züchtet die Acidophilen wie überhaupt die Darmbakterien auf Maischeagar. Die Herstellung dieses Nährbodens geschieht in folgender Weise: 250 g geschrotenes Darrmalz (künstlich zum Keimen gebrachte Gerste, wobei der Prozeß des Keimens durch Erwärmen unterbrochen ist) und 250 g Roggenschrot (in der Kaffeemühle selbst geschrotet) werden mit 4 bis 6 l Leitungswasser übergossen. Das Wasser wird zuerst auf 50° C erwärmt, das Malzschrot unter kräftigem Umrühren hineingeschüttet. Klumpen dürfen nicht entstehen. Das Ganze wird eine halbe Stunde bei 45° gehalten, um die Diastaseproduktion zu fördern. Danach wird langsam (in etwa einer halben Stunde) auf 60 bis 65° C aufgewärmt und die Maische eine Stunde bei dieser Temperatur gehalten. Mit Jodlösung untersucht man in einer von Zeit zu Zeit entnommenen Probe, ob der Verzuckerungsprozeß beendet ist. Färbt sich der Maischetropfen nach Abkühlung nicht mehr blau, so ist die Maische vollständig verzuckert. Die flüssige Maische wird sterilisiert oder zur Herstellung von Maischeagar verwendet. Vor dem Abfüllen ist die Hauptmasse der Treber (das sind die ausgesogenen Malzhülsen) zu entfernen und nur die feineren sind in der Flüssigkeit zu belassen. Damit die verschiedenen Flaschen gleiche Menge an Trebern enthalten, muß die Maische vor dem Abfüllen kräftig geschüttelt werden. Notwendig ist eine sehr sorgfältige Sterilisation wegen der Infektion mit Heubazillen: fünfmal je eine halbe Stunde im Dampftopf und Prüfung der Sterilität nach dreitägigem Stehen bei Zimmertemperatur; ph = 6,2. Zur Pufferung kommen vor der Sterilisation pulverisierte Kreide, Marmorstückchen oder 0,3% NaCl + + 0,2% sekundäres Natriumphosphat zugesetzt. Zur Herstellung des Maischeagar wird nur die obere Schicht der Flüssigkeit mit 3%igem Agar benützt, und zur Pufferung wie oben $NaCl + NaHPO_4$. Der Peptonzusatz kann unterbleiben, doch ist seine Verwendung bei der Erstzüchtung ratsam.

Die Methodik der Darstellung des bakteriophagen Lysins im Stuhl

Zur Gewinnung des bakteriophagen Lysins aus dem Stuhl soll das Lysin erst angereichert werden. Bei flüssigen Stühlen genügt es, wenn man zirka 5 ccm in 50 ccm Bouillon überträgt, bei festen Stühlen müssen aber erst einige Gramm davon in steriler Reibschale oder in einer großen Eprouvette mit einem sterilen Glasstab möglichst gleichmäßig zerkleinert werden, dann durch Bouillon oder Kochsalzzusatz verdünnt und in 50 ccm Bouillon gegeben werden. Die Bouillonemulsion wird 12 bis 18 Stunden im Brutschrank bebrütet, dabei bewirkt die unter dem bakteriellen Einfluß eintretende Zersetzung eine weitere Zerkleinerung. Die Stuhlaufschwemmung wird jetzt durch Bakterienkerzen filtriert. Es muß jedoch vor der eigentlichen Filtration eine Klärung vorgenommen werden, um die Kerzenporen mit den vielen organischen und anorganischen Stoffen des Stuhles nicht vorzeitig zu verstopfen. Zu diesem Zwecke wird die Stuhlemulsion mit Infusorienerde gemischt und auf einen mit Bouillon benetzten Faltenfilter gegossen. OTTO und MUNTER heben hervor, daß der verwendete Trichter so groß sein muß, daß die gesamte Flüssigkeitsmenge auf einmal hineingegossen werden kann. Durch die Infusorienerde entsteht ein Überzug auf dem Filter, durch den die Flüssigkeit klar hindurchgeht. D'HERELLE benützt zur Filtration das Modell von MARTIN mit CHAMBERLAND-Kerze L 2 und 3, OTTO und MUNTER empfehlen BERKEFELD-Filter oder die DE HAENsche Membranfilter. Wir verwenden hauptsächlich BERKEFELD-, REICHEL- und SEITZ-Filter.

Das Filtrat kann jetzt noch, da OTTO und MUNTER[1] einen begünstigenden Einfluß durch Erhitzung beobachteten, eine Stunde lang auf 58 bis 60° erhitzt werden. Nach der Sterilitätsprüfung auf Schrägagar, in Bouillon und TAROZZI-Nährboden oder Traubenzuckeragar kann man den Bakteriophagentiter bestimmen. Es soll jedoch hervorgehoben werden, daß, worauf OTTO und MUNTER hingewiesen haben, die bakteriologische Sterilität eines bakteriophagen Lysins für die Keimfreiheit des Bakteriophagen nicht absolut maßgebend ist. Es kann vorkommen, daß in einem bakteriophagen Filtrat Keime vorhanden sind, deren Entwicklung bei der Anstellung der Sterilitätsprobe unter Umständen durch die Bakteriophagenwirkung gehemmt wird. In solchen Fällen tritt, obwohl makroskopisch und mikroskopisch Keime nicht nachweisbar sind, bei ein- oder zweitägiger Bebrütung des Lysins bei 37° eine Titersteigerung ein, als Zeichen dafür, daß lebensfähige Bakterien vorhanden waren. Nach OTTO und MUNTER kann sogar eine solche Steigerung auch in mit Karbol versetzten Filtraten entstehen, welcher Vorgang nach diesen Autoren dafür spricht, daß darin lebende Keime vorhanden waren, die dann zerfallen sind. Über die sichere Sterilität eines bakteriophagen Lysins soll deshalb neben der Sterilitätsprobe noch eine zweitägige Bebrütung des Lysins bei gleichzeitiger Prüfung des Lysintiters vor und nach der Bebrütung durchgeführt werden.

Bei der Prüfung des Bakteriophagen handelt es sich entweder um den Nachweis eines gegen eine bestimmte Bakterienart wirksamen Bakteriophagen oder aber um einen Bakteriophagen, welcher verschiedenen Keimarten gegenüber wirksam ist.

Im ersten Fall beimpft man von einer 24stündigen Schrägagarkultur desjenigen Stammes, gegen den man einen Bakteriophagen herstellen will, vier Bouillonröhrchen (ph = 7,4) und gibt von dem in oben beschriebener Weise hergestellten Filtrat in das erste Röhrchen einen Tropfen, in das zweite zehn

---

[1] WEICHARDTS Ergebnisse, Bd. VI, S. 1. 1924.

Tropfen, in das dritte 2 ccm; das vierte Röhrchen dient zur Kontrolle, ein weiteres Röhrchen wird allein mit einigen Tropfen des Bakteriophagen zur Prüfung der Sterilität versetzt. Die Eprouvetten werden bei 37° bebrütet und nach 18 Stunden das Resultat abgelesen.

Wenn alle drei Röhrchen trüb geblieben sind, so kann trotzdem der Bakteriophage vorhanden sein, da die Klärung nicht das einzige und auch nicht ein unbedingtes Kriterium der Bakteriophagenwirkung darstellt. Man muß aus den trüb gebliebenen Bouillonkulturen mittels Öse Agarkulturen herstellen; wenn auf diesen auch ein normales Wachstum zu bemerken ist, so ist kein Bakteriophage gegen den untersuchten Stamm vorhanden. Findet man jedoch auf dem Agar Löcher, ausgesparte oder angefressene Kolonien, oder aber nur einzelne Kolonien, eventuell überhaupt kein Wachstum, Flatterformen, sowie krümelig, schleimig oder glasig wachsende Kolonien, so ist in dem Filtrat der gesuchte Bakteriophage vorhanden.

Tritt in einem oder in allen Röhrchen eine Aufhellung oder Klärung im Vergleich zur Kontrolle auf, so ist im Filtrat ebenfalls Bakteriophage vorhanden, dessen Virulenz in der später zu beschreibenden Weise bestimmbar ist.

Will man den Nachweis eines gegen verschiedene Bakterien wirksamen Bakteriophagen führen, so muß man in Parallelreihen mehrere Arten — jede einzelne in derselben Weise, als untersuchte man den einen Stamm — auf Lösbarkeit prüfen und weiterhin, so wie oben beschrieben, vorgehen.

Die Prüfung der Bakteriophagenwirkung kann in Bouillonkulturen auch dann noch vorgenommen werden, wenn in dem mit dem fraglichen Stamm beimpften Röhrchen schon eine leichte Trübung aufgetreten ist; wenn diese ähnlich wie oben mit dem Filtrat versetzt wurden, so können sich die Röhrchen wieder aufhellen, im anderen Falle muß noch ein Ausstrich auf Agar vorgenommen werden.

Der Nachweis des Lysins auf festen Nährböden kann auf verschiedene Weise vorgenommen werden:

a) Aussaat von Bakterien-Bakteriophagengemisch: fallende Mengen des Filtrates werden der Bouillonkultur zugesetzt, aus welchen dann auf Agarplatten ausgespatelt wird.

Eine Modifikation der Methode besteht darin, daß von dem Gemisch in bestimmten Zeitintervallen — sofort, nach 3, 6 und 24 Stunden — die Aussaat auf Agar vorgenommen wird.

b) Nach dem Auftropfverfahren wird eine Spur der Kultur mit dem Spatel auf der Agarfläche ausgebreitet, dann ein Tropfen des fraglichen Filtrates auf die Mitte der ausgestrichenen Platte geträufelt. Nach 24stündiger Bebrütung bei 37° wird das Resultat abgelesen. Es kann das Wachstum an der dem Tropfen entsprechenden Stelle völlig ausbleiben (Otto und Münter bezeichnen dieses Phänomen mit $+4$) oder es tritt eine teilweise Hemmung des Wachstums auf (mit $+3$, $+2$, $+1$ bezeichnet); man sieht dann von Bakterienwachstum freigebliebene Stellen mit ausgezackten Rändern. Findet ein zusammenhängendes Wachstum statt, treten jedoch einzelne sterile Löcher auf, so bezeichnet man die mit $\pm$. Bemerkt man überall Wachstum, jedoch an der Stelle des Bakteriophagentropfen nur hauchartiges, so wird es mit $\mp$, wenn das Filtrat überhaupt keine Wirkung zeigt, mit 0 bezeichnet.

c) Gewissermaßen die Umkehrung des oben geschilderten Vorganges bildet das Verfahren nach d'Herelle, nach welchem zuerst das Filtrat, danach eine Spur der Bakterienkultur auf der Platte ausgestrichen wird.

d) Eine andere Prüfungsmethode besitzen wir in dem Mischungsverfahren. Die Ausführung gestaltet sich so, daß das Filtrat in verschiedenen Verdünnungen mit verflüssigtem und in einem Wasserbad bei 50 bis 60° gehaltenem Agar versetzt wird; die Röhrchen werden eine halbe Stunde im Wasserbad gehalten, danach Platten gegossen oder schräg gelegt. Nach dem Erstarren folgt die Beimpfung mit dem Stamm, gegen welchen ein Bakteriophage gesucht wird. Je nach der Menge des zugesetzten Lysins bleibt das Wachstum vollständig aus oder es entstehen die bei b) beschriebenen Formen.

e) Nach GOHS lassen sich Spuren des Bakteriophagen auf Schrägagarkulturen nachweisen. Diese Methode kombiniert das Bouillonaufhellungs- und das Plattenverfahren unter Benützung der Fähigkeit des Lysins, durch Agar zu diffundieren. In ein frisch beimpftes Agarröhrchen werden 2 ccm Bouillon gebracht, in diese ein bis mehrere Tropfen der auf ihre lytische Wirkung zu untersuchenden Flüssigkeit vorsichtig, ohne die Agarschicht zu berühren, einfließen gelassen. Im Falle einer Lysis bleibt die Bouillon klar und über ihrem Niveau eine scharf begrenzte ausgesparte Zone auf der Agarfläche. Während des Arbeitens und der Betrübung ist auf eine vertikale Stellung der Eprouvette zu achten.

Die Fortführung des bakteriophagen Lysins geschieht am zweckmäßigsten, indem Bouillonkölbchen gleichzeitig mit dem löslichen Stamm und mit dem Lysin beimpft und nach 18 stündiger Bebrütung im Brutschrank filtriert oder eine Stunde lang auf 60° erhitzt wird oder indem man zu den frischen, leicht getrübten Bouillonkulturröhrchen nach sechs Stunden das Lysin zusetzt und dann wie oben beschrieben vorgeht. Die serienweise Fortzüchtung von Bouillon zu Bouillon dient gleichzeitig zur Steigerung der Virulenz des Bakteriophagen.

Von Agarkulturen läßt sich die Passage durch Abimpfung vom Rande der sterilen Löcher fortführen, indem man vom Rande eines Loches ein wenig Bakterienmasse in Bouillon oder auf Agar überträgt. Wenn keine sterilen Flecken vorhanden sind, erreicht man dasselbe Ziel durch Abimpfung aus den helleren Stellen des Bakterienrasens. Nach WATENABE läßt sich aus Streptokokken manchmal nur durch die Agarpassage, aber nicht durch die in Bouillon Lysin gewinnen.

Die Auswertung des bakteriophagen Lysins

a) Nach APPELMANNS-WERTHEMANN werden von der den Bakteriophagen enthaltenden Flüssigkeit Verdünnungen hergestellt, indem man 1 ccm des Filtrates zu 10 ccm Bouillon zusetzt und nach gründlicher Mischung weitere Verdünnungen von 1 ccm zu 10 ccm herstellt. Dazu gibt man in jede Bakteriophagenverdünnung eine Öse einer jungen Bouillonkultur. Als Titergrenze wird jenes Röhrchen betrachtet, welches noch vollständige Lösung zeigt, sollte z. B. das achte Röhrchen schon Bakterienwachstum zeigen, so ist der Titer des Lysins 10^{-7}.

DOERR und GRÜNINGER weisen darauf hin, daß durch die der Glaskapillare anhaftenden Bakteriophagen Versuchsfehler entstehen können, weshalb zur Herstellung jeder Verdünnung die Verwendung einer frischen Pipette notwendig ist.

b) GOHS vereinfachte die Methode von APPELMANNS-WERTHEMANN, indem er Kapillarpipetten mit einer Tropfengröße von 0,02 ccm verwendet. Die Eichung der Pipetten erfolgt dadurch, daß die selbst hergestellten Kapillaren durch eine 0,85 cm breite Öffnung einer Bleiplatte eingeführt und abgebrochen werden. Auf diese Weise erreicht man bei Benützung von 0,5 bis 0,6 cm breiten

Glasröhrchen die nötige Kapillaröffnung. Die fertigen Kapillaren werden in Glaszylindern sterilisiert. Die GOHSsche Methode verwendet zu jeder Verdünnung nur 2 ccm Bouillon, zu denen zehn Kapillartropfen der Bakteriophagenverdünnung zugesetzt werden. Sollte ein Rest in der Pipette zurückbleiben, so kommt er in das Röhrchen, aus welchem er genommen wurde, zurück. Die Röhrchen mit den fertigen Verdünnungen werden sehr gründlich durchgeschüttelt, bevor man daraus mit frischer Pipette die Flüssigkeit zur Anfertigung der weiteren Verdünnungen entnimmt. Die hier besprochene Verdünnung entspricht eigentlich wie die Verdünnung der erstgenannten Methode einer solchen von 1:11, doch spielt nach GOHS diese Ungenauigkeit in der Praxis keine Rolle und ermöglicht die gleichen Versuchsresultate wie die Methode von APPELMANNS-WERTHEMANN.

Zur Einsaat der Bakterien wird von einer 18- bis 20stündigen Agarkultur eine Öse in zirka 5 ccm Bouillon aufgeschwemmt und von dieser Emulsion mit einer feinen Kapillarpipette je ein Tropfen in jedes Röhrchen gebracht. Nach eigener Erfahrung soll die Beimpfung so vorgenommen werden, daß zuerst die bei jedem Versuch unbedingt notwendige Bakterienkontrolle (Bakterien ohne Bakteriophag) angelegt wird und dann von der höchsten Verdünnung angefangen, die weiteren Röhrchen beimpft werden, da es vorkommen kann, daß während der Beimpfung der ganzen Reihe die Pipette mit der Wand der Eprouvette, an der Lysinreste hängen könnten, in Berührung kommt und auf diese Weise auch Spuren von Lysin überträgt. Ein solcher Vorgang spielt selbstverständlich nur dann eine Rolle, wenn die Beimpfung von der höheren Konzentration angefangen, zu den stärkeren Verdünnungen fortschreitend vorgenommen wurde.

c) D'HERELLE wertet das Lysin nach den in 1 ccm enthaltenen „Bakteriophagenkeimen" aus. Nach D'HERELLE wird die Zählung in der Weise vorgenommen, daß eine Reihe Standardröhrchen mit abgetöteten Bakterien von 10, 200, 250, 300 und 400 Millionen Keimen im Kubikzentimeter hergestellt werden. Von dem zu lösenden Stamm wird eine Bouillonaufschwemmung angefertigt, deren Trübung, mit gleichbreiten Eprouvetten wie die Standardröhrchen gemessen, einem Keimgehalt von 250 Millionen entspricht, also stärker als 200 und geringer als 300 ist. Werden z. B. zu 10 ccm einer solchen Bakterienaufschwemmung 0,000.02 Bakteriophag zugesetzt und nach gründlicher Mischung mit einer 0,01 enthaltenden Öse auf einen Schrägagar ausgestrichen, so müssen, da 10 ccm Aufschwemmung 0,000.02 „Bakteriophagen" enthalten, in 0,01 bis 0,000.000.02 vorhanden sein. Sollten nach 18stündiger Bebrütung auf der Platte 51 Löcher aufgetreten sein, so sind — da nach D'HERELLE jedes Loch einer Bakteriophagenkolonie und diese wieder je einem Bakteriophagenkeim entspricht — in 1 ccm 51:0,000.000.02 = 2550 Keime vorhanden.

Spezielle bakteriologische Methodik

Wir wenden uns nun der Besprechung der einzelnen Bakterien bzw. Bakteriengruppen zu, die bei der Untersuchung des menschlichen Stuhles in erster Linie in Betracht kommen. Zunächst soll eine tabellarische Übersicht gegeben werden, aus welcher die wesentlichsten Eigenschaften hervorgehen, wie sie bei orientierender Untersuchung zutage treten. Hinsichtlich der Form, Sporenbildung und des Verhaltens bei der GRAM-Färbung dient die Tabelle gleichzeitig zur Ergänzung dessen, was an anderer Stelle (siehe S. 20) über das GRAM-Präparat des Stuhles gezeigt wurde.

Tabelle 2. Differentialdiagnostische Tabelle der häufigsten Stuhlbakterien

Art	Form	Sporen	GRAM	Beweglichkeit	Gelatine-Verflüssigung	Rötung auf ENDO	Wachstum nur bei Anaerobiose
Staphylokokken ..	Kokken	—	+	—	+	—	
Mikrokokken	„	—	— oder +	—	— oder +	—	
Sarcine	„	—	+	—	+ oder —	—	
Streptokokken ...	„	—	+	—	meist —	meist —	
B. coli	Stäbchen	—	—	+	—	+	
B. lactis aerogenes	„	—	—	—	—	±	
B. faecalis alcaligenes	„	—	—	+	—	—	
Typhus-Paratyphus	„	—	—	+	—	—	
Dysenterie	„	—	—	—	—	—	
Proteus	„	—	—	+	+	—	
Pyocyaneus und Fluoreszens	„	—	—	+	+ oder —	—	
Vibrionen (Cholera usw.)	„	—	—	+	+	—	
Acidobacterium (B. acidophilus).	„	—	+	—	—	—	
B. bifidus	„	—	+	—	—	—	+
B. anthracis	„	+	+	—	+	—	
B. mesentericus u. subtilis	„	+	+	+	+	—	
Sporenbildende Anaeroben	„	+	+ od. (±)	+ oder —	+ oder —	—	+

Staphylokokken (Micrococcus pyogenes)

Man unterscheidet dreierlei Arten von Staphylokokken, und zwar: den Staphylococcus aureus, der einen orangegelben Farbstoff bildet, den Staphylococcus citreus, der einen zitronengelben, und Staphylococcus albus, der kein Pigment produziert.

Die Staphylokokken sind runde, kleinere oder größere Kokken, zu zweit oder einzeln, am häufigsten aber in traubenförmigen Häufchen gelagert. Sie färben sich nach GRAM. Eigenbewegung kommt ihnen nicht zu.

Auf Agar bilden sie runde, orange- oder zitronengelbe oder weiße, saftig glänzende und flach erhabene Kolonien bis zu 4 mm Durchmesser, deren Ränder meist glatt sind.

Gelatine wird verflüssigt. Ein Teil der Stämme bildet ein Hämolysin, ohne daß daraus ein Schluß auf die Pathogenität des Stammes zu ziehen wäre. DRIGALSKI- und ENDO-Agar lassen sie meist unverändert.

In Bouillon entsteht eine diffuse Trübung, nach längerer Bebrütung kann sich an der Oberfläche ein zartes Häutchen bilden. Milch wird nach LEHMANN-NEUMANN vergoren.

Das Optimum des Wachstums liegt bei Körpertemperatur, jedoch auch bei Zimmertemperatur erfolgt Entwicklung, und zwar unter aeroben Bedingungen ebenso gut wie unter anaeroben.

Mikrokokken

Micrococcus candicans Flügge ähnelt dem Staphylococcus albus, ohne jedoch die Gelatine zu verflüssigen. Die einzelnen Individuen sind ziemlich groß.

Diplococcus crassus bildet weiße bis weißgraue Kolonien, die bei schwacher Vergrößerung leicht braun, glattrandig und häufig grob granuliert erscheinen. Er ist GRAM-unsicher, jedoch von vielen Autoren als GRAM-positiv beschrieben. Er ist als häufige Verunreinigung der Blutplatte zu finden, auf der er in üppigen grünlichen Kolonien wächst.

Da im Nasen-Rachenraum eine ganze Reihe anderer Mikrokokken vorkommen, die ausnahmsweise auch noch in den Fäzes ihre Wachstumsfähigkeit beibehalten können, wollen wir diese hier ganz kurz besprechen. Allen gemeinsam ist ihr negatives Verhalten gegenüber dem GRAM-Farbstoff. In diese Gruppe gehören: Diplococcus catarrhalis, Diplococcus pharingis siccus, Diplococcus cinereus und flavus, die hauptsächlich nach Art und Farbe der Kolonien, sowie durch ihr Vergärungsvermögen gegenüber Maltose, Dextrose und Lävulose differenzierbar sind.

Das Vorkommen der Gonokokken möchten wir noch speziell wegen der Möglichkeit einer Rektalgonorrhoe auch erwähnen. Dieser Stamm wächst im Gegensatz zu den vorher erwähnten nicht auf gewöhnlichem Agar, sondern nur auf solchem mit Zusatz von menschlichen eiweißhaltigen Flüssigkeiten.

Sarcinen

Ihr Hauptcharakteristikum ist, daß sie unter geeigneten Bedingungen (Bouillon) kubisch angeordnete Kokkenpakete bilden, da sich ihre Individuen in allen drei Richtungen des Raumes teilen. Von den Mikrokokken sind sie nicht scharf abtrennbar (LEHMANN-NEUMANN), da sie nicht immer in Paketen auftreten.

Eine gemeinsame Eigenschaft der Sarcinen ist ihre GRAM-Färbbarkeit. Die Untersuchung auf die Paketform wird am zweckmäßigsten im hängenden Tropfen vorgenommen, eventuell im gewöhnlichen Nativpräparat, doch muß darauf geachtet werden, daß die charakterisierende Form nur im flüssigen Nährboden (Bouillon) entsteht. Mit Ausnahme der Sarcina pulmonum zeigen sie nur starke Molekularbewegung, jedoch keine Eigenbewegung. (Abb. 3 auf Tafel XXI.)

Hier sollen folgende Sarcinen erwähnt werden:

A) Sarcina pulmonum bildet keinen Farbstoff, zeigt die charakteristische Form in den meisten Fällen. Auf Agar und Gelatine grauweiße Kolonien, letztere wird verflüssigt. In Bouillon bröckliger Bodensatz bei klarbleibender überstehender Flüssigkeit. Bildet Sporen.

B) Sarcina tetragena. Auf Agar und Gelatine weißliche glattrandige Kolonien. Gelatine wird nicht verflüssigt. Die Kokken liegen gewöhnlich zu zwei oder vier zusammen. In Bouillon wächst sie als Bodensatz, wobei die Flüssigkeit klar bleibt und bildet häufig Pakete. Diese Form ist mäusepathogen und bildet hauptsächlich im menschlichen und tierischen Organismus Kapseln.

C) Sarcina lutea. Auf Agar und Gelatine schwefelgelbe, meist rundliche, grobgranulierte Kolonien, an deren Rand mit starker Vergrößerung die Tetraden sichtbar sind. Gelatine wird peptonisiert, Bouillon bleibt klar mit mäßigem Bodensatz. Bildet in den meisten Fällen auf den verschiedensten Nährböden die Paketballen.

Diese Sarcine kommt sehr häufig, besonders als Verunreinigung aus der Luft vor.

D) Sarcina flava sieht der Sarcina lutea ähnlich, ist gelb bis grüngelb. Auf Gelatine feiner granuliert als die vorige. Verflüssigung der Gelatine nicht konstant.

E) Sarcina alba ist der vorigen sehr ähnlich, bildet jedoch kein Pigment.

F) Sarcina aurantiaca. Orangegelbe, saftig glänzende Kolonien. Gelatine wird rasch verflüssigt. Bouillon wird getrübt. Bildet meist Paketballen. Häufiger Luftkeim.

Streptokokken

Wenn auch im Stuhl im allgemeinen keine allzu große Mannigfaltigkeit im Auftreten von Streptokokken herrscht und außer Enterokokken und Milchsäurestreptokokken — soweit diese nach einzelnen Autoren voneinander abzugrenzen sind — hauptsächlich noch Streptococcus haemolyticus und anhaemolyticus und viridans züchtbar sind, erscheint es doch geboten, alle Streptokokkenarten etwas eingehender zu besprechen, da einzelne Autoren auch über andere Arten berichten. Deshalb sollen bei der Differenzierung der Streptokokken alle in Frage kommenden Kulturmerkmale in Betracht gezogen werden.

Wenn wir von einer Einteilung der Streptokokken sprechen, so müssen wir hervorheben, daß bezüglich der Einteilung und Abgrenzung der einzelnen Streptokokkenarten voneinander die Ansichten der verschiedenen Autoren weit auseinandergehen. Auf der einen Seite steht unter anderen KRUSE, der eine scharfe Trennung der verschiedenen Streptokokkenarten (Streptococcus pyogenes, lanceolatus, lacticus) nicht anerkennen will und sogar den Pneumococcus nur als einen pathogenen Milchsäurecoccus auffaßt, während anderseits SCHOTTMÜLLER zwischen den untereinander scharf abgrenzbaren Streptococcus haemolyticus, viridans, Pneumococcus und mucosus unterscheidet. Neuerdings ist hauptsächlich von MORGENROTH und seinen Mitarbeitern auf Grund experimenteller Beobachtungen der Übergang einzelner Streptokokkenarten ineinander ausgesprochen worden.

Ohne daß wir zu der einen oder der anderen Ansicht Stellung nehmen wollen, halten wir eine Einteilung der verschiedenen Streptokokkenarten vom heuristischen Standpunkt aus für geboten, um so mehr, da selbst KRUSE die Meinung ausspricht, „daß ihre typischen Vertreter sich gut unterscheiden lassen“.

Die Einteilung der Streptokokken wird hauptsächlich auf Grund ihres Verhaltens auf der SCHOTTMÜLLERschen Blutplatte vorgenommen, die aus zwei Teilen Blut und fünf Teilen Agar besteht. Weitere wichtige differentialdiagnostische Merkmale sind noch die Länge der gebildeten Kette in Bouillon, die Form der Individuen, eventuelle Kapselbildung, ferner das Verhalten auf der VOGES-Platte, auf der VOGES-Traubenzuckerplatte, auf Traubenzuckerblutagar, in Lackmusmilch, in Milchzuckerbouillon, Gallelösbarkeit und die Pathogenität für die weiße Maus.

Im folgenden wollen wir die Streptokokken in elf Gruppen einteilen, die hauptsächlich bei der Trennung der einzelnen Arten in Frage kommen, ohne daß wir den Anspruch auf die Vollständigkeit erheben könnten.

Wir fassen die Streptokokken in folgenden Gruppen zusammen:

1. Strept. longissimus,
2. Strept. pyogenes seu erysipelatos,
3. Strept. polymorphus,
4. Strept. anhaemolyticus,
5. Strept. viridans,
6. Strept. mucosus,
7. Pneumococcus,
8. Strept. putrificus,
9. Strept. lactis,
10. Enterococcus und
11. Strept. gracilis.

Von den erwähnten Gruppen sollen hier nur der Streptococcus lactis und der Enterococcus eingehender behandelt werden, da die übrigen Arten im Stuhl seltener vorkommen und gerade bei den erstgenannten Gruppen vielfach Unklarheiten bestehen.

Von den allgemeinen Eigenschaften der Streptokokken soll ihre GRAM-Färbbarkeit, Unbeweglichkeit und ihr — mit Ausnahme der Enterokokken und des Strept. gracilis — fast regelmäßiges Unvermögen der Gelatinepeptonisierung hervorgehoben werden.

Streptococcus longissimus

Auf Agar haben die zarten, glasigen Kolonien einen rundlichen oder maschigen Rand, manchmal mit kurzen Ausläufern. Auf DRIGALSKI wächst er in zarten blauen Kolonien, auf Blutagar in grünen mit Grünfärbung und keiner oder geringer Hämolyse des Nährbodens. Bouillon bleibt klar, in dem zerteilbaren, aus schleimigen Flocken bestehenden Bodensatz sehr lange gerade Ketten auffindbar. Die Individuen liegen nie staketenförmig, sondern mit den schmalen Enden, soweit sie nicht ganz rund sind, aneinander. In Serumbouillon ist das Wachstum besser. Lackmusmilch wird in zwei bis vier Tagen rot, später tritt eventuell Gerinnung ein bei gleichzeitiger Weißfärbung. THALMANN konnte diesen Streptococcus regelmäßig auf gesunden Mandeln nachweisen.

Streptococcus pyogenes seu erysipelatos

Auf Agar kleine durchsichtige, später mehr grauweiße Kolonien mit glattem oder leicht gezähneltem Rand, oder mit maschenförmigen Ausläufern. Auf DRIGALSKI-Agar bläulichrote Kolonien. Auf Blutagar Hämolyse. Auf Traubenzuckerblutagar ist die Hämolyse schwächer als auf vorgenanntem oder tritt gar nicht ein. Die VOGES-Platte bleibt meist unverändert, ebenso die Traubenzucker-VOGES-Platte. Bouillon bleibt meist klar, unter Bildung eines aus kleinen Stippchen bestehenden Bodensatzes. Lackmusmilch wird gerötet und gerinnt innerhalb von zwei bis vier Tagen oder bleibt unverändert.

Streptococcus polymorphus

Dieser Stamm ist, wie schon sein Name besagt, durch eine sehr weitgehende Polymorphie charakterisiert. In den ersten Kulturen sieht man Kokken, aber auch Stäbchen mit Verdickungen, Trommelschlägerformen. In den späteren Passagen Kokken in kürzeren oder mittellangen Ketten, deren Glieder in Gestalt und Größe variieren.

Auf Agar wächst er in zarten, durchsichtigen Kolonien, ebenso auf der DRIGALSKI-Platte, der Nährboden zeigt eine geringe Rötung. Auf Blutagar grauweiße, auch grünliche Kolonien, keine Hämolyse. In Bouillon feiner bröckliger Bodensatz oder geringe Trübung, in Ascitesbouillon Trübung und Bodensatz. Lackmusmilch bleibt unverändert (BITTER und GUNDEL) oder wird nach zwei bis vier Tagen rot und gerinnt, später eventuell unter Reduktion (WIRTH).

Streptococcus anhaemolyticus

Unter dieser Bezeichnung werden die Stämme zusammengefaßt, die keine Hämolyse verursachen und in den anderen Gruppen nicht eingeordnet werden können. Da eine ganze Reihe von Stämmen hierher gehören, die sich biologisch nicht ganz analog verhalten, wollen wir auf ihr Verhalten auf den verschiedenen Nährböden nicht eingehen und verweisen auf die bakteriologischen Lehrbücher.

Streptococcus mitior seu viridans

Er bildet meist mittellange Ketten, wächst auf Agar in kleinen durchscheinenden Kolonien, die im Inneren granuliert sind. Daneben findet man nach WIRTH größere undurchsichtige Kolonien, die den Verdacht einer Verunreinigung erwecken. Auf DRIGALSKI zarte Kolonien mit mehr oder weniger deutlicher Rötung des Nährbodens. Auf SCHOTTMÜLLERschem Blutagar (2:5) findet man „zuerst feine, fast farblose, später grau- bis grünschwarze Punkte, am zweiten Tage erreichen sie kleine Stecknadelkopfgröße" (SCHOTTMÜLLER) und sind von einem kleinen grünen Hof umgeben, der sich nach längerer Bebrütung in einen schmalen hämolytischen Hof umwandeln kann, welcher Vorgang nach SCHOTTMÜLLER besser wahrzunehmen ist, wenn man zur Herstellung der Blutplatte nur einige Tropfen Blut benützt. Die Grünfärbung wird bei der Verwendung der Traubenzuckerblutagarplatte viel augenfälliger (SCHOTTMÜLLER), besonders deutlich tritt da jedoch die Bildung des grünen Hofes zutage (KOVÁCS), welches Phänomen auch differentialdiagnostisch gegenüber anderen grünwachsenden Stämmen verwendet werden kann (siehe auch Enterokokken). Auf der VOGES-Platte verursacht der Streptococcus viridans eine gelbe Aufhellung, auch dann, wenn diesem Nährboden Traubenzucker zugesetzt wird. Bouillon wird in der Regel trüb. In Lackmusmilch kommt es in ein bis vier Tagen zur Rötung, eventuell Gerinnung bei Weißfärbung der unteren Schichten.

WIRTH[1] unterscheidet zwei Typen, und zwar den Streptococcus viridans a (SCHOTTMÜLLER) und den Streptococcus viridans b. Die beiden unterscheiden sich dadurch, daß der Typus a Pepton-Traubenzucker-Lackmusmilch mit taurocholsaurem Natron unverändert läßt (15 ccm Lackmuslösung, 5 ccm 10%ige Sodalösung, 3,0 g Pepton Witte, 2,0 g Traubenzucker und 3,75 g (3%) taurocholsaures Natron unter leichtem Erwärmen in 100 ccm entrahmter Milch gelöst und 20 Min. sterilisiert), bei 23° nicht wächst und in einer Traubenzuckeragarschüttelkultur den Nährboden klar läßt, während der Typus b in der taurocholsauren Natronmilch nach 24 St. Rötung hervorruft, bei 23° wenn auch spärlich wächst und im Traubenzuckeragar milchige Trübung verursacht.

Über die biologischen Eigenschaften siehe auch bei Enterokokken.
Streptococcus viridans ist nicht mäusepathogen.

[1] Zentralbl. f. Bakt., I. Abt., Orig.-Bd, 99, S. 266 u. 438, 1926.

Pneumococcus und Streptococcus mucosus (Pneumococcus Typ. III)

Diese sollen hier nur ganz kurz erwähnt werden. Beide Arten sind charakterisiert durch ihre Gallelöslichkeit, im Gegensatz zu den anderen Streptokokken, obwohl SEITZ und WIRTH auch Milchstreptokokkenarten fanden, die gelöst wurden. Diese Eigenschaft ist auch der Grund dafür, daß sie die Darmpassage nicht überdauern können. Beide Arten bilden im Tierkörper Kapseln, der Streptococcus mucosus häufig auch in der Kultur. Auf DRIGALSKI wachsen beide in zarten blauen Kolonien. Auf der Blutplatte sind ihre Ansiedlungen grün gefärbt, wobei die des Streptococcus mucosus glänzend, saftig bis schleimig erscheinen, bei beiden kann nach einigen Tagen eine Spur von Hämolyse eintreten. Auf der VOGES-Platte verursachen sie gelbe Aufhellung. Beide sind mäusepathogen.

Streptococcus putrificus

Der Streptococcus putrificus ist ein obligater Anaerobier, der zuerst von KRÖNIG bei der Puerperalerkrankung gezüchtet wurde.

Er bildet kürzere oder längere, oft geschwungene Ketten, die Einzelglieder sind zuerst abgeplattet und liegen paarweise nebeneinander. Die Ketten bestehen am häufigsten aus acht bis zehn solcher Einzelpaare. Manchmal findet man, besonders in älteren Kulturen, plumpe, eventuell schlecht färbbare Exemplare, auch Stäbchenformen mit sehr verschiedener Korngröße kommen vor (SCHOTTMÜLLER).

Auf der Agarplatte wächst er unter anaeroben Bedingungen in kleinen grauen Kolonien, den aeroben Streptokokken ähnlich, nach SALUS von wolkigem Ansehen. In Schüttelkulturen kleine, graugelbliche, wetzstein- oder linsenförmige Kolonien. In Agarkulturen findet keine Gasbildung statt. In Traubenzuckeragar ist das Wachstum bedeutend besser, ebenso in Blutagar. Auf der Blutagarplatte entwickeln sich stecknadelkopfgroße, porzellanweiße Kolonien. In der tiefen Blutagarschicht entstehen kleine grauweiße Kolonien. Aus Blut und Serum wird reichlich Gas in Form von Schwefelwasserstoff gebildet. Nach SCHOTTMÜLLER, JUHL ruft er keine Hämolyse hervor. SALUS beschreibt hingegen eine Aufhellung der Blutplatte.

Gutes Wachstum in TAROZZI. Die Blutbouillon nimmt eine ponceaurote Farbe an, welche nach zirka zehn Tagen in Schwarz übergeht. Diese Verfärbung sowohl wie der in diesem Nährboden besonders ausgeprägte Geruch sind durch Bildung von Schwefelwasserstoff bedingt.

In Milch wächst er gut, ohne diese zur Gerinnung zu bringen.

Streptococcus gracilis (Strept. coli gracilis Escherich)

Dieser Coccus zeichnet sich im Gegensatz zu den bisher besprochenen — mit Ausnahme des Enterococcus — durch die Fähigkeit der Gelatineverflüssigung aus. Nach ESCHERICH tritt in Gelatinestichkulturen schon am zweiten Tage eine die ganze Länge des Stichkanales einnehmende „schlauchförmige" Verflüssigung auf. Die flüssige Gelatine ist leicht weißlich getrübt. Nach acht bis zehn Tagen ist die Verflüssigung beendet, in älteren Kulturen findet man endlich feinkörnigen weißen Bodensatz, die überstehende Flüssigkeit selbst ist fast klar. Auf Agar wächst er nur spärlich. Milch wird nach längerer Bebrütung unter Säurebildung zum Gerinnen gebracht.

Die Kokken bilden in der frischen, gut aufgegangenen Gelatinekultur längere, meist S-förmig gewundene Ketten von 6 bis 12 bis 20 Gliedern. Die Kokken selbst sind ziemlich klein, sie können jedoch vor der Teilung erheblich anwachsen. Sie sind meist breiter als länger. Auf Agar sind die Ketten kürzer.

Er ist für Meerschweinchen und Hasen nicht pathogen.

Von den Enterokokken, die in geringer Prozentzahl auch verflüssigen (siehe dort), soll er sich durch die ziemlich energische Peptonisierung und besonders durch die Form der Kokken und der gebildeten Ketten unterscheiden.

Der Streptococcus coli gracilis ist nach ESCHERICH ein konstanter Bewohner des Darmkanales bei Fleischnahrung; man findet ihn auch häufig im Mekonium, nicht dagegen im Säuglingsstuhl.

Enterokokken

Die größte Bedeutung unter den im Stuhl vorkommenden Streptokokken kommt dem Enterococcus zu, der, wie die neueren Untersuchungen zeigen, zu den normalen Darmbewohnern gehört (SITTLER, BOSSAU und BOSSERT, SCHEER, VAN DER REIS, K. MEYER). Diese Anschauung wurde schon von TAVEL ausgesprochen, der auch diesem Mikroorganismus den Namen Diplococcus intestinalis gegeben hat. Der Enterococcus ist zuerst von ESCHERICH unter dem Namen Mikrococcus ovalis beschrieben worden. HIRSCH und LIEBMANN züchteten aus einer Säuglingsenteritis einen Stamm, der anscheinend mit dem Enterococcus identisch ist. Unabhängig von ESCHERICH berichtete im Jahre 1899 TIERCELIN über einen Darmdiplococcus und gab die ausführliche Beschreibung dieses als Enterococcus benannten Stammes. Den gleichen Stamm bezeichneten später ANDREWES und HORDER als Streptococcus faecalis und JENSEN als Streptococcus faecium.

Der Enterococcus ist nach GRAM gut färbbar, doch können besonders ältere wie auch manchesmal Plattenkulturen GRAM-unsicher sein (BAGGER). Er ist ausgezeichnet durch starken Polymorphismus in bezug auf Größe, Gestalt und Anordnung, am häufigsten findet man ovale oder lanzettförmige Kokken, doch können auch ganz runde oder stäbchenförmige Exemplare vorkommen. SCHÖNFELD macht auf das Auftreten von Riesenkokken aufmerksam. In Bouillon tritt — ähnlich wie bei den Milchsäurestreptokokken — die ovale, bzw. lanzettartige Form in den Vordergrund. Auf Plattenkulturen liegen sie mehr in Haufen, in flüssigen Medien hingegen sieht man sie meist in Diploform, eventuell in längeren Ketten angeordnet liegen.

Nach DONALDSON bildet der Enterococcus auf Agar Kapseln. Diese Behauptung wird jedoch von den meisten Autoren nicht bestätigt, sogar SCHMITZ hat seine früheren Angaben über die Kapselbildung revidiert.

Der Enterococcus ist unbeweglich.

Auf Agar bildet er runde, klare oder leicht grauweiße Kolonien, die größer sind als die der übrigen Streptokokken. SCHMITZ sowie WENT betonen seine Anspruchslosigkeit in bezug auf die verschiedenen Nährböden und sehen sie als kennzeichnend an.

Auf Traubenzuckeragar runde grauweiße Kolonien, die bedeutend größer werden als die anderer Streptokokkenarten. In der Stichkultur wachsen sie sehr üppig. Bei vielen Stämmen tritt nach längerer Bebrütung eine diffuse Trübung des Nährbodens auf, welcher Vorgang durch Säurebildung bedingt ist.

Auf DRIGALSKI wächst er in rötlichen opaken Kolonien, ebenso auf der ENDO-Platte. Ihr gutes Wachstum auf ENDO wird von AOKI und SAKAI als charakterisierend gegenüber den anderen Streptokokken bezeichnet.

Auf der Blutplatte wächst er in grauweißen, eventuell durch Methämoglobinbildung in schwarzgrünen Kolonien, die nach ein paar Tagen leicht schleimig erscheinen. SCHÖNFELD hat vereinzelt farblose wie auch trockene Kolonien beobachtet. Der Nährboden selbst kann entweder unverändert bleiben oder lehmbraun verfärbt werden, er kann aber auch eine schwarzgrüne oder grüne Farbe annehmen, wodurch die Kolonien manchmal selbst als „grün" imponieren. PUPPEL, DIBLE, K. MEYER, TODD und FAMULENER sahen Hämolyse durch Enterokokken auftreten, wenn auch nur spurweise, wobei MEYER hervorhebt, daß auch nach längerer Bebrütung bei einigen Stämmen Hämolyse eintreten kann. KOVÁCS sah einen Stamm, der minimale Spuren von Aufhellung verursachte. ANDREWES und HORDER, SCHMITZ, BAGGER, WENT jedoch konnten keine Hämolyse beobachten.

Bei der Herstellung der Blutplatte aus Traubenzuckeragar (2 ccm Blut + + 10 ccm Traubenzuckeragar) konnte KOVÁCS[1] eine konstante Veränderung des Nährbodens beobachten, indem durch die Enterokokken eine milchkaffee- bis schiefergraue Verfärbung des Nährbodens hervorgerufen wird, die nach längerer Bebrütung auch auf die weitere Umgebung der Kolonien übergreift. Es kommen ausnahmsweise auch lange Streptokokken vor, die auf der Traubenzuckerblutplatte eine ähnliche Veränderung verursachen. Doch zeigen deren Kolonien, abgesehen davon, daß sie bei der mikroskopischen Untersuchung der Bouillonkultur aus längeren Ketten bestehen, eine gelblich-braune Eigenfarbe und erscheinen mehr trocken, während die Enterokokken auf den genannten Nährböden immer graue Kolonien bilden. Die Eigenschaft der Enterokokken, auf der Traubenzucker-Blutagarplatte eine Graufärbung hervorzurufen, ist um so wichtiger, da die Viridans- und Pneumokokkenstämme, die differentialdiagnostisch hauptsächlich in Betracht kommen, auf dieser Platte infolge von Methämoglobinbildung eine stark ausgesprochene grünliche Farbveränderung verursachen. Demgegenüber zeigen die hämolytischen Streptokokken auf diesem Nährboden überhaupt keine oder nur sehr schwache Hämolyse.

In Gelatine mäßiges Wachstum auch bei Zimmertemperatur, das nach 48 Stunden stärker wird. Im allgemeinen wird Gelatine nicht verflüssigt. DIBLE und GUNDEL sahen nie Verflüssigung, GORDON und HOUSTON beobachteten elf Stämme, die verflüssigten, ANDREWES und HORDER vier von dreizehn Stämmen. BAGGER beschrieb nach zwei Tagen beginnende Peptonisierung in 10% der untersuchten Stämme, welche nach einer Woche vollständig wurde. Nach MEYER und SCHÖNFELD wird Gelatine in 5,3% verflüssigt. Da die Viridans- und Pneumokokkenstämme nie Verflüssigung bewirken, kann diese Eigenschaft im positiven Fall differentialdiagnostisch verwertet werden, obzwar BAGGER dieser keine besondere Bedeutung zuspricht.

In Bouillon wächst der Enterococcus mit diffuser Trübung und unter Bildung eines mäßigen Bodensatzes, der nach mehrtägiger Bebrütung zunimmt, wobei er gleichzeitig etwas schleimig wird. Diese Konsistenz kann man sehr gut beim Aufschütteln wahrnehmen, da der Bodensatz dann in einer zusammenhängenden Spirale aufsteigt, ebenso wie bei der Abimpfung. Demgegenüber beobachtete SCHÖNFELD Stämme in ganz geringer Zahl, die die Bouillon klar ließen und mit krümeligem Bodensatz wuchsen.

In TAROZZI erfolgt üppiges Wachstum unter diffuser Trübung und Bodensatz. Bei einigen Stämmen klärt sich die Flüssigkeit schon nach vier- bis fünftägiger Bebrütung.

---

[1] Zeitschr. f. Immunitätsforsch. u. exp. Therapie, Bd. 49, S. 450, 1926.

In Lackmusmilch zeigt der Enterococcus nach SCHÖNFELD[1] kein gleichmäßiges Verhalten, ein Teil der Stämme weist für den Streptococcus lactis charakteristische Eigenschaften auf, wie sie von HEIM beschrieben wurden: Reduktion und nachfolgende, nach unten fortschreitende Rötung und Gerinnung, andere verursachte neben der Gerinnung entweder sofort Rötung oder aber veränderte den Nährboden überhaupt nicht. Unsere Stämme zeigten in der Mehrzahl außer der Gerinnung, welche häufig verzögert ist, das für den Milchsäurestreptococcus typische Verhalten.

Von ANDREWES und HORDER stammt die Beobachtung der Fähigkeit der Mannitvergärung, die allen typischen Enterokokken (Streptococcus faecalis) zukommen soll, doch kommen auch Varianten vor, denen diese Fähigkeit fehlt. Dieser Befund ist von BAGGER bestätigt worden. WINSLOW und PALMER, FULLER und ARMSTRONG, OPPENHEIM, DIBLE konnten Stämme beobachten, die den Mannit nicht vergärten. Über ähnliche Resultate berichtet SCHÖNFELD, der in 61% der Fälle eine Vergärung beobachtete. MEYER und SCHÖNFELD beschreiben starke Vergärung bei 75% aller Stämme, bei den übrigen war die Vergärung „meist in geringem Grade" entwickelt. Die Bedeutung der Zersetzung des Mannits wird jedoch durch den Umstand vermindert, daß auch andere Streptokokken manchmal diese Fähigkeit besitzen, so nach MEYER und SCHÖNFELD 17,7% der Viridansstämme, nicht aber die hämolytischen Streptokokken.

Die Prüfung auf Mannitvergärung wie auch auf die Vergärung anderer Zuckerarten wird nach BAGGER[2] in einem Nährboden vorgenommen, der aus 100 g LIEBIGs Fleischextrakt, 50 g Witte-Pepton und 10 l Wasser besteht. Diese Bouillon wird auf ph = 7,6 eingestellt, in Fläschchen zu 400 ccm abgefüllt, im Autoklaven sterilisiert, jedem Fläschchen 0,2 g Zucker und 0,4 ccm Indikator zugesetzt (Bromkresolpurpur nach CLARK und LUBS, 1,6% in 95% Alkohol für eine ph = 5,2 bis 6,8 und Bromthymolblau für ph = 6,0 bis 7,6), der Nährboden wird in Röhrchen zu 2 ccm abgefüllt und nochmals in strömendem Wasserdampf sterilisiert. Bei negativen oder fraglichen Resultaten wird der Versuch wiederholt, indem zu den sterilen Nährböden noch 10% Pferdeserum zugesetzt wird. MEYER und SCHÖNFELD prüfen die Vergärung in den HISSschen Nährböden, bestehend aus 1 Teil Rinderserum, 2 Teilen Aqua destillata, 1% Zucker und 7% Lackmustinktur. Durch die Säurebildung entsteht Rötung und Koagulation.

Auch die Raffinose wird von einem Teil der Stämme abgebaut. ANDREWES und HORDER fanden in 46%, BAGGER jedoch nur in 10,7% und MEYER und SCHÖNFELD in 23,3% der Stämme einen Abbau, so daß man diese Eigenschaft nicht als ein obligates Merkmal der Enterokokken ansehen kann. DIBLE rechnet sogar die raffinosevergärenden Stämme zu Streptococcus mitis und salivarius, auch nach MEYER und SCHÖNFELD zersetzen die Viridanskeime in hoher Prozentzahl (59,1%) die Raffinose.

Über die Vergärung der übrigen Kohlehydrate findet man bei ANDREWES und HORDER Angaben betreffend die Saccharose-, Laktose- und Salizinvergärung. Nach BAGGER wird unter anderen d-Arabinose, Adonit, Dulcit, Inulin nie vergoren, dagegen von allen Stämmen d-Glukose, Galaktose, Lävulose, Maltose, Laktose, Saccharose, Dextrin, Glykogen, Glyzerin usw., eine mehr oder minder größere Zahl von Stämmen vergärt Sorbit, l-Arabinose, Inosit. Die Stämme müssen bei der Prüfung längere Zeit hindurch bebrütet werden. BAGGER teilt die Enterokokken auf Grund ihrer Vergärungsfähigkeit ver-

[1] Zentralbl. f. Bakt., Bd. 49, S. 388, 1926.
[2] Journ. of pathol. a. bacteriol., Vol. 29, p. 225. 1926.

schiedenen Zuckerarten gegenüber in zehn Gruppen ein, welchen jedoch nach unserer Meinung keine besondere praktische Bedeutung zukommt.

Von ANDREWES und HORDER ist bei ungefähr der Hälfte der Stämme Reduktion des Neutralrotes beobachtet worden.

BAGGER beschreibt entsprechend den Beobachtungen von NEISSER und MASSINI an Coli die Mutation der Enterokokken auf l-Xylose-Agar. Das Phänomen erscheint dadurch charakterisiert, daß auf Agarplatten mit ½ bis 1% Zuckerzusatz am vierten bis fünften Tage kleine runde, wenig erhabene Stellen in den Kolonien auftreten, die meistens exzentrisch gelagert sind. Sie verwandeln sich in deutliche Knöpfe, die makroskopisch sichtbar und intensiv gelb gefärbt sind. Wenn diese Knöpfe abgeimpft werden, so tritt in l-Xylose-Bouillon schon nach 24 Stunden Vergärung ein, wogegen die Reste der Kolonien überhaupt keine Vergärung verursachen oder erst nach vier bis fünf Tagen. Auch in den Passagen zeigen die Knöpfe konstant die Vergärung innerhalb 24 Stunden.

WEISSENBACH empfiehlt die Galle als elektives Medium für die Enterokokken im Gegensatz zu den hämolytischen und nichthämolytischen Streptokokken. Der ungünstige Einfluß der Galle auf die letztgenannten Bakterien ist schon von E. FRÄNKEL und KRAUSE beschrieben worden. Der Nährboden ist folgendermaßen zusammengesetzt: 4% Pepton, 0,5% NaCl, 0,2% Glykose und 10% sterile filtrierte Ochsengalle auf 100 ccm Wasser. BAGGER benützt unverdünnte Galle mit Peptonzusatz, auf welchem Nährboden die Enterokokken gutes Wachstum mit wolkigem Niederschlag zeigen. Aus diesen Nährböden können die Enterokokken schon nach 24 Stunden angereichert auf Platten ausgesät werden. In den Galleröhrchen halten sie sich über einen Monat lebensfähig. MORIN, COUDIÈRE und CERTONCINY prüfen die Galleresistenz in einer 24stündigen Bouillonkultur, indem sie zu 5 ccm der Bouillon 0,1 ccm Galle zusetzen und nach weiterer 24stündiger Bebrütung abimpfen. MEYER und SCHÖNFELD benützen den WEISSENBACHschen Peptonwassernährboden (siehe oben), jedoch mit 20% Gallezusatz und lassen eine Aussaat auf Blutplatten folgen. Doch konnten sie auch in diesen Nährböden Haëmolyticus- und Viridansstämme beobachten, die nicht abgetötet worden waren, bzw. sich vermehrten. Deshalb konnten sie die Angaben WEISSENBACHS, betreffend die wachstumshemmende Wirkung von Gallepeptonwasser auf Haemolyticus- und Viridansstämme nicht bestätigen, wohl aber die konstante Galleresistenz der Enterokokken.

Ein wichtiges Differenzierungsmerkmal ist die Hitzeresistenz. Diese von HOUSTON und MAC CLOY beschriebene Eigenschaft wird nach den vorerwähnten Autoren in einer 24stündigen Bouillonkultur oder in einer Emulsion in physiologischer Kochsalzlösung geprüft, indem man diese eineinhalb Stunden bei 55° C hält und danach auf DRIGALSKI-Platten überträgt. DIBLE erhitzt das zu untersuchende Material in PASTEUR-Pipetten während einer halben Stunde auf 60° C im Wasserbad. Nach Ablauf der Untersuchungszeit wird die Spitze der Pipetten abgebrochen und der Inhalt auf Platten getröpfelt. BAGGER fand, daß 95% der Enterokokken die Einwirkung von 60° während einer Stunde aushielten, wohingegen die hämolytischen Streptokokken und Pneumokokken nach halbstündiger Erhitzung zugrunde gegangen waren. Dieser Autor ordnete seine Versuche so an, daß er 24stündige Bouillonkulturen in 1 ccm fassende Ampullen im Wasserbad versenkte. Nach der Erhitzung wird die Spitze der Ampullen abgebrochen, eine Öse des Inhaltes auf eine Agarplatte gegeben, auf welcher die wachstumsfähigen Keime innerhalb zweier Tage Kolonien bilden. Eine weitere Bebrütung halten sie für zwecklos. Die Abtötungszeit wird auch von der Wasserstoffionenkonzentration beeinflußt, so zwar, daß eine ph = 7,5 das Optimum für die Hitzeresistenz darstellt. BAGGER benützt eine einstündige Erhitzung auf 56° zur Isolierung der Enterekokken. Das Alter der Kulturen ist für ihre Thermoresistenz ohne Bedeutung. MEYER und SCHÖNFELD verwenden eine der von DIBLE beschriebenen Methode ähnliche, indem sie eine Bouillonkultur in Kapillarpipetten einschmelzen und im Wasserbad von 60° versenkt hatten. Nach Ablauf der Erhitzungsdauer (eine Viertelstunde) wird die Spitze der Pipette abgebrochen und einige Tropfen auf eine Blutplatte fallengelassen, welche dann dreimal 24 Stunden lang (wegen der stattgefundenen Hitzeschädigung der noch wachstumsfähigen Keime) bebrütet wird. Durch diese Art der Entnahme wird ein Versuchsfehler, nämlich die Beimengung von an der Glaswand angetrockneten und nicht in der Flüssigkeit suspendierten Keime, vermieden. SCHÖNFELD sah in 76,7% der Stämme Wachstum, MEYER und SCHÖNFELD in 70,5%. Letztere beobachteten nur einen einzigen thermoresistenten Viridansstamm und keinen Streptococcus haemolyticus.

Die Enterokokken besitzen die Fähigkeit der Aesculinspaltung. Das Aesculin wurde von HARRISON und VANDERLECK zur Differenzierung der Colibakterien empfohlen. ROCHAIX fand das Aesculinspaltungsvermögen der Enterokokken, und zwar benützte er für seine Untersuchungen den Aesculinagar. MEYER sowie MEYER und SCHÖNFELD berichten dagegen über bessere Ergebnisse, bei Verwendung von dem von HARRISON und VANDERLECK angegebenen Nährboden, der aus 1,5 g Pepton, 0,5 g taurocholsaurem Natrium, 0,1 g Aesculin und 0,05 g Ferrizitrat (MERCK) in 100 ccm Wasser besteht. Die stattgehabte Aesculinspaltung kommt in einer intensiven Schwarzfärbung zum Ausdruck. Das Aesculin wird in Aesculetin und Traubenzucker gespalten. Ersteres bildet mit Ferrizitrat einen schwarzen Farbstoff, der die Farbveränderung des Nährbodens verursacht. Nach MEYER und SCHÖNFELD[1] spalten 99,3% der Enterokokkenstämme Aesculin. Das von ROCHAIX beobachtete Spaltungsvermögen der Viridansstämme gegenüber Aesculin tritt nach MEYER und SCHÖNFELD nur selten auf, die hämolytischen Streptokokken weisen diese Fähigkeit nur ganz ausnahmsweise auf. Die letztgenannten Autoren konnten nachweisen, daß der Zusatz von taurocholsaurem Natrium die chemischen Leistungen der Viridansstämme nicht hemmt, sondern nur das Wachstum der Pneumokokken verhindert.

Die Enterokokken sind nach MEYER und GUNDEL gegen Optochin unempfindlich.

Die Enterokokken sind fakultativ anaerob. BAGGER fand gleich starkes Wachstum unter aeroben wie unter anaeroben Bedingungen. Nach MEYER, KOVÁCS u. a. wachsen sie besser unter anaeroben Bedingungen.

Die Wachstumsbreite der Enterokokken ist beträchtlich, das Optimum ist nach BAGGER zwischen 37 und 40° C, doch wachsen sie, wenn auch nur spurenweise, auch bei 8° C. Bei 16 bis 18° ist das Wachstum schon deutlich, ebenso wie bei 45 bis 46°. Ihr sehr schwaches Wachstum noch bei 48° ist mit ihrer Thermoresistenz gut in Einklang zu bringen.

Das Optimum der Wasserstoffionenkonzentration liegt nach BAGGER zwischen ph = 7,5 und 8,0, bei welchem ph in der Bouillon nach 5 bis 5½ Stunden deutliche Vermehrung eintritt. Die Reaktion der Bouillon wird während der Bebrütung nicht stark verändert. Ein Anfangs-ph von 7,5 ist nach 18stündiger Bebrütung auf ph = 6,8 gesunken, welcher Wasserstoffexponent auch nach viertägiger Bebrütung erhalten bleibt. In einer Bouillon

[1] Zentralbl. f. Bakteriol., I. Abt., Orig.-Bd. 99, S. 402, 1926.

von ph = 7,0 sinkt der Exponent auf ph = 6,4, in einer von ph = 8,0 auf ph = 7,2 (BAGGER).

Nach BAGGER kann die Agglutination nicht zur Grundlage einer Klassifikation der Enterokokken herangezogen werden, da die Immunsera hauptsächlich die homologen Stämme agglutinieren. WENT konnte mit der Agglutination nur negative Ergebnisse erzielen, über bessere Resultate berichtet GORDEN, der, wenn auch nur bei einem Teil seiner Stämme, eine serologische Identität nachwies. Zu ähnlichen Ergebnissen gelangten DURAND und DUFOUR, die die Enterokokken in vier serologisch scharf getrennte Gruppen teilen, während die übrigen Stämme nur durch die homologen Sera agglutiniert werden. MEYER und H. LÖWENSTEIN haben unter 125 Stämmen 46 gefunden, die in drei serologisch differente Gruppen einzureihen waren, und zwar fand man bei den aus den Krankheitsprodukten gezüchteten Stämmen eine größere Anzahl agglutinabler als bei den saprophytischen (Stuhl-) Keimen. Hämolytische und Viridansstreptokokken zeigten mit dem Enterokokkenserum keine Reaktion. Aus diesem Verhalten haben die obengenannten Autoren auf die Sonderstellung der Enterokokken auch auf serologischem Gebiet geschlossen.

Was die Infektiosität betrifft, findet man einander widersprechende Angaben. Nach SCHMITZ sind die Enterokokken nicht tierpathogen, was auch BITTER und BUCHHOLZ von ihren Darmstreptokokken behaupten, während ihnen LOGAN die Pathogenität für weiße Mäuse zuschreibt. BAGGER konnte Kaninchen durch eine intravenöse Injektion von 1 ccm einer Bouillonkultur manchmal töten, durch subkutane Einverleibung derselben Menge des gleichen Materiales erzielte er Abszesse und manchmal diffuse Infiltrate. 1 ccm derselben Kultur tötete bei intraperitonealer Applikation weiße und graue Mäuse in ziemlich hoher Prozentzahl, wobei die Kokken immer aus dem Herzblut zu züchten waren. Für Meerschweinchen waren auch 3 ccm Kultur intraperitoneal injiziert nicht pathogen. Dieser Befund wird von WENT bestätigt, der auch bei intravenöser Injektion bei Ratten keine pathologischen Symptome zu verzeichnen hatte. Bei Mäusen sah BAGGER durch Passagen keine Virulenzsteigerung eintreten. MEYER und LÖWENBERG sowie MEYER und H. LÖWENSTEIN bestreiten die Pathogenität selbst von großen Dosen für Kaninchen. GUNDEL fand 38% der aus dem Urin gezüchteten Stämme für Mäuse pathogen und wir konnten mit einzelnen Stämmen durch intravenöse Injektion innerhalb drei bis vier Tagen dieselben töten, wobei der Stamm aus dem Herzblut leicht zu züchten war. Für den Menschen kann der Enterococcus hoch pathogen sein. Er findet sich als Erreger von Darmerkrankungen, außerdem kann er Erkrankungen der Leber und der Gallenwege, Sepsis, verschiedene Abszesse, die mit dem Darmtrakt in Zusammenhang stehen, Cystitis u. a. verursachen.

Zur Reinzüchtung eignet sich am besten die DRIGALSKI- (ohne Kristallviolettzusatz) oder ENDO-Platte, doch erweist sich nach SCHÖNFELD die Blutplatte als gleichwertig. Die Züchtung auf TAROZZI und nachfolgende Aussaat auf Platten ergab nach diesem Autor keine besseren Resultate. Die Enterokokken röten den DRIGALSKI- und ENDO-Agar und wachsen auf der Blutplatte zunächst in grauweißen Kolonien (siehe oben). Seine Anspruchslosigkeit bezüglich der Kulturbedingungen begründet den ersten Versuch einer Trennung von den anderen Streptokokken, von denen ihm — außer dem Streptococcus lactis (siehe unten) — der Streptococcus viridans am nächsten steht. Im folgenden sei eine Zusammenfassung der wichtigsten Merkmale der beiden gegeben:

	Enterococcus	Strept. viridans
Aesculinspaltung	konstant	meist fehlend
Galleresistenz	konstant	meist fehlend
Thermoresistenz	meist konstant	fehlend
Mannitspaltung	meist vorhanden	meist fehlend
Bouillon	diffuses Wachstum	bröckliges Wachstum
Blutplatte	grauweiße Kolonien	grüne Kolonien
Traubenzuckerblutplatte	milchkaffeeartige Veränderung der Umgebung	grüne Kolonien mit grüner Hofbildung
Form der Individuen	oval oder lanzettförmig, meist in Diploform	runde Kokken in Ketten gelagert

Streptococcus lactis

Da von vielen Autoren die im Darm vorwiegend vorkommenden Streptokokken als Milchsäure-Streptokokken beschrieben wurden, wollen wir der vollständigen Klärung der Frage nach dem Zusammenhang von Streptococcus lactis und Enterococcus nicht vorgreifen und die Milchsäurestreptokokken für sich beschreiben. Der Zusammenhang beider Arten soll am Schluß des Kapitels besprochen werden.

Kruse erkannte die ursächliche Bedeutung der Streptokokken für die Säuerung der Milch und prägte den Namen Streptococcus lacticus. Löhnis hat die Benennung Streptococcus lactis vorgeschlagen, der, wie Heim hervorhebt, aus sprachlichen Gründen der Vorzug gebührt. Auch unter der Bezeichnung Streptococcus acidi lactici ist derselbe Stamm zu verstehen.

Die von Kruse ausgesprochene Identität des Streptococcus lact. mit den Pneumokokken läßt sich nicht aufrechterhalten (Heim, Bitter und Buchholz u. a.). Er ist ausgesprochen ubiquitär, man findet ihn außer in der Milch in der Mundhöhle, in verschiedenen pflanzlichen Stoffen usw. (Kruse, Heim, Bitter und Buchholz).

Der Streptococcus lactis hat die Gestalt von rundlichen oder etwas ovalen Diplokokken, ähnlich den Pneumokokken, in Häufchen oder in kurzen Ketten zu zwei bis fünf Paaren gelagert. Besonders deutlich erfolgt die Kettenbildung in Bouillon, in der es auch oft zur Ausbildung der Lanzettform kommt. Bitter und Buchholz[1] heben den stark ausgeprägten Polymorphismus, der am deutlichsten bei der Färbung mit alkalischem Methylenblau in Erscheinung tritt, hervor, auf welche Tatsache wir wegen der noch später zu besprechenden Zusammenhänge mit den Enterokokken hinweisen werden.

Die Kolonien sind auf Agar fein und dicht granuliert, am Rande ziemlich durchsichtig, im Innern etwas dichter. Niemals zeigen die Kolonien, wie Heim hervorhebt, Maschen, höchstens gezähnelte, oft scharfe Ränder. Bei sehr flachen Ansiedlungen sieht man zwei zarte Linien als Begrenzung (Heim).

Auf Blutagar wachsen die Stämme in der Regel ohne Hämolyse. Puppel[2] berichtet, daß die Milchsäurestreptokokken, wenn überhaupt, nur Spuren von Hämolyse zeigen. Bei seinen Stämmen war die Lyse am stärksten auf Ziegenblut, schwächer auf Rinder- und Kaninchenblut, am geringsten auf Menschenblut ausgebildet. Von 48 aus Marktmilch gezüchteten Stämmen waren 24 anhämolytisch, 15 zeigten eine Spur Hämolyse und 9 wuchsen grün. Rüdinger,

[1] Zentralbl. f. Bakteriol., I. Abt., Orig.-Bd. 95, S. 38.
[2] Zeitschr. f. Hyg. u. Infektionskrankh., Bd. 70, S. 449.

JONES, BITTER und BUCHHOLZ, SÄLTER, GUNDEL, ferner u. a. HEIM beobachteten auch hämolytische Milchsäurestämme. Zusammenfassend kann mit BITTER und BUCHHOLZ gesagt werden, daß der Streptococcus lacticus mit wenigen Ausnahmen auf den üblichen Blutnährböden ohne Hämolyse wächst.

Neben der Hämolyse muß noch die Fähigkeit zur Bildung grüner Kolonien bei einer Gruppe der Milchsäurestreptokokken berichtet werden. Über die „Vergrünung" der Lactisstämme finden wir noch Beobachtungen von PUPPEL, RÜDINGER, BITTER und BUCHHOLZ.

BITTER und BUCHHOLZ stellten auf Grund des Verhaltens auf der Blutplatte drei Typen auf, welche sich bei gleichzeitiger Verwendung von Chinablauagar (2% Milchzuckeragar: 100 g, dazu fünf Tropfen gesättigte wässerige Chinablaulösung [HÖCHST] kurz sterilisiert) durch folgende Merkmale voneinander unterscheiden:

Typus I. Auf Blutagar ziemlich große, weiße, kuppenförmige, staphylokokkenartige Kolonien, die eine schwärzliche Verfärbung des Agars in der nächsten Umgebung verursachen. Auf Chinablauagar sind die Kolonien klein, saftig, hellblau. Die in diese Gruppe gehörenden Stämme sind hitzeresistent.

Typus II. Auf der Blutplatte kleinere oder größere flache Kolonien mit starker Aufhellung und Vergrünung. Die Kolonien sind mehr oder weniger weiß, saftig. Nach dem Wachstum auf Chinablauagar kann man zwei Unterabteilungen aufstellen, und zwar bildet Typus II a kleine, ziemlich spitze, tiefblaue, ziemlich saftige Kolonien, Typus II b kuppenförmige, kleine bis mittelgroße, tiefblaue Ansiedlungen, welche oft so fest auf dem Nährboden haften, daß sie nur mit Mühe abzuheben sind.

Typus III wächst auf der Blutplatte in auffallend großen, runden, tröpfchenartigen Kolonien, unter Vergrünung und Aufhellung des Nährbodens. Auf Chinablauagar entstehen große, runde, schleimige, tiefblaue Kolonien. Dieser Typus ist zumindestens verwandt mit dem von VIOLLE beschriebenen Streptocoque lactique glaireux, welcher üppig und mit starker Schleimbildung nur auf kohlehydrathaltigen Nährböden wächst.

Nach den genannten Autoren kann man den Typus I vom Streptococcus pyogenes lanceolatus und pleomorphus ohneweiters unterscheiden, die anderen Typen jedoch nicht so einfach, so daß zur Sicherung der Diagnose noch die unten zu beschreibende Veränderung der Lackmusmilch notwendig ist.

Nach SCHOTTMÜLLER verursachen die Milchsäurestreptokokken auf der Blutplatte eine lehmbraune Verfärbung, welche Erscheinung wahrscheinlich durch Säurebildung aus den im normalen Agar vorkommenden Kohlehydraten hervorgerufen ist, doch konnten wir die Regelmäßigkeit dieses Vorganges trotz der Untersuchung an sehr vielen Stämmen nicht feststellen. Setzt man jedoch dem Agar Traubenzucker zu, ist diese graubraune Farbenveränderung regelmäßig und sehr deutlich zu beobachten. Aus diesem Grunde schlägt HEIM den CANTANIschen Nährboden aus Blut-Glyzerin-Traubenzuckeragar und KOVÁCS Traubenzuckeragar mit größeren Blutzusätzen (2:10) vor (siehe auch Enterokokken).

Hier wäre noch zu erwähnen, daß SEITZ noch einen H- und einen Z-Typus des in der Mundhöhle vorkommenden Streptococcus lact. unterscheidet. Der erstere ist ein dicker, zugespitzter Diplococcus, der sich im primären Ausstrich höchstens in kurzen Ketten präsentiert, sehr GRAM-fest ist und auf der Methämoglobinplatte (1% auf 40° abgekühlten Traubenzuckeragar mit Zusatz von 1%iger Methämoglobinlösung bis zur Braunfärbung) eine braungelbe Aufhellung bildet. Der Z-Typus hingegen wächst in schlanken zugespitzten Diplokokken, die häufig in Ketten angeordnet sind und verändert die Methämoglobinplatte nicht. Auf Traubenzuckeragar bildet er glatte, glänzende und durchscheinende Kolonien, während der H-Typus in gelblichen undurchscheinenden, leicht gekörnten Kolonien wächst. Der H-Typus kommt in der Mund- und Rachenhöhle vor, der Z-Typus hingegen wurde aus tief kariösen Zähnen isoliert.

Eine andere Gruppeneinteilung der Milchsäurestreptokokken nimmt WIRTH[1] vor. Er unterscheidet einen Typus A (HEIM) und einen thermoresistenten Typus B. Typus A zeigt in Lackmusmilch das von HEIM beschriebene Verhalten (siehe Lackmusmilch), indem diese erst reduziert und dann gerötet wird. Auf Blutagar bildet er zarte, grünliche, niemals fest anhaftende Kolonien, wächst ohne Grünfärbung und ohne Hämolyse. Auf DRIGALSKI-Agar meist üppige rote Kolonien, seltener zart und blau (!). Der Stamm wird durch einviertelstündige Erhitzung auf 60° abgetötet. Der genannte Autor vermutet innerhalb dieser Gruppe noch Unterarten.

Der Typus B wird durch einviertelstündige Erhitzung auf 60 und 65° nicht abgetötet. In Lackmusmilch kommt es nach zwei bis acht Tagen zur Rötung und Gerinnung (also nicht erst weiß und dann rot; wie es von HEIM für charakteristisch gehalten wird). Auf Blutagar wächst er wie Typus A.

In Bouillon verursachen die Milchsäurestreptokokken eine leichte Trübung, die später unter Zurücklassung eines Bodensatzes verschwindet.

In einer 1%igen Milchzuckerbouillon wächst der Streptococcus lact. nach BITTER und BUCHHOLZ mit außerordentlich starker Trübung und sehr voluminösem Bodensatz bei gleichzeitiger deutlich weißlicher Verfärbung des Nährbodens. Dieses Verhalten wird von den genannten Autoren differentialdiagnostisch verwertet, da die Pneumokokken und Diplostreptokokken die Milchzuckerbouillon nicht verfärben und Trübung und Bodensatz nur in geringem Maße hervorrufen.

Charakteristisch ist das Wachstum des Streptococcus lact. in Lackmusmilch (Milch mit 7% Lackmustinktur von C. A. F. KAHLBAUM), welche er nach HEIM[2] in 7 bis 17 Stunden durch eine Reduktase vollkommen elfenbeinweiß färbt, bis auf eine obere, einige Millimeter breite, rote Zone unter der weißbleibenden Rahmschicht. Am nächsten Tage schreitet die Rötung nach unten fort, bis der ganze Nährboden eine rosa oder rote Färbung angenommen hat. Mit der Rötung der obersten Schichten setzt gewöhnlich die Gerinnung ein.

In der Stärke der Säurebildung wie in dem Vermögen, Milch zur Gerinnung zu bringen, gibt es verschiedene Abstufungen, worauf schon KRUSE hingewiesen hat. Die rasche und bis auf eine schmale obere Zone vollkommene Reduktion der Lackmusmilch erlaubt die Trennung von anderen Streptokokken, auch von solchen, die, wie manche Stämme von Streptococcus pyogenes, die Lackmusmilch erst, nachdem diese rosa oder rot geworden ist, vorübergehend oder teilweise weiß machen. Wie HEIM hervorhebt, kommen neben den Milchsäurestämmen, welche die oben beschriebenen Veränderungen hervorrufen, auch solche vor, die in der Lackmusmilch eine weiße Reduktion bis auf eine obere bläuliche, später nach unten fortschreitende Schicht verursachen, die mit der weißlichen Farbe abwechselt oder ins Rötliche übergeht, wobei keine oder eine verspätete Gerinnung platzgreift. Außer diesen Stämmen, die durch das Fehlen des Säurebildungsvermögens oder dessen verspäteten Wirkungseintritt charakterisiert sind, zeigen einige aus dem Stuhl gezüchtete dasselbe Verhalten. Gegenüber der HEIMschen Beschreibung berichtet WIRTH noch über Milchsäurestreptokokken, die durchwegs thermostabil sind und durchwegs aus der Milch gezüchtet und die die Lackmusmilch zur Rötung und Gerinnung, eventuell auch zu einer verspäteten Reduktion bringen.

[1] Zentralbl. f. Bakteriol., I. Abt., Orig.-Bd. 99, S. 366, 1926.
[2] Zeitschr. f. Hyg. u. Infektionskrankh., Bd. 101, S. 104, 1925.

Lackmusmolke wird unter Bildung eines spärlichen ziegelroten Sedimentes hellrot verfärbt.

Das Temperaturoptimum dieser Stämme liegt nach PATSCHKE bei 28°, nach VAN DER REIS zwischen 25 und 37°. Jedoch wurde Wachstum auch bei Zimmertemperatur beobachtet, ebenso wie nach BITTER und BUCHHOLZ auch noch bei 56° Vermehrung eintritt. Die genannten Autoren weisen auf die Thermoresistenz dieser Stämme hin (Typus I).

Zur Reinzüchtung des Streptococcus lactis eignet sich am besten der DRIGALSKI-Nährboden (ohne Kristallviolett) oder ENDO-Agar, auf denen der Stamm unter Rotfärbung 0,3 bis 0,5 mm große Kolonien bildet, doch beschreibt WIRTH thermoresistente Stämme, die auf DRIGALSKI zart und blau wuchsen (siehe oben).

HEIM empfiehlt außer den eben erwähnten Nährböden noch den CANTANIschen Blutglyzerinagar. Dieser Nährboden wird hergestellt, indem man 10 bis 12 Tropfen (0,5 ccm) eines Gemisches von Blut und Glyzerin zu gleichen Teilen auf den Boden einer PETRI-Schale bringt und nicht zu heißen Trauben- oder Milchzuckeragar zugießt und das Ganze durch sanftes Schwenken der Schale vermischt. Es entsteht ein roter Nährboden. Die Blutglyzerinmischung kann mehrere Monate aufbewahrt werden. Die Tätigkeit der Säurebildner führt zu einer starken Trübung des Agars. Die Kolonien des Streptococcus lacticus erscheinen schmutziggelb bis dunkelbraun, in ihrer nächsten Umgebung nimmt der Nährboden eine mehr bräunliche Farbe an und ist feinst punktiert.

Die Agglutination hat sich nach MÜLLER, JEHLE, PINCHERLE, YAMAGUTI bei der Artunterscheidung nicht bewährt.

Die Milchsäurestreptokokken sind für die weiße Maus u. a. nach BITTER und BUCHHOLZ, WIRTH apathogen. BRÜNING fand unter einer größeren Zahl von Stämmen nur einen mäusevirulenten. SEITZ hingegen stellte eine gewisse Virulenz fest, doch nahm er seine Versuche mit so enormen Dosen vor, daß keine Schlüsse gezogen werden können. Er berichtet auch über eine Steigerung der Virulenz von Stämmen, die in Traubenzuckerbouillon mit Milchsäurezusatz gezüchtet wurden. Die Erhöhung der Virulenz durch Tierpassagen gelang ihm nicht, wohl aber HERRMANN durch Kaninchenpassagen.

PUPPEL prüfte auch die phagozytäre Fähigkeit des Menschenblutes nach der Methode der Virulenzbestimmung von BÜRGERS und fand, daß die Milchsäurestreptokokken in ziemlich hoher Zahl phagozytiert werden. Da die erwähnte Virulenzprüfung auf der Tatsache basiert, daß die virulenten Keime schlecht oder gar nicht von den Leukozyten aufgenommen werden, kann man die Milchsäurestämme nicht als virulente ansehen. Nach WIRTH vermehren sie sich bei dem SCHOTTMÜLLERschen Bakterizidieversuch in vier Stunden.

Da die Mastitisstreptokokken öfters als Erreger von Darmkrankheiten angesehen wurden, wollen wir nur ganz kurz auf diese eingehen. Nach RUDOLF lassen sie sich durch Verwendung von Lackmusmilch leicht von den Milchsäurestreptokokken dadurch unterscheiden, daß die Mastitisstreptokokken diese meist innerhalb 24 Stunden unter gleichzeitiger Rötung zur Gerinnung bringen. Ein weiteres wichtiges Charakteristikum der Mastitisstreptokokken ist ihre Staketenform (ERNST) und die Bildung von längeren Ketten im Gegensatz zu den Milchsäurestreptokokken.

Zur Frage des Zusammenhanges zwischen Enterokokken und Streptococcus lactis

Eine sehr wichtige Frage ist die der Klassifikation der Enterokokken innerhalb der Gruppe der Streptokokken. KRUSE vertritt den Standpunkt, daß eine scharfe Trennung zwischen den verschiedenen Streptokokkenarten nicht möglich sei, und faßt sie unter dem Gruppennamen Streptococcus lacticus zusammen. In diese Gruppe gehören außer den gewöhnlichen Streptokokken der Milch (Streptococcus lacticus) auch die parasitischen Streptokokkenarten der Streptococcus lanceolatus (Pneumococcus) und der Streptococcus pyogenes, sowie der zwischen ihnen stehende Enterococcus der französischen Forscher (Thiercelin), d. h. die gemeinen Darmstreptokokken. Sittler, Bessau und Bossert, wie van der Reis teilen die Krusesche Auffassung bezüglich der Identität der Milchsäurestreptokokken und Enterokokken und belegen die letzteren, den Streptococcus enteritidis und den Mikrococcus ovalis mit dem Sammelnamen Milchsäurestreptococcus (Streptococcus lacticus). Eine in gewissem Sinne unitarische Auffassung würde durch den Umstand gestützt werden, daß die Milchsäurestreptokokken ubiquitär sind und außer in der Milch, mit welcher sie als Darmbewohner aller Säugetiere unter natürlichen Verhältnissen regelmäßig in Berührung kommen, auch noch in den verschiedensten pflanzlichen Stoffen, wie Gras, Sauerkraut, Rübenschnitzel usw., zu finden sind (Kruse), so daß für die Infektion der Milch die verschiedensten Möglichkeiten gegeben sind.

Außer den früher erwähnten Autoren muß noch Puppel angeführt werden, der ebenfalls auf die große Ähnlichkeit der Darmstreptokokken mit Streptococcus lactis hinwies.

Heim, Bitter und Buchholz fassen die aus den verschiedenen Sekreten und Exkreten, aus Rachen- und Tonsillenabstrich, aus menschlichem Eiter, aus Peritonealexsudat, aus Pleurapunktat, aus menschlichem Stuhl und Harn usw. gezüchteten Streptokokken mit den Eigenschaften der Milchsäurestreptokokken als echte Vertreter dieser Art auf, die im allgemeinen mit den aus der Kuhmilch gezüchteten Stämmen völlig gleiche biologische Eigenschaften zeigen. Auch die Untersuchungen von Ayers und Johnson ergeben die Übereinstimmung zwischen Streptococcus faecalis (Enterococcus) und Streptococcus lactis.

Im Gegensatz zu diesen Autoren halten Schmitz und Bogendörfer an der Spezifität der Enterokokken fest. In der neuesten Zeit stellten Meyer und Schönfeld über diese Frage ausgedehnte Untersuchungen an und kamen zu dem Ergebnis, daß die Milchsäurestreptokokken keinen einheitlichen Typus darstellen, da 28,9% mehr mit den sogenannten Viridanskeimen und von den untersuchten Stämmen 71,1% mehr mit den Enterokokken eine Verwandtschaft zeigten. Von allen Milchsäurestreptokokken besaßen jedoch nur 42,5% die Eigenschaften der Enterokokken. Wir glauben jedoch, gestützt auf die Untersuchungen von Meyer und Schönfeld bei gleichzeitiger Berücksichtigung der in der Literatur vorliegenden Angaben über die Typen innerhalb der Milchsäurestreptokokken zu der Annahme berechtigt zu sein — für die auch unsere noch nicht abgeschlossenen Versuche sprechen — daß die Enterokokken einem oder mehreren Typen der Milchsäurestreptokokken entsprechen, die jedoch, wie es später ausgeführt wird, in ihren biologischen Eigenschaften durch den Organismus verändert sein können. Wir glauben um so eher diesen Standpunkt einnehmen zu dürfen, da innerhalb der von den verschiedenen Autoren als Enterokokken angegebenen Stämme auch sehr bedeutende Variabilitäten vorkommen. So sagt z. B. Bagger, daß 95% seiner Stämme eine einstündige Erhitzung auf 60° überlebten und 100% der Stämme Mannit und nur 11% Raffinose vergoren, während Meyer und Schönfeld nur bei 70,5% der Stämme Thermoresistenz (nur eine halbstündige Erhitzung auf 60°) und 75% Mannitvergärung und bei 23,3% Raffinosevergärung feststellten. Auf das Auftreten von Varietäten weisen auch schon Andrewes und Horder hin.

Innerhalb der Milchsäurestreptokokken sind u. a. von Seitz, Bitter und

Buchholz, Wirth Typen aufgestellt worden (siehe Streptococcus lactis). Die Untersuchung der verschiedenen Typen unter gleichzeitiger Berücksichtigung der Enterokokken wird die Zusammenhänge klären, wobei immer in Betracht zu ziehen sein wird, daß durch die Bakterizidie und andere im Darmkanal sich abspielende Prozesse eine Auswahl, sogar eine Veränderung der Typen zustandekommen kann.

Für eine besondere Bedeutung der Typen sprechen auch die Kohlehydratspaltungsversuche von Bitter und Buchholz, wonach eine große Zahl der dem Typus I bis III angehörigen Stämme Mannit, jedoch nicht Raffinose vergären, in welcher Eigenschaft sie mit den Enterokokken übereinstimmen.

Für die Veränderung des kulturellen Verhaltens durch den Standortwechsel ist Gundel[1] eingetreten, der durch Mäusefütterungsversuche eine sehr schnell eintretende Veränderung des Typencharakters nachweisen konnte. In seinen Versuchen konnte er den aus der Mundhöhle stammenden Typus IIb (nach Bitter und Buchholz), welcher sich normalerweise am wenigsten verändert, in keinem Fall aus Darm oder Stuhl züchten, sondern immer nur Milchsäurestreptokokken, die zwischen den Typen IIa und I stehen. Ähnliche Resultate erzielte er auch durch Einwirkung von Urin auf Milchsäurestreptokokken.

Von Gundel sind Untersuchungen über das Wachstum der Enterokokken aus dem Urin auf der von Bitter und Buchholz für die Milchsäurestreptokokken charakteristisch gefundenen Milchzuckerbouillon angestellt worden. Während die letztgenannten Autoren bei einer größeren Zahl der aus dem Stuhl und verschiedenen Sekreten und Exkreten gezüchteten Streptokokken eine für die Milchsäurestreptokokken eigentümliche Trübung und starken Bodensatz fanden, sah Gundel bei seinen Stämmen im allgemeinen nur eine Trübung, jedoch nur geringen Bodensatz. Diese Unstimmigkeit der Befunde kann möglicherweise auf eine durch den Harn hervorgerufene Veränderung der Keime zurückzuführen sein. Die Stämme von Gundel wuchsen auf der Blutagarplatte etwas üppiger, als der Bitter und Buchholzsche Typus IIa, jedoch nicht so groß und üppig wie die staphylokokkenartigen Vertreter des Typus I. Auf Chinablauagar fand er einerseits spitze tiefblaue, anderseits auch etwas flachere Kolonien von derselben Farbe, die aber oft bei über vierundzwanzigstündiger Bebrütung weiterwuchsen.

Wir möchten hier noch außer auf die schon erörterten Eigenschaften auf die Übereinstimmung in der Thermoresistenz, der Kolonieform auf Agar sowie auf Blutagar (Ayers und Johnson) und Traubenzuckerblutagar (Kovács) sowie auf die Form der Milchsäurestreptokokken und Enterokokken hinweisen.

Was das Verhalten der Enterokokken in Lackmusmilch betrifft, so sagt Schönfeld, daß von 60 Stämmen nur achtzehn die nach Heim für den Streptococcus lactis typischen Eigenschaften zeigten, fünf Stämme keinerlei Veränderungen und die übrigen nur Gerinnung und sofortige Rötung ohne vorausgehende Entfärbung hervorriefen. Demgegenüber prüften Heim, Bitter und Buchholz eine größere Zahl von Stuhlstreptokokken und aus pathologischen Prozessen stammende, die in der Lackmusmilch ähnliche Veränderungen verursachten, wie die Milchstreptokokken. Wir wollen hier nur darauf besonders hinweisen, daß nicht nur die Reduktion mit nachfolgender Rötung und Gerinnung als für den Streptococcus lactis typisch von Heim beschrieben wurde, sondern bei Stämmen mit fehlendem oder vermindertem Säurebildungsvermögen auch die Entfärbung eventuell ohne Rötung und Gerinnung (siehe Streptococcus lactis).

[1] Zentralbl. f. Bakteriol., I. Abt., Orig.-Bd. 99, S. 469, 1926.

Heim berichtet: „Bei den Streptokokken aus Stuhl und Harn trat die völlige Entfärbung zu Weiß und die Rosafärbung unter der Rahmschicht erst am zweiten oder dritten Tage ein, auch die Gerinnung kam verspätet und blieb bei einem oder anderen Stamm mehr kleistrig.“ Außerdem fand er neben Stämmen, die aus Milch oder Säuglingsstühlen gezüchtet worden waren, solche mit verändertem Säurebildungsvermögen. Über das verspätete Eintreten der Reduktion durch Stämme, die aus menschlichen Sekreten und Exkreten gezüchtet worden waren, berichten auch Bitter und Buchholz, und schon Puppel wies darauf hin, daß die Darmstreptokokken nur in zwei Drittel der Fälle Säure bildeten, wobei er bemerkt, daß ein Teil der Stämme Entfärbung hervorrief. Bezüglich der Schönfeldschen Angaben über das Vorkommen von Enterokokken, die eine sofortige Rötung ohne Reduktion in der Lackmusmilch verursachen, möchten wir, ohne eine endgültige Anschauung aussprechen zu wollen, auf den thermoresistenten Typus des Streptococcus lactis von Wirth aufmerksam machen, welche Stämme in Inkongruenz mit den Heimschen Befunden eine ebensolche Veränderung hervorrufen. Übrigens konnten wir in vereinzelten Fällen auch aus saurer Milch solche Stämme züchten, ohne daß deshalb die Verwendbarkeit der Lackmusmolke in Zweifel gezogen werden müßte.

Daß im Stuhl neben den dem Lactistypus entsprechenden Enterokokken auch andere Streptokokken vorkommen können, wird nicht bezweifelt, so sah Schottmüller im Darm Viridanskeime, ebenso Andrewes und Horder, Füller und Armstrong, Dible u. a. Letzterer Autor faßt die im Stuhl vorkommenden Raffinose vergärenden Stämme einerseits als Streptococcus mitior, anderseits als Streptococcus salivarius auf, die vom Rachen aus, die Darmpassage überlebend, in den Stuhl gelangen. Nach Gordon und Houston sind sogar 35% der Stuhlkeime Streptococcus salivarius. Schönfeld vertritt den Standpunkt, „daß die überwiegende Mehrzahl der Stuhlstreptokokken einen einheitlichen, an diese Siedlungsstätte gebundenen Typus darstellt“, doch ist nicht ausgeschlossen, daß gelegentlich, als Ausnahme, auch einmal Rachenstreptokokken im Stuhl erscheinen können. (Siehe Abb. 6 auf Tafel XXIV.)

Wir möchten hier noch, eben wegen der Wahrscheinlichkeit des Erscheinens von Rachenstreptokokken im Stuhl, ganz kurz auf die Frage der Artzugehörigkeit der Rachenstreptokokken eingehen, wobei jedoch die Pneumokokken nicht in Betracht gezogen werden. In dieser Hinsicht sind die als „grüne Streptokokken“ beschriebenen Keime die wichtigsten. Während Seitz diese Keime entsprechend den Angaben der Kruseschen Schule als „Streptococcus lacticus“ auffaßt und sie in zwei Typen einteilt, kann aus den Ausführungen Yamagutis nicht mit Sicherheit entschieden werden, ob er seine Stämme für Streptococcus lactis hält. Bitter und Buchholz, sowie Gundel halten die „saprophytischen Keime der Mundhöhle“ zu der Streptococcus lactis-Gruppe zugehörig. Ihre von Rachenabstrichen gezüchteten Keime zählen hauptsächlich zu ihrem Typus II (siehe Streptococcus lactis) und zeigen in der Mehrzahl die Eigenschaft, daß sie Saccharose, nicht aber Raffinose und Mannit vergären. Hingegen sehen Meyer und Schönfeld „alle auf der Blutplatte grün wachsenden Stämme ohne ..... auf eine weitere Differenzierung einzulassen“, die aus dem Rachen gezüchtet wurden, als Viridanskeime an. Anderseits wurde über das Vorkommen von Enterokokken in Mund und Rachenhöhle berichtet, und zwar unter anderen von Schmitz und Went, welch letzterer sie in der gesunden Mundhöhle sogar in 70% nachwies. Diesen Angaben stehen ältere von Andrewes und Horder gegenüber, denen zufolge der Streptococcus faecalis (Enterococcus) nie im normalen Speichel beobachtet wurde. Gordon fand unter 300 aus dem Speichel gezüchteten Stämmen keinen, welcher Mannit vergärte.

In der Mundhöhle findet man nach Andrewes und Horder in 70% den Streptococcus salivarius, welcher Milch zur Gerinnung bringt, Neutralrot reduziert und Saccharose, Laktose, Raffinose, nicht aber Mannit vergärt, weiters fanden sie den Streptococcus mitior, welcher die Milch säuert, ohne sie zu koagulieren, Neutralrot häufig reduziert, Saccharose und Laktose vergärt. Diese Arten kommen häufig auch im Stuhl vor. Außerdem beobachteten sie noch den Streptococcus pyogenes, Streptococcus anginosus und Streptococcus aequinus, welcher im allgemeinen nur Saccharose abbaut; von den Pneumokokken wollen wir hier absehen. Diese Arten züchteten sie, außer den letzterwähnten, öfters auch aus menschlichen Fäzes, besonders die Raffinose und Inulin vergärende Variante des Streptococcus aequinus.

Wenn wir, zusammenfassend über den Zusammenhang von Milchsäurestreptokokken und Enterokokken unsere Ansicht äußern wollen, so glauben wir aussprechen zu dürfen, daß diese beiden als Stämme identisch zu betrachten sind, richtiger gesagt, daß der Enterococcus einer dem Organismus angepaßten Form des Streptococcus lacticus entspricht, so daß die Bezeichnung Streptococcus lactis Typus Enterococcus berechtigt sein dürfte. Diese Benennung soll jedoch nicht so sehr einen kulturell scharf begrenzten Typus ausdrücken, als eher auf die parasitische Bedeutung des in der internationalen Literatur als „Enterococcus" bezeichneten Mikroorganismus hinweisen, als auf einen im Organismus vorkommenden Milchsäurestreptokokkus.

Bacterium coli commune

Die Bakterienflora des Stuhles der Erwachsenen wird hauptsächlich von Colibakterien gebildet. Es wurde von Escherich 1886 aus dem Säuglingsstuhl gezüchtet. Unter Colibakterien faßt man heute eine Gruppe von Gram-negativen Stäbchen zusammen, die mehr oder weniger beweglich sind, keine Sporen bilden, Gelatine nicht verflüssigen und Milch- und Traubenzucker vergären.

Das B. coli bildet meist plumpe, fast kokkenähnliche Stäbchen; seltener kommen schlanke Formen oder Fadenbildung vor. Es zeigt meist träge Eigenbewegung, oft jedoch nur Molekularbewegung, hauptsächlich die frisch aus dem Stuhl gezüchteten Stämme. Bei mehrmaliger Überimpfung auf künstlichen Nährboden nimmt die Beweglichkeit zu, besonders in Bouillon. Zur Prüfung der Beweglichkeit soll man ganz junge, fünf- bis achtstündige Bouillon oder Agarkulturen nehmen. Eine Förderung der Beweglichkeit kann erzielt werden, wenn man die Stämme in Erlenmayer-Kölbchen in ganz niederer Bouillonschicht in acht- bis zehnstündigen Intervallen wiederholt passieren läßt. Die unbeweglichen Stämme führen zu dem B. lactis aerogenes hinüber.

Auf Gelatine zeigen die jungen Kolonien die Form eines Weinblattes oder des Tropeolum majus. Sie sind bläulich ähnlich irisierend wie die Typhuskolonien, die älteren Ansiedlungen werden jedoch gelblich und üppiger. Auf Agar grauweiße Kolonien, die dicker und saftiger sind als die des Typhus. Auf Drigalski nach 24 Stunden 1 bis 3 mm große, rundliche, mehr oder minder undurchsichtige rote Kolonien. Der Nährboden selbst wird in der Umgebung durch Diffusion rot gefärbt. Auf Endo nach 24 Stunden mehr oder weniger rote Kolonien, die nach weiterer Bebrütung meistens einen dunkelroten Fuchsinglanz zeigen; die Umgebung wird rot gefärbt. Neutralrotagar wird durch Gasbildung aus Traubenzucker gesprengt, grünlichgelb fluoreszierend und dann vollständig entfärbt. Es gibt jedoch Stämme, denen die Fähigkeit der Reduktion fehlt. Die Sprengung tritt am frühesten auf, wenn man Schüttelkulturen herstellt, welche noch im flüssigen Zustand durch Schütteln oder durch Durchblasen von Luft, am besten mit einer Kapillarpipette, mit Luft gesättigt wurden. Man kommt jedoch mit der einfachen Schüttelkultur auch aus.

Auf der Blutplatte entstehen graue bis dunkelgraue Kolonien, ein Teil der Stämme verursacht Hämolyse. Von SCHOTTMÜLLER und MUCH wurde letztere Form B. coli haemolyticum genannt. Seine Ansiedlungen sind weniger üppig als die der nichthämolytischen Stämme und zeigen eine hellere Färbung. Nach BITTER und GUNDEL findet man auf Ziegenblut häufiger Hämolyse als auf Menschenblut (siehe auch unten).

In Bouillon entsteht diffuse Trübung mit mäßig schleimigem Bodensatz, manchmal Häutchenbildung. Lackmusmolke wird gerötet und trüb. BARSIEKOW mit Milchzucker zeigt Rötung und meist Ausfällung der Nutrose, ebenso BARSIEKOW mit Traubenzucker oder Mannit. Milch wird in ein bis vier Tagen zur Gerinnung gebracht.

Ziemlich regelmäßig tritt Indolbildung auf. Nach KONRICH fehlt sie jedoch in einem Drittel der Fälle. Am stärksten ist sie nach ADAM bei einer ph = 7,1 — 8,2. Die Prüfung der Indolbildung geschieht nach FRIEBER mit:

Paradimethyldiamidobenzaldehyd	5 g
Methylalkohol	50 ccm
konzentrierte Salzsäure	50 ccm.

Von dieser Lösung kommen 5 bis 10 Tropfen auf 3 bis 5 ccm Kulturflüssigkeit. Bei Indol tritt in einigen Minuten Rötung auf.

Der Indolnachweis nach KOVÁCS erfolgt mit:

Paradimethylamidobenzaldehyd (MERCK)	5 g
Amylalkohol	75 ccm
konzentrierte HCl....................	25 ccm

Von dieser Lösung werden tropfenweise 25—30 gtt. der Kulturflüssigkeit zugesetzt und die Eprouvette einigemal sanft geschwenkt. (Auf keinen Fall schütteln!) Bei positiver Reaktion bekommt die überstehende Flüssigkeit nach einigen Minuten eine rot-violette Färbung. Die Ablesung soll innerhalb einer Stunde erfolgen.

Gewöhnlich wird die Indolbildung in 24 stündiger Bouillonkultur geprüft. Manche Stämme produzieren nur langsam Indol, anderseits kann dieses bei längerer Bebrütung wieder verschwinden. Bei negativem Resultat kann noch die Indolbildung in der FRIEBERschen Trypsinbouillon geprüft werden:

Zu 1 L 1%iger Peptonlösung gibt man 5 g LIEBIGs Fleischextrakt, 5 g Kochsalz und 7 ccm Normalsodalösung über Lackmuspunkt zu. Nach Aufkochen und Abkühlung auf 40° C gibt man die Lösung in eine Flasche mit gut schließendem Glasstöpsel und versetzt mit 0,2 g Trypsin (GRÜBLER), 10 ccm Chloroform und 5 ccm Toluol. Dann wird das Ganze gut durchgeschüttelt und 24 Stunden bei 37° C verdaut. Schließlich wird filtriert, mit dreifacher Menge physiologischer Kochsalzlösung verdünnt, in Röhrchen abgefüllt und sterilisiert. Die Lösung enthält Tryptophan, dessen Abbau durch die Bakterien Indol entstehen läßt.

Die Coligruppe umfaßt eine ganze Reihe Stämme, welche von den beschriebenen typischen Eigenschaften abweichen. Die Differenzen können sich außer in der schon beschriebenen Unbeweglichkeit und fehlenden Indolbildung auch noch in der verschieden stark ausgebildeten biologischen Aktivität zeigen. So findet man Stämme, die auf DRIGALSKI und ENDO oft erst am zweiten Tage eine Rötung hervorrufen; die Stärke der Rötung kann auch variieren von Blaßrosa bis zur Bildung von dunkelrot-fuchsinglänzenden Kolonien. In der Gasbildung aus Traubenzucker und in der Neutralrotreduktion können auch große Unterschiede auftreten; man sieht öfters Stämme, die Neutralrot nicht entfärben. In Lackmusmolke wie in BARSIEKOW-Lösungen kann die Stärke der Säurebildung große Unterschiede zeigen. Man findet auch Stämme, die aus letzteren die Nutrose nicht ausfällen. Saccharose wird nur von einem Teil der

Stämme, die von Th. Smith als Typus A bezeichnet wurden, vergoren. Demgegenüber wurden die Nichtvergärenden von ihm als Typus B bezeichnet. Die diversen Arten der Colistämme wurden von verschiedenen Autoren auf Grund ihrer kulturellen und biologischen Eigenschaften mit bestimmten Namen belegt (u. a. Mac Concey, Bahr, Bitter und Gundel), doch möchten wir, da die Konstanz dieser Arten noch sehr in Diskussion steht, von der Aufzählung aller Arten absehen.

Eine Varietät ist das B. coli mutabile. Von Massini wurde beobachtet, daß manche auf Drigalski blau bzw. auf Endo farblos wachsenden Kolonien nach einigen Tagen in ihrem Innern rote Knöpfe bilden, also das Vermögen der Milchzuckervergärung wieder erlangen. Dieser Vorgang ist als Mutation erklärt worden. Die Knöpfe (Tochterkolonien) geben bei Abimpfung in großer Zahl rote Kolonien, bei genauer Abimpfung nur rote Kolonien; demgegenüber entstehen aus den blauen bzw. farblosen Kolonien bei der Abimpfung weitere, Knöpfchen bildende Ansiedlungen.

Gildemeister und Baerthlein fanden bei 31% der darmkranken Säuglinge das B. coli mutabile gegen 7,5% bei normalen Kindern. Man kann jedoch aus diesen und ähnlichen Befunden auf seine Pathogenität keine Schlüsse ziehen.

Bei Säuglingsdyspepsien findet man nach Adam[1] Colistämme, welche häufig nach mehrtägigem Wachstum, insbesondere bei Zimmertemperatur, vor allem am Rande der Kolonie Knopfbildung zeigen. Die freistehenden Kolonien erhalten mit der Zeit einen gezähnten Rand und feine radiäre Rillen, so daß sie ein muschelartiges Aussehen bekommen. Diese von Adam „Dyspepsiecoli" genannten Stämme zeigen auf Zuckeragar keine Knöpfchenbildung, dagegen auf Normalagar, Neutralrotagar (ohne Zucker) sowie auf Malachitgrünagar (siehe bei Typhus), sind also mit dem B. coli mutabile nicht identisch. Sie sollen, im Gegensatz zu den anderen Colistämmen, gut auf Malachitgrünagar gedeihen, wir konnten jedoch diese Eigenschaft nicht bestätigen. Saccharose wird immer vergoren, was am besten auf Gassner-Agar mit Saccharosezusatz (siehe S. 277) geprüft wird. Die Beweglichkeit des Dyspepsiecoli ist wechselnd und er bildet Indol. Er degeneriert auf eiweißreichen Nährböden und bildet zum Beispiel auf 2 bis 4%igem Peptonwasser Fäden, ein Degenerationszeichen, da normalerweise die Fadenbildung nicht vorkommt. Demgegenüber wächst der gewöhnliche Coli auch in Peptonwasser in kurzen Stäbchen. Der Dyspepsiecoli ist ein Gärungserreger und ist auch ein stärkerer Säurebildner und säuretoleranter als der gewöhnliche Coli, welcher wieder ein stärkerer Fäulniserreger ist.

Nach Weise läßt sich der normale Coli durch Tierpassage in Dyspepsiecoli überführen. Im Organismus erfolgt diese Umwandlung in der Weise, daß unter Umständen die durch den normalen Coli bedingte Gärung den Darm reizt und die Entzündungsprodukte den Dyspepsiecoli schaffen.

Die hämolytische Varietät der Kolibakterien ist von Schottmüller und Much B. coli haemolyticum bezeichnet worden (s. oben). Das Hämolysierungsvermögen ist nach Tinozzi, Löwenberg und Klingstein konstant und verschwindet auch während der Passage nicht, im Gegensatz zu den Angaben von Th. Smith.

Nach Th. Smith kommt das B. coli haemolyticum beim Gesunden in 65% im Fäzes vor, bei Typhuskranken sogar in 68%, nach Dudgeon, Wordley und Bawtree jedoch nur in 11 bis 13%, bei Darmkranken in 35%, Meyer und Löwenberg fanden es beim Gesunden in 25%, bei Darmerkrankun-

[1] Jahrb. f. Kinderheilk., Bd. 101, S. 295, 1923.

gen in 58% vor. Nach LÖWENBERG bekommt man mit Schüttelblutplatten bessere Resultate als mit einfachen Plattenausstrichen, und auch KLINGSTEIN sah bei Verwendung von jenen hämolytische Keime, wenn auch im Ausstrich keine zu finden waren. Er gab zur Herstellung der Kulturen eine Öse Darminhalt zu 5 ccm Kochsalzlösung und davon wieder eine Öse zu 10 ccm Agar mit 1 ccm Blut, womit dann die Platten gegossen wurden.

Nach HEROLD sind die hämolytischen Colibakterien virulenter als die nichthämolytischen und nach BITTER und GUNDEL verursachen die hämolytischen Keime Infektionen (Zystitiden, Pyelitiden) mit akutem Verlauf, die nichthämolytischen mit mehr chronischem. MEYER und LÖWENBERG sowie LÖWENBERG konnten diese Differenzen nicht finden.

Von CHIARI und LÖFFLER[1] ist das B. coli alcaligenes beschrieben worden. Auf ENDO- und DRIGALSKI-Platten sieht man nicht selten weiße bzw. blaue Flecken. Im allgemeinen treten diese „weißen" Flecken dort auf, wo auf der Stuhlplatte die Kolonien am dichtesten stehen. Die Ränder der weißen Flecken sind meist scharf gezogen und ziehen bei dicht bewachsenen Platten meist mitten durch die Kolonien. Bei längerer Beobachtung sieht man den „weißen" Fleck weiterschreiten und es kann sogar die ganze Platte aufgehellt werden.

Die Ursache dieses Phänomens wird durch das Vorhandensein eines aërophilen, alkalibildenden Fermentes erklärt, das sich in Passagen auf fremde Bakterien übertragen läßt. Die auf der Stuhlplatte auftretenden weißen Flecken sind meist sekundär weiß geworden und man muß auf eine mit Coli beimpfte Platte sehr reichlich übertragen, damit auf dieser neue weiße Flecken entstehen. Hingegen rufen die coli alcaligenes-Stämme schon durch das Übertragen einer einzelnen Kolonie, gleichgültig ob diese aus dem roten oder weißen Areale stammt, weitere weiße Flecke hervor.

Das B. coli wächst gut, wenn ihm Peptone, Hexosen, Disaccharide, Alkaliseifen zur Verfügung stehen, es wird in seiner Entwicklung gehemmt, wenn es seinen Bedarf aus höheren Eiweißkörpern und Polysacchariden decken muß. Der Colibacillus ist ebensogut ein Fäulnis- wie Gärungserreger (ADAM), obzwar KENDALL die Ansicht aussprach, daß in den menschlichen Fäzes sein proteolytischer Charakter eher ausgesprochen ist, als der fermentative.

Über die Verwertbarkeit der Agglutination der Colibakterien liegen keine abschließenden Angaben vor. Nach der älteren Literatur kann die Agglutination zu diagnostischen Zwecken nicht verwendet werden. Hingegen haben neuerdings MEYER und LÖWENBERG auf die serologische Verwandtschaft der hämolytischen Stämme untereinander hingewiesen, da diese mit einigen Immunseris ausgeflockt werden können. Sera von nichthämolytischen Stämmen werden fast ausschließlich von ihrem homologen Immunserum beeinflußt, die mit ihnen hergestellten Immunsera agglutinieren jedoch auch zahlreiche hämolytische Stämme. BITTER und GUNDEL fanden, daß die verschiedenen Coliarten serologisch verwandt sind, so daß man im Gegensatz zu den vorher erwähnten Autoren von einer serologischen Einheit sprechen kann. Nach HOFFMANN und PESCH kommt wiederum der Coliagglutination keine praktische Bedeutung in der klinischen Diagnose zu, da die Sera von coliinfizierten Patienten fast in gleicher Perzentzahl den eigenen Coli agglutinierten, wie die Sera von Gesunden den aus den Fäzes gezüchteten eigenen Stamm. WEINBERG und GINSBURG fanden sogar in 89% in normalem Blute Agglutinine gegen Coli, der Nachweis gelang jedoch nur mit gut agglutinablen Stämmen. Nach PESCH und SIMCHO-

[1] Zentralbl. f. Bakteriol., I. Abt., Orig.-Bd. 96, S. 95, 1925.

WITZ[1] istdie Coliagglutination unspezifisch, von physikalisch-chemischen Gesetzen abhängig und nicht von der Antigen-Antikörperbindung. Die hämolysierenden Stämme sind leichter ausflockbar als die nicht hämolysierenden. HEES sieht die Agglutination als für klinische Zwecke verwertbar an, wenn man einen gut agglutinablen Teststamm verwendet, der normalem menschlichen Serum gegenüber ausgewertet ist. Die infizierenden Stämme jedoch geben oft wegen ihrer Inagglutinabilität negative Resultate. Die Stuhlcolistämme sind im Gegensatz zu den aus dem Urin gezüchteten schlecht agglutinabel.

Von NISSLE[2] ist als Mutaflorbehandlung eine Verdrängung der schädlichen Flora des Darmes durch einen entsprechend stark wirksamen Stamm des B. coli empfohlen worden. Die diesbezügliche Literatur — über klinische Erfolge und Mißerfolge — kann hier nicht besprochen werden, wohl aber die Technik der Auswertung der Colistämme, die im folgenden besteht:

Mit der gleichen Öse werden von einer Bouillonkultur von Typhus gleichgefüllte Röhrchen mit Bouillon beimpft, sieben Stunden bei 37° bebrütet, mit einer Öse des zu untersuchenden Colistammes infiziert und weitere vierzehn Stunden bei Brutschranktemperatur gehalten. Dann werden auf ENDO-Platten Verdünnungen angestellt und am nächsten Tage 100 bis 200 gut isolierte Kolonien ausgezählt. Die Umrechnung des Typhus-Coliverhältnisses auf 100 Colikolonien gibt den antagonistischen Index. Dividiert man die so gefundenen antagonistischen Indizes zweier Colistämme, so erhält man eine Zahl, die angibt, um wie vieles stärker der eine Stamm unter gleichen Bedingungen den Typhus überwuchern kann, als der andere.

Ist der antagonistische Index für den Stamm $x = 100:500$, und der von $y = 100:20$, so ist das Verhältnis ihrer antagonistischen Kraft: $1:25$.

Wegen der Unterschiede im benützten Nährboden soll man immer einen schwachen und einen starken Standardstamm mitprüfen, doch ergeben sich bei Paralleluntersuchungen immer ziemlich große Versuchsfehler.

NISSLE fand als höchsten Wert 100 : 3, als niedrigsten 100 : 4050. Der durch diese Zahl charakterisierte Colistamm ist als ganz minderwertig anzusehen, anderseits ist ein Index von 100 : 3 (bis 5) sehr hoch und nur selten anzutreffen.

Wichtig ist nach NISSLE neben der Bestimmung des Index die Betrachtung der Stuhlplatte mit bloßem Auge und der Lupe. Bei einer geringen antagonistischen Leistungsfähigkeit der Colibakterien werden sie meistens von darmfremden Keimen überwuchert.

Der bakteriologische Effekt der Mutaflorbehandlung soll nicht immer auf der zeitraubenden Indexbestimmung basieren, sondern kann mit einem, dem Mutaflorstamm homologen, hochwertigen agglutinierenden Serum bestimmt werden. Ein solches Serum reagiert nach NISSLE nur mit den hochwertigen Colistämmen und die Arbeit beschränkt sich auf die Isolierung einer Anzahl Kolonien aus dem Stuhl und auf deren Agglutination.

Paracolibakterien

Neben den echten, durch ihre biologisch-kulturellen Eigenschaften mehr oder minder fest umschriebenen Colibakterien kennen wir eine Gruppe, die sich atypisch verhält, indem ihren Angehörigen einige für die Colibakterien charakteristischen Merkmale fehlen. Die von GILBERT zuerst als Paracoli beschriebenen Stämme spalteten nicht Milchzucker und brachten Milch nicht

[1] Zeitschr. f. d. ges. exp. Med., Bd. 50, S. 302, 1926.
[2] Dtsch. med. Wochenschr. 1916, S. 1181.

zur Gerinnung. Beweglichkeit ist vorhanden, sie kann aber auch fehlen, ebenso wie Indolbildung. Der Begriff gewann mit der Zeit an Umfang, indem alle Stämme, die sich durch ihre Merkmale als Repräsentanten der Coligruppe dokumentierten, hieher gerechnet wurden, soferne ihnen einige wichtige Eigenschaften derselben abgingen. Zu letzteren gehören: das Vermögen der Milchzuckerspaltung bei erhaltener Fähigkeit der Milchgerinnung, oder aber die Fähigkeit, einzelne Zuckerarten zu vergären, das Fehlen der Gasbildung aus Traubenzucker.

GYÖRGY[1] teilte die Paracolibakterien nach ihrem kulturellen und biologischen Verhalten in zwanzig Gruppen ein. Alle seine Stämme haben Milchzucker nicht angegriffen, jedoch Milch zum Teil — wenn auch erst nach zwei- bis dreiwöchentlicher Bebrütung — zur Gerinnung gebracht. Lackmusmolke wurde von sämtlichen Stämmen in den ersten Stunden mehr oder weniger gerötet, aber im weiteren Verlaufe der ersten 24 Stunden die Farbe ins blaue verwandelt. In der folgenden Entwicklung zeigte sich aber bei den verschiedenen Gruppen ein Unterschied, während die mit einem Teil der Gruppen weiter bebrütete Lackmusmolke ihre blaue Farbe beibehielt, zeigte sich bei anderen Gruppen, vom zweiten Tage angefangen, jedoch auch noch viel später, wieder ein Umschlagen aus der blauen in die rote Farbe. Bei der Mehrzahl der von GYÖRGY untersuchten Stämme konnte auf der Lackmus-Laktose-Agarplatte eine Knopfbildung festgestellt werden. Diese Knopfbildung entsteht durch Mutation (s. dort), indem laktosespaltende Tochterkolonien gebildet werden.

Fast alle Stämme, die Knopfbildung aufwiesen, brachten Milch zur Koagulation und verursachten den beschriebenen zweimaligen Farbenwechsel in Lackmusmolke, durch Bildung von Fermenten, die Laktose unter Säurebildung vergärten. Es konnte weder kulturell noch serologisch oder in bezug auf die Kolonientypen eine Verwandtschaft zwischen den untersuchten unbeweglichen Paracolibakterien einerseits und zwischen Paratyphus, Dysenterie, laktosespaltenden Coli, Coli mutabile anderseits festgestellt werden.

Nach PRELL läßt sich keine systematische Grenze zwischen dem milchzuckervergärenden Coli, dem fakultativ defektiven (bezüglich der Milchzuckerabspaltung) Coli mutabile und zwischen Paracoli ziehen.

Die Paracolibakterien wurden einerseits mit der Paratyphusgruppe, anderseits mit der Ruhrgruppe in Beziehung gebracht; die erwähnten Untersuchungen GYÖRGYS konnten jedoch keine Verwandtschaft nachweisen. Die von C. O. JENSEN beschriebene Paracolibazillose der Kälber läßt sich nicht mit den beschriebenen Paracolibakterien identifizieren, da der Erreger dieser Krankheit der Gärtnergruppe zuzurechnen ist (CHRISTIANSEN, ZSCHIESCHE). Die JENSENschen Paracolibakterien entsprechen somit nicht den oben charakterisierten Paracolistämmen.

Die Paracolibakterien findet man relativ häufig — wenn auch nur als vereinzelte Kolonien — im normalen Stuhl, öfters wurden sie in den Fäzes von Ruhrkranken nachgewiesen, ohne daß man ihre ätiologische Rolle hätte beweisen können, ebenso bei Cholera infantum. Nach NISSLE kommen sie häufig bei chronischen Obstipationen und Kolitiden vor.

Bacterium lactis aerogenes

B. lactis aerogenes (ESCHERICH) ist nach den meisten Autoren mit dem B. acidi lactici (HÜPPE) identisch (KRUSE, LEHMANN-NEUMANN). MAC CONCEY dagegen trennt die beiden auf Grund der Kohlehydratvergärung.

[1] Zentralbl. f. Bakteriol., I. Abt., Orig.-Bd. 84, S. 321.

Neuerdings treten HESS und TROPP[1] für die Trennung ein. Das B. acidi lactici soll im Gegensatz zum B. lactis aerogenes Saccharose sowie Benzylthioglykosid und Glukoseäthylmerkaptal (beide Schwefelzuckerarten) nicht spalten. Ein anderes Unterscheidungsmerkmal ist ihr Wachstum auf dem LEVINEschen Agar (s. unten). Nach diesem Autor soll das B. acidi lactici sogar dem Coli näher stehen als dem B. lactis aerogenes. Eine Unterscheidung der beiden auf DRIGALSKI sei unmöglich. BURRI und DÜGGELI unterscheiden das B. lactis aerogenes von B. coli auf Grund folgender Merkmale:

Coli: Auf Gelatineplatte zarte graufarbene Scheiben, mit grob- bis feinlappigem Rand, die bei schwacher Vergrößerung Weinblattstruktur zeigen. Im durchfallenden Licht sind sie bläulich irisierend. Gasproduktion relativ gering, es wird mehr Wasserstoff als Kohlensäure gebildet.

Lactis aerogenes: Die Oberflächenkolonien auf der Gelatineplatte grauweiß bis weiß, fast kreisrunde, mehr oder minder erhabene, häufig beinahe halbkugelige Kolonien von schleimiger, fadenziehender Konsistenz. Die Stäbchen sind plumper als die der vorigen und — wie schon ESCHERICH beschrieben — kommen Formen vor, die täuschend einem Diplococcus ähnlich sind, doch kann man auch fadenförmige Stäbchen bemerken. Die Bakterien sind immer unbeweglich. Die Gasproduktion ist kräftig, es werden entweder gleiche Mengen von Wasserstoff und Kohlensäure gebildet oder die Kohlensäure herrscht vor. Der Bacillus lactis aerogenes produziert kein Indol. Mit LÖFFLERS Methylenblau kann manchmal eine Schleimkapsel nachgewiesen werden.

Bezeichnend ist das kuppenförmige, schleimige Wachstum auf Gelatine, das dem der FRIEDLÄNDER-Bazillen ähnlich ist, zu dessen Gruppe er auch von vielen Autoren gezählt wird. Das schleimig-saftige Wachstum ist auch oft auf der ENDO- und DRIGALSKI-Platte wahrzunehmen, die meistens nur wenig gerötet werden. In der Stichkultur wächst er nagelförmig unter Bildung eines runden Knopfes.

Die morphologischen, sowie die kulturellen Eigenschaften sind nicht konstant. Eine scharfe Trennung von dem unbeweglichen B. coli gelingt nicht immer.

Außer den genannten Eigenschaften wird das Verhalten auf Spezialnährböden zur Unterscheidung der Colibazillen vom B. lactis aerogenes herangezogen, und zwar werden hauptsächlich die folgenden Nährböden verwendet:

Der LEVINEsche Eosin-Methylenblauagar, dessen Zusammensetzung die nachstehende ist:

Aqua dest.	1000,0
Pepton	10,0
sek. Kaliumphosphat	2,0
Agar	15,0.

Kochen bis zur Lösung und vor dem Gießen der Platten zu je 100 ccm folgendes steril zufügen:

20%ige Laktoselösung	5 ccm
2%ige wäßrige Eosinlösung	2 ,,
2%ige wäßrige Methylenblaulösung	2 ,,

SKINNER hat noch den Zusatz von 0,00001 g, Kristallviolett empfohlen. Auf diesem Nährboden wächst Coli in kleinen dunkelmetallisch glänzenden Kolonien, die sich nur wenig über die Oberfläche erheben und nicht konfluieren, Lactis aerogenes in großen hellen, gequollenen, schnell konfluierenden Kolonien. Nach

[1] Zentralbl. f. Bakteriol., I. Abt., Orig.-Bd. 100, S. 273.

Hess und Tropp wächst auf diesem Nährboden das B. acidi lactici Hüppe in größeren hellblauen, milchig-schleimigen Kolonien, die über die Oberfläche ragen und im Zentrum metallisch gefärbt sind. Sie konfluieren in ein bis zwei Tagen. Das später zu erwähnende B. cloacae Jordan wächst in sehr kleinen, wenig sichtbaren, blau-weißen Kolonien, die die Umgebung weithin zinnoberrot aufhellen.

Nach Winslow und Doloff kann das B. lactis aerogenes durch seine von dem B. coli verschiedene Resistenz gegen Gentianaviolett und Brillantgrün unterschieden werden. Beide Farbstoffe werden in einer 1%igen Stammlösung vorrätig gehalten, Gentianaviolett in Wasser, Brillantgrün in Alkohol und zu Laktosebouillon (8 g Difko Fleischextrakt,[1] 10 g Laktose in 1 l Aqu. dest. aufgekocht und durch Filterpapier filtriert) zugefügt. In Gentianaviolettlösung hört das Wachstum von Coli Typus A (saccharosevergärend) bei einer Konzentration von 1 : 50000 auf, von Typus B bei 1 : 10000, während Lactis aerogenes erst bei 1 : 5000 gehemmt wird. In Brillantgrünnährböden ist die von Coli Typus A ertragene Konzentration 1 : 100000, Typus B 1 : 500000, für Lactis aerogenes eine von 1 : 100000.

Violle unterscheidet B. coli von B. lactic aerogenes in einer drei- bis viertägigen Saccharosebouillonkultur. Zu 50 ccm der Kultur werden einige Kubikzentimeter offizineller Eisenchloridlösung gegeben und destilliert. Zu den ersten 4 bis 5 ccm des Destillates werden einige Tropfen Ammoniak und dann einige Tropfen 20%iger Hydroxylaminchloridlösung zugefügt, zum Schlusse einige Tropfen 5%iger Nickelchloridlösung. In Gegenwart von B. lactis aerogenes fällt bei Erwärmen ein roter Niederschlag von Nickeldimethylglyoxal aus.

Jones trennt die beiden Gruppen mit Cellobiose. Diese wird aus Cellobiose oktaacetat hergestellt, das aus Zellulose durch Azetolyse gewonnen wird. Man gibt 0,5% Cellobiose in eine Bouillon, die 0,3% Difko Fleischextrakt und 1% Difko Pepton enthält, 20 Minuten bei 121° sterilisiert, in Gärungsröhrchen abgefüllt und ein bis fünf Tage bei 37° bebrütet wird.

B. lactis aerogenes und B. cloacae (s. unten) bewirken Gas- und Säurebildung, dagegen läßt B. coli den Nährboden unverändert.

Zu der Coligruppe gehört auch das B. cloacae Jordan, welches im Gegensatz zu den anderen Angehörigen dieser Gruppe Gelatine, wenn auch langsam — meistens nach 10 bis 14 Tagen, sogar nach einem Monat — verflüssigt. Da eine so lange Beobachtung schwer durchführbar ist, hat Rivas vorgeschlagen, die Gelatineröhrchen zwei Tage bei 37° zu bebrüten und dann zur Feststellung der Verflüssigung in kaltem Wasser abzukühlen. Wir konnten jedoch feststellen, daß zweitägige Bebrütung nicht unbedingt genügt, um Gelatine zu peptonisieren, so hat der uns vom Laboratorium Pribram (Kral-Museum) überlassene Originalstamm nach vier Tagen noch keine Verflüssigung hervorgerufen. Deshalb prüfen wir die Gelatineverflüssigung nach einwöchentlicher Züchtung bei 37° und nachfolgender Abkühlung, wenn die Peptonisierung nicht schon früher auftritt.

Es besitzt nur geringe Gärkraft für Milchzucker, Milch wird langsam zur Gerinnung gebracht. Die von uns untersuchten Stämme röteten Endo und Drigalski nur langsam. Aus Traubenzucker bildet es reichlich Gas, und zwar im Gegensatz zu Coli hauptsächlich Kohlensäure. Es ist lebhaft beweglich.

Durch seine Fähigkeit, Gelatine zu peptonisieren, wird das B. cloacae auch mit der Proteusgruppe in Beziehung gebracht.

---

[1] Ähnlich dem Liebigs Fleischextrakt.

Bacillus faecalis alcaligenes

B. faecalis alcaligenes. Unter dieser Bezeichnung versteht man ein Stäbchen, welches sich durch Alkalibildung auszeichnet. Er ist ein gramnegatives, lebhaft bewegliches Stäbchen, vom Aussehen des B. coli.

Auf Gelatine wächst er in coliähnlichen Ansiedlungen, auf Drigalski in blauen, meistens durchscheinenden Kolonien, auf Endo farblos. Hämolyse ruft er nicht hervor. Bouillon wird diffus getrübt, häufig wird Häutchen gebildet. In Lackmusmolke tritt Blaufärbung ein. Die Barsiekow-Lösungen mit den verschiedenen Zuckerarten läßt er unverändert oder färbt sie blau. Milch gerinnt nicht, sondern wird gelb und aufgehellt. Indol wird nicht gebildet.

Nach Bärthlein, Pollak, Kollath und Lubinski kann er auf Blutalkaliagar (s. bei Cholera) im mikroskopischen Bild vibrionenähnliche Formen aufweisen, doch gewinnt er in den meisten Fällen in Peptonwasser und Gelatine sein natürliches Aussehen wieder.

Eine sichere Unterscheidung erlaubt sein Alkalisierungsvermögen auf Zuckernährböden, da Cholera und die choleraähnlichen Vibrionen in Traubenzucker, Maltose, Mannit Säure bilden.

Kollath und Lubinski sahen auf der Blutplatte starke Hämolyse, dagegen konnte Bärthlein eine Veränderung des Blutagars nicht feststellen.

Nach Kraus und Klaften kommen zwei Kolonietypen vor, ferner können sie außer der peritrichen Begeißelung auch die polare Begeißelung zeigen.

Was die Pathogenität des B. faecalis alcaligenes für den Menschen anbelangt, so sind die meisten Autoren der Ansicht, daß er apathogen ist, obzwar auch einzelne Angaben vorliegen, denen zufolge sein Auftreten als Infektionserreger möglich wäre. Doch muß in Betracht gezogen werden, daß er bei Typhus- und Paratyphusrekonvaleszenten häufig und reichlich im Stuhl nachgewiesen werden kann, ohne daß eine ätiologische Bedeutung in Frage käme.

Bacterium typhi

Das B. typhi ist ein kurzes, bis längeres gramnegatives Stäbchen mit lebhafter Eigenbewegung. (Siehe Abb. 5 auf Tafel XXIII.)

Auf Gelatine weinblattartige, zarte, im durchfallenden Licht irisierende Kolonien, die später graugelblich werden. Auf Agar farblose Kolonien mit glattem Rand, auf Drigalski-Agar zarte, bläuliche Kolonien, die gleichmäßig durchscheinend sind, seltener findet man Stämme, die mehr trüb wachsen. Der Nährboden bleibt unverändert. Auf Endo farblose, an Tautropfen erinnernde Kolonien. Wenn der Nährboden nicht ganz farblos war, umgeben sich die Typhuskolonien mit einem farblosen Hof (Heim). In Bouillon entsteht diffuse Trübung und mäßiger Bodensatz, keine Häutchenbildung. Milch bleibt unverändert, Milchzucker wird nicht angegriffen. Aus Traubenzucker und Mannit wird Säure gebildet, jedoch kein Gas. Differentialdiagnose gegen Coli und Paratyphus siehe Tabelle S. 285.

Von Spezialnährböden zur Züchtung der Typhusbazillen sollen außer der Drigalski- und Endo-Nährböden, welche der Typhusbazillus zum Unterschied gegen den rot wachsenden Coli unverändert läßt, die aber eine Abgrenzung gegen Paratyphus und Dysenterie nicht mit Sicherheit gestatten, noch weitere Nährböden erwähnt werden.

Der Malachitgrünagar. Zum Nähragar kommt ein Zusatz von chemisch reinem Malachitgrün (Höchst), dessen Menge in der Weise bestimmt wird, daß von einer 0,5%igen Malachitgrünlösung verschiedene Mengen dem Agar zugesetzt werden und jene Menge verwendet wird, welche den Colibazillus in seinem Wachstum hemmt, jedoch nicht die Typhuskeime. Dieser Nährboden ist nicht lange haltbar. Auf diesem erfolgt nach 24 Stunden eine Anreicherung der Typhus- und Paratyphuskeime. Nach dieser Zeit wird die Platte mit zirka 5 ccm steriler physiologischer Kochsalzlösung übergossen, ohne daß die Kulturschicht aufgewirbelt wird, und nach 10 Minuten von dieser Kochsalzabschwemmung, die durch das Aufsteigen der beweglichen Typhusbazillen angereichert wurde, ein bis zwei Ösen auf Drigalski- oder Endo-Agar ausgestrichen. Der Malachitgrünagar ist besonders für Paratyphus B ein Elektivnährboden. Typhus wächst auf ihm in zarten, durchsichtigen Kolonien, die nach einigen Tagen eine gelbliche Aufhellung des Nährbodens hervorrufen.

Metachromgelb-Wasserblau-Dreifarbennährboden nach Gassner (zu 2 l eines schwach alkalischen Fleischwasserpeptonagar kommen 125 ccm zwei Minuten lang gekochte 2%ige Metachromgelblösung und 175 ccm 1%ige Wasserblaulösung plus 100 g Milchzucker zehn Minuten gekocht. Die Mischungen müssen für sich allein gekocht werden, da anders Fällungen auftreten). Auf dem grünen Nährboden wachsen Typhus- und Ruhrbazillen mit gelblicher Aufhellung, im durchfallenden Licht gelbglasig, im auffallenden gelblichgrau. Coli verfärbt den Nährboden tiefblau, die Kolonien sind im durchfallenden Licht fast undurchsichtig, blauschwarz, in der Aufsicht blaugrün. Sporenbildner und Kokken werden unterdrückt. Die Farbenunterschiede sind hier im Gegensatz zum Drigalski-Nährboden auch bei künstlichem Licht gut wahrnehmbar.

Zum Typhusnachweis wird ein wenig Stuhl mit etwas Kochsalzlösung mittels eines Glasstabes verrieben. Einige Tropfen dieser Emulsion werden auf die Malachitgrünagarplatte gebracht, mit einem Spatel ausgestrichen und mit demselben Spatel zwei bis drei Drigalski- oder besser Endo-Platten weiter bestrichen. Wenn man eine dünnere Emulsion herstellt, kann man sie direkt auf eine Serie Drigalski- oder Endo-Platten ausstreichen, eventuell letztere miteinander kombinieren. Nach 20 bis 24 Stunden werden die Drigalski- bzw. Endo-Platten auf verdächtige Kolonien untersucht. Die Malachitgrünagarplatte wird, wie beschrieben, abgeschwemmt und von der Abschwemmungsflüssigkeit Drigalski- oder Endo-Platten bestrichen.

Auf die Besprechung des Bierastschen Petrolätherverfahrens sowie des Kuhnschen Bolusverfahrens wollen wir hier nicht näher eingehen, sie mögen nur erwähnt werden.

Zur Sicherstellung der Diagnose werden die verdächtigen Kolonien weiter untersucht, indem einerseits für eine Reinkultur abgeimpft und ein Gram-Präparat angefertigt, anderseits die „orientierende Agglutination" vorgenommen wird.

Zeigt das Gram-Präparat gramnegative Stäbchen, so geht man an die Anstellung der Agglutination, und zwar in der Weise, daß man auf eine Reihe Objektträger von einer Verdünnung 1 : 100 aus hochwertigen agglutinierenden Sera von Typhus, Paratyphus A und B, und Gärtner, sowie Ruhrimmunsera je einen Tropfen bringt und in jedem eine Spur von den verdächtigen Kolonien verreibt. Dasselbe kann auch statt auf dem Objektträger im hängenden Tropfen ausgeführt werden. Gleichzeitig macht man eine Kontrolle, in der das zu untersuchende Material in Kochsalzlösung verrieben wird. Auf dem Objektträger tritt die Verklumpung in einigen Sekunden auf. Dieser Vorgang kann noch beschleunigt werden, indem der Objektträger so hoch über die Bunsenflamme gehalten wird, daß die daruntergehaltenen Finger nicht mehr als eine gelinde Erwärmung verspüren, wodurch eine Überhitzung ausgeschlossen wird. Der hängende Tropfen, der durch den Vaselinabschluß vor dem Verdunsten geschützt ist, kommt 20 bis 30 Minuten in den Brutschrank. Tritt eine Verklumpung in einem der Tropfen ein — die Bakterien büßen auch ihre Beweglichkeit ein — ohne daß der gleiche Prozeß sich auch in der Kontrolle einstellt, so besteht der dringende Verdacht, daß die untersuchte Kolonie mit dem betreffenden Serum homolog ist. Die hundertfache Verdünnung der Immunsera kann in Eprouvetten mit Gummistöpsel mit 0,5%igem Karbol versetzt, steril in einem kühlen und dunklen Orte mehrere Wochen hindurch aufbewahrt werden, doch muß man sich öfters von ihrer agglutinatorischen Fähigkeit überzeugen. Die Agglutination besitzt jedoch aus frisch aus dem Stuhl gezüchteten Stämmen nicht immer eine absolute Beweiskraft, da diese Stämme oft schlecht agglutinierbar sind und nur nach Fortzüchtung auf künstlichen Nährböden die Agglutinierbarkeit erlangen.

Fällt die Agglutinationsprüfung positiv aus, so wird von einem massiv beimpften Bouillonröhrchen, oder, wenn mehrere verdächtige Kolonien sind, direkt von den Kolonien die sogenannte „bunte Reihe“ beimpft. Diese besteht für gewöhnlich aus Lackmusmolke, Barsiekow mit verschiedenen Zuckerarten, und zwar Traubenzucker und Milchzucker und Neutralrotagar-Schüttelkultur.

Am nächsten Tage wird die „bunte Reihe“ untersucht. Lackmusmolke ist leicht sauer, in Barsiekow-Traubenzucker tritt leichte Rötung ein und meist Gerinnung, Barsiekow-Milchzucker bleibt dagegen unverändert, ebenso wie der Neutralrotagar (siehe Tabelle).

Die Beweglichkeit wird in den Bouillonröhrchen geprüft, ebenso die Indolbildung (siehe bei B. coli). Anschließend wird die Agglutination in der Weise ausgeführt, daß die Schrägagarkultur, zwecks Aufbewahrung des Stammes, auf einen zweiten Schrägagar überimpft wird und dann von der ersten Kultur, die aber nicht älter als 24 Stunden sein darf — am besten 16 bis 20 Stunden — die Agglutination aufgestellt wird.

War auf der Platte nur eine einzige verdächtige Kolonie vorhanden, so geht man am zweckmäßigsten so vor, daß man davon erst ein Röhrchen mit wenig Bouillon beimpft und mit einer Kapillarpipette den Schrägagar und die bunte Reihe beimpft, von dem Rest das Gram-Präparat anfertigt. Bei dieser Anordnung läßt sich die orientierende Agglutination nicht ausführen, trotzdem kann die Diagnose nach 24 Stunden gestellt werden.

Zur Agglutination werden von hochwertigen Typhus-, Paratyphus A und B- und Gärtner-Sera Verdünnungen hergestellt. Man beginnt am besten mit einer Verdünnung 1 : 50, die in der Weise hergestellt wird, daß man 0,2 ccm des Serums in 9,8 ccm physiologisches Kochsalz bringt und dann am besten in kleinen Agglutinationsröhrchen (oder gewöhnlichen Eprouvetten) die weiteren Verdünnungen macht. Die erste und zweite Eprouvette jeder Reihe (also Typhus, Paratyphus A und B, Gärtner) wird mit je 0,5 ccm der Serumverdünnung angefüllt. In das zweite und alle folgenden Röhrchen kommt noch 0,5 ccm Kochsalzlösung, ebenso in das Kontrollröhrchen, dem kein Serum zugegeben wird. Der Inhalt des zweiten Röhrchens (Serumverdünnung plus Kochsalz) wird mit der Pipette durch mehrmaliges Aufsaugen und Ausblasen gut gemischt, 0,5 ccm in das nächste Röhrchen übertragen, in diesem wieder mit dem darin befindlichen Kochsalz gemischt, wie im vorigen, worauf die Übertragung der gleichen Menge (0,5 ccm) wiederholt wird, bis die Titerhöhe des jeweiligen agglutinierenden Serums erreicht ist. Auf diese Weise wird das Serum immer auf das doppelte verdünnt. Von dem letzten Röhrchen wird 0,5 ccm weggegeben. In das Kontrollröhrchen kommt kein Serum, da man sich überzeugen will, ob der Stamm nicht spontan agglutiniert. Wenn alle Verdünnungen fertig sind, wird der Schrägagar abgeschwemmt, indem man 8 bis 10 ccm Kochsalz zusetzt und mit der Pipette oder durch bloßes Schütteln den Bakterienrasen emulgiert. Bei uns hat es sich als zweckmäßig erwiesen, nicht sofort die ganze Kochsalzmenge in die Eprouvette hineinzugeben, sondern zunächst ungefähr die Hälfte, die zweite Hälfte bleibt in der Pipette, deren Öffnung man zuhält. Nach dem Abschaben der Bakterienschicht läßt man auch den Rest aus der Pipette in das Röhrchen abfließen und mischt die ganze Flüssigkeit durch mehrmaliges Aufsaugen und Ausblasen, um eine möglichst gleichmäßige Emulsion zu erreichen. Durch die letztgenannte Art des Kochsalzzusatzes wird ein eventuelles Überfließen der infektiösen Flüssigkeit aus dem Röhrchen vermieden. Von der Abschwemmung werden mit den Serumverdünnungen (0,5 ccm) gleiche Volumina zu letzteren zugefügt.

Der Agglutinationsversuch kommt auf zwei Stunden in den Brutschrank, wonach er abgelesen werden kann, es ist jedoch notwendig, nach weiterem sechzehnstündigen Aufenthalt in Zimmertemperatur das Resultat zu kontrollieren.

Das Schema der Aufstellung einer Agglutination sieht folgendermaßen aus:

Röhrchen	1	2	3	4	5	6	7	8	9	10
Serum	0,5	0,5	0,5	0,5	0,5	0,5	0,5	0,5	0,5	—
Kochsalz	—	0,5	0,5	0,5	0,5	0,5	0,5	0,5	0,5	0,5

Bei der Ablesung muß immer in Betracht gezogen werden, daß das Serum durch den Zusatz der Bakterienemulsion auf das Doppelte verdünnt wird, so daß das Serum im ersten Röhrchen auf das Hundertfache, im zweiten auf das Zweihundertfache und entsprechend in den weiteren verdünnt ist.

Die Agglutination ist komplett, wenn die Bakterien vollständig sedimentiert sind und die Flüssigkeit klar über ihnen steht, fast komplett, wenn die Flüssigkeit etwas getrübt ist, partiell, wenn nur ein Teil der Bakterienemulsion zu Boden gesunken und spurenweise, wenn nur geringe Mengen sedimentiert sind. Zur Ablesung der Agglutination, besonders der Flocken — grob- oder feinflockig — hat sich das von Kuhn und Woithe angegebene Agglutinoskop als zweckmäßig erwiesen.

Eine Beschleunigung des Ablaufes der Agglutination läßt sich nach Gäthgens durch zehn Minuten langes Zentrifugieren (1500 Umdrehungen in der Minute) erreichen. Bei positiver Reaktion bildet sich ein typischer, flächenhaft ausgebreiteter Bodensatz mit unregelmäßigem, gezacktem Rand, der sich durch leichtes Schütteln nicht völlig gleichmäßig verteilen läßt und aus kleinen Flocken besteht, während bei einer negativen Agglutinationsprobe der Bodensatz scharf umschrieben ist und leicht verteilbar. Von Messerschmidt ist ein Agglutino-Sedimentoskop angegeben worden, welches gleichzeitig auch die Vorteile des vorher erwähnten Agglutinoskops aufweist.

Bei der Bewertung der Agglutination muß auch die Mitagglutination und Paraagglutination in Betracht gezogen werden. Bei der Mitagglutination handelt es sich um eine Gruppenreaktion, bei welcher die quantitative Austitrierung gegen die verschiedenen Typhus- und Paratyphusseren nicht immer einen einwandfreien Unterschied ergibt. Dieses Phänomen tritt besonders bei frisch gezüchteten inagglutinablen Stämmen zutage, verschwindet aber zumeist nach täglicher Überimpfung. Zur Artfeststellung solcher Fälle dient der Castellanische Absättigungsversuch.

Das Prinzip dieses Verfahrens besteht darin, das der Agglutiningehalt eines Serums sich durch Behandlung mit dem homogenen Stamm vollständig absättigen läßt. Wenn also in einem Immunserum alle Agglutinine durch den fraglichen Stamm adsorbiert werden, handelt es sich um einen dem Serum homologen

Stamm, im entgegengesetzten Fall kann der Stamm nicht als solcher angesehen werden.

Die Ausführung der Untersuchung geschieht folgendermaßen: Es werden beispielsweise zu je 1 ccm hundertfach verdünntem Typhus- und Paratyphus B-Serum, die den fraglichen Stamm bis zur Titergrenze agglutinieren, je zehn bis zwölf Ösen einer vierundzwanzigstündigen Schrägagarkultur zugefügt, indem sie durch Verreiben an der Wand der Eprouvette gleichmäßig verteilt werden, worauf die Aufschwemmungen eventuell mit einem Zusatz von 0,5% Formol, um das Bakterienwachstum zu verhindern, in den Brutschrank auf zwei Stunden gebracht, dann zwölf Stunden im Kühlschrank stehen gelassen, danach scharf abzentrifugiert werden und das überstehende Serum abgegossen. Zu den zwei Sera gibt man jetzt wieder Bakterien und wiederholt den ganzen früher beschriebenen Vorgang. Eine zweimalige Adsorption wird in den meisten Fällen ausreichen. Zu der Hälfte des Typhusserums wird ein Tropfen einer dichten Typhusbakterienaufschwemmung zugesetzt, zu der Hälfte des Paratyphusserums Paratyphus B-Bakterien, die anderen Hälften werden — zur Prüfung der stattgefundenen Absättigung — mit einer Aufschwemmung des fraglichen Stammes versetzt und die Agglutination nach zweistündigem Aufenthalt im Brutschrank und zwölfstündigem Stehen bei Zimmertemperatur abgelesen. Zur Kontrolle ist es notwendig, gleichzeitig mit dem Aufstellen des Adsorptionsversuches hundertfache Verdünnungen der verwendeten Sera ohne vorherige Bakterienabsättigung (bei Formolzusatz jedoch mit diesem versetzt) mitzubeobachten. Ist der fragliche Stamm B. typhi, so wird das abgesättigte Typhusserum den Typhusstamm nicht mehr agglutinieren, hingegen wird eine Agglutination im Paratyphusröhrchen und in den mit den homologen Bakterien versetzten Kontrollröhrchen auftreten. Selbstverständlich darf beim Kontakt der abgesättigten Sera mit dem fraglichen Stamm keine Flockung eingetreten sein.

Die Paraagglutination (Kuhn und Woithe) wird dadurch charakterisiert, daß Colibakterien wie Kokken, die aus dem Darm von Ruhrkranken stammen, von Pseudodysenterieserum sogar bis über die Titergrenze hinaus agglutiniert werden. Dasselbe Phänomen kommt auch bei Typhuskranken vor. Die Paraagglutination verschwindet beim Weiterzüchten des Stammes im Gegensatz zur echten Agglutination. Bei Verwendung von Kaninchen-Immunsera tritt sie viel seltener auf als bei Eselsera, da die erstgenannten weniger Normal- und Mitagglutinine besitzen.

Uhlenhuth weist auf Grund der Paraagglutination auf die Notwendigkeit der mikroskopischen Untersuchung der zu bestimmenden Stämme hin, da bei ausschließlich kultureller und serologischer Untersuchung Kokkenstämme gezüchtet werden können, welche Typhusserum bis zum Titer agglutinieren, Lackmusmolke leicht röten, ohne sie zu trüben, in Traubenzucker und Milchzuckerbrühe kein Gas bilden, also ohne mikroskopische Untersuchung als Typhus angesprochen werden könnten.

Die Züchtung aus den Fäzes ergibt nun in 20 bis 30% der Fälle ein positives Ergebnis. Nach überstandener Infektion muß der Stuhl wie auch der Harn durch zwei bis dreimalige Untersuchung in wöchentlichen Intervallen auf das Vorhandensein von Typhusbakterien geprüft werden. Außerordentlich wichtig ist die Erfassung der Bazillenausscheider, die nur durch eine sorgfältige Untersuchung der beschriebenen Plattenserie mit Differentialnährböden ermöglicht wird, da auch das Hilgermansche Verfahren, die Prüfung des Agglutiningehaltes des Serums der Bazillenträger, versagt. Die Entscheidung der Frage, ob die Dauerausscheider noch Bakterien beherbergen, wird nach Schottmüller und FRAENKEL durch Duodenalsondierung und Plattenaussaat besser herbeigeführt als durch die Stuhluntersuchung.

Paratyphus

Zu den Paratyphusbazillen rechnet man die gramnegativen beweglichen, Gelatine nicht verflüssigenden Stäbchen, die aus Traubenzucker Gas bilden, Milchzucker unverändert lassen, Milch nicht zur Gerinnung bringen, außerdem kein Indol produzieren.

Die zu dieser Gruppe gehörenden Bakterien, deren Artspezifität heute teilweise noch diskutiert wird, sind folgende:

B. paratyphi A,
B. paratyphi B (SCHOTTMÜLLER),
B. enteritidis BRESLAU (FLÜGGE-KAENSCHE),
B. enteritidis GÄRTNER,
B. suipestifer (B. paratyphus C).

B. paratyphi A

kommt bei uns seltener vor als das B. paratyphi B. Seine Kolonien auf der ENDO- und DRIGALSKI-Platte sind nicht so zart wie die des Typhus, von dem es sich kulturell durch die Gasbildung in Traubenzucker unterscheidet, von Paratyphus B durch die dauernde Rötung der Lackmusmolke, in welcher das letztere nach einigen Tagen Alkali produziert. Siehe S. 285. Agglutinatorisch ist es gegenüber den anderen Paratyphusarten gut abgrenzbar.

B. paratyphi B (SCHOTTMÜLLER)

wächst auf DRIGALSKI- und ENDO-Nährböden in ähnlichen Kolonien wie Typhus, nur sind dieselben etwas größer und nicht so zart. Der Malachitgrünagar (siehe Typhus) ist für diesen Stamm außerordentlich geeignet und besonders für die Vorkultur zu empfehlen. Das B. paratyphi B wächst auf diesen Nährböden viel üppiger als Typhus in glasig durchscheinenden, leicht milchig getrübten Kolonien, die den Nährboden schon am nächsten Tage leicht gelblich verfärben. In Lackmusmolke entsteht erst Rötung, dann Blaufärbung, im Gegensatz zu Paratyphus A. Zum Unterschied von Coli wird Milchzucker nicht angegriffen, wie auch der BARSIEKOW-Nährboden mit Milchzucker unverändert bleibt, während in diesem die Colistämme, die auf ENDO- und DRIGALSKI-Platten nur langsam Säure bilden, in der Regel binnen zwanzig Stunden Rötung verursachen. Weitere Eigenschaften siehe Tabelle S. 285.

B. enteritidis BRESLAU

Von dem Paratyphus B (SCHOTTMÜLLER) wird von der Kieler Schule (R. MÜLLER, BITTER u. a.), welche diesen nur als Erreger des kontagiösen Paratyphus betrachtet, durch die unten angeführten Eigenschaften das B. enteritidis BRESLAU abgegrenzt. Gegenüber einer solchen Trennung sind von einer Reihe von Autoren, so u. a. von SCHOTTMÜLLER, FRAENKEL und MUCH, WICHELS, BARTH, Bedenken erhoben worden. UHLENHUTH und SEIFFERT fassen die Fleischvergifter vom Typus BRESLAU als eine rezeptorenarme Verlustvariante des SCHOTTMÜLLERschen Paratyphus B auf, wobei sie die biologisch-kulturelle Differenzierung beider Arten teilweise praktisch verwerten.

Das B. paratyphi B. und das B. enteritidis BRESLAU unterscheiden sich nach der Kieler Schule durch die Schleimwallbildung, Herabrutschen auf der Schräggelatine, Knöpfchenbildung auf Raffinoseagar, Pathogenität für Mäuse bei Fütterung und Differenzen in der Agglutinabilität (siehe Tabelle).

Tabelle 3

Stamm	Schleimwallbildung	Rutschen auf Gelatine	Knöpfchenbildung	Rhamnosenährboden	Pathogenit
B. paraty. B . . .	+	+	+	gelb	—
B. enterit. BRESLAU	—	—	—	rot	+

Die Prüfung auf Schleimwallbildung geschieht auf Agarplatten, wobei, wie R. MÜLLER[1] hervorhebt, der Agar aus Fleischwasser und Witte Pepton hergestellt werden muß. Die Platten werden erst 24 Stunden bei 37° bebrütet, dann drei bis vier Tage bei Zimmertemperatur stehen gelassen. Die Hauptbedingung für das Entstehen der Schleimwälle ist der Wechsel der Temperatur. Die Platte darf dabei nicht dicht bewachsen sein, da die Schleimwälle sich nur in der Umgebung der Einzelkolonien auf einem genügend freien Nährboden bilden. Die Wallbildung ist vorwiegend bei frischen Kulturen konstant (R. MÜLLER, UHLENHUTH und SEIFFERT, NUCK). Mit dem schleimigen Wachstum des Paratyphus B soll auch seine Eigenschaft des Herabrutschens von der Schräggelatine zusammenhängen. Beimpft man eine Schräggelatine 1 ccm von der Kuppe entfernt, so fließen die Kolonien nach vier- bis zehntägiger Bebrütung infolge der schleimigen Konsistenz herunter. Die Bildung von Knöpfchen in den Kolonien auf 2%igem Raffinoseagar gehört auch zu den Eigenschaften der Paratyphusbakterien.

Von BITTER, WEIGMANN und HABS wurde ein Rhamnosenährboden folgender Zusammensetzung angegeben: 0,5 g Dinatriumphosphat, 1 g Ammoniumsulfat, 2 g Natriumnitrat, 5 g Kochsalz, 0,05 g Pepton und 1000 ccm Aqua dest., dazu $^1/_2$% Rhamnose. Dieser Nährboden soll fünfzehn Stunden (am besten von sechs Uhr abends bis neun Uhr früh) bebrütet werden, dann gibt man zwei Tropfen Metylrotlösung dazu ($^1/_2$% in 96%igem Alkohol). Die BRESLAU-stämme rufen eine schöne Rotfärbung hervor, Paratyphus B eine Gelbfärbung.

Bei Verfütterung sollen nur die BRESLAU-Stämme für weiße Mäuse infektiös sein. Die Tiere erliegen nach durchschnittlich acht Tagen, die Stämme können aus dem Herzblut gezüchtet werden.

Die mangelhafte Agglutinabilität der BRESLAU-Stämme mit Paratyphusserum soll auch ein Hinweis auf ihre Sonderstellung sein.

Die Differenzierungsmerkmale sowie überhaupt die ätiologische Sonderstellung beider Arten sind, wie schon oben erwähnt, vielfach angezweifelt worden. UHLENHUTH und seine Mitarbeiter halten jedoch das Charakteristikum der Schleimwall- und Knöpfchenbildung von frisch aus dem Körper gezüchteten Stämmen für praktisch verwertbar.

Das B. typhi murium, das als Infektionsmaterial von Ködern einzelne Erkrankungsfälle verursacht hat, ist nach BITTER mit dem B. enteritidis BRESLAU identisch.

Das B. enteritidis GÄRTNER

gehört auch zu den Fleischvergiftern. Kulturell verhält es sich vollkommen identisch mit dem B. paratyphi B, sogar insoferne, als es auch einen Schleimwall bilden kann. Serologisch ist es aber deutlich von diesem abzugrenzen, wodurch auch seine Sonderstellung begründet ist.

[1] Zentralbl. f. Bakteriol., I. Abt., Orig.-Bd. 95, S. 147.

B. suipestifer (Kunzendorf)

auch Hogcholera- oder Salmon-Smith-Bakterien genannt, ist bei Schweinepest und Paratyphus der Schweine, jedoch auch bei gesunden Schweinen gefunden worden und vor der Entdeckung der filtrierbaren Natur des Erregers der Schweinepest als die Ursache dieser Krankheit angesehen worden. In der letzten Zeit hat Kopp seine Pathogenität für den Menschen nachgewiesen.

Die Schweinepestbakterien verhalten sich in der „bunten Reihe“ ganz identisch mit dem B. paratyphus B und sind von diesem nur agglutinatorisch zu unterscheiden. Nach Uhlenhut und Shiiba wachsen in einer Nährbouillon mit einem Zusatz von Pestiferserum in einer Verdünnung von 1 : 100 die Pestiferstämme als agglutinierter Bodensatz, die oberen Schichten der Bouillon völlig klar lassend, die Paratyphus B-Stämme hingegen mit oder ohne Bildung eines Bodensatzes unter dichter Trübung der Bouillon. In einer Bouillon mit Paratyphus B-Immunserum wachsen die Pestiferstämme unter Entwicklung einer gleichmäßigen Trübung.

In die Suipestifergruppe gehört das B. suipestifer Voldagsen (Typus Glässer, Ferkeltyphus Pfeiler), welches von manchen Autoren (Dammann, Stedefeder, Pfeiler u. a.) von dem Suipestifer Kunzendorf als eine für die Ferkel hochpathogene Art abgegrenzt wird. Als charakteristische Eigenschaft der Voldagsen-Gruppe bezeichnen Händel und Gildemeister die wechselnde Fähigkeit, aus Traubenzucker Gas zu bilden, im Zusammenhang damit ihr wechselndes Verhalten in Neutralrotagar, in welchem einmal keine Veränderung, das andere Mal Sprengung, aber keine Entfärbung eintritt. Lackmusmolke wird gerötet, doch kommt es nicht zum Umschlagen der Farbe in Blau, die Hetschsche Lösung (2%ige Mannit-Nutrose-Lackmuslösung, siehe bei Barsiekow-Lösung) bleibt unverändert. Manteufel, Zschucke und Beger[1] zeigten, daß die genannten kulturellen Eigenschaften der Voldagsen-Gruppe nicht allgemein und beständig genug sind, um eine Artdifferenzierung von der Pestifergruppe zu begründen. Die Bakterien des Typus Voldagsen sind als Varietäten des Typus Suipestifer anzusehen, welche sich agglutinatorisch ganz identisch verhalten.

Bernhard, Geissler, Luger, Neukirch, Weil und Saxl, Levy und Schiff, Dienes und Wagner u. a. fanden im Blut und im Stuhl Suipestiferkeime, die sie mit dem Typus Voldagsen identifizierten. Von Neukirch wurden sie als Erzindjanbazillen, von Weil und Saxl als B. paratyphi β, von Hirschfeld, Bitter, Andrewes und Sheffield als Paratyphus C, von Sütterlin als Paratyphus N bezeichnet. Manteufel, Zschucke und Beger rechnen diese Bakterien zu den typischen Suipestiferstämmen, um so mehr, als die von ihnen überprüften Stämme keinerlei Differenzen im Vergleich zu B. suipestifer ergaben, während Hayashi geringe serologische Differenzen zwischen den beiden Stämmen gefunden haben will. Manteufel und seine Mitarbeiter schlagen vor, für die Untersuchungspraxis möglichst polyvalente Immunsera zu verwenden, die gleichzeitig aus Kulturen von Paratyphus B, Gärtner- und Suipestifergruppe hergestellt sind. Für diesen Zweck eignen sich Eselsera wegen ihrer größeren Wirkungsbreite besser als Kaninchensera.

Nach Weigmann sind die menschenpathogenen Schweinepeststämme nicht einheitlich, sondern zerfallen in zwei Gruppen, von denen die eine dem Bacillus enteritidis Gärtner, die andere der Suipestifergruppe nahesteht.

An dieser Stelle sollen die „Dahlemstämme“ (Gildemeister u. Bärthlein)[2]

[1] Zentralbl. f. Bakteriol., I. Abt., Orig.-Bd. 86, S. 214.

[2] Zentralbl. f. Bakteriol., I. Abt., Orig.-Bd. 67, S. 401.

erwähnt werden, die auch aus den Fäzes von Darmkranken gezüchtet wurden. Sie gelten als Verwandte der Suipestifergruppe, doch produzieren sie im Gegensatz zu letzterer Indol und sind für Meerschweinchen und weiße Mäuse pathogen. Auf DRIGALSKI wachsen sie in kleinen, durchsichtigen, klaren Kolonien, wie sie auch für den Bacillus VOLDAGSEN charakteristisch sein sollen (PFEILER). In Lackmusmolke rufen sie Rötung hervor, aber keine Trübung und im Gegensatz zu B. VOLDAGSEN nach einigen Tagen eine allmähliche blauviolette Verfärbung. Bei gesunden Erwachsenen sind sie nie gefunden worden, hingegen bei gesunden Kindern in 3%, bei darmkranken Kindern in 31%. Serologisch sind sie von B. VOLDAGSEN zu unterscheiden.

Es bleibt noch zu erwähnen, daß die Bezeichnung B. paratyphi C von UHLENHUTH und HÜBENER auch für Schweinepeststämme angewendet wurde, die von Paratyphus GÄRTNER und Pestiferserum nicht agglutinabel waren. Diese Stämme sind apathogen und können auch im menschlichen Stuhl vorkommen.

Die Paratyphusbakterien sind in der Außenwelt ziemlich verbreitet und von Haus aus harmlose Saprophyten, die unter bestimmten Bedingungen pathogene Eigenschaften annehmen, doch haben wir vorläufig noch keine sichere Methode, die menschenapathogenen Paratyphuskeime von den menschenpathogenen zu trennen. Es muß immer mit der Pathogenität dieser Keime gerechnet werden, doch berechtigt „ein einmaliger, spärlicher Paratyphusbazillenbefund im Stuhl uns noch nicht a priori zu der Annahme eines vorhandenen pathogenen Mikroorganismus" (UHLENHUTH) mit Ausnahme von Personen, die paratyphuskrank sind oder waren. Die „Eintagsausscheider" scheiden ihre Bakterien, die sie wahrscheinlich mit der Nahrung aufnahmen, wieder aus, ohne die geringsten Symptome zu zeigen. Charakteristisch für solche Fälle ist die kurze Dauer der Ausscheidung und der spärliche Bakterienbefund.

Dysenteriebakterien

Bacterium dysenteriae (SHIGA-KRUSE)

Als Erreger der bazillären Ruhr lassen sich zwei Arten unterscheiden: Die toxischen Dysenteriebakterien, das Bacterium dysenteriae (SHIGA-KRUSE) und die Paradysenteriebakterien.

Das B. dysenteriae SHIGA-KRUSE ist ein kurzes, plumpes, seltener schlankes, GRAM-negatives und unbewegliches Stäbchen, welches eine starke Molekularbewegung zeigt.

Auf Gelatine wächst es in zarten, weinblattartigen Kolonien, dem Typhus ähnlich und ohne Verflüssigung, auf Agar feucht glänzend, nicht irisierend, auf ENDO und DRIGALSKI in durchsichtigen, ungefärbten bzw. blauen Kolonien, Neutralrot bleibt unverändert.

Bouillon wird getrübt, Lackmusmolke gerötet, ohne getrübt zu werden. In BARSIEKOW mit Traubenzucker kommt es zu Rötung und Koagulation, aus Traubenzucker wird zwar Säure, jedoch nie Gas gebildet, also ein ähnliches Verhalten wie bei Typhus zu konstatieren. BARSIEKOW mit Milchzucker bleibt unverändert, ebenso mit Mannit, Saccharose und Maltose. Das fehlende Vermögen der Mannitvergärung unterscheidet den SHIGA-KRUSE-Bazillus von den Paradysenteriebazillen. Die Mannitvergärung wird entweder in der BARSIEKOW-Lösung geprüft oder in der HETSCHschen Lösung von derselben Zusammensetzung, jedoch mit 2% Mannit oder auf Lackmusmannitagar (Herstellung wie von DRIGALSKI).

Milch wird nicht verändert, Indol nicht gebildet, dagegen ein echtes Toxin.

Tabelle 4. Typhus-Coli-Dysenteriegruppe

Art	Typhus	Paratyphus A	Paratyphus B und enteritidis GÄRTNER	Coli	Faecalis alcaligenes	SHIGA-KRUSE	Para-dysenterie
Beweglichkeit ...	sehr beweglich	sehr beweglich	sehr beweglich	beweglich	sehr beweglich	unbeweglich	unbeweglich
Lackmusmolke ..	Rötung	Rötung	erst Rötung, d. Blaufärbung	starke Rötung	Blaufärbung	Rötung	Rötung, dann häufig Blaufärbung
Milchgerinnung ..	negativ	negativ	negativ	Gerinnung	negativ	negativ	negativ
Neutralagar	keine Veränderung	Fluoreszenz Gasbildung	Fluoreszenz Gasbildung	Fluoreszenz Gasbildung	keine Veränderung	keine Veränderung	keine Veränderung
DRIGALSKI	blau	blau	blau	rot	blau	blau	blau
ENDO	farblos	farblos	farblos	rot	farblos	farblos	farblos
BARSIÈKOW mit Traubenzucker.	Rötung	Rötung	Rötung	Rötung	unverändert od. Blaufärbung	Rötung	Rötung
BARSIÈKOW mit Milchzucker ...	unverändert	unverändert	unverändert	Rötung	unverändert od. Blaufärbung	unverändert	unverändert
BARSIÈKOW mit Mannit........	Rötung	Rötung	Rötung	Rötung	unverändert od. Blaufärbung	unverändert	Rötung
Indolbildung	negativ	negativ	negativ	positiv	negativ	negativ	negativ oder positiv

Der SHIGA-KRUSE-Bazillus erzeugt ein agglutinierendes Serum, welches auch seine Abgrenzung gegen die Paradysenteriegruppe gestattet.

Gang der Untersuchung in Fäzes siehe weiter unten.

Gruppe der Paradysenteriebakterien (CASTELLANI)

In diese Gruppe gehören die giftarmen Ruhrstämme, die im allgemeinen Mannit vergären. Aus den Untersuchungen von KRUSE u. a. wissen wir jedoch, daß gelegentlich die Säurebildung aus Mannit einige Tage auf sich warten läßt oder nur bei wiederholter Prüfung nachweisbar ist. Eine Bezeichnung ,,Pseudodysenteriegruppe" ist von KRUSE eingeführt worden und umfaßt mehrere Rassen, die ihrerseits mit den Buchstaben A bis J benannt werden.

Die Paradysenteriebazillen verursachen in der Lackmusmolke erst Rötung, dann einen Umschlag in Blau, welche Farbe aber bei zu massiver Beimpfung als erste auftreten kann (BRAUN und LIESS). Indolbildung kann auftreten, ist jedoch nicht konstant. Gegenüber unbeweglichen Typhusstämmen — den frisch gezüchteten — kann die Indolbildung neben der Typhusagglutination eine differentialdiagnostische Bedeutung erlangen.

Gelatine wird nicht verflüssigt.

Die Frage der Einteilung der Paradysenteriebazillen steht immer noch in Diskussion. Das ältere Einteilungsprinzip, welches trotz seiner Unzulänglichkeiten immer noch benützt wird, basiert auf dem Zuckervergärungsvermögen der Bakterien, wie aus folgender Tabelle hervorgeht:

Tabelle 5

Zucker	Flexner	Strong	Y
Mannit	+	+	+
Maltose	+	—	—
Saccharose . . .	—	+	—

Im Gegensatz zu diesen Arten greift der SHIGA-KRUSE-Bazillus keine der aufgezählten Zuckerarten an. Die Prüfung auf Säurebildung wird entweder in den BARSIEKOWschen Lösungen oder in Zuckerlackmusagar vorgenommen. Da jedoch nicht nur die Angehörigen der einzelnen Gruppen untereinander, sondern sogar verschiedene Kulturen desselben Stammes unter anscheinend gleichen Bedingungen Differenzen aufweisen (SONNE, PŘIBRAM und HALLE[1] u. a.), anderseits die meisten FLEXNER- und Y-Stämme sich gegenseitig agglutinieren können, erweist sich die besprochene Einteilung als nicht zweckmäßig.

Die Unmöglichkeit der kulturellen Differenzierung der FLEXNER-, STRONG- und Y-Stämme voneinander veranlaßte KRUSE zur Zusammenfassung dieser Stämme zu der Gruppe der Pseudodysenteriebazillen und zu dem Versuch, sie agglutinatorisch gegeneinander abzugrenzen. Nachdem aber die von ihm aufgestellten Rassen A bis J sich agglutinatorisch gegenseitig beeinflussen, ist zur exakten Trennung der CASTELLANIsche Versuch notwendig (siehe auch Typhus). KRUSE führt die Absättigung folgendermaßen aus: Wenn ein Stamm X von dem Serum x annähernd gleich hoch agglutiniert wird, wie der Stamm Z und das Serum z die Stämme X und Z agglutiniert, so wird je eine Schrägagarkultur der zu untersuchenden Stämme X und Z auf je zehn Tropfen des hundertfach ver-

[1] WEICHARDTS Ergebnisse, Bd. 2, S. 338. 1917.

dünnten Serums von der Kultur X mit der Öse zugesetzt, eine halbe Stunde bei 37° stehen gelassen, zentrifugiert, und eine Öse des abgesättigten Serums mit einer Öse Bouillonkultur der zur Herstellung des Serums benützten Kultur X mikroskopisch auf Agglutination untersucht. Im allgemeinen geben die mit den homologen Stämmen abgesättigten Sera keine Agglutination, die mit den heterologischen Stämmen abgesättigten eine annähernd ebenso starke Reaktion, wie die nicht abgesättigten Kontrollsera.

Auf die gleiche Weise verfährt man mit dem z-Serum, das mit dem Stamm Z auf den Erfolg der Absättigung geprüft wird; diese Stämme werden nicht agglutiniert, die X-Stämme jedoch wie vorher.

So läßt sich mit der CASTELLANIschen Probe die Verschiedenheit der Rassen X und Z nachweisen.

Mit diesem Mittel ist es KRUSE gelungen, die erwähnten Rassen innerhalb der Pseudodysenteriegruppe zu isolieren.

Während des Krieges fand man hauptsächlich die Rassen A, D und H. Die Rasse E bringt zum Unterschied von den erstgenannten Milch nach längerer Zeit zur Gerinnung, sie bildet kein Indol, wächst mit starkem Bodensatz und neigt zur Spontanagglutination. Diese Rasse kommt besonders häufig im Säuglingsstuhl vor und soll nach HILGERS der Haupterreger der Enteritis follicularis sein.

Da die Bezeichnung „Pseudodysenterie" Apathogenität im Sinne der Pseudodiphtherie präjudiziert, was aber in diesem Falle nicht zutrifft, fassen BRAUN und LIESS[1] abweichend von KRUSE die FLEXNER- und Y-Bakterien unter dem Namen Kolitisbakterien zusammen. Dazu gehören die KRUSEschen Rassen A bis D und F bis H. Diese Gruppe zeigt in Lackmusmolke in den ersten 48 Stunden Rötung, dann Blau- oder zumindest Lilafärbung, die aber sofort auftreten kann, wenn mit großen Mengen Material geimpft wird. Mannit wird immer gesäuert, das Verhalten in Maltose ebenso wie die Indolbildung ist wechselnd. In Bezug auf die Agglutinogene sind die Kolitisbakterien sehr verschieden, eine scharfe Trennung läßt sich nicht durchführen. Übergänge sind nachweisbar, doch kommt den kulturellen Eigenschaften ein höherer diagnostischer Wert zu, als den agglutinatorischen. Neben diesen Stämmen kennen die genannten Autoren auch noch die kolitisähnlichen Stämme, die in Lackmusmolke nur Rötung oder sofort Blaufärbung hervorrufen und die Colitis vortäuschenden Stämmen, welche Milch nach längerer Zeit zur Gerinnung bringen, während der Umschlag in Molke ausbleibt. Zu diesen letzteren ist auch der früher erwähnte Pseudodysenteriebazillus E zu zählen.

Im allgemeinen gestattet das Vergärungsvermögen gegenüber Mannit eine scharfe Trennung zwischen SHIGA-KRUSE- und Paradysenteriebazillen, doch sind unter den letztgenannten auch Stämme gefunden worden, welche diese Eigenschaft nicht aufweisen. Zu diesen gehört der SCHMITZ-Bazillus, der sich bis auf seine Indolbildung und fehlende Agglutination mit einem spezifischen SHIGA-KRUSE-Serum wie ein SHIGA-KRUSE-Bazillus verhält. Er ruft in Lackmusmolke meist am dritten Tage nach anfänglicher Rötung einen violetten oder bläulichen Farbumschlag hervor (ORNSTEIN). Agglutinatorisch läßt sich der SCHMITZ-Bazillus von den übrigen Paradysenteriebazillen wie auch vom SHIGA-KRUSE-Bazillus trennen. Mit dem SCHMITZ-Bazillus ist wahrscheinlich die KRUSEsche Rasse Y identisch.

Von ORNSTEIN sind die B. fallax und B. inconstans beschrieben worden, die ähnlich dem SCHMITZ-Bazillus sind. Der B. fallax unterscheidet sich von

---

[1] Zeitsch. f. Hyg. u. Infektionskrankh., Bd. 88, S. 251. 1919.

dem SCHMITZ-Bazillus dadurch, daß er nach längerer Bebrütung Saccharose vergärt, Lackmusmolke stärker bläut und antigen anders wirkt.

Der B. inconstans verhält sich ähnlich wie der B. fallax, jedoch bildet er häufig, wenn auch nicht immer, aus Traubenzucker Gas. Um eine Verwechslung der letztgenannten Arten mit dem SCHMITZ-Bazillus zu vermeiden, ist eine mehrtägige Beobachtung ihrer kulturellen Eigenschaften notwendig.

Im Gegensatz zu den SHIGA-KRUSE-Bazillen geben nach HARTOCH, SCHLOSSBERGER und JOFFE der SCHMITZ-Bazillus, der Paradysenterie STUTZER, Bacillus fallax und inconstans, ähnlich wie es KNORR für die Paradysenteriebazillen beschrieben hat, eine positive Katalasereaktion, auf deren technische Ausführung hier jedoch nicht näher eingegangen werden kann.

Der Nachweis der Dysenteriebazillen im Stuhl gelingt um so leichter, in je früherem Stadium der Krankheit die Untersuchung vorgenommen wurde. Doch kommt es häufig vor, daß man trotz des günstig gewählten Zeitpunktes kein positives Züchtungsresultat erzielt. Da die Ursache dieser Mißerfolge wahrscheinlich in der Empfindlichkeit der Ruhrbazillen gegen Säuregärung oder aber der Fäulnisvorgänge im Stuhl liegt, soll die bakteriologische Untersuchung immer sobald als möglich vorgenommen werden. Anderseits wissen wir, daß bei Ortsepidemien trotz der kurzen Zeitdauer zwischen Stuhlentnahme und Untersuchung es nicht gelingt, den Erreger nachzuweisen, während bei anderen Epidemien trotz der längeren Beförderungsdauer der Erreger regelmäßig nachweisbar ist (RIMPAU). Diese Diskrepanz legt den Gedanken an Bakteriophagenwirkung nahe.

Die Untersuchung der dysenterieverdächtigen Stühle wird in der Weise vorgenommen, daß man Schleimflocken des Stuhles in steriler physiologischer Kochsalzlösung auswäscht und dann auf DRIGALSKI oder ENDO sowie auf Mannitlackmusagarplatten ausstreicht. Von den Stühlen von Rekonvaleszenten, Dauerausscheidern oder als Bazillenträger Verdächtigen werden wenigstens 5 ccm mit sterilem Glasspatel zu einer breiigen Masse verrührt, harte Stuhlmasse unter Zusatz von physiologischer Kochsalzlösung. Davon werden einige Ösen auf zwei Milchzucker- und eine Mannitplatte gebracht. Nach 18 bis 24 Stunden werden die verdächtigen Kolonien von der Milchzuckerplatte einerseits auf eine Mannitlackmusplatte übertragen, anderseits die auf Lackmusmannitagar farblosen Kolonien zur Herstellung einer Aufschwemmung zur Anreicherung in Bouillon geimpft. Von dieser wird sofort — wie bei der Typhusuntersuchung beschrieben wurde — mittels der Kapillarpipette wenigstens ein Schrägagar, womöglich noch eine Neutralrot-Schüttelkultur eventuell auch die anderen Differentialnährböden angelegt. In der Bouillon selbst wird nach sieben bis acht Stunden die Beweglichkeit geprüft und nach drei Tagen auf Indolbildung (siehe S. 269) untersucht.

Zur Sicherung der Diagnose kann gleichzeitig die mikroskopische Agglutination, jedoch nur mit SHIGA-KRUSE-Serum aufgestellt werden, doch ist die nachherige Ausführung der makroskopischen Agglutination unumgänglich, die am besten mit polyvalentem SHIGA-KRUSE-Serum, jedoch auch mit polyvalentem Paradysenterieserum vorgenommen wird. Die Ablesung erfolgt im Gegensatz zu der Agglutination der Typhus-Coligruppe nach vierundzwanzigstündigem Aufenthalt im Brutschrank. Frisch gezüchtete SHIGA-KRUSE-Stämme sind häufig inagglutinabel, welcher Zustand sich meistens durch Passagen beseitigen läßt.

Für die Agglutination ist die Verwendung von Kaninchenimmunserum zweckmäßig, da bei Benützung von Eselsera häufig ein Übergreifen der Agglutination auf die Paradysenteriegruppe stattfindet (HÄNDEL).

Bacterium vulgare (Proteus HAUSER)

Es gehört nach LEHMANN-NEUMANN zu dem Genus Proteus, welches dadurch gekennzeichnet ist, daß die Kolonien auf den Nährböden höchstens im Anfang rundlich sind, später jedoch mehr oder weniger strahlig angeordnete, gabelige, wurstförmig gedrehte Fortsätze aussenden. Bei B. vulgare können die Fortsätze fehlen, doch kann man Ausschwärmen (siehe unten) beobachten.

In diese Gruppe gehören B. ZOPFII, B. vulgare und Proteus ZENKERI. Sie sind gramunsichere Stäbchen, können jedoch auch als ganz kurze kokkenähnliche Formen erscheinen und sind alle lebhaft beweglich.

B. ZOPFII (KURTH) verflüssigt nicht Gelatine, bildet in der Gelatinestichkultur zarte Ästchen, auf der Platte fädige, strahlenförmige Ausläufer, die niemals ausschwärmen. Auf Agar entstehen grauweiße Kolonien, die Ausläufer in die Umgebung senden, so daß die ganze Platte mit einem hauchartigen Schleier bedeckt ist. Bouillon bleibt klar oder wird nur wenig getrübt, Milch wird nicht zur Gerinnung gebracht.

B. vulgare (HAUSER) erscheint meistens in schlanken Stäbchen, die oft zu langen Scheinfäden aneinandergelagert sind, doch können auch ganz kurze Formen vorkommen, es zeigt lebhafte Eigenbewegung. Das B. vulgare verflüssigt Gelatine und läßt ebenso wie das Gelatine nicht peptonisierende B. ZENKERI das sogenannte „Schwärmen" beobachten, worunter man das Vermögen der einzelnen Stäbchen oder auch ihrer Verbände versteht, auf 5%iger Gelatine (man stellt diese im Einzelfall durch Verdünnung der üblichen Gelatinenährböden mit Bouillon her) zu wandern, indem sie sich von der Kolonie aus in deren Umgebung fortbewegen. „Auf dem Wege bleiben einzelne Keime liegen und wachsen an der Stelle weiter zu Fäden oder ring- und schleifenartigen Inseln, die sich teils am Orte kreis- oder bogenförmig bewegen, teils wieder Sendboten fortschicken. Andere Verbände gleiten an ihnen vorbei, teilen sich, laufen fort, kehren wieder zurück" (HEIM). Der Vorgang des Schwärmens wird auf der Plattenkultur mit einem mittelstarken Trockensystem beobachtet, indem man die Platte in der Mitte mit der infizierten Öse betupft, worauf nach einigen Stunden das Schwärmen sich einstellt. Alte Kulturen oder frisch gezüchtete Stämme lassen das Schwärmen manchmal vermissen, ohne diese Beobachtung soll jedoch die Diagnose „Proteus" nicht gestellt werden.

Auf Agar entwickeln sich zarte durchscheinende Kolonien, die erst rundlich, später aber durch das Ausschwärmen unregelmäßig begrenzt sind und mit der Zeit die ganze Platte rasenartig überwuchern können.

Auf ENDO bilden sich farblose, auf DRIGALSKI blaue Kolonien. Auf Blutplatten wird eine leichte Transparenz, jedoch keine Hämolyse hervorgerufen (BÄRTHLEIN). In Neutralrotagar tritt Gasbildung und Fluoreszenz auf.

In Bouillon wachsen sie unter starker Trübung und Bildung eines Oberflächenhäutchens. Lackmusmolke wird erst rot, dann blau. BARSIEKOW mit Milchzucker bleibt unverändert, mit Traubenzucker wird er gerötet. Milch wird meist koaguliert und peptonisiert.

Der Proteus bildet Indol, doch fand VAN LOGHEM Stämme, die kein Indol bilden und die er deshalb Proteus anindologenes nannte und die sich als serologisch different vom Proteus vulgaris erwiesen (VAN LOGHEM und seine Mitarbeiter).

Die Züchtung des B. proteus aus den Fäzes geschieht entweder durch direkte Verimpfung des Stuhles in das Kondenswasser, wobei die Infektion der Agarschicht durch das Überfließen des Kondenswassers vermieden werden soll

(CANTU), wobei der Proteus sich schnell und rasenartig auf der ganzen Agarschicht hinauf verbreitet, oder aber nach VAN LOGHEM, indem man den Stuhl erst 24 Stunden in Bouillon anreichert und dann erst das Kondenswasser des Schrägagars damit beimpft. Durch die Anreicherungsmethode soll das B. anindologenes durch das B. vulgare zurückgedrängt werden.

METSCHNIKOFF benützte in jenen Fällen, in denen die Kondenswasserimpfmethode zu keinem positiven Resultat führte, Gelatineröhrchenkulturen, aus deren Verflüssigungstrichter sich dann der Proteus durch Verdünnungskulturen züchten ließ. Diese Methode führte besonders dort zum Ziele, wo der Proteus nicht auf die Agaroberfläche hinaufwuchs, wo also die nicht fortschreitende O-Form, wie sie später WEIL und FELIX bei den X-Stämmen beschrieben haben, bei dem gewöhnlichen Proteus vorlag (ZEISS).

Die Diagnose „Proteus" darf jedoch, wie ZEISS[1] besonders hervorhebt, nicht nur auf den äußeren Habitus hin, sondern auf Grund der morphologischen und biologischen Eigenschaften gestellt werden.

Nach CANTU findet man Proteus bei Diarrhöen in 40%, in den normalen Fäzes in 30%, nach GILDEMEISTER und BÄRTHLEIN bei darmkranken Säuglingen in 31% gegenüber 9% bei Gesunden. Bei der Sommerdiarrhöe der Säuglinge fand ihn METSCHNIKOFF in 93% der Fälle, bei normalen Kindern in 51%, BERTRAND in 100% gegenüber 8%, TRIKLINSKY in 65% gegenüber 20%. VAN LOGHEM wies ihn bei Flaschenkindern in 47% nach, bei Brustkindern in 3,6%, bei Sommerdiarrhöen und alimentärer Intoxikation in 74,2%, bei Dyspepsie und Dekomposition in 36,5%. Bei erwachsenen Ruhrkranken fand ihn ENGEL bei Ruhr in 33%, bei Nicht-Darmkranken in 8 bis 10%. SIERAKOWSKI bei Ruhr in 56,6%. Von METSCHNIKOFF wurde der Proteus als der alleinige Erreger der Cholera infantum angesehen, welche Annahme jedoch bestritten wird.

Der Proteus bildet häufig eine sehr unangenehme Verunreinigung der Kulturen, da er die anderen Stämme überwuchert. Um dies zu verhindern, gibt man entweder 2 ccm 5%ige Karbolsäure auf 100 ccm Agar oder züchtet auf EICHLOFFS Blauagar, der ebenso wie der DRIGALSKI-Agar hergestellt wird, nur daß an Stelle des Fleischwassers eine 1%ige Lösung des EICHLOFF-Extrakts, ein Magermilchpräparat, verwendet wird. Denselben Zweck erreicht man durch Zusatz von 0,2 bis 0,3 ccm Proteusimmunserum zu 10 ccm Agar, den man bei Verarbeitung von auf Proteus verdächtigen Stühlen auf das Doppelte erhöht (SCHUBACK).

Pyocyaneus- und Fluoreszensgruppe

Bacillus pyocyaneus

Der B. pyocyaneus ist mikroskopisch ein schlankes, ziemlich gerades Stäbchen. Es kommen aber auch plumpe Formen vor. Man findet häufig in einer Reinkultur ganz kurze Stäbchen und auch längere Fäden, besonders in älteren Kulturen, so daß man wohl von einer Polymorphie sprechen kann. Er besitzt in jungen Kulturen eine lebhafte Eigenbewegung, welche auf eine endständige Geißel zurückgeführt wird und als differentialdiagnostisches Merkmal gegenüber dem B. fluorescens liquefaciens angegeben wurde. Letzterer soll im Besitz von zwei bis fünf Geißeln sein, doch fand AOKI eine ganze Anzahl von Pyocyaneusstämmen, die mehr als eine Geißel hatten.

Bei der GRAM-Färbung nimmt er die Gegenfarbe an.

[1] WEICHARDTS Ergebnisse, Bd, 5, S. 698. 1922.

Der B. pyocyaneus wächst besser unter aeroben Bedingungen als bei Luftabschluß. Bei Sauerstoffabschluß bildet er keinen Farbstoff.

Auf Agar wächst er in grauen, saftigen Kolonien, die meist glattrandig sind, doch kommen auch Kolonien mit stark gezackten Umrissen vor. Neben den saftigen sieht man auch gewellte, faltige Kolonieformen, die zu einem zusammenhängenden Belag konfluieren. Der Nährboden nimmt infolge des in ihn diffundierten Farbstoffes eine hellgrüne bis tief blaugrüne Farbe an. Ältere Kulturen können dunkel braungrün, sogar rotbraun erscheinen. Die einzelnen Kolonien zeigen oft metallisch irisierende Flecken.

Gelatine wird vom B. pyocyaneus in ziemlich energischer Weise verflüssigt. Auf ENDO wächst er farblos, erst nach mehreren Tagen färbt sich die Kolonie leicht rosa, manchmal jedoch tritt eine Graufärbung auf, ebenso auf DRIGALSKI, welcher Nährboden blau bis grünblau verfärbt wird.

Auf der Blutplatte ruft der B. pyocyaneus Hämolyse hervor.

In Bouillon entsteht Trübung und Häutchenbildung, welch letztere ziemlich kohärent ist. In Lackmusmolke kommt es zur Trübung und Blaufärbung, Milch wird meist unmittelbar peptonisiert, eventuell nach vorheriger Gerinnung.

Der B. pyocyaneus produziert zwei Farbstoffe, das chloroformlösliche grüne Pyocyanin und das wasserlösliche, aber chloroformunlösliche grünlich fluoreszierende Fluorescin. Das Pyocyanin wird nur von dem B. pyocyaneus gebildet, während das Fluorescin auch von den Fluoreszensarten produziert wird. Die Darstellung des Pyocyanins erfolgt durch Chloroformextraktion einer mit Wasser abgeschwemmten 48stündigen Agarkultur oder einer vorher stark geschüttelten achttägigen Bouillonkultur. GESSARD gibt eine Methode an, die erlaubt, das Pyocyanin auch in jenen Fällen nachzuweisen, wo die Extraktion der Bouillonkultur versagt, und zwar aus einer 2%igen Peptonwasser- oder Glyzerinagarkultur (4% Agar in 2% Peptonwasser gelöst, mit einem Glyzerinzusatz von 5 Tropfen auf 5 ccm Peptonwasser, unfiltriert).

Der B. pyocyaneus wurde öfters in Fäzes gefunden. In größerer Zahl wurde er im Stuhl bei Pyocyaneussepsis, besonders häufig aber bei durch ihn verursachter Darminfektion nachgewiesen. Diese Darmerkrankungen zeigen entweder dysenterieähnliche Symptome, so daß man von einer Pyocyaneusruhr sprechen kann, oder aber typhöse Formen (HEIM, KÜHN, LOESER, HIMMELREICH, DOLD). Über die ätiologische Rolle des im Stuhl nachweisbaren Pyocyaneus kann die Agglutination mit Eigenserum Aufschluß geben. Bei Säuglingskatarrhen wurde er unter anderen auch von BÄRTHLEIN und GILDEMEISTER beschrieben, die ihn in diesen Fällen in 10% fanden, während er bei gesunden Säuglingen nur in 3,3% auftrat.

Bacterium fluorescens liquefaciens und non liquefaciens (B. putidum)

Das Bacterium fluorescens liquefaciens ist auf den Nährböden weder mikroskopisch noch makroskopisch vom B. pyocyaneus zu unterscheiden, das B. putidum hingegen durch das fehlende Gelatinepeptonisierungsvermögen.

Beide Arten produzieren einen grünen Farbstoff, der jedoch nur aus Fluorescin besteht, während ein in Chloroform löslicher Anteil bei ihnen nicht nachgewiesen werden konnte.

Die differentialdiagnostische Abtrennung des B. fluorescenz vom B. pyocyaneus erfolgt — soweit sie überhaupt berechtigt ist — auf Grund der fehlenden Pyocyaninbildung des erstgenannten, während anderseits auch Angaben über das fehlende Pyocyaninbildungsvermögen von Pyocyaneusstämmen vorliegen

(Gessard, Bärthlein, Aoki, Pesch und Sonnenschein). Ein zweites Merkmal der Fluoreszensarten, das sie vom B. pyocyaneus unterscheidet, ist das Vorhandensein von mehreren Geißeln im Gegensatz zu dem eingeißeligen Pyocyaneus. Dieser Unterschied wird heute noch vielfach in der Differenzierung verwertet, obwohl die oben erwähnten Befunde von Aoki über das Vorkommen von polytrichen Pyocyaneusstämmen seine Bedeutung verringern.

Vibrionen

Vibrio cholerae

Die Choleravibrionen bilden kurze, leicht gekrümmte Stäbchen, weshalb sie von R. Koch Kommabazillen genannt wurden. Es kommen jedoch auch Stämme mit längeren, fast geraden Individuen, solche mit S-förmigen Gebilden vor, daneben aber auch, besonders in älteren Kulturen, Schraubenformen oder Fäden, neben kugeligen, spindel- und flaschenartigen als Involutionsformen vor, die bei der Färbung in ihrem Innern Lücken aufweisen, welche an Sporen erinnern. Der Choleravibrio färbt sich gut mit basischen Anilinfarbstoffen, die Vibrioform tritt bei der Färbung mit zehnfach verdünntem Karbolfuchsin besonders deutlich in Erscheinung. Der Choleravibrio ist Gram-negativ und sehr lebhaft beweglich (s. Abb. 6 auf Tafel XXIII).

Auf Gelatine wächst er in kleinen, farblosen, lichtbrechenden Kolonien, die bei schwacher Vergrößerung wie mit Glassplittern bestreut erscheinen. Gelatine wird verflüssigt — in der Stichkultur trichterförmig mit einem durch die Wasserverdunstung an der Oberfläche gebildeten Luftbläschen. Auf Agar entstehen bläulich irisierende, durchscheinende Kolonien, während die Colikolonien mehr gelblichweiß und undurchsichtig sind, doch kommen auch Stämme vor, deren Kolonien mehr an die von Coli erinnern. Da der Choleravibrio nur bei alkalischer Reaktion des Nährbodens gut wächst, wurde von Dieudonné ein Blutalkaliagar als Elektivnährboden angegeben, der das Wachstum der Colibakterien, die bei Züchtungen aus dem Stuhl als die wichtigsten Konkurrenten in Betracht kommen, zurückhält.

Der Nährboden wird auf folgende Weise hergestellt: Defibriniertes Rinderblut wird in gleichen Teilen mit Normalkalilauge gemischt und in Dampf sterilisiert. Diese Lösung ist haltbar. Von der Blutalkalimischung werden drei Teile mit sieben Teilen 3%igem Agar vermengt und in Platten gegossen. Die Platten werden getrocknet, doch dürfen sie wegen des aus Blut gebildeten Ammoniaks nicht früher als 24 Stunden nach der Bereitung benützt werden. Platten, die älter als acht bis zehn Tage sind, sollen nicht mehr verwendet werden. Auf der Dieudonné-Platte wachsen die Choleravibrionen in glattrandigen Kolonien, die in auffallendem Licht grau erscheinen. Es wurden zahlreiche Modifikationen dieses Nährbodens angegeben, doch bewährte sich die Originalherstellung bisher am besten. Wenn keine Dieudonné-Platten vorrätig sind, so können die sofort benützbaren Hämoglobinalkaliplatten nach Esch verwendet werden. Ihre Anfertigung geschieht folgendermaßen: 5 g käufliches Hämoglobin wird im Mörser zerrieben, in 15 ccm Normalnatronlauge + 15 ccm dest. Wasser gelöst, eine Stunde im Dampftopf sterilisiert und 15 ccm davon zu 85 ccm Normalagar zugegeben. Man kann auch den Blutsodaagar von Bärthlein und Gildemeister verwenden. Dieser Nährboden wird hergestellt, indem man 3,5 g Hämoglobinextrakt (Pfeuffer) in 10 ccm physiol. NaCl auflöst und 10 ccm 5,5%iger wasserfreier Sodalösung und 2 ccm Kalilauge zusetzt und eine viertel Stunde sterilisiert. Nach Abkühlung wird die Lösung zu 80 ccm 80 bis 90° heißem, lackmusneutralem 3% Agar zugesetzt, gut gemischt und in Platten gegossen. Der Nährboden ist nach kurzem Trocknen benützbar, die Platten zirka zwei Wochen haltbar.

Die Blutplatte wird von einem Teil der Cholerastämme, besonders der frisch aus dem Körper gezüchteten, durchsichtig gemacht, ebenso der Kochblutagar nach VOGES. Diese Eigenschaft ist differentialdiagnostisch wichtig wegen der Abgrenzung der Cholera- von den Paracholerastämmen (KOVÁCS). Die weiteren differentialdiagnostischen Mittel werden bei den Paracholerastämmen besprochen.

In Bouillon vermehren sich die Choleravibrionen sehr gut, es entsteht Trübung und Häutchenbildung. Außerordentlich üppig wachsen sie in 1%igem Peptonwasser, das meist durch zehnfache Verdünnung der vorrätig gehaltenen Stammlösung hergestellt wird. Die Stammlösung besteht aus 1 l destillierten Wassers, 100 g Peptonum siccum Witte, 100 g Kochsalz, 1 g Kaliumnitrat und 20 g kristallisiertem kohlensauren Natron. Die Zusätze werden in der erwärmten Flüssigkeit gelöst, die Lösung filtriert, in Kölbchen zu 100 ccm abgefüllt und sterilisiert. Da sich die Choleravibrionen in der Peptonlösung sehr schnell vermehren und infolge ihres Sauerstoffbedürfnisses an der Oberfläche der Flüssigkeit ansammeln, wird das Peptonwasser zur Anreicherung der Vibrionen benützt.

Der Choleravibrio produziert in Bouillon und in Peptonwasser Indol. Es genügt aber, durch bloß tropfenweisen Zusatz von konzentrierter Schwefel- oder Salzsäure in die erwähnten Kulturen — die Verwendung von Peptonwasser ist jedoch am zweckmäßigsten — die Indolreaktion hervorzurufen. Die auftretende Rotfärbung wird als Cholerarotreaktion bezeichnet und beruht darauf, daß die Choleravibrionen außer Indol aus den in dem Nährboden vorhandenen Nitraten durch Reduktion Nitrite bilden, aus denen durch Zusatz von konzentrierten Mineralsäuren salpetrige Säure frei wird, die mit dem Indol die Cholerarotreaktion gibt. Diese Reaktion ist nicht spezifisch für den Vibrio cholerae, da eine ganze Reihe choleraähnlicher Vibrionen auch diese Reaktion geben.

Die Untersuchung der Fäzes auf Choleravibrionen wird entsprechend der „Anweisung zur Bekämpfung der Cholera“[1] vorgenommen: a) mikroskopisch, b) kulturell.

Zwecks mikroskopischer Untersuchung werden am besten Schleimflöckchen auf Objektträger oder Deckglas ausgestrichen und nach Hitzefixierung mit 1 : 10 verdünntem Karbolfuchsin gefärbt. Wenn sich in dem Präparat Vibrionen von charakteristischer Form vorfinden, so kann der Verdacht auf Cholera ausgesprochen werden. Gleichzeitig wird, wenn auch nur vereinzelte verdächtige Exemplare vorkommen, ein Tropfen Stuhl in einem Tropfen Peptonlösung vermischt, zu einem hängenden Tropfen verarbeitet und nach einstündiger Bebrütung bei 37° besonders die am Rand des Tropfens angesammelten Bakterien in gefärbtem Zustand untersucht. Man muß sich hüten, um nicht von den im normalen und diarrhoischen Stuhl vorkommenden feinen Spirillen getäuscht zu werden. Diese sind meist länger und feiner und weniger gekrümmt als die Kommabazillen, haben zugespitzte Enden, färben sich schlechter und lassen sich nicht züchten (KOLLE und PRIGGE).

Die kulturelle Untersuchung wird zunächst durch die Anreicherung in Peptonwasser vorgenommen. 1 ccm des Untersuchungsmaterials wird in ein Kölbchen mit 50 ccm Peptonlösung gebracht. Bei Massenuntersuchungen können anstatt der Kölbchen vier bis sechs Röhrchen mit Peptonwasser beimpft werden.

[1] Amtliche Ausgabe. J. SPRINGER, Berlin, 1921.

Gleichzeitig werden vier bis sechs Ösen oder einige Tropfen des nötigenfalls mit steriler physiologischer Kochsalzlösung verdünnten Materials auf eine DIEUDONNÉ-Platte gebracht, mit dem Spatel verrieben und zwei getrocknete Agarplatten nacheinander gestrichen. In besonders wichtigen Fällen, vor allen Dingen beim ersten Auftreten einer choleraverdächtigen Erkrankung an einem Orte, soll man zwei Plattenserien anlegen. Die DIEUDONNÉ-Platten dürfen, wie schon gesagt, nicht jünger als 24 Stunden, jedoch nicht über acht bis zehn Tage alt sein. Anstatt der DIEUDONNÉ-Platten kann man auch die schon beschriebenen Hämoglobinsodaagarplatten nach BÄRTHLEIN und GILDEMEISTER oder die Hämoglobinplatten nach ESCH nehmen, besonders wenn keine DIEUDONNÉ-Platten vorrätig sind, im allgemeinen werden jedoch die ersteren zum Choleranachweis bevorzugt. Wenn keiner der angeführten Nährböden vorhanden ist, so nimmt man eine Serie gewöhnlicher Agarplatten.

Nach sechsstündiger Bebrütung werden von der Oberfläche des Kölbchens, ohne aber dieses aufzuschütteln, etwa vier Ösen oder ein größerer Tropfen auf eine DIEUDONNÉ-Platte gebracht und mit einem Spatel auf dieser und nachher auf zwei Agarplatten verstrichen.

Eine zweite Aussaat wird aus dem Kölbchen, wenn bis dahin keine positive Diagnose gestellt ist, nach achtzehn- bis vierundzwanzigstündiger Bebrütung angelegt. Wurden von einem Stuhl mehrere Peptonwasserkulturen angelegt, so werden diese erst mikroskopisch untersucht und von dem verdächtigsten Kölbchen die Plattenaussaat vorgenommen.

Von den direkt aus dem Stuhl hergestellten Plattenkulturen, sowie von den aus dem Peptonwasser stammenden werden nach acht bis sechzehn Stunden Untersuchungen vorgenommen, indem man mit mikroskopisch als verdächtig befundenen Kolonien die orientierende Agglutination auf einem Objektträger vornimmt (Methodik siehe bei Typhus). Zur endgültigen Differenzierung werden die verdächtigen Kolonien auf Schrägagar übertragen, von welchem das Material für die definitive Agglutination gewonnen wird.

Zu der Agglutination sollen möglichst hochwertige Sera verwendet und eine Kontrolle mit der verdächtigen Kultur und dem Normalserum derselben Tierart, die das Immunserum lieferte, sowie eine Kochsalzkontrolle aufgestellt werden. Es ist ferner notwendig, den Agglutinationstiter des Serums mit einer sicheren Cholerakultur nachzuprüfen. Ganz frisch gezüchtete Kulturen zeigen häufig Spontanagglutination, welche jedoch nach mehrmaliger Überimpfung verschwindet. Bezüglich Einzelheiten in der Untersuchung sei auf die genannten ,,Anweisungen zur Bekämpfung der Cholera" verwiesen.

Die Feststellung der Cholera hängt von dem Ausfall der Agglutination ab. Als negativ ist das Ergebnis der Untersuchung anzusehen, wenn auch die zweite, nach achtzehn- bis vierundzwanzigstündiger Bebrütung vorgenommene Aussaat aus den Peptonkölbchen keine Cholerakolonien ergeben hat.

Bezüglich des PFEIFFERschen bakteriziden Versuches, welcher besonders früher häufig zur Diagnose der Cholera herangezogen wurde, sowie des Anreicherungsverfahrens von BANDI und OTOLENGHI verweisen wir auf die Lehr- und Handbücher der Bakteriologie.

Paracholeravibrionen

In dieser Gruppe fassen wir die EL TOR-Stämme und den Vibrio KADIKÖJ zusammen. Während GOTTSCHLICH, KOLLE u. a. diese zu den echten Choleravibrionen rechnen, trennen R. KRAUS, VAN LOGHEM die genannten Vibrionen von dem Vibrio cholerae in dem Sinne ab, wie dies z. B. für Typhus und Paratyphus vorgenommen wird.

Die Paracholeravibrionen produzieren im Gegensatz zu den echten Vibrionen ein Hämolysin und ein akut wirkendes Toxin (0,5 bis 1,0 ccm einer fünftägigen Bouillonkultur tötet — intravenös einverleibt — ein mittelgroßes Kaninchen innerhalb zehn bis fünfzehn Minuten). Ihr Verhalten in kultureller und agglutinatorischer Beziehung ist vollkommen identisch mit dem der echten Choleravibrionen.

Auf der Blutplatte, die aus Hammel- oder Rinderblut hergestellt sein muß, da Kaninchenblut ungeeignet ist, verursachen sie Hämolyse, während die durch einzelne Choleravibrionen hervorgerufene Veränderung der Blutplatte, von VAN LOGHEM Hämodigestion genannt, durch den peptischen Abbau des Blutfarbstoffes bedingt ist. Bei der Hämolyse der Paracholerastämme läßt sich das freigewordene Oxyhämoglobin, wenn es nur nicht in die ganze Platte diffundiert, spektroskopisch nachweisen. Die eingetretene Hämolyse manifestiert sich durch eine schwach rötliche Verfärbung des Nährbodens, die Hämodigestion hingegen wird durch einen etwas grünlichen Farbton angezeigt. Nach KOVÁCS können beide Arten der Blutveränderung auf der Kochblutagarplatte nach VOGES unterschieden werden. Zur Untersuchung des Verhaltens der Vibrionen gegenüber dem Blute gibt man 2 ccm Blut zu 10 ccm heißen Agars, kocht dann den Nährboden kurz, am besten im Wasserbad auf, bis er eine kaffeebraune Farbe annimmt, und gießt sofort die Platten. Auf diesem Nährboden verursachen die Choleravibrionen, welche eine Veränderung des gewöhnlichen Blutagars hervorrufen und daher differentialdiagnostisch gegenüber den EL TOR-Stämmen in Betracht kommen, eine starke Aufhellung, während durch die Paracholerastämme nur die Blutplatte verändert wird, die VOGES-Platte hingegen unverändert bleibt.

Choleraähnliche Vibrionen

Ein Teil dieser Bakterien ist aus den menschlichen Fäzes isoliert worden, viele sind Wasservibrionen, sie wurden auch bei Tieren gefunden, viele sind als Leuchtvibrionen bekannt.

Eine Bedeutung bekamen diese Vibrionen erst dadurch, daß sie durch das Peptonwasseranreicherungsverfahren ebenso angereichert werden wie die echten Choleravibrionen, so daß HETSCH betont, daß nach der Aussaat aus Peptonwasser auf Platten immer eine Prüfung von mehreren verdächtigen Kolonien mit der orientierenden Agglutination notwendig ist. Die choleraähnlichen Vibrionen lassen sich durch die Agglutination von den echten Choleraerregern trennen.

In diese Gruppe gehört der Vibrio proteus (FINKLER-PRIOR). Mikroskopisch erscheint er meist etwas dicker als der Choleravibrio, verflüssigt Gelatine schneller als dieser und bildet keine Blasen. Auf der Agarplatte ist sein Wachstum üppiger. Er gibt keine Cholerarotreaktion.

Ähnlich verhält sich der zuerst aus altem Käse gezüchtete Vibrio DENECKE.

Der Vibrio MAUSSAUA besitzt zum Unterschied von dem eingeißeligen Choleravibrio vier Geißeln und ist für Tauben und Meerschweinchen hoch pathogen, ähnlich wie der bei Geflügel nachgewiesene Vibrio METSCHNIKOFFII. Weniger tierpathogen ist der Vibrio GHINDA. Dieser und der Vibrio MAUSSAUA wurden lange Zeit als echte Choleravibrionen angesehen, doch sind sie von diesen durch die Agglutination zu trennen.

Der Vibrio NASIK produziert ein Hämotoxin und ein akut wirkendes Toxin (R. KRAUS), ähnlich den spezifischen EL TOR-Stämmen.

Außer den eben besprochenen Stämmen wurde noch eine ganze Reihe choleraähnlicher aus menschlichen Stühlen gezüchtet (GOTTSCHLICH, BÄRTHLEIN, v. KONSCHEGG und WELTMANN u. a.).

Die von BERNHARDT aus diarrhoischem Stuhl gezüchteten und beschriebenen Vibrionen zeigen keine Gelatineverflüssigung.

Auch der Vibrio phosphorescens (Leuchtvibrio) wurde aus dem menschlichen Stuhl isoliert. JERMOLJEWA fand sogar bei choleraähnlichen Fällen gegen diesen Keim gerichtete Antikörper.

Der B. faecalis alcaligenes kann auf der DIEUDONNÉ-Platte Vibrioform annehmen (BÄRTHLEIN, POLLAK), welche jedoch bei Überimpfung auf andere Nährböden wieder in die Stäbchenform übergeht. Hingegen berichten KOLLATH und LUBINSKI, daß der B. faecalis alcaligenes auch im Stuhl und auf den verschiedensten Nährböden gekrümmte Formen aufwies. Die wichtigste Eigenschaft der Fäkalisstämme ist, daß sie zum Unterschied gegen die Cholera- und choleraähnlichen Stämme in Zuckernährböden Alkali bilden, während die letzteren aus Traubenzucker, Maltose und Mannit Säure abspalten. STUTZER fand anläßlich einer Choleraepidemie unter fünfzehn choleraähnlichen Vibrionen vierzehnmal den B. faecalis alcaligenes.

Alle choleraähnlichen Vibrionen lassen sich durch die Agglutination von den echten Choleravibrionen trennen. Innerhalb der Gruppe selbst lassen sich Differenzen in bezug auf das mikroskopische Aussehen, Gelatineverflüssigung, Indolbildung, Wachstum auf DIEUDONNÉ-Agar, Toxinproduktion, ferner Pathogenität für Tauben und Meerschweinchen feststellen.

Acidobacterium (B. acidophilus)

Im Jahre 1900 entdeckte MORO den im Säuglingsstuhl neben dem B. bifidus comm. am häufigsten vorkommenden Bacillus acidophilus. MORO konnte diesen Mikroorganismus durch Verimpfung von Stuhlpartikelchen in Bierwürze fast in Reinkultur züchten. Der Bacillus wurde noch im selben Jahre, unabhängig von MORO, von FINKELSTEIN gefunden und als „säureliebender Bacillus“ beschrieben. Er wurde zuerst von MORO als mit dem im Stuhl des gesunden Brustkindes domizilierenden Anaerobier B. bifidus identisch angesehen, doch gab dieser Autor diese Auffassung späterhin auf, indem seine Nachforschungen die TISSIERschen Angaben über den B. bifidus bestätigten. Nach der heute herrschenden Ansicht kommt der B. acidophilus im normalen Stuhl eines Brustmilchkindes nur als Begleitbakterium infolge seiner Säuretoleranz vor, während die Hauptmasse der Stuhlflora vom B. bifidus gebildet wird. So konnten ADAM und KISSOFF den B. bifidus aus hunderttausendmal stärkeren Verdünnungen isolieren als den B. acidophilus, den man jedoch reichlich in Kuhmilchstühlen finden kann (CAHN, RODELLA). In Fäzes der Erwachsenen konnten LUGER und KOVÁCS regelmäßig in hohem Prozentsatz den B. acidophilus züchten, welcher nach den Untersuchungen VAN DER REISS und BOGENDÖRFER zu der obligaten, darmeigenen Flora gehört, auch wenn diese frei von Ingesta ist.

In der Nomenklatur dieses Mikroorganismus haben erst die Arbeiten von HEIM und SCHLIRF Ordnung geschaffen. HEIM schlägt für die Gruppe von Bakterien, in welche auch der B. acidophilus gehört, den Gruppennamen „Acidobakterium“ vor, da sich diese Gruppe von Bakterien durch die Bildung von Säure und ihre Fähigkeit, in den von ihnen gesäuerten Nährmedien zu gedeihen, auszeichnet. In diese Gruppe werden Acidobakterium lactis, aerogenes, Moroi, Doederleini und Bulgaricus eingereiht (SCHLIRF[1]). Die Gruppen-

[1] Zentralbl. f. Bakteriol., I. Abt. Orig. Bd. 97, S. 104. 1926.

benennung der „langen Milchsäurebakterien", zu welcher LEHMANN-NEUMANN die Bakterien rechnen, paßt nicht für alle in diese Gruppe gehörenden Kleinwesen — wie SCHLIRF betont —, da auch kürzere und dünnere Stäbchen unter den genannten Bakterien sich vorfinden. Der von HOHENADEL geforderte Sammelname B. lactis comm. ist in die Literatur nicht übergegangen und die von JÖTTEN und HILGERS vorgeschlagene Bezeichnung als B. lacticus KRUSE war schon von KRUSE als erste Benennung für den von ihm gezüchteten Streptococcus lacticus vergeben.

Der Name B. acidophilus („säureliebend") ist — wie schon erwähnt — auf seine Fähigkeit, auch auf stark sauren Nährböden zu wachsen, zurückzuführen. Das ph-Optimum des B. acidophilus ist nach Untersuchungen von ADAM und KISSOFF bei ph = 5,5. Wohl beanstandeten andere Autoren, wie BLÜHDORN, RODELLA, WOLF, HOHENADEL, diesen Namen, da sie einen Unterschied in der Wachstumsintensität auf sauren bzw. alkalischen Nährböden nicht bestätigen konnten. BLÜHDORN, der nur eine relativ hohe Säuretoleranz, jedoch keine Förderung durch den Säurereichtum annimmt, gebraucht statt Acidophilus die Bezeichnung Acidophorus und benützt auch eine andere Nomenklatur, indem er ihn Streptobacillus faecalis nennt. Eigene Untersuchungen konnten — ebensowenig wie die der letztgenannten Autoren — Differenzen in der Wachstumsintensität bei ph = 5,5 und ph = 7,2 weder auf Traubenzuckeragar noch in Traubenzuckerbouillon nachweisen.

Es muß jedoch bemerkt werden, daß nach ADAM und KISSOFF[1] die starke Vermehrung der acidophilen Bakterien auch im neutralen Medium dadurch zu erklären ist, daß dieses aus dem Zucker des Nährbodens durch Gärung genügend Säure bildet, um die Eigenwasserstoffzahl (EWH), unter welcher ADAM eine bestimmte Wasserstoffionenkonzentration versteht, bei welcher es am besten in Bezug auf Menge, Form und Funktion gedeiht, zu erreichen. Die Eigenwasserstoffzahl liegt nach ADAM und KISSOFF zwischen ph = 5 und ph = 6. Diese Autoren haben die Parallelität zwischen der Veränderung der H-Ionenkonzentration und der Wachstumsintensität beobachtet und fanden, daß, wenn die durch Zuckervergärung erfolgte Selbstsäuerung auf ph = 5,4 entsteht, am kräftigsten das normale Wachstum einsetzt. Die Säuerung schreitet nach den Beobachtungen der genannten Autoren bis ph = 4,2 fort, wobei aber schon Absterben und Degeneration der Keime erfolgt.

Ein weiteres Mitglied der Acidophilusgruppe ist der B. BOAS-OPPLER oder B. gastrophilum LEHMANN-NEUMANN, der häufig im Magensaft bei Magenkarzinom zu finden ist (s. Abb. 2 auf Tafel XXIV). Die Reinzüchtung des BOAS-OPPLERschen Bakteriums gelang zuerst KAUFMANN und SCHLESINGER bei Verwendung von Bierwürze. Unter dem Namen des BOAS-OPPLERschen Bacillus wurde auch aus den Fäzes ein acidophiles Bakterium gezüchtet und ein Teil der Autoren, so SCHMIDT-STRASBURGER, ZEISSLER und KÄCKEL[2], hebt die Sonderstellung dieses Stammes gegen den B. acidophilus hervor, während hingegen andere, wie RODELLA, LATZEL, VAN DER REISS, SCHLIRF, den Standpunkt der Identität beider Arten einnehmen, der um so eher gestützt werden kann, da die Gruppe der Acidobakterien mehrere nahe verwandte Arten zusammenfaßt. Unsere Versuche, die allerdings noch nicht abgeschlossen sind, lassen die Möglichkeit offen, daß die BOAS-OPPLERschen Bazillen keine Sonderstellung in der Gruppe der Acidophilen im Sinne einer Art entsprechend der SCHLIRFschen

---

[1] Zeitschr. f. Kinderheilk. Bd. 34, S. 207, 1922.
[2] Jahrb. f. Kinderheilk. Bd. 99, S. 308. 1922.

Einteilung zukommt, sondern daß jene wahrscheinlich mit den sonst im Stuhl vorkommenden Acidophilenarten identisch ist, so daß unter dem Namen der Boas-Opplerschen Bazillen mehrere verwandte Arten beschrieben worden sind.

Zu den acidophilen Bakterien gehört auch nach Cahn und Sittler der von Tissier in dem Kuhmilchstuhl gefundene B. exilis, ein zartes, kleines, gleichmäßig färbbares Stäbchen, welches einzeln oder in kurzen Ketten im Stuhl vorkommt. In der Kultur kann es auch leicht gekrümmt sein und wächst in zarten und kleinen Kolonien mit glattem Rande.

Die von Heurlin aufgestellte Einteilung der in der Vagina vorkommenden acidophilen Bakterien (B. vaginalis) müßte unter dem Gesichtspunkt der Schlirfschen Klassifikation revidiert werden, da in der Scheide nicht nur der Döderleinsche Vaginalbazillus, sondern — wie Naujoks zeigte — auch andere Arten der acidophilen Bakterien vorkommen. Diese Verhältnisse wären aber auch durch die Infektion der Vagina mit der natürlichen Magen- und Darmkanalflora zu erklären.

Die unter dem Namen Acidobakterien zusammengefaßten Kleinwesen sind längere oder kürzere Stäbchen, deren Aussehen mit der Zusammensetzung des Nährbodens und der Wasserstoffionenkonzentration variiert, so daß schlanke, oft gekrümmte oder plumpe Stäbchen vorkommen können, die mitunter so kurz sind, daß sie wie Streptokokken aussehen. Die Stäbchen können auch Ketten bis zu zehn und noch mehr Gliedern bilden. Anderseits finden sich Arten, die in langen Scheinfäden wachsen, so daß locken- und peitschenschnurartige Gebilde entstehen. Im Klatschpräparat liegen sie häufig bündel- oder palisadenähnlich nebeneinander, wodurch sie an Diphtheriebazillen erinnern. Man sieht auch Präparate, in denen sie verfilzte Verbände und Ketten bilden. Die Bakterien haben zugespitzte oder abgerundete, manchmal auch kantige Enden. Sie sind nach Gram färbbar, jedoch können in stark sauren Medien — meist durch Selbstsäuerung von Zucker entstanden — einzelne Keime auch Gram-unsicher, sogar Gram-negativ — werden. Dieselbe Erscheinung kann man auch hervorrufen, wenn man sie auf Nährböden ohne Zuckerzusatz oder auf solchen mit ungünstiger Wasserstoffionenkonzentration züchtet (s. Abb. 4 auf Tafel XXIII).

Die Bazillen zeigen manchmal, wie zuerst Strauss bei den Boas-Opplerschen Bazillen, die längere Zeit hindurch der Einwirkung des Magensaftes ausgesetzt waren, beschrieb, stark lichtbrechende Körperchen, die manchmal so groß sind, daß sie die ganze Breite des Bakterienleibes ausfüllen. Sie sind häufig von ovaler Gestalt und können dadurch Sporen vortäuschen. Die von Kaufmann und Strauss sowie von Sternberg beschriebenen Sporen werden wahrscheinlich auch durch diese Gebilde erklärt werden können, da keiner der späteren Untersucher Sporen nachweisen konnte. Diese Körperchen können durch kurze Behandlung mit wäßrigem Methylenblau schön dargestellt werden, da sie den Farbstoff viel intensiver aufnehmen als das übrige Protoplasma. Die Körperchen erscheinen dann intensiv blaurot gefärbt und von ungleicher Größe. Strauss nennt diese Gebilde nach Ernst „plasmogene Körperchen" und sieht sie als mit den Babes-Ernstschen Polkörperchen der Diphtheriebazillen identisch an. Die „Körnchenfärbung", die besonders häufig bei B. Bulgaricus zu sehen ist, kann jedoch nach Kuntze und Schlirf nicht mit der Methode von Neisser erreicht werden.

Finkelstein, Moro, Rodella haben Verzweigungen beschrieben, die aber von Tissier, Cahn, Blühdorn, Adam und Kissoff, Schlirf nicht bestätigt werden.

Die acidophilen Bakterien sind nach Rodella, Basten, Zeissler und

Käckel sowie nach gemeinsamen Untersuchungen mit Luger unbeweglich und besitzen keine Geißeln, die gegenteiligen Befunde von Strauss, Sternberg, Sandberg, die schwache Beweglichkeit feststellen, können mit den vorher erwähnten nicht in Einklang gebracht werden. Sternberg beschreibt polare Geißeln.

Die relative Hitzebeständigkeit der Acidophilenkeime, welchen Befund Sternberg wie auch Blühdorn als Stütze für ihre Annahme vom Vorhandensein von Sporen beim Boas-Opplerschen Bacillus auffassen, wird auch von Schlirf bestätigt, welcher das Acidobakterium lactis Heim auch nach zwanzig Minuten langem Erhitzen auf 60° in Nährbrühe lebensfähig fand. Nach Rodella halten sie die Einwirkung von 80° während ein bis zwei Minuten ohne weitere Schädigung aus.

Die Bazillen bilden auf Traubenzuckeragar kleine, zarte, farblose bis mattglänzende Kolonien von feinkörniger Struktur, deren Rand glatt erscheint. Doch kann man oft bei stärkerer Vergrößerung eine ganz feine Zähnelung des Randes wahrnehmen. Die Kolonien bleiben meist auch nach mehrtägigem Wachstum unter Stecknadelkopfgröße. Auf Anaeroben-Plattenkulturen erscheinen die Kolonien etwas größer, kuppenförmig und porzellanweiß. Neben den mehr glattrandigen Kolonien findet man solche, die aus einer dunkleren Innenzone und äußeren zarten Randpartie aufgebaut sind, andere, die kürzere oder längere, locken- oder geflechtartige Ausläufer aufweisen, so daß ihr Habitus etwa an den der Milzbrandkolonien erinnert. Dieser Kolonientypus ist flach, im Gegensatz zu den früher beschriebenen, die leicht erhaben sind.

Die tiefliegenden Kolonien werden nach fünf bis sechs Tagen höchstens stecknadelkopfgroß und haben einen kompakteren Kern mit längeren und kürzeren Ausläufern an der Peripherie, die wie Watte erscheinen.

In der Traubenzuckeragar-Stich- und Schüttelkultur bildet ein Teil der Stämme nach längerer Bebrütung (einige Tage) eine Trübung, die durch die Säurewirkung hervorgerufen ist.

In Traubenzuckerbouillon wachsen sie anfangs mit diffuser Trübung, späterhin bildet sich ein dichter Bodensatz und die überstehende Flüssigkeit klärt sich teilweise auf. Nach Schlirf gedeihen sie am besten in einer Leber-Leberbouillonbrühe mit 1% Traubenzuckerzusatz. Alle zu dieser Gruppe gehörenden Bakterien zeichnen sich durch erhebliche Säurebildung aus Zucker aus, und zwar zeigen sie diese Eigenschaft in noch höherem Maße als die Milchsäurestreptokokken (Schlirf).

Über das Wachstum auf Gelatine finden wir in der Literatur einander widersprechende Meinungen. So fanden z. B. Schlesinger und Kaufmann, Strauss, Sternberg, Sandberg, Moro, Rodella kein Wachstum, Basten hingegen beschrieb geringes Wachstum. Zeissler und Käckel beobachteten sogar deutliches Wachstum des Boas-Opplerschen Bacillus, das aber alle die früher genannten Autoren, mit Ausnahme von Zeissler und Käckel sowie Rodella, der im allgemeinen über die acidophilen Bakterien spricht, nicht feststellen konnten. Diese Unvereinbarkeit der Befunde wird nur dann erklärlich, wenn wir in der Acidophilen-Gruppe eine Zusammenfassung von verschiedenen, wenn auch verwandten Typen annehmen. Die Stämme, die auf Gelatine wachsen, entwickeln sich auf dieser ziemlich langsam. Eine Verflüssigung tritt nicht ein.

Milch wird nur von einem Teil der Stämme zur Gerinnung gebracht, welche Eigenschaft von Schlirf auch zur Differenzierung der Arten durch Züchtung in Lackmusmilch verwendet wird. Siehe Tabelle. Über das Wachstum in der Milch siehe auch unten.

Auf Kartoffel wachsen sie schlecht oder überhaupt nicht, auf erstarrtem Blutserum schlecht (RODELLA), auf LÖFFLER-Serum wachsen sie nach RÜHLE mäßig gut, obwohl das BOAS-OPPLERsche Stäbchen nach ZEISSLER und KÄCKEL auf letzterem nicht aufgeht.

Nach SCHLIRF wachsen sie etwas besser aerob als anaerob, nach MORO, RODELLA, LATZEL, VAN DER REISS u. a. und auch nach unseren Erfahrungen besteht jedoch eine deutliche Differenz zugunsten des anaeroben Wachstums. In zuckerfreier Nährbouillon wachsen sie schlecht.

Am besten vermehren sie sich bei Temperaturen über 37°, nach VAN DER REISS liegt das Temperaturoptimum zwischen 42 und 45°.

Nach ADAM und KISSOFF fördern Dextrose, Galaktose sowie Saccharose das Wachstum in hohem Maße, weniger günstig wirkt Maltose, am wenigsten Laktose. RODELLA spricht auch von der wachstumshemmenden Wirkung der Milchzuckerbouillon. Eine Ausnahme bildet das Acidobakterium Bulgaricus SCHLIRF, welches bei Milchzuckerzusatz besser wächst als bei Zusatz von Traubenzucker. Stärke wird nur bei länger dauernder Bebrütung angegriffen, Zuckerabbauprodukte überhaupt nicht. Pepton ohne Zuckerzusatz hat auf das Wachstum keinen Einfluß (ADAM und KISSOFF).

Es ist von Interesse darauf hinzuweisen, daß, wie ADAM und KISSOFF gezeigt haben, der B. acidophilus auf nicht abgebauter Frauenmilch — wie schon MORO beobachtete — nicht gedeiht, während er sich auf unverdauter Kuhmilch gut entwickelt, wobei er die Milch zur Gerinnung bringt. Auf trypsinverdauter Frauen- und Kuhmilch erfolgt gutes Wachstum. Dieses Verhalten erklärt auch das häufigere Vorkommen des B. acidophilus in Kuhmilch- als in Frauenmilchstühlen (CAHN und RODELLA).

Der B. acidophilus wird nach ADAM und KISSOFF ebenso wie der B. bifidus durch Natriumoleinat und Caseinate, bei gleichzeitiger Anwesenheit von Zucker im Nährboden, im Wachstum gefördert. Der B. acidophilus wird außerdem durch Kalkseifen nicht gehemmt und greift langsam Stärke an. Auch gedeiht er — wie schon erwähnt — auf unverdauter Kuhmilch, in welchen biologischen Eigenschaften er vom B. bifidus abweicht.

Die Reinzüchtung der acidophilen Bakterien gelingt am besten in einer 2%igen Traubenzuckerbouillon, welcher 0,5 bis 1% Essigsäure zugesetzt ist (Nährboden nach HEYMANN). In Bierwürze werden sie häufig (nach BASTEN) durch den Streptococcus lacticus überwuchert, auch eine angesäuerte Bierwürze hat sich nach den Erfahrungen desselben Forschers nicht bewährt. SCHLIRF schlägt die Verwendung von schwach alkalischer Leber-Leberbouillon (TAROZZI) mit 1% Traubenzuckerzusatz für die Reinzüchtung vor. Darin werden durch die Säurebildung der Acidophilen aus dem Zucker die Begleitbakterien in einigen Tagen so zurückgedrängt, daß die Acidophilen leicht reingezüchtet werden können. In diesen Nährböden sollen die genannten Keime schwerer angehen als in Essigsäurebouillon. Diese flüssigen Nährböden erlauben eine Anreicherung der Bazillen und man wird sie am besten von der Essigsäuretraubenzuckerbouillon nach zwei-, eventuell nach dreitägiger Bebrütung — nach 24 Stunden findet man meistens noch sehr viele lebensfähige Begleitbakterien — auf Traubenzuckeragarplatten bringen und von da aus erst isolierte Keime auf Traubenzuckerschrägagar.

Wenn der B. acidophilus in dem Material, aus dem er gezüchtet werden soll, nicht sehr spärlich vorhanden ist, kann er auch direkt auf Traubenzuckeragarplatten gebracht werden, indem man das Untersuchungsmaterial auf die Oberfläche von solchen Plattenserien ausspatelt.

Die früher verwendeten Nährböden — so der sterilisierte Karzinom-Magensaft von STRAUSS und BIALOCOUR, ROSENHEIM und RICHTER, sowie von SANDBERG — zur Züchtung der BOAS-OPPLERschen Bazillen haben heute nur mehr historische Bedeutung.

Zur Aufbewahrung der Stämme eignet sich am besten die Traubenzucker-agar-Stichkultur.

STERNBERG konnte gegen seine Stämme ein Immunserum herstellen, welches alle seine Stämme agglutinierte. BLÜHDORN und JÖTTEN konnten wegen des flockigen Wachstums und Spontanagglutination kein Resultat erzielen, doch gelang ihnen die Komplementablenkung, so daß sie mittels dieser Methode die Identität der Acidophilen mit den „DÖDERLEINschen" Bazillen feststellen konnten.

Nach den Versuchen von MORO, RODELLA, BLÜHDORN, SALGE, JÖTTEN u. a. sind die acidophilen Bakterien für Versuchstiere nicht pathogen.

Schon ältere Untersuchungen, wie die von RODELLA, CAHN, KOHLBRUGGE, CIPPOLINA, WEISS, deuteten darauf hin, daß die unter dem Namen B. acidophilus zusammengefaßten Bakterien keine einheitliche Spezies, sondern mehrere, wenn auch nahe verwandte Arten darstellen, zu welchen, wie schon oben erwähnt, die DÖDERLEINschen Vaginalbazillen (HEURLIN, NAUJOKS, JÖTTEN) sowie der BOAS-OPPLERsche Bacillus hinzuzurechnen sind. Eine streng kritische Einteilung stammt von HEIM und SCHLIRF und wir folgen dieser bei der Beschreibung der in diese Gruppe gehörenden Keime.

Acidobakterium lacticus HEIM. Hauptsächlich kleine und schlanke Stäbchen, die in Ketten und Reihen liegen, daneben, besonders in Bouillon, ganz kurze Stäbchen, die wie Streptokokken aussehen. Auch lange Scheinfäden können vorkommen, und zwar bei Züchtung auf Agar mit Blutzusatz.

Auf Zuckeragar bilden sie kleine, zarte, fein granulierte Kolonien. Der Rand ist nie ganz scharf, sondern fein gezähnelt, manchmal auch etwas buchtig. Oft ist eine dichtere, leicht gelbe innere Zone von einer zarteren äußeren umgeben.

„Die Lackmusmolke blaßt im Laufe der ersten 24 Stunden der Bebrütung ab. Am nächsten Tage beginnt die Milch von unten nach oben weiß zu werden, ganz oben ist sie entweder bläulich oder schwach rosa und flüssig, oder wenigstens unten bereits kleisterig. Am zweiten Tage ist sie geronnen. Eine schmale obere Zone ist rot, die größere untere Schicht ist weiß. Die Rötung schreitet in den folgenden Tagen immer mehr und mehr nach unten, bis die Probe in der zweiten Woche im ganzen rot geworden ist. Geringe Abweichungen bei schwächer säurebildenden Stämmen kommen vor" (SCHLIRF).

Im Traubenzucker wird kein Gas gebildet.

Das Bakterium ist mit dem B. necrodentalis GOODBY identisch und nach SCHLIRFs Untersuchungen das wichtigste Kariesbakterium.

Acidobakterium aerogenes SCHLIRF. Die Kolonien und Form der Individuen auf Zuckeragar ähnlich wie bei Acidophilus lactis, doch sind die kokkenähnlichen Formen nicht häufig.

Lackmusmilch wird nicht wesentlich verändert, höchstens blaßt die blaue Farbe etwas ab.

Aus Dextrose wird Gas gebildet, welches im Gärungsröhrchen oder in Schüttelkulturen in hoher Schicht nachweisbar ist. Das Gasbildungsvermögen kann nach mehreren Umzüchtungen nachlassen.

Acidobakterium MOROI. Mikroskopisch wie die vorigen. Die Kolonien sind jedoch größer und dicker, scharfrandig, etwas erhaben und weißlich, von glatter Oberfläche. In der Umgebung der Kolonien wird der Zuckeragar etwas getrübt.

Lackmusmilch wird blaßblau und erhält einen Stich ins Rötliche. Keine Gerinnung.

Keine Gasbildung.

Acidobakterium DÖDERLEINI, HEIM. Die Stäbchen sind groß und lang, die auf festen Nährböden zur Bildung von Scheinfäden neigen. In Blutkulturen bilden sie zuerst kurze und plumpe Stäbchen, doch kommen auch kokkenähnliche Formen vor.

Auf Zuckeragar wachsen nach 24 bis 48 Stunden zuerst kleine, farblose Kolonien, die bei schwacher Vergrößerung teils kleine Schnörkel und Schlieren, teils flache, maschenförmige und lockenartige Ansiedlungen darstellen. Ältere Kolonien zeigen häufig im Innern ein undeutliches Fadengewirr und am Rande faserige Ausläufer.

Auf Traubenzucker bleibt die Gasbildung meistens aus, Lackmusmilch wird nicht wesentlich verändert, ihre blaue Farbe blaßt höchstens etwas ab oder bekommt einen leicht rötlichen Farbton.

Acidobakterium Bulgaricus SCHLIRF. In Bouillon zeigen die Stäbchen ein ähnliches Aussehen wie die des Acidobakterium DÖDERLEINI, in Yoghurt erscheinen sie etwas dicker.

Auch in Zuckeragar zeigen sie in Bezug auf das Wachstum Ähnlichkeit mit dem Acidobakterium DÖDERLEINI. Milchzucker fördert ihr Wachstum eher als Traubenzucker. SCHLIRF schlägt deshalb die Reinzüchtung auf 5% Milchzuckeragar vor.

Gas wird nicht gebildet.

Lackmusmilch gerinnt in zirka 20 bis 28 Stunden unter Rotfärbung, nach weiteren 24 Stunden hellt sich die untere Hälfte der Kultur auf und nimmt eine gelbweiße Farbe an, die jedoch nach einigen Tagen in Rot zurückschlägt.

Die Differenzierung der Gruppe siehe in der

Tabelle 6 (nach SCHLIRF)

Acidobakt.	Form	Gas aus Dextrose	Wachstum auf Gelatine	Lackmusmilch Farbe	Lackmusmilch Gerinnung	Ansiedlung auf Zuckeragar
lactis . . .	schlank	--	+	weiß, dann rot	2. Tag	granuliert
aerogenes .	,,	+	±	blau	—	,,
MOROI. . .	,,	—	+	rötlich	—	glattrandig
DÖDERLEIN	dick	∓	—	blau	—	lockig zerfasert
Bulgaricus .	,,	—	—	rot	2. Tag	,, ,,

Bacillus bifidus communis

Die Bakterienflora des Brustmilchstuhles besteht hauptsächlich aus dem von TISSIER beschriebenen B. bifidus, eine Behauptung, die von BASTEN bezweifelt wurde, da dieser in 30% der Fälle ein Überwiegen des B. acidophilus beobachtete, jedoch in der neueren Literatur bestätigt wird.

Der B. bifidus bildet in nicht zu alten und nicht zu sauren Kulturen GRAM-positive Stäbchen. Die Stäbchen können verschiedene Formen zeigen, deren Entstehung hauptsächlich von der Wasserstoffionenkonzentration des Nährbodens abhängig ist. Sie bilden nach ADAM[1] in dem später noch zu erwähnenden Hämatin-Milchzuckernährboden mit KOKS bei einer ph = 6,3 ungleich lange und dicke Stäbchen mit vereinzelten Kolben, außerdem kommen auch Verzweigungen vor. Die Bazillen sind nicht durchaus GRAM-positiv, man kann auch häufig

[1] Zeitschr. f. Kinderheilk. Bd. 31, S. 331. 1922.

Formen finden, die den Gegenfarbstoff aufnehmen. Unter diesen gibt es Exemplare, die GRAM-positiv gefärbte Körper zeigen, wodurch ein geflecktes Bild hervorgerufen wird. Bei einem ph-Gehalt = 5,5 des Nährbodens entwickeln sich fast gleich lange und schlanke Stäbchen, die nach GRAM gut färbbar sind und den normalen Typus darstellen. Eine Konzentration von ph = 5,0 verursacht wieder die Entwicklung von ungleich plumpen und kleinen Individuen, die insoferne plasmolytische Erscheinungen erkennen lassen, als die nach GRAM färbbare Substanz sich in breiten Querbändern und groben Körnern ansammelt. Der Aufbau der Zellstruktur ist mithin abhängig von der Wasserstoffionenkonzentration des Nährbodens, der zur Züchtung benützt wird. In jungen Kulturen, deren H-Ionengehalt durch die Selbstsäuerung der Bakterien noch nicht auf den optimalen Gehalt gebracht werden konnte, kommen häufig auch GRAM-negative Stäbchen zur Beobachtung, die einen GRAM-positiven Punkt in der Mitte ihres Leibes haben und demnach als punktierte Bazillen bezeichnet werden, daneben Formen, die an einem oder an beiden Polen ein GRAM-positives Korn enthalten. Der das Korn enthaltende Teil ist dann breiter und langgestreckt nach Art der Randfärbung. Bei jenen Formen, die sich aus dichterem Körper und aus verengter Partie zusammensetzen, erscheint hauptsächlich der erstere gefärbt, während die peripheren Ausläufer fast das Aussehen leerer Hüllen annehmen können.

Der B. bifidus bildet bei ungünstiger (alkalischer) Reaktion hirschgeweihartige Verzweigungen, welche man in dem Stuhl nur selten beobachten kann, da die Reaktion des Brustmilchstuhles nach ADAM zwischen ph = 5 und ph = 5,5 liegt, welche Reaktion, wie schon erwähnt, die Ausbildung normaler Formen fördert.

RODELLA sowie HOHENADEL hielten den B. bifidus für identisch mit dem B. acidophilus, eine Anschauung, die jedoch von den übrigen Autoren abgelehnt wird.

Der B. bifidus ist ein obligater Anaerobier, während hingegen der B. acidophilus auch aerob gut gedeiht, nach der Meinung einiger Untersucher sogar bei Sauerstoffzutritt besser wächst (siehe bei B. acidobakterium). ZEISSLER und KÄCKEL haben zwar den B. bifidus auch aerob, wenn auch sehr kümmerlich, wachsen sehen, und zwar auf LEVINTHAL-Nährboden (einem kurz gekochten Blutagar) aus Traubenzuckeragar und Menschenblut, sowie auf Traubenzuckeragar mit nach ADAM hergestelltem Hämatin aus Menschenblut. Die meisten der älteren Untersucher, wie neuerdings RÜHLE, konnten bei Luftzutritt kein Oberflächenwachstum beobachten. Eigene Untersuchungen ergaben auch negative Ergebnisse. Allerdings müssen wir von einer diesbezüglichen Verwertung der Untersuchungsergebnisse derjenigen Autoren absehen, die die Identität mit dem auch aerob wachsenden B. acidophilus hervorheben. Als ebensowenig beweisend wären Befunde aufzufassen, die auf Grund der von MORO, FINKELSTEIN, BASTEN und LAUTER beschriebenen, von BLÜHDORN und RÜHLE bezweifelten Symbiose mit B. acidophilus ein aerobes Wachstum festgestellt haben.

Die Stäbchen endigen nach TISSIER dünn auslaufend oder in feinen Spitzen, MORO, BASTEN, CAHN beschreiben zugespitzte oder abgerundete Formen, BASTEN solche mit ausgefransten Enden. Daneben kommen auch Stäbchen mit kolbigen Anschwellungen vor. Die Bakterien sind oft in Diploform angeordnet, wobei sich die Stäbchen, soweit sie zugespitzt sind, mit den verjüngten Enden treffen (TISSIER). Ketten werden nach BLÜHDORN nicht gebildet.

Für den B. bifidus ist eine starke Polymorphie charakteristisch. Man findet einfache Formen, daneben Stäbchen mit kolbigen, keulen- oder spindelartigen Anschwellungen, meistens an den Enden, manche zeigen jedoch im Leibe selbst kolbige Verdickungen. Diese Polymorphie des B. bifidus, sowie seine Eigenschaft, sehr häufig die NEISSERsche Polfärbung zu geben (BLÜHDORN, RÜHLE), erinnert stark an den Diphtheriebazillus, so daß er nach RÜHLE bei Anwendung der NEISSERschen Färbung nicht mit Sicherheit von letzterem zu differenzieren ist. Ebenso wie bei Diphtheriebazillen kommen auch häufig Verzweigungen und außerdem leicht gebogene Stäbchen vor. Ältere, krümelige Kulturen behalten nach MORO zum Teil den ZIEHL-NEELSON-Farbstoff.

Sporen werden nicht gebildet, wenn auch BLÜHDORN solche beobachtet haben will. Der B. bifidus ist unbeweglich (BLÜHDORN, RODELLA, ZEISSLER und KÄCKEL, eigene Beobachtung, im Gegensatz zu UFFENHEIMER).

In Traubenzuckeragar-Schüttelkulturen bildet der B. bifidus nach zwei Tagen 1,5 bis 2 cm tief unter der Oberfläche feine weißliche Punkte, die nach längerer Bebrütung bei nicht zu reichlicher Aussaat größer werden und nach etwa fünf bis acht Tagen linsenförmige, porzellanweiße Kolonien bilden. Nach CAHN haben die älteren Kolonien das Aussehen von zwei bis fünf durcheinander gewachsenen Scheiben. Die vollausgewachsenen Kolonien können einen Durchmesser von 2 bis 3 mm haben. Es ist für den B. bifidus charakteristisch, daß die Kolonien, auch wenn sie aus mehreren Scheiben bestehen, immer glattrandig sind.

ADAM schlägt für die Isolierung eine 1% Milchzucker-Hämatin-Agar-Schüttelkultur von ph = 6,0 vor. Die Herstellung der Hämatinlösung ist folgende: 5 ccm defibriniertes Rinderblut werden mit 0,5 ccm n/1 Na OH versetzt; vor Gebrauch werden dieser haltbaren Hämatinlösung 10 ccm physiolog. NaCl mit 0,5 ccm n/1 H_2SO_4 zugefügt und davon 0,3 bis 0,5 ccm auf 10 ccm Nährboden gegeben und 2 bis 3 Minuten zwecks Koagulation des Hämatins gekocht. Auf diesem Nährboden wächst der Bacillus sehr gut, auch bei Verwendung von anaeroben Plattenkulturen. Auf gewöhnlichem Agar findet kein Wachstum statt (BLÜHDORN, BASTEN u. a.). Auf der Traubenzuckeragarplatte wächst der B. bifidus nach BLÜHDORN unter anaeroben Bedingungen entweder in sattweißen oder aber in hellen, mattglänzenden Kolonien, welche Typen jedoch bei der Passage ineinander übergehen können. Die Kolonien sind zart und wenig charakteristisch. MORO gelang es ebensowenig wie LAUTER, auf Traubenzuckeragar Oberflächenkolonien zu erzielen.

Nach RÜHLE eignet sich die LÖFFLER-Platte sehr gut zur Gewinnung von Oberflächenkulturen, welche als hellweiße, ein wenig glänzende Kolonien imponieren, doch konnte dieser Autor im Gegensatz zu den Beobachtungen von BLÜHDORN keine Verschiedenheit der Kolonieform feststellen. Die Kolonien auf LÖFFLER-Serum sind größer wie die des Acidophilus, der ebenso wie der Enterococcus auf der LÖFFLER-Platte kleine, nicht charakteristische Kolonien bildet. Das LÖFFLER-Serum besteht aus 3 Teilen sterilem Rinderserum und 1 Teil 2% Traubenzuckerbouillon, durch 2stündige Erhitzung auf 75° C zum Erstarren gebracht.

Nach ZEISSLER und KÄCKEL wächst er auf der Traubenzucker-Blutagarplatte nicht, wohl aber auf LEVINTHAL-Agar mit Traubenzuckerzusatz und auf Milchzuckerhämatinagar nach ADAM, doch entwickelt er sich auf diesem Nährboden nicht so gut wie auf LÖFFLER-Serum (RÜHLE). Zusatz von Blut — wenn auch nicht in nativem Zustand — wirkt wachstumfördernd (kein Wachstum auf Traubenzuckerblutagar), denn RÜHLE beobachtete ein üppigeres Wachstum auf den mit blutigen Seris hergestellten LÖFFLER-Nährböden. ADAM verwendet das Blut in der Form des Hämatins (siehe oben).

In zuckerfreier Bouillon ist nach ADAM das Wachstum nur sehr kümmerlich.

In Traubenzuckerbouillon wächst er unter anaeroben Bedingungen als weißlicher Bodensatz bei gleichzeitiger diffuser Trübung. Nach CAHN wächst er fast ebenso gut in Bierwürze.

Der B. bifidus wächst üppig auf dem von ADAM angegebenen Marmor-Hämatin-Milchzuckerbouillon-Nährboden. (Herstellung wie die des Hämatinmilchzuckeragars.) Er enthält einige Marmorstücke — statt dessen kann auch Koks verwendet werden — als Adsorbens; dem Hämatin kommt, da es bei der Erhitzung des Nährbodens gerinnt, auch eine wachstumsfördernde Wirkung zu. Die sofortige Überschichtung mit Paraffinum liquidum vervollständigt die Bedingungen für ein anaerobes Wachstum.

In Molke, deren Reaktion unverändert belassen worden war (ph = 6,0), fanden STRANSKI und TRIAS gutes Wachstum, wenn sie die Bebrütung unter anaeroben Bedingungen vornahmen.

KOVÁCS fand sehr gutes Wachstum in Kalbsbouillon-Traubenzuckergelatine bei 37° (s. S. 242). In diesem Nährboden wächst er vom zweiten Tage an mit weißem, ziemlich üppigem Bodensatz, wobei der Nährboden selbst klar bleibt. Eine Überschichtung mit Paraffin zeigt keine Wachstumsförderung. Die Gelatine muß, wie es für die Anaerobenzüchtung üblich ist, in hoher Schicht verwendet und vor dem Gebrauch gekocht und schnell abgekühlt werden. Die älteren Angaben über ein negatives Wachstumsergebnis in Gelatine (BLÜHDORN, MORO) finden ihre Erklärung in der Thermophilie des Bakteriums, wenn auch CAHN schon bei 20° ein, zwar sehr spärliches, Wachstum beobachtete.

In 10% Peptongelatine fanden wir das Wachstum im Verhältnis zu dem in den früher erwähnten Nährböden eher gehemmt, was mit dem von ADAM beobachteten hemmenden Einfluß der höheren Peptonkonzentration gut in Einklang zu bringen ist.

In TAROZZI-Bouillon, aus verschiedenen Parenchymorganen hergestellt, wächst nach LAUTER der B. bifidus sehr gut. Dieser Autor setzt dem Nährboden zur Verhütung des Überwucherns durch andere Bakterien noch 0,5% Essigsäure zu, wodurch die gesamte GRAM-negative Flora ausgeschaltet wird und nur B. bifidus, acidophilus und Streptococcus lacticus sich vermehren können. Eigene Versuche konnten die Ergebnisse LAUTERS bestätigen: In TAROZZI-bouillon mit Traubenzucker, in welche statt Parenchymorganstücken gehackte Fleischstücke gegeben worden waren, konnte ich überhaupt kein Wachstum beobachten, in mit Leberstücken hergestellten TAROZZI-Nährböden fand dagegen üppiges Wachstum statt.

In unverdauter Frauen- wie unverdauter Kuhmilch wächst er nach ADAM auch unter anaeroben Bedingungen nur unvollkommen, wobei Kuhmilch zur Gerinnung gebracht wird, ein Vorgang, der zwar von BASTEN im Gegensatz zu BLÜHDORN negiert wird. Demgegenüber schlägt UFFENHEIMER sogar die anaerobe Züchtung in Frauenmilch für die Anreicherung vor. RACH und VON REUSS sahen auch üppiges Wachstum in Milch mit Gerinnung nach sechs bis sieben Tagen. Der ungünstige Einfluß der Kuhmilchnahrung auf die Bifidusvegetation wird nach ADAM indirekt durch die beim Abbau der Kuhmilch im Darm entstehenden inäquaten Bausteine bedingt.

RÜHLE schlägt für die Weiterzüchtung zwei Drittel Teile Gehirnbrei mit ein Drittel Teil 1% Traubenzuckerbouillon vor, in welchem Medium sich der B. bifidus reichlich vermehrt.

Der B. bifidus wächst nach ADAM am üppigsten bei ph = 5,0 bis ph = 5,8. Dieser von ADAM als Eigenwasserstoffzahl bezeichnete Säuregrad entsteht in einer Bifiduskultur, sobald spaltbarer Zucker vorhanden ist. Die Reaktion des Nährbodens wird bei fehlender Neutralisierung sehr bald stärker sauer, wahrscheinlich durch das beim Bakterienzerfall freiwerdende Ferment. Der End-ph-Wert der Säuerung liegt nach demselben Autor bei ph = 4,2, nach SCHEER in zuckerhaltigen Nährböden sogar bei ph = 3,7 (s. S. 323). In einem Milchzucker-Marmor-Hämatinnährboden von ph = 6,5 entsteht nach ADAM nach fünfeinhalb Stunden ein ph-Wert 5,6, bei welchem Punkt erst eine rapide Vermehrung stattfindet. ZEISSLER und KÄCKEL sehen keinen Unterschied im Wachstum in einer ADAM-Bouillon ohne besondere Einstellung der Reaktion und in einer nach ADAMs Vorschriften gesäuerten. Auch beschreiben alle Autoren eine gute Entwicklung auf dem üblichen Traubenzuckeragar. ADAM erklärt diese Befunde mit der starken Säurebildung aus dem verwendeten Zucker, welcher Vorgang die notwendige Verschiebung der Reaktion besorgt. Eigene Versuche konnten jedoch in einer Traubenzucker-Kalbsbouillongelatine von ph = 7,4 ein weit besseres und rascheres Wachstum verzeichnen als in demselben Nährboden bei ph = 5,8. Man muß wohl annehmen, daß wenigstens in gewissen Nährböden die a priori zu sauer eingestellte Reaktion rascher in einen End-ph-Wert umschlägt, als die Vermehrung der Bakterien ihr Maximum erreicht hat.

Für die Ernährung des B. bifidus sind Kohlehydrate notwendig (SITTLER), obzwar ADAM in zuckerfreier Bouillon spärliches Wachstum beobachtete, doch betont auch dieser Untersucher die fast obligate Notwendigkeit der Zuckerzufuhr, obwohl schon minimale Mengen genügten, um eine schnelle und reichliche Vermehrung herbeizuführen.

Was die Verwertung der verschiedenen Zuckerarten anbelangt, so wird nach ADAM Laktose in einer Konzentration von 1% am zweckmäßigsten verwendet zur Erreichung einer möglichst reichen Vermehrung sowohl als auch der Bildung normaler Formen (die für den Brustmilchstuhl eigentümliche Form). Neben Laktose wirkt noch Maltose am vorteilhaftesten. Durch größere Konzentrationen der erwähnten Zuckerarten, ebenso durch Saccharose und durch Monosaccharide, wird das Wachstum wohl gefördert, gleichzeitig aber die Entstehung schwer geschädigter Formen, wie Verkümmerung, Riesenwuchs, teratologische Wuchsformen in Gestalt von Verzweigungen, kolbigen Bildungen usw., veranlaßt. Parallel mit den formalen Schädigungen kommt es in kurzer Zeit zu einem beträchtlichen Zellzerfall in den Kulturen. Es muß jedoch bemerkt werden, daß, im Gegensatz zu ADAM, BLÜHDORN und BASTEN keine besondere Wachstumsförderung durch Laktose feststellen konnten.

Auf Grund der Zuckerzersetzung gibt es nach KENDALL und HAUER drei verschiedene Bifidusrassen, von welcher der Typus II außer den genannten Substanzen auch noch Dextrin angreift, Typus III auch noch Mannit und Sorbit.

Sowohl aus Monosacchariden wie aus Disacchariden wird nach ADAM eine kleine Menge Gas gebildet, das zum Teil in Form kleiner Bläschen an den Koksstückchen haften bleibt, die beim Aufschütteln aufsteigen. Der Zucker wird also in geringem Maße noch weiter als zu Milch- und Essigsäure, wahrscheinlich bis zu CO_2 abgebaut.

Dextrin und Stärke wirken schädigend auf den B. bifidus, ebenso Glyzerin und Kalkseifen. Von den Eiweißkörpern der Milch sind es nur die Caseinsäure und die Caseinate, die wachstumsfördernd wirken, von den Alkaliseifen Natriumoleinat und -butyrat.

Was die Thermoresistenz des B. bifidus comm. betrifft, finden wir widersprechende Angaben. BLÜHDORN erhitzt das zu untersuchende Stuhlmaterial fünfzehn Minuten lang auf 70° C, um einen Teil der Begleitkeime abzutöten, dagegen gibt CAHN an, daß schon eine Temperatur von 60° C den Bifidus vernichtet.

Bei der Reinzüchtung des B. bifidus aus dem Stuhl wird im Gegensatz zu anderen Bakterienarten der Verwendung der Schüttelkultur gegenüber Plattenkultur der Vorzug gegeben.

Die Verwendung von Traubenzuckeragar-Schüttelkulturen ist die ursprüngliche Methode zur Isolierung des Bifidus (TISSIER, MORO, CAHN, BASTEN) und beruht auf dem Prinzip der Verwendung von Verdünnungen bei gleichzeitiger Anaerobiose. BASTEN nimmt die Isolierung in dieser Weise vor, daß er fünf Ösen Stuhl in 1 ccm Bouillon verteilt, von wo aus er dann Verdünnungen in zehnfacher Proportion bis 10^{-10} aufstellt, darauf mischt er die Verdünnungen mit je 20 ccm aufgekochtem und wieder auf 45° abgekühltem Traubenzuckeragar, der in hoher Schicht zum Erstarren gebracht wird. Nach drei bis vier Tagen erscheinen unterhalb der aeroben Zone die weißlichen Bifiduskolonien. In den ersten Verdünnungen findet man meistens Gasblasen, die gewöhnlich von Colibakterien herrühren, von denen aber der B. bifidus in der dritten Verdünnung meistens schon zu isolieren ist, während er in der siebenten bis achten Verdünnung fast immer in Reinkultur vorkommt. ADAM und KISSOFF fanden bei Anwendung einer ähnlichen Methode, wobei sie nämlich anstatt Traubenzuckeragar Milchzucker-Hämatinagar von ph = 6,0 benützten. auch ähnliche Ergebnisse. Sie konnten durchschnittlich bis zur zehnten Verdünnung den B. bifidus nachweisen, den B. acidophilus hingegen, der als hauptsächlichste Beimengung der Kinderstühle in Betracht kommt, nur bis zur fünften Verdünnung. Von den isolierten Kolonien wird abgestochen und entweder in Traubenzuckeragar oder in Milchzucker-Hämatinagar übertragen.

LAUTER, ADAM sowie ZEISSLER und KÄCKEL legen die Schüttelkulturen erst nach vorangegangener Anreicherung des B. bifidus an. LAUTER empfiehlt zur Anreicherung erst eine TAROZZI-Bouillon mit Parenchymstücken, zu welcher noch 0,5% Essigsäure zwecks Ausschaltung der GRAM-negativen Flora zugesetzt werden. In diesem Nährboden wächst nur der acidophile Bifidus ebenso wie der B. acidophilus und der Streptococcus lactis. Um diese vom Bifidus zu trennen, wird nach drei- bis viertägiger Bebrütung bei 37° eine Öse Bouillon in Traubenzuckeragar zu einer Schüttelkultur verarbeitet und nach weiteren vier bis sechs Tagen die Kolonien untersucht.

ADAM reichert den B. bifidus in Marmor-Hämatin-Milchzuckerbouillon von ph = 6,0 an und stellt dann Schüttelkulturen in Hämatin-Milchzuckeragar von gleicher ph her. Den gleichen Nährboden benützt er auch zur Fortzüchtung.

ZEISSLER und KÄCKEL impfen 0,2 ccm in wenig Bouillon verriebenen Materials in Marmor-Hämatin-Milchzuckerbouillon. Nach zweitägiger Bebrütung bei 37° ohne besondere Vorrichtung zum Fernhalten des atmosphärischen Sauerstoffes wird aus dieser eine Serie von zwölf Röhrchen Traubenzuckeragar mit fallenden Mengen beimpft und weitere acht Tage bebrütet. Die Röhrchen, in welchen isolierte Kolonien wachsen, werden unter aseptischen Kautelen zertrümmert (s. S. 312), die isolierten Kolonien abgestochen und in ADAM-Bouillon übertragen. Diese zweiten ADAM-Röhrchen werden nach achtundvierzigstündiger Bebrütung mikroskopisch durch GRAM-Präparate kontrolliert und aus jenem Röhrchen, in dem der Bifidus am reinsten erhalten wird, eine zweite Serie von Traubenzuckeragar-Schüttelkulturen mit fallenden Mengen angelegt. Von dieser Serie werden isolierte Kolonien auf weitere ADAM-Bouillonröhrchen übertragen. Nach zweitägiger Bebrütung wird durch Aussaat auf Schrägagar, aerobe und anaerobe Blutagarplatten — auf der ZEISSLER-Platte wächst der Bifidus nach

ZEISSLER und KÄCKEL auch unter anaeroben Bedingungen nicht — auf etwaige andersartige Beimengungen bakterieller Natur untersucht. Sind nach dreitägiger Bebrütung die Kontrollen steril und in ADAM-Bouillon typische Bifidusformen mikroskopisch nachweisbar, so hat man Reinkulturen vor sich, andernfalls müssen von neuem Schüttelkulturen hergestellt werden.

Die Herstellung von Oberflächenkulturen wurde zuerst von BLÜHDORN empfohlen, welcher eine durch fünfzehn Minuten auf 70° C erhitzte Bouillonaufschwemmung von Stuhl in Traubenzuckeragar impfte und unter anaeroben Bedingungen bebrütete. CAHN sowie LAUTER konnten jedoch mit dieser Methode kein positives Resultat erzielen.

RÜHLE empfiehlt die Verwendung von LÖFFLER-Serumplatten, auf welchen der stark verdünnte Stuhl ausgestrichen und 48 Stunden bei 37° unter anaeroben Bedingungen bebrütet wird. Coli wächst auf dem genannten Nährboden in großen, hellbraunen Kolonien, es wachsen weiter noch Bifidus, Acidophilus und Enterococcus. Die verdächtigen Kolonien werden abgestochen und von neuem auf LÖFFLER-Platten gebracht. Nach achtundvierzigstündiger Bebrütung unter Luftabschluß kann man Reinkulturen erhalten. RÜHLE macht auf die Notwendigkeit der starken Verdünnung des Stuhlmaterials aufmerksam, weil sonst die vorhandenen peptonisierenden Bakterien das Serum verflüssigen. Zur Weiterzüchtung empfiehlt dieser Autor Gehirnbrei-Traubenzuckerbouillon (siehe oben).

Der B. bifidus besitzt keine Tierpathogenität (u. a. RACH und VON REUSS, trotzdem die genannten Autoren den Bifidus bei einer Cystitis eines Säuglings neben Paracoli fanden).

BLÜHDORN konnte spezifische Agglutination sowie Komplementablenkung beobachten und dadurch auch serologisch den Acidophilus vom Bifidus abgrenzen.

Bacillus anthracis

Der Milzbrandbazillus spielt in der Stuhlbakteriologie eine geringe Rolle. Er kann bei Darmmilzbrand, bei Lungenmilzbrand durch Verschlucken des milzbrandbazillushaltigen Sputums, sowie nach dem Genuß besonders von rohem Fleisch milzbrandkranker Tiere im Stuhl gefunden werden.

Der Milzbrandbazillus ist ein großes, GRAM-positives, unbewegliches Stäbchen, welches häufig lange Scheinfäden bildet. Bei der Fixation entsteht eine Verdickung und leicht konkave Einziehung beider Enden, wodurch bei gleichzeitiger Anordnung in längeren Ketten die bekannte Bambusform entsteht. Er bildet besonders im Tierkörper Kapseln, seltener auf künstlichen Nährböden, deren Darstellung am besten mit rotstichigem Methylenblau, aber auch mit der GIEMSA-Färbung gelingt. Unter geeigneten Bedingungen bildet er außerhalb des Tierkörpers Sporen.

In Gelatinestichkultur — meist nur im oberen Teil des Stichkanales — wächst er in derben, abstehenden Ästchen, die Gelatine wird allmählich peptonisiert. Auf Gelatine und auf der Agarplatte gehen von den Kolonien lockenartige Fortsätze aus, die der Kolonie das Aussehen des sogenannten „Medusenhauptes" gegeben haben. Auf Agar sind die Ansiedlungen trocken, weißlich, glänzend, auf Kartoffel bilden sie einen grauweißen Belag.

Die Bouillon bleibt klar, es bilden sich einzelne Flöckchen, aber kein Oberflächenhäutchen.

Gegen Milzbrandinfektion sehr empfänglich sind Meerschweinchen und Mäuse, so daß sich durch das Tierexperiment die Diagnose sichern läßt. Eine

Öse der in physiologischer Kochsalzlösung aufgeschwemmten Bazillen den Tieren subkutan injiziert, tötet sie; in Ausstrichen aus dem Blute und den Organen der verendeten Tiere lassen sich die Bazillen, gewöhnlich von einer Kapsel umgeben, sehr gut nachweisen.

Von den Milzbrandbazillen sind die milzbrandähnlichen Bazillen zu unterscheiden. Die Kolonien der letzteren können denen der Milzbrandbazillen ganz ähnlich sein, doch zeigt sich bei der mikroskopischen Untersuchung, daß die einzelnen Fäden weniger lang und nicht so dicht beieinanderliegend sind. Häufig erweisen sie sich als GRAM-negativ, auch bewegliche Keime sind beschrieben worden. In Bouillon kommt es zur Trübung oder Häutchenbildung. Das wichtigste Unterscheidungsmerkmal ist jedoch die Tierpathogenität der Milzbrandbazillen, während die milzbrandähnlichen Bazillen gänzlich apathogen sind, höchstens in großen Mengen intraperitoneal weißen Mäusen appliziert. Sie bilden nie eine Kapsel.

Bacillus subtilis[1]

Der Heubazillus bildet ziemlich dicke Stäbchen mit abgerundeten Ecken, die oft zu langen Scheinfäden auswachsen. Er ist GRAM-positiv, bildet Sporen und ist lebhaft beweglich.

Gelatine, in der er keine abstehenden Ästchen wie der vorher beschriebene bildet, wird verflüssigt, an der Oberfläche entsteht ein weißes, an der Glaswand anhaftendes Häutchen. Auf Agar wächst er in grauweißen, glänzenden Kolonien, mit einem aus unregelmäßig gelockten Fäden bestehenden Rand. Die Kartoffelkultur ergibt einen weißgrauen Rasen, der niemals glänzend erscheint, matt ist, in älteren Kulturen mehlig bestäubt.

Die Kartoffelnährböden werden folgendermaßen hergestellt: Unter der Wasserleitung ordentlich gereinigte gute Kartoffel werden für eine halbe Stunde in 0,2%ige Sublimatlösung gelegt, mit Wasser abgespült und geschält. Ausschneiden von zylindrischen Stücken mit weiten Korkbohrern und Durchschneiden der Stücke durch einen schrägen Schnitt in zwei Hälften. Jeder Teil kommt mit wenig Wasser in ein Reagenzglas und wird im Dampf sterilisiert.

In Bouillon entsteht eine diffuse Trübung und Häutchen.

Bacillus mesentericus vulgatus (FLÜGGE)

Sie werden auch Kartoffelbazillen genannt, sind schlanke Stäbchen, zeigen häufig Fadenbildung, sind GRAM-positiv, sporenbildend und lebhaft beweglich.

Gelatine wird unter Bildung eines Häutchens verflüssigt. Auf Agar wachsen sie in grauweißen, saftig glänzenden, meist glattrandigen Kolonien. In der Strichkultur bilden sie grauweiße, saftig glänzende, zahlreiche stark erhabene Falten. Auf Kartoffel entstehen wulstige Erhebungen, die an Darmschlingen erinnern, die Farbe kann weißlichgrau, gelb, rosabräunlich sein. Die Kultur kann auch die Kartoffel als schleimige Masse überziehen.

Die Bouillon wird schwach getrübt und es bildet sich ein festes Häutchen, das sich auch durch Schütteln nicht verteilen läßt.

Neben den beschriebenen aeroben Sporenbildnern gibt es eine ganze Reihe ähnlicher, GRAM-positiver, sporenbildender Bazillen, die hauptsächlich durch

[1] Hauptsächlich nach LEHMANN-NEUMANN.

die Beweglichkeit, Ästchenbildung in Gelatine, Verhalten auf der Kartoffel voneinander unterschieden werden können. Die Beschreibung dieser Bazillen würde den Rahmen dieser Abhandlung überschreiten, weshalb wir auf die Bakteriologie von LEHMANN-NEUMANN verweisen.

Mycobacterium tuberculosis

Der bakteriologische Nachweis der Tuberkelbazillen hat keine große klinische Bedeutung. Er wird durch die ZIEHL-NEELSENsche Färbungsmethode (Abb. 3 auf Tafel XXII), eventuell mit dem HOFFMANNschen Leuchtbildverfahren (s. S. 232) kombiniert erbracht, hat jedoch wegen der Möglichkeit unspezifischer Befunde keine absolute Beweiskraft. Die Anreicherung der Bazillen aus den Fäzes geschieht nach STRASBURGER in folgender Weise: Zentrifugieren der wäßrigen Aufschwemmung, Abgießen des Wassers und Zusatz des doppelten Volumens Alkohol, neuerliches Zentrifugieren und Untersuchung des Sedimentes.

KLOSE verreibt ein erbsengroßes Kotstück mit 20 bis 25 ccm 50%igem Antiformin und läßt 24 Stunden unter öfterem Schütteln bei Zimmertemperatur stehen. Zentrifugieren, den Bodensatz zweimal mit Kochsalzlösung waschen und nach neuerlichem Zentrifugieren aus dem Sediment Präparate herstellen, die nach ZIEHL-NEELSEN gefärbt werden.

Bei der REHschen Extraktionsmethode wird ein bohnengroßes Fäzesstück in einem dickwandigen Reagenzglas in frisch destilliertem Wasser mittels eines Glasstabes bis zu festweicher, fast halbflüssiger Konsistenz verrührt, Äther zugesetzt und geschüttelt, die Ätherschicht in einem weiten Zentrifugierröhrchen übertragen und kurz zentrifugiert. Der Bodensatz wird in einer geringen Menge Äther aufgeschüttelt, auf Objektträger gegossen, leicht fixiert und gefärbt. SCHWAN, SCHÖNE und WEISSENFELS, ENGELSON erzielten mit dieser Methode gute Resultate.

Ferner sind die Methoden von BERNHARDT, HASERODT, KOSLOW, ZAHN zur Stuhluntersuchung empfohlen worden.

Die Züchtung der Tuberkelbazillen aus dem menschlichen Stuhl ist von HOHN durch Verwendung des LÖWENSTEIN-SUMIYOSHIschen Verfahrens eingeführt worden. Es werden 2 ccm Stuhl mit 10 ccm 12%iger Schwefelsäure versetzt und 30 Minuten stehen gelassen, so zwar, daß in diese Zeitdauer schon die zum Zentrifugieren notwendige Zeit eingerechnet erscheint. Dann wird die Schwefelsäure abgegossen, das Sediment auf mehrere LUBENAUsche Nährböden ausgestrichen und die Eprouvetten mit Zeresin-Zellstoffstopfen oder mit Siegellack verschlossen. Die Herstellung des Nährbodens ist folgende: Man mischt drei Teile frisches Ei (Eigelb und Eiweiß) mit einem Teil 5%iger Glyzerinbouillon. Die Bouillon selbst soll natursauer sein. Läßt die schräggestellten Eprouvetten im Dampftopf bei 80° erstarren und wiederholt am nächsten Tage die Erhitzung. Die Entnahme des Eiinhaltes sowie das weitere Arbeiten muß unter allen Kautelen der Sterilität vorgenommen werden. LÖWENSTEIN wäscht erst das Sediment zweimal mit steriler Kochsalzlösung und streicht es dann auf Glyzerinkartoffel aus (Kartoffelnährböden mit 6%igem Glyzerinwasser), dagegen ist die Entfernung der Säurereste nach HOHN bei der Verwendung von Eiernährböden nicht notwendig. Nach HOHN gelingt es nur dann bei Erwachsenen mit dem beschriebenen Verfahren die Begleitbakterien sicher abzutöten, wenn die Darmflora — wie es bei der Darmtuberkulose der Fall ist — verändert ist. Dagegen gelingt bei Säuglings- und Kleinkinderstühlen regelmäßig die Ausschaltung der Begleitbakterien.

Thermophile Bakterien

Über thermophile Bakterien im Stuhl liegen mehrere Untersuchungen vor (u. a. MICHEL, GLOBING, MC FADYEN, L. RABINOWITSCH, TSIKLINSKI, BRUINI, ANITSCHKOF). Die Technik der Züchtung besteht darin, daß eine gleichmäßige Emulsion von Fäzes in Bouillon oder Wasser 24 Stunden bei 60 bis 70° (RABINOWITSCH) oder bei 58 bis 60° (TSIKLINSKI) stehen gelassen wird und davon Agarplatten hergestellt und bebrütet werden. ANITSCHKOF hingegen infiziert direkt den Nährboden (Agar und Bouillon) und bebrütet diese bei 60 bis 66°. Nach den Beobachtungen dieses Autors und den von GLOBING kommen die thermophilen Bakterien in den Fäzes nur in sehr geringen Mengen vor, dagegen nach RABINOWITSCH und TSIKLINSKI in größerer Zahl.

Sporenbildende anaerobe Bakterien

Die Technik der Anaerobenzüchtung hat in den letzten Jahren hauptsächlich durch die Arbeiten von ZEISSLER gewaltige Fortschritte gemacht und viel der früher angewendeten Methoden vollständig verdrängt. Im nachstehenden wollen wir hauptsächlich den Ausführungen ZEISSLERS folgen.

Die am meisten verwendeten Nährböden sind Leberbouillon, Gelatine, Milch, Hirnbrei, verdaute Bouillon und die ZEISSLERsche Blutagarplatte.

Der Gehirnbrei wird auf folgende Weise hergestellt: Frische, makroskopisch gut aussehende Gehirne werden von der Pia mater befreit und durch die Fleischhackmaschine getrieben. Zu zwei Teilen Hirnsubstanz gibt man einen Teil Leitungswasser und treibt die Masse durch ein Drahtnetz (Haarsieb). Der so gewonnene Hirnbrei wird zur Verdrängung der Luft im KOCHschen Dampftopf (nicht im Autoklaven) zwei Stunden gekocht, was am selben Tage der Hirnentnahme zu geschehen hat. Dann wird der Brei in Röhrchen zu 10 ccm abgefüllt, die Röhrchen im Autoklaven zwei Stunden bei 110° sterilisiert. Nach KOVÁCS soll man statt Leitungswasser in der Kälte hergestellte 0,05%ige Ferrosulfat- oder MOHRsche Salzlösung in Leitungswasser benützen, wobei das Verhältnis zwischen Gehirnsubstanz und Lösung 2 : 1 beibehalten wird.

Die verdaute Bouillon nach WÜRKER: 250 g Leber vom Pferd oder Mensch usw. werden mit 750 ccm Nährbouillon überschichtet, im Autoklaven sterilisiert und mit einer Reinkultur des B. putrificus verrucosus beimpft. Nach vierzehntägiger Bebrütung wird die Kultur im Autoklaven sterilisiert, durch ein HEIMsches Asbestfilter filtriert und das Filtrat, mit gleichen Teilen frischer Bouillon gemischt, verwendet. Manche Bakterien können das hochmolekulare Eiweiß nicht angreifen, für diese eignet sich die abgebaute Bouillon. Einmal in künstlichen Nährböden gewachsen, vermehren sie sich später auch in den anderen Nährböden.

Traubenzuckerblutagarplatte nach ZEISSLER: Große Röhrchen werden mit 60 ccm schwach lackmusalkalischen 2 bis 3%igen Nähragars mit 2% Traubenzucker abgefüllt und (im Autoklaven) sterilisiert. Zu dem aufgekochten und wieder auf 45° abgekühlten Agar werden 12 bis 15 ccm frisches, steriles Menschen-, Rinder- oder Schafblut zugesetzt, durch Neigen und Rollen gut vermischt und auf drei bis vier Petrischalen verteilt. Vor der Beimpfung müssen die Platten kurz getrocknet werden, ohne daß sie ganz austrocknen. ZEISSLER schlägt vor, diese ein bis drei Tage bei Zimmertemperatur zu trocknen.

Alle Anaerobennährböden werden vor der Beimpfung — soweit sie sterilisierbar sind — zehn bis fünfzehn Minuten im Wasserbad oder im KOCHschen Topf zwecks Vertreibung des Luftsauerstoffes kochen gelassen; Kolben mit 1 l Inhalt (Leberbouillon oder Gehirnbrei) zwei Stunden lang. Nachher werden die Nährböden möglichst rasch abgekühlt und sofort beimpft und bebrütet; zur Beimpfung mit flüssigem Material, welches für unsere Zwecke hauptsächlich in Betracht kommt, eignen sich sehr gut Kapillarpipetten mit Wattemundstück, die in größeren Glashülsen — etwa zu fünfzehn bis zwanzig Stück — sterilisiert aufbewahrt werden können.

Bei Anaerobenversuchen verwendet man größere Bakterienmengen zur Beimpfung des Nährbodens, als es bei den Aeroben üblich ist, da sonst das Wachstum ausbleiben kann (besonders bei Milch und gewöhnlicher Gelatine). Die flüssigen Nährböden werden in der Tiefe beimpft, indem man entweder die Kulturflüssigkeit aus der Kapillarpipette dorthin fließen läßt oder aber den Öseninhalt am Grunde der Eprouvette an der Wand abstreift, bei Tarozzi-Nährböden an den Fleischstückchen, in die dann noch die infizierte Öse hineingebohrt wird.

Die Schüttelkulturen werden heute zu Zwecken der Reinzüchtung seltener benützt, da bei der Abimpfung immer die Gefahr besteht, daß man gleichzeitig eine noch nicht sichtbare Kolonie berührt oder aber daß eine Verunreinigung der abzuimpfenden Kolonie durch das zwischen Agarsäule und Glaswand befindliche Kondenswasser zustande kommen kann. Bei Anwendung dieser Methode hat sich uns folgende Modifikation als zweckmäßig erwiesen: Die Eprouvette wird ungefähr an der Stelle, die der Hälfte der Nährbodenschicht entspricht, mit der Glasfeile angeritzt, die geritzte Stelle und die Umgebung durch schnelles Drehen der Eprouvette in der Sparflamme des Bunsenbrenners abgeflammt, dann das Ende eines dünnen Glasstäbchens in der Bunsenflamme glühend gemacht und an die geritzte Stelle fest angedrückt, wodurch ringsherum das Glas zum Springen gebracht wird. Sollte der Sprung auf das erste Mal nicht vollkommen umgreifend sein, so muß der glühend gemachte Glasstab nochmals am Ende des Sprunges angesetzt werden, wobei der Sprung meistens vollkommen kreisrund wird; die beiden Stücke der auf diese Weise in die Hälfte geteilten Eprouvette werden auseinandergezogen und die in ihnen enthaltene Nährbodensäule in eine bereitstehende Petri-Schale hineingeschüttelt.

Die derart steril herausgenommene Agarsäule (meistens Traubenzuckeragar) wird mit einem sterilen Platinspatel oder Skalpell an den den abzuimpfenden Kolonien entsprechenden Stellen in Segmente geteilt — das Instrument soll nach jedem Schnitt durch Ausglühen sterilisiert werden, da sonst die Keime mit ihm übertragen werden — und die Kolonien von den Schnittflächen aus abgestochen.

Die abgestochenen Kolonien werden, abweichend von der bei den Aeroben üblichen Methode, nicht sofort auf feste Nährböden übertragen, sondern erst in Tarozzi- oder Traubenzucker-Kalbsbouillongelatine oder Gehirnbrei angereichert und von da erst eine Traubenzucker-Stich- oder -Schüttelkultur in hoher Schicht zur Aufbewahrung des Stammes unter gleichzeitiger Beimpfung der weiteren differentialdiagnostischen Nährböden angelegt. Der Agar muß, wie alle Nährböden für die Anaerobier, erst zehn bis fünfzehn Minuten gekocht werden (siehe oben) und die Schüttelkultur bei 45°, die Stichkultur nach dem Erstarren des Nährbodens, am besten durch Abkühlen in fließendem Leitungswasser, beimpft werden. Es sei hervorgehoben, daß zur Anaerobenzüchtung die meisten Nährböden, so auch die erwähnten Traubenzucker, in „hoher Schicht“ verwendet werden. Das heißt, daß die Nährböden in einer Schicht von mindestens 7 bis 8 cm Höhe in die Eprouvetten gefüllt werden, wodurch das Durchdringen der Luft in die Tiefe der Eprouvette erschwert wird.

Eine exakte Differenzierung auf Grund der Kolonieform ermöglichen die

Zeisslerschen Blut-Traubenzuckeragar-Plattenkulturen. Die Beimpfung der Platte geschieht ebenso wie bei den Aeroben, am besten durch Verteilen mit einem Glasspatel, doch muß man etwas mehr Material zur Beimpfung verwenden. Die Abimpfung der Einzelkolonien, auf deren Wachstumseigenschaften weiter unten näher eingegangen werden wird, erfolgt zunächst — wie schon bei Besprechung der Schüttelkulturen erwähnt wurde — in flüssige Nährböden.

Die Bebrütung der Platten wird im Exsikkator vorgenommen, aus dem der Luftsauerstoff entfernt wurde. Die Methode der Wahl ist heute die Entfernung des Sauerstoffs durch Vakuum und nachfolgende Eliminierung des Restsauerstoffs durch alkalische Pyrogallollösung. Zu diesem Zwecke sind eine Reihe von Apparaten empfohlen worden, die trotz kleinerer oder größerer Abweichungen alle dasselbe Ziel erreichen (Zeissler, Brekenfeld, Groetschel, Lode, Kovács, Baumann, Möhrke u. a.).

Abb. 39. Der Maassen-Zeisslersche Exsikkator. Rechts: Während der Evakuierung; links: nach beendeter Evakuierung (Pyrogallol und Kalilauge gemischt)

Zeissler benützt den Maasenschen Exsikkator (s. Abb. 39). In dem Apparat werden die Petri-Schalen aufeinandergestellt, mit der Schicht nach unten, weil durch die bei der Kultur der Aeroben übliche Umdrehung der Platten die Nährbodenschicht im Vakuum herunterfallen würde. Auf die oberste Platte wird eine Schale mit 70 bis 80 ccm destilliertem Wasser gestellt, um das durch die Kalilauge verursachte Austrocknen der Nährböden in den Petrischalen zu verhindern. Bei der Bebrütung von Eprouvetten ist diese Vorsichtsmaßregel überflüssig.

Als Abdichtungsmittel zwischen Unterteil und Deckel des Exsikkators wird eine Masse aus Rindertalg, gelbem Vaselin und Toluol zu gleichen Teilen verwendet. Die Mischung wird zur Flüssighaltung im Brutschrank aufbewahrt. Der Glasstopfen und der Glashahn werden mit gelbem Vaselin gesichert.

Bei der Beschickung des Exsikkators mit Pyrogallol und Kalilauge ist darauf zu achten, daß die beiden erst nach beendeter Evakuierung des Apparates miteinander in Berührung kommen. Das wird dadurch erreicht, daß das Pyrogallol (6 g) in einen Quadranten der Rinne im unteren Teil der Glocke zwischen zwei Zellstoff- oder entfettete Wattebäusche gebracht wird, so daß das zwischen ihnen eingeführte Pulver bei Schrägstellung des Apparates von ihnen festgehalten wird. Der untere Teil des Exsikkators wird schief zur Luftpumpe gestellt. Dann werden 100 ccm 50%iger Kalilauge in den dabei nach unten geneigten leeren Teil der Glockenrinne des Apparates gegossen. Dann wird vorsichtig die Glocke auf den Unterteil des Apparates aufgesetzt, derart, daß der pyrogallolhaltige Quadrant der Rinne erhöht, die laugenhaltigen Quadranten tief stehen. In dieser Stellung wird der Exsikkator mit einer Wasserstrahl- oder Ölpumpe bis zu zirka 20 mm Quecksilberdruck evakuiert und erst jetzt läßt man durch Neigen des Exsikkators in einem seiner bisherigen Stellung entgegengesetzten Sinne die Lauge auf das Pyrogallol fließen.

Der Anaerobenexsikkator nach KOVACS (Abb. 40) ist kleiner als der vorige und unterscheidet sich von ihm hauptsächlich durch die Abdichtung der beiden Exsikkatorteile und durch die Art der Vereinigung von Lauge und Pyrogallol. Die Abdichtung besorgt ein dicker Ring aus weichem Gummi (nicht jeder Gummiring eignet sich dazu), welcher mit der ZEISSLERschen Abdichtungsmasse beiderseits dünn bestrichen ist. Die Vereinigung des Pyrogallols mit der Kalilauge geschieht in der Weise, daß auf die mit einer Zellstoffschicht bedeckten PETRI-Schalen eine Kristallisierschale gestellt wird, die zirka 2 g Pyrogallol enthält. Nachdem der Deckel auf den Unterteil des Exsikkators gesetzt wurde, dreht man den Apparat einige Male um seine Längsachse hin und her, damit das Fett zwischen Schliffflächen und Gummiring gleichmäßig verteilt wird und entfernt die Luft mittels der Luftpumpe. Nach erfolgter Evakuierung schließt man den Quetschhahn und verbindet den Apparat durch einen Gummischlauch, dessen Ende ebenfalls mit einem Quetschhahn verschlossen ist, mit einem Abfüllgefäß oder Trichter, in welchem sich eine 20%ige Kalilauge befindet. Öffnet man den Hahn des Gummischlauches, so fließt die Lauge vom Abfüllgefäß in den Ansatz des Apparates, verdrängt die in diesem befindliche Luft, die in Bläschenform aus dem Apparat entweicht. Bei etwas engerem Ansatzrohr genügt ein einmaliges Zusammendrücken des Gummischlauches, um die zurückgebliebenen Luftbläschen zu vertreiben. Bei vorsichtigem Aufdrehen des Exsikkatorhahnes fließt die Lauge infolge des Vakuums auf das in der Kristallisierschale befindliche Pyrogallol. Wenn Eprouvetten bebrütet werden, so gibt man auf den in den Apparat hineinreichenden Teil des eingeriebenen Glasstöpsels einen kurzen Gummischlauch, der in ein das Pyrogallol enthaltendes Pulver- oder Becherglas eben hineinragt. Nachdem zirka 30 bis 40 ccm Lauge angesaugt wurden, schließt man erst den Hahn des Apparates, dann den des Trichters. Die Vereinigung des Pyrogallols mit der Kalilauge durch das Vakuum erübrigt die Schiefstellung des Apparates, die den Zweck hat, die vorzeitige Vereinigung der beiden Reagentien zu verhüten. Die Öffnung des Exsikkators muß durch vorsichtige Lüftung des Hahnes erfolgen, weil sonst die einströmende Luft das Pyrogallol-Laugengemisch verspritzt. Der Deckel wird vom Unterteil des Apparates durch Anziehen der „Zungen" des Gummiringes abgehoben, wodurch die Adhäsion zwischen den Schliffflächen beseitigt wird, die oft, trotzdem im Innern des Gefäßes kein Vakuum mehr ist, dem Abheben des Deckels Schwierigkeiten bereitet.

Abb. 40. Anaerobenexsikkator nach Kovács

Die Nährböden zur Anaerobenzüchtung sollen nach ZEISSLER mit Ausnahme der großen Kolben in Exsikkatoren bebrütet werden. Wir züchten im allgemeinen nur die Plattenkulturen im Apparat, da wir bei Verwendung von festen Nährböden sowie von Leberbouillon, Kalbsbouillongelatine, Gehirnbrei (alle in hoher Schicht) zwischen Wachstum unter gewöhnlicher Sauerstoffspannung und im Vakuum keinen besonderen, zumindest keinen so großen Unterschied sehen, der trotz der Einfachheit der Benützung der Exsikkatoren die Mehrarbeit, die diese Apparate doch erfordern, notwendig erscheinen ließe.

Die Betrachtung der Oberflächenkolonien wird am besten mit dem ZEISSLERschen binokularen Plattenkulturmikroskop vorgenommen.

Die Veränderung der Blutplatten sowie die verschiedenen Kolonieformen sind von ZEISSLER beschrieben worden und er identifiziert hauptsächlich auf Grund der Wuchsform:

Wuchsform I: Knopfförmig erhaben. Anfangs fraisefarben, geht dann über Lehmbraun und Grau in Oliv- bis Resedagrün über. Der Farbumschlag in Grün bleibt im Exsikator manchmal aus, tritt jedoch nachträglich noch ein, wenn die Kulturen einige Stunden lang der atmosphärischen Luft ausgesetzt werden. Die Kolonien sind von einem großen, schmutzigbraunen, undurchsichtigen Hof umgeben.

Spezifisch für den FRAENKELschen Gasbazillus.

Wuchsform IIa: Rund, asbestflockig-wurzelförmig. Farblos-zartgrau. Meist starke Hämolyse.

Charakteristisch für den NOVYschen Bacillus, den Bacillus botulinus, den Bacillus putrificus tenuis.

Uncharakteristisch, aber möglich für den Pararauschbrandbazillus, den Tetanusbazillus.

Wuchsform IIb: Rund, asbestflockig-wurzelförmig. Zart blaugrau. Keine oder schwache Hämolyse. Stechender Geruch.

Spezifisch für den Bacillus sporogenes METSCHNIKOFF.

Wuchsform IIc: Rund, asbestflockig-wurzelförmig. Farblos-zartblaugrau. Keinerlei Veränderung des Nährbodens. Keinerlei Geruch.

Charakteristisch für den Bacillus amylobakter, den Bacillus enteritidis sporogenes KLEIN, v. HIBLERS Art VI, v. HIBLERS Art IX.

Wuchsform III: Schleierförmig, mit mikroskopisch gefranstem Rand, meist zartesten arabesken Ausläufern. Farblos, sehr zart. Geringe Hämolyse.

Charakteristisch für den Pararauschbrandbazillus, für den Tetanusbazillus.

Uncharakteristisch, aber möglich für den Bacillus putrificus tenuis.

Wuchsform IV: Perlmutterknopfartig, weinblattförmig, flach im Zentrum einer kugelförmigen Anschwellung des Nährbodens eingebettet. Zartblau, violett schillernd. Geringe kreisförmige Hämolyse.

Spezifisch für den Rauschbrandbazillus.

Wuchsform V: Rund, asbestflockig. Dunkelbläulich-grauschmutzig, gelbbraun. Keine Hämolyse. Nährboden bei älteren bzw. dicht bewachsenen Kulturen dunkelmißfarben. Ältere Kulturplatte erscheint oft wie mit Läusen besetzt.

Charakteristisch für den Bacillus enteritidis sporogenes KLEIN, v. HIBLERS Art VI, den Bacillus amylobakter, v. HIBLERS Art IX.

Wuchsform VI: Zähe bis harte Warze mit feinem, oft nur mikroskopisch erkennbarem Haarkranz. Weiß oder gelb. Undurchsichtig. Kreisförmige, meist engbegrenzte, aber intensive Hämolyse.

Spezifisch für den Bacillus putrificus verrucosus (Warzenbazillus).

Wuchsform VII: Makronenartig. Dunkelgraugrün. Keine Hämolyse.

Spezifisch für Bacillus macrono-filiformis.

Wuchsform VIII: Rund, asbestflockenartig-wurzelförmig, Kolonien sehr klein: Miniaturform von IIa, sind tief in den Nährboden eingesunken, farblos-zartgrau hämolytischer Hof, geruchlos, langsam wachsend.

Spezifisch für den Bacillus histolyticus (nach CHIARI).

Die Kolonien sind auf der Platte schon nach zwanzig Stunden meist charakteristisch, bei langsam wachsenden Keimen wird die Bebrütung fortgesetzt. Die isolierten Kolonien werden unter dem Plattenkulturmikroskop abgestochen und in TAROZZI- oder Kalbsbouillon-Traubenzuckergelatine übertragen, die Platten werden sofort weiter bebrütet, um auch die langsam wachsenden Keime zur Kolonienbildung zu bringen. Von TAROZZI- und Anaerobengelatine werden nach der Anreicherung wieder Platten angelegt und auf Reinheit geprüft. Erweist sich die Kultur als rein, so wird von der TAROZZI- oder Anaerobengelatine ein Schrägagarröhrchen zur Prüfung der aeroben Verunreinigung angelegt, die Platte jedoch noch weitere zwei Tage bebrütet, damit keine Keime übersehen werden. Wenn die Kultur nicht rein ist, muß der geschilderte Wechsel der Überimpfung von festen auf flüssigen Nährböden und umgekehrt bis zur Erreichung der Reinkultur wiederholt werden.

Ist dieses Ziel erreicht, so muß die Diagnose durch folgende Untersuchungen vervollkommnet bzw. bestätigt werden:

Milch,
Gelatine,
Hirnbrei,
Hitzebeständigkeit der Sporen,
einfacher Tierversuch,
Prüfung auf Begeißelung und
GRAM-Färbung.

Die Milch muß, wie schon erwähnt, mit einer größeren Kulturmenge mittels einer Kapillarpipette beimpft und, wenn nicht früher eine Veränderung eintritt, bis zu vier Wochen beobachtet werden. Die Veränderungen der Nährböden sind folgende:

Wirkung auf Milch	Stamm
unverändert	HIBLER Art VI, HIBLER Art IX
Gerinnt stürmisch innerhalb 20 Stunden. Das Gerinnsel schrumpft auf etwa $^1/_5$ des Gesamtvolumens der Milch und wird nicht verflüssigt.	KLEINscher Enteritisbacillus, B. WELCH-FRAENKEL, B. amylobakter.
Milch gerinnt langsam (2 bis 14 Tage), das Gerinnsel schrumpft auf die Hälfte des Gesamtvolumens der Milch und wird nicht verflüssigt.	Rauschbrand, Pararauschbrand, NOVYscher Bacillus, B. macrono-filiformis.
Die Milch wird im Laufe von 4 bis 14 Tagen vollständig peptonisiert, vor der Peptonisierung kann sie gerinnen.	B. sporog. METSCHNIKOFF, B. putrificus verrucosus und tenuis, B. tetani, B. botulinus, B. histolyticus.

Gelatine muß, wie Milch, sehr massiv beimpft werden, dagegen ist die Anaerobengelatine nach KOVACS (Traubenzucker-Kalbsbouillongelatine) ein sehr guter Nährboden. Die Gelatineröhrchen werden nach der Beimpfung bei 37° — nach ZEISSLER im Exsikkator — mehrere Tage bis vier Wochen bebrütet, dann durch fließendes Leitungswasser abgekühlt. Bleibt die Gelatine flüssig, so wurde sie peptonisiert, welchen Vorgang die meisten Anaeroben hervorrufen. Ausnahmen bilden: B. amylobakter, B. macrono-filiformis, HIBLER Art VI und IX.

Der Gehirnbrei wird von einem Teil der Anaeroben, und zwar von denen, die Schwefelwasserstoff bei gleichzeitiger Alkalibildung produzieren, geschwärzt, da das aus Organeisen gebildete Eisensulfid bei alkalischer Reaktion ausfällt. Die Schwärzung wird meist innerhalb von drei bis acht Tagen deutlich sichtbar. Im Eisengehirnbrei tritt die Schwärzung im Gegensatz zum HIBLERschen Gehirnbrei im allgemeinen 24 bis 48 Stunden früher auf und es ist auch die Intensität des Farbenumschlages viel stärker, da der Nährboden eine tiefschwarze

Farbe annimmt (KovÁcs). Durch die nichtschwärzenden Arten entsteht besonders in der Tiefe des Nährbodens eine zarte Rötung. Die Beobachtung der nichtschwärzenden Arten muß sich über mindestens acht Tage erstrecken, weil manche putrifizierende Arten nur langsam auskeimen.

Eine Schwärzung bei gleichzeitig auftretendem, stechendem Geruch bewirken: B. tetani, B. botulinus, B. putrificus tenuis, B. putrificus verrucosus, B. histolyticus.

Der B. sporogenes METSCHNIKOFF ruft in dem HIBLERschen Gehirnbrei 1 bis 2 cm unter der Oberfläche eine leichte Schwärzung, in den tieferen Schichten eine zarte Rötung hervor, im Eisengehirnbrei hingegen eine diffuse Schwärzung.

Die Prüfung auf Hitzeresistenz der Sporen geschieht in Gehirnbreikulturen. Für die Untersuchung des FRAENKELschen Gasbrandbazillus ist diese Methode nicht zu gebrauchen, da die Abtötungszeit für diese Stämme zwischen 8 und 90 Minuten liegt.

In der ersten Gruppe werden die Arten zusammengefaßt, die im Gehirnbrei Siedehitze während einer Dauer von unter 40 Minuten aushalten, das sind die folgenden: Rauschbrand, Pararauschbrand, KLEINscher Enteritisbazillus, B. amylobakter, B. macrono-filiformis, HIBLER Art IX.

In der zweiten Gruppe sind jene Bakterien vereinigt, die Siedehitze über 40 Minuten lang aushalten, und zwar folgende: Der NOVYsche Bacillus, B. sporogenes METSCHNIKOFF, B. tetani, B. botulinus und die Putrificusbazillen, B. histolyticus.

WAGENER verbindet die Untersuchung auf Hitzeresistenz mit der Prüfung auf die Veränderung des Gehirnbreies. Es werden vier bis sechs Hirnbreiröhrchen beimpft, zwei bis drei Tage bei 37° anaerob bebrütet (wir bebrüten dagegen, wie schon oben ausgeführt, unter aeroben Bedingungen). Dann werden die gut gewachsenen Kulturen weitere drei bis fünf Tage bei Zimmertemperatur auf etwaige Schwärzung beobachtet. Inzwischen sind auch die vegetativen Keime in der Kultur versport, so daß die Erhitzung in Abständen von 5, 10, 15, 30, 45, 60 Minuten im KOCHschen Dampftopf erfolgen kann. In den erwähnten Abständen werden die Gehirnbreiröhrchen nacheinander herausgenommen, schnell abgekühlt und einige Tage bebrütet. Die etwa überlebenden Kulturen werden in Leberbouillon angereichert.

Der einfache Tierversuch kann ebenfalls zur Sicherung der Diagnose herangezogen werden. Als Versuchstiere werden am meisten Meerschweinchen verwendet, denen das zu prüfende Material subkutan an der Bauchhaut — nur bei Verwendung von wenig virulentem Material ist die intramuskuläre Impfung am Hinterschenkel vorzunehmen — injiziert wird. ZEISSLER unterscheidet auf Grund der Krankheitssymptome und pathologisch-anatomischen Befunde fünf Krankheitstypen:

Krankheitsbild I: Der klassische Gasbrand. Große Blasen zwischen Haut und Bauch- eventuell auch Brustwand, Gas und Fleischwasser enthaltend. Muskulatur teils als Brei mit dem Rücken eines Messers abzuheben, teils als zunderartige Stränge im Bereich der großen Blasen erhalten. Spezifisch für den B. phlegmonis emphysematosae.

Krankheitsbild II: Entspricht dem „Malignen Ödem" von KOCH und GAFFKY und FRAENKEL. Blutig-seröses Ödem der Subcutis mit oder ohne kleine Gasblasen. Seröser und blutiger Erguß in der Bauchhöhle. Charakteristisch für den Rauschbrand und Pararauschbrand, B. sporogenes METSCHNIKOFF, KLEINsche Enteritisbazillen.

Krankheitsbild III: Meist nur in der näheren Umgebung der Impfstelle mehr oder weniger blutiges, im übrigen aber farbloses, sulzig-glasiges Ödem der Subcutis mit oder ohne kleine Gasblasen, Erguß in Bauchhöhle farblos oder grau-rötlich. Charakteristisch für die Novyschen Bazillen.

Krankheitsbild IV: Spezifisch für den Tetanusbazillus (siehe auch S. 237).

Krankheitsbild V: Spezifisch für den Botulinusbazillus.

Anzuschließen wäre noch das Krankheitsbild des B. histolyticus. Diese Infektion führt schnell zur Auflösung der darüberliegenden Haut, so daß das befallene Tier meist am Leben bleibt und die Wunde verschorft (Chiari).

Die morphologische Untersuchung der Anaeroben wird im ungefärbten Präparat nach Plaut und Zeissler im Dunkelfeld und nicht mehr im hängenden Tropfen vorgenommen. Die Beobachtung der Anaerobier im Dunkelfeld ist in den verschiedensten Medien möglich und gibt ebenso über Form und Größe der Bakterien wie über Gestalt und Lagerung der Sporen Auskunft, so daß sich im allgemeinen die Sporenfärbung erübrigt. Eine lebhafte, gegen oder quer zur Strömung gerichtete Bewegung in der Suspensionsflüssigkeit spricht mit größter Wahrscheinlichkeit für Begeißelung. Fehlende Bewegung spricht jedoch bei den Anaeroben nicht gegen die Begeißelung.

Geißelfärbung siehe S. 233. Zur Geißelfärbung soll man 24 Stunden alte Kulturen von Traubenzucker-Blutagarplatten verwenden. In den Exsikkator soll eine große Schale mit destilliertem Wasser gestellt werden, damit die Kulturen genügend feucht erhalten bleiben.

Zur Darstellung der Sporen genügt im allgemeinen das Dunkelfeld oder die Gram-Färbung, oder aber es wird Sporenfärbung vorgenommen. Aus der Form und Lagerung der Sporen kann jedoch eine Diagnose bezüglich der Art nicht gestellt werden. Die Tetanusbazillen zeigen häufig durch die endständige und runde Art der Sporen die charakteristische Trommelschlägerform, jedoch ist diese Eigenschaft nicht streng spezifisch.

Aus der Granulosebildung kann ebenfalls, wie seinerzeit ausgeführt wurde, keine Diagnose gestellt werden. Sie wird auch bei Untersuchungen der Kulturen nicht gebraucht, es soll nur darauf hingewiesen werden, daß nach Hibler u. a. der B. amylobakter, B. enteritidis sporogenes Klein sehr häufig, etwas seltener der B. phlegmonis emphysematosae und der Novysche Bacillus, dagegen der B. tetani und botulinus in der Regel keine Granulose bilden.

Es muß hervorgehoben werden, daß die meisten Anaeroben den Gram-Farbstoff besonders in älteren und saueren Kulturen abgeben können. Streng Gram-positiv ist nur der B. phlegmonis emphysematosae.

Zur Reinzüchtung der Anaeroben aus dem Stuhl muß heute noch eine Methode benützt werden, welche nur die Kultur der sporenbildenden Anaeroben gestattet, und auch dieses nur in dem Fall, wenn sie sich zur Zeit der Untersuchung im sporulierenden Stadium befindet. Diese Methode beruht auf der Hitzeresistenz der Sporen, man weist also, streng genommen, nicht die Keime selbst, sondern nur ihre Sporen nach.

Bei der Untersuchung nach Kleinschmidt[1] geht man den Zeisslerschen Angaben entsprechend so vor, daß man einige Partikel des zu untersuchenden Stuhles in physiologischer Kochsalzlösung aufschwemmt und dann gleiche Mengen in je vier Röhrchen mit Leberbouillon und Gehirnbrei einbringt. Das erste Röhrchen bleibt als Reserve unerhitzt, das zweite wird zwanzig Minuten hindurch im Wasserbad auf 80° erhitzt, das dritte zehn Minuten, das vierte

[1] Jahrb. f. Kinderheilk., Bd. 110, S. 127. 1925.

30 Minuten im KOCHschen Dampftopf bei 100° gehalten. Das Wachsenlassen der Keime im unerhitzten Nährsubstrat und spätere Erhitzung ist nicht so sicher und einfach wie der beschriebene Vorgang. Nach genügender Vermehrung der Keime in Leberbouillon werden Aussaaten auf zwei bis sechs Traubenzucker-Blutagarplatten gemacht und die Wuchsform mittels des binokularen Plattenmikroskops festgestellt. Dann wird die Kolonie abgestochen, in Leberbouillon übertragen, von welcher dann wieder ZEISSLERsche Platten beimpft werden. Dieser Wechsel der Nährböden — Traubenzuckerblutagar — Leberbouillon — muß nach ZEISSLER bei Bearbeitung von schwierigem Material, dazu gehören die Fäzes, sehr oft vorgenommen werden, da nur auf diese Weise Verunreinigungen wahrgenommen werden können. Es kann sogar vorkommen, daß Kulturen, die bei sorgfältigster Prüfung einheitlich und als Reinkulturen imponieren, nach längerem Verweilen in flüssigen Nährböden auf Traubenzucker-Blutagarplatten gebracht, in atypischen Formen wachsen und sich als Mischkolonien erweisen. Die Prüfung des Wachstums in den flüssigen Nährböden erfolgt im Dunkelfeld.

Zur Trennung der verschiedenen Anärobenarten voneinander kann neben der Traubenzuckeragarplatte der einfache Tierversuch zur Differenzierung der pathogenen Keime von den apathogenen herangezogen werden, sowie die abgestufte Erhitzung von Kulturen in Leberbouillon, Gehirnbrei oder verdauter Bouillon zur Isolierung von Keimen mit erhöhter Hitzeresistenz von denen mit niederer Hitzeresistenz erfolgen.

Sind Reinkulturen erzielt, deren Reinheit, wie oben schon ausgeführt, auch durch eine aerobe Schrägagarkultur geprüft werden muß, so erfolgt die endgültige Identifizierung der Keime auf Grund ihres Verhaltens in der „bunten Reihe": Milch, Gelatine, Gehirnbrei, ferner die Prüfung der Hitzeresistenz, und der Tierversuch am Meerschweinchen, Begeißelung und GRAM-Färbung. Über kulturelle Eigenschaften der Anaeroben siehe Tabelle 7, S. 320.

Auf die älteren Arbeiten über Züchtung der Anaeroben aus dem Stuhl (KLEIN, SCHATTENFROH und GRASSBERGER, MACÉ, RODELLA, TISSIER, PASSINI, MORO, SITTLER, BASTEN u. a.) können wir im einzelnen nicht näher eingehen, trotzdem sie wertvolle Angaben über das Vorkommen einzelner Anaerobenarten im Stuhl bringen. Doch muß darauf hingewiesen werden, daß nicht alle Angaben dieser Autoren einer Prüfung mit der heutigen vervollkommneten Technik standhalten. Die von ihnen verwendete Methode bestand vorwiegend in der Erhitzung des Materials und der Züchtung in der hohen Traubenzuckerschicht. RODELLA erhitzte das zu untersuchende Material während acht bis zehn Minuten auf 80°, BASTEN gab fünf Ösen Stuhl auf 1 ccm Bouillon und machte davon zehnfache Verdünnungen, indem er 0,1 ccm der Aufschwemmung in 1 ccm Bouillon brachte usw., die Verdünnungen zwanzig Minuten lang bei 70° erhitzte und diese mit verflüssigtem und abgekühltem Traubenzucker versetzte.

Von den anaeroben Bakterien findet man im Stuhl regelmäßig den Bacillus phlegmonis emphysematosae = B. perfringens (LINDENTHAL und HITSCHMANN, PASSINI, RODELLA, TISSIER, SITTLER u. a.). SITTLER und MORO fanden ihn auch im Mekonium. Ferner kommen der B. putrificus verrucosus und tenuis (Abb. 1 auf Tafel XXIII), und B. amylobacter vor. Diese Keime sind nach PASSINI auch bei gesunden Brust- und Flaschenkindern nachweisbar, ZEISSLER und KÄCKEL fanden sie bei künstlich ernährten Kindern. KLEINSCHMIDT sah die genannten Arten häufig im Kalkseifenstuhl. PASSINI zeigte, daß entgegen den Angaben von BIENSTOCK, welcher den von ihm beschriebenen B. putrificus aus dem Stuhl nicht züchten konnte, sondern nur einen kohlehydratvergärenden, erst bei Kalziumkarbonatzusatz eiweißangreifenden B. paraputrificus, dieser regelmäßig im Stuhl von

Tabelle 7. Obligat anaerobe Sporenbildner

Bakterienart	Begeißelung
I. Pathogene anaerobe Sporenbildner	
A) Gasödembazillen a) Die Erreger verbreiteter Tierseuchen (Rauschbrand, Bradsot) Der Bacillus sarcophysematos (Rauschbrandbazillus) Bacillus Chauveauei Fothscher Rauschbrandbazillus	+ + +
Der Bacillus parasarcophysematos (Pararauschbrandbazillus) Vibrio septique Pasteur Bacillus des malignen Ödems Koch und Gaffky Kittscher Rauschbrandbazillus Bradsotbazillus Jensen Ghon-Sachsscher Bazillus Bazillus des malignen Ödems v. Hibler Bazillus des malignen Ödems Ficker	+ + +
b) Die Bazillen des malignen Ödems (im engeren Sinne) Der Novysche Bazillus des malignen Ödems	+ + +
Der Bacillus sporogenes Metschnikoff v. Hibler Art XI II. Art des malignen Ödems Eug. Fraenkel und Zeissler	+ + +
Der Kleinsche Enteritisbazillus	+ + +
v. Hibler Art VI	+ + +
c) Der Erreger des klassischen Gasbrandes Der Fraenkelsche Gasbazillus Bacillus phlegmones emphysematosae Eug. Fraenkel Bacillus aerogenes capsulatus Welch Bacillus perfringens Veillon et Zuber Bac. saccharobutyricus immobilis Schattenfroh und Grassberger	0
d) B. histolyticus	+ + +
B) Giftbildner, welche keine lokalen Gewebsveränderungen erzeugen Der Tetanusbacillus	+ + +
Der Botulismusbacillus	+ + +
II. Apathogene anaerobe Sporenbildner	
A) Apathogene Putrificusbazillen Bacillus cadaveris sporogenes Klein	+ + +
Der Bacillus putrificus tenuis	+ + +
Der Bacillus putrificus verrucosus Paraplectrum foetidum Weigmann	+ + +
B) Apathogene, nicht putrifizierende anaerobe Sporenbildner Der Bacillus amylobakter van Tieghem Kolostridium butyricum Prazmowski Bacillus saccharobutyricus mobilis non liquefaciens Schattenfroh und Grassberger	+ + +
v. Hibler Art IX	+ + +
Der Bacillus macrono-filiformis	+ + +

Begeißelung: 0 unbegeißelt, + + + peritrich begeißelt.
Gram-Färbung: + + Gram-positiv bis Gram-labil, + + + streng Gram-positiv.
Traubenzuckerblutagarplatte: Die Zahlen entsprechen den verschiedenen Wuchsformen; s. S. 315.
Milch: 0 keine Veränderung, + langsame Gerinnung usw., + + + stürmische Gerinnung usw., × Peptonisierung, vorher eventuell Gerinnung.
Gelatine: 0 keine Verflüssigung, × Verflüssigung.

(nach Zeissler. B. histolyticus nach Chiari)

Gram-Färbung	Traubenzucker-blutagarplatte	Milch	Gelatine	Hirnbrei	Resistenz der Sporen gegen Siedehitze	Einfacher Tierversuch Meerschweinchen
+ +	IV	+	×	0	+	II (blutig-seröses oder blutiges Ödem)
+ +	III (IIa)	+	×	0	+	
+ +	IIa (III)	+	×	0	+ + +	III (sulzig-glasiges Ödem)
+ +	IIb	×	×	±	+ + +	II (blutig-seröses od. blutiges Ödem)
+ +	IIc u. V	+ + +	×	0	+	
+ +	IIc u. V	0	0	0	+	
+ + +	I	+ + +	×	0		I (Klassischer Gasbrand)
+ +	VIII	×	×	+	+ + +	VI (Auflös. d. Gewebe)
+ +	III (IIa)	×	×	+	+ + +	IV (Tetanus)
+ +	IIa	×	×	+	+ + +	V (Botulismus)
+ +	V	×	×	+	+ + +	apathogen
+ +	IIa (III)	×	×	+	+ + +	
+ +	VI	×	×	+	+ + +	
+ +	IIc u. V	+ + +	0	0	+	
+ +	IIc u. V	0	0	0	+	
+ +	VII	+	0	0	+	

Hirnbrei: 0 keine Schwärzung usw., ± 1 bis 2 cm unter der Oberfläche leichte Schwärzung usw., + intensive Schwärzung der ganzen Masse.

Resistenz der Sporen gegen Siedehitze: + weniger als 40 Minuten aushaltend, + + + über 40 Minuten aushaltend.

Einfacher Tierversuch: Die Zahlen entsprechen den verschiedenen Krankheitsbildern.

Erwachsenen und wiederholt im Stuhl von Kindern vorkommt. Es soll jedoch bemerkt werden, daß der B. putrificus BIENSTOCK von ZEISSLER für eine Mischung von B. putrificus verrucosus und B. amylobakter erklärt wurde. SCHÜSSLER bewies, daß das Köpfchenbakterium des Mekoniums (Abb. 3, Tafel XXIII) — womit ESCHERICH längere schlanke Stäbchen, an deren einem Ende eine längsovale glänzende Spore aufsitzt, bezeichnet (Kulturen u. a. von SITTLER, MORO, ADAM, wobei der erstgenannte ihn als mit B. perfringens identisch ansah) — eine Degenerationsform des B. amylobakter sei, da der Köpfchenbazillus in der Kultur die typischen Eigenschaften des B. amylobakter annahm. Der von KLEIN als B. anteritidis sporogenes beschriebene Stamm, den er als Erreger von Darmkatarrhen fand, und der von METSCHNIKOFF gefundene B. sporogenes wären hier noch anzuführen (u. a. DISTASO). Auf das Vorkommen von Pararauschbrandbazillen im Stuhl weisen die mit dem Darm zusammenhängenden Infektionen.

Über den Nachweis von Tetanusbazillen im Stuhl berichten KOLLE und HETSCH, VON STENITZER, PIZZINI, TENBROECK und BAUER, VAN DER REIS, BUZELLO und RAHMEL. Siehe auch S. 237. PIZZINI fand ihn in 5% der Stühle, BUZELLO und RAHMEL in 40%. Diese Autoren geben sogar an, daß „alle Menschen dauernd oder vorübergehend Tetanusbazillen oder Sporen im Darminhalt bei sich tragen und daß das negative Untersuchungsergebnis nur durch unsere beschränkte Untersuchungsmethode ...... zu erklären ist". Doch ist gewöhnlich die Menge der Tetanusbazillen im Stuhl sehr klein und eine besondere Vermehrung findet nach BUZELLO und RAHMEL nur dann statt, wenn die sonstige Darmflora ihnen einen zusagenden Nährboden bereitet, hauptsächlich in Gegenwart von anderen Nekrose-, Fäulnis- und Jauchekeimen. VAN DER REIS fand bei einem Patienten mit sekundärer Anämie im unteren Ileum und Caecum fast eine Reinkultur von Tetanusbazillen. Im Serum der Bazillenträger findet man häufig Antitoxine.

Der B. botulinus konnte bisher im Stuhl nicht nachgewiesen werden.

Fusiforme Bazillen und Spirillen

Bacillus fusiformis

B. fusiformis findet man am häufigsten mit Spirochäten vergesellschaftet (s. S. 28). Das gleiche gilt übrigens auch für die Darmspirochäten. Über die Kultur der fusiformen Bazillen liegen keine abschließenden Untersuchungen vor, obwohl einzelne Autoren ihn hauptsächlich in Schüttelkulturen nachgewiesen haben. Demgegenüber hat KNORR die Fusiformen des Mundes in drei Arten einteilen können, ihre Züchtung gelang ihm nur in serum- oder asziteshaltigen Nährböden. Die Isolierung wird in Serumagar vorgenommen, und zwar in Schüttelkulturen, die zu Platten ausgegossen und anaerob bebrütet werden.

KNORR glaubt auf Grund der in der Literatur vorliegenden Angaben über Fusiformenbefunde bei vom Darm ausgehenden Prozessen (MARESCH, KASPAR und KERN) diese Erreger mit den von ihm beschriebenen Arten identifizieren zu können, während die von VEILLON und ZUBER, SITTLER u. a. beschriebenen Stämme nicht serophil sind.

Die Fusiformae sind spindelförmige, oft leicht gekrümmte Stäbchen, mit zugespitzten Enden, doch kommen häufig auch Doppelstäbchen vor, deren stumpfe Enden aneinandergelagert sind, die abgekehrten Enden zugespitzt. Sie färben sich nicht nach GRAM. Nach GIEMSA oder HEIDENHAIN gefärbt, lassen sie im Innern sehr häufig Körner erkennen. Sie sind unbeweglich. (Siehe Abb. 1, Tafel XXII.)

Im Zusammenhang mit den Fusobakterien sollen die Spirillen erwähnt werden, diese sind korkzieherartige starre Bakterien mit flacheren oder steileren

Windungen. Manche Arten färben sich nach GRAM. Im Inneren sieht man öfters Stellen, die Farbstoffe schlecht annehmen, wodurch sie granuliert erscheinen können. Die meisten Spirillen sind beweglich (siehe auch S. 293).

Anhang

Die Säuerungsendwerte und Wachstumsgrenzen der Stuhlbakterien

sind u. a. von CLARK und LUBS, SCHEER (siehe Abb. 41), ADAM, DERUBY und NÄSLUND zusammengestellt worden.

Nach DERUBY und NÄSLUND sind die Wachstumsgrenzen und Wachstumsoptima einiger Stuhlbakterien folgende:

Art	pH-Grenze	pH-Optimum
B. typhi	4,5—8,0	6,5—7,2
Paratyphus A und B	4,5—8.5	6,5—7,5
B. coli	4,5—9,0	6,0—7,0
B. enteritidis GÄRTNER	5,0—8,5	7,0—8,0
Dysenterie	4,5—8,2	6,0—7,2

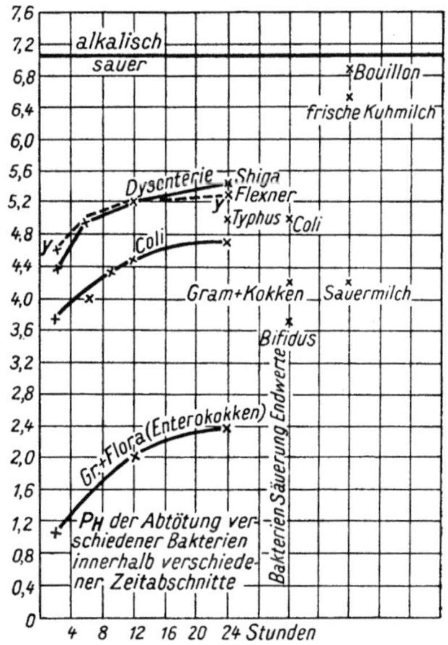

Abb. 41. Abtötungszeit und Säuerungsendwerte der Stuhlbakterien nach Scheer

Die experimentellen Ergebnisse, soweit sie auf die Vorgänge im Darm übertragbar sind, geben uns teilweise einen Aufschluß über die gegenseitige Beeinflussung der Keime, sowie über die Ursache ihres quantitativen Hervortretens bzw. Zurückgedrängtwerdens im Stuhl. Auf eine nähere Analyse der Ergebnisse von SCHEER sowie ADAM und der anderen Untersucher kann hier nicht näher eingegangen werden.

Bestimmung von Bakteriengruppen

Die verschiedenartigen Veränderungen des mikroskopischen Stuhlbildes, so die Verschiebung im Verhältnis der GRAM-positiven und der GRAM-negativen Keime (s. Abb. 2, 3, 4, 6 auf Tafel XXIV), die Vermehrung der Kokken, der Sporentragenden, der Vibrionen, der Fusiformen wurde an anderer Stelle behandelt. Gleichzeitig mit der Veränderung des mikroskopischen Bildes tritt auch ein Wechsel in den Kulturergebnissen auf, obwohl bei den üblichen Untersuchungsmethoden — so bei Verwendung von ENDO- und DRIGALSKI-Platten — die Veränderung des mikroskopischen Bildes nicht immer ihren kulturellen Ausdruck findet. Diese Tatsache wird einerseits durch die Unvollkommenheit der gebrauchten Technik erklärt, welche die Vermehrung aller zur Kultur verwendeten Keime nicht erlaubt, anderseits muß in Betracht gezogen werden, daß, wie es erwähnt wurde (s. S. 20), die überwiegende Mehrzahl der im Präparat darstellbaren Keime nicht mehr wachstumsfähig ist.

Die verschiedensten Autoren sind sich dieses Übelstandes bewußt geworden und haben, soweit dies möglich ist, d. h. also durch mannigfaltige Variationen der angewandten Technik, neue Versuchsanordnungen benützt, ohne bis jetzt eine sichere Methode gewonnen zu haben, mit welcher man bei der Stuhluntersuchung so exakte Resultate erzielen könnte, daß dieselben regelmäßig einen Rückschluß auf die im Darm sich abspielenden Vorgänge zulassen würden.

Tabelle 8. Tabelle
Nach

Typus	Putrifizierender	Halbputrifizierender
Lackmusmilch	stürmische Vergärung oder langsame Gerinnung, schwimmende Gasblasen, vollständige Peptonisierung, beträchtlicher Gasgehalt im Gärröhrchen,[1] geringe Reduktion des Lackmus	langsame Gerinnung, mit oder ohne Molkenabsonderung, mäßiger Gasgehalt, teilweise Schrumpfung von stürmischer Vergärung begleitet
Kontrolle	B. WELCHII positiv[2]	B. WELCHII positiv
1% Laktose-Bouillon	trübe mit Schaum und Häutchen ohne Bodensatz, Gas im Gärröhrchen über 60%	trübe mit Schaum und Häutchen ohne Bodensatz, Gas im Gärröhrchen 40 bis 60%
VEILLON-Kultur	starker Gasgehalt, hauptsächlich von anaerobem Typus[3], keine Acidophilus-Kolonien	starker Gasgehalt von Coli oder B. WELCHII-Typus, mit oder ohne Acidophilus-Kolonien
Plattenkultur (Milch-od. Traubenzuckeragar-Schüttelkultur)	keine Acidophilus-Kolonien, andere zahlreiche Kolonien von verschiedenem Typus	mit oder ohne Acidophilus-Kolonien, andere Kolonien sind zahlreich und vielfältig
Mikroskopische Untersuchung	GRAM-positive 0 bis 30%, Vorwiegen der Coligruppe, mit Sporentragenden und Kokken, GRAM-negative im Überfluß	GRAM-positive 10 bis 30%, einige stäbchenförmige, acidophilusähnliche Bazillen, häufig verstreute Sporen, B. WELCHII vorhanden
Makroskopische Untersuchung	Scyballen o. geformt, flüssig oder halbflüssig. Geruch faulig, nach Schwefelwasserstoff, Ammoniak oder Buttersäure, dunkelbraun, oft schleimig, mit oder ohne Blut	geformt oder flüssig, fauliger Geruch, dunkelbraun, oft schleimig, mit oder ohne Blut
Chemische Eigenschaften	Reaktion sauer, alkalisch oder neutral	
	häufig Vorhandensein von okkultem Blut	mit oder ohne okkultem Blut
Parasiten	Vorhanden oder nicht	Vorhanden oder nicht

[1] Die gebildete Gasmenge wird in einer vor der Sterilisierung mit ihrer
[2] Die beimpfte Lackmusmilch, mit Paraffin. liquid. überschichtet, wird 20 Mi-
emphys.) positiv, entsteht stürmische Fermentation, mit Auflösung des koagulierten
[3] Der Nährboden ist vollständig zerrissen, demgegenüber beim Colitypus ist

der Darmflora
TSUHIYA

Gemischter	Halbfermentativer	Fermentativer
langsame Gerinnung ohne feste Koagulation, mit oder ohne Molkenabsonderung, mäßige Gasbildung, deutliche Reduktion von Lackmus	reichliche und feste Koagulation mit mäßiger Molkenabsonderung, geringer Gasgehalt, saure Reaktion	reichliche und feste Koagulation mit Molkenabsonderung. 0 bis 10% Gas im Gärröhrchen, Reaktion deutlich sauer
B. WELCHII positiv oder negativ	B. WELCHII negativ	B. WELCHII negativ
Trübung mit oder ohne Schaum, mäßige Häutchenbildung, Gas im Gärröhrchen 25 bis 40%	Trübung mit oder ohne Schaum oder Häutchen. Gas 5 bis 25% entsprechend der Menge von B. coli	leichte Trübung mit oder ohne Schaum oder Häutchen. Gas 0 bis 10% entsprechend der Menge von B. coli
deutliche Gasbildung, vorherrschend Colitypus, einige Acidophilus-Kolonien	Kein Gas oder nur wenig vom Colitypus, mäßige Anzahl von Acidophilus-Kolonien	keine Gasbildung, sehr reichlich Acidophilus-Kolonien
einige Acidophilus-Kolonien, andere verschiedene Kolonien	reichliche Acidophilus-Kolonien, einige andere Typen	sehr reichliche Acidophilus-Kolonien, ganz wenige andere Typen
GRAM-positive 35 bis 50%, acidophilusähnliche mit solchen von Colitypus gemischt. B. WELCHII spärlich oder gar nicht vorhanden	GRAM-positive 55 bis 70%. Vorhandensein von vielen acidophilusähnlichen Bakterien. Absoluter Mangel an Sporentragenden	GRAM-positive 75% und mehr. Acidophilusähnliche Bakterien massenhaft vorhanden, mit einigen coliartigen. Keine Sporentragenden
teilweise geformt oder breiig, kein oder nur leicht fauliger Geruch, Farbe verschieden, mit oder ohne Schleim oder Blut	teilweise geformt oder breiig, kein Geruch oder sauer; grün oder gelb, kein Schleim, kein Blut	Flockig, breiig oder teilweise geformt, saurer Geruch oder geruchlos, grün oder gelb, kein Schleim, kein Blut
okkultes Blut selten vorhanden	kein okkultes Blut	kein okkultes Blut
Fehlend	fehlend	fehlend

Öffnung nach unten in die Nährlösung versenkten kleinen Eprouvette gemessen.
nuten bei 80° C erhitzt, zwei Tage bei 37° C bebrütet. Wenn B. WELCHII (s. phlegmon.
Kaseins. Buttersäuregeruch und Gasperlenbildung.
Kultur von kleinen Gasblasen durchsetzt.

Der Zweck der klinischen Untersuchung ist nicht nur und auch nicht in erster Reihe der Nachweis der verschiedenen pathogenen Keime im Stuhl, sondern die Beurteilung der Veränderung in dem Verhältnis der schon normal vorhandenen Arten und des Fehlens einzelner obligater Darmkeime.

Von den systematischen Untersuchungen sollen hier die Methoden von Basten, Cannon und Tsuhiya besprochen werden.

Basten[1] vermischt fünf Ösen Stuhl in 1 ccm Bouillon und streicht gleichzeitig eine Öse Stuhl auf eine Traubenzuckeragarplatte. Von der Bouillon legt er drei Reihen von zehnfachen Verdünnungen an durch Mischen von 0,1 ccm der Verdünnung mit 1 ccm frischer Bouillon (von 10^{-1} bis 10^{-10}).

Nach unserer Erfahrung soll bei der Untersuchung des Stuhles Erwachsener anstatt des Traubenzuckeragars Endo-Agar in Platten gegossen benützt werden.

Die erste Reihe dient — bei der Untersuchung von Kinderstühlen — zur Züchtung des B. bifidus communis. Der Inhalt der Röhrchen wird mit verflüssigtem und auf 45° abgekühltem Traubenzuckerhochagar vermischt. Basten verwendete 16 ccm Agar, doch spielt es keine Rolle, wenn die übliche Agarmenge — 10 ccm — gebraucht wird. Nach vier Tagen erscheinen die kleinen Kolonien (siehe bei B. bifidus).

In der zweiten Reihe werden die Sporenbildner, also hauptsächlich Anaerobier, gezüchtet. Diese Serie wird im Wasserbad während zwanzig Minuten auf 70° erhitzt, mit Traubenzuckeragar gemischt und in hoher Schicht bebrütet.

Die dritte Reihe bezweckt die Kultur der Acidophilen. In jedes Röhrchen kommen 10 ccm 0,5 bis 1% Essigsäure-Traubenzuckerbouillon. Nach 72 Stunden entwickelt sich durch die Säureschädigung eine Reinkultur (siehe B. acidophilus).

Cannon[2] legt besonderes Gewicht auf das Verhältnis der Coli-Acidophilusgruppe, das er mit C-A-Index ausdrückt, bei gleichzeitiger Berücksichtigung der schwefelwasserstoffbildenden Aeroben und der sporentragenden anaeroben Bakterien.

Er stellt zehnfache Verdünnungen des Stuhles her und setzt zu je 1 ccm der Verdünnungen einerseits den Endo-agarähnlichen Ayers und Ruppschen Nährboden, anderseits Rinderleberglukoseagar von ph = 5,7 bis 6,0 nach Torrey. Die so bereiteten Platten werden 48 Stunden bebrütet. Man wählt eine für die Zählung der Kolonien geeignete Verdünnung einer Serie aus und vergleicht die zweite Reihe mit derselben Verdünnung. Die roten Kolonien auf dem Ayers und Ruppschen Nährboden werden zu den Colikeimen gerechnet, die wolligflockigen des Torreyschen Nährbodens als B. acidophilus bezeichnet. Durch Vergleich der Zahlen der beiden Kolonientypen kann der C-A-Index errechnet werden.

Die schwefelwasserstoffbildenden aeroben Bakterien sowie die sporentragenden Anaerobier werden auf Bleiazetatagar geprüft. Dieser Nährboden besteht aus einem 2%igen Agar aus Rindsbouillon mit 3% Pepton und 0,5 NaCl. ph = 7,4 bis 7,8. Vor dem Gießen der Platten werden 2 ccm von einer 10%igen sterilen Bleiazetatlösung in destilliertem Wasser zugesetzt.

Die Stuhlaufschwemmung wird durch Watte filtriert und ein Teil durch zwanzig Minuten auf 80° erhitzt, die Verdünnungen hergestellt und mit dem Bleiazetatnährboden gemischt, Platten gegossen und nach dem Erstarren mit je 15 ccm 3%igem Wasseragar zwecks Verhütung einer oberflächlichen Rasenbildung überschichtet, dann 36 Stunden unter anaeroben Bedingungen bebrütet.

---

[1] Zeitschr. f. Hyg. u. Infektionskrankh., Bd. 97, S. 282. 1914.

[2] Journ. of infect. dis. Vol. 29, S. 369. 1921.

Der zweite Teil des Wattefiltrats bleibt unerhitzt, wird ebenso überschichtet, aber aerob bebrütet. Infolge von Schwefelwasserstoffbildung zeigen die Kolonien eine dunkelbraune Färbung. Aus diesen Kulturen kann das Verhältnis der sporenbildenden Anaeroben zu den Aeroben ausgerechnet werden.

Die CANNONsche Methode ist auf der von TORREY aufgestellten Einteilung der Stuhlbakterien in fermentative und putrifizierende aufgebaut. Zwischen beiden steht die Coligruppe, welche nach KENDALL 60% der Darmbakterien des Menschen ausmacht, und zwar je nach der Art der Ernährung entweder zu dem einen oder anderen Typus neigt, jedoch eher proteolytischen Charakter zeigt als fermentativen. Der B. acidophilus, der bei Kindern den überwiegenden Bestandteil der Bakterienflora darstellt, ist von rein fermentativem Typus.

Die von TSUHIYA[1] beschriebene Methode bezweckt nicht die Züchtung der einzelnen Bakterien, sondern stellt auf Grund der putrifizierenden oder fermentativen Eigenschaften der verschiedenen Bakterien Typen auf, zwischen welchen auch Übergänge vorkommen.

Er verteilt ein erbsengroßes Stück oder von flüssigem Stuhl 1 ccm in 10 ccm Wasser und schiebt in die Eprouvette, in welcher die Flüssigkeit sich befindet, ein Stück Watte bis zur Kuppe, wodurch die Bakterien von den Nahrungsresten getrennt werden. Zur Kultur wird Lackmusmilch, 1% Milchzuckerbouillon, VEILLON-Röhrchen (das ist ein langes Röhrchen mit 1% Milchzuckeragar gefüllt, statt dessen kann auch eine gewöhnliche Schüttelkultur in hoher Schicht benützt werden), Trauben- oder Milchzuckeragarplatten als Schüttelkultur verwendet und 48 Stunden bebrütet. Die Beimpfung geschieht mit 0,5 ccm der Emulsion, bei Lackmusmilch 1 ccm, das VEILLON-Röhrchen wird mit einer Öse infiziert.

Die Stuhlbakterien selbst teilt er in folgende Gruppen ein:

1. Coligruppe (B. coli, B. proteus vulgaris, B. lactis aerogenes, B. faecalis alkaligenes usw.).
2. Acidophilus-Gruppe (B. acidophilus, B. bifidus).
3. Sporentragende Bakterien (B. WELCHII, B. putrificus usw.).
4. GRAM-positive Kokken (Mikrokokken, Diplokokken und Enterokokken).

Dazu kommen noch die Hefen.

Durch die verschiedenen Mengenverhältnisse dieser Bakterien entstehen folgende Typen:

1. Fermentative, 2. halbfermentative, 3. gemischte, 4. halbputrifizierende und 5. putrifizierende. Näheres siehe Tabelle S. 324.

[1] Arch. of internal med. Vol. 36, S. 636. 1925.

Literatur

BOAS: Diagnostik und Therapie der Magenkrankheiten. Leipzig: G. Thieme. 1925.

BRAUN-SEIFERT: Die tierischen Parasiten des Menschen. Leipzig: C. Kabitzsch. 1925.

BRUG: Parasitologische Diagnostik v. d. menschelijke Faeces. Batavia: 1922. Übers. v. Klövekorn. 1926.

BRUGSCH-SCHITTENHELM: Lehrbuch klinischer Diagnostik und Untersuchungstechnik. Berlin-Wien: Urban & Schwarzenberg. 1923.

— klinische Laboratoriumstechnik. Berlin-Wien: Urban & Schwarzenberg. 1923/1924.

ESCHERICH, TH.: Die Darmbakterien des Säuglings und ihre Beziehungen zur Physiologie der Verdauung. Stuttgart: F. Enke. 1886.

FEINBLATT und EGGERTH: Clinical Laboratory Methods. New York: W. Wood. 1925.

FIEBIGER: Die tierischen Parasiten. Wien-Leipzig: W. Braumüller 1923.

FUHRMANN, F.: Vorlesungen über technische Mykologie. Jena: G. Fischer. 1913.

GAULTIER: Precis de coprologie clinique. Paris: Baillière. 1914.

GOIFFON: Manuel de coprologie clinique. Paris: Masson et Cie. 1925.

HARTMANN-SCHILLING: Die pathogenen Protozoen. Berlin: J. Springer. 1917.

HEIM, L.: Lehrbuch der Bakteriologie. Stuttgart: F. Enke. 1922.

JAGIĆ-BARRENSCHEEN: Atlas und Grundriß der klinischen Mikroskopie. Wien: M. Perles. 1913.

JOCHMANN, G. und HEGLER, C.: Lehrbuch der Infektionskrankheiten. Berlin: J. Springer. 1924.

KLIMMER, K.: Technik und Methodik der Bakteriologie und Serologie. Berlin: J. Springer. 1923.

KLÖCKER: Arbeitsmethoden zur Züchtung der Hefen und Schimmelpilze. In Kraus-Uhlenhuth: Handbuch der mikrobiologischen Technik. Berlin-Wien: Urban & Schwarzenberg. 1924. III.

KOLLE, W. und H. HETSCH: Die experimentelle Bakteriologie und die Infektionskrankheiten. Berlin-Wien: Urban & Schwarzenberg. 1922.

KOLLE, W. und A. WASSERMANN: Handbuch der pathogenen Mikroorganismen. Jena: G. Fischer. 1912.

KRAUS, R. und P. UHLENHUTH: Handbuch der mikrobiologischen Technik. Berlin-Wien: Urban & Schwarzenberg. 1923.

KRUSE, W.: Allgemeine Mikrobiologie. Leipzig: F. C. W. Vogel. 1910.

LAFAR: Handbuch der technischen Mykologie. Jena: G. Fischer. 1891.

LANGERON: Précis de microscopie. Paris: Masson. 1913.

LANGERON und RONDEAU du NOYER: Coprologie microscopique. Paris: Masson. 1926.

LEDDEN-HULSEBOSCH: Makro- und mikroskopische Diagnostik der menschlichen Exkremente. Berlin: J. Springer. 1899.

LEHMANN, K. B. und R. O. NEUMANN: Bakteriologische Diagnostik. München: J. F. Lehmann. 1927.

LOHRISCH: Methoden zur Untersuchung der menschlichen Faeces. Abderhalden: Handbuch der biologischen Arbeitsmethoden. Abt. IV, Angewandte chemische und physikalische Methoden. Teil 6, H. 1. Berlin-Wien: Urban & Schwarzenberg.

LYNCH: Coprologia. Buenos-Aires: Peuser. 1896.

MANNABERG: In Nothnagels Handbuch. Bd. 17, 2. Aufl. 1903.

MANSON: Tropical diseases. London: Cassell. 1925.

MEYER, M.: Exotische Krankheiten. Berlin: J. Springer. 1924.

MOELLER: Mikroskopie der Nahrungs- und Genußmittel. Berlin: J. Springer. 1886.

MOSLER und PEIPER: Tierische Parasiten. In Nothnagels Handbuch. Bd. 6, 2. Aufl. 1904.
NOTHNAGEL: Darmkrankheiten. In Nothnagels Handbuch. Bd. 17, 2. Aufl. 1903.
PLAUT: Arbeitsmethoden für pathogene Pilze. In Kraus-Uhlenhuth: Handbuch der mikrobiologischen Technik. Bd. 3, Berlin-Wien: Urban & Schwarzenberg. 1924.
V. d. REISS, V.: Die Darmbakterien des Erwachsenen und ihre klinische Bedeutung. Ergebn. d. inner. Med. u. Kinderheilk., Bd. 27, S. 78. 1925.
ROSELL, J. M.: Coprologie clinique. Madrid. 1920.
SAHLI: Lehrbuch der klinischen Untersuchungsmethoden. Leipzig-Wien: F. Deuticke. 1920.
SCHAFFER: Lehrbuch der Histologie und Histogenese. Leipzig: W. Engelmann. 1922.
SCHMIDT W. J.: Anleitung zur polarisationsmikroskopischen Untersuchung für Biologen. Bonn: F. Cohen. 1924.
— Bausteine des Tierkörpers im polarisierten Licht. Bonn: F. Cohen. 1924.
SCHMIDT-NOORDEN: Klinik der Darmkrankheiten. München-Wiesbaden: J. F. Bergmann. 1921.
SCHMIDT-STRASBURGER: Die Faeces des Menschen im normalen und krankhaften Zustande. Berlin: A. Hirschwald. 1903.
SCHNEIDER-ZIMMERMANN: Botanische Mikrotechnik. Jena: G. Fischer. 1922.
SCHOTTMÜLLER, H.: Leitfaden für die klinisch-bakteriologischen Kulturmethoden. Berlin-Wien: Urban & Schwarzenberg. 1923.
SITTLER, P.: Die wichtigsten Bakterientypen der Darmflora beim Säugling. Würzburg: C. Kabitzsch. 1909.
STRASBURGER: Die einzelnen Erkrankungen des Darmes. In Bergmann-Staehelin: Handb. d. inner. Krankh., Bd. 3, 2. Teil. Berlin: J. Springer. 1926.
UFFENHEIMER, A.: Die Darmflora in Pfanndler und Schloßmanns Handbuch der Kinderheilkunde, Bd. 3. Leipzig: F. C. W. Vogel. 1924.
WASICKY: Anleitung für die pharmakognostischen Übungen. Leipzig-Wien: F. Deuticke. 1919.
WOOD: Chemic and. microscop. Diagnosis. 1918.
ZSCHOKKE: Die tierischen Darmschmarotzer. In Bergmann-Staehelins Handb. d. inner. Med. Berlin: J. Springer. 1926.

Sachverzeichnis

Manzsche Buchdruckerei, Wien IX

Tafel I bis XXIV

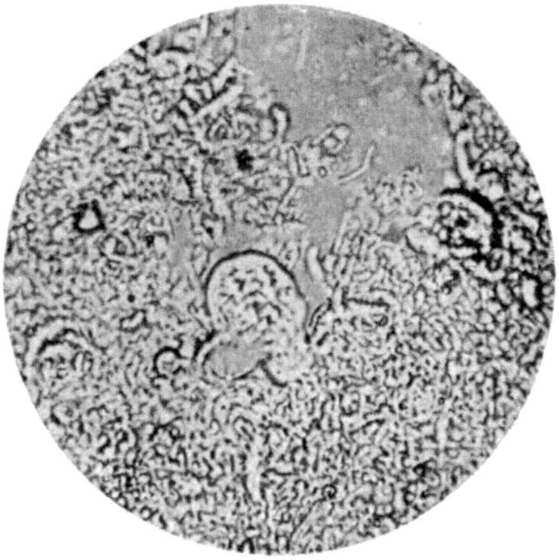

Abb. 1. Amoeba histolytica. Nativpräparat. Vergr. ca. 1200.

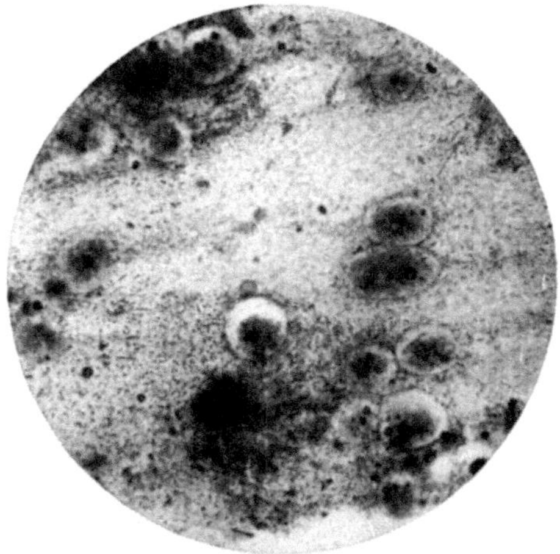

Abb. 2. Amoeba histolytica. Sublimat-Alkoholfixation. Heidenhainsche Färbung. Vergr. ca. 300.

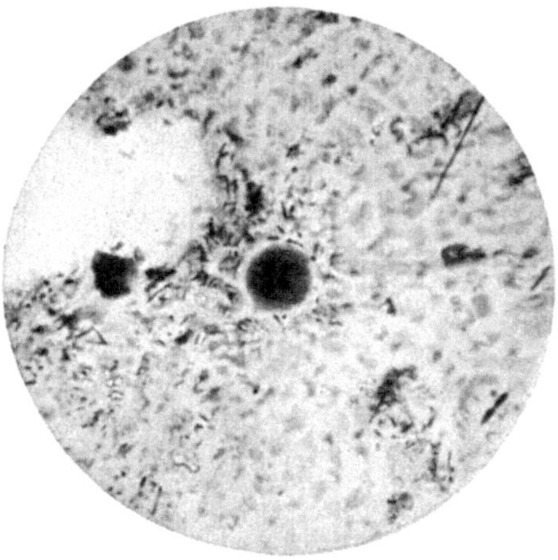

Abb. 3. Vierkernige Histolytica-Zyste. Sublimat-Alkoholfixation. Heidenhainsche Färbung. Vergr. ca. 300.

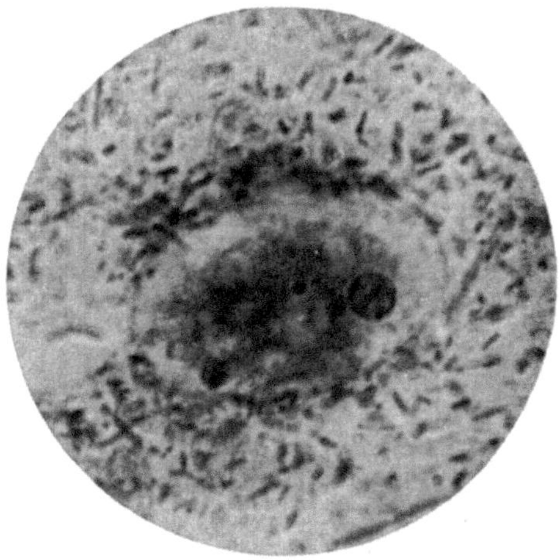

Abb. 4. Amoeba histolytica. Große vegetative Form. Sublimat-Alkoholfixation. Heidenhainsche Färbung. Vergr. ca. 1200.

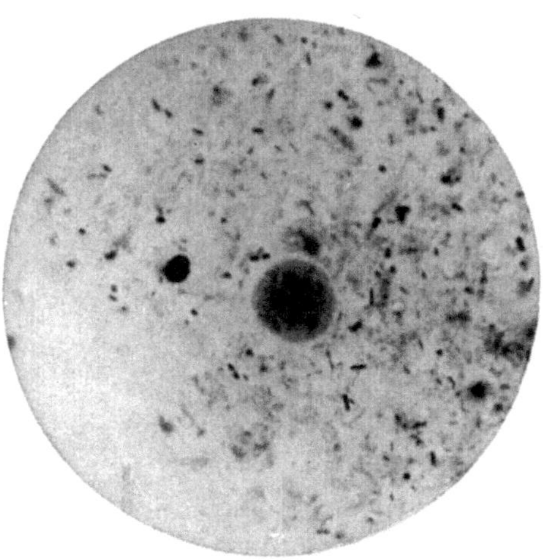

Abb. 5. Achtkernige Amoeba coli-Zyste. Sublimat-Alkoholfixation. Heidenhainsche Färbung. Vergr. ca. 300. (Kerne in verschiedener Ebene, daher nicht gleichmäßig darstellbar.)

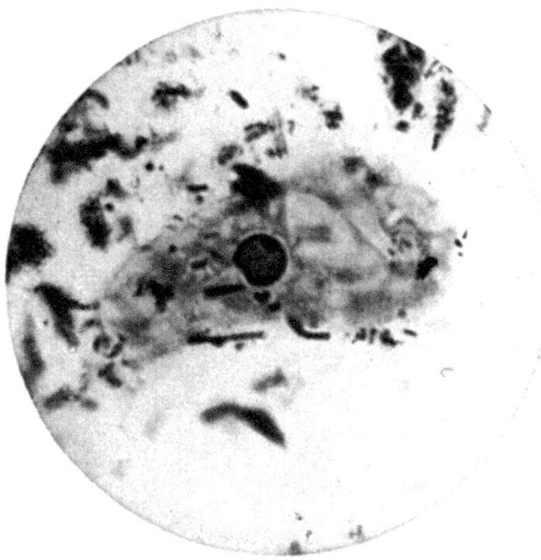

Abb. 6. Amoeba coli. Vegetative Form. Sublimat-Alkoholfixation. Heidenhainsche Färbung. Vergr. ca. 1200.

Verlag von Julius Springer in Wien

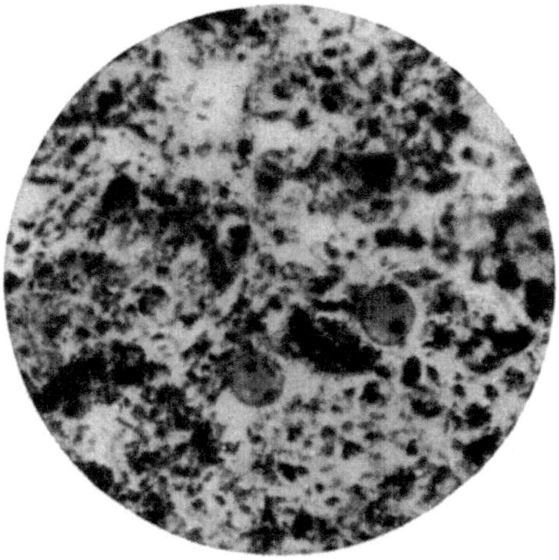

Abb. 1. Zweikernige Amoeba coli-Zysten. Sublimat-Alkoholfixation. Heidenhainsche Färbung. Vergr. ca. 300.

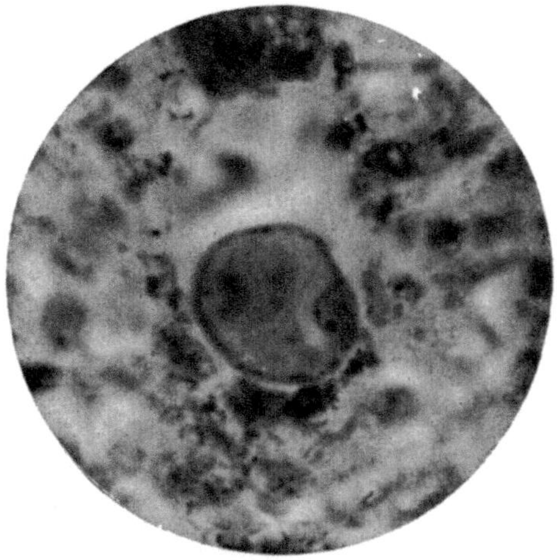

Abb. 2. Zweikernige Amoeba coli-Zyste. Sublimat-Alkoholfixation. Heidenhainsche Färbung. Vergr. ca. 1200.

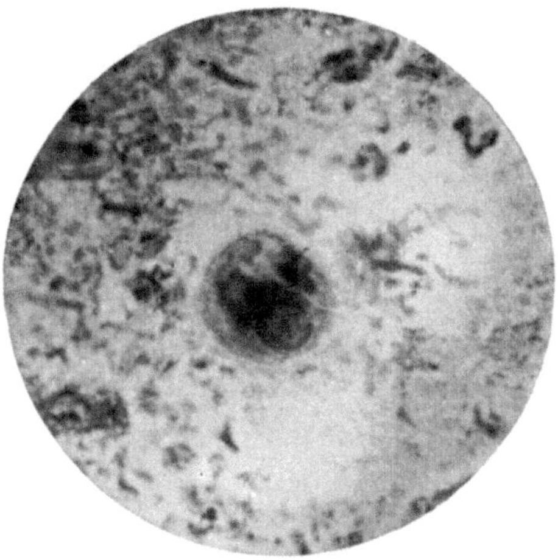

Abb. 3. Einkernige Histolytica-Zyste. Chromidialkörper. Sublimat-Alkoholfixation. Heidenhainsche Färbung. Vergr. ca. 800.

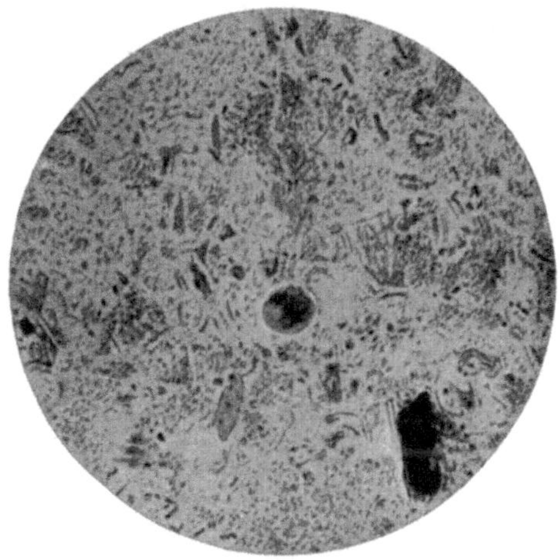

Abb. 4. Einkernige Histolytica-Zyste. Chromidialkörper. Sublimat-Alkoholfixation. Heidenhainsche Färbung. Vergr. ca. 300.

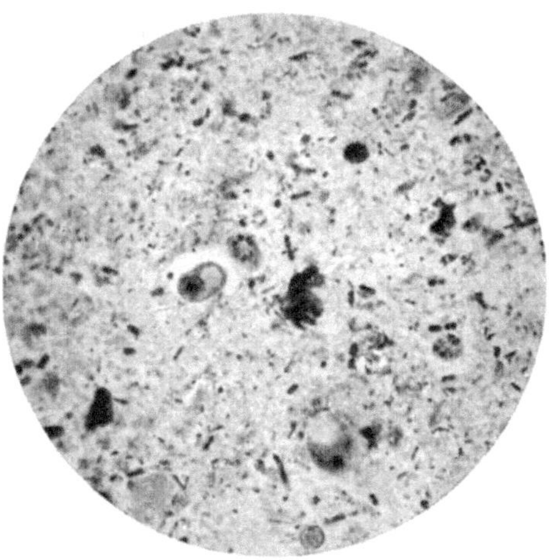

Abb. 5. Jodamoeba Bütschlii. Sublimat-Alkoholfixation. Heidenhainsche Färbung. Vergr. ca. 600.

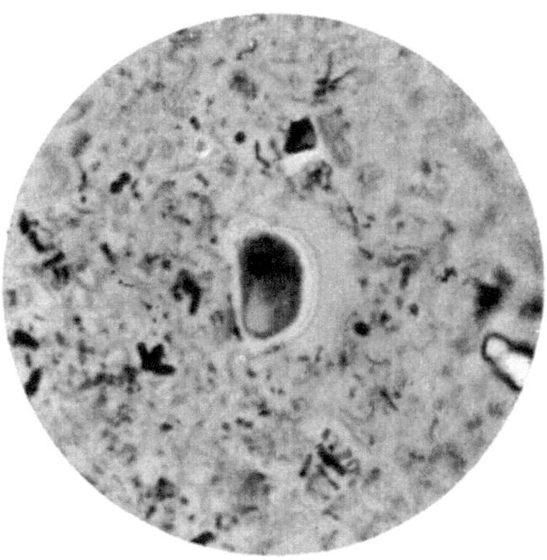

Abb. 6. Jodamoeba Bütschlii. Sublimat-Alkoholfixation. Heidenhainsche Färbung. Vergr. ca. 1200.

Verlag von Julius Springer in Wien

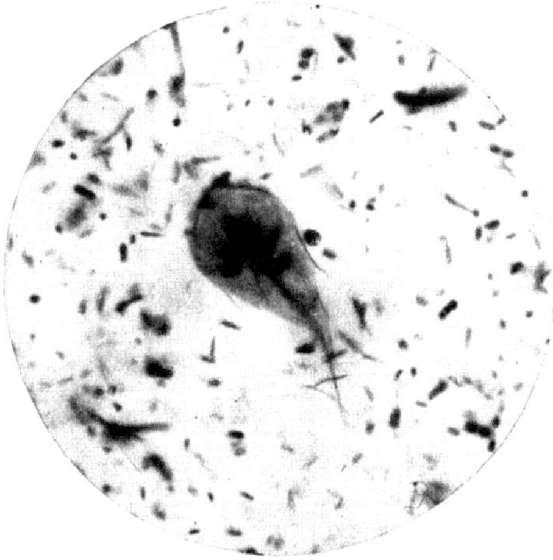

Abb. 1. Lamblia intestinalis. Vegetative Form. Sublimat-Alkoholfixation. Heidenhainsche Färbung. Vergr. ca. 1200.

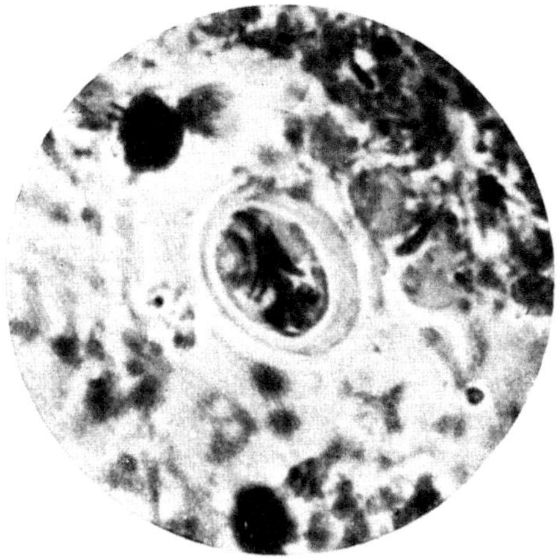

Abb. 2. Lamblienzyste. Sublimat-Alkoholfixation. Heidenhainsche Färbung. Vergr. ca. 1200.

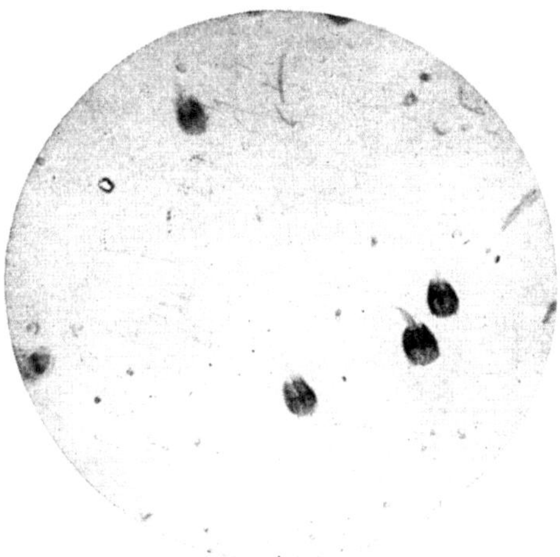

Abb. 3. Lamblien. Sublimat-Alkoholfixation. Giemsa-Färbung. Vergr. ca. 300.

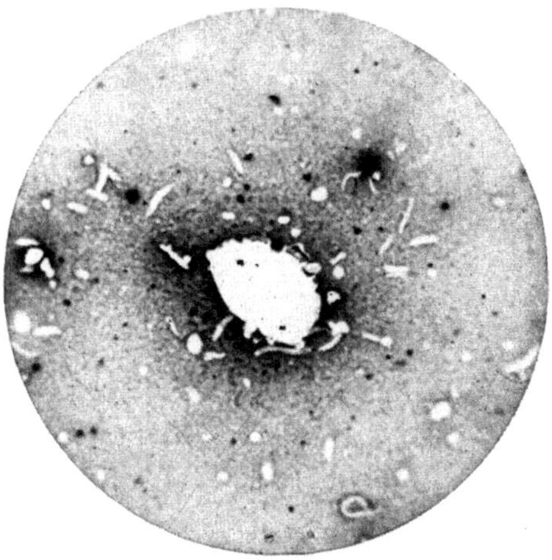

Abb. 4. Trichomonas muris. Kollargolpräparat. Vergr. ca. 600.

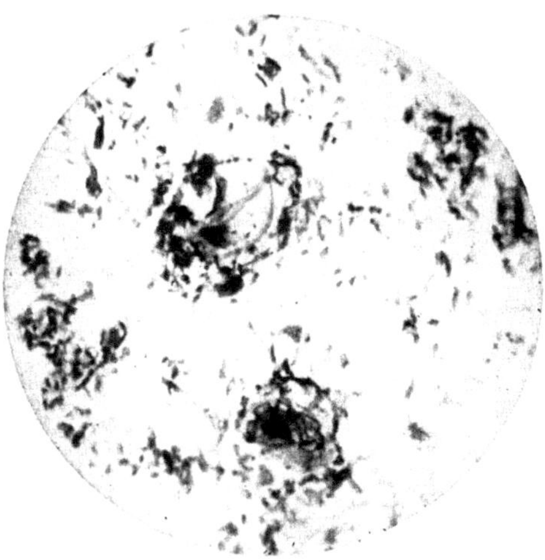

Abb. 5. Trichomonas muris. Sublimat-Alkoholfixation. Giemsa-Färbung. Vergr. ca. 600.

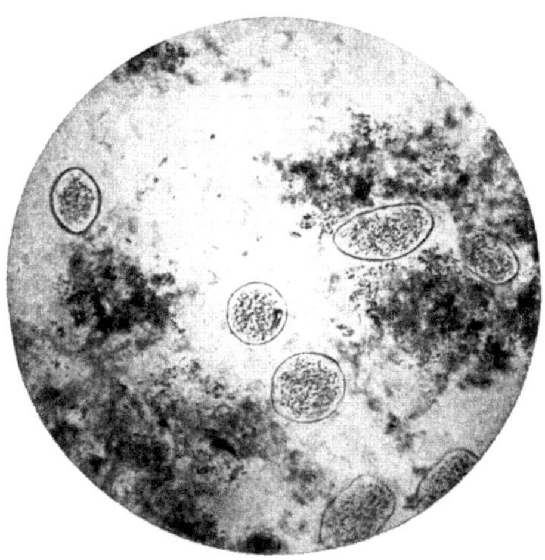

Abb. 6. Balantidium coli. Nativpräparat. Vergr. ca. 150.

Verlag von Julius Springer in Wien

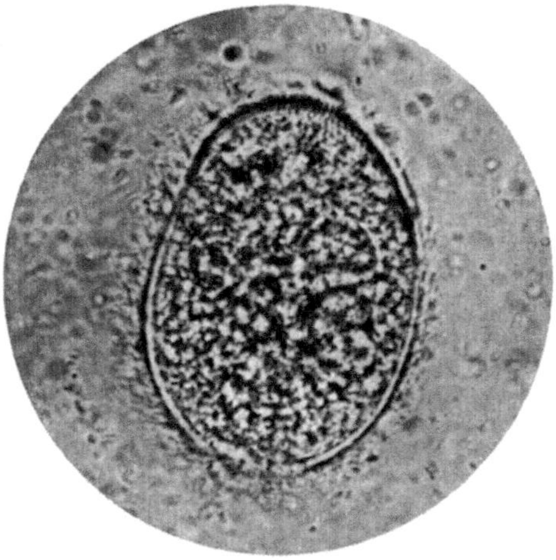

Abb. 1. Balantidium coli. Nativpräparat. Vergr. ca. 600.

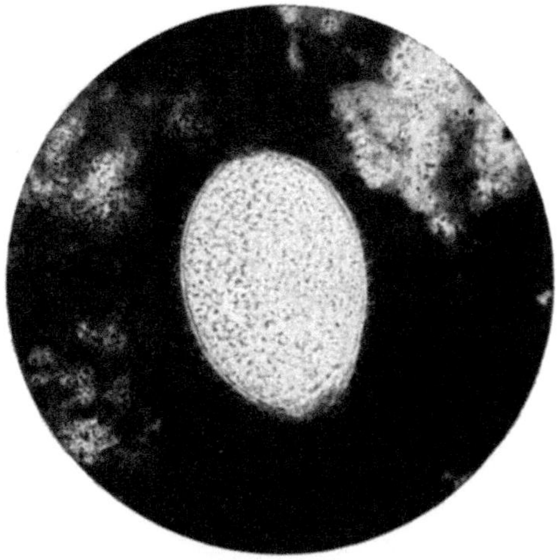

Abb. 2. Balantidium coli. Tuschepräparat. Vergr. ca. 400.

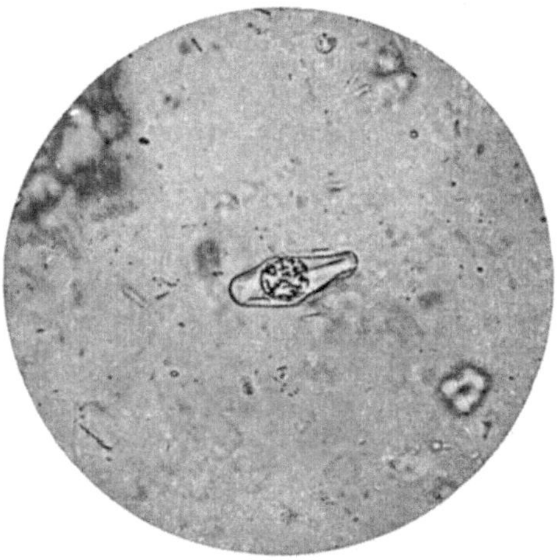

Abb. 3. Isospora hominis. Nativpräparat. Vergr. ca. 300.

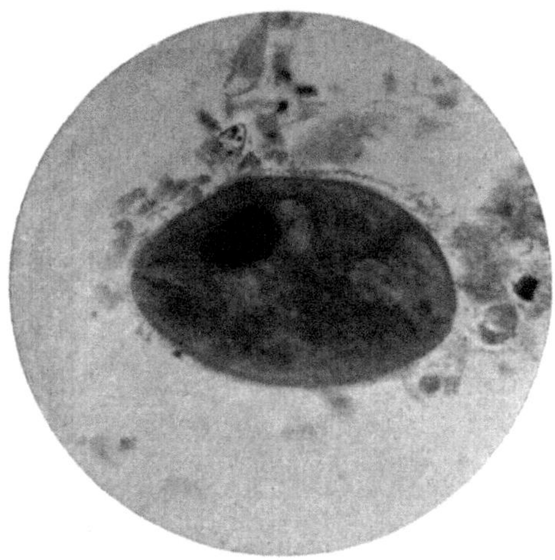

Abb. 4. Balantidium coli. Sublimat-Alkoholfixation. Giemsa-Färbung. Vergr. ca. 400.

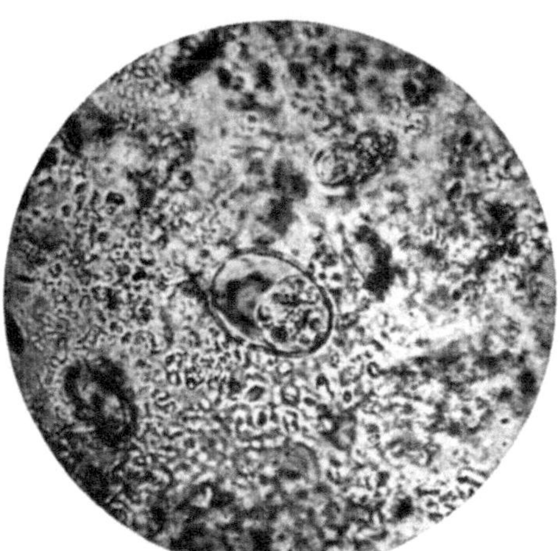

Abb. 5. Eimeria stiedae. Nativpräparat. Vergr. ca. 500.

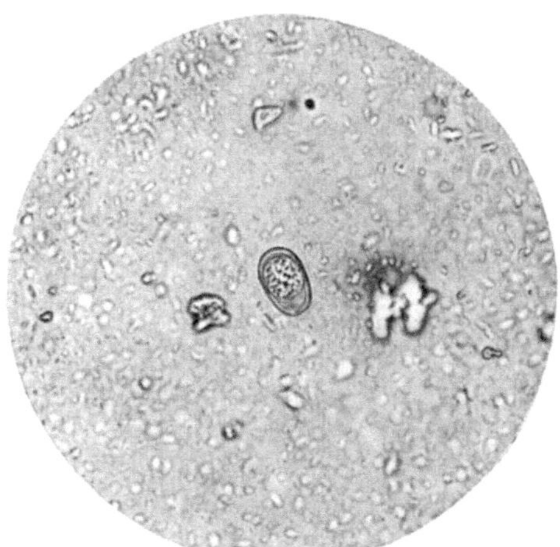

Abb. 6. Eimeria stiedae. Nativpräparat. Vergr. ca. 300.

Verlag von Julius Springer in Wien

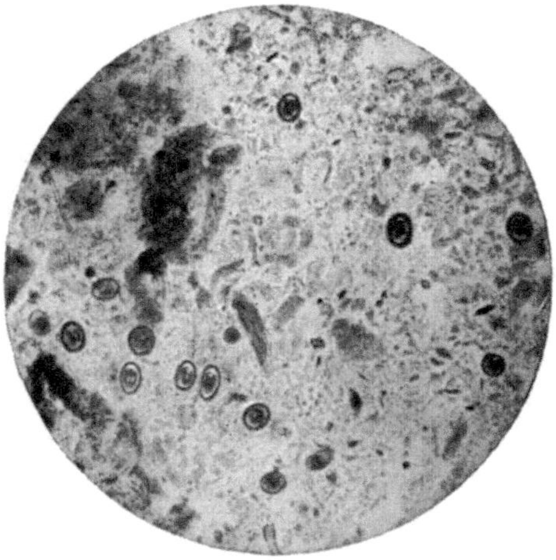

Abb. 1. Eier von Ascaris lumbricoides. Telemann-Präparat. Vergr. ca. 60.

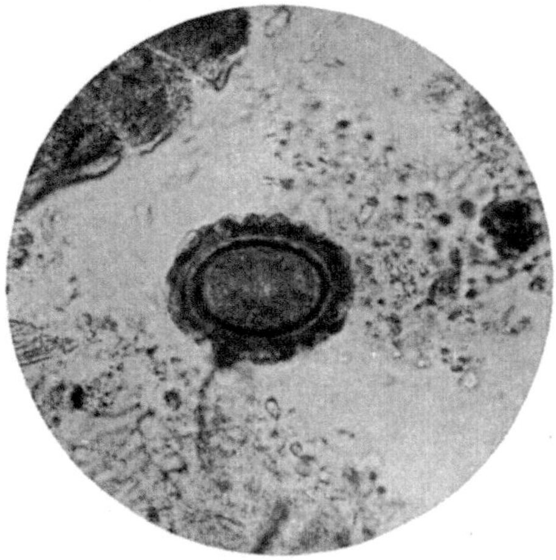

Abb. 2. Ei von Ascaris lumbricoides. Nativpräparat. Vergr. ca. 300.

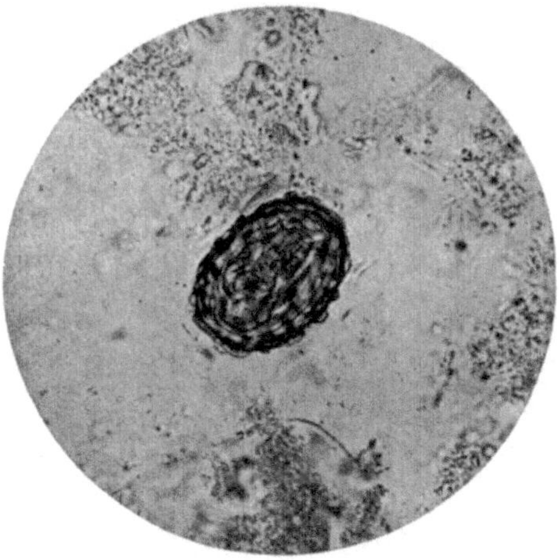

Abb. 3. Ei von Ascaris lumbricoides mit entwickeltem Embryo. Nativpräparat. Vergr. ca. 300.

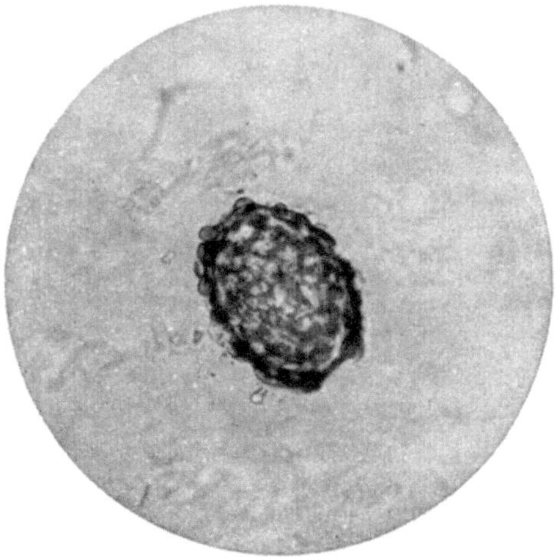

Abb. 4. Unbefruchtetes Ei von Ascaris lumbricoides. Nativpräparat. Vergr. ca. 300.

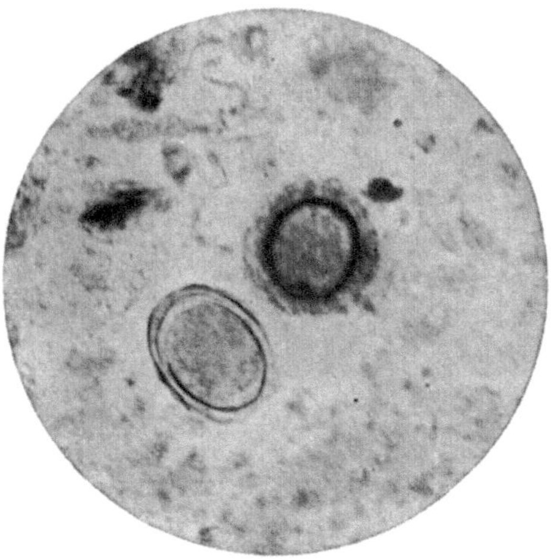

Abb. 5. Eier von Ascaris lumbricoides. Links ohne erkennbare äußere Hülle, rechts quergelagert. Nativpräparat. Vergr. ca. 300.

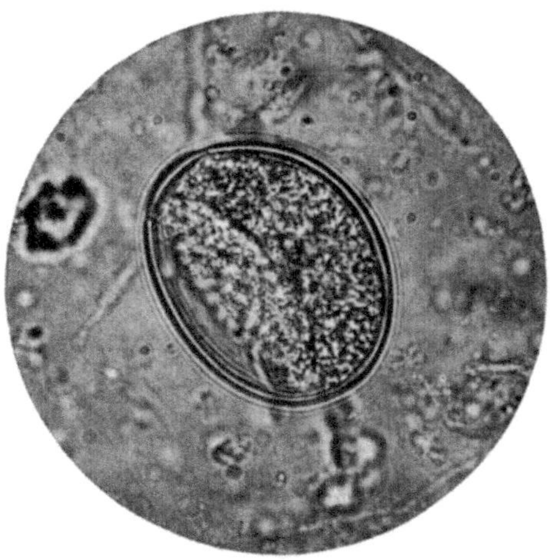

Abb. 6. Ei von Dibotriocephalus latus. Nativpräparat. Vergr. ca. 800.

Verlag von Julius Springer in Wien

Abb. 1. Ei von Oxyuris vermicularis. Nativpräparat. Vergr. ca. 300.

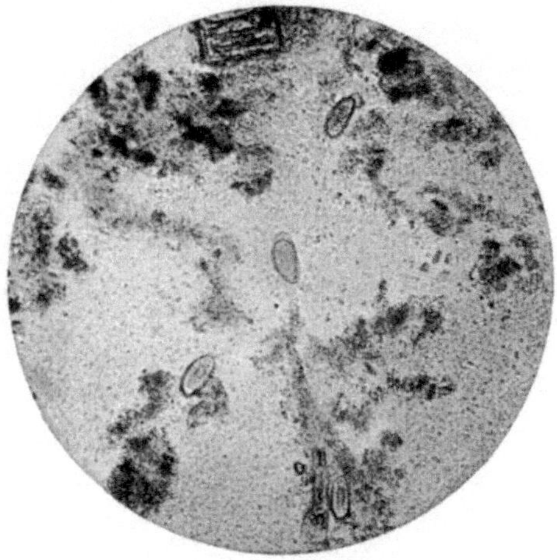

Abb. 2. Eier von Oxyuris vermicularis. Telemann-Präparat. Vergr. ca. 150.

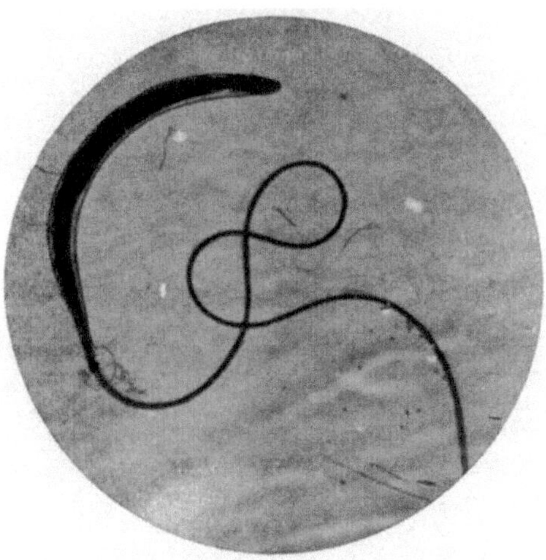

Abb. 3. Trichocephalus dispar. ♀ Nativpräparat. Vergr. ca. 8.

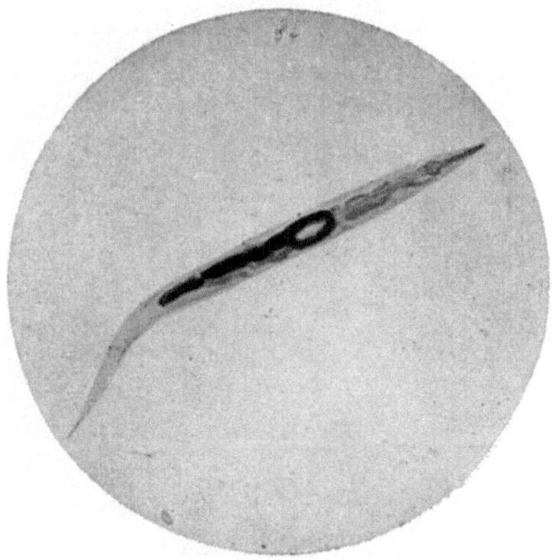

Abb. 4. Oxyuris vermicularis. ♀ Nativpräparat. Vergr. ca. 8.

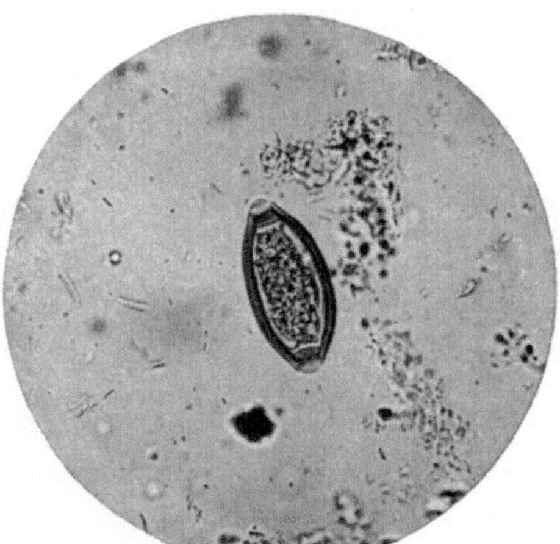

Abb. 5. Ei von Trichocephalus dispar. Nativpräparat. Vergr. ca. 400.

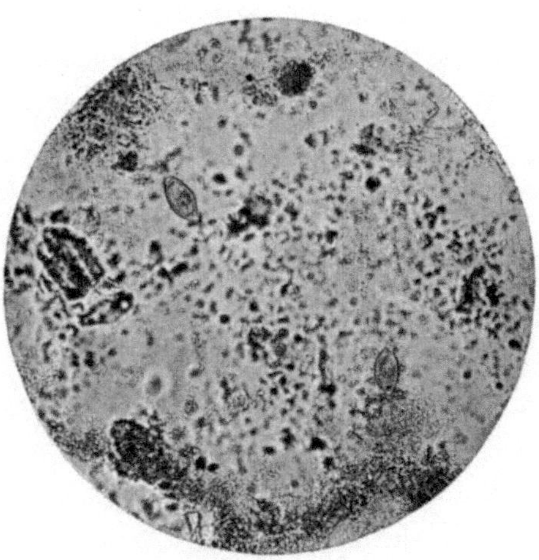

Abb. 6. Eier von Trichocephalus dispar. Nativpräparat. Vergr. ca. 150.

Verlag von Julius Springer in Wien

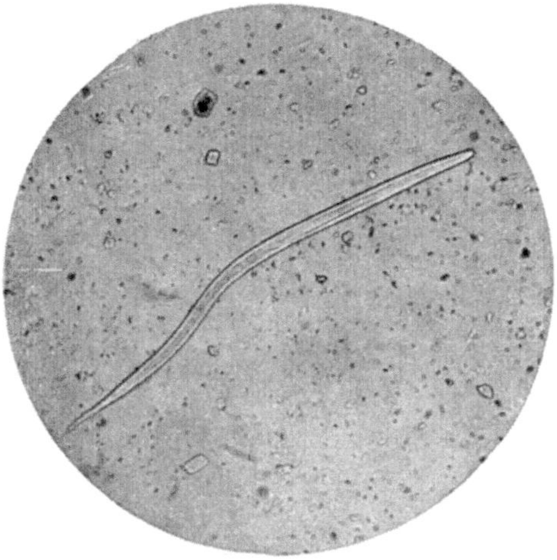

Abb. 1. Anguillula stercoralis. Filiforme Larve. Nativpräparat. Vergr. ca. 140.

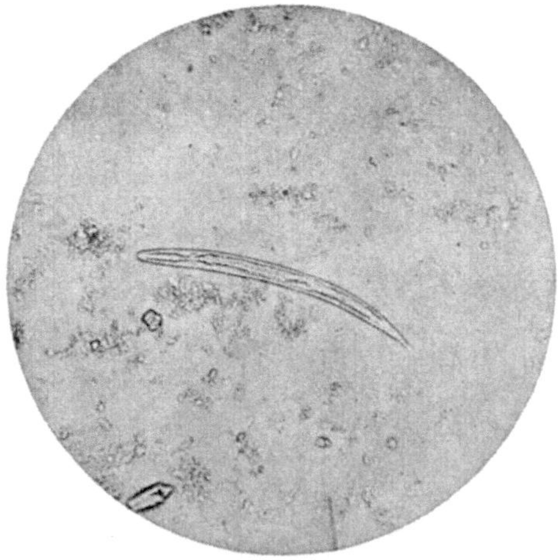

Abb. 2. Anguillula stercoralis. Rhabditisform. Nativpräparat. Vergr. ca. 140.

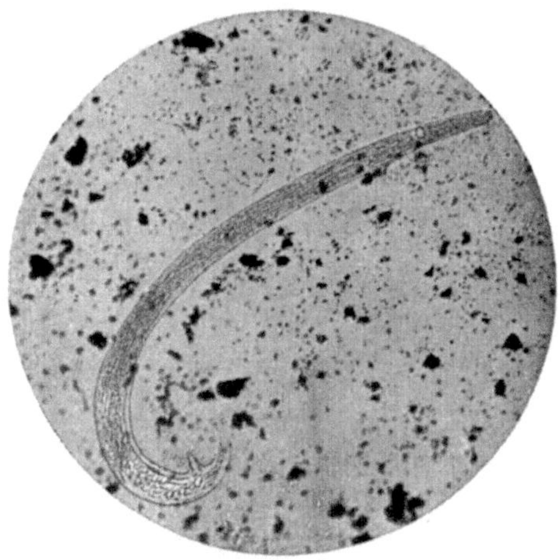

Abb. 3. Anguillula stercoralis. ♂ Aus Tierkohlekultur. Vergr. ca. 140.

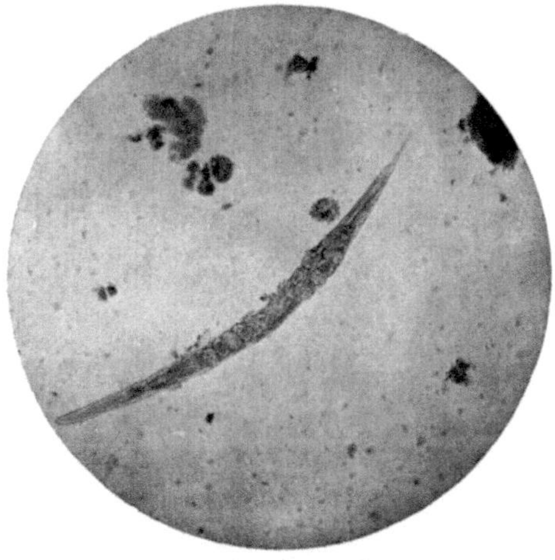

Abb. 4. Anguillula stercoralis. ♀ Nativpräparat. Vergr. ca. 140.

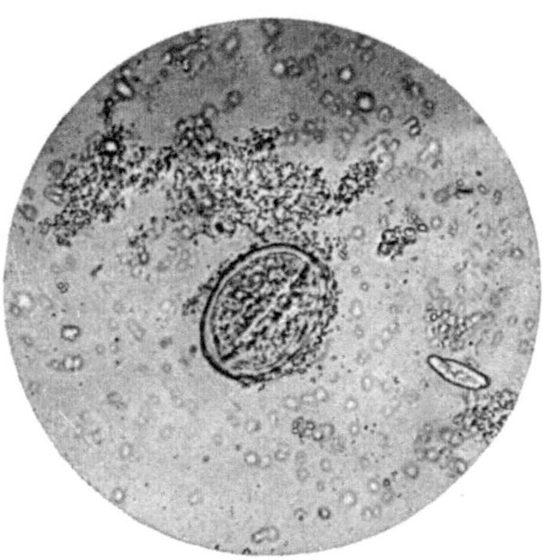

Abb. 5. Ei von Schistosoma japonicum. Nativpräparat. Vergr. ca. 260.

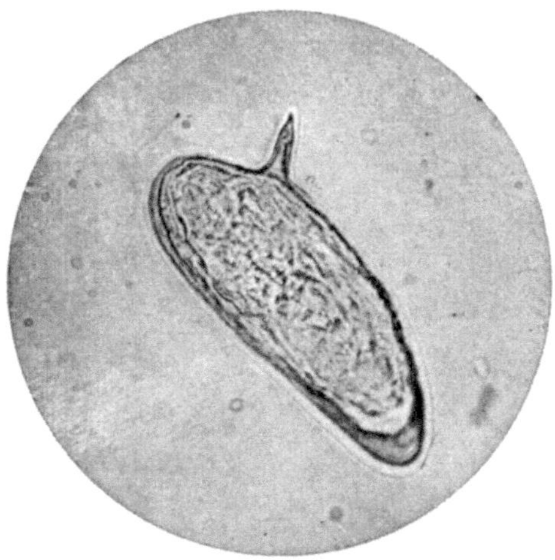

Abb. 6. Ei von Schistosoma mansoni. Nativpräparat. Vergr. ca. 400.

Verlag von Julius Springer in Wien

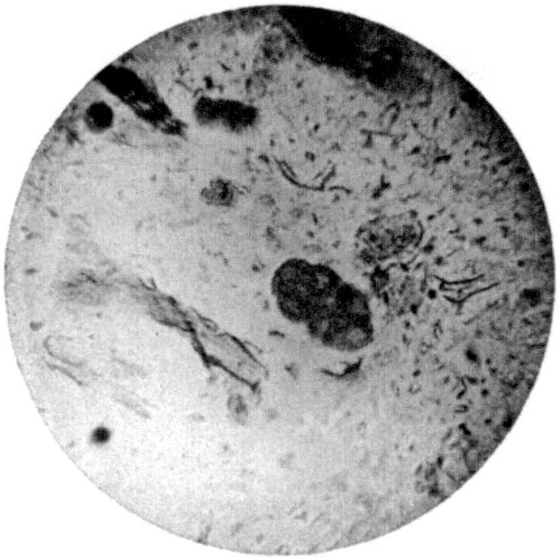

Abb. 1. Ei von Ankylostoma duodenale. Nativpräparat. Vergr. ca. 300.

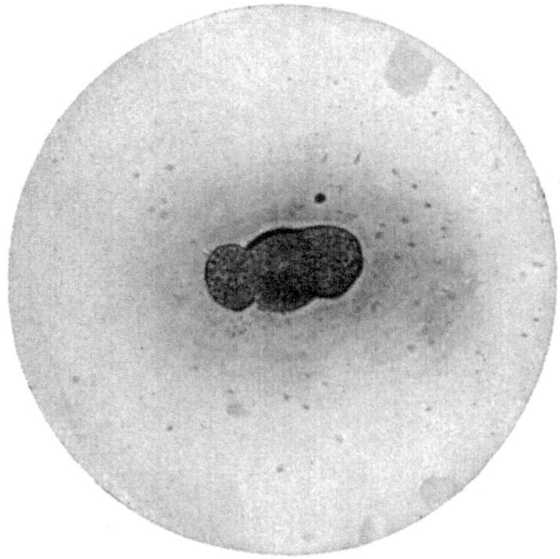

Abb. 2. Ei von Ankylostoma duodenale. Nativpräparat. Vergr. ca. 300.

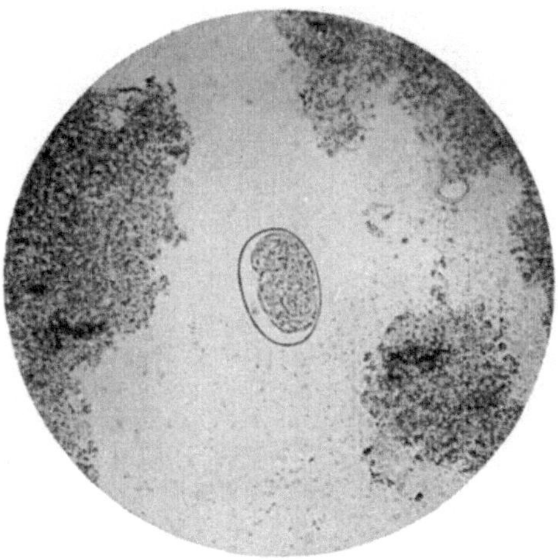

Abb. 3. Ei von Ankylostoma duodenale. Nativpräparat. Vergr. ca. 300.

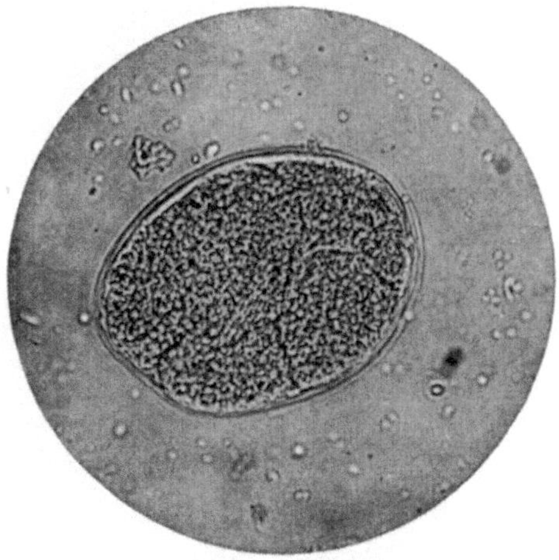

Abb. 4. Ei von Ankylostoma duodenale. Nativpräparat. Vergr. ca. 700.

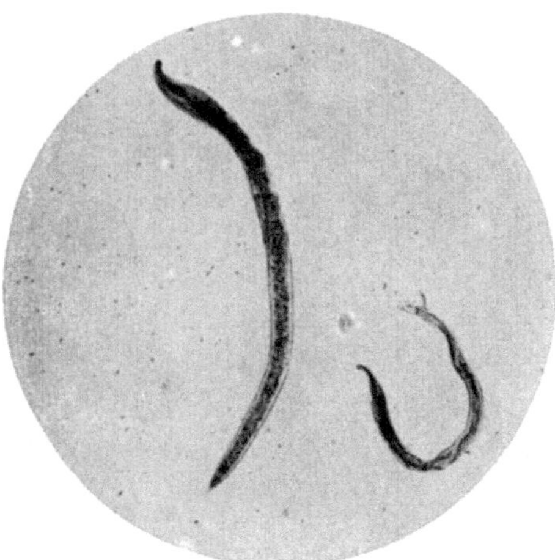

Abb. 5. Necator americanus. Vergr. ca. 6.

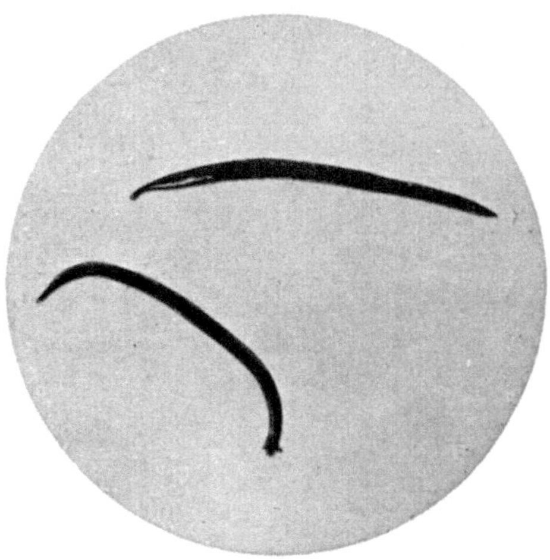

Abb. 6. Ankylostoma duodenale. Vergr. ca. 6.

Verlag von Julius Springer in Wien

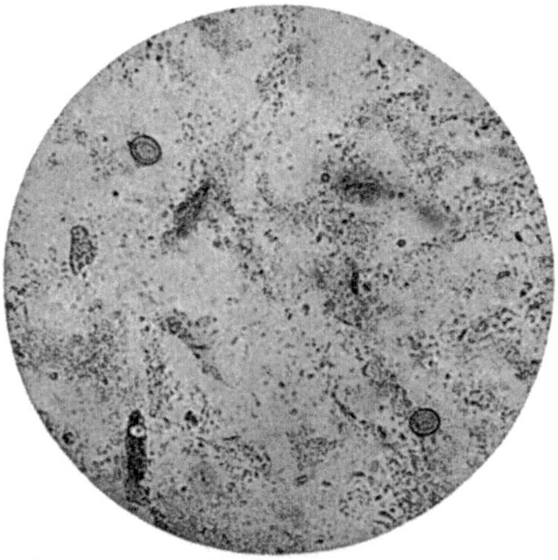

Abb. 1. Eier von Taenia saginata. Nativpräparat. Vergr. ca. 150.

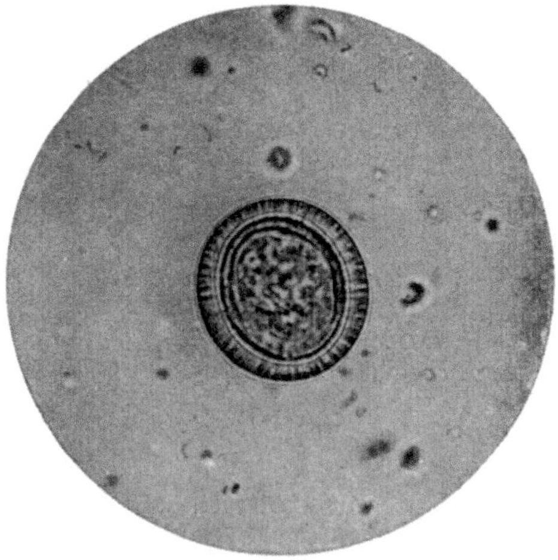

Abb. 2. Ei von Taenia saginata. Nativpräparat. Vergr. ca. 700.

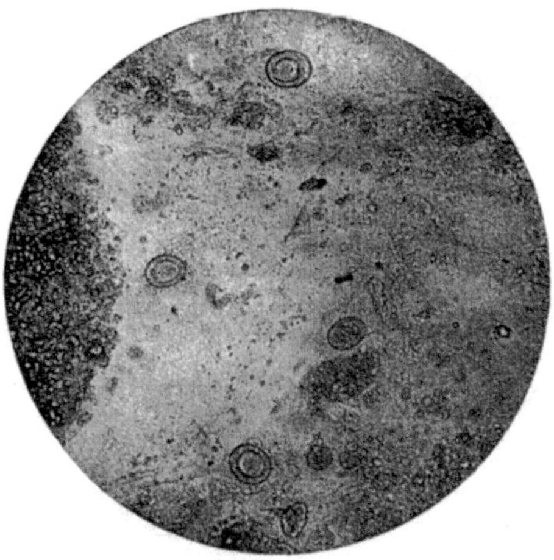

Abb. 3. Eier von Hymenolopis nana. Nativpräparat. Vergr. ca. 150.

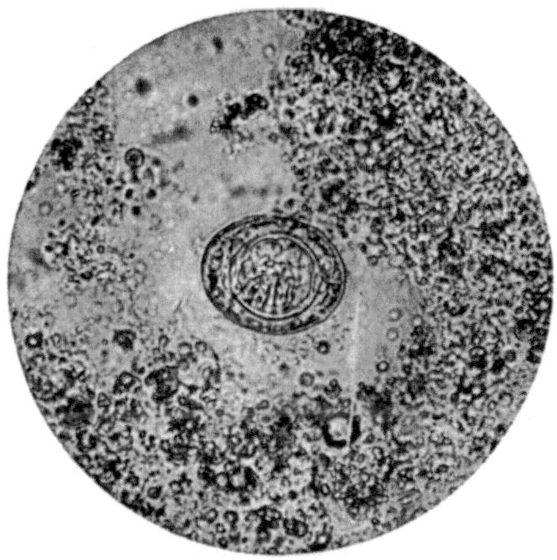

Abb. 4. Ei von Hymenolopis nana. Nativpräparat. Vergr. ca. 400.

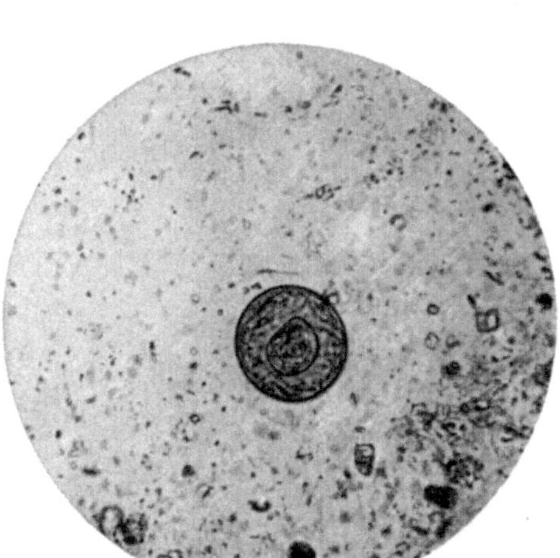

Abb. 5. Ei von Hymenolopis diminuta. Nativpräparat. Vergr. ca. 200.

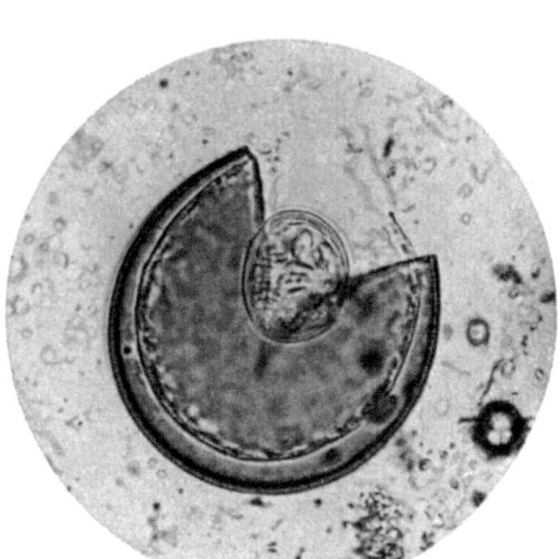

Abb. 6. Ei von Hymenolopis diminuta. Vergr. ca. 400.

Verlag von Julius Springer in Wien

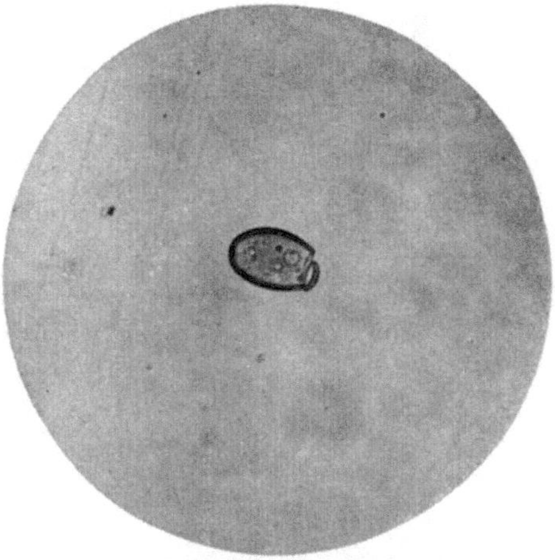

Abb. 1. Ei von Dicrocoelium lanceatum. Nativpräparat. Vergr. ca. 260.

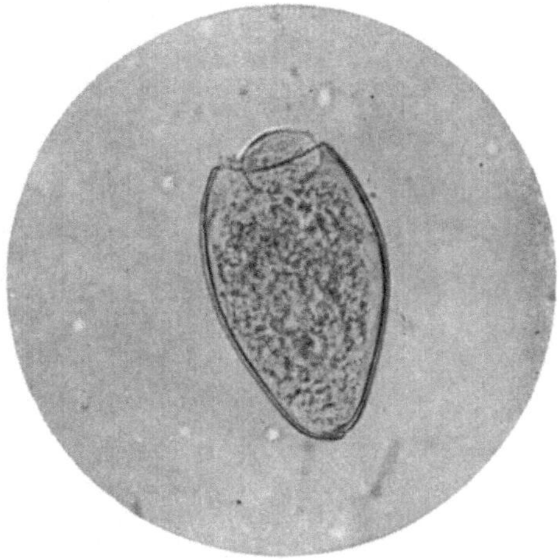

Abb. 2. Ei von Fasciola hepatica. Nativpräparat. Vergr. ca. 400.

Abb. 3. Opisthorchis felineus. Vergr. ca. 6.

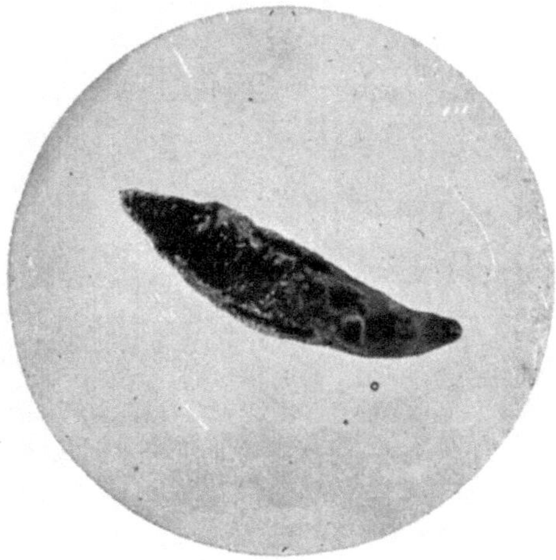

Abb. 4. Dicrocoelium lanceatum. Vergr. ca. 6.

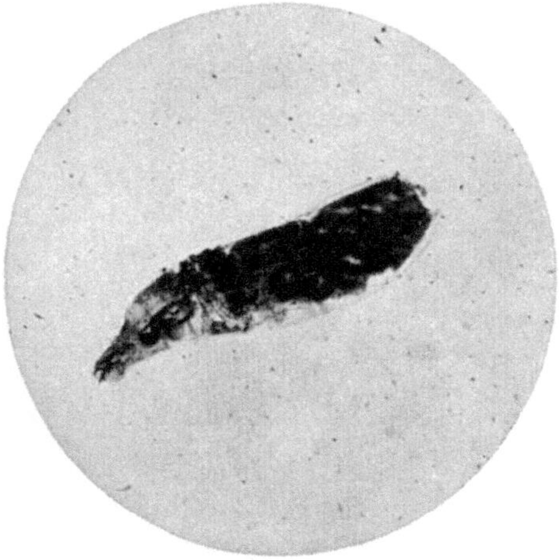

Abb. 5. Larve von Calliphora erythrocephala. Gelatinepräparat. Vergr. ca. 8.

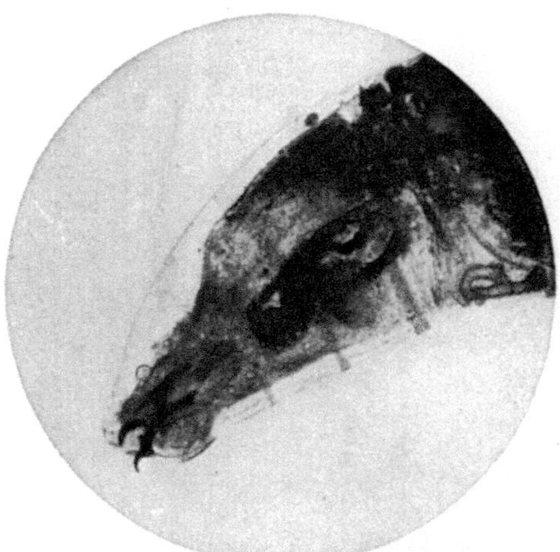

Abb. 6. Kopfende der Larve von Calliphora erythrocephala. Gelatinepräparat. Vergr. ca. 15.

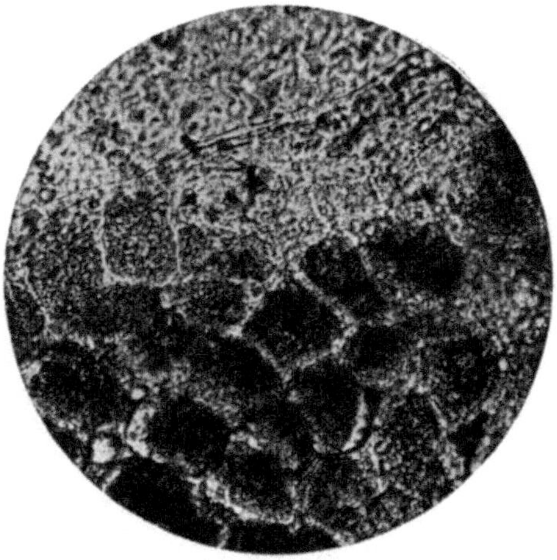

Abb. 1. Parenchym von Gemüseresten. Nativpräparat. Vergr. ca. 300.

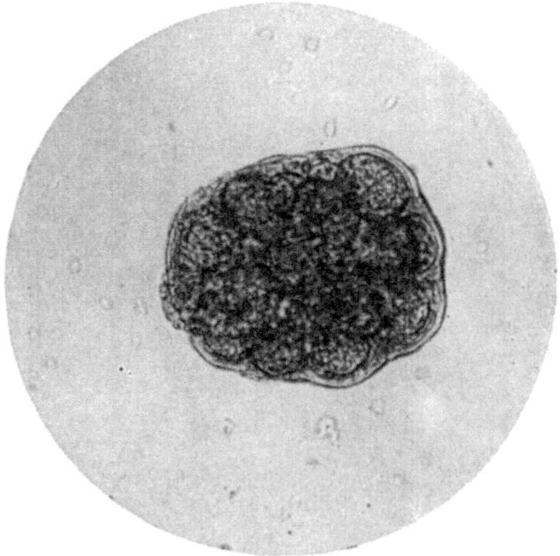

Abb. 2. Eier von Dipylidium caninum. Nativpräparat. Vergr. ca. 200

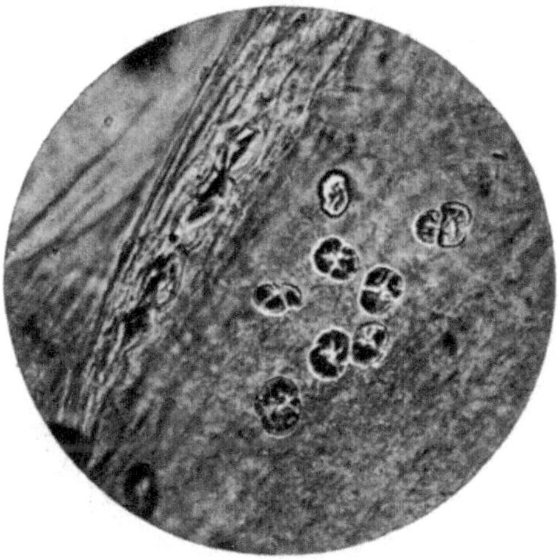

Abb. 3. Spaltlücken in Blattresten. Nativpräparat. Vergr. ca. 60.

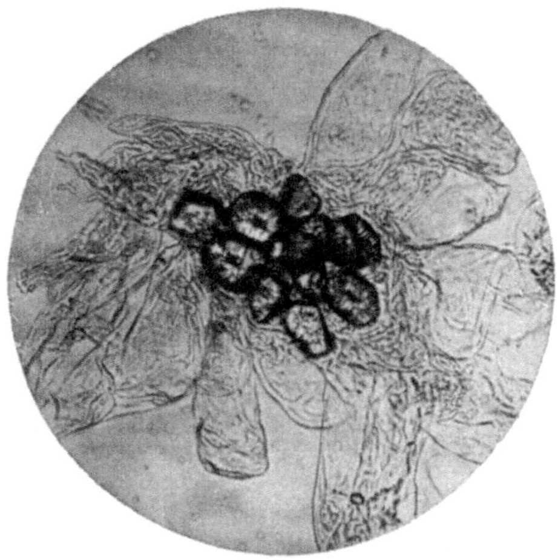

Abb. 4. Steinzellen und Reste von Fruchtfleisch (Birne). Nativpräparat. Vergr. ca. 200.

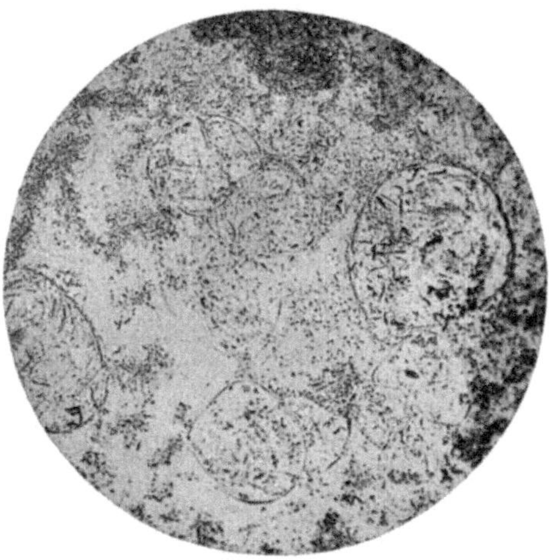

Abb. 5. Leere Kartoffelzellen. Nativpräparat. Vergr. ca. 140.

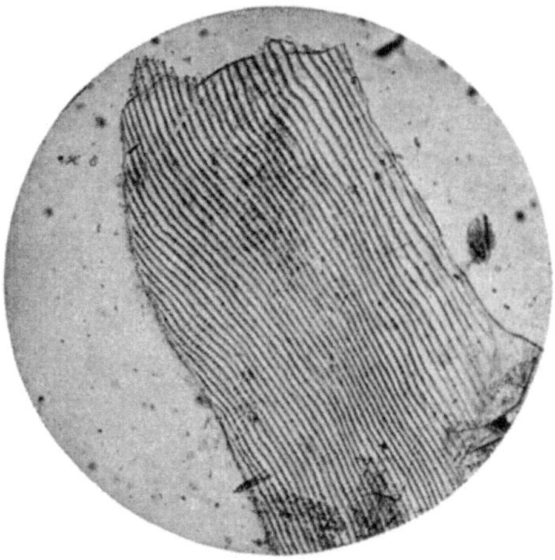

Abb. 6. Reste von Fischschuppen. Nativpräparat. Vergr. ca. 60.

Verlag von Julius Springer in Wien

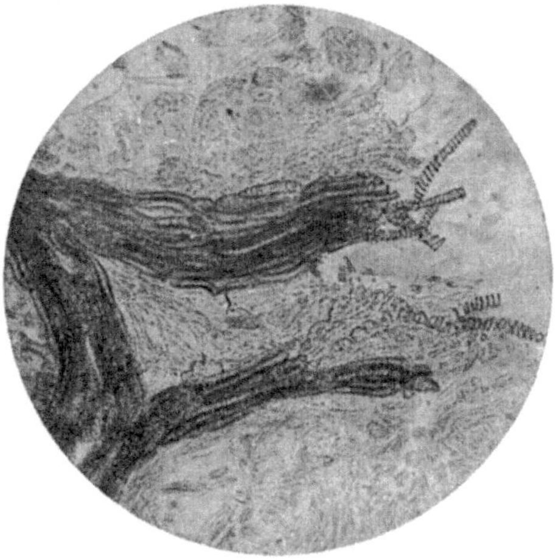

Abb. 1. Gefäßbündel in Gemüseresten. Nativpräparat. Vergr. ca. 140.

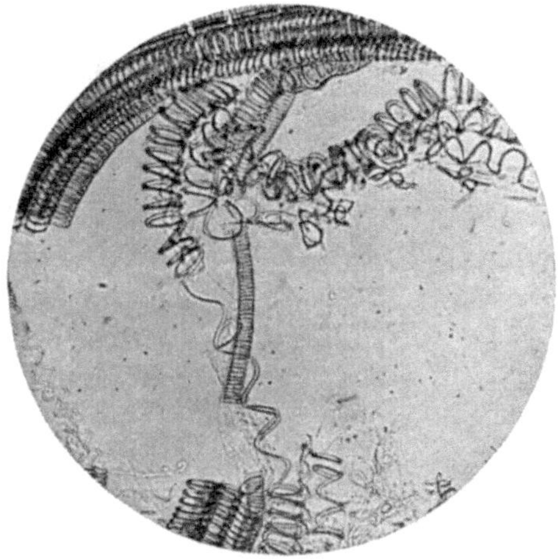

Abb. 2. Spiralgefäße. Nativpräparat. Vergr. ca. 140.

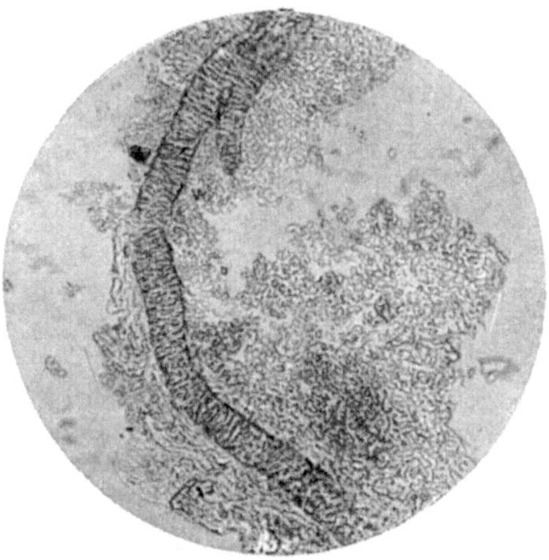

Abb. 3. Tüpfelgefäße. Nativpräparat. Vergr. ca. 140.

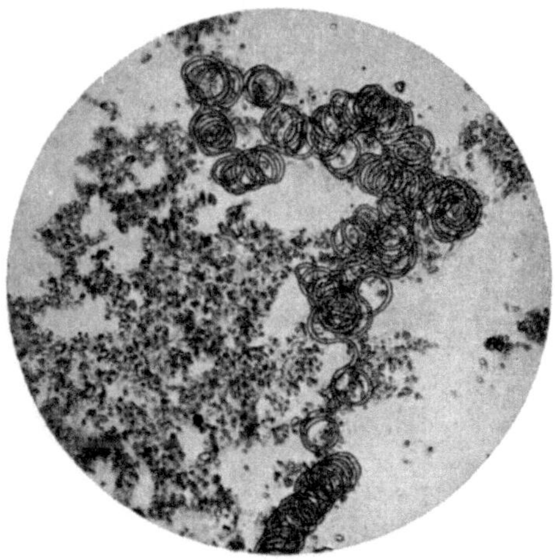

Abb. 4. Aufgelöste Gefäßspiralen. Nativpräparat. Vergr. ca. 140.

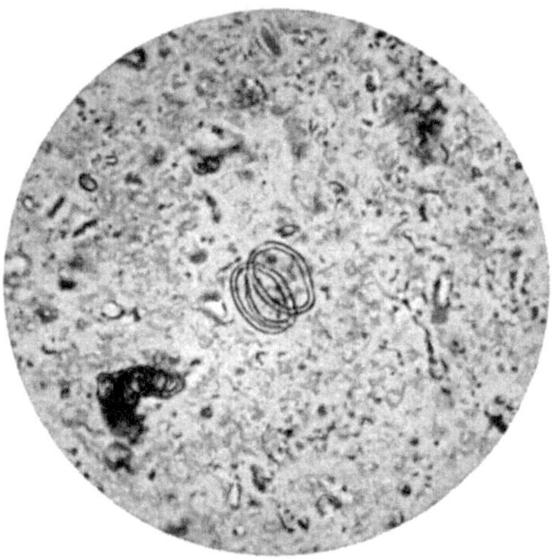

Abb. 5. Isolierte Gefäßringe. Nativpräparat. Vergr. ca. 400.

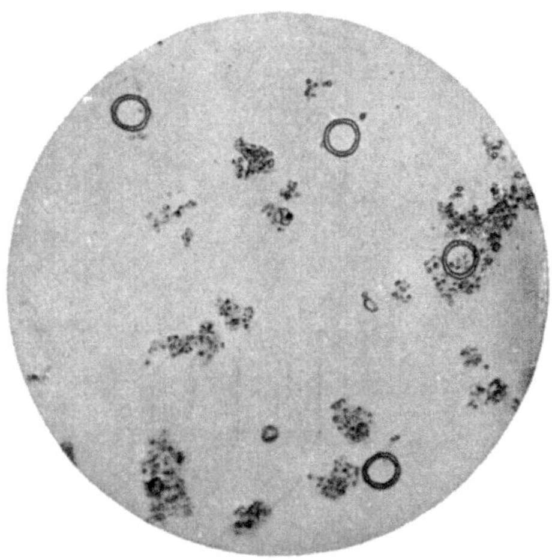

Abb. 6. Isolierte Gefäßringe. Nativpräparat. Vergr. ca. 400.

Verlag von Julius Springer in Wien

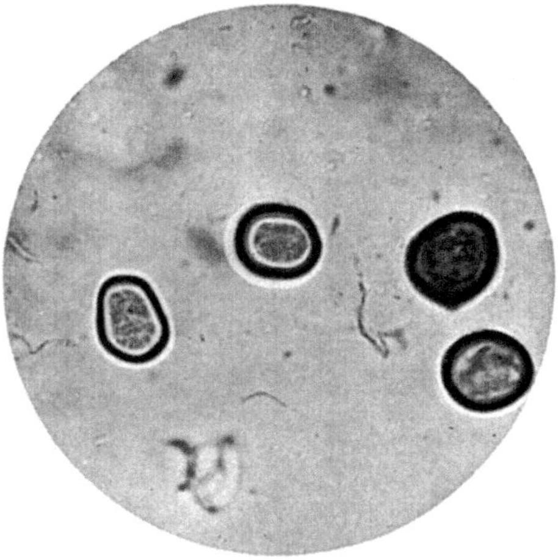
Abb. 1. Tilletia levis. Nativpräparat. Vergr. ca. 700.

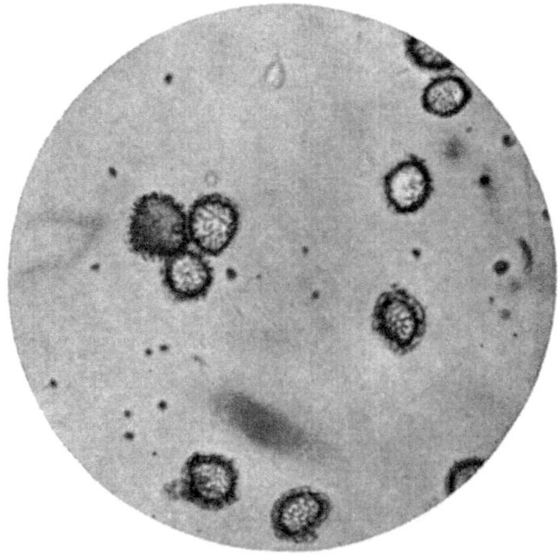
Abb. 2. Lykopodium. Nativpräparat. Vergr. ca. 700.

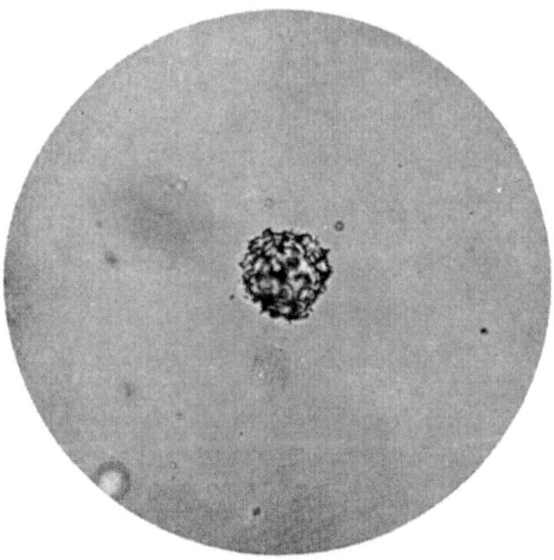
Abb. 3. Reste einer Spore von Flor. chamom. Nativpräparat. Vergr. ca. 400.

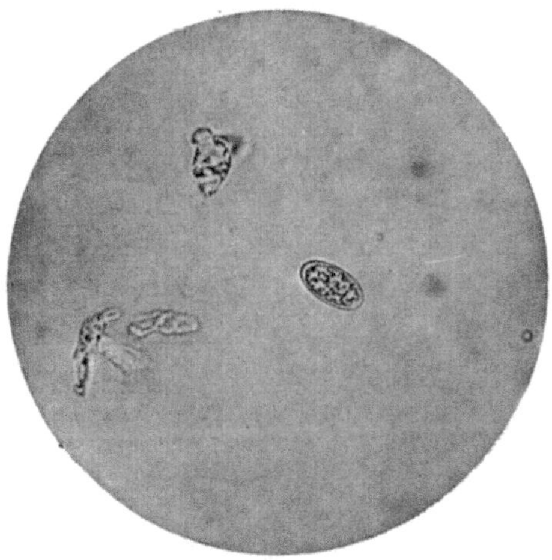
Abb. 4. Spore von Morchell. aescul. Nativpräparat. Vergr. ca. 500.

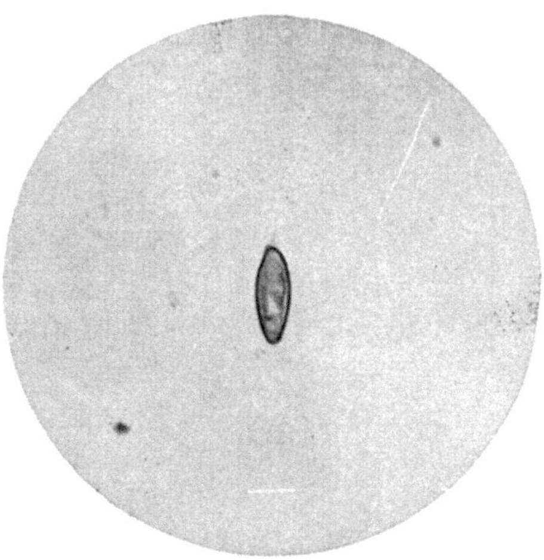
Abb. 5. Spore von Bolet. edul. Nativpräparat. Vergr. ca. 700.

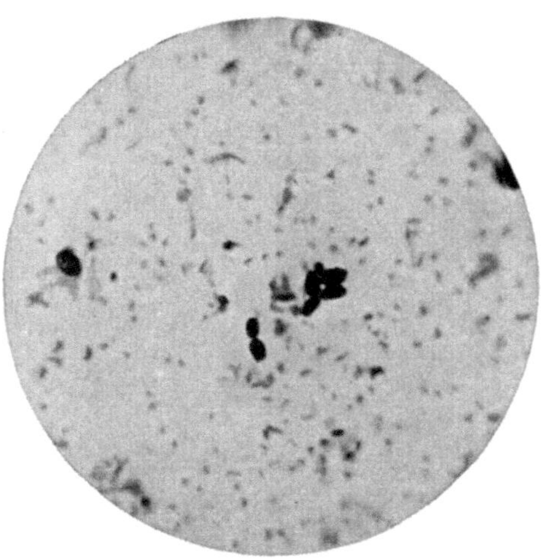
Abb. 6. Stuhlhefen. Gram-Präparat. Vergr. ca. 600.

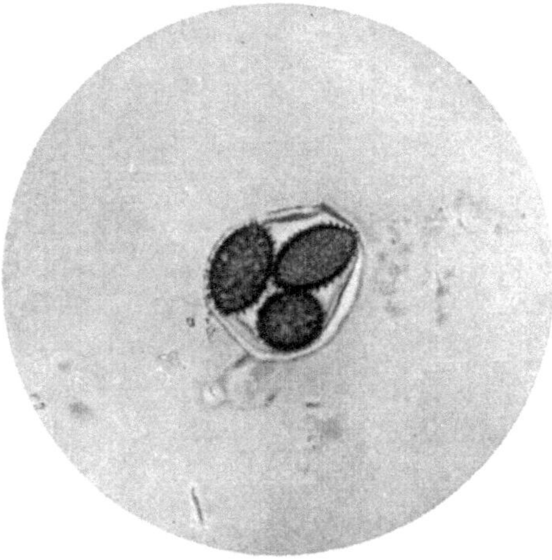

Abb. 1. Trüffelsporen. Nativpräparat.
Vergr. ca. 360.

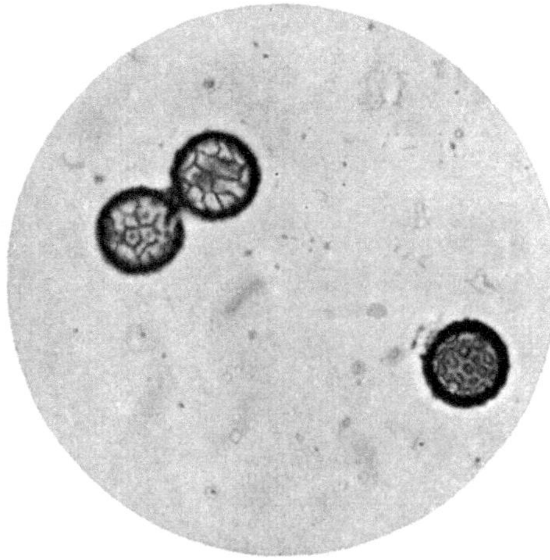

Abb. 2. Tilletia tritici. Nativpräparat.
Vergr. ca. 700.

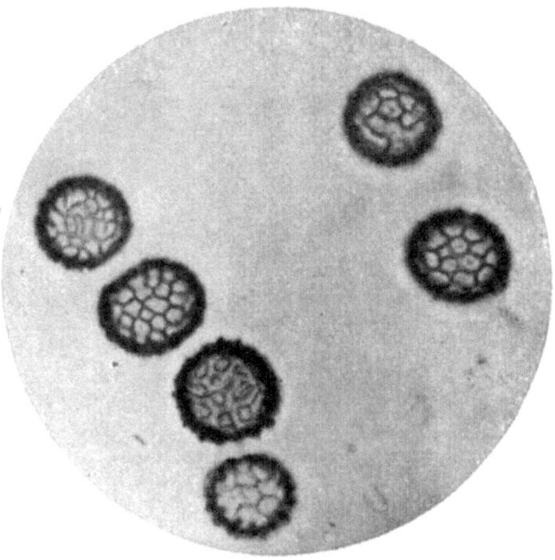

Abb. 3. Tilletia secalis. Nativpräparat.
Vergr. ca. 700.

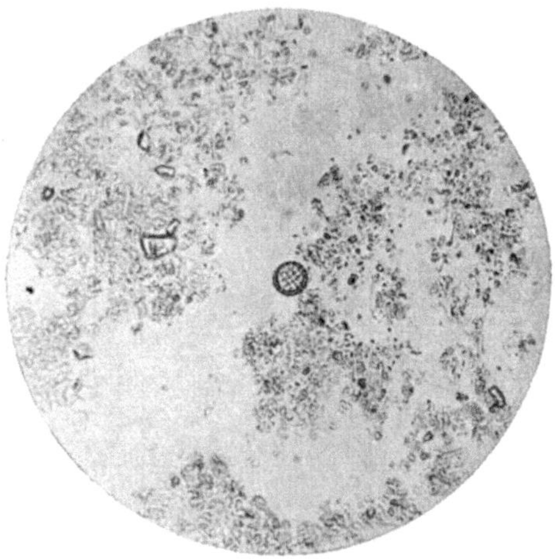

Abb. 4. Tilletia tritici. Nativpräparat.
Vergr. ca. 260.

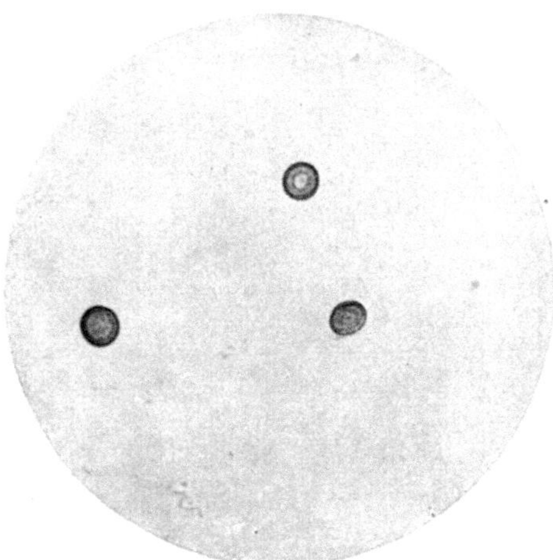

Abb. 5. Ustilago tritici. Nativpräparat.
Vergr. ca. 700.

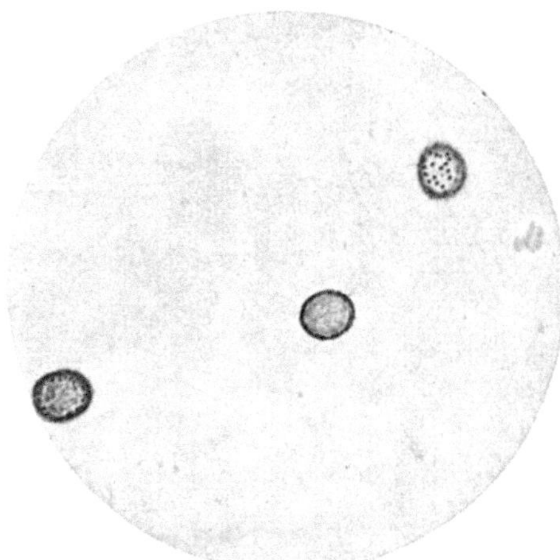

Abb. 6. Ustilago avenae. Nativpräparat.
Vergr. ca. 700.

Verlag von Julius Springer in Wien

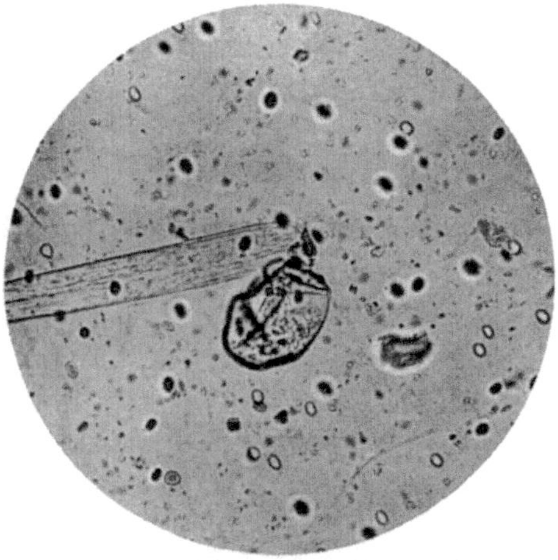

Abb. 1. Mucor stercoreus. Nativpräparat. Vergr. ca. 250.

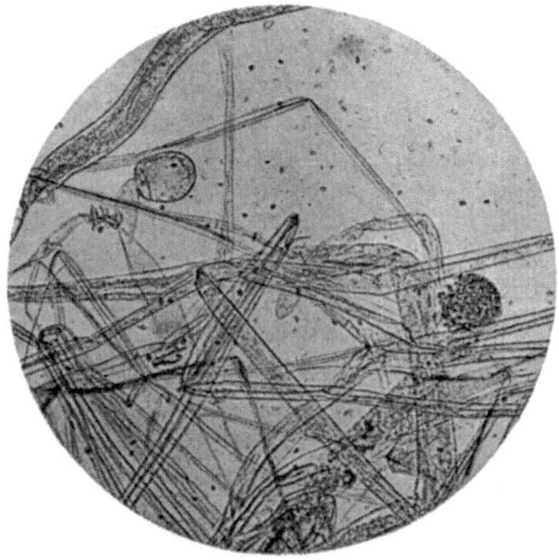

Abb. 2. Mucor stercoreus. Nativpräparat. Vergr. ca. 120.

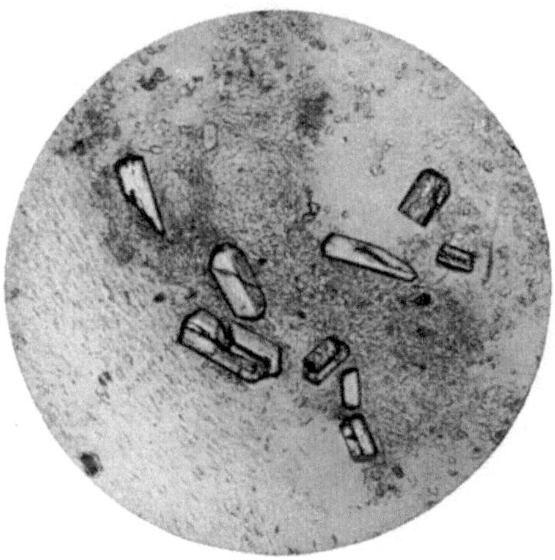

Abb. 3. Tripelphosphatkristalle. Nativpräparat. Vergr. ca. 120.

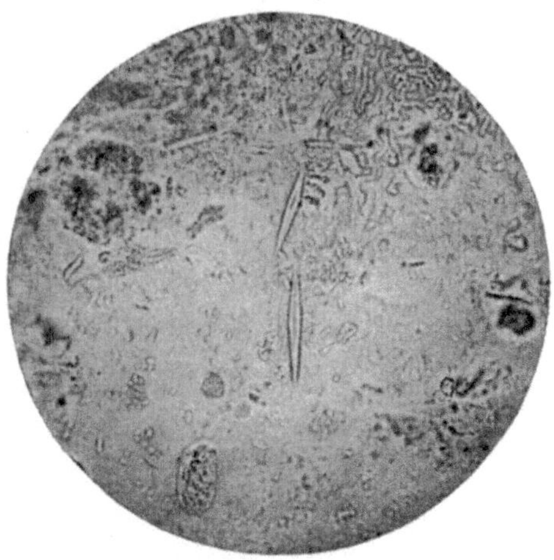

Abb. 4. Charcot-Leydensche Kristalle. Nativpräparat. Vergr. ca. 700.

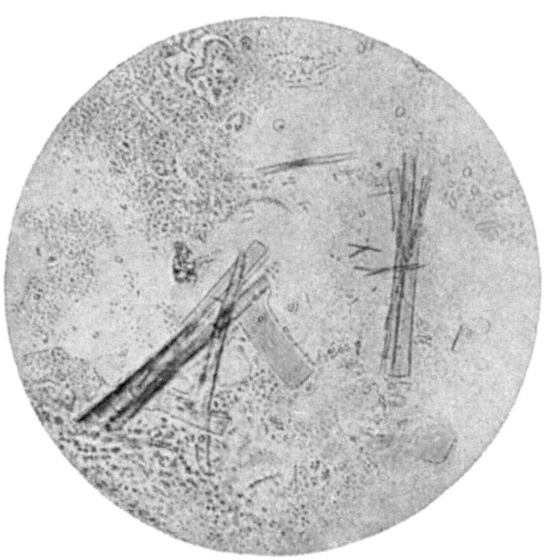

Abb. 5. Yatren-Kristalle im Stuhl. Nativpräparat. Vergr. ca. 200.

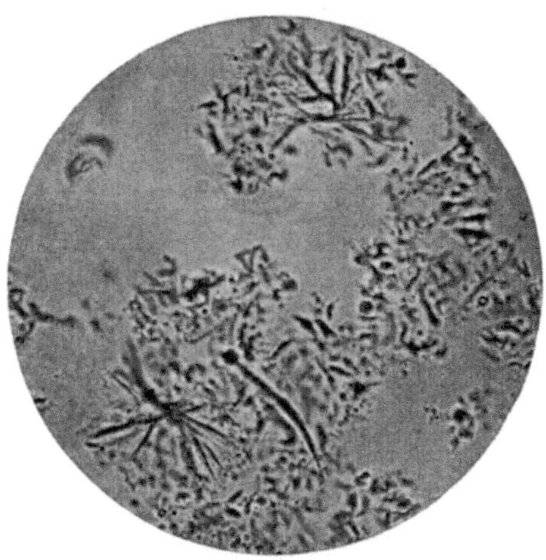

Abb. 6. Büschel von Fettsäurenadeln. Nativpräparat. Vergr. ca. 700.

Verlag von Julius Springer in Wien

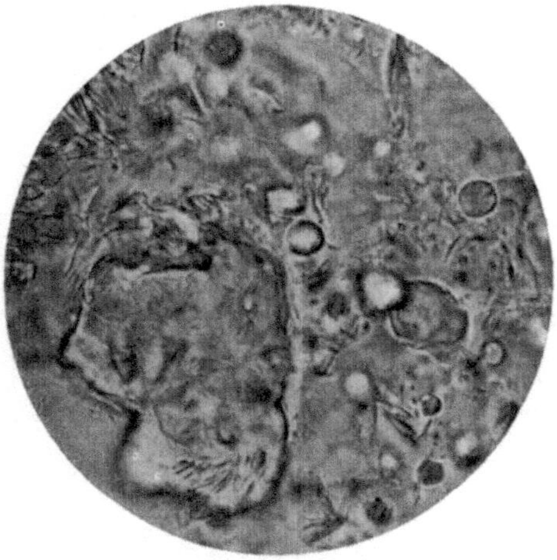

Abb. 1. Butterstuhl. Nativpräparat. Vergr. ca. 360.

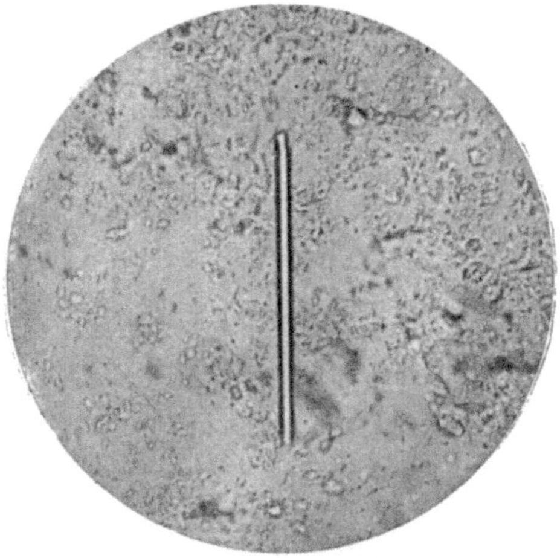

Abb. 2. Raphide im Stuhl, nach Verabreichung von Bulbus scillae. Nativpräparat. Vergr. ca. 260.

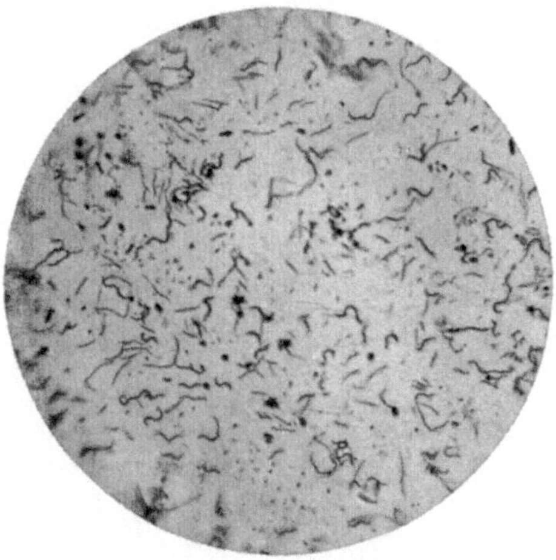

Abb. 3. Stuhlspirochäten. Sublimat-Alkoholfixation. Giemsa-Färbung. Vergr. ca. 800.

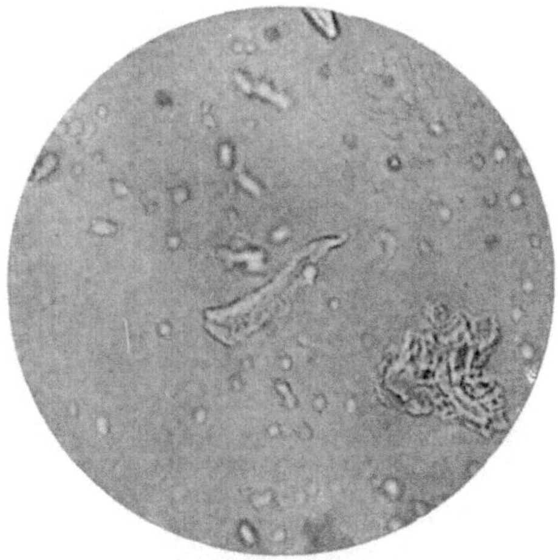

Abb. 4. Zylinderepithelzellen im Stuhl. Nativpräparat. Vergr. ca. 800.

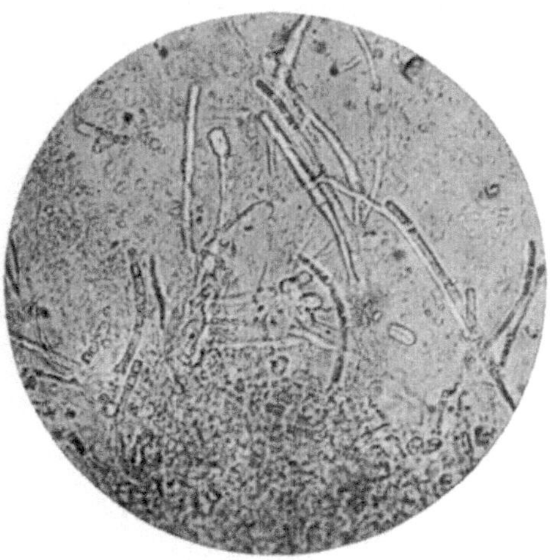

Abb. 5. Monilia candida im Stuhl. Nativpräparat. Vergr. ca. 220.

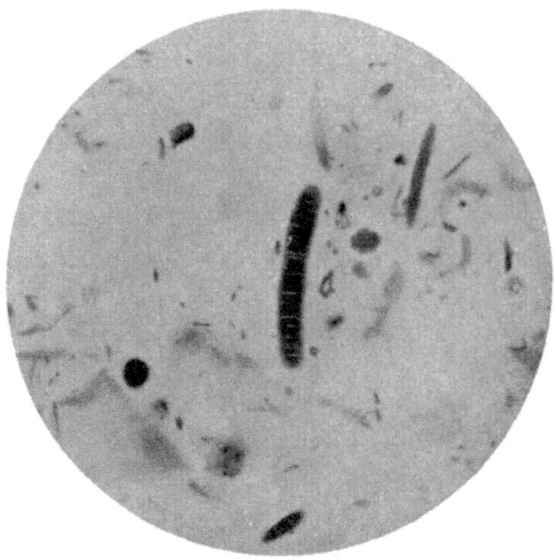

Abb. 6. Oscillospira Guillermondi im Meerschweinchenstuhl. Sublimat-Alkoholfixation. Heidenhainsche Färbung. Vergr. ca. 800.

Verlag von Julius Springer in Wien

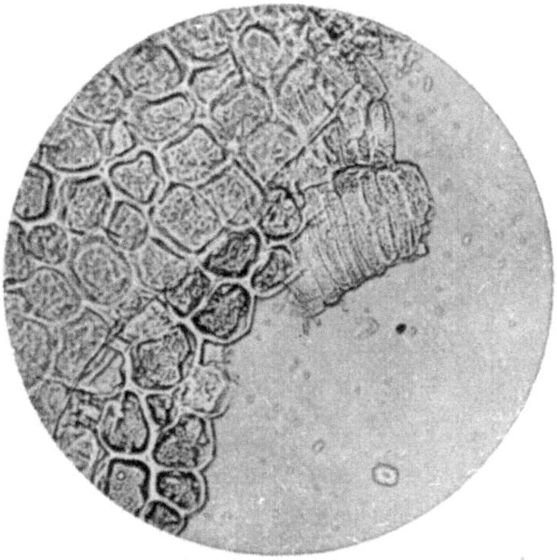

Abb. 1. Getreidereste. Nativpräparat. Vergr. ca. 200.

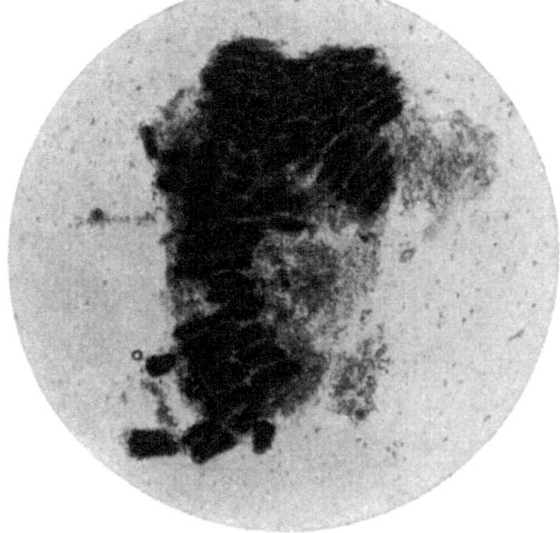

Abb. 2. Gewebsreste eines Mohnkorns. Nativpräparat. Vergr. ca. 60.

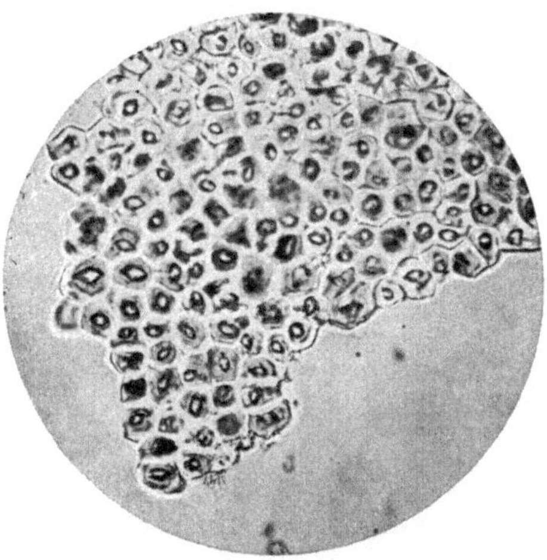

Abb. 3. Reste der Samenschale der Bohne (Oxalatkristalle). Nativpräparat. Vergr. ca. 60.

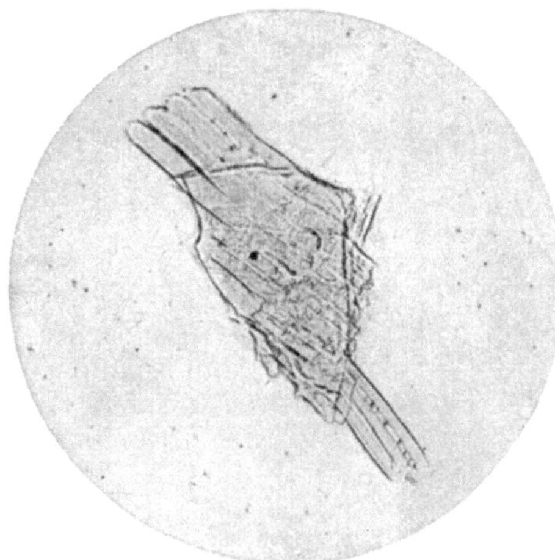

Abb. 4. Getreidereste. Nativpräparat. Vergr. ca. 140.

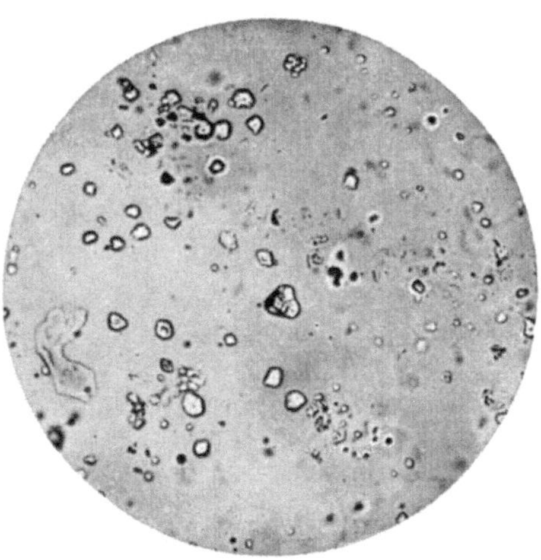

Abb. 5. Reisstärke im Stuhl. Nativpräparat. Vergr. ca. 350.

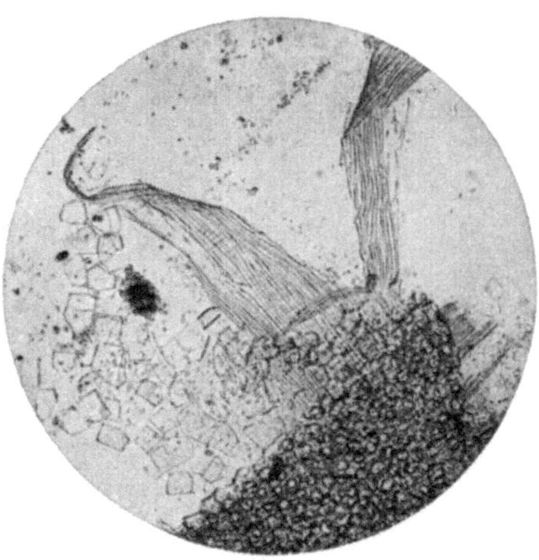

Abb. 6. Reste von Semen lini. Nativpräparat. Vergr. ca. 85.

Verlag von Julius Springer in Wien

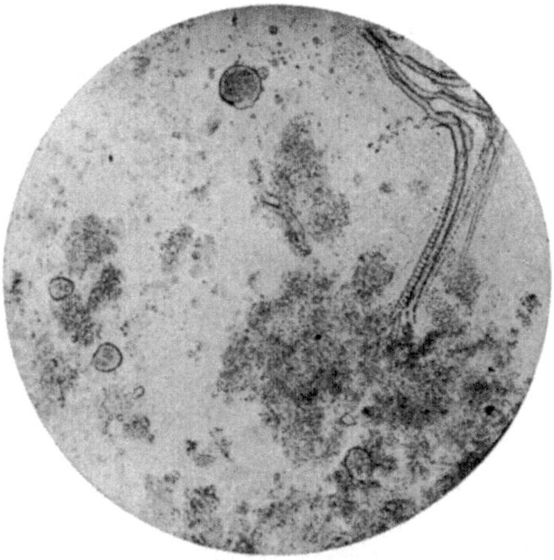

Abb. 1. Reste von Blattgemüsen. Nativpräparat. Vergr. ca. 140.

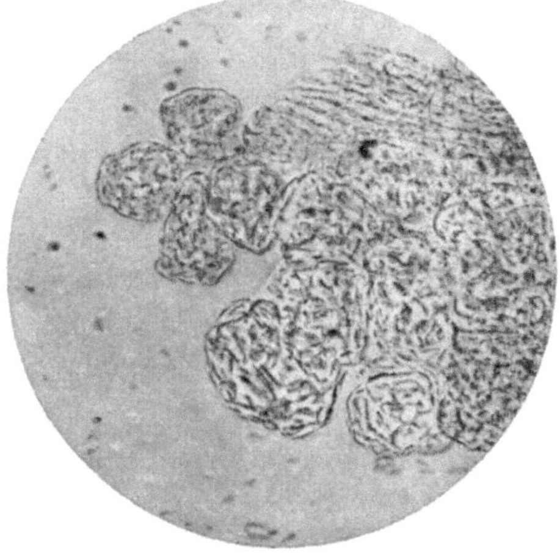

Abb. 2. Leguminosenreste. Nativpräparat. Vergr. ca. 260.

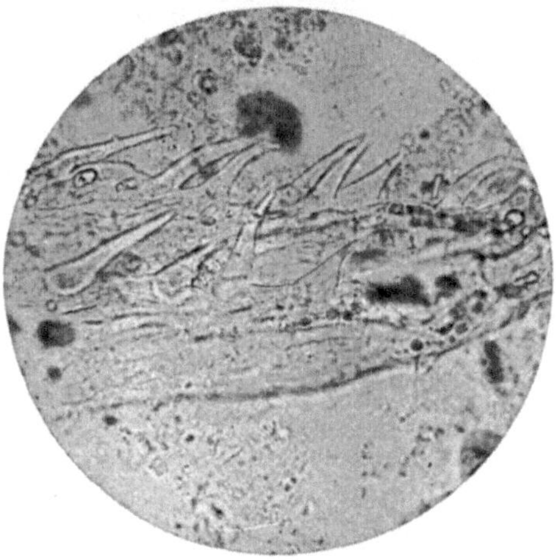

Abb. 3. Pflanzenhaare im Verbande. Nativpräparat. Vergr. ca. 120.

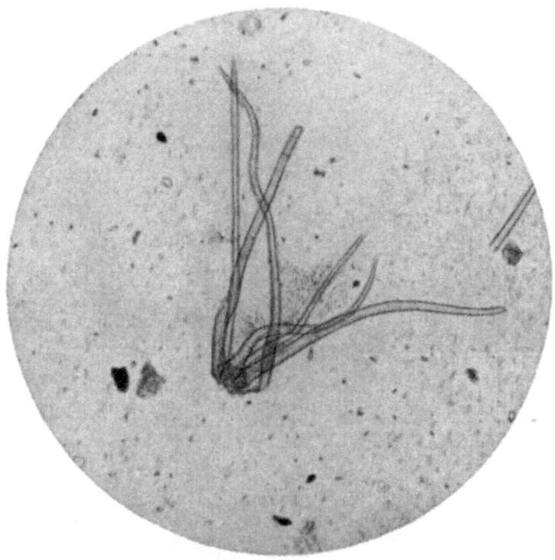

Abb. 4. Gruppe von Pflanzenhaaren. (Folia Althaeae). Nativpräparat. Vergr. ca. 120.

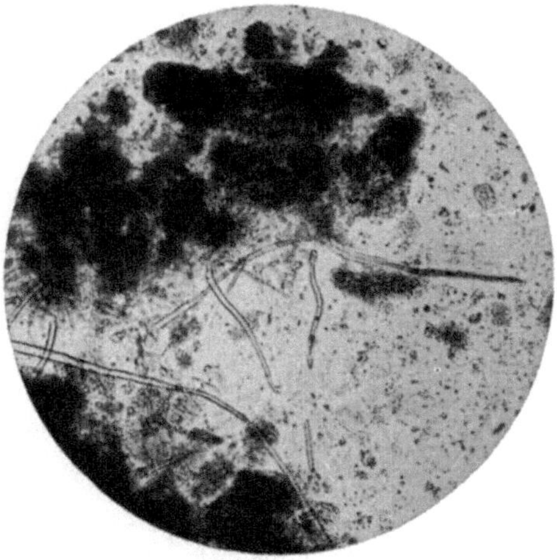

Abb. 5. Pflanzenhaare. Nativpräparat. Vergr. ca. 80.

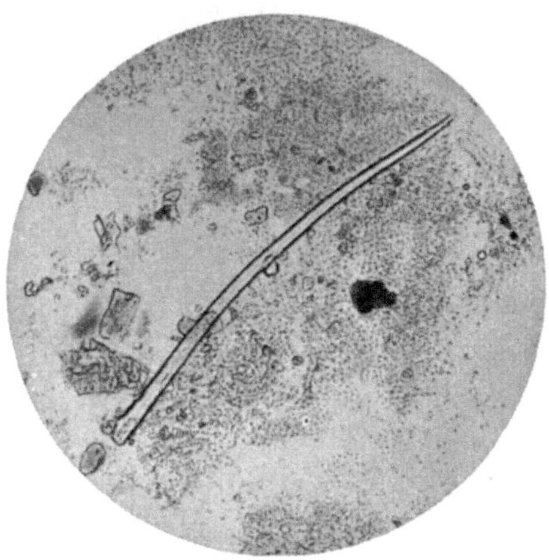

Abb. 6. Isoliertes Pflanzenhaar. Nativpräparat. Vergr. ca. 400

Verlag von Julius Springer in Wien

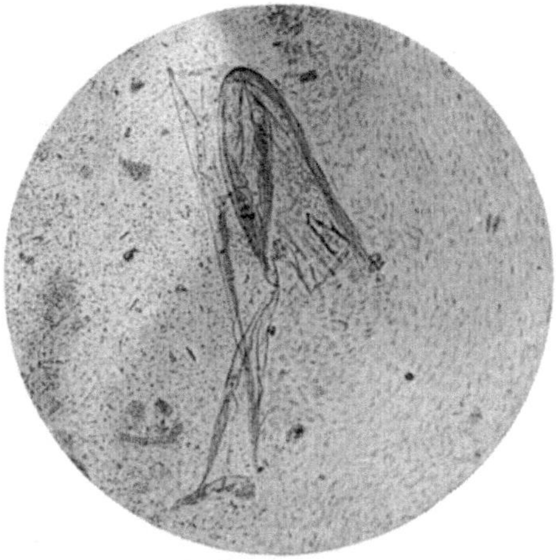

Abb. 1. Pflanzenmembranreste. Nativpräparat. Vergr. ca. 120.

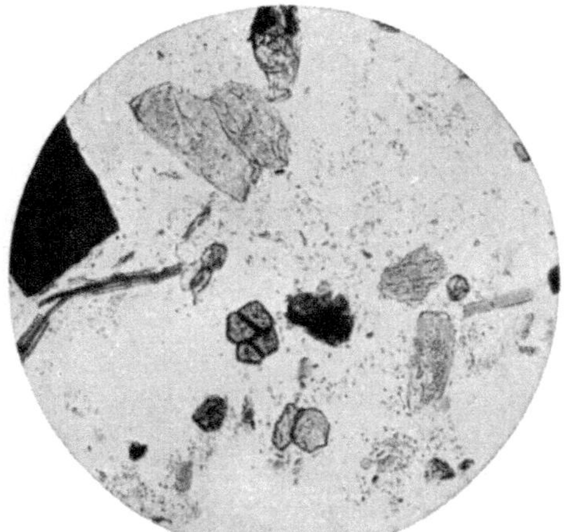

Abb. 2. Verschiedene Gewebsbestandteile pflanzlicher Herkunft. Nativpräparat. Vergr. ca. 120.

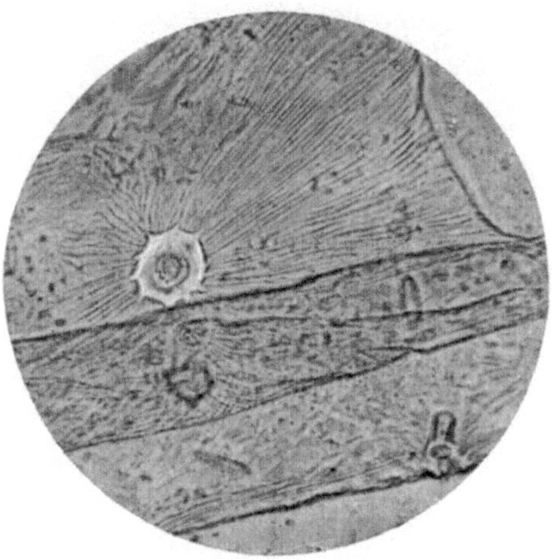

Abb. 3. Leguminosenreste. Nativpräparat. Vergr. ca. 260.

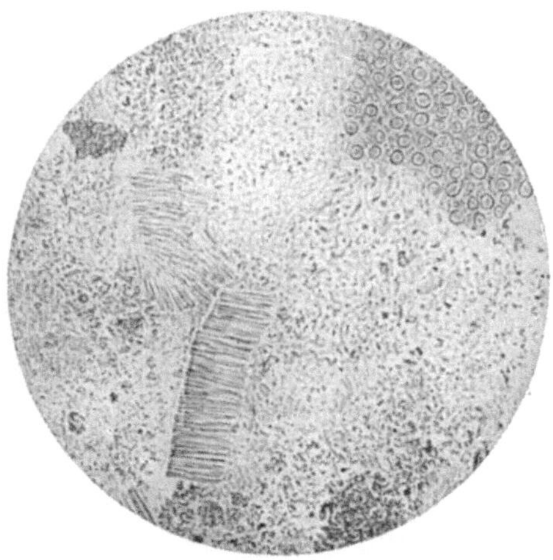

Abb. 4. Palisadenzellen. Nativpräparat. Vergr. ca. 60.

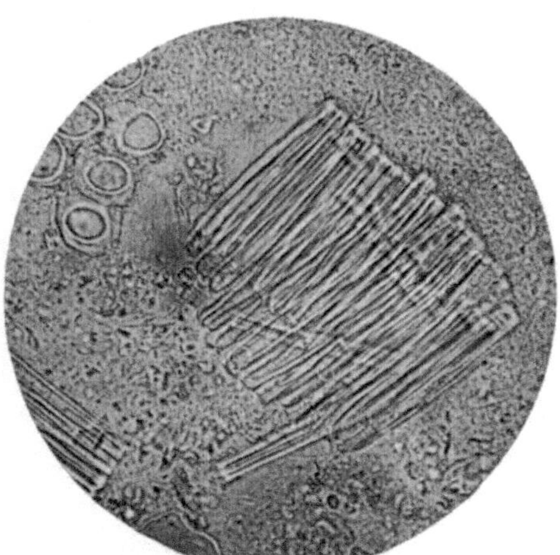

Abb. 5. Palisadenzellen und sonstige Gewebsreste von Leguminosen. Nativpräparat. Vergr. ca. 200.

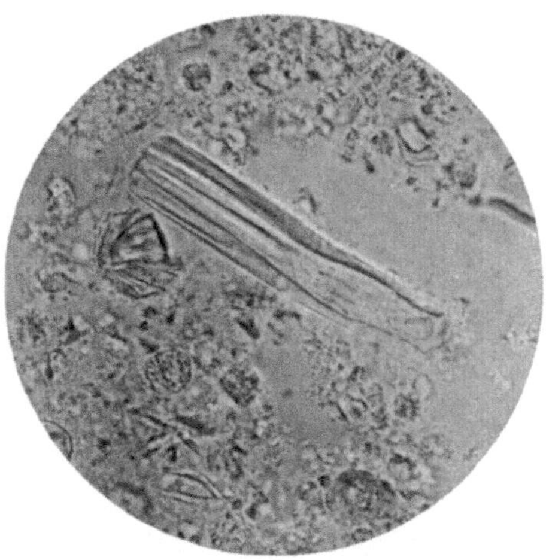

Abb. 6. Palisadenzelle. Nativpräparat. Vergr. ca. 300.

Verlag von Julius Springer in Wien

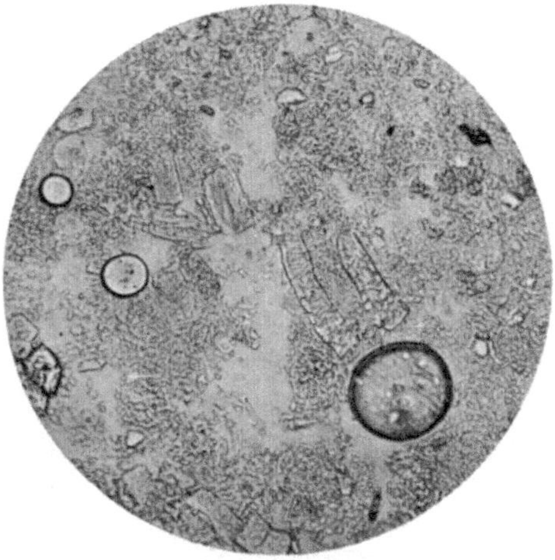

Abb. 1. Luftblase, Neutralfett, Muskelfasern, Pflanzenreste. Nativpräparat. Vergr. ca. 400.

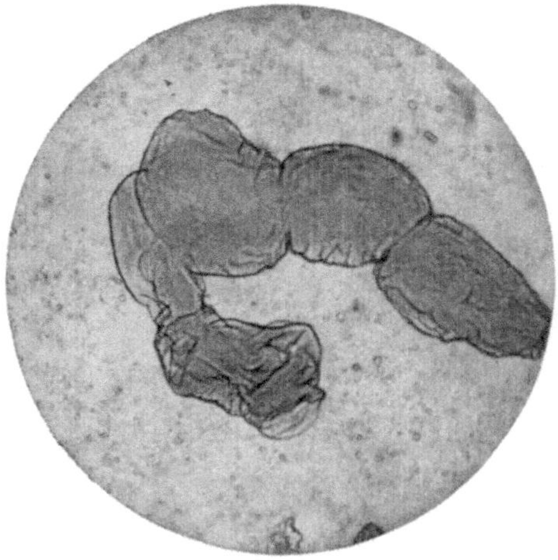

Abb. 2. Regelmäßiger Befund im Stuhl nach Genuß von Bananen. Nativpräparat. Vergr. ca. 60.

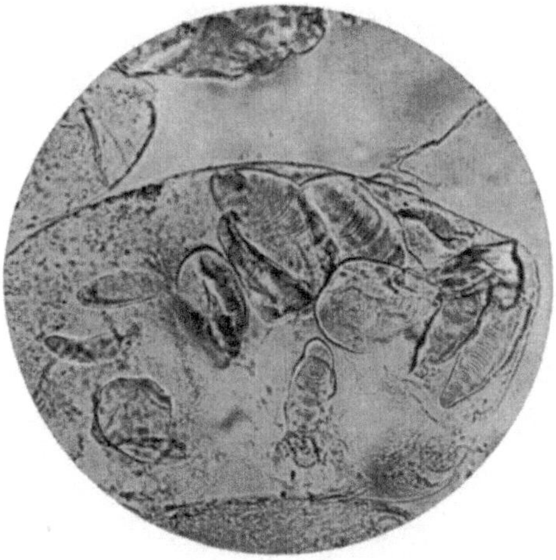

Abb. 3. Unverdaute Bananenstärke im Stuhl. Nativpräparat. Vergr. ca. 300.

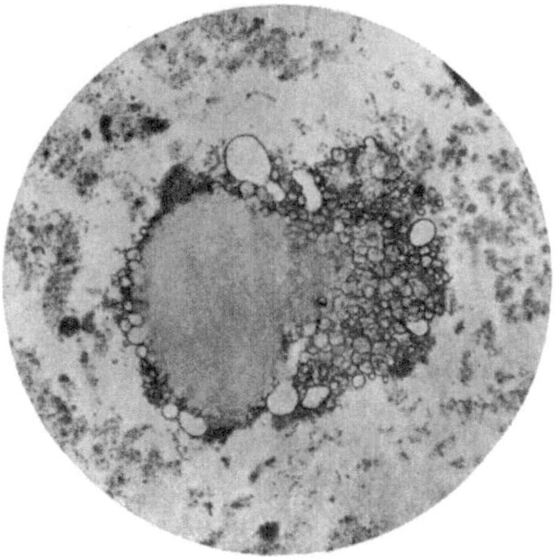

Abb. 4. Mohnreste im Stuhl. Nativpräparat. Vergr. ca. 60.

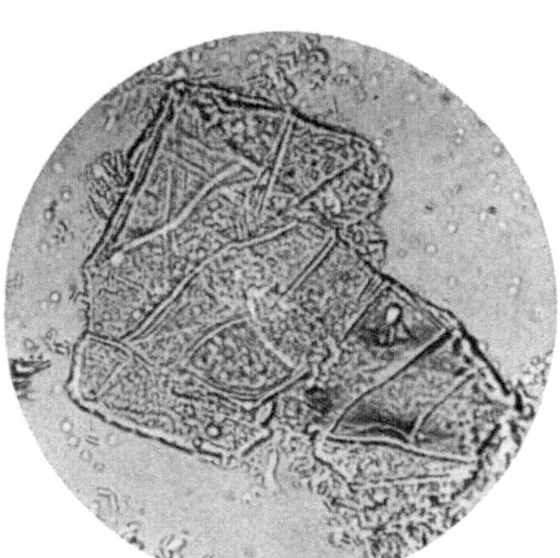

Abb. 5. Bruchstück einer Pflanzenmembran. Nativpräparat. Vergr. ca. 260.

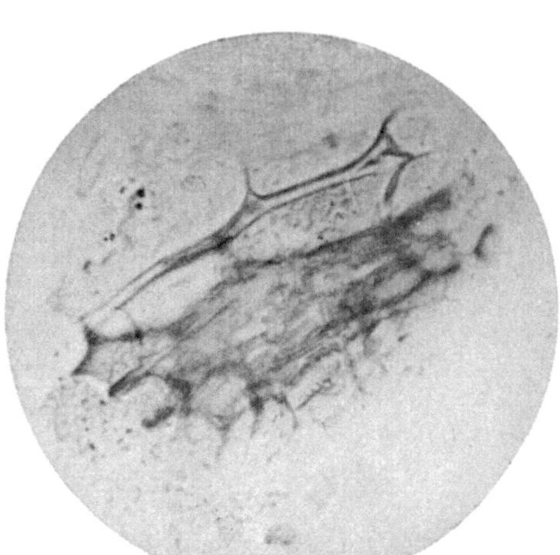

Abb. 6. Hirschgeweihartiger Vegetabilienrest. Nativpräparat. Vergr. ca. 400.

Verlag von Julius Springer in Wien

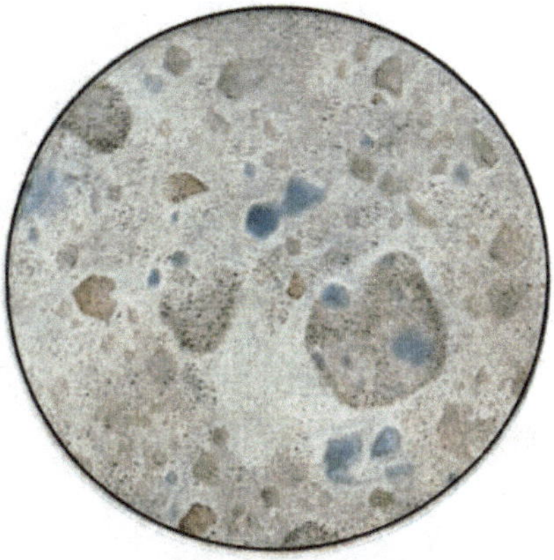

Abb. 1. Positiver Ausfall der Berlinerblaureaktion im Stuhl. Nativpräparat. Schwache Vergrößerung.

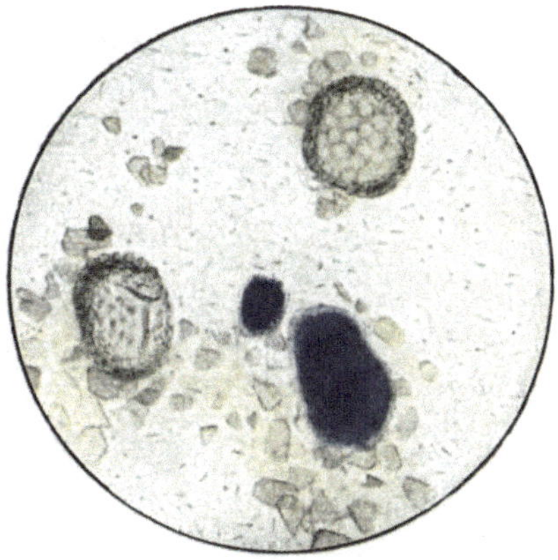

Abb. 2. Positiver Ausfall der Kernprobe nach Schmidt und Kashiwado. Nativpräparat. Starke Vergrößerung.

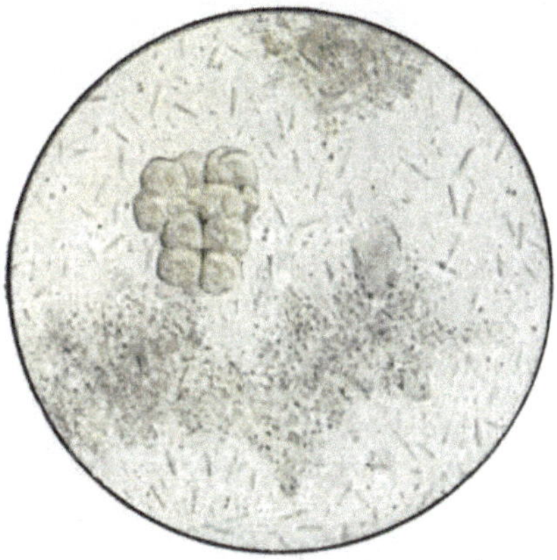

Abb. 3. Sarcine im Stuhl. Nativpräparat. Starke Vergrößerung.

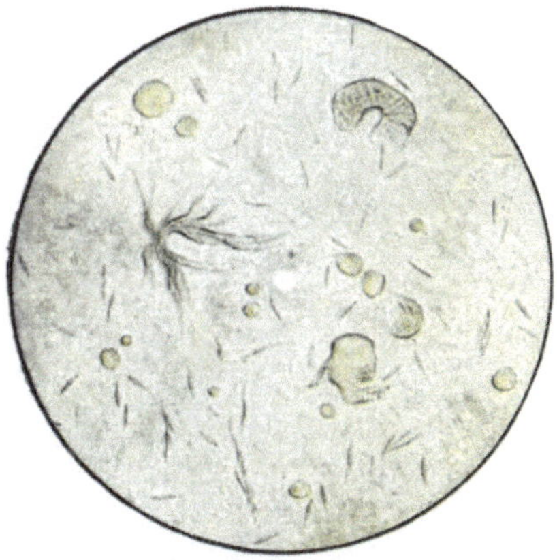

Abb. 4. Fettsäuren und Seifen. Nativpräparat. Starke Vergrößerung.

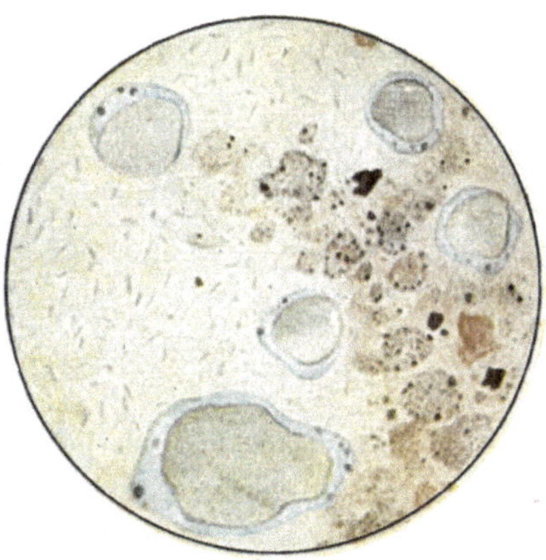

Abb. 5. Blastocystis hominis. Nativpräparat. Starke Vergrößerung.

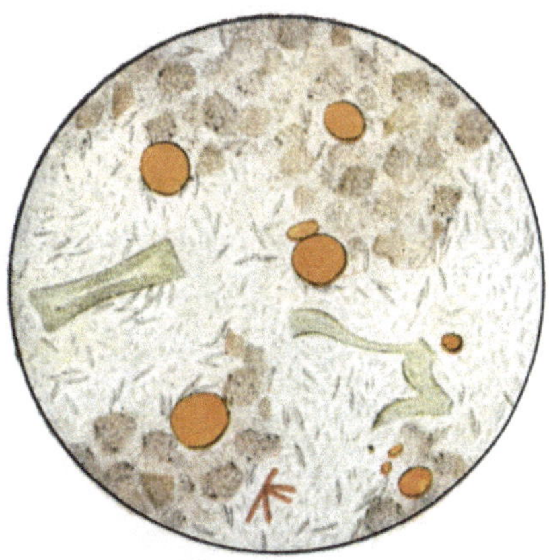

Abb. 6. Sudanpräparat: Neutralfett, Sudankristalle, Pflanzenreste. Starke Vergrößerung.

Verlag von Julius Springer in Wien

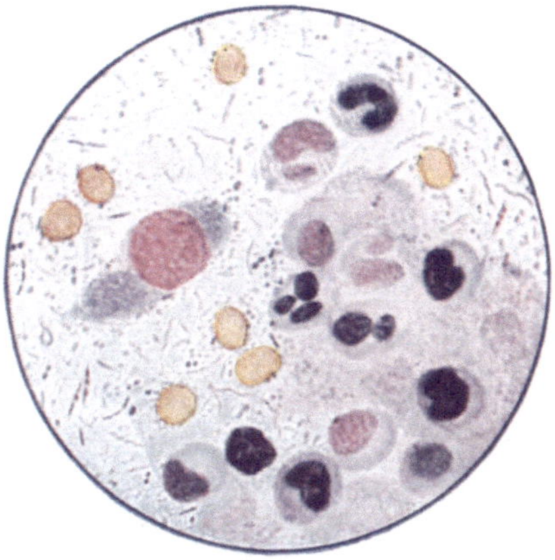

Abb. 1. Stuhlbild bei Colitis ulcerosa. Sublimatalkoholfixation. Giemsa-Färbung. Starke Vergrößerung.

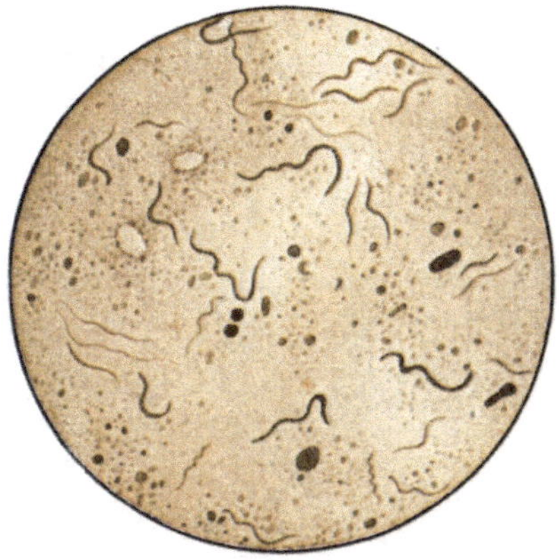

Abb. 2. Gemischte Spirochätenflora im Stuhl. Färbung nach Fontana. Starke Vergrößerung.

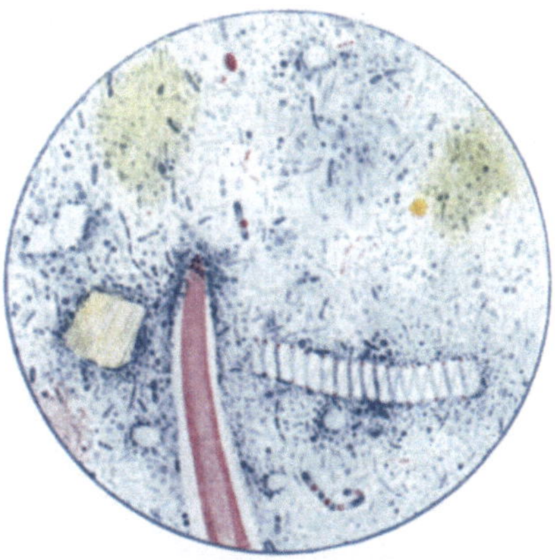

Abb. 3. Tuberkelbazillen im Stuhl, Sporen, Pflanzenhaar, Spiralgefäß. Färbung nach Ziehl-Neelsen. Starke Vergrößerung.

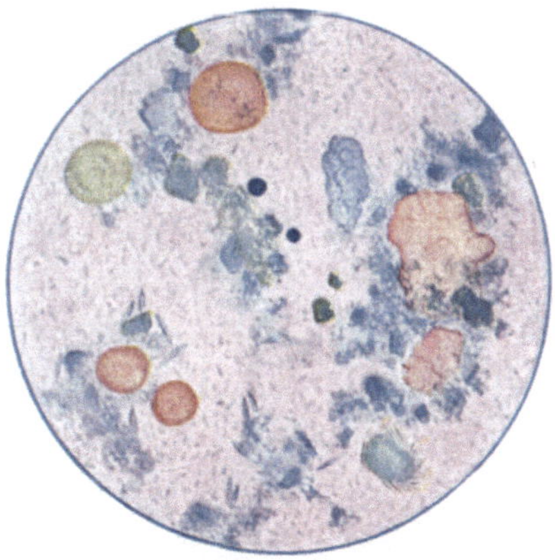

Abb. 4. Neutralfett, Fettsäuren, Seifen. Nilblausulfat-Färbung. Starke Vergrößerung.

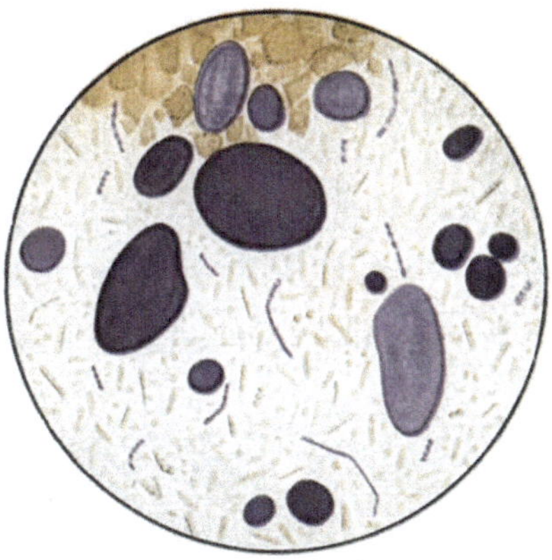

Abb. 5. Lugol-Präparat. Stärke, Granulosaflora. Starke Vergrößerung.

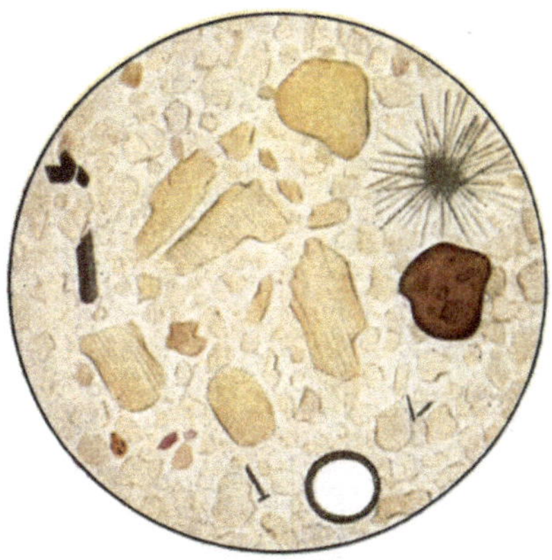

Abb. 6. Wismutkristalle, Luftblase, Muskelfasern, Kakaorest, Fettsäurebüschel. Starke Vergrößerung.

Verlag von Julius Springer in Wien

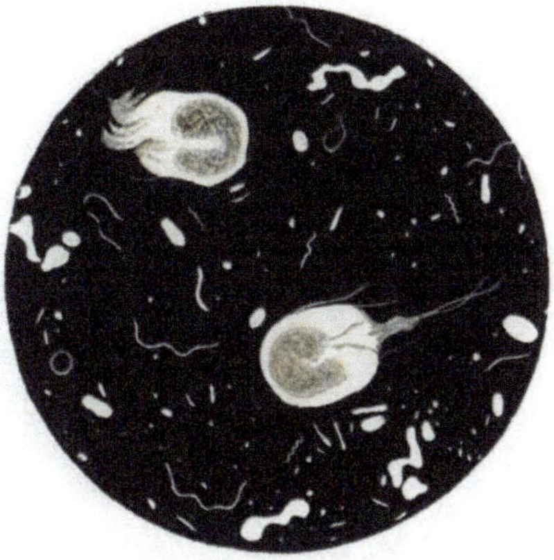

Abb. 1. Lamblia intestinalis. Stuhlspirochäten. Tuschepräparat. Starke Vergrößerung.

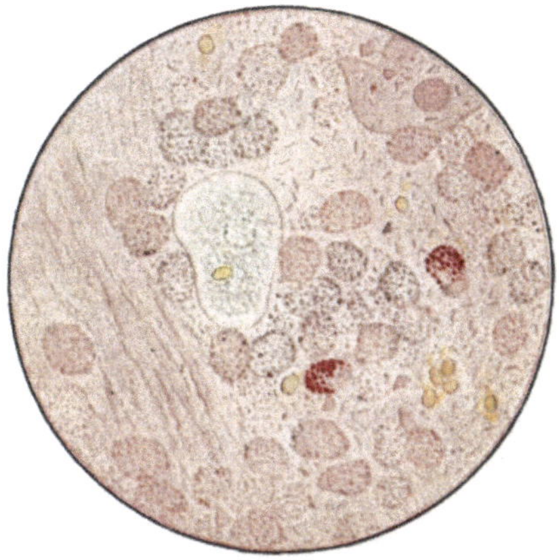

Abb. 2. Amoeba histolytica. Eosinophile Zellen. Neutrophile Leukozyten. Erythrozyten. Eosin-Präparat. Starke Vergrößerung.

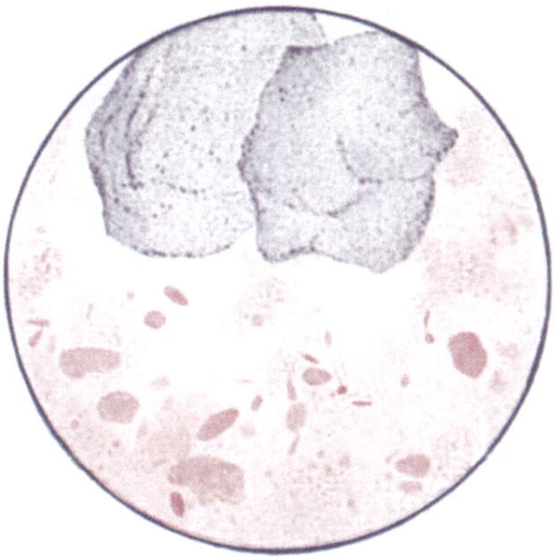

Abb. 3. Mekonium. Gram-Färbung. Starke Vergrößerung.

Abb. 4. Acidobact. Reinkultur. Gram-Färbung. Starke Vergrößerung.

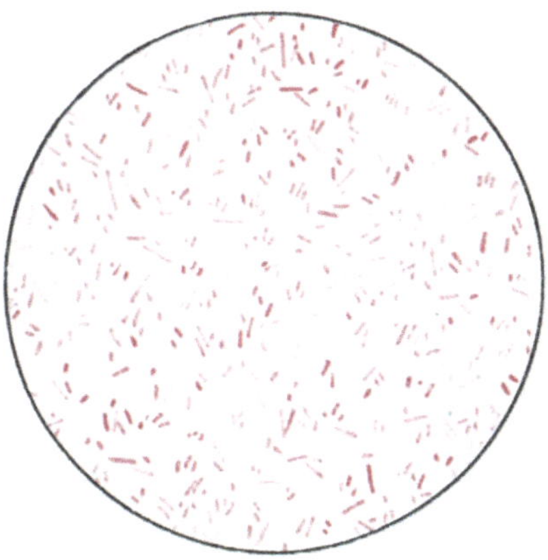

Abb. 5. Bac. typhi. Reinkultur. Gram-Färbung. Starke Vergrößerung.

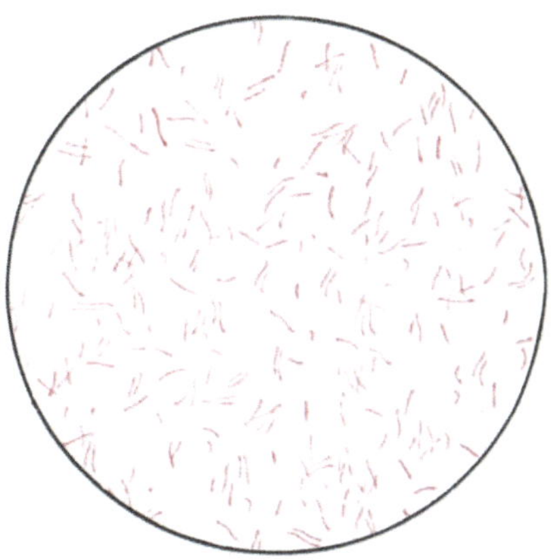

Abb. 6. Vibrio cholerae. Reinkultur. Gram-Färbung. Starke Vergrößerung.

Verlag von Julius Springer in Wien

Abb. 1. Bac. putrificus verrucosus. Reinkultur. Gram-Färbung. Starke Vergrößerung.

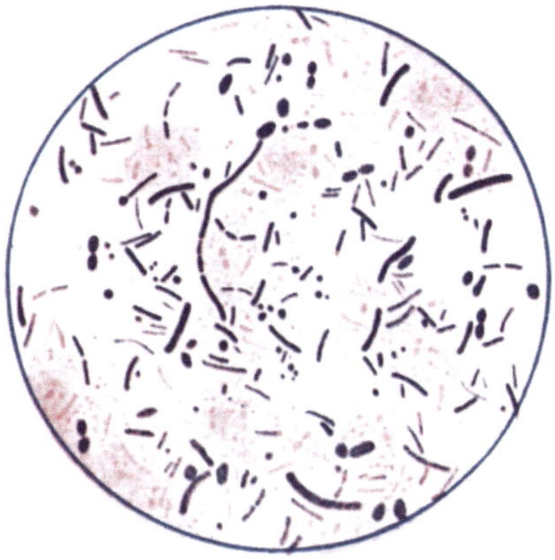

Abb. 2. Starke Vermehrung der grampositiven Stuhlflora. Gram-Färbung. Starke Vergrößerung.

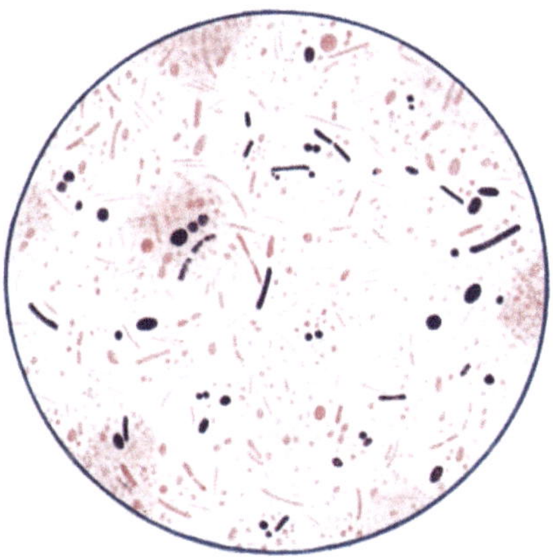

Abb. 3. Normale Stuhlflora. Gram-Färbung. Starke Vergrößerung.

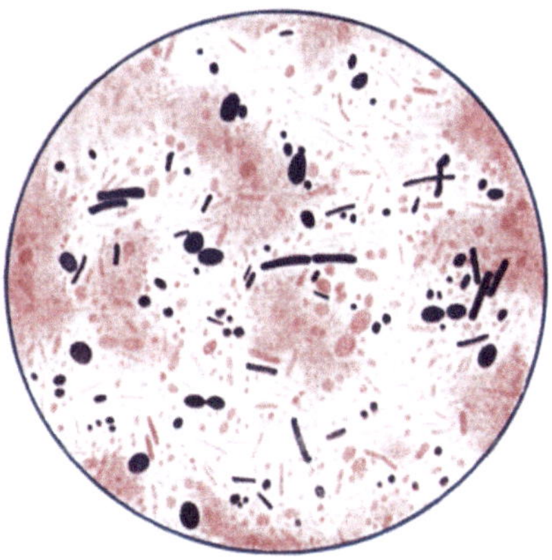

Abb. 4. Mäßige Vermehrung der grampositiven Stuhlflora. Stuhlhefen. Gram-Färbung. Starke Vergrößerung.

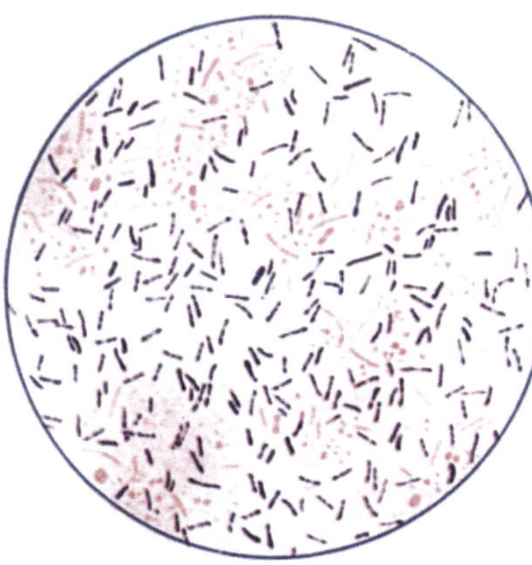

Abb. 5. Frauenmilchstuhl. Gram-Färbung. Starke Vergrößerung.

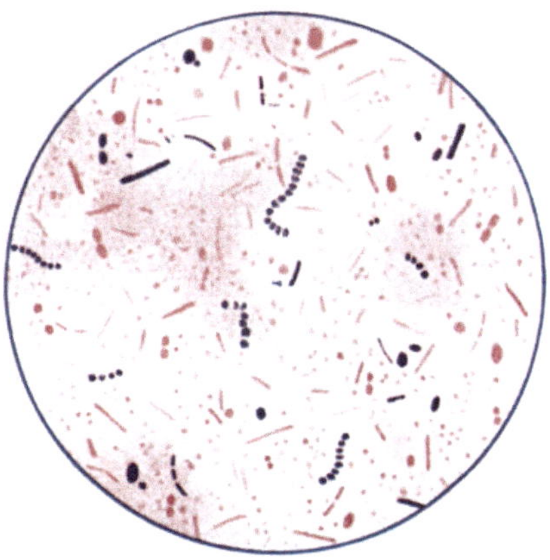

Abb. 6. Stuhlflora bei Streptokokkenenteritis. Gram-Färbung. Starke Vergrößerung.

Verlag von Julius Springer in Wien

GPSR Compliance

The European Union's (EU) General Product Safety Regulation (GPSR) is a set of rules that requires consumer products to be safe and our obligations to ensure this.

If you have any concerns about our products, you can contact us on ProductSafety@springernature.com

In case Publisher is established outside the EU, the EU authorized representative is:

Springer Nature Customer Service Center GmbH
Europaplatz 3
69115 Heidelberg, Germany

Batch number: 10584556

Printed by Printforce, the Netherlands